Leitfäden der Informatik

Th. Schwederski/M. Jurczyk
Verbindungsnetze
Strukturen und Eigenschaften

Leitfäden der Informatik

Herausgegeben von

Prof. Dr. Hans-Jürgen Appelrath, Oldenburg
Prof. Dr. Volker Claus, Stuttgart
Prof. Dr. Günter Hotz, Saarbrücken
Prof. Dr. Lutz Richter, Zürich
Prof. Dr. Wolffried Stucky, Karlsruhe
Prof. Dr. Klaus Waldschmidt, Frankfurt

Die Leitfäden der Informatik behandeln

- Themen aus der Theoretischen, Praktischen und Technischen Informatik entsprechend dem aktuellen Stand der Wissenschaft in einer systematischen und fundierten Darstellung des jeweiligen Gebietes.
- Methoden und Ergebnisse der Informatik, aufgearbeitet und dargestellt aus Sicht der Anwendungen in einer für Anwender verständlichen, exakten und präzisen Form.

Die Bände der Reihe wenden sich zum einen als Grundlage und Ergänzung zu Vorlesungen der Informatik an Studierende und Lehrende in Informatik-Studiengängen an Hochschulen, zum anderen an „Praktiker", die sich einen Überblick über die Anwendungen der Informatik(-Methoden) verschaffen wollen; sie dienen aber auch in Wirtschaft, Industrie und Verwaltung tätigen Informatikern und Informatikerinnen zur Fortbildung in praxisrelevanten Fragestellungen ihres Faches.

ISBN 978-3-519-02134-6   ISBN 978-3-322-96654-4 (eBook)
DOI 10.1007/978-3-322-96654-4
Softcover reprint of the hardcover 1st eidion 1996

Vorwort

Das Gebiet der Verbindungsnetze kann bereits auf ein Jahrhundert Geschichte zurückblicken: nach der Erfindung der automatischen Verbindungssteuerung haben Koppelnetze in der Vermittlungstechnik zu der beispiellosen Ausbreitung der Telekommunikation geführt. Ihre Bedeutung war so groß, daß die wesentlichsten Kosten der Vermittlungssysteme über viele Jahrzehnte durch die Koppelnetze verursacht wurden; die Optimierung ihrer Strukturen und Steuerungsformen war deshalb eine der wichtigsten technischen Herausforderungen. Erst mit der digitalen Zeitmultiplextechnik und ihrer VLSI-Realisierung konnten Koppelnetze kostengünstig realisiert werden. Mit der zellbasierten ATM-Vermittlungstechnik gewannen sie in den letzten Jahren in der Breitband-Vermittlungstechnik allerdings zum zweiten Male eine zentrale Bedeutung. Gleiches gilt für die sich abzeichnende photonische Vermittlung.

Der zweite Ursprung der Verbindungsnetze ist wesentlich jünger und mit dem Übergang von einfachen busbasierten Rechnerstrukturen hin zu massiv parallelen Rechnerarchitekturen verbunden. In den letzten zwei Jahrzehnten hat sich eine Vielzahl von Verbindungsnetztypen herausgebildet, welche in den ersten Parallelrechnern auch zum Einsatz gekommen sind. Bedingt durch das in beiden Anwendungsfeldern, der ATM-basierten Breitbandvermittlung und den Parallelrechnern, gleichermaßen angewandte Paketvermittlungsprinzip sind die entstandenen Verbindungsnetzstrukturen sehr verwandt, ihre Entwicklungen haben sich gegenseitig stark befruchtet.

Das vorliegende Buch von Schwederski und Jurczyk gibt einen umfassenden Überblick über Struktur, Eigenschaften, Betriebsweisen, Fehlerverhalten und Leistungsfähigkeit von Verbindungsnetzwerken. Mit diesem umfassenden Ansatz ist eine Lücke, insbesondere in der deutschsprachigen Fachliteratur, geschlossen worden. Es ist entstanden aus mehrjährigen Vorarbeiten der Autoren im Rahmen von Promotionsvorhaben und Forschungsprojekten an der Purdue University und am Institut für Mikroelektronik Stuttgart (IMS) im Rahmen des Graduiertenkollegs "Parallele und verteilte Systeme" sowie eines Vorlesungs-Lehrauftrags an der Fakultät für Informatik der Universität Stuttgart. Die 1991 und 1993 durchgeführten GI/ITG-Workshops zum gleichen Thema haben gezeigt, daß ein starkes wissenschaftliches

Interesse für dieses Gebiet existiert. Das Buch eignet sich gleichermaßen als Grundlage für Lehrveranstaltungen wie auch als Nachschlagewerk bei Entwicklungs- und Forschungstätigkeiten. Den Autoren gebührt Dank und Anerkennung für den integralen Ansatz einer vereinheitlichten Sicht und die umfangreiche Darstellung.

Professor Dr.-Ing. Dr. h.c. Paul J. Kühn   Stuttgart, im Juli 1996

Universität Stuttgart

Inhaltsverzeichnis

Liste der verwendeten Symbole

$d(A, B)$	Mindestanzahl von Kanten zwischen Knoten A und B eines Graphen G
f, g, h	Verbindungsfunktionen
f	Fanout-Parameter einer Multicast-Verbindung
h	Anteil der heißen Nachrichten beim statischen Hot-Spot-Verkehr
i, j, k	ganzzahlige Indexvariablen
m	Dimension von M; $m = \log_2 M$
m_k	gewöhnliche Momente k-ter Ordnung einer Zufallsvariablen
n	Dimension des Systems mit N Knoten; $n = \log_2 N$
p_i	Verteilung einer Zufallsvariablen
q	Erfolgswahrscheinlichkeit eines Bernoulli-Experiments
q_{max}	maximal verarbeitbare Verkehrsrate eines eingangsgepufferten Koppelelements
s	Anzahl der Stufen eines indirekten Netzes
t	Zeit
$\bar{v}$	binäres Komplement des Bits v
$\lfloor x \rfloor$	Untergrenze von x, d.h. die kleinste ganze Zahl i für die $i \geq x$ gilt
$\lceil x \rceil$	Obergrenze von x, d.h. die größte ganze Zahl i für die $i \leq x$ gilt
$\{x_1, x_2, ..., x_k\}$	Menge mit den Elementen $x_1, x_2, ..., x_k$
$\{x: x$ genügt der Vorschrift $A\}$	Menge der Elemente x für die die Vorschrift A gilt
B	Anzahl der Ein- bzw. Ausgänge eines symmetrischen Koppelelements
C	Chordlänge eines chordalen Ringes
D	Länge eines Puffers in einem gepufferten Koppelelement
$E[x]$	Erwartungswert einer Zufallsvariablen X
$F(t)$	Verteilungsfunktion einer Zufallsvariablen
L	Anzahl der Ebenen eines L-Level-Banyan-Netzes
M	Zahl der Knoten in einer Dimension eines quadratischen zweidimensionalen Systems; $N = M^2$
N	Systemgröße (z. B. Zahl der Prozessoren in einem System)
N_j	Anzahl der HOL-Pakete, die für Ausgang j eines Koppelelements bestimmt sind
P	Index eines Knotens; Binärdarstellung ist $P = p_{n-1} p_{n-2} \cdots p_1 p_0$

$\bar{P}$	mittlere Weglänge in einem Netz
Q	Quelle; Binärdarstellung der Adresse ist $Q = q_{n-1}q_{n-2} \cdots q_1 q_0$
R	Anzahl der parallelen Subnetze im Indra-Netz
S	Senke; Binärdarstellung der Adresse ist $S = s_{n-1}s_{n-2} \cdots s_1 s_0$
T	Tiefe eines Baumes
T_h	Länge der Hot-Spot-Phase unter dynamischem Hot-Spot-Verkehr
T_i	Zeitpunkt i
T_o	Länge der Überlast-Phase unter dynamischem Hot-Spot-Verkehr
U	Index eines Knotens; Binärdarstellung ist $U = u_{n-1}u_{n-2} \cdots u_1 u_0$
V	Index eines Knotens; Binärdarstellung ist $V = v_{n-1}v_{n-2} \cdots v_1 v_0$
VAR[x]	Varianz einer Zufallsvariable X
W	Bisektionsweite eines Netzes
Z	Zentralpuffergröße
$G\,(E,\,K)$	Graph mit Menge der Ecken E und Menge der Kanten K
$G(z)$	Erzeugende Funktion einer Zufallsvariablen
A, B	Knoten A und B eines Graphen
$\delta(G)$	Mindestzahl von Kanten, die mit einer Ecke von G verbunden sind
λ	Verkehrsrate
λ_h	Last am Hot-Spot unter Hot-Spot-Verkehr
μ	Mittelwert einer Gleichverteilung
σ	Varianz einer Gleichverteilung
ω	Wellenlänge eines Lichtsignals in einem optischen Netz
$\Delta(G)$	Maximalzahl von Kanten, die mit einer Ecke von G verbunden sind
Φ	Durchmesser eines direkten Netzes
$\Phi(s)$	Laplace-Stieltjes-Transformierte einer Zufallsvariablen
Γ	Grad eines direkten Netzes, d. h. Anzahl der Verbindungsleitungen pro Knoten
Λ	asymptotisch maximale Verkehrsrate bei der noch keine Überlast in einem Netz unter Hot-Spot-Verkehr auftritt
Π	Periode eines verallgemeinerten Chordalen Ringes
Θ	Größenordnung einer Variablen, z. B. des Netzdurchmessers

1 Einführung

1.1 Allgemeines

In Parallelrechnern und Breitbandübermittlungssystemen kommt dem Austausch von Daten eine primäre Bedeutung zu. Erst durch eine effiziente Kommunikation wird aus einer Ansammlung von Prozessoren ein Parallelrechner, der eine beabsichtigte Geschwindigkeitssteigerung auch erzielen kann; erst durch sichere Kommunikation in engen Parametergrenzen kann Telefon- und Datenverkehr schnell und zuverlässig ablaufen.

Ein breites Spektrum von Systemaspekten muß berücksichtigt werden, um den Anforderungen an eine leistungsfähige Kommunikation gerecht zu werden. Dies reicht von Übermittlungsprotokollen über Rechnerschnittstellen bis zum physikalischen Übertragungsmedium, von den Einflüssen der Prozessorarchitektur über die Parameter der Anwendung bis zur Realisierung. Eine zentrale Rolle spielt das Verbindungsnetz, über das die Kommunikation physikalisch abgewickelt wird. Auch wenn die Topologie eines Netzes oft im Vordergrund steht, darf sie doch nur in Zusammenhang mit vielen anderen Parametern gesehen werden; diese können die gleiche Topologie geeignet oder unbrauchbar machen. Abbildung 1.1 zeigt eine Reihe von Größen, die die Auswahl und Realisierung eines Verbindungsnetzes beeinflussen. Das Netz ist in eine *Systemumgebung* eingebettet, in der es die Kommunikation sicherstellen muß. Diese Umgebung beinhaltet die Struktur eines Parallelrechners oder Kommunikationssystems, sowohl in bezug auf Hardware als auch im Hinblick auf Systemsoftwareanforderungen. Die *Struktur des Verbindungsnetzes* bestimmt die Anzahl und Art der Wege zwischen miteinander kommunizierenden Knoten. Die *Realisierung* hat viele Aspekte, die von der internen Struktur von Vermittlungselementen bis zur VLSI-Implementierung reichen. Die Wegesuche sowie der Auf- und Abbau von Verbindungen im Netz, das *Routing*, muß effektiv und konfliktarm durchgeführt werden. In manchen Systemen müssen Ausfälle einzelner Hardwarekomponenten toleriert werden, so daß entsprechende *Rekonfigurationsmechanismen* vorgesehen werden müssen. Alle diese Faktoren stellen Anforderungen oder haben einen Einfluß auf die Leistungsfähigkeit des Netzes, für deren Beurteilung und Voraussage geeignete Meßgrößen definiert werden müssen.

Die Entwicklung einer Vielzahl unterschiedlicher Netze und die Bemühung um besseres Verständnis ihrer Leistungsfähigkeit spiegelt die Bedeutung dieser Systeme für die beiden wesentlichen Einsatzbereiche Parallelrechner und Breitbandübermittlungssysteme wider. In beiden Bereichen werden ähnliche Konzepte und Strukturen verwendet, für die oft jedoch unterschiedliche Begriffe benutzt werden. Während bei Vermittlungsnetzen aufgrund der Verkehrsstruktur zumeist klar vorgegebene Randbedingungen vorherrschen, die zu einer begrenzten architekturellen Vielfalt geführt haben, ist bei Parallelrechnern eine wesentlich größere Bandbreite von Netz-Prinzipien anzutreffen, da die Anforderungsparameter dieser Systeme stark von sehr vielfältigen Anwendungsprogrammen geprägt sind.

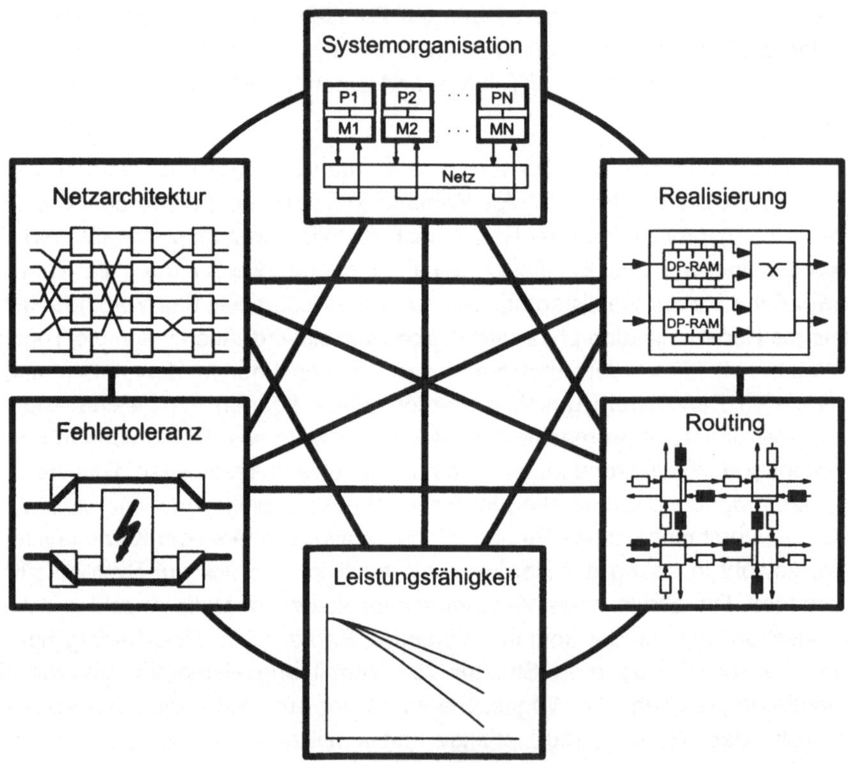

Abbildung 1.1: *Einflußgrößen auf Verbindungsnetze*

In diesem Kapitel soll zunächst eine kurze Übersicht über die Prinzipien und Parameter von Parallelrechnern und Breitbandübermittlungssystemen gegeben werden, die den größten Einfluß auf die Netzgestaltung ausüben. In einer darauffolgenden Klassifikation wird die Vielfalt der Netzkonzepte dargestellt, und die wesentlichen Merkmale von Netzen werden identifiziert.

1.2 Parallelrechner

Sowohl in der Forschung als auch im kommerziellen Bereich sind Parallel-rechner unterschiedlichster Architektur entworfen und auch realisiert worden, unter Ausnutzung der unterschiedlichsten Methoden des Datenaustausches. Da die Auswahl und Eignung einer Kommunikationsstrategie fundamental von der Rechner-architektur und den darauf abgebildeten Algorithmen abhängt, werden die wesentlichen Parallelrechnerkonzepte hier kurz diskutiert. Ausführliche Diskussionen über die Strukturen und Eigenschaften von Parallelrechnern finden sich beispielsweise in [BoB95, Hwa93, HwB84].

Zwei grundsätzliche Organisationsformen von Parallelrechnern sind die Prozessor-zu-Speicher-Struktur und die PE-zu-PE-Struktur (*PE: Prozessor-Element*). In einer *Prozessor-zu-Speicher-Organisation* (Abbildung 1.2) sprechen N Prozessoren über ein bidirektionales Netz M Speichermodule an. In vielen Systemen ist den Prozessoren auch lokaler Speicher (*Cache*) zugeordnet.

In der *PE-zu-PE-Struktur* (Abbildung 1.3) ist jedes PE ein Prozessor mit zugeordnetem Speicher; PE i ist mit dem Eingang i und dem Ausgang i eines unidirektionalen Netzes verbunden. Da ein Zugriff auf einen globalen Speicher programmtechnisch vorteilhaft ist, wird dies auch bei der PE-zu-PE-Struktur angestrebt und hat zu Konzepten des *virtuell gemeinsamen Speichers* [StZ90] geführt.

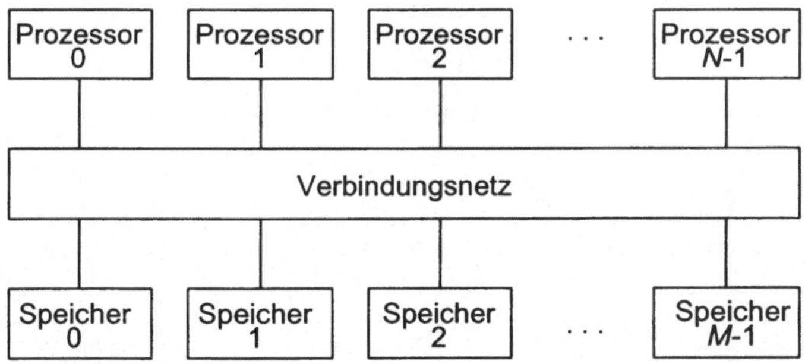

Abbildung 1.2: *MIMD-Parallelrechner in Prozessor-zu-Speicher-Organisation*

Eine einfache Klassifikation nach Flynn [Fly66] unterscheidet *SIMD-Rechner* (*Single Instruction Stream - Multiple Data Stream*) und *MIMD-Rechner* (*Multiple Instruction Stream - Multiple Data Stream*). Andere Rechnerklassifikationen existieren ebenfalls (siehe z. B. [Gil93a, Hig73, Kuc78]), haben sich jedoch gegen die einfache Klassifikation nach Flynn nicht durchsetzen können. In einem *SIMD-Rechner* sendet eine zentrale Kontrolleinheit Maschinenbefehle an die Prozessoren, die dann takt-synchron die gleichen Befehle auf unterschiedliche Daten anwenden. Abbildung 1.4 zeigt einen SIMD-Rechner mit einer PE-zu-PE-Organisation. Auch die Kommunikation erfolgt in SIMD-Rechnern synchron, d. h. alle Prozessoren senden bzw. empfangen gleichzeitig. Diese inhärente Synchronität ist der wichtigste Vorteil von SIMD-Systemen, da der Datenaustausch wesentlich vereinfacht wird; das Netz muß so aufgebaut werden, daß die Vorteile auch wahrgenommen werden.

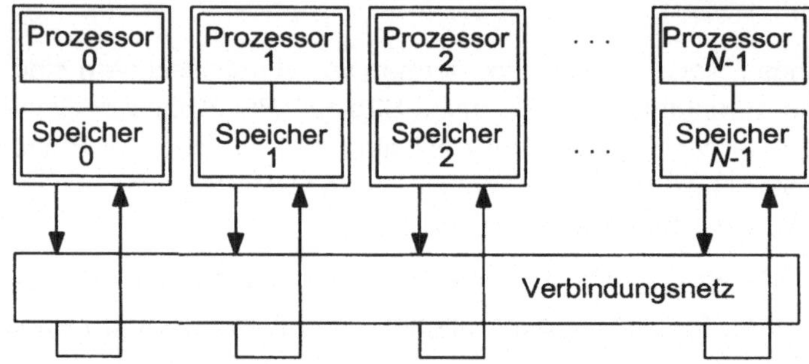

Abbildung 1.3: *MIMD-Parallelrechner in PE-zu-PE-Organisation*

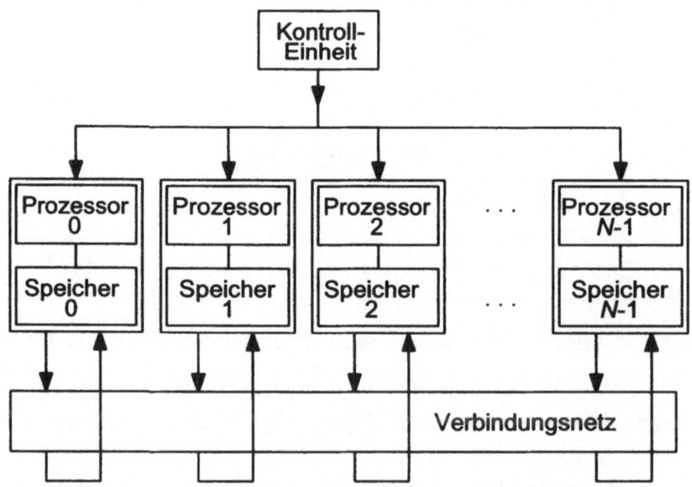

Abbildung 1.4: *SIMD-Rechner in PE-zu-PE-Organisation*

Auch in SIMD-Systemen müssen verschiedene PEs oft unterschiedliche Programmteile ausführen. Hierzu ist eine *Maskierung* der PEs möglich. Maskierte PEs sind *passiv* und damit von der Bearbeitung des aktuellen Befehls ausgeschlossen; die übrigen PEs sind *aktiv* und führen den Befehl aus. Um Maskierungen einfach zu beschreiben, kann eine WHERE/ELSEWHERE-Notation genutzt werden. Durch einen Programmteil

```
WHERE  <Bedingung 1> DO
       <Programmteil 1>

ELSEWHERE DO
       <Programmteil 2>
```

wird zunächst in der Kontrolleinheit oder in den PEs die Bedingung 1 evaluiert. Alle PEs, die dieser Bedingung nicht genügen, werden maskiert. Daraufhin sendet die Kontrolleinheit die Befehle von <Programmteil 1>, die nur von den aktiven PEs ausgeführt werden. Danach werden die PEs maskiert, die <Bedingung 1> entsprechen, und die Kontrolleinheit sendet <Programmteil 2>. Unterschiedliche Programmteile können aufgrund der Systemstruktur also nur sequentiell abgearbeitet werden; solche Serialisierungen beschränken bei vielen Algorithmen die maximale Leistungsfähigkeit einer SIMD-Maschine.

Beispiele kommerzieller SIMD-Rechner mit PE-zu-PE-Struktur sind die Connection Machine CM-2 [Bat79, Bat80, TuR88], MasPar MP-1 und MP-2 [Nic90], und MPP [Bat79, Bat80] (siehe Kapitel 11); alle diese Systeme basieren auf einer großen Anzahl einfacher Prozessoren mit 1 bis 4 Bit Wortbreite (bis zu 64K PEs bei CM2, bis zu 16K PEs bei MasPar) und können durch diese massive Parallelität enorme Verarbeitungsleistungen erreichen.

Im *MIMD-System* bearbeiten alle Prozessoren unabhängig voneinander eigene Daten mit eigenen Befehlsströmen. Sowohl die Prozessor-zu-Speicher-Organisation als auch die PE-zu-PE-Struktur sind möglich. Beispiele von MIMD-Systemen mit PE-zu-PE-Struktur sind Parsytec GC [Par94], Intel Paragon [EsK93], Suprenum [Gil88] (siehe Kapitel 11). Systeme mit Prozessor-zu-Speicher-Organisation sind IBM RP3 [PfB85], BBN Monarch [ReC90] und das Saarbrücker PRAM-System [AbD93]. Das EDS-System [HaL90] und der Manna-Parallelrechner [Gil94] haben zwar eine PE-zu-PE-Struktur, unterstützen jedoch durch virtuell gemeinsamen Speicher den Datenaustausch über Speichervariablen.

Ähnlich wie bei SIMD-Rechnern ist bei MIMD-Rechnern neben dem Datenaustausch die Synchronisation zwischen Prozessoren eine der wesentlichen Aufgaben, die vom Verbindungsnetz unterstützt werden müssen. Der Verkehr durch das Netz ist daher durch asynchrone Transfers und ungleichmäßige Verkehrsverteilungen gekennzeichnet.

Die Synchronisation zwischen Prozessoren ist bei MIMD-Systemen eine der aufwendigsten Probleme und erfordert in der Regel erhebliche Kommunikation durch das Netz. Daher wurden einerseits Verbindungsnetze entworfen, die effiziente Synchronisation erlauben (siehe kombinierende Netze, Abschnitt 6.5.3), und andererseits wurden Maschinen konstruiert, die dynamisch zwischen den SIMD- und MIMD-Betriebsarten wechseln können und so die inhärente SIMD-Synchronisation nutzen können. Beispiele sind PASM [SiS87], TRAC [SeU80] und die Connection Machine CM-5 [LeA92]. Das CM-5-System nutzt *Hardware-Barrier-Synchronisation*, ein der SIMD-Methode ähnliches Prinzip [GhC94, ScD87].

Die Rechnerstruktur bedingt Anforderungen an die Organisation des Netzes. Die PE-zu-PE-Organisation erfordert lediglich unidirektionalen Datentransport von PE zu PE. Dies kann mit einer *gefalteten Netzorganisation* erreicht werden, wie in Abbildung 1.5 gezeigt. Ein Quellen-PE sendet Daten in das Netz, die in einem Schritt oder durch Zwischenvermittlung anderer PEs ihr Ziel erreichen. Auch *einseitige Netze* werden hier genutzt, bei denen Nachrichten über bidirektionale Leitungen in das Netz gesendet und von dort empfangen werden (Abbildung 1.6). In einer Prozessor-zu-Speicher-Organisation muß die Möglichkeit bestehen, Daten von Prozessoren zum Speicher (Schreiboperation) und umgekehrt (Leseoperation) zu senden. Eine Leseoperation erfordert dabei im Regelfall zunächst die Übermittlung der zu lesenden Adresse vom Prozessor zum Speicher, und danach die Übertragung einer Antwort in Form des gelesenen Speicherwortes. Dies kann über ein *bidirektionales Netz* geschehen, in dem der gleiche Weg für Hin- und Rücknachrichten genutzt wird (Abbildung 1.7). Problematisch ist dabei, daß Hin- und Rücknachrichten sich gegenseitig beeinflussen oder auch behindern können; durch ein System mit *getrennten Hin- und Rück-Netzen* (Abbildung 1.8) kann dies vermieden werden.

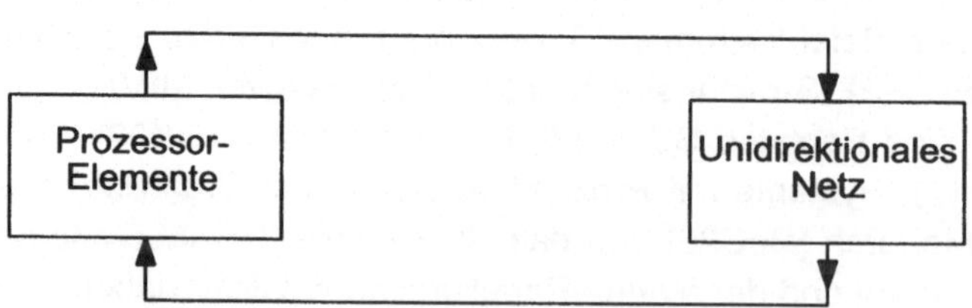

Abbildung 1.5: *System mit gefaltetem Netz*

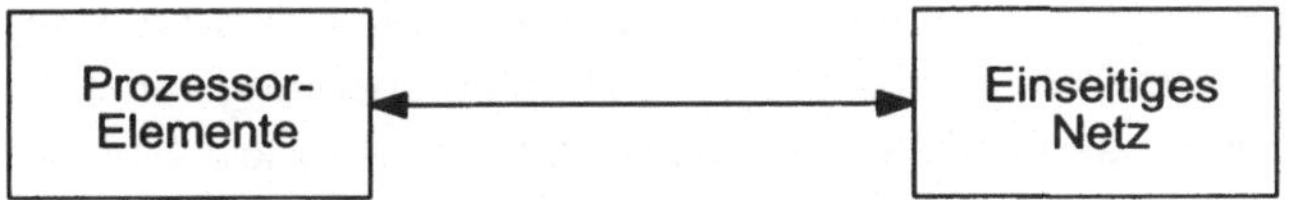

Abbildung 1.6: *System mit einseitigem Netz*

Abbildung 1.7: *System mit bidirektionalem Netz*

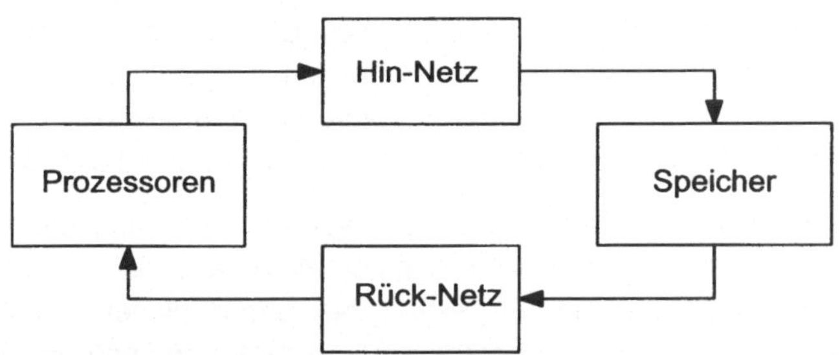

Abbildung 1.8: *System mit Hin- und Rücknetz*

Der parallelen Programmierung besonders zugänglich ist das *PRAM-Modell* (*Parallel Random Access Machine*) [AlG89], dem ein MIMD-System mit Prozessor-zu-Speicher-Architektur zugrunde liegt. Während sich Algorithmen besonders effizient auf eine PRAM-Maschine abbilden lassen, ist die Implementierung schwierig, da das Verbindungsnetz schnelle und komplexe Speicherzugriffe ermöglichen muß. PRAM-Modelle werden entsprechend der erlaubten Speicherzugriffe unterteilt. Können mehrere Prozessoren gleichzeitig von derselben Speicheradresse lesen, so ist dies ein *Concurrent Read Modell* (*CR*). Sind nur Einzelzugriffe möglich, so wird von *Exclusive Read* (*ER*) gesprochen. Eine entsprechende Einteilung in *Concurrent Write* (*CW*) und *Exclusive Write* (*EW*) gilt auch für Schreibzugriffe. Besonders häufig werden

CR-EW-Modelle genutzt, da sie einen Kompromiß zwischen Möglichkeiten und Realisierbarkeit darstellen. Über Ansätze zur Implementierung von CR-EW-Maschinen berichtet beispielsweise [AbD93]. Im Abschnitt 6.5.3 über kombinierende Netze werden Techniken dargestellt, mit denen die in PRAM-Systemen unerläßlichen gleichzeitigen Speicherzugriffe ermöglicht werden.

1.3   Übermittlungssysteme

Abbildung 1.9 zeigt ein klassisches Telefonsystem mit Vermittlungsstellen und Übertragungsstrecken. In einer Vermittlungsstelle werden Gesprächsteilnehmer miteinander verbunden, während auf den Übertragungsstrecken viele Gespräche gebündelt und so zwischen Vermittlungsstellen übertragen werden. Das Telefonsystem ist ein *hierarchisches Netz*, in dem möglichst effektiv Kommunikation zwischen Teilnehmern ermöglicht wird. Die einzelnen Vermittlungsstellen sind Verbindungsnetze, die zwischen einer großen Zahl von Teilnehmern gleichzeitige Verbindungen herstellen können. Diese Netze waren ursprünglich in Analogtechnik konzipiert und stellten im lokalen Bereich ausschließlich eine physikalische Verbindung zwischen den Gesprächspartnern bereit (Durchschaltevermittlung, siehe Abschnitt 2.7). Das Bestreben nach reduzierter Komplexität und hoher Leistungsfähigkeit der Vermittlungsstellen führte zu intensiven Forschungen insbesondere im Bereich der mehrstufigen Permutationsnetze, wie sie in Kapitel 7 diskutiert werden [Ben65, Clo53].

Vermittlungsstellen sind durch die Möglichkeit der *zentralen Steuerung* gekennzeichnet, die bei vielen Parallelrechnern nicht akzeptabel ist. So sind bei einem Parallelrechner mit gemeinsamem Speicher die erforderlichen Verbindungen von Speicherzugriff zu Speicherzugriff verschieden, so daß eine zentrale Verwaltung des Verbindungsaufbaus zu einem Engpaß führen würde. Auch kann keine deterministische Voraussage über die Verteilung der Zugriffe von Prozessoren auf Speicher gemacht werden, so daß es zu lokalen Überlastungen des Netzes kommen kann. Bei einem Telefongespräch hingegen steht mehr Zeit zum Verbindungsaufbau zur Verfügung, während Verbindungen über längere Zeit bestehen bleiben. Eine zentrale Steuerung der Vermittlungsstellen ist also möglich. Diese Steuerung kann über die Verbindungsannahme auch die Auslastung des Netzes kontrollieren und so Überlastsituationen vermeiden.

Die Sprachübertragung stellt heute nur noch einen kleinen Teil der verfügbaren Telekommunikationsdienste dar. Während Telefax-Übertragung und Datenübertragung per Modem oft noch über Sprachkanäle geleitet werden, ist für die Rechnerkommunikation und insbesondere für Multimedia-Anwendungen mit Bewegtbildübertragung ein Hochgeschwindigkeitszugang zum Kommunikationsnetz erforderlich. Dies wird heute durch gemeinsame diensteintegrierte, digitale Netzzugänge für Daten und Sprache zur Verfügung gestellt (Abbildung 1.10); ein Beispiel ist *ISDN*, das *Integrated Services Digital Network*. Die Integration verschiedener Dienste stellt höchst unterschiedliche Anforderungen an die Datenübertragung. Beispielsweise reicht die erforderliche Datenrate von 64 Kbit/s für digitale Telefonübertragung bis 100 MBit/s für Bewegtbildübertragung und darüber hinaus. Manche Dienste wie die reine Rechnerdatenübertragung sind zeitunkritisch, während andere Dienste hohe Anforderungen an Isochronität stellen, z. B. die Echtzeit-Videoübertragung. Manche Dienste liefern einen gleichmäßigen Verkehrsstrom (z. B. Daten- und Sprachübertragung), während andere ausgeprägte Schwankungen aufweisen (z. B. komprimierte Bildübertragung). In Kapitel 12 wird als Grundlage der Leistungsbewertung von Netzen das Verkehrsverhalten verschiedener Quellen modelliert.

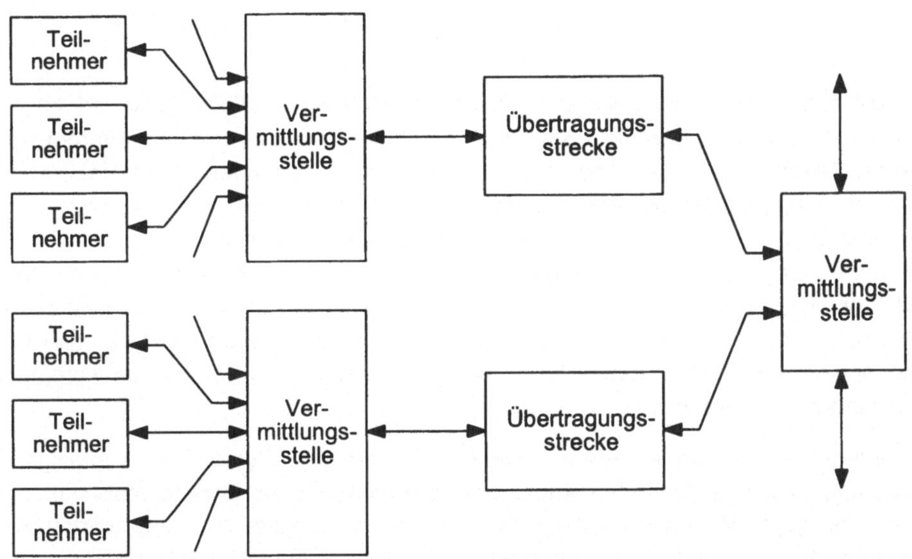

Abbildung 1.9: *Kommunikationssystem mit Vermittlungsstellen und Übertragungsstrecken*

Den Problemen, die durch die unterschiedlichen Anforderungen an die Dienste entstehen, kann durch dienstespezifische Vermittlungen und Übertragungskanäle entgegengewirkt werden. In einem solchen System kann ein Teilnehmer zwar alle Dienste am gleichen Zugang einspeisen, jedoch werden die Dienste klassifiziert und im Kommunikationssystem je nach Typ z. B. über Video- oder Datenkanäle übertragen. Diese Trennung erleichtert die Verwaltung des Systems, da sich die Dienste mit ihren unterschiedlichen Anforderungen nicht gegenseitig beeinflussen. Der wesentliche Nachteil ist die Notwendigkeit paralleler Kanäle mit entsprechender paralleler Hardware, deren Bandbreite nicht gegenseitig nutzbar ist.

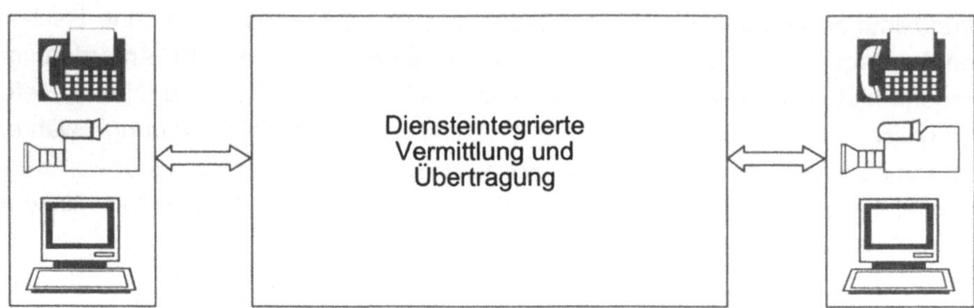

Abbildung 1.10: *Diensteintegrierte Vermittlung und Übertragung*

Mit fortschreitender Digitalisierung des Telekommunikationsnetzes erfolgt zur Zeit ein Übergang zu diensteintegrierter Vermittlung und Übertragung. Hierbei werden alle Nachrichten, unabhängig vom Typ, einheitlich behandelt. Von herausragender Bedeutung ist dabei die *ATM-Breitbandübermittlungstechnik* (*ATM - Asynchronous Transfer Mode*, siehe Abschnitt 1.6), bei der alle Kommunikationsdaten in Pakete genormter Länge, den *Zellen*, aufgeteilt werden, die auch Vermittlungsinformationen enthalten. Bei Zustandekommen einer Kommunikationsverbindung wird kein physikalischer Kanal wie im analogen Telefonnetz aufgebaut, sondern eine *virtuelle Verbindung* wird geschaffen, durch die der Weg der Datenpakete durch das Kommunikationsnetz vorgegeben wird.

· Integrierte Dienste erfordern hohe Bandbreiten des Systems und intelligente Steuerung, die u. a. für jeden Kanal eine ausreichende Bandbreite reserviert und unter Umständen Prioritäten festlegt. Für die in Vermittlungsstellen eingesetzten Verbindungsnetze hat diese Verkehrsstruktur unmittelbare Auswirkungen auf die zu erfüllenden Anforderungen. Dies reicht von der festen Paketgröße bis zu Leistungsgrößen wie maximaler Verkehrsrate, erlaubter Durchlaufzeit und akzeptablen Durchlaufzeitschwankungen. In den meisten Fällen werden für ATM-Vermittlungen mehrstufige Verbindungsnetze eingesetzt, wie sie in Kapitel 6 und 7 diskutiert werden. Von herausragender Bedeutung ist eine effiziente VLSI-Realisierung, da sehr große Netze mit 1000 oder mehr Ein- und Ausgängen realisiert werden müssen. Viele Untersuchungen der Leistungsfähigkeit von Netzen in Kapitel 7 spiegeln die Anforderungen von ATM-Systemen wider.

1.4   Multiplexverfahren

Sowohl bei Parallelrechnern als auch bei Übermittlungssystemen sind verschiedene Methoden der Datenübertragung möglich. Um die vorhandene Bandbreite des Übertragungsmediums effizient auszunutzen, werden Nachrichten von mehreren Kommunikationskanälen entweder gleichzeitig oder zeitlich verschachtelt übermittelt (*Multiplexverfahren*). Hierbei existieren mehrere Verfahren; die drei wichtigsten werden im folgenden kurz beschrieben.

Raummultiplex (*Space Division Multiplex, SDM*)

Beim *Raummultiplex* steht jedem Signal ein räumlich getrennter Kanal zur Verfügung. Die Datenströme der einzelnen Kanäle können unter Zuhilfenahme von *SDM-Koppelelementen* umgeschaltet werden. Dies ist in Abbildung 1.11 dargestellt, in der vier Eingänge mit vier Ausgängen verbunden werden können.

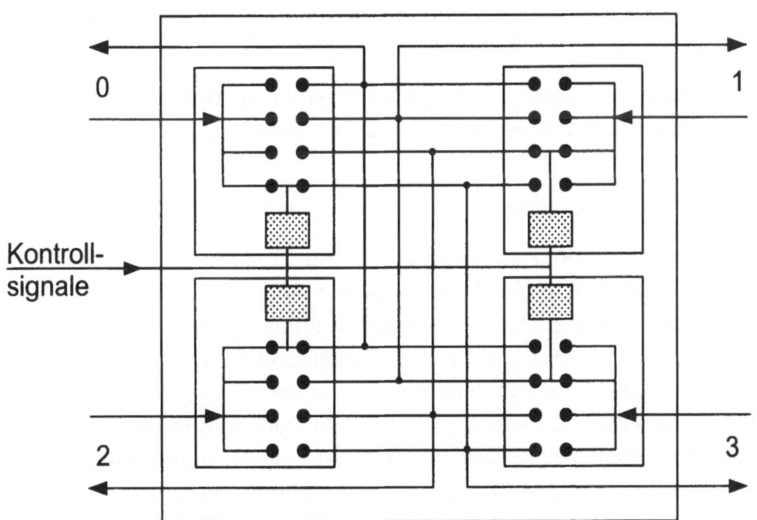

Abbildung 1.11: *SDM-Koppelelement mit vier Ein- und Ausgängen*

Frequenzmultiplex (*Frequency Division Multiplex, FDM*)

Bei diesem Multiplexverfahren steht jedem Signal ein eigener Frequenzbereich zur Verfügung. Diese Methode wird überwiegend in optischen Kommunikationssystemen eingesetzt (siehe Kapitel 9).

Zeitmultiplex (*Time Division Multiplex, TDM*)

Beim Zeitmultiplexverfahren werden die Nachrichten vieler Quellen über eine gemeinsame Übertragungsleitung zeitlich verschachtelt transportiert. Abbildung 1.12 verdeutlicht das TDM-Prinzip. Ein Multiplexer schaltet Datenbits oder Pakete von den Quellen auf die TDM-Leitung, während ein Demultiplexer diese Datenströme wieder auf die Senken verteilt. Die Übertragungsgeschwindigkeit der TDM-Verbindung beträgt somit ein Vielfaches der Datenrate jeder Quelle bzw. Senke.

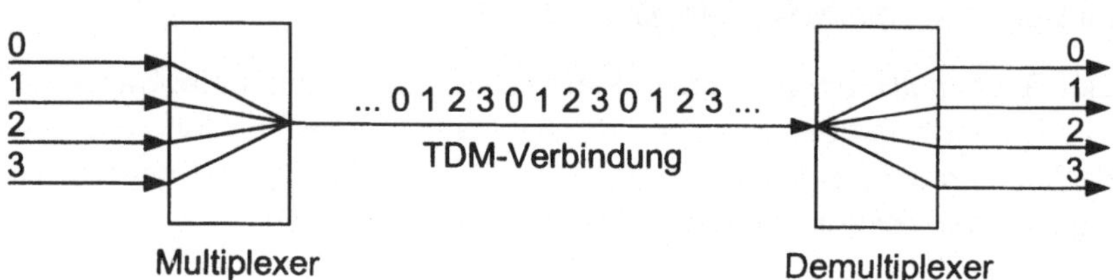

Abbildung 1.12: *TDM-Verbindung zwischen vier Quellen und Senken*

Das Zeitmultiplexverfahren läßt sich weiterhin in zwei Klassen aufteilen: das synchrone und das asynchrone Zeitmultiplexverfahren.

Synchrones Zeitmultiplex (*Synchronous Time Division Multiplex, STDM*)

Bei diesem Verfahren stehen jedem Signal Zeitintervalle isochron zur Verfügung. Hierbei wird die Zeit in gleichlange Zeitintervalle (*Zeitschlitze*) aufgeteilt. Weiterhin werden auf der STDM-Leitung periodisch wiederkehrende *Pulsrahmen* eingefügt, die jeweils aus einer festen Anzahl von Zeitschlitzen bestehen. Jedem Kanal werden dann eine feste Anzahl von Zeitschlitzen zugeordnet, wobei die Reihenfolge der Zuordnung von Kanälen zu Zeitschlitzen in allen Pulsrahmen gleich ist. Ein Empfänger detektiert zunächst den Anfang eines Pulsrahmens und kann durch die vorher festgelegte Kanalreihenfolge die in den einzelnen Zeitschlitzen des Rahmens empfangenen Signale den einzelnen Kanälen zuordnen. Diese Methode kann jedoch ineffizient sein, wenn z. B. nur wenige Kanäle Signale senden, während die anderen inaktiv sind. Dann bleiben viele Zeitschlitze unbenutzt, so daß Bandbreite des Übertragungsmediums verloren geht.

Asynchrones Zeitmultiplex (*Asynchronous Time Division Multiplex, ATDM*)

Um die Nachteile des synchronen Zeitmultiplex zu vermeiden, kann das asynchrone Zeitmultiplex eingesetzt werden. Hierbei entfallen die Pulsrahmen vollständig, und die einzelnen Nachrichtenblöcke werden in unregelmäßigen Abständen übertragen. Da keine Synchronisationsreferenz mehr für den Empfänger besteht, muß jedem Nachrichtenblock Information über dessen Länge und über die zugehörige Kanalnummer mitgegeben werden. Es können also immer dann Daten gesendet werden, wenn das Übertragungsmedium nicht belegt ist. So wird die Bandbreite des Mediums effektiv ausgenutzt. Allerdings verlängern sich hierbei die Nachrichten durch die Zusatzinformationen.

1.5   Transfermodi

Der *Transfermodus* ist ein Übermittlungsverfahren, welches einheitlich beim Übertragen, Vermitteln und Multiplexen von Nachrichten verwendet wird. Zwei wichtige Transfermodi sind der synchrone und der asynchrone Transfermodus.

Synchroner Transfermodus (*Synchronous Transfer Mode, STM*)

Beim synchronen Transfermodus wird der synchrone Zeitmultiplex (STDM) eingesetzt. Oft ist ein Wechsel der Reihenfolge der Zeitschlitze und somit die Zuordnung zu den Kanälen erforderlich, beispielsweise bei der Vermittlung innerhalb eines digitalen Kommunikationsnetzes. Hierzu finden *Zeitlagenvielfache* (*Time Slot Interchanger, TSI*) Anwendung, deren Prinzip in Abbildung 1.13 dargestellt ist.

Der eingehende Datenstrom wird in ein Eingangsregister gelesen. Dabei wird die Reihenfolge des Lesens so gesteuert, daß die gewünschte Ausgangsfolge erzielt wird. Im Beispiel aus Abbildung 1.13 soll die Reihenfolge (0 1 2 3) in die Folge (0 3 1 2) getauscht werden. Daher liest zunächst E0, gefolgt von E3, E1 und E2. Das Eingangsregister wird in ein Ausgangsregister übertragen, und die nächsten vier Daten werden in die Eingangsregister gelesen, während gleichzeitig die Ausgangsregister sequentiell auf die TDM-Leitung am Ausgang geschrieben werden.

Datenströme auf TDM-Leitungen können unter Zuhilfenahme von TSI-Elementen und SDM-Koppelelementen vermittelt werden, wie in Abbildung 1.14 dargestellt. Würden nur SDM-Koppelelemente verwendet, so können Konflikte an den Koppelelementausgängen entstehen (Nachrichten von zwei verschiedenen Eingängen wollen zur gleichen Zeit zum gleichen Ausgang). Diese *Ausgangskonflikte* können durch Zeitlagenvielfache aufgelöst werden, die den SDM-Koppelelementen vorgeschaltet sind. Die TSI-Einheiten ordnen die eintreffenden Nachrichten zeitlich so an, daß sie konfliktfrei durch das Koppelelement geleitet werden können.

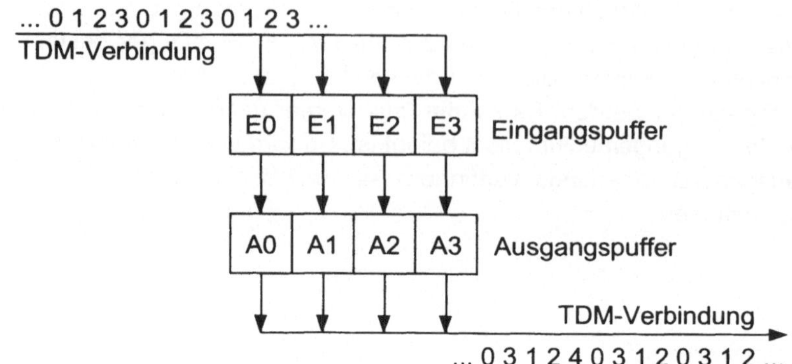

Abbildung 1.13: *Prinzip eines Zeitlagenvielfachs*

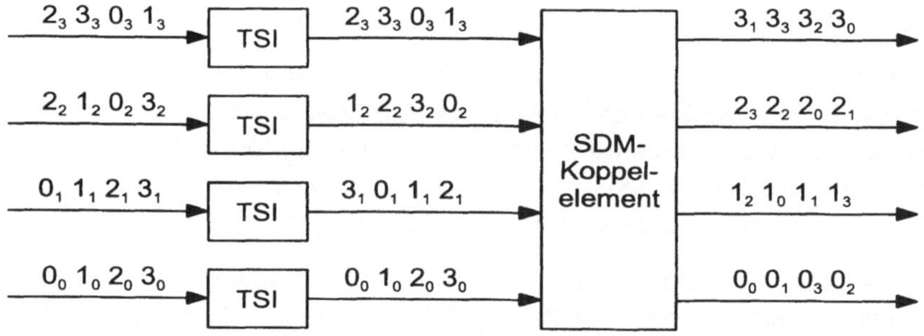

Abbildung 1.14: *Vermittlung von TDM-Datenströmen mittels TSI-Einheiten und einem SDM-Koppelelement*

Asynchroner Transfermodus (*Asynchronous Transfer Mode, ATM*)

Beim asynchronen Transfermodus wird das asynchrone Zeitmultiplex verwendet, wobei die Nachrichten in Blöcke fester Länge (*Zellen*) aufgeteilt werden. Dieser Modus wurde vom *CCITT* (*Comité Consultatif International Téléphonique et Télégraphique*) standardisiert [Cci92], wobei eine Zellänge von 53 Bytes (5 Bytes für Steuerinformationen wie z. B. Zieladresse; 48 Bytes Dateninformation) festgelegt wurde. Deshalb kann die Längeninformation im Steuerinformationsteil einer Zelle entfallen. Durch die Wahl einer festen Zellänge ist die Zeit wiederum in Zeitschlitze gleicher Länge, wie beim STDM, eingeteilt, nur fehlen die Pulsrahmen. Eine Zelle kann jeden beliebigen Zeitschlitz benutzen, solange dieser frei ist.

Zur Vermittlung von ATM-Datenströmen unter Verwendung von SDM-Koppel-elementen können keine Zeitlagenvielfache an den Eingängen der Koppelelemente verwendet werden, da durch das asynchrone Eintreffen von Zellen damit Ausgangs-konflikte nicht verhindert werden können. Vielmehr müssen FIFO-Puffer in den Koppel-elementen zur temporären Pufferung von Zellen eingesetzt werden. Diese Zellpuffe-rung wird im Kapitel 8 über ATM-Koppelelemente eingehend diskutiert.

1.6 Klassifikation von Kommunikationssystemen

Kommunikationssysteme lassen sich, abhängig von ihrer Leistung und der ver-wendeten Übertragungstechnologie, in verschiedene Klassen einteilen: *LANs* (*local area networks*), *HSLANs* (*high speed local area networks*), *MANs* (*metropolitan area networks*) und *WANs* (*wide area networks*). Diese Einteilung reflektiert auch die Ausdehnung dieser Netze. Während mit LANs Reichweiten von nur wenigen Kilome-tern erreicht werden können, sind WANs für den schnellen Datentransfer über Ent-fernungen von mehreren 100 Kilometern ausgelegt.

LANs

LANs sind gekennzeichnet durch ein breitbandiges Übertragungsmedium (meist Zweidrahtleitungen oder Koaxialkabel), verbindungslose Paketvermittlung, und durch dezentral sowie verteilt organisierte Vielfachzugriffsverfahren zur Koordinierung des Medienzugriffs und zur Konfliktauflösung. Ein weitverbreitetes LAN ist das *Ethernet*, welches auf dem *CSMA/CD-Prinzip* (siehe Abschnitt 3.1.3) beruht. Auch kommen häufig Bus- und Ringsysteme mit Token-Zugriff (siehe Abschnitt 3.2.2) zum Einsatz.

HSLANs

Diese Netze zeichnen sich ebenfalls durch ein breitbandiges Übertragungsmedi-um (meist Koaxialkabel) und durch verbindungslose Paketvermittlung aus. Jedoch werden hier kollisionsfreie Medienzugriffsverfahren verwendet. Mit diesen Netzen können Übertragungsraten von 100 Mbit/s und mehr erreicht werden, allerdings bei einer geringen Ausdehnung von nur einigen Kilometern. Eine Hauptanwendung liegt in der Kopplung von LANs (*Backbone-Netze*).

MANs

MANs sind spezielle HSLANs, bei denen ein optisches Übertragungsmedium mit einer Ausdehnung von bis zu 100 Kilometern verwendet wird. Auch werden hybride Vermittlungsverfahren benutzt, so daß Paket- und Durchschaltevermittlung zur Verfügung stehen (siehe Abschnitt 2.7). Die Hauptanwendungen dieser Netze liegen in der schnellen Sprach-, Bild- und Datenkommunikation.

In HSLANs und in MANs werden überwiegend zwei Protokolle verwendet: *DQDB* (*distributed queue dual bus*) und *FDDI* (*fiber distributed data interface*) (siehe Abschnitt 3.2). DQDB benutzt zwei gerichtete optische Busse, während FDDI auf einer optischen Doppelringstruktur mit zwei entgegengesetzt gerichteten Token-Ringen aufbaut. Ein von Alcatel angebotenes MAN zum Beispiel verwendet ein DQDB-System und stellt unter anderem ein Hochgeschwindigkeits-Backbone-Netz mit einer Datenrate von 140 Mbit/s zur Verfügung [DeJ90].

Schmalband-ISDN

Bis vor kurzem wurden noch die verschiedenen Telekommunikationsdienste wie z. B. Telefon und Telex über separate Netze angeboten. Um diese und andere Dienste über *ein* Netz zu vermitteln, ist das *Diensteintegrierende Digitalnetz* (*Integrated Services Digital Network, ISDN*) eingeführt worden. Dieses Netz faßt alle *Schmalband-Dienste* (Dienste, die mit einer Datenrate von 64Kbit/s auskommen) zusammen und basiert auf der Durchschaltevermittlung von Datenpaketen (siehe Abschnitt 2.7). Neben einer einheitlichen Benutzer/Netzschnittstelle bietet ISDN einen digitalen Basisanschluß mit zwei 64Kbit/s Nutzkanälen und einem getrennten 16Kbit/s Steuerkanal an.

Breitband-ISDN

Während im lokalen Bereich Übertragungsraten von 10 Mbit/s Standard sind, können im Weitverkehrsbereich nur in seltenen Fällen Raten, die über einige Kbit/s hinausgehen, erreicht werden. Für Dienste mit einer höheren Datenrate, wie zum Beispiel Bewegtbildübertragung, Hochgeschwindigkeits-Datenübertragung und Videokonferenzen, reichen die beschränkten Datenraten des ISDN deshalb nicht aus (vor allem im Weitverkehrsbereich). Aus diesem Grund wird intensiv an einem einheitlichen Breitbandnetz gearbeitet, dem *Breitband-ISDN* (*B-ISDN*). Dieses Weitverkehrsnetz soll am Netzzugang Datenraten von bis zu 150 Mbit/s und 600 Mbit/s bereitstellen können. Die oben erwähnten Breitbanddienste zeichnen sich durch hohe und variable Bitraten aus. Um diese Bitraten zu unterstützen, ist vom CCITT (*Comité Consultatif International Téléphonique Télégraphique*) 1988 für B-ISDN das Übertragungsverfahren ATM (siehe Abschnitt 1.5) festgelegt worden. Die hohen Bitraten können mit ATM nur durch die Benutzung von höchstintegrierten VLSI-Schaltkreisen erreicht werden. Fallbeispiele solcher Schaltkreise werden in Kapitel 11 vorgestellt.

1.7   Protokoll-Referenzmodelle

1.7.1   ISO-OSI-Schichtenmodell

In Kommunikationssystemen wie dem Internet werden Verbindungen oft über eine große Anzahl von Zwischenknoten und über unterschiedlichste Transportmedien aufgebaut, vom lokalen Ethernet zur transatlantischen Glasfaserleitung. Um einen solchen Datenaustausch zu ermöglichen, ist es erforderlich, daß sich die Teilnehmer der Kommunikationsverbindung über die Bedeutung der ausgetauschten Daten einig sind. Manche Bits des Datenstroms sind Nutzdaten, andere dienen der Datensicherung, und wieder andere werden für die Festlegung der Verbindung benötigt. Diese Einigung geschieht auf der Basis von *Protokollen*. Dabei ist ein einzelnes Protokoll meist nicht ausreichend. So beschränkt sich die Kommunikation zwischen Anwenderprogrammen im wesentlichen auf den Austausch von Nutzdaten und deren Interpretation; ein Anwender möchte und kann sich nicht um die Sicherung der Datenübertagung auf der Basis individueller Bits kümmern, da das Betriebssystem des Computers solche Details verbirgt. Für das Betriebssystem hingegen sind solche Maßnahmen der Datensicherung von hoher Bedeutung.

Um die unterschiedlichen Protokollaufgaben zu standardisieren und damit die Entwicklung von Protokollen zu vereinfachen, wurde das *ISO-OSI-Schichtenmodell* (*ISO: International Standards Organization*; *OSI: Open Systems Interconnection*) standardisiert, dessen sieben Schichten in Abbildung 1.15 dargestellt sind.

Die Schichten sind von 1 bis 7 numeriert; ihre wesentlichen Aufgaben sollen hier nur kurz dargestellt werden. Ausführliche Diskussionen hierzu finden sich beispielsweise in [Asc86, Tan81]. Ein Anwendungsprozeß tauscht Daten nur mit der obersten Schicht 7, der *Anwendungsschicht* (*application layer*) aus; der Inhalt dieser Schicht wird daher von den Benutzern bestimmt. Schicht 6, die *Datendarstellungsschicht* (*presentation layer*), führt Datentransformationen wie Kompression und Verschlüsselung durch. Die *Kommunikationssteuerungsschicht* (*session layer*) handhabt Auf- und Abbau sowie Verlauf der Kommunikation zwischen Prozessen. Die *Transportschicht* (*transport layer*) stellt zuverlässige Verbindungen zwischen den Endteilnehmern sicher und verbirgt alle Details des Kommunikationsweges. Die *Vermittlungsschicht* (*network layer*) ist für die Wegesuche verantwortlich. Die *Sicherungsschicht* (*data link layer*) garantiert einen zuverlässigen Datentransport, auch wenn während des Datentransports Fehler auftreten, während die *Bitübertragungsschicht* (*physical layer*) den Transport der Daten über das physikalische Transportmedium handhabt.

Die durch dieses Schichtenmodell ermöglichte Kommunikationsstruktur soll anhand der Verbindung zwischen zwei Anwendungsprozessen unter Nutzung eines Zwischenknotens erläutert werden, wie sie in Abbildung 1.16 dargestellt ist.

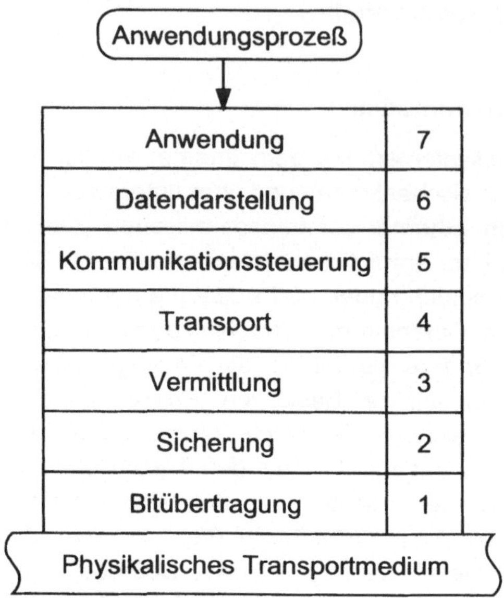

Abbildung 1.15: *ISO-OSI-Schichtenmodell*

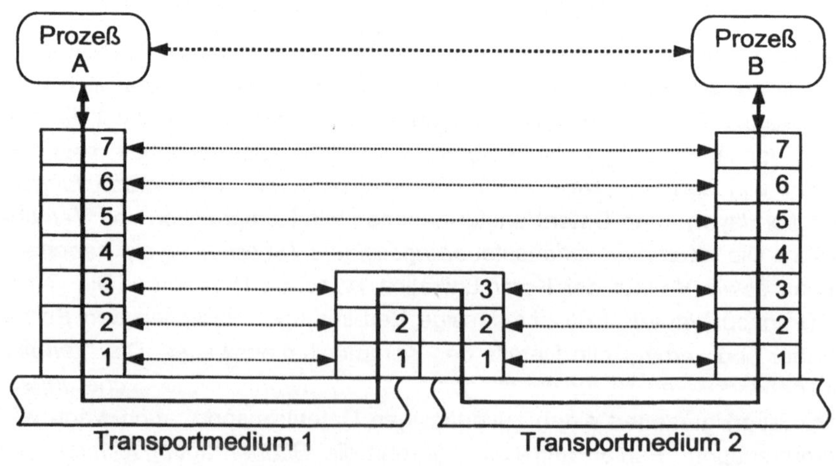

Abbildung 1.16: *Kommunikation zwischen zwei Prozessen über einen Zwischenknoten*

Die Protokolle ermöglichen den beiden Anwenderprozessen A und B durch die darunterliegenden Protokolle einen virtuell direkten, sicheren Datenaustausch, unabhängig vom Zwischenknoten oder vom Transportmedium. Auch Schichten 4 bis 7 kommunizieren virtuell direkt miteinander, jeweils unter Verwendung der darunterliegenden Protokollschichten. Erst für die Protokolle auf den Schichten 1 bis 3 ist der Zwischenknoten sichtbar; dort kommunizieren die Schichten zwischen Endteilnehmern und Zwischenknoten. Schicht 3 schafft eine Verbindung vom Datentransport auf Medium 1 zum Datentransport auf Medium 2 und verbirgt so den Zwischenknoten für die höheren Schichten.

Je nach Anwendung müssen nicht alle Schichten in einem System vorhanden sein; Funktionen können durch Hardware oder durch Software realisiert werden. Insbesondere die Funktionen der unteren Schichten wie Bitübertragung und Sicherung werden oft durch Hardwarekomponenten übernommen.

1.7.2   Protokoll-Referenzmodell des Breitband-ISDN (B-ISDN)

Für das Breitband-ISDN ist ein eigenes Referenzmodell definiert worden, welches ebenfalls auf dem Schichtenprinzip beruht [Cci91] und in Abbildung 1.17 gezeigt ist. Ein Merkmal des Modells ist die Unterteilung in eine Steuer- und eine Benutzerebene, die die untersten drei Schichten gemeinsam benutzen. Dies kommt dadurch zustande, daß im B-ISDN die Signalisierung zum Verbindungsaufbau und die Nutzdatenübertragung getrennt gesteuert werden. Auch existiert eine Managementebene, die in ein Schichten- und ein Ebenenmanagement unterteilt ist. Das Ebenenmanagement dient zur Verwaltung gemeinsamer Daten und zur Koordination der getrennten Ebenen. Im Schichtenmanagement werden schichtspezifische Parameter und Betriebsmittel verwaltet, sowie Aufgaben für Betrieb und Wartung bearbeitet.

Die unterste Schicht, die *physikalische Schicht* (*Bitübertragungsschicht, physical layer*), ist für die eigentliche Bitübertragung verantwortlich. Diese Schicht kann in zwei Subschichten unterteilt werden (dies ist in Abbildung 1.4 nicht gezeigt). In der *PM-Subschicht* (*physical medium sublayer*) werden vom physikalischen Medium abhängige Operationen ausgeführt. Diese Operationen beinhalten unter anderem Mechanismen zur Bitsynchronisation und zur elektrisch/optischen bzw. optisch/elektrischen Signalumwandlung. In der darüberliegenden *TC-Subschicht* (*transmission convergence sublayer*) findet die Umsetzung des Zellstroms in zur Übertragung geeignete Dateneinheiten statt. Hierbei werden die Übertragungsrahmen erzeugt, Zellgrenzen erkannt und die Kopffelder der Zellen mit einem Fehlerschutz versehen.

Die nächsthöhere Schicht, die *ATM-Schicht* (*ATM layer*), ist für eine vom Dienst unabhängige, abschnittsweise Übertragung von ATM-Zellen verantwortlich. Hierzu

werden Adreßfelder umgesetzt, Zellströme gemultiplext und gedemultiplext und Zell-
köpfe erzeugt bzw. entfernt.

In der dritten Schicht, der *ATM-Anpassungsschicht* (*AAL, ATM adaption layer*),
wird der Benutzer von den spezifischen Eigenschaften der ATM-Schicht abgeschirmt,
wobei diensteabhängige Funktionen ausgeführt werden. Von den höheren Schichten
erzeugte Dateneinheiten werden in der AAL-Schicht in Informationsfelder von ATM-
Zellen umgewandelt und an die ATM-Schicht weitergereicht, während aus den empfangenen Informationsfeldern wieder Dateneinheiten für die höheren Schichten extrahiert werden. Auch werden Operationen wie Fehlerbehandlung im Informationsfeld
und Flußkontrolle ausgeführt. Die AAL-Schicht ist weiterhin in zwei Subschichten
unterteilt. Die *SAR-Subschicht* (*segmentation and reassembly sublayer*) vereint Funktionen, die für alle Dienste gemeinsam in Anspruch genommen werden, während in
der *Konvergenz-Subschicht* (*convergence sublayer, CS*) diensteabhängige Funktionen
zusammengefaßt sind.

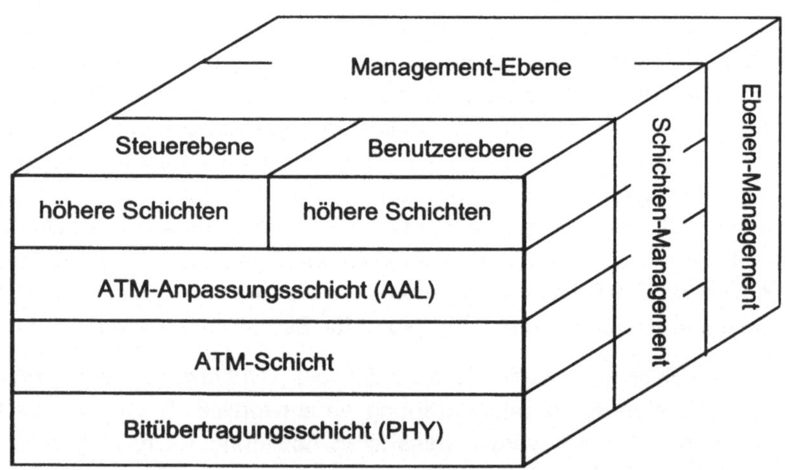

Abbildung 1.17: *Breitband-ISDN-Protokoll-Referenzmodell*

2 Unterscheidungsmerkmale

Um einen Vergleich der vielfältigen Strukturen und Eigenschaften von Verbindungsnetzen zu ermöglichen, sollen hier wesentliche Klassifikationsmerkmale diskutiert werden. Die Diskussionen basieren auf der Topologie, die auch meist als primäre Klassifikation herangezogen wird. Für die Eigenschaften und die Leistungsfähigkeit von Netzen im System sind jedoch eine Vielzahl weiterer Parameter von Bedeutung. Die hier verwendete Klassifikation gründet sich auf die Einteilung von FENG [Fen81], fügt jedoch neuere Entwicklungen ein und vertieft Aspekte, die für das spätere Verständnis wichtig sind. Um die Diskussion zu vereinfachen, wird im folgenden das PE-zu-PE-Systemmodell angenommen, sofern nichts anderes vermerkt ist.

2.1 Topologie

Die Struktur von Netzen läßt sich durch endliche Graphen repräsentieren, in denen die Kanten den Zwischenleitungen und die Knoten den Koppelelementen bzw. Prozessorelementen entsprechen; alle aus der Graphentheorie bekannten Merkmale treffen auch auf Verbindungsnetze zu. In den Abschnitten 2.1 und 2.2 werden wesentliche Eigenschaften ausgeführt, die für die Realisierungen von Netzen von Bedeutung sind. Die Topologie des Netzes beschreibt die Graphenstruktur, und Netze können in *direkte* und *indirekte* Systeme eingeteilt werden.

2.1.1 Direkte Netze

In einem direkten Netz besitzt jedes PE eine Anzahl fester Leitungen zu benachbarten PEs, entlang derer Nachrichten unmittelbar von PE zu PE gesendet werden können. Das Netz beschränkt sich somit auf Verbindungsleitungen; Vermittlungsfunktionen werden durch die PEs selbst ausgeübt, indem Nachrichten entlang der korrekten Leitung gesendet werden. Da die Verbindung zwischen Paaren von PEs ohne Möglichkeit der Rekonfiguration erfolgt, wird oft auch von *statischen Netzen* gesprochen. Abbildung 2.1 zeigt als Beispiel eine Reihe möglicher direkter Topologien; die formalen topologischen Definitionen und Eigenschaften dieser Netze werden in den Kapiteln 3 und 4 diskutiert. Da in direkten Netzen nur eine Stufe von Verbindungsleitungen existiert, wird in vielen Arbeiten die Bezeichnung *einstufige Netze* genutzt, zum Beispiel bei [Sie90]. Diese Nomenklatur wird hier nicht verwendet, um eine Verwechslung mit *einstufigen indirekten Netzen* (siehe Abschnitt 6.2) zu vermeiden.

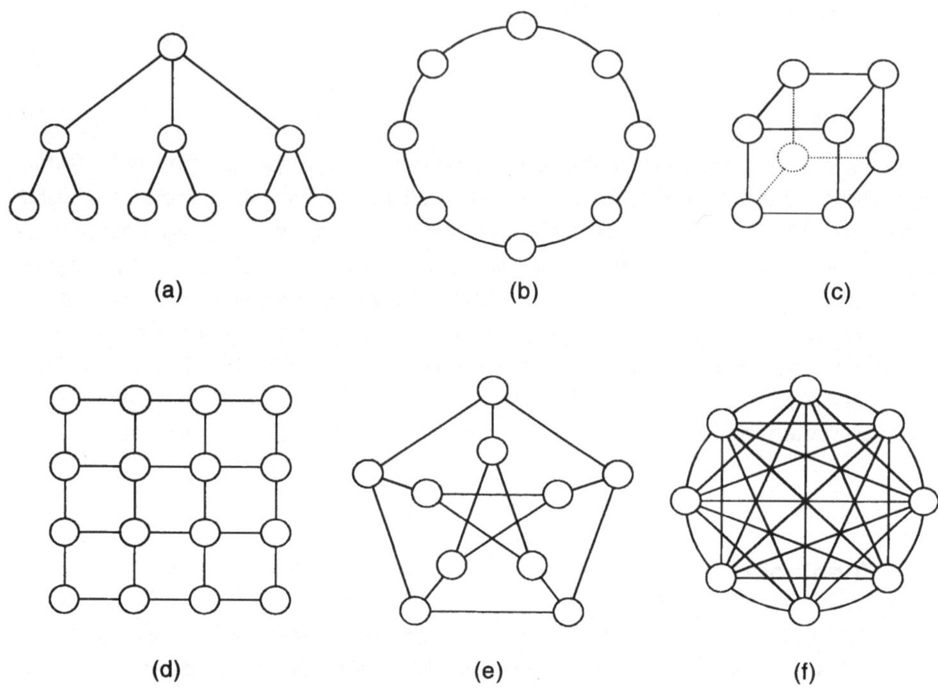

Abbildung 2.1: *Beispiele direkter Netztopologien: (a) Baum; (b) Ring-Netz; (c) Cube-Netz; (d) Gitter-Netz; (e) Petersen-Netz; (f) vollständige Vermaschung.*

2.1.2 Indirekte Netze

Ein indirektes Netz führt alle Vermittlungsaufgaben mittels aktiver Koppelelemente eigenständig durch. In vielen indirekten Netzen ist jedes PE nur über einen Ein- und einen Ausgang mit dem Netz verbunden. Die Netze bedienen sich einer oder mehrerer Stufen von Koppelelementen, in denen die Nachrichten durch das Netz geleitet werden. Abbildung 2.2 zeigt das einstufige Shuffle-Exchange-Netz als ein Beispiel eines einstufigen indirekten Netzes. Die Koppelelemente dieses Netzes haben im einfachsten Fall zwei Ein- und zwei Ausgänge und können zur Datenvermittlung die Zustände *straight* und *exchange* annehmen, wie in Abbildung 2.3 gezeigt. Durch Hinzufügen der Zustände *upper broadcast* und *lower broadcast* können Nachrichten von einem Eingang zu beiden Ausgängen vermittelt werden. Abbildung 2.4 zeigt ein Generalized-Cube-Netz als Repräsentanten eines mehrstufigen indirekten Netzes [SiN89, Sie90]. Da die Verbindungsstruktur durch die Koppelelemente den jeweiligen Eigenschaften angepaßt werden kann, wird oft der Begriff *dynamische Netze* genutzt, im Gegensatz zu den direkten "*statischen*" Netzen. Wie später bei der Diskussion der Datenvermittlung in direkten Netzen gezeigt wird (siehe Kapitel 3), ist der Übergang zwischen "statischen" und "dynamischen" Netzen durch moderne Verfahren fließend geworden, so daß in diesem Buch die Unterscheidung "direkt" und "indirekt" verwendet wird.

Indirekte Netze unterscheiden sich in der Komplexität, Größe und Funktionalität der Koppelelemente, der Anzahl der Stufen und der Struktur der Leitungsführung zwischen den Stufen. Topologien und Eigenschaften dieser Netze werden in den Kapiteln 6 und 7 behandelt.

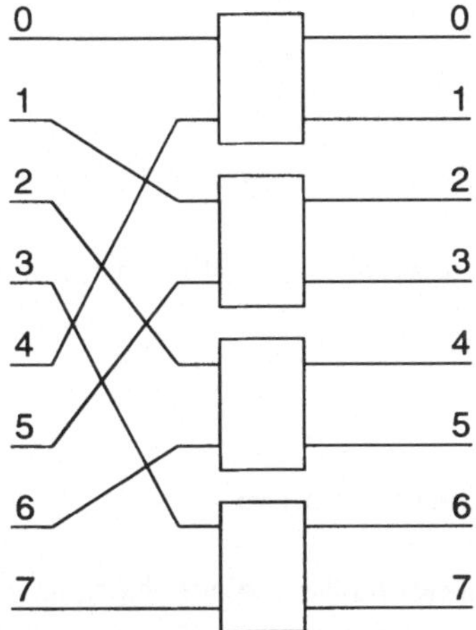

Abbildung 2.2: *Einstufiges Shuffle-Exchange-Netz mit acht Ein- und Ausgängen*

Abbildung 2.3: *Zustände eines 2x2-Koppelelementes*

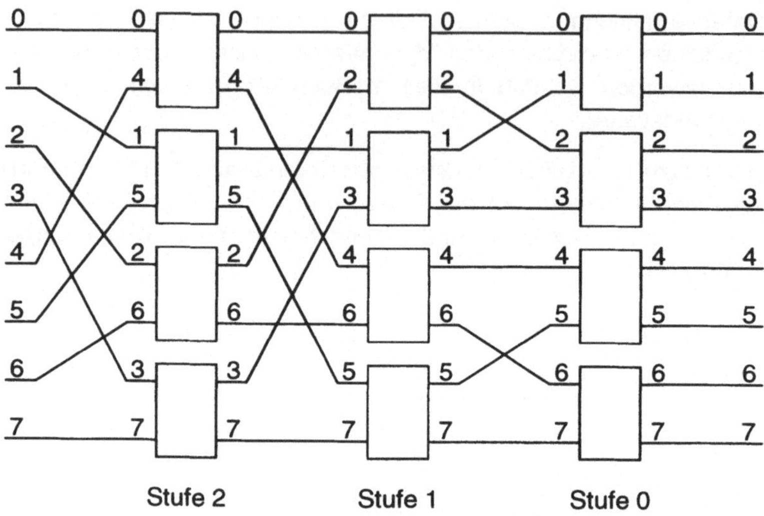

Abbildung 2.4: *Generalized-Cube-Netz mit acht Ein- und Ausgängen*

2.2 Topologische Klassifikationen

Die topologischen Charakteristiken eines Netzes können zur Beurteilung der Leistungsfähigkeit herangezogen werden. Zwar wird die im System verfügbare Kommunikationsleistung durch viele andere Parameter wie Taktrate und Wegbreite bestimmt, jedoch spiegeln sich in der Topologie fundamentale Begrenzungen der einzelnen Netze wider.

2.2.1 Durchmesser

Sind in einem Netz zwei Knoten nicht unmittelbar miteinander verbunden, so erfordert eine Kommunikation zwischen diesen Knoten, daß mehrere Verbindungsleitungen und Zwischenknoten durchlaufen werden. Der Netz-Durchmesser, der bedeutendste topologische Parameter, quantifiziert die maximale Entfernung zwischen Knoten. Je niedriger der Netz-Durchmesser, desto schneller können Daten im Mittel zwischen Knoten ausgetauscht werden. In einem Netz mit N Knoten, indiziert von 0 bis $N-1$, sei $d_{A,B}$ die minimale Anzahl von Schritten (d. h. Verbindungsleitungen), um von Knoten A zu Knoten B zu gelangen. Dann ist der *Durchmesser* Φ gegeben durch

$$\Phi = \max d_{A,B} \quad 0 \leq A < N, 0 \leq B < N \,.$$

Die Durchmesser der Netzbeispiele in Abbildung 2.1 können einfach überprüft werden: $\Phi = 1$ für die vollständige Vermaschung, $\Phi = 2$ für das Petersen-Netz, $\Phi = 3$ für das Cube-Netz, $\Phi = 4$ für den Ring und den Baum und $\Phi = 6$ für das Gitter-Netz.

In vielen Fällen kann statt eines exakten Wertes für den Durchmesser nur dessen Größenordnung Θ angegeben werden. Die Angabe der Größenordnung wird auch genutzt, um den Durchmesser für eine Klasse von Netzen anzugeben. Formal bedeutet die Angabe $\Phi = \Theta(\,f\,(n)\,)$, daß der Durchmesser von der Funktion f des Parameters n abhängt. Dabei existieren drei Konstanten c_1, c_2 und n_0 so, daß gilt

$$c_1\, f\,(n) \leq \Phi \leq c_2\, f\,(n) \qquad \text{für } n > n_0$$

Wie in Kapitel 3 weiter ausgeführt, kann der Durchmesser vieler Netze durch zusätzliche Verbindungsleitungen gesenkt werden. Werden beispielsweise im Gitter-Netz die rechten und linken Randknoten jeder Zeile direkt miteinander verbunden, so reduziert sich der Durchmesser; die Größenordnung $\Theta(\Phi)$ bleibt jedoch erhalten.

Der Durchmesser gibt eine Abschätzung des ungünstigsten Falls an. Für viele Zwecke ist eine Aussage über die *mittlere Weglänge* $\overline{P}$ jedoch sinnvoller, da sie den durchschnittlichen Kommunikationsaufwand wiedergibt. Zur Bestimmung von $\overline{P}$ muß über alle möglichen Verbindungspaare gemittelt werden:

$$\overline{P} = \frac{1}{N(N-1)} \sum_{\substack{j=0}}^{N-1} \sum_{\substack{k=0 \\ j \neq k}}^{N-1} d_{j,k}$$

Die mittlere Weglänge kann in vielen Netzen nicht allgemeingültig bestimmt werden, ähnlich wie der Durchmesser. Für die Beispiele in Abbildung 2.1 gilt $\overline{P} = 2.6$ für den Baum, $\overline{P} = 2.28$ für den Ring, $\overline{P} = 1.71$ für das Cube-Netz, $\overline{P} = 2.66$ für das Gitter-Netz, $\overline{P} = 1.66$ für das Petersen-Netz und $\overline{P} = 1$ für die Vollvermaschung.

2.2.2 Grad und Regularität

Die Anzahl der Verbindungsleitungen pro Netz-Knoten ist der *Grad* Γ dieses Knotens. Der Grad mißt die Dichte der Netzleitungen; in der Regel haben Netze mit hohem Grad einen geringen Durchmesser. In einem Netz G ist $\delta(G)$ die Mindestzahl von Verbindungsleitungen, die mit einem Knoten des Netzs verbunden sind, während $\Delta(G)$ die Maximalzahl von Verbindungsleitungen pro Knoten angibt.

Bei einem *n-regulären Netz* gilt $\Delta(G) = \delta(G) = n$; somit hat jeder Knoten den gleichen Grad $\Gamma = n$. In Abbildung 2.1 ist der Ring 2-regulär, das Cube-Netz und das

Petersen-Netz sind 3-regulär und die vollständige Vermaschung ist 7-regulär. Beim Gitter ist $\delta(G) = 2$ (für die Eck-Knoten) und $\Delta(G) = 4$ (innere Knoten), beim Baum ist $\delta(G) = 1$ und $\Delta(G) = 3$, so daß diese Netze nicht regulär sind.

2.2.3 Bisektionsweite

Werden in einem Netz der Größe N die Knoten zwei Mengen M_1 und M_2 so zugeordnet, daß $\lfloor N/2 \rfloor$ *Knoten in* M_1 und $\lceil N/2 \rceil$ Knoten in M_2 sind, so ist die Bisektionsweite $W_k(M_1, M_2)$ dieser Aufteilung durch die minimale Anzahl der Verbindungsleitungen zwischen den Knoten in M_1 und denen in M_2 gegeben. Die *Bisektionsweite* W des Netzes ist dann der minimale Wert von W_k für alle möglichen Aufteilungen. Abbildung 2.5 zeigt eine mögliche Aufteilung eines 4x7-Gitter-Netzes, aus der die kleinstmögliche Bisektionsweite $W = 5$ resultiert; andere Aufteilungen mit gleichem W oder größerem W sind möglich. Für die Beispiele in Abbildung 2.1 gilt $W = 1$ für die linearen Verbindungsstrukturen, $W = 2$ für den Ring, $W = 4$ für das Gitter und den Cube, $W = 5$ für das Petersen-Netz und $W = 16$ für die vollständige Vermaschung.

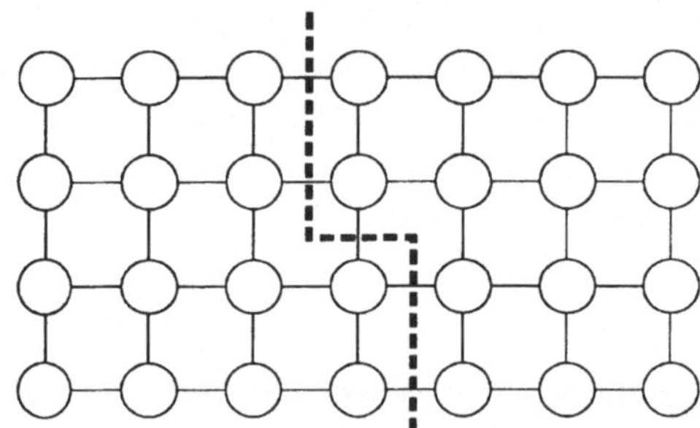

Abbildung 2.5: *Bisektion eines Gitter-Netzes mit 4x7 Knoten*

Die Bisektionsweite ist ein wichtiges Maß für die Leistungsfähigkeit des Netzes. In vielen Algorithmen ist es beispielsweise erforderlich, daß jeder Knoten der einen Hälfte des Netzes mit einem Knoten der anderen Hälfte kommuniziert. Dazu müssen alle Nachrichten im ungünstigsten Fall über W Verbindungsleitungen zwischen den Hälften geleitet werden. Somit hängt der Zeitbedarf für diese Operation direkt von W ab.

2.2.4 Symmetrie

In einem *symmetrischen Netz* sieht das Netz von allen Knoten bzw. Verbindungsleitungen (Kanten) aus betrachtet gleich aus. Mathematisch gesehen existiert in einem *knotensymmetrischen Netz* für alle Knotenpaare *A*, *B* ein Automorphismus, also eine Abbildung des Netzes auf sich selbst, so daß der Knoten *A* auf Knoten *B* abgebildet wird. Wie aus Abbildung 2.1 ersichtlich, sind Ring, Petersen-Netz, Cube-Netz und vollständige Vermaschung knotensymmetrisch, Baum und Gitter hingegen nicht.

In einem *kantensymmetrischen Netz* existiert für alle Kantenpaare *A*, *B* ein Automorphismus, so daß die Kante *A* auf die Kante *B* abgebildet wird. Ring, Petersen-Netz, Cube-Netz und vollständige Vermaschung in Abbildung 2.1 sind ebenfalls kantensymmetrisch. Die Kantensymmetrie ist eine strengere Bedingung als die Knotensymmetrie; das *Cube-Connected-Cycles-Netz* in Abbildung 2.6, das in Abschnitt 3.10 detailliert diskutiert wird ist ein Beispiel eines Netzes, das zwar knoten- nicht jedoch kantensymmetrisch ist. Bei diesem Netz kann jeder Knoten auf jeden anderen abgebildet werden, jedoch können die Kanten innerhalb der Ringe an jeder Ecke des Würfels (z. B. Kante R in Abbildung 2.6) nicht auf Kanten zwischen den Ringen (z. B. Kante Z in Abbildung 2.6) abgebildet werden.

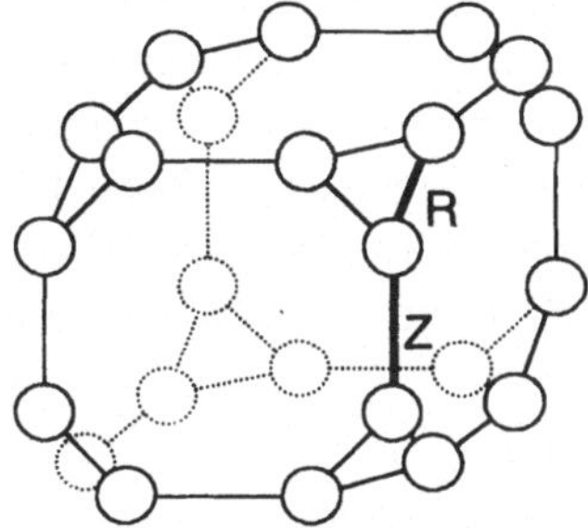

Abbildung 2.6: *Cube-Connected-Cycles-Netz mit 24 Knoten*

2.2.5 Skalierbarkeit

Insbesondere für massiv parallele Systeme mit vielen Netzknoten ist die Erweiterbarkeit mit vertretbarem Aufwand und beibehaltener Leistungsfähigkeit von essentieller Bedeutung. So muß (a) bei einer Erweiterung die bestehende Topologie im wesentlichen beibehalten werden. Im günstigsten Fall werden alle bestehenden Verbindungsleitungen erhalten, während bei einer Erweiterung nur neue Leitungen und Knoten hinzugefügt werden. Damit sich ein Netz auch für große Systeme eignet, muß (b) bei einer Erhöhung der Knotenanzahl die Kommunikationsleistung und damit die Leistungsfähigkeit des Gesamtsystems schritthalten. Schließlich darf (c) die Netzkomplexität nur beschränkt zunehmen, damit eine Hardware-Realisierung mit akzeptablen Kosten möglich ist. Eine lineare Komplexitätszunahme wird angestrebt; für die meisten Netze ergeben sich höhere Wachstumsfaktoren, z. B. $\Theta(N \log N)$. Größere Komplexitäten wie beispielsweise $\Theta(N^2)$ bei der vollständigen Vermaschung sind aufgrund der Kosten nur in Ausnahmefällen akzeptabel.

2.2.6 Permutationsmöglichkeiten

Ein wesentliches Kriterium von Netztopologien ist die Permutationsfähigkeit. Eine *Permutation* ist die gleichzeitige Kommunikation aller N Eingänge mit N Ausgängen. Während manche Netze keine Permutationen erlauben (ein Bus z. B. kann nur ein Datenwort pro Zyklus befördern), haben andere eingeschränkte Möglichkeiten. In einem Ring können beispielsweise die zwei Permutationen $k \rightarrow (k + 1)$ mod N und $k \rightarrow (k - 1)$ mod N ausgeführt werden. Komplexe Netze erlauben alle möglichen Permutationen zwischen Ein- und Ausgängen (siehe Kapitel 7).

Auf der Permutationsfähigkeit beruht ein Klassifikationsmerkmal von mehrstufigen Netzen. So ist ein Netz *blockierend*, wenn es eine Untermenge P_S der möglichen Permutationen P_M unterstützt. Permutationen aus der Menge $P_M - P_S$ führen zu Konflikten innerhalb des Netzes. Ein *rearrangierbares Netz* erlaubt alle Permutationen; hierbei müssen jedoch auch bei nur geringen Änderungen der Permutationen unter Umständen alle bestehenden Verbindungen rekonfiguriert werden. Ein *streng blockierungsfreies Netz* erlaubt alle möglichen Permutationen ohne Blockierung und ohne Rekonfiguration bestehender Verbindungen. Blockierende mehrstufige Netze sind das Thema von Kapitel 6, während rearrangierbare und blockierungsfreie Netz in Kapitel 7 diskutiert werden.

2.2.7 Partitionierbarkeit

Insbesondere bei Parallelrechnern mit sehr vielen Prozessoren ist es wünschenswert, das System in kleinere Einheiten zu partitionieren, um z. B. mehrere unterschiedliche Programme gleichzeitig ablaufen zu lassen (*Mehrnutzer-Betrieb*), mehrere Teilsysteme an unterschiedlichen Aufgaben eines Gesamtproblems arbeiten zu lassen, oder während der Programmentwicklung nicht das gesamte System blockieren zu müssen.

Das Verbindungsnetz muß eine solche Aufteilung unterstützen. Zum einen muß in jeder Partition die Kommunikation zwischen ihren Knoten möglich sein, und zum anderen darf die Kommunikation einer Partition nicht die einer anderen beeinflussen. Formal ist ein Netz der Größe N *partitionierbar*, wenn es so in K sich einander nicht beeinflussende Subnetze der Größe $N_i < N$, $0 \le i < K$ aufgeteilt werden kann, daß die Subnetze alle Eigenschaften eines Netzes besitzen, das in der Größe N_i konstruiert wurde. Dies kann durch die Ausnutzung netz-inhärenter Eigenschaften oder durch die Verwendung spezieller Hardware geschehen und wird im Abschnitt 4.1 für direkte Netze und im Abschnitt 6.3.3.4 für indirekte Netze näher behandelt.

2.2.8 Plättbarkeit

Insbesondere bei der VLSI-Realisierung von Verbindungsnetzen ist es wichtig, daß die Verbindungsleitungen zwischen Knoten möglichst wenige Überkreuzungen aufweisen. Ein *plättbarer Graph* kann so angeordnet werden, daß alle Knoten in einer Ebene liegen und die Kanten sich nicht überkreuzen. In Abbildung 2.1 sind Baum, Ring, dreidimensionales Cube-Netz und Gitter plättbar, hingegen sind der Petersen-Graph und die vollständige Vermaschung nicht plättbar. Beide indirekten Netze aus Abbildungen 2.2 und 2.4 sind nicht plättbar, was eine wesentliche Herausforderung bei der Konstruktion von Systemen mit solchen Netzen darstellt.

2.2.9 Teilgraphen, Schleifen und Einbettung

In vielen Anwendungen ist das vorhandene Netz für die Kommunikationsstruktur des auszuführenden Algorithmus nicht gut geeignet, doch kann dieser Nachteil durch die *Einbettung* eines Zielgraphen in den vorhandenen Graphen oft ausgeglichen werden. Dabei wird beispielsweise nur ein Teilgraph mit nur einer Teilmenge der vorhandenen Knoten genutzt, oder die Einbettung erfolgt durch Verwendung aller Knoten, aber nur einer Untermenge der Kanten; andere Vorgehensweisen sind möglich und werden in Abschnitt 4.6 ausführlich diskutiert. Ein einfaches Beispiel sind *Hamiltonische Zyklen*, d. h. Schleifen, die alle Knoten des Graphen umfassen. Während in den Baum in Abbildung 2.1a kein Zyklus eingebettet werden kann, ist dies beispielsweise beim Cube-Netz und beim Gitter möglich, wie in Abbildung 2.7 dargestellt.

(a)   (b)

Abbildung 2.7: *Einbettung eines Hamiltonischen Zyklus in ein (a) Cube-Netz mit acht Knoten und ein (b) 4x4-Gitter*

2.3   Schnittstellenstruktur

2.3.1   Schnittstellen in direkten Netzen

Ein direktes Netz kann im einfachsten Fall durch PEs mit je einer Eingangs- und einer Ausgangs-Netzschnittstelle konstruiert werden, wie in Abbildung 2.8 gezeigt. Prozessoren senden Daten zur Ausgangsschnittstelle, in der in einem Demultiplexer eine von K möglichen Verbindungsleitungen ausgewählt wird, entlang derer Daten von Quelle zu Senke transferiert werden [Sie90]. Im allgemeinen Fall kann sich die Anzahl der Leitungen von PE zu PE unterscheiden, ebenso wie die Anzahl von Ein- und Ausgängen pro PE. Wie auch aus Abbildung 2.8 ersichtlich, sind die PEs vielfach nur mit wenigen anderen PEs direkt verbunden. Für eine Kommunikation zwischen nicht benachbarten Prozessoren sind Zwischenschritte erforderlich. In diesem einfachen Modell entspricht jeder Zwischenschritt einem Transfer der Nachricht über die Eingangsschnittstelle in ein PE und eine Weiterleitung über die Ausgangsschnittstelle.

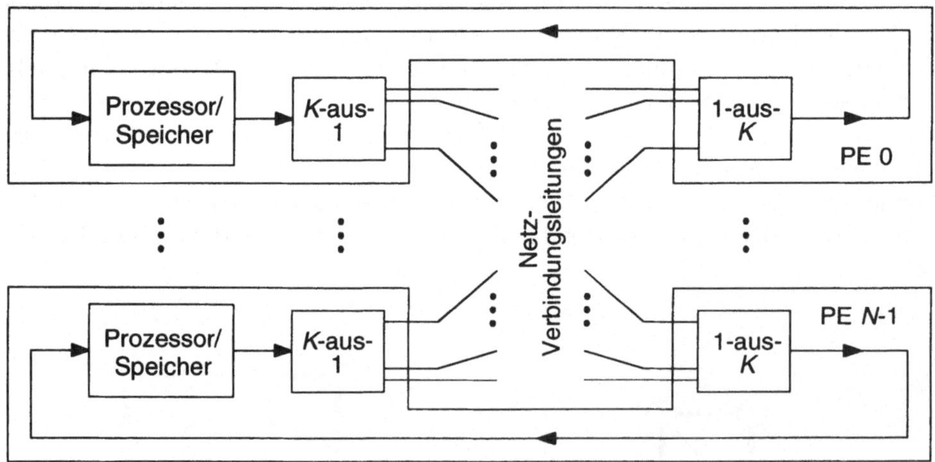

Abbildung 2.8: *Direktes Netz mit Multiplexer-Demultiplexer Schnittstellen*

Um den Zeitaufwand für solche Zwischenschritte zu reduzieren, wird die Netzschnittstelle im PE oft als Vermittlungsschalter *(Router)* entworfen, der die Eingänge direkt zu den Ausgängen vermitteln kann; der eigentliche Prozessor ist über einen oder mehrere Ein- und Ausgänge an diesen Schalter angeschlossen (siehe Abbildung 2.9). Die Kommunikationsleistung wird so erhöht, und die PEs werden von

Vermittlungsaufgaben entlastet. Da in einer solchen Struktur dynamische Schaltelemente in das Netz eingefügt sind, wird der Übergang zwischen "statischen" und "dynamischen" Netzen fließend.

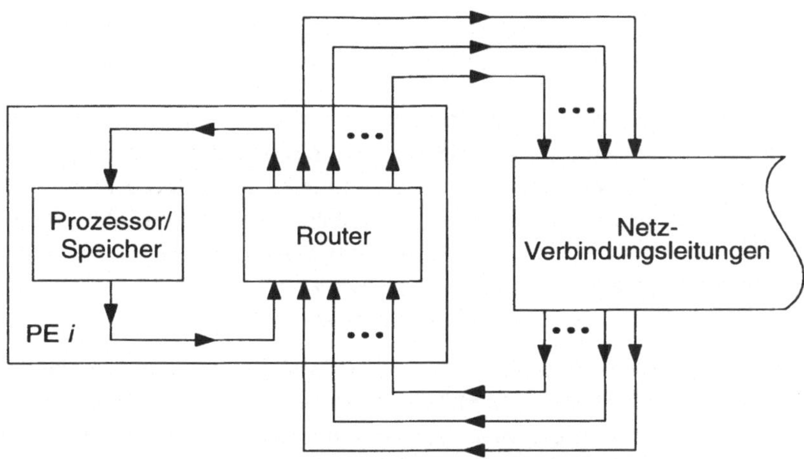

Abbildung 2.9: *Direktes Netz mit Vermittlungsschalter in der Netzschnittstelle*

2.3.2   Schnittstellen in indirekten Netzen

In den meisten indirekten Netzen hat eine Quelle nur einen einzelnen, möglicherweise bidirektionalen Zugang zum Netz, und alle Vermittlungsfunktionen werden vom Netz selbst ausgeführt. Dann sind für die Schnittstellen keine besonderen Hardwarekomponenten wie Multiplexer oder Router erforderlich. In manchen Fällen verfügt das Netz über mehrere Eingänge, wie beispielsweise beim Extra-Stage-Cube-Netz, das in Abschnitt 10.5.3 diskutiert wird. Da auch hier jedoch keine Vermittlungsfunktionen ausgeführt werden, sondern nur einer der möglichen Netzzugänge gewählt wird, entspricht die Struktur der in Abbildung 2.8 für direkte Netze.

2.3.3   Kommunikationsprozessoren

Insbesondere bei Parallelrechnern belastet die Kommunikation aufgrund der zu bearbeitenden Protokolle den Prozessor erheblich. Daher werden vielfach Schnittstellen-Prozessoren eingesetzt, die den Hauptprozessor von diesen Aufgaben entlasten. Dies kann von einfacher Hardware zur Packetierung von Nachrichten bis zu komplexen Prozessoren reichen, die wesentliche Funktionen des Betriebssystems ausführen. Ein Beispiel hierfür ist der Intel Paragon-Rechner (siehe Abschnitt 11.2.1.2), bei dem in jedem PE ein Intel i860XP-Prozessor als Kommunikationsprozessor eingesetzt wird [EsK93].

2.4   Operationsmodus

Netze können synchron oder asynchron betrieben werden; dies bezieht sich sowohl auf den Verbindungsaufbau als auch auf die eigentliche Datenvermittlung. In einem *synchronen Netz* werden Nachrichten im festen Verhältnis zu einem zentralen Takt gesendet bzw. empfangen. Dies ist beispielsweise in einem SIMD-Rechner von hoher Bedeutung, da in den erforderlichen Permutationen alle Prozessoren gleichzeitig eine Verbindung anfordern (z. B. von PE k zu $k + 1$ mod N) und Daten entlang dieser Verbindung synchron zum Befehlstakt weiterleiten.

Bei der *asynchronen* Betriebsart können PEs Verbindungen zu beliebigen Zeitpunkten anfordern, wie dies bei MIMD-Rechnern erforderlich ist. Beim asynchronen Datentransfer existiert kein globaler Takt, sondern miteinander verbundene Quellen und Senken benutzen Handshake-Protokolle oder mitgeführte lokale Takte, um Daten auszutauschen.

In einem gemischten System findet sowohl die synchrone als auch die asynchrone Strategie Anwendung. So können in einem MIMD-System beispielsweise Verbindungen asynchron angefordert werden, die Datenkommunikation jedoch über einen globalen Takt zentral synchronisiert sein.

Der Operationsmodus kann unabhängig auf unterschiedliche Kommunikationsphasen angewendet werden. So können Verbindungen synchron oder asynchron angefordert und aufgebaut werden, und unabhängig davon kann die Übertragung individueller Pakete oder auch Datenworte synchron oder asynchron erfolgen. In Kapitel 3 wird die Realisierung von synchronen und asynchronen Übertragungsprotokollen anhand von Prozessorbussen im Detail dargestellt.

2.5   Kommunikationsflexibilität

Im einfachsten Fall unterstützt ein Netz lediglich *Einzelverbindungen* (*1-zu-1*), bei denen eine Quelle nur mit einer Senke und umgekehrt kommuniziert. Vielfach ist jedoch eine Datenverteilung erwünscht, für die eine *Multicast-Fähigkeit* des Netzes erforderlich ist, bei der eine Quelle zu einer Untermenge der Senken Daten sendet.

In einem Netz mit *Broadcast-Möglichkeiten* kann eine Quelle Daten zu *allen* Senken versenden; Broadcast ist somit ein Spezialfall des Multicast. Oft ist ein gleichzeitiger Zugriff vieler Quellen auf eine einzelne Senke gewünscht, zum Beispiel beim Zugriff auf eine Synchronisationsvariable in einem System mit gemeinsamem Speicher. Der dabei entstehende Engpaß kann durch *kombinierende Netze* reduziert werden, die an das gleiche Ziel gerichtete Nachrichten zusammenfassen (siehe Abschnitt 6.5.3).

2.6 Kontrollstrategie

Ein Netz besteht in der Regel aus einer Anzahl von Koppelelementen und Verbindungsleitungen, deren dynamische Konfiguration die augenblickliche Verbindung realisiert. Bei einem *zentral* gesteuerten Netz werden alle Elemente durch eine gemeinsame Steuerung verwaltet, wie beispielsweise in Clos-Netzen [Clo53], die in Kapitel 7 diskutiert werden. Von Vorteil ist dabei die Möglichkeit, alle Ressourcen koordiniert zu nutzen, so daß eine optimale Verbindungsstruktur erreicht werden kann, allerdings unter dem Nachteil eines hohen Aufwandes zur Rekonfiguration. Zentral gesteuerte Netze können daher nur in solchen Anwendungen eingesetzt werden, bei denen die Kommunikationsstruktur über eine längere Zeitspanne konstant bleibt. Dies ist bei vielen sehr rechenintensiven Algorithmen der Fall, so daß Systeme, die speziell für diese Anwendungen konstruiert wurden, oft zentral gesteuerte Netze verwenden. Ein anderes Beispiel sind Schaltnetze in Telefonvermittlungen, die über einen zentralen Vermittlungsrechner gesteuert werden, und bei denen aufgebaute Verbindungen über eine längere Zeit – die Dauer des Telefonats – bestehen bleiben. Die individuelle Steuerung eines jeden Koppelelementes im Netz (*individual box control*) kann sehr aufwendig sein. So müssen beispielsweise in einem mehrstufigen Cube-Netz mit 256 Ein- und Ausgängen 2048 2x2-Koppelelemente gesteuert werden. Sind nicht alle möglichen Einstellungen von Bedeutung, so kann durch eine *stufenweise Kontrolle* (*central stage control*) oder eine *partielle Stufenkontrolle* (*partial stage control*) wie im STARAN Flip-Netz [Bat76] die Komplexität der Steuerleitungen erheblich verringert werden.

Bei einem *dezentral* gesteuerten System übernehmen die individuellen Koppelelemente die Steuerung, wie zum Beispiel im Generalized-Cube-Netz [Sie90]. In solchen (*self-routing*) Netzen mit selbstständiger Wegeauswahl können Verbindungen sehr schnell auf- und abgebaut werden, jedoch werden manche Möglichkeiten des Systems wegen der fehlenden Koordination nicht optimal genutzt. Dies gilt insbesondere für die Ausführung von Permutationen, da in vielen Netzen willkürliche Permutationen nur durch die gleichzeitige Berücksichtigung aller Verbindungsanforderungen möglich sind.

2.7   Vermittlungsverfahren und Datentransport

Die zwei fundamentalen Schaltmethodiken sind die Durchschaltevermittlung und die Paketvermittlung. In einem *durchschaltevermittelnden Netz* wird vor dem Datentransfer eine vollständige Verbindung zwischen Quelle und Senke aufgebaut, entlang der dann Daten transferiert werden. Dies kann auf unterschiedliche Weise geschehen; so kann ein Verbindungsaufbau zum Beispiel durch eine zentrale Steuerung erfolgen oder durch Versenden eines Vermittlungspaketes, das durch das Netz transferiert wird und dabei eine Verbindung aufbaut. In einem *paketvermittelnden Netz* werden Vermittlungsinformation und Daten zu einem Paket zusammengefaßt, das durch das Netz transferiert wird, ohne jedoch eine vollständige Verbindung aufzubauen. Im einfachsten Fall der Speichervermittlung wird ein Paket, das über mehrere Zwischenstufen vermittelt werden muß, in jeder dieser Stufen komplett zwischengepuffert (**Store-and-Forward-Methode**).

Ein charakteristisches Unterscheidungskriterium ist die Relation zwischen Vermittlungsfunktion und Datentransport. Für den Datenaustausch zwischen einer Quelle und einer Senke gibt es die Möglichkeiten der verbindungsorientierten und der verbindungslosen Kommunikation. Bei der *verbindungsorientierten Kommunikation* wird eine Verbindung zwischen Quelle und Senke etabliert, die für die gesamte Dauer der Datenübertragung genutzt wird. Die Verbindung kann in einem durchschaltevermittelnden System physikalisch über eine feste Leitung bestehen, oder sie kann in einem paketvermittelnden System lediglich virtuell existieren, indem die Pakete, aus denen die Nachricht besteht, stets über den gleichen Kommunikationsweg geleitet werden. Bei einer *verbindungslosen Kommunikation* werden Nachrichtenpakete über die jeweils günstigsten Verbindungsleitungen gesendet, wobei kein bevorzugter Kommunikationsweg existiert. Dies ist nur in einem paketvermittelnden System möglich, in dem während des Datentransports auch Vermittlungsfunktionen ausgeübt werden. Bei durchschaltevermittelnden Systemen werden nach erfolgtem Verbindungsaufbau lediglich Nutzdaten transportiert. In Kommunikationssystemen herrscht die verbindungsorientierte Kommunikation vor, sowohl im klassischen analogen Telefonnetz als auch im modernen Breitbandnetz. Bei paketvermittelnden Parallelrechnern wird je nach Netz auch die verbindungslose Kommunikation eingesetzt, beispielsweise bei direkten Netzen mit adaptiver Wegesuche (siehe Abschnitt 5.3).

In einem durchschaltevermittelnden System ist die Art des Datentransports vom Verbindungsaufbau und damit von der Schaltmethodik unabhängig. So können Daten entlang der Verbindung direkt von Quelle zu Senke geschickt werden (z. B. physikalische Verbindung wie im analogen Telefonnetz), oder der Datentransport kann über Pakete erfolgen, die durch das Netz transferiert werden, ohne jedoch Vermittlungsfunktionen auszuüben (*pakettransportierendes System*). So kann im Parsytec Supercluster eine durchschaltevermittelnde Topologie aufgebaut werden, entlang derer Verbindungen die Datenpakete verschickt werden [RoD92] (siehe Abschnitt 11.2.5).

Das *Wormhole-Routing* nutzt die Vorteile beider Schaltmethoden in Netzen, bei denen der Datentransport über Zwischenschritte erfolgt [NiM93]. Hierbei werden Pakete in kleinere Komponenten, die *Flits*, aufgeteilt. Das erste Flit enthält die Verbindungsinformation, und in jeder Stufe wird die erforderliche Verbindung aufgebaut. Nach Aufbau der Verbindung erstrecken sich die Flits eines Paketes daher über alle Stufen zwischen Quelle und Senke (solange das Paket länger als der aufgebaute Weg ist), so daß ein vollständiger Weg verfügbar ist, entlang dessen weitere Flits schnell transportiert werden können, wie in Abbildung 2.10 von PE A zu PE C gezeigt. In den meisten Systemen sind die Router und PEs zu Rechner/Kommunikationsknoten zusammengefaßt.

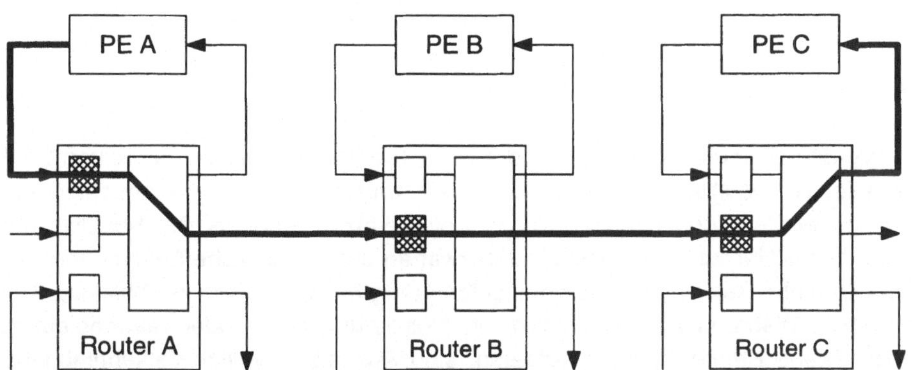

Abbildung 2.10: *Wormhole-Routing Verbindung zwischen PE A und PE C*

Die wesentlichen Vorteile des Wormhole-Routings sind die reduzierte Latenzzeit zwischen Absenden einer Nachricht und dem Empfang an der Senke sowie die variable Paketlänge, die nicht durch Pufferplatz in einer Zwischenstufe beschränkt wird. Der Nachteil ist die Möglichkeit von Verklemmungen, durch die Nachrichten nie an ihr Ziel gelangen. Die Methode und Erweiterungen wie das Mad-Postman-Routing werden in Kapitel 5 weiter ausgeführt.

Dem Wormhole-Routing verwandt ist das *Virtual-Cut-Through-Routing* in paketvermittelnden Netzen. Hier ist in einer Stufe des Netzes ausreichend Pufferplatz für die Pufferung des gesamten Paketes vorhanden, so daß Store-and-Forward-Routing möglich ist. Pakete werden durch das Netz transferiert und in jeder Stufe weitervermittelt. Ist ein Weg zur nächsten gewünschten Stufe verfügbar, so wird jedoch nicht auf das Eintreffen des gesamten Paketes in der Stufe gewartet, sondern das Paket schnellstmöglichst weitergeleitet. Damit ist es auch hier möglich, daß sich ein solches Paket über den gesamten Weg von Quelle zu Senke erstreckt. Ist die Verbindungsleitung zur nächsten Stufe nicht frei, so sammeln sich die Datenworte des Pakets jedoch in der Stufe an und werden gepuffert, bis eine Weiterleitung möglich ist. Somit kann eine längere Blockierung eines Weges wie beim Wormhole-Routing nicht auftreten.

Beispiele für Leitungsvermittlung sind das analoge Telefonnetz sowie die PASM [SiS87] und GF11-Parallelrechner [KuB93]. Integrierte digitale Kommunikationsnetze wie Breitbandnetze sowie Rechnersysteme wie RP3 [PfB85] sind Beispiele für Store-and-Forward-Paketvermittlung. Wormhole-Routing wird beispielsweise im C104-Routing-Chip für Transputersysteme genutzt, und das Verbindungsnetz des EDS-Parallelrechners [HaL90] verfügt über Virtual-Cut-Through-Routing (siehe Kapitel 11).

2.8   Konfliktauflösung

Werden Nachrichten von zwei oder mehr Quellen gleichzeitig zur selben Senke gesendte, so resultiert ein *Ausgangskonflikt*, und nur eine der Nachrichten kann vermittelt werden (Abbildung 2.11a). In vielen Netzen ergeben sich Konflikte auch *innerhalb* des Netzes, wenn Nachrichten zwar an unterschiedliche Senken adressiert sind, intern streckenweise jedoch den selben Weg benötigen, wie in Abbildung 2.11b dargestellt. Während interne Konflikte in blockierungsfreien oder rearrangierbaren Netzen (siehe Kapitel 7) nicht auftreten, sind Ausgangskonflikte verkehrsabhängig und können daher durch topologische Maßnahmen nicht umgangen werden. Manche Ausgangskonflikte werden durch kombinierende Netze vermieden, wie in Abschnitt 6.5.3 beschrieben.

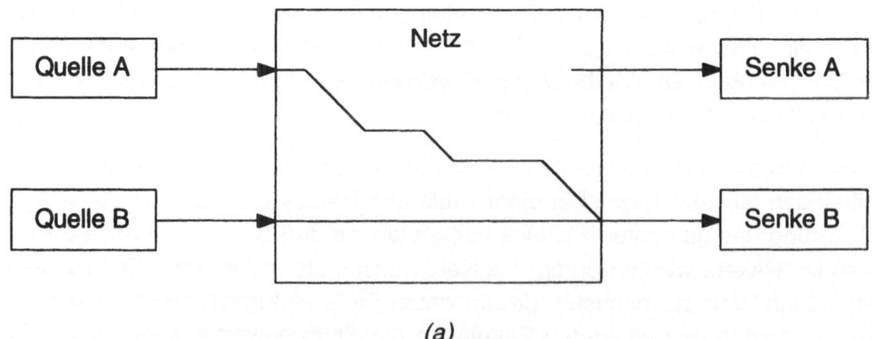

(a)

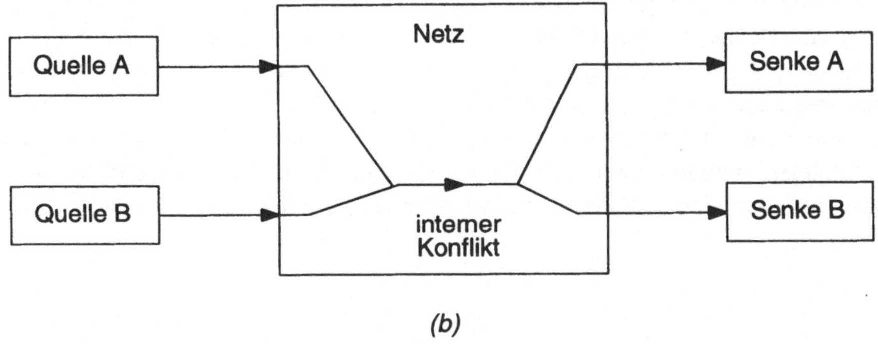

Abbildung 2.11: *(a) Zugriffskonflikt am Netzausgang; (b) Interner Netzkonflikt*

Um die zwei Typen von Netzkonflikten zu verdeutlichen, werden sie anhand eines direkten Netzes mit Wormhole-Routing sowie eines mehrstufigen indirekten Netzes diskutiert.

In einem direkten Netz mit Wormhole-Routing verfügt jede Stufe über nur wenig Pufferplatz, meist nur für ein Flit, so daß bei einer Blockierung eine Nachricht eine Verbindung nur teilweise aufbaut, von der Quelle bis zum Blockierungspunkt. In Abbildung 2.12 ist eine Verbindung von PE A über Router A bis Router B aufgebaut, die jedoch nicht bis PE C weitergeführt werden kann, da PE B die Verbindung zwischen Router B und Router C bereits blockiert; dies ist ein *interner Konflikt.* Da die Verbindung von PE B zu PE C den Eingang von PE C belegt, ergibt sich für den unteren Eingang am Router C zusätzlich ein Ausgangskonflikt. Die Routing-Philosophie im Netz, also die Steuerung der Nachrichtenwege, muß insbesondere interne Konflikte minimieren. Dies wird für direkte Netze ausführlich in Kapitel 5 dargestellt.

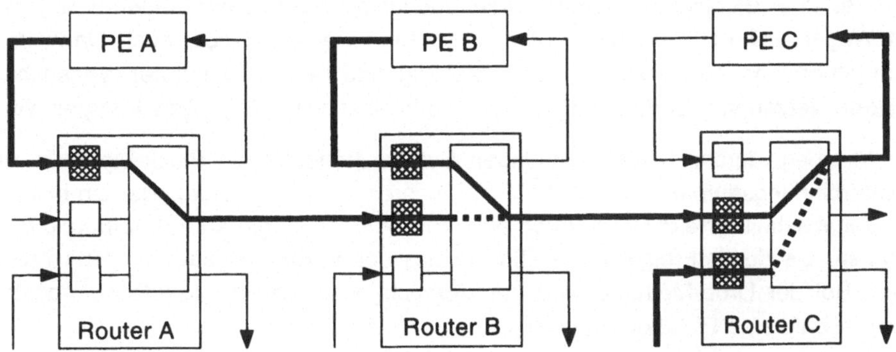

Abbildung 2.12: *Konflikte beim Wormhole-Routing in einem direkten Netz*

In vielen mehrstufigen indirekten Netzen führen bestimmte Verbindungsanforderungen zu internen Konflikten, wie in Abbildung 2.13a dargestellt. Die Verbindung vom Eingang 0 zum Ausgang 2 des Netzes belegt die Leitung zwischen den beiden Stufen, die auch für die Verbindung zwischen Eingang 2 und Ausgang 3 benötigt wird. Daher tritt in diesem Fall ein Konflikt auf, obwohl die Ausgänge für beide Verbindungen verfügbar sind. Abbildung 2.13b zeigt einen Ausgangskonflikt, bei dem wegen der bestehenden Verbindung zwischen 0 und 2 die Verbindung von 1 nach 2 blockiert wird.

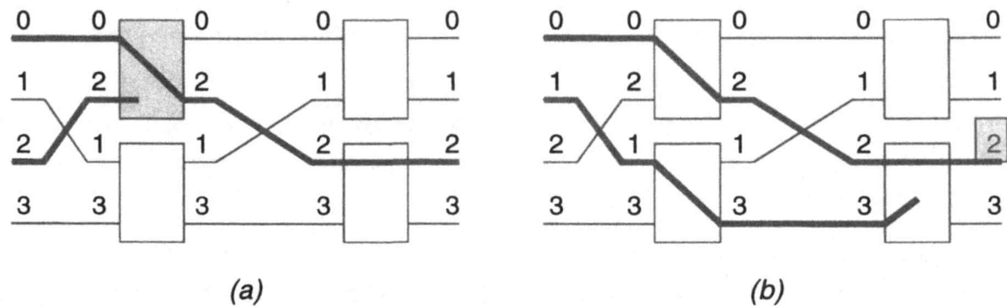

(a)   (b)

Abbildung 2.13: *Konflikte in einem mehrstufigen Cube-Netz; (a) interner Konflikt; (b) Ausgangskonflikt*

Drei prinzipielle Methoden zur Auflösung von Konflikten sind zu unterscheiden. Bei der *Block-Methode* wartet eine Nachricht, die nicht weitervermittelt werden kann, auf eine Freigabe der benötigten Verbindung. In der *Drop-Methode* wird der Vermittlungsversuch beendet, falls eine Blockierung auftritt. In der *modifizierten Drop-Methode* wird der Vermittlungsversuch erst nach einer festgelegten Wartezeit oder bei Überschreiten von Speicherkapazität abgebrochen. In einem System mit Wegumleitung wird bei einer Blockierung versucht, die Nachricht entlang eines anderen verfügbaren Weges weiterzuvermitteln; unter Umständen werden hierbei auch Umwege in Kauf genommen. Methoden der Wegumleitung sind besonders bei der Wegsuche in direkten Netzen von Bedeutung und werden in Abschnitt 5.3 im Detail dargestellt.

In einem durchschaltevermittelnden System bedeutet die Block-Methode, daß der Verbindungsaufbau durch das Netz fortschreitet, bis die Senke oder ein blockierter Wegabschnitt erreicht wird. Auch eine nur teilweise aufgebaute Verbindung bleibt erhalten, bis durch Freigabe der Blockierung der Verbindungsaufbau fortschreiten kann. Bei der Drop-Methode wird der Versuch des Verbindungsaufbaus abgebrochen, sobald eine Blockierung erfolgt.

In paketvermittelnden Netzen werden bei der Block-Methode Pakete in Puffern zwischengepuffert, wenn eine Verbindung blockiert ist. Ist der Puffer voll, so wird den vorhergehenden Stufen mitgeteilt, keine weiteren Pakete mehr zu senden (*Flußkontrolle*). Beim Drop-Verfahren werden Pakete ebenfalls zwischengepuffert, falls eine Verbindung nicht verfügbar ist. Ist jedoch kein Pufferplatz mehr verfügbar, so wird dies der vorangegangenen Stufe nicht mitgeteilt, so daß Pakete verloren gehen können.

Die Block-Methode wurde im obigen Beispiel beim Wormhole-Routing gezeigt; auch in indirekten Verbindungsnetzen für Parallelrechner wird meist die Block-Methode eingesetzt, um jeglichen Datenverlust zu vermeiden. In der Breitbandübermittlungstechnik wird meist das Drop-Verfahren eingesetzt, da verspätete Datenpakete meist nicht mehr genutzt werden können (z. B. bei der Videoübertragung). Bei Diensten, die keine Datenverluste zulassen (z. B. File-Transfer) müssen auftretende Verluste durch höhere Protokoll-Funktionen ausgeglichen werden.

2.9 Router- und Koppelelement-Architektur

Router in den Schnittstellen direkter Netze und Koppelelemente indirekter Netze haben ähnliche Hardwareanforderungen. In manchen Fällen eignen sich die gleichen Komponenten für den Einsatz in beiden Anwendungsbereichen, wie beispielsweise der Inmos C104-Router-Chip [Inm91] (siehe Abschnitt 11.2.5). In diesem Abschnitt werden einige grundlegende Eigenschaften von Koppelelementen und Routern diskutiert, die zeigen, wie die zuvor diskutierten Eigenschaften wie Kontrollstrategie, Operationsmodus, Vermittlungsverfahren usw. in starkem Maße Einfluß auf die Organisation und Realisierung dieser Bausteine haben.

2.9.1 Kontrollstrategie

In Abhängigkeit von der Kontrollstrategie des Netzes werden die Zustände eines Koppelelementes zentral oder verteilt festgelegt. In einem System mit zentraler Steuerung werden Steuerleitungen zu den Koppelelementen geführt, von denen die Verbindungen im Element bestimmt werden, wie in Abbildung 2.14 für ein $R \times S$-Koppelelement gezeigt. In einem System mit verteilter Steuerung werden Informationen der R Eingänge der Steuerlogik des Koppelelementes zugeführt, welches daraufhin den Schaltzustand festlegt (Abbildung 2.15).

2.9.2 Verbindungsstruktur

Router und Koppelelemente können unterschiedlichste Komplexitäten und Verbindungsmöglichkeiten aufweisen, teilweise aufgrund der Topologie, für die sie eingesetzt werden, teilweise aber auch aufgrund der internen Konstruktion. Diese Möglichkeiten bestimmen auch die Verbindungen, die durch das gesamte Netz ermöglicht werden; je flexibler die individuellen Koppelelemente, desto flexibler ist auch das Netz.

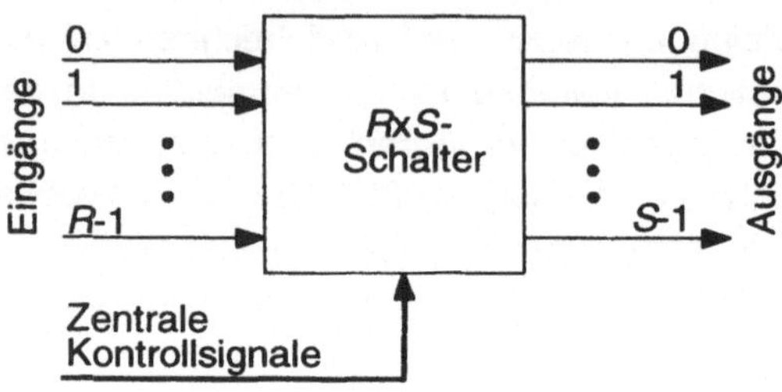

Abbildung 2.14: *Koppelelement mit zentraler Steuerung*

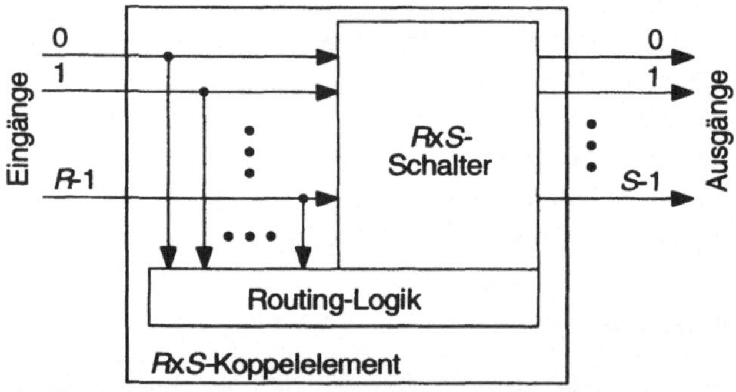

Abbildung 2.15: *Koppelelement mit verteilter Steuerung*

In Abbildung 2.3 wurden die Zustände eines typischen 2x2-Koppelelements gezeigt, wie es in vielen Netzen genutzt wird. Auch bei Netzen, die Koppelelemente mit mehr als zwei Eingängen erfordern, ist die Grundstruktur in vielen Fällen ein Crossbar-Netz [Pip75] (siehe Abschnitt 6.2.1), das sämtliche Permutationen zwischen Ein- und Ausgängen erlaubt. Alternativ dazu kann ein solches Koppelelement auch hierarchisch aus kleineren Elementen aufgebaut werden, wie in Abbildung 2.16a für vier Ein- und Ausgänge gezeigt. Ein solches Element kann unter Umständen nicht alle Permutationen ausführen; so ist zum Beispiel eine gleichzeitige Verbindung der Ein/Ausgangspaare 0 zu 1 und 1 zu 0 nicht möglich, da intern die gleiche Verbindungsleitung benutzt werden müßte.

Während bei den obigen Koppelelementen alle Eingänge *gleichzeitig* Daten zu Ausgängen leiten können, stellt ein *Selektorelement* immer nur eine einzelne Verbindung zwischen einem der Eingänge und einem der Ausgänge zur Verfügung. Solche Koppelelemente werden in Datenmanipulatoren (Kapitel 6) und in Dynamischen Redundanz-Netzen (Kapitel 10) verwendet. Eine mögliche Struktur mit einem Multiplexer und einem Verteiler ist in Abbildung 2.16b gezeigt; aufgrund des einfachen Aufbaus ist die Realisierung in der Regel weniger komplex als die der zuvor erwähnten Koppelelemente.

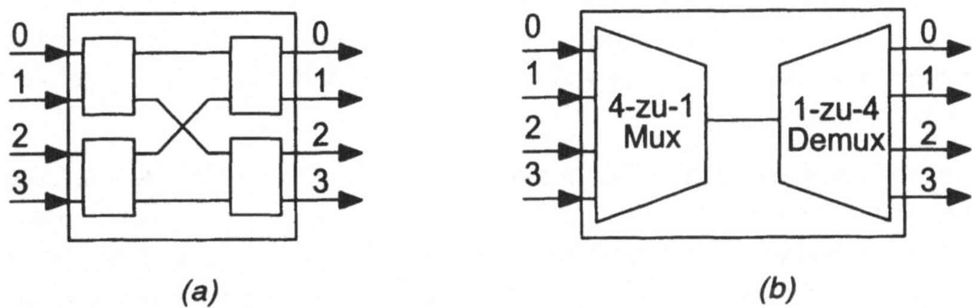

Abbildung 2.16: *(a) hierarchisches Koppelelement; (b) Selektorelement*

2.10 Testbarkeit und Fehlertoleranz

Die korrekte Funktion von Netzen ist in vielen Fällen von höchster Wichtigkeit, z. B. in Systemen, die mit der Ausführung sicherheitsrelevanter Kontrollaufgaben beauftragt sind; Testbarkeit und Fehlertoleranz des Netzes erlangen dann große Bedeutung. Der *Test* eines Netzes, also die Überprüfung auf einwandfreie Funktion, hat zwei Aspekte. Bei der *Fehlererkennung* wird festgestellt, ob ein Fehler im Netz auftritt; bei der *Fehlerdiagnose* wird dann der Fehlerort bestimmt, so daß Maßnahmen zur Fehlerbehebung eingeleitet werden können.

Soll das System trotz Auftreten eines Fehlers korrekt weiterarbeiten, so muß das Verbindungsnetz *fehlertolerant* sein. Diese Netze nutzen Redundanzen, um z. B. zwei oder mehr disjunkte Wege zwischen allen Quellen und Senken zur Verfügung zu stellen und somit auch bei Ausfall eines der Wege eine Kommunikation zu erlauben.

Die im Fehlerfall verbleibenden Eigenschaften geben den Grad der Fehlertoleranz an. So kann sich die Fehlertoleranz nur auf bestimmte Fehlerfälle beschränken oder sich auf beliebige Fehler erstrecken. Bei Fehlern kann die volle oder nur partielle Konnektivität erhalten bleiben. Beispielsweise kann es auch im Fehlerfall immer einen Weg zwischen allen Quellen und Senken geben, während die Permutationsfähigkeit eingeschränkt ist. Fehlertoleranz und Test von Netzen werden in Kapitel 10 ausführlich diskutiert.

2.11 Technologische Realisierung

Die Geschwindigkeit und Leistungsfähigkeit eines Netzes wird ganz wesentlich von der Schaltungsstruktur und der verwendeten Technologie bestimmt. Dies umfaßt einen weiten Bereich, von der physikalischen Anordnung über Leitungsführung bis zur VLSI-Technologie.

Einerseits erweitern neue Technologien die Bandbreite der Realisierungsmöglichkeiten. Ein Beispiel ist die VLSI-Technologie, die durch erheblich gesteigerte Schaltungskomplexitäten die Realisierung vieler effizienter Netz- und Koppelelement-Architekturen erlaubt, die mit diskreten Aufbauten nicht möglich wären. Dies wird in Kapitel 8 insbesondere anhand der Realisierung von Koppelelementen verdeutlicht.

Auf der anderen Seite eröffnen neue Technologien zwar großes Potential zur Leistungssteigerung, führen gleichzeitig aber zu restriktiven Randbedingungen. So ist bei optischen Netzen zwar eine wesentlich höhere Übertragungsgeschwindigkeit als bei elektronischen Schaltkreisen möglich, jedoch bestehen starke Beschränkungen beispielsweise im Bereich der Zwischenpufferung. Dies wird in Kapitel 9 näher erläutert.

3   Grundlagen direkter Netze

Direkte Netze ermöglichen die Kommunikation zwischen Knoten über feste Verbindungsleitungen, wie in Kapitel 2 beschrieben. Hier werden die Topologien und Eigenschaften wichtiger direkter Netze diskutiert; aufgrund der Vielfalt der vorgeschlagenen Netze und daraus abgeleiteter Varianten kann die Betrachtung nur unvollständig sein. Da sich die Kosten eines direkten Netzes auf Hardwareunterstützung in den Knoten und Leitungen zwischen den Knoten beschränken, benutzen viele massiv parallele Systeme direkte Netze (siehe Kapitel 11).

Die topologischen Verbindungsstrukturen direkter Netze können mittels Verbindungsfunktionen beschrieben werden. Verfügt ein Knoten Q eines Netzes über eine *Verbindungsfunktion* $f(Q)$, so werden bei Ausführen dieser Funktion Daten vom Knoten Q zum Knoten $D = f(Q)$ transferiert. Im allgemeinen Fall unterscheiden sich die verfügbaren Verbindungsfunktionen von Knoten zu Knoten wie zum Beispiel im Gitter- und Baumnetz aus Abbildung 2.1. In vielen anderen Topologien wie dem Ring- und dem Cube-Netz sind die Verbindungsfunktionen für alle Knoten gleich, so daß das gleichzeitige Ausführen einer Funktion f von mehreren Knoten (z. B. in einem SIMD-System) zur einer Permutation der Daten zwischen den Knoten führt.

Ein einfaches Beispiel ist die Funktion $f(Q) = (Q + 1)$ mod N. In einem Netz mit N PEs werden Daten durch diese Funktion zum PE mit dem nächsthöheren Index, modulo N, weitergereicht; dies entspricht einer Ringstruktur, wie sie in Abbildung 2.1b für $N = 8$ gezeigt ist.

In einem SIMD-System führen immer alle aktiven PEs den gleichen Befehl aus, so daß hier alle aktiven PEs mittels der gleichen Verbindungsfunktion Daten übermitteln. Es ist in einem SIMD-System somit immer nur eine einzelne Verbindungsfunktion aktiv. Passive PEs senden nicht, empfangen jedoch an sie gerichtete Informationen. In der Regel werden empfangene Daten in nur einem einzelnen Empfangsregister gespeichert. Daten können also verloren gehen, wenn nicht nach jedem Sendeschritt das Empfangsregister ausgelesen wird.

In einem MIMD-System werden die Befehle und somit auch die Datenübertragung unabhängig voneinander bearbeitet. Daher können hier zur gleichen Zeit unterschiedliche Verbindungsfunktionen aktiv sein; Daten werden in der Regel so gepuffert, daß keine an einem Knoten eintreffende Information verloren geht.

In diesem Kapitel werden eine Anzahl von direkten Topologien studiert; die Auswahl kann aufgrund der Vielfalt möglicher und auch in der Literatur intensiv studierter Netze nicht vollständig sein. Die hier diskutierten Netze sind von der praktischen Anwendung und der Eignung für parallele Algorithmen her jedoch die wichtigsten.

3.1   Einfache und hierarchische Busse

3.1.1   Allgemeines

Busse bilden ein einfaches und flexibles Medium des Datentransports zwischen Prozessoren und Speichern und sind daher in vielen Systemen mit einer begrenzten Anzahl von Prozessoren zu finden. Sie beruhen auf der gemeinsamen Nutzung von Transportmedien (*shared media*). Von den Teilnehmern am Bus kann daher jeweils nur einer pro Zeiteinheit aktiv sein, so daß auf Bussen ein Zeitmultiplexbetrieb (siehe Abschnitt 1.4) stattfindet. Abbildung 3.1 zeigt ein typisches Prozessor-Bussystem, in dem mehrere Prozessoren mit anderen Prozessoren und Speichern sowie I/O-Komponenten kommunizieren. Im Regelfall sind alle Transfers Speicherzugriffe, so daß der Bus in einen Daten-, Adress- und Kontrollbus unterteilt ist. Abbildung 3.2 zeigt ein Beispiel eines üblichen Kommunikations-Bussystems (z. B. Ethernet); hier werden alle Typen von Informationen über eine einzelne Leitung gesendet, so daß keine Aufteilung erforderlich ist.

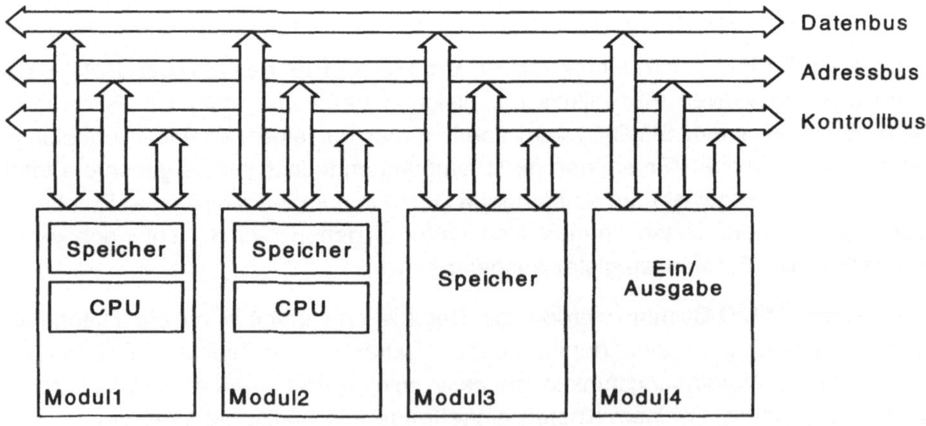

Abbildung 3.1: *Blockdiagramm eines Prozessor-Bussystems*

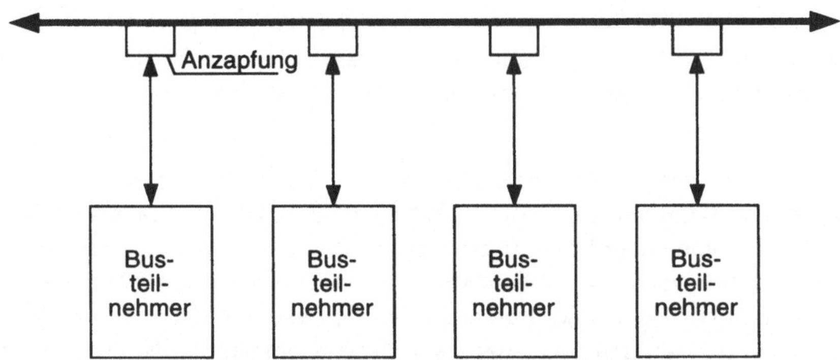

Abbildung 3.2: *Kommunikations-Bussystem*

In Bussystemen haben die Teilnehmer in der Regel nur einen Anschluß zum Bus, so daß der Grad $\Gamma_{Bus} = 1$ beträgt. Die Verbindungsfunktionen des Busses sind ein Sonderfall, da sie sich nicht auf die einzelnen Knoten sondern auf den Bus insgesamt beziehen. Daten können zwischen beliebigen Teilnehmern in einem Schritt ausgetauscht werden, so daß ein Netz-Durchmesser von $\Phi_{Bus} = 1$ resultiert. Dieser topologische Vorteil wird jedoch relativiert, da immer nur ein Datentransfer pro Bus-zyklus stattfinden kann und somit immer nur eine der Verbindungsfunktionen aktiv ist. Dies wird durch die Bisektionsweite von $W_{Bus} = 1$ sowie durch die pro Teilnehmer verfügbare Bandbreite b_{TN} verdeutlicht, die in einem Bus-System mit N Teilnehmern und einer Busbandbreite B_{Bus} lediglich $b_{TN} = B_{Bus}/N$ beträgt.

Eine hohe Leistungsfähigkeit eines busbasierten Systems ist daher nur durch eine sehr hohe Busbandbreite möglich oder setzt wenig Kommunikation über den Bus voraus. Unter diesen Voraussetzungen hat der Bus den Vorteil der linearen Erweiterbarkeit durch Hinzufügen eines zusätzlichen Knotens ohne Modifikation der Topologie.

Die wichtigsten Elemente der Buskommunikation sind der Datentransfer und die Regelung des Buszugangs, die im folgenden für Prozessor- und Kommunikations-busse diskutiert werden.

3.1.2   Datentransfer auf Prozessorbussen

Wie aus Abbildung 3.1 ersichtlich ist, findet der Datentransport in einem Prozes-sor-Bussystem in der Regel zwischen zwei Modulen statt. Grundsätzlich veranlaßt und kontrolliert eines der Module dabei den Datentransfer und ist für diesen Transfer damit der *Commander*. Ein anderes Modul reagiert auf den Commander und wird daher als *Responder* bezeichnet. So kann in Abbildung 3.1 z. B. das CPU-Modul 1 einen Datentransfer mit dem Speichermodul 3 durchführen; Modul 1 ist dann der Commander und Modul 3 der Responder. In vielen Systemen ist auch ein Multicast möglich, bei dem ein Commander im gleichen Buszyklus Daten an mehrere Responder verteilt.

In einem *synchronen Bussystem* stehen alle Transfers in einer festen Beziehung zu einem zentralen Takt, wie in Abbildung 3.3 gezeigt. Bei einem Schreibzugriff legt der Commander Daten und Adressen so auf den Bus, daß der Responder die Daten synchron zum Takt in die korrekte Speicheradresse schreiben kann. Beim Lesezugriff muß der Responder das durch die Adresse spezifizierte Wort aus dem Speicher lesen und auf den Bus legen, so daß der Commander die Daten übernehmen kann.

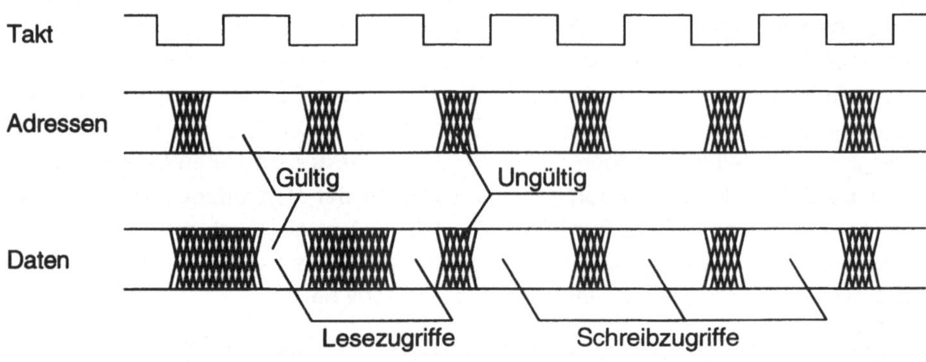

Abbildung 3.3: *Synchroner Bus-Zugriff*

Durch die Synchronität ist eine hohe Übertragungsgeschwindigkeit gewährleistet, jedoch ist die Verteilung eines sehr schnellen Taktes über physikalisch ausgedehnte Systeme schwierig. Auch ist erforderlich, daß alle Teilnehmer am Bus der durch den Takt vorgegebenen Geschwindigkeit folgen können. Dies ist insbesondere bei langsameren I/O-Systemen nicht immer gewährleistet. Im Regelfall wird eine Reduktion der Busgeschwindigkeit durch zusätzliche Signale wie READY erreicht, durch die Wartezyklen eingefügt werden.

Beim *asynchronen Buszugriff* werden Anforderung des Datentransfers und die Datenübernahme durch Handshake-Leitungen miteinander verschränkt. Abbildung 3.4 zeigt die Signalverläufe bei Schreib- und Lesezugriffen. Der Commander legt beim Lesezugriff die Speicherwortadresse auf den Bus und signalisiert dies durch das *Request-Signal*. Der Responder liest das adressierte Datenwort aus dem Speicher, legt es auf den Bus und zeigt dies durch das *Acknowledge-Signal* an. Daraufhin übernimmt der Commander das Datenwort und zeigt durch Rücknahme des Request-Signals den erfolgreichen Transfer an. Der Responder beendet den Buszyklus durch Freigabe des Datenbusses und des Acknowledge-Signals. Der Schreibzugriff unterscheidet sich lediglich darin, daß der Commander sowohl Daten als auch Adressen auf den Bus legt, und der Responder über das Acknowledge-Signal den Abschluß des Schreibvorgangs anzeigt.

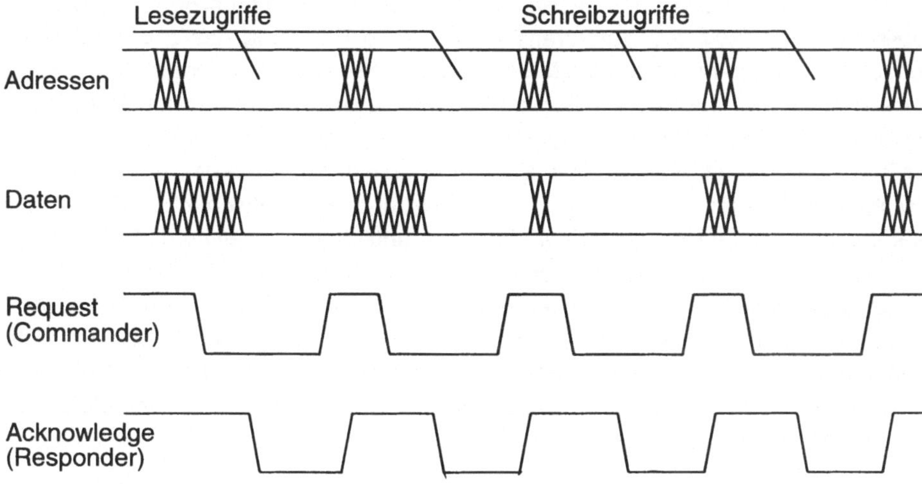

Abbildung 3.4: *Asynchrones verschränktes Bus-Zugriffsprotokoll*

Durch die Verschränkung der Signale können Komponenten unterschiedlicher Geschwindigkeit jeweils mit der höchstmöglichen Transferrate betrieben werden. Der Verzicht auf den globalen Takt erlaubt Transfers auch bei weniger kompakten Systemen. Wesentliche Komponenten der Transfergeschwindigkeit sind Zugriffszeit sowie Antwort- und Laufzeiten der Kontrollsignale. Beim verschränkten Protokoll müssen die Kontrollsignale die Strecke zwischen Commander und Responder insgesamt viermal zurücklegen, so daß bei langen Laufzeiten die Verschränkung zu einem Engpaß führen kann.

In vielen Systemen werden auch gemischte Protokolle eingesetzt, die zwar auf einen zentralen Systemtakt verzichten, aber Zugriffe mittels lokaler Takte synchronisieren.

Die hier beschriebenen Protokolle sind nicht nur auf Busse, sondern auf alle direkten und indirekten Netze anwendbar, da stets ein Datentransfer zwischen einer

Quelle und einer Senke erfolgen muß. Bei räumlich ausgedehnten Netzen wird ein synchroner Betrieb aufgrund von unterschiedlichen Signallaufzeiten zum dominierenden Engpaß für die maximale Geschwindigkeit. Auch asynchronen Transfers sind aufgrund der Laufzeitproblematik Grenzen gesetzt. Bei der praktischen Implementierung wird daher eine Verkürzung der räumlichen Distanzen durch geeignete Wahl der Strukturen und Anordnungen angestrebt.

3.1.3 Bus-Arbitrierung

Da mehrere Prozessoren über den gleichen Bus kommunizieren müssen, ist neben dem Protokoll des Datentransfers auch die Regelung des Buszugangs von Bedeutung. Im zentralisierten Verfahren teilt ein *Bus-Arbiter* aufgrund von Anforderungen durch die Module den Bus zu, wie in Abbildung 3.5 gezeigt. Benötigt ein Modul den Bus, so gibt es eine Anfrage durch *Bus-Request* an den Arbiter aus. Falls der Bus verfügbar ist, wird er über *Bus-Grant* unmittelbar zugeteilt. Andernfalls wird zwischen konkurrierenden Anfragen z. B. aufgrund von statischer Priorität, zufällig oder durch zyklische (*Round-Robin*) Methoden entschieden, welchem Modul der Bus zugeteilt wird. Da laufende Speicherzugriffe nicht unterbrochen werden dürfen, zeigt der jeweilige Bus-Commander einen laufenden Zugriff durch das *Bus-Busy-Signal* an; während Bus-Busy aktiv ist, erfolgt keine neue Zuteilung. Bei Bussen mit vielen Teilnehmern oder räumlich ausgedehnten Systemen wird die zentrale Arbitrierung wegen der erforderlichen Leitungsführung komplex, so daß dort verteilte Arbitrierungsmethoden Anwendung finden.

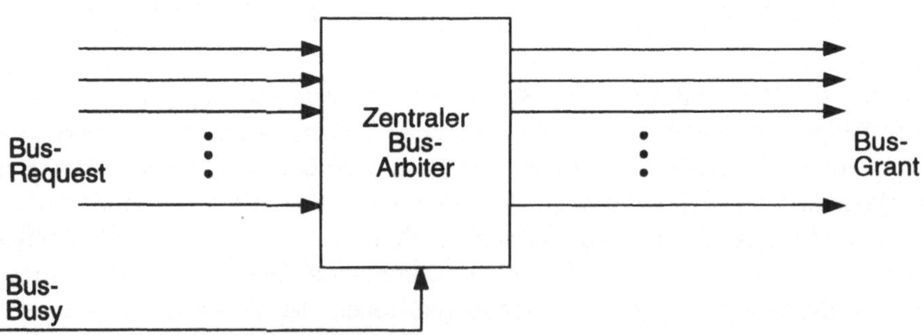

Abbildung 3.5: Zentrale Bus-Arbitrierung

In *verteilten Arbitrierungsverfahren* regelt Logik in den Busteilnehmern den Buszugang. Das bekannteste verteilte Verfahren ist das *Daisy-Chaining*, bei dem durch die physikalische Reihenfolge der Module eine feste Rangordnung der Buszuteilung bestimmt ist [HaV84]. Bei der Schaltung in Abbildung 3.6 nimmt die Priorität von links nach rechts ab. Aktiviert beispielsweise Modul 3 seinen BUS REQUEST, so erhält es einen BUS GRANT nur dann, wenn die höherwertigen Module 1 und 2 den Bus nicht benötigen. Eine höherwertige Anfrage entzieht dem niederwertigen Modul unmittelbar den BUS GRANT. Die Gesamtschaltung des Busses muß sicherstellen, daß beim Zugriff auf den Bus keine Konflikte auftreten. In der Regel geschieht dies darüber, daß ein begonnener Zugriff über den Bus immer zu Ende geführt werden kann, unabhängig von der Busarbitrierung.

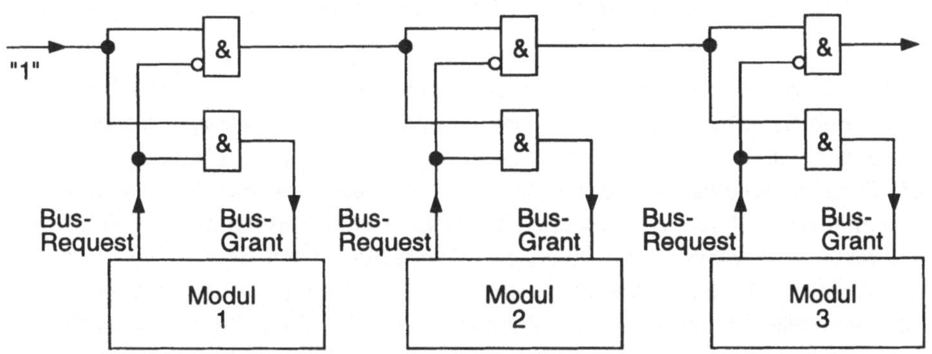

Abbildung 3.6: *Verteilte Busarbitrierung mit dem Daisy-Chaining Verfahren*

Andere Methoden erlauben auch bei verteilter Arbitrierung eine gleiche Priorität der Busteilnehmer; aus dem Bereich der Kommunikationsbusse ist das im Ethernet genutzte *CSMA/CD-Verfahren* (*Carrier Sense - Multiple Access / Collision Detection*) bekannt [Iee80]. Hierbei prüft ein Busteilnehmer durch Mithören auf dem Bus, ob zur Zeit Kommunikation stattfindet. Ist dies nicht der Fall, beginnt der Busteilnehmer mit der Datenübertragung. Besonders bei hoher Verkehrsrate beginnen häufig zwei oder mehr Teilnehmer gleichzeitig mit der Übertragung, was zu Datenkonflikten führt. Der übertragende Teilnehmer erkennt dies dadurch, daß die Information auf dem Bus von der gesendeten abweicht. In diesem Fall bricht der Teilnehmer die Nutzdatenübertragung ab und sendet einen Rausch-Burst, um alle anderen aktiven Quellen ebenfalls zum Abbruch der Datenübertragung zu zwingen. Vor einem erneuten Versuch wartet der Teilnehmer eine bestimmte Zeit; die Wartezeit nimmt mit der Anzahl erfolgloser Versuche exponentiell zu. Aufgrund dieses Protokolles liegt der erreichbare Datendurchsatz deutlich unter dem physikalisch möglichen.

In vielen Fällen ist es nicht möglich, die übertragenen Daten auf ihre Richtigkeit hin zu überprüfen, beispielsweise aufgrund von Laufzeiten wie bei der Datenübertragung mittels Satelliten. Dann kommen häufig Aloha-Protokolle zum Einsatz, die den CSMA-Ansätzen ähnlich sind, jedoch keine Überprüfung auf bereits laufende Übertragungen durchführen. Abbildung 3.7 zeigt die Vorgehensweise beim einfachen *Aloha-Protokoll* [Tob80].

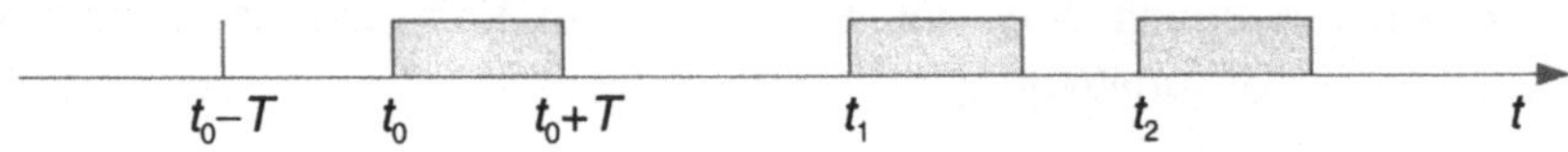

Abbildung 3.7: *Einfaches Aloha-Protokoll*

Eine Anzahl von Quellen können beim Aloha-Protokoll auf das gleiche Medium (z. B. einen Satellitendatenkanal) zugreifen und zu einem beliebigen Zeitpunkt senden. Eine Quelle sendet beispielsweise zum Zeitpunkt t_0 und es wird angenommen, daß T die Zeitspanne zum Versenden eines Paketes sei. Senden keine anderen Quellen in der Zeit von t_0-T bis t_0+T, so ist die Datenübertragung zum Zeitpunkt t_0 erfolgreich. Andernfalls treten durch die Überlappung beim Senden von zwei oder mehr Quellen Übertragungskonflikte auf. Die Übertragung ist dann fehlerhaft und muß später wiederholt werden. Aufgrund der fehlenden Koordination zwischen Quellen ist die Leistungsfähigkeit des Aloha-Protokolls auf $1/2e$ begrenzt [Tob80] (e ist hierbei die Eulersche Zahl mit $e = 2.71828...$). Durch eine Synchronisation der Quellen läßt sich die Leistung auf $1/e$ verdoppeln. Bei dieser *Slotted-Aloha-Methode* [Tob80] sind die Quellen synchronisiert und beginnen eine Datenübertragung zu festen Zeitpunkten t_0+jT, wie in Abbildung 3.8 dargestellt. Beginnen zwei Quellen zum gleichen Zeitpunkt, treten zwar auch hier Konflikte auf, jedoch ist die Zeitdauer, während der eine Nachricht korrumpiert werden kann, durch die Synchronisation zwischen den Quellen auf T statt $2T$ wie bei der einfachen Aloha-Methode begrenzt. Insbesondere bei optischen Netzen, wie sie in Kapitel 9 diskutiert werden, finden Aloha-Protokolle Verbreitung.

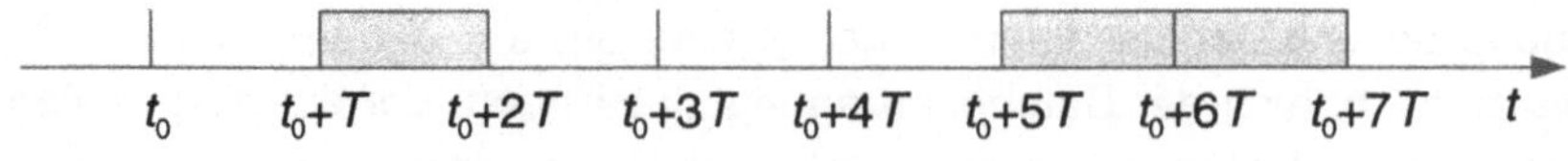

Abbildung 3.8: *Slotted-Aloha-Protokoll*

Weitergehende Diskussionen über Busse, Busarbitrierung und Kommunikationsprotokolle finden sich beispielsweise in [Eic90, Fae84].

3.1.4 Mehrfach-Bussysteme

Die Beschränkung auf einen gleichzeitigen Transfer stellt eine wesentliche Limitierung eines Bussystems für Parallelrechner dar; dies kann durch Mehrfach-Bussysteme entschärft werden. Die Busmodule können dabei über einen von R Bussen kommunizieren; Abbildung 3.9 zeigt ein System mit $R = 4$. Die Bandbreite steigt auf das R-fache und erlaubt somit wesentlich höhere Kommunikationsgeschwindigkeiten. Die Hardwarekomplexität wächst mit mehr als der Anzahl der parallelen Busse, da neben den eigentlichen Bussen Logik erforderlich ist, mit der die Module zwischen den Bussen auswählen können. Dies reicht von Zugriffsschaltern zu komplexer Arbitrierungslogik, die nun mehrere Busse berücksichtigen muß.

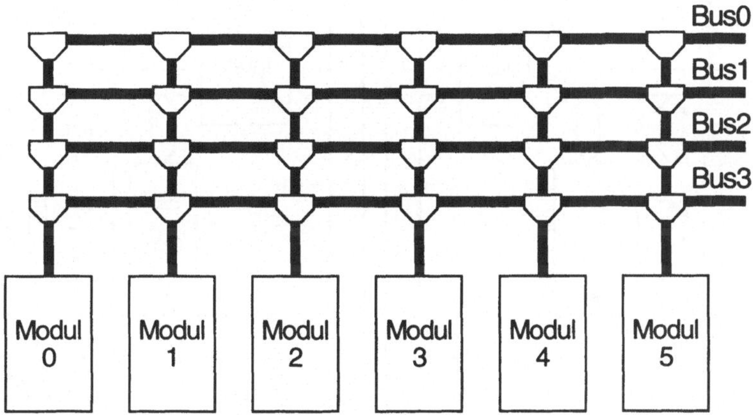

Abbildung 3.9: *Mehrfach-Bussystem mit R = 4 Bussen und N = 6 Modulen*

3.1.5 Hierarchische Bussysteme

Um busbasierte Systeme auf eine größere Anzahl von Prozessoren auszudehnen, werden oft hierarchische Busse eingesetzt. Dabei können Gruppen von Prozessoren (*Cluster*) innerhalb der Gruppe über einen direkten Bus kommunizieren, wobei der Datenverkehr zwischen unterschiedlichen Gruppen mittels übergeordneter Busse stattfindet. Abbildung 3.10 zeigt ein Beispielsystem mit vier Clustern zu je drei PEs. Ein Datentransfer zwischen Prozessoren unterschiedlicher Cluster erfordert einen Übergang vom anfordernden Cluster durch das Interface zum Inter-Cluster-Bus und von dort über eine zweite Schnittstelle zum Ziel-PE. Globale Zugriffe zwischen Clustern sind daher erheblich langsamer als Zugriffe im Cluster, da Transfers über drei

Busse mit entsprechender Zugangsregelung und Transferzeiten erforderlich sind. Meist kommt noch eine Adressumsetzung zwischen Clustern in den Schnittstellen hinzu, so daß sich solche Systeme sinnvoll nur dann einsetzen lassen, wenn die Latenzzeit von Zugriffen toleriert werden kann und nur ein sehr kleiner Teil des Verkehrs über die Clustergrenzen hinausgeht.

Ein klassisches Beispiel eines solchen Systems ist der Carnegie-Mellon Cm*-Parallelrechner [SwF77]. Aber auch moderne Parallelrechner nutzen hierarchische Bussystem, wie beispielsweise SUPRENUM und KSR-2, die allerdings durch den Einsatz von Pipeline-Bussen eine sehr hohe Busbandbreite erreichen (siehe Kapitel 11).

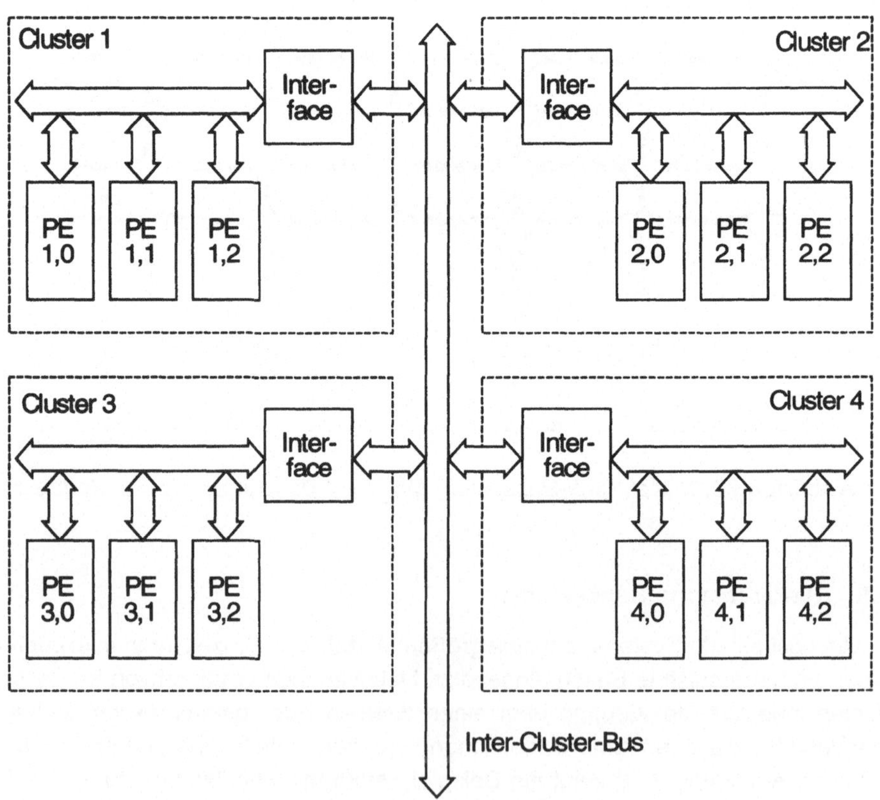

Abbildung 3.10: *Hierarchisches Bussystem mit vier Clustern*

3.2   Ring-Netze und lineare Anordnungen

3.2.1   Grundlagen

Im Gegensatz zu Bussen können in einem Ring-Netz alle Knoten gleichzeitig senden bzw. empfangen, so daß in einem bidirektionalen Ring-Netz alle Knoten über zwei Verbindungsfunktionen verfügen:

$$ring_{+1}(P) \quad = \quad (P + 1) \bmod N$$

$$ring_{-1}(P) \quad = \quad (P - 1) \bmod N.$$

In einem unidirektionalen Ring steht nur eine der beiden Funktionen zur Verfügung. In Abbildung 3.11 ist ein bidirektionaler Ring mit $N = 8$ gezeigt. Um z. B. von Knoten 3 zu Knoten 6 zu gelangen, sind drei Schritte über 4 und 5 erforderlich. Die Kommunikation zwischen Knoten 3 zu Knoten 6 ist auch über 2, 1, 0 und 7 mit fünf Schritten möglich. Ein Ring mit N Knoten hat somit den geringen Hardwareaufwand von nur zwei Verbindungsleitungen pro Knoten ($\Gamma = 2$), aber den hohen topologischen Durchmesser $\Theta_{RING} = \lfloor N/2 \rfloor$. Als Konsequenz ist bei bidirektionalen Ringen die lokale Kommunikation zwischen benachbarten Knoten mit großer Geschwindigkeit möglich, jedoch erfordert globale Kommunikation erheblichen Zeitaufwand. Dies wird auch durch die Bisektionsweite von $W_{RING} = 2$ verdeutlicht. Bei unidirektionalen Ringen beträgt der Durchmesser $N - 1$, und auch für lokale Kommunikation ist unter Umständen der gesamte Ring zu durchlaufen.

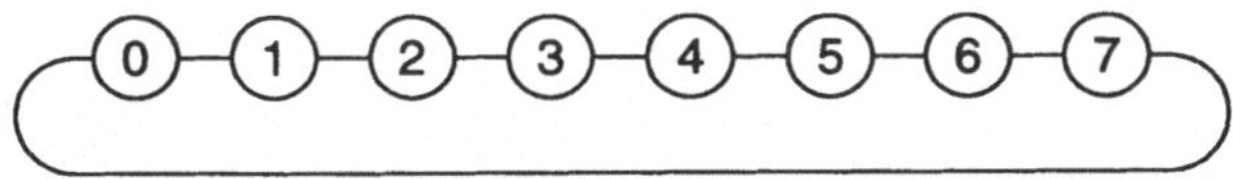

Abbildung 3.11: *Ring-Netz mit acht Knoten*

3.2.2   Token-Ringe

Aufgrund der niedrigen Kosten haben sich Ringe sowohl bei der Kommunikation in verteilten Rechnersystemen als auch in Parallelrechnern bewährt. Von Bedeutung bei verteilten Systemen sind heute insbesondere lichtfasergestützte Ring-Netze wie *FDDI (Fiber Distributed Data Interface)* [Ans88, Ros89], in denen Nachrichten in zwei entgegengesetzt gerichteten Ringen von einer Ausgangsstation über Zwischenknoten an den Zielrechner gelangen. Jeder der Ringe arbeitet mit einer Übertragungsrate von 100 Mbit/s. Von Bedeutung ist die Zugangsregelung zu solchen Kommunikationsnetzen, durch die die Ringe konfliktfrei betrieben werden können.

Zur Vereinfachung soll hier die Zugangsregelung für einen unidirektionalen Ring dargestellt werden, wie sie zum Beispiel im *IEEE 802.5 Token-Ring-Protokoll* standardisiert ist. Bei bidirektionalen Ringen wird die gleiche Methode verwendet, jedoch sind zwei gleichzeitige Datenübertragungen möglich. In Abbildung 3.12 ist der Ablauf verdeutlicht. Die Genehmigung für einen Knoten, Daten über den Ring zu senden, wird mit Hilfe eines *Zugangstokens* verwaltet, der als *Free-Token* den Zugang gestattet und als *Busy-Token* eine Ringbelegung anzeigt.

Sobald ein Knoten Daten zu senden hat, wartet er auf den Free-Token (Abbildung 3.12a). Trifft dieser ein, so wird er in einen Busy-Token umgewandelt und einschließlich der zu übertragenden Daten auf den Ring gegeben (Abbildung 3.12b). Aufgrund der hohen Datenrate und der im allgemeinen großen räumlichen Ausdehnung von bis zu 500 m zwischen Knoten befinden sich viele Datenbits auf den Leitungen zwischen den Stationen, so daß unter Umständen eine Quelle sämtliche Daten einer Nachricht in den Ring sendet, bevor die Daten an der Senke eintreffen.

Die Länge der Datenübertragung ist variabel, muß aber begrenzt sein, um für alle Ringstationen den Zugriff auf den Ring zu gewährleisten. Die Daten werden von jeder Station gelesen und mit möglichst geringer Verzögerung von in der Regel einem Bit-Takt weitergereicht. An Zwischenknoten wird die Information ignoriert, am Zielknoten wird sie gelesen. Hat der Quellknoten seine vollständige Nachricht gesendet und seine eigene Anfangskennung wieder empfangen, beginnt er seine Nachricht aus dem Ring zu entfernen, sendet einen Free-Token an die nächste Station weiter (Abbildung 3.12c) und gibt damit den Ring wieder frei. Auch danach entfernt er weiterhin die eintreffenden Daten aus dem Ring, bis er seine Endkennung erhalten hat; damit wird der Übertragungsvorgang abgeschlossen.

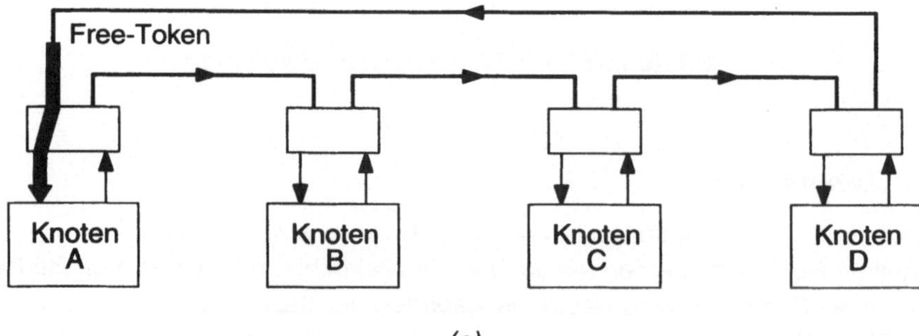

(a)

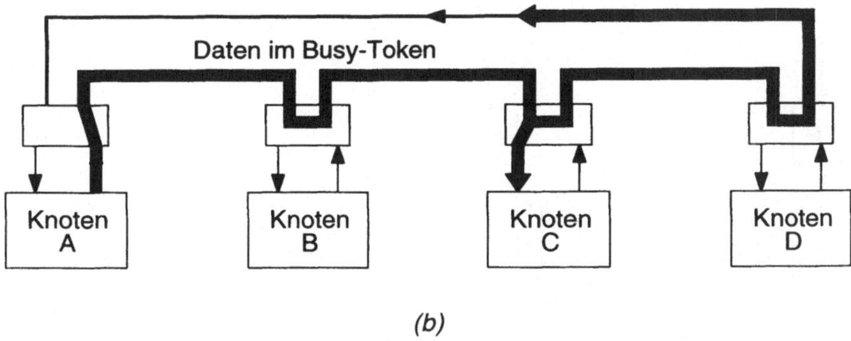

(b)

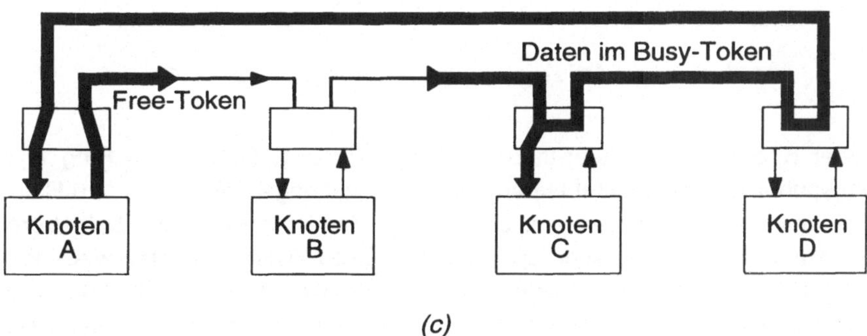

(c)

Abbildung 3.12: *Zugriffsregelung in einem Token-Ring; (a) Eintreffen des Free-Tokens an Knoten A; (b) Versenden des Busy-Tokens durch Knoten A und Empfang an Knoten C; (c) Ringfreigabe durch Weiterleiten des Free-Tokens durch Knoten A.*

Dieses Token-Ring-Protokoll erlaubt nur einen gleichzeitigen Zugriff; aufgrund der hohen Übertragungsgeschwindigkeit befinden sich jedoch viele Datenbits gleichzeitig auf dem Ring. Eine Leistungssteigerung läßt sich erreichen, indem mehrere Zugangstoken gleichzeitig im Ring aktiv sein können [Kam90, Mar88].

3.2.3 Register-Insertion-Ringe

Bei Token-Ringen sind lange physikalische Leitungen und lange Datenpakete üblich; Latenzzeiten sind von geringer Bedeutung. In Parallelrechnern hingegen müssen oft nur kurze Nachrichten versendet werden, zum Beispiel der Inhalt eines Speicherwortes, und die Latenzzeit sollte so kurz wie möglich sein. Für solche Anwendungen eignen sich Register-Insertion-Ringe, die im folgenden kurz beschrieben werden. Abbildung 3.13 zeigt eine vereinfachte Struktur.

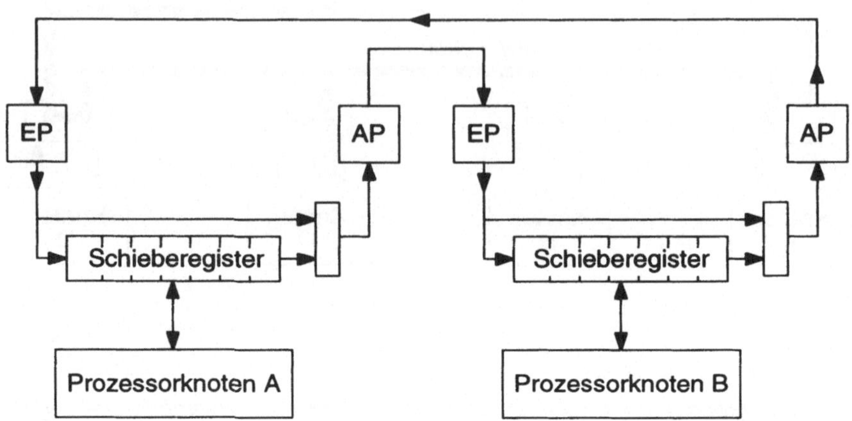

Abbildung 3.13: *Register-Insertion-Ring mit zwei Knoten*

Jeder Knoten im Register-Insertion-Ring empfängt Daten vom Ring in einem Eingangspuffer *EP* und sendet Daten über den Ausgangspuffer *AP* in den Ring. Trifft eine Nachricht am Zielknoten ein, so wird sie dort vom EP in ein Schieberegister geleitet, aus dem der Prozessor lesen kann. In allen Zwischenknoten wird die Nachricht vom EP direkt zum AP geleitet. Beim Schreibvorgang wird die Nachricht vom Prozessor zuerst in das Schieberegister kopiert, und von dort in den Ring geschickt. Die nachfolgenden Daten müssen warten, und der Ring wird logisch verlängert. Um einen Datentransport in begrenzter Zeit sicherzustellen, muß die Menge der eingefügten Daten begrenzt sein.

Im Gegensatz zum Token-Ring des vorhergehenden Abschnitts haben die Datenpakete hier alle die gleiche Länge, die durch das Schieberegister vorgegeben ist. Das Routing-Verfahren entspricht auch hier dem Wormhole-Routing, da nur ein Teil (Flit) jeder Nachricht im EP bzw. AP gepuffert wird und sich so über eine Anzahl von Stufen erstrecken kann.

Mit einem Register-Insertion-Ring kann eine niedrige Latenzzeit bei hoher Übertragungsgeschwindigkeit erreicht werden. Aufgrund der geringen Kosten werden solche Ringe in mehreren kommerziellen Systemen eingesetzt, z. B. im SUPRENUM-Rechner (siehe Kapitel 11).

3.2.4 SCI-Ring

SCI (*scalable coherent interface*) wurde vom IEEE standardisiert und baut auf einem unidirektionalen, paketvermittelnden Ringnetz auf [Gus92]. Es bietet eine bus-

artige Verbindung hoher Leistung zwischen einer großen Anzahl von Prozessor-
knoten, wobei durch ein *Cache-Coherency-Protokoll* ein System mit gemeinsamem
Speicher realisiert wird. Die einzelnen Ringleitungen können entweder durch eine
serielle Glasfaser oder durch eine 16-bit breite Kupferleitung realisiert werden. Mit
dem SCI-Ring kann eine Übertragungsrate von bis zu 1 GByte/s erreicht werden.

Bei der Kommunikation zwischen einem Quell- und einem Senkenknoten wird
von der Quelle ein *Sendepaket* an die Senke über den Ring geschickt. Ein Sendepaket besteht aus einem 16-Byte Kopf und (optional) aus einem Datenteil mit bis zu
256 Byte. Die Senke schickt ein 8-Byte langes *Echopaket* über den Rest des Rings
zurück zur Quelle und teilt ihr mit, ob das Paket empfangen werden konnte. Konnte
die Senke das Paket nicht empfangen (da z. B. der Empfangspuffer in der Senke
gefüllt war), so muß die Quelle das Paket nocheinmal senden. Jeder Knoten sendet
pro SCI-Zyklus ein Paket. Hat ein Knoten keine zu sendende Information, so sendet
es zur Synchronisation mit dem Nachbarknoten ein *Idle-Paket*.

Das Blockschaltbild eines SCI-Knotens ist in Abbildung 3.14 zu sehen. Ein vom
Prozessor zu sendendes Paket wird im Sendepuffer gespeichert, während ein empfangenes Paket, welches für den Prozessor bestimmt ist, im Empfangspuffer abgelegt wird. Empfangs- und Sendepuffer sind doppelt ausgelegt, um Deadlocks im
System zu vermeiden.

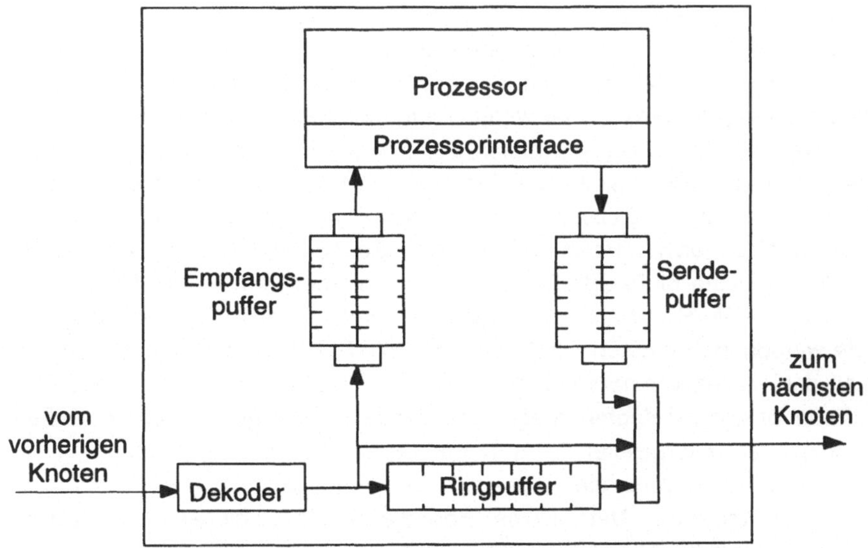

Abbildung 3.14: *Blockschaltbild eines SCI-Knotens*

Ein am Knoteneingang empfangenes Paket durchläuft zuerst einen Dekoder, der erkennt, ob das Paket für diesen Knoten bestimmt ist oder nicht. Ist der Knoten nicht die Paketsenke, so wird das Paket entweder am Knotenausgang ausgegeben oder im Ringpuffer zwischengepuffert. Ist der Knoten die Senke des Pakets, so wird das Paket in den Empfangspuffer geleitet. Gleichzeitig produziert der Dekoder ein Echopaket, welches zurück zur Quelle vermittelt werden muß. Auch das Echopaket wird entweder am Knotenausgang ausgegeben oder im Ringpuffer zwischengepuffert.

Da am Knotenausgang gleichzeitig mehrere Pakete anliegen können (ein Paket aus dem Sendepuffer, ein Paket aus dem Dekoder und ein Paket aus dem Ringpuffer), entscheidet ein Arbitrierungsalgorithmus, welches Paket den Knoten verlassen darf. Ist der Ringpuffer leer, und der Knoten überträgt gerade kein Paket aus dem Sendepuffer, so kann ein empfangenes Paket (entweder das eigentliche Paket oder ein Echopaket) direkt zum Knotenausgang weitergeleitet werden. Anderenfalls wird das weiterzuleitende Paket im Ringpuffer zwischengepuffert. Wird ein Paket empfangen und liegt gleichzeitig ein Paket im Sendepuffer bereit, so wird das Paket aus dem Sendepuffer weitervermittelt, während das empfangene Paket im Ringpuffer gepuffert wird.

Hat ein Knoten die Vermittlung eines Pakets aus dem Sendepuffer beendet und haben sich während der Vermittlung Pakete im Ringpuffer angesammelt, so werden danach solange Pakete aus dem Ringpuffer weitergeleitet, bis dieser wieder vollständig leer ist (*Regenerationsphase, recovery stage*). Da während der Leerung des Ringpuffers weiterhin Pakete empfangen werden können, die im Ringpuffer gepuffert werden, kann der Puffer nur dann leer werden, wenn in manchen SCI-Zyklen keine Pakete empfangen werden, oder wenn empfangene Pakete für den Knoten bestimmt waren. Da, insbesondere bei schiefen Verkehren, ein Knoten ständig Pakete empfangen kann, die weitergeleitet werden müssen, kann es passieren, daß der Ringpuffer für eine längere Zeitspanne nicht geleert werden kann. Dies führt zu einer unakzeptabel langen Wartezeit der Pakete im Sendepuffer des Knotens. Um dies zu verhindern, ist eine Flußkontrolle vorgesehen. Hierbei wird ein Idle-Paket durch ein Bit in ein *Go-Idle-Paket* und ein *Stop-Idle-Paket* unterteilt. Einzelne Informationspakete werden immer durch mindestens ein Idle-Paket (Stop oder Go) getrennt. Ein Knoten darf nur nach einem Go-Idle-Paket ein Paket aus seinem Sendepuffer senden. Befindet sich ein Knoten in der Regenerationsphase (es werden nur Pakete aus dem Ringpuffer weitergeleitet bis der Puffer leer ist), so werden zwischen den Paketen nur Stop-Idle-Pakete versendet. Diese zirkulieren über den Ring und gelangen schließlich zu allen Knoten im Netz. Diese Stop-Idle-Pakete verhindern nun, daß Knoten aus dem Sendepuffer Pakete senden, und es ist gewährleistet, daß alle Knoten, die sich in der Regenerationsphase befinden, ihre Ringpuffer leeren können. Befindet sich kein Knoten im Netz in der Regenerationsphase, so werden nur Go-Idle-Pakete versendet, so daß jeder Knoten sofort mit der Übertragung eines erzeugten Paketes aus dem Sendepuffer beginnen kann.

3.2.5 Lineare Anordnungen

Eine Vereinfachung von Ringen sind eindimensionale lineare Anordnungen, bei denen die Knoten 0 und $N-1$ nicht verbunden sind. Insbesondere bei systolischen VLSI-Prozessoren ist diese Anordnung von hoher Bedeutung. In einem eindimensionalen systolischen Feld werden Daten z. B. bei Knoten 0 eingespeist und Ausgangsdaten oder Zwischenergebnisse werden von Knoten zu Knoten weitergereicht.

Die Verbindungsfunktionen sind denen des Ringes sehr ähnlich, jedoch sind sie keine Bijektion, da die Randknoten jeweils nur eine Verbindungsfunktion haben:

$$lin_{+1}\,(P) \quad = \quad (P+1), \qquad 0 \le P < N-1$$

$$lin_{-1}\,(P) \quad = \quad (P-1), \qquad 0 < P \le N-1$$

In Kommunikationsnetzen ist die *DQDB (Distributed Queue-Dual Bus)* [DiS93] lineare Anordnung von Bedeutung, die in Abbildung 3.15 gezeigt ist. Dabei werden Nachrichten von einer Quelle in die Richtung in das Netz eingespeist, in der sich der Empfänger befindet. Die Stationen an den Enden des DQDB-Systems generieren Rahmen, über die ähnlich wie im Token-Ring die Zuteilung von Buszugriffen geregelt wird. Zähler innerhalb jedes Knotens werden ebenfalls zur Buszuteilung benötigt. Das Ethernet beruht auf diesem DQDB-Prinzip.

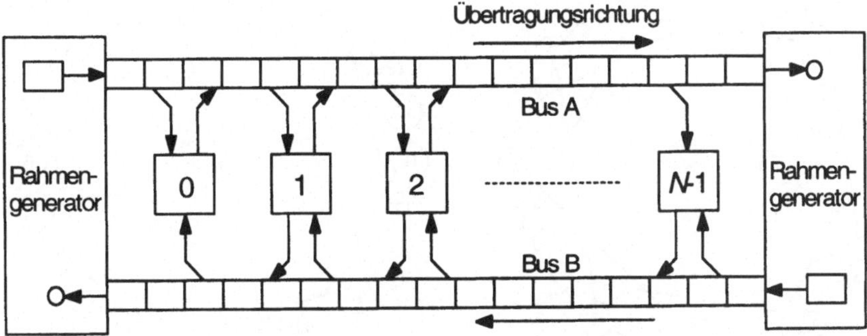

Abbildung 3.15: *DQDB-System mit N Teilnehmern und Endknoten*

3.2.6 Chordale Ringe

Durch das Einfügen zusätzlicher Verbindungsleitungen kann der Durchmesser, der wesentliche Nachteil von Ringen, erheblich reduziert werden. Hierdurch verbessert sich sowohl die Geschwindigkeit globaler Kommunikation als auch die verfügbare Bandbreite. Im *Chordalen Ring* sind entfernte Ringknoten miteinander verbunden; der Name des Netzes stammt von *chord* ab, dem englischen Wort für Saite. Die Chords verbinden Knoten mit dem Abstand *C*, der *Chord-Länge*. Ein Chordaler Ring nach ARDEN und LEE [ArL81] enthält vier Verbindungsfunktionen:

$$ring_{+1}(P) \;=\; (P+1) \bmod N$$

$$ring_{-1}(P) \;=\; (P-1) \bmod N$$

$$chord_{+C}(P) \;=\; (P+C) \bmod N \qquad P \text{ gerade}$$

$$chord_{-C}(P) \;=\; (P-C) \bmod N \qquad P \text{ ungerade.}$$

Ein solcher Chordaler Ring enthält stets eine gerade Anzahl von Knoten. Abbildung 3.16a zeigt einen Chordalen Ring mit $N = 20$ und $C = 5$. Um beispielsweise von Knoten 0 zu Knoten 10 zu gelangen, sind nicht 10 Schritte wie im Ring-Netz erforderlich, sondern nur vier Transfers, z. B. von 0 über 1, 6 und 5 nach 10. Für viele Knotenpaare existieren mehrere kürzeste Verbindungswege. So kann der Transfer von 0 nach 10 auch über 15, 16 und 11 erfolgen.

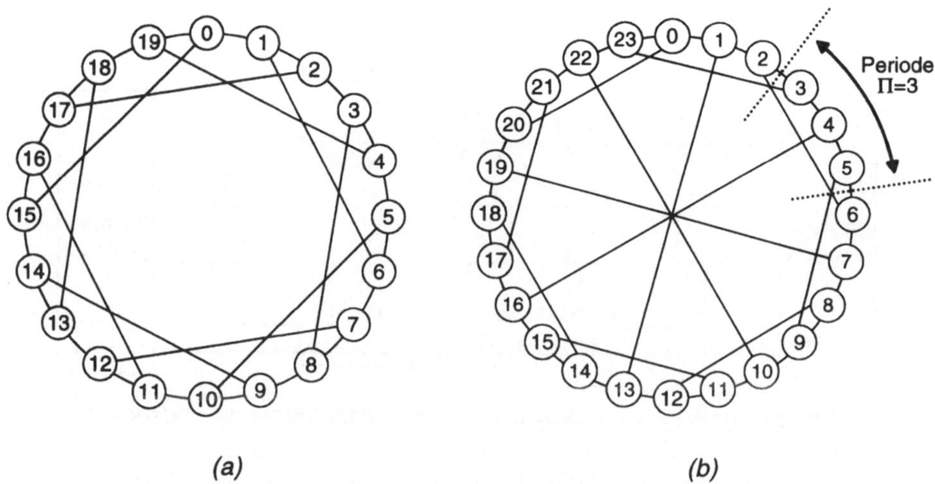

Abbildung 3.16: *(a) Maximaler Chordaler Ring mit N = 20 nach ARDEN und LEE; (b) Chordaler Ring mit N = 24 und Periode 3 nach DOTY*

Der Netzdurchmesser ist eine Funktion der Chord-Länge; um einen minimalen Durchmesser zu erzielen, muß C in Abhängigkeit von N gewählt werden. Umgekehrt ist durch Wahl eines Durchmessers eine größtmögliche Anzahl von Knoten und eine optimale Chord-Länge vorgegeben [ArL81]. Ein solches Netz nennt sich *Maximaler Chordaler Ring*; der Ring in Abbildung 3.16a ist ein solcher Ring für den Durchmesser $\Phi = 4$.

Die Chordalen Ringe nach ARDEN und LEE wurden von DOTY [Dot84] durch Einführung des Grades und der Periode Chordaler Ringe verallgemeinert. Wie in Abschnitt 2.2 diskutiert, bestimmt der Grad Γ die Anzahl von Verbindungsleitungen pro Knoten, die im *verallgemeinerten Chordalen Ring* für alle Knoten gleich ist; der Chordale Ring nach ARDEN und LEE beispielsweise hat den Grad $\Gamma = 3$. Die *Periode* Π bestimmt, in welchem Abstand von Ringknoten sich das Muster der Chord-Leitungen wiederholt. Sind die Ringknoten von 0 bis $N - 1$ indiziert, so werden die Knoten in Π Klassen ρ_k, $0 \leq k < \Pi$ eingeteilt. Ein Knoten P ist dabei in Klasse $P \bmod \Pi$. Knoten können dann durch die Chords mit Knoten der gleichen oder einer anderen Klasse verbunden sein. Wird ein Knoten der Klasse ρ_i mit einem Knoten der Klasse ρ_k verbunden, so ist aufgrund der Periodizität dann jeder Knoten der Klasse ρ_i mit einem Knoten der Klasse ρ_k verbunden.

Die Periode und die Zuordnung sowie der Grad des Chordalen Ringes bestimmen die möglichen Chord-Längen und damit den Netzdurchmesser. Im Gegensatz zu den Ringen nach ARDEN und LEE kann der Durchmesser der verallgemeinerten Chordalen Ringe jedoch nicht in geschlossener Form angegeben werden, sondern erfordert eine numerische Suche.

Sind Grad und Periode vorgegeben, so sind nicht alle Chord-Längen erlaubt. So muß zum Beispiel die Chord-Länge in einem Ring mit Periode 3 und Grad 3 ungerade sein, denn bei gerader Chord-Länge ergibt sich aufgrund der Periodizität ein Ring des Grades $\Gamma = 4$.

Sind Knoten einer Klasse ρ_i durch Chords der Länge C mit sich selbst verbunden, so gilt $C \bmod \Pi = 0$. Ein Knoten P der Klasse ρ_i ist dann mit dem Knoten $U = (P + C) \bmod \Pi$ verbunden. Wegen der Chord-Länge ist auch Knoten $V = (P - C) \bmod \Pi$ mit Knoten P verbunden; bei einem Ring des Grades $\Gamma = 3$ müssen die Knoten U und V identisch sein. Dies bedeutet, daß sich die beiden Knoten P und U im Ring gegenüberliegen.

Je nach Periode gibt es für die Zuordnung verbundener Knoten zu unterschiedlichen Klassen eine oder mehrere Alternativen. In einem Ring mit Grad $\Gamma = 3$ ist nur eine Paarung möglich, die in Abbildung 3.16b gezeigt ist. Für $\Pi = 4$ können Knoten der Klassen ρ_0 und ρ_1 sowie die der Klassen ρ_2 und ρ_3 verbunden werden, wie in Abbildung 3.17a gezeigt. Eine Verbindung zwischen ρ_0 und ρ_2 sowie ρ_1 und ρ_3 ist aber auch möglich (Abbildung 3.17b).

Durch höhere Grade des Chordalen Ringes werden noch weitere Freiheitsgrade geschaffen, die eine Vielzahl von Chord-Längen und Zuordnungen erlauben. Abbildung 3.18 zeigt ein Beispiel für $\Gamma = 4$.

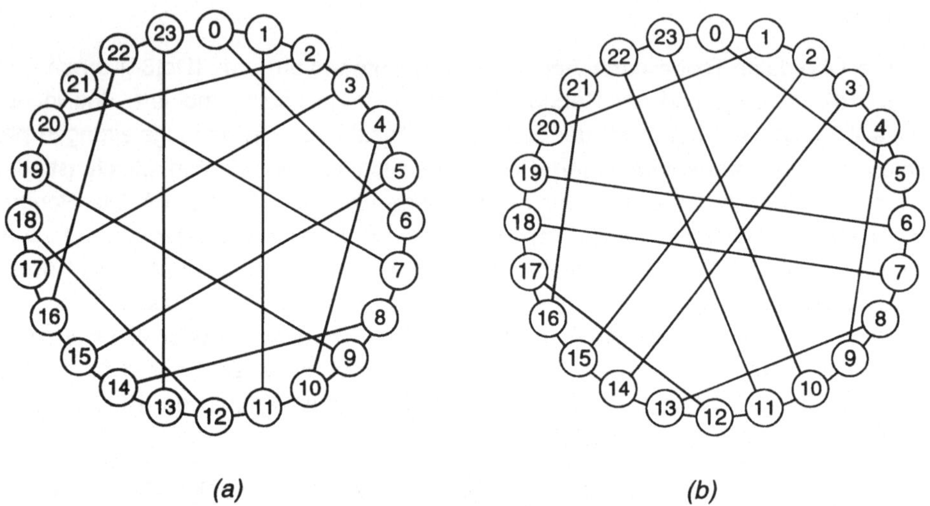

(a)   (b)

Abbildung 3.17: *Chordale Ringe mit N = 24 nach* DOTY; *(a) Periode 4 Typ 1; (b) Periode 4 Typ 2*

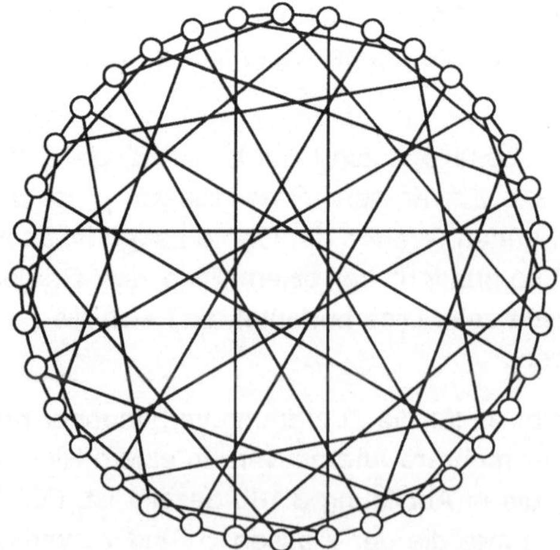

Abbildung 3.18: *Chordaler Ring mit N = 36, Grad 4, Periode 4 nach* DOTY

3.3   Zwei- und dreidimensionale Gitter-Netze

3.3.1   Gitter mit Grad 4

Bei Gitter-Netzen sind Knoten zwei- oder mehrdimensional angeordnet und mit ihren unmittelbaren Nachbarn verbunden. Im einfachsten zweidimensionalen Fall sind die Knoten in M_R Reihen und M_S Spalten angeordnet und mit ihren horizontalen und vertikalen Nachbarn verbunden. Im allgemeinen Fall ist die Anzahl der Reihen M_R von der Zahl der Spalten M_S verschieden. Im folgenden wird vereinfachend der Fall $M_R = M_S = M$ betrachtet. In Abhängigkeit von den Verbindungsleitungen der Knoten am Rand des Gitters werden *offene* und *geschlossene Gitter* unterschieden. Ein Gitter-Netz, das an allen vier Rändern offen ist, also keine Randleitungen besitzt, wird mit *Mesh-Netz* bezeichnet. In Abbildung 3.19a ist ein Beispiel für $N = M^2 = 16$ Knoten gezeigt.

Die vier Eckknoten haben je zwei und die Kantenknoten je drei Verbindungsleitungen, so daß das Netz unsymmetrisch und nicht regulär ist. Durch zweidimensionale Indizierung der Knoten anhand ihrer horizontalen und vertikalen Position läßt sich das Netz einfach beschreiben. In einem Netz mit $N = M^2$ hat ein Knoten in Zeile j und Spalte k dann den Index $P = j + Mk$, und die vier Verbindungsfunktionen sind:

$$mesh_{+1}\ (j + Mk)\ =\ j + Mk + 1 \qquad 0 \le j < M - 1,\ \ 0 \le k < M$$

$$mesh_{-1}\ (j + Mk)\ =\ j + Mk - 1 \qquad 1 \le j < M, \qquad 0 \le k < M$$

$$mesh_{+M}\ (j + Mk)\ =\ j + M(k + 1) \qquad 0 \le j < M, \qquad 0 \le k < M - 1$$

$$mesh_{-M}\ (j + Mk)\ =\ j + M(k - 1) \qquad 0 \le j < M, \qquad 1 \le k < M.$$

Um Daten von einer Quelle Q zu einer Senke S zu transportieren, sind im allgemeinen mehrere Schritte in horizontaler und vertikaler Richtung erforderlich; oft sind mehrere kürzeste Wege zwischen Q und S ohne Umweg und immer mehrere Wege mit Umweg möglich. Bei $Q = 5$ und $S = 15$ ist zum Beispiel ein Weg über Knoten 6, 7 und 11 möglich; Wege über 9, 13 und 14 oder 6, 10 und 14 sind gleich lang. Werden Umwege in Kauf genommen, so kann zum Beispiel der Weg über 4, 8, 9, 10 und 11 gewählt werden. In Kapitel 5 werden Strategien zur Wegesuche in Gittern und verwandten Netzen ausführlich dargestellt.

Werden die Verbindungsleitungen des Gitters über den Rand hinaus fortgesetzt, so entsteht ein geschlossenes Gitter. Abbildung 3.19b zeigt diesen Fall für ein quadratisches Gitter mit 16 Knoten. Bei diesem *Illiac-Netz*, benannt nach dem Illiac IV-Rechner [BoD72], werden die Randverbindungsleitungen in vertikaler Richtung in jeder Spalte miteinander verbunden, während bei einem Netz mit $N = M^2$ Knoten ein

Knoten am rechten Rand der Reihe k mit dem linken Randknoten der Reihe $(k+1)$ mod M verbunden ist. Die vier Verbindungsfunktionen sind:

$$illiac_{+1}(P) \quad = \quad (P+1) \bmod N$$

$$illiac_{-1}(P) \quad = \quad (P-1) \bmod N$$

$$illiac_{+M}(P) \quad = \quad (P+M) \bmod N$$

$$illiac_{-M}(P) \quad = \quad (P-M) \bmod N \ .$$

Das Netz entspricht definitionsgemäß einem Chordalen Ring mit Grad $\Gamma = 4$, $W = M = 4$ und Periode $\Pi = 1$, so daß Algorithmen auf Ring-Basis besonders einfach ausgeführt werden können.

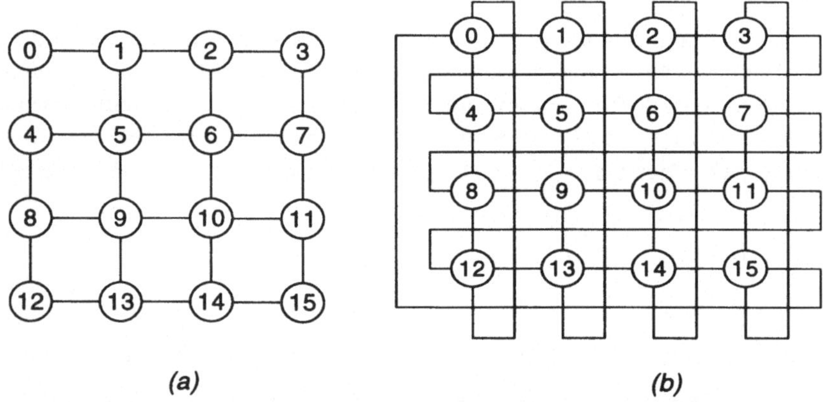

(a)   (b)

Abbildung 3.19: *Topologien von Gitter-Netzen: (a) offenes Gitter; (b) Illiac-Netz*

Modifiziert man beim Illiac-Netz die horizontalen Randverbindungsleitungen und verbindet diese in jeder Reihe miteinander, so entsteht ein geschlossenes Netz, dessen Topologie in Abbildung 3.20a gezeigt ist. Statt einer flachen Darstellung kann das Netz auch dreidimensional als Torus interpretiert werden, was dem Netz den Namen gibt (siehe Abbildung 3.20b). Das *Torus-Netz* ist symmetrisch und die resultierenden Verbindungsfunktionen sind für alle Knoten identisch:

$$torus_{+1}(j+Mk) \quad = \quad ((j+1) \bmod M) + Mk$$

$$torus_{-1}(j+Mk) \quad = \quad ((j-1) \bmod M) + Mk$$

$$torus_{+M}(j+Mk) \quad = \quad j + M((k+1) \bmod M)$$

$$torus_{-M}(j+Mk) \quad = \quad j + M((k-1) \bmod M).$$

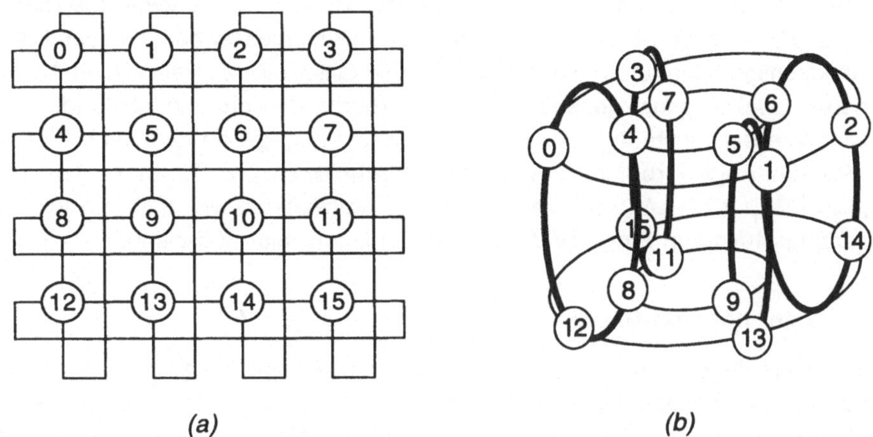

(a)   (b)

Abbildung 3.20: *(a) Topologie und (b) dreidimensionale Struktur des Torus-Netzes*

Da sich die Gitter nur in der Konfiguration der Randknoten unterscheiden, diese Konfiguration jedoch von wesentlicher Bedeutung für die Abbildung von Algorithmen auf das System ist, verfügen viele Rechensysteme mit Gitter-Netzen über Möglichkeiten der Rekonfiguration (z. B. MPP [Bat80], siehe Kapitel 11). Dadurch werden oft auch andere Strukturen möglich, wie beispielsweise das *Zylinder-Netz*, in dem die Randknoten nur in horizontaler Richtung verbunden sind (Abbildung 3.21a). Zeichnet man diese Netzstruktur 3-dimensional auf, so entsteht ein Zylinder (Abbildung 3.21b).

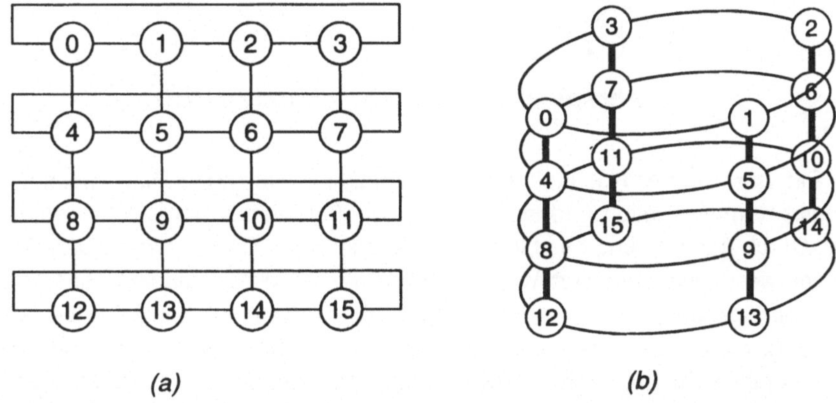

(a)   (b)

Abbildung 3.21: *(a) Topologie und (b) dreidimensionale Struktur des Zylinder-*
Netzes

Die Größenordnung des Durchmessers des Netzes für alle zweidimensionalen Gitter mit $\Gamma = 4$ ist $\Phi = \Theta\,(M_1 + M_2)$; der exakte Durchmesser hängt wesentlich von der Randkonfiguration ab. In einem rechteckigen Gitter mit M_R Reihen und M_S Spalten haben zwei diagonal gegenüberliegende Knoten den größten Abstand, so daß der Durchmesser durch $\Phi_{MESH} = (M_R - 1) + (M_S - 1)$ gegeben ist. Durch Einführen von Randleitungen reduziert sich der Durchmesser, z. B. beim Torus auf $\Phi_{TORUS} = \lfloor M_R / 2 \rfloor + \lfloor M_S / 2 \rfloor$, da sowohl die horizontalen wie auch die vertikalen Verbindungsstrukturen Ringe sind und deren Durchmesser aufweisen.

3.3.2   Gitter höheren Grades

Für viele Algorithmen insbesondere aus der Bildverarbeitung werden Daten auch aus den diagonalen Nachbarn benötigt. In einem Gitter-Netz sind zwei Schritte erforderlich, um Daten von oder zu einem diagonalen Nachbarn zu transferieren. Um diesen Aufwand zu reduzieren, kann ein *8-Nächste-Nachbarn-Netz* eingesetzt werden (Abbildung 3.22). Ein Beispiel eines kommerziellen Systems mit einem solchen Netz ist der MasPar-Parallelrechner [Bla90] (siehe Kapitel 11).

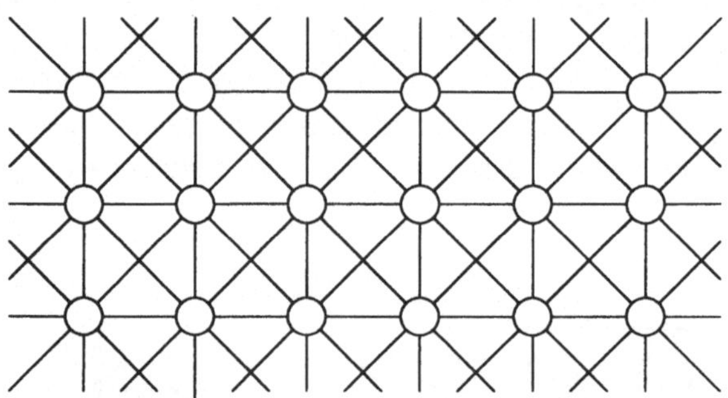

Abbildung 3.22: *8-Nächste-Nachbarn-Netz*

Ein wesentlicher Nachteil von Gitter-Netzen ist der hohe Durchmesser, der bei globaler Kommunikation und insbesondere großen Netzen zu vielstufigen Transfers führt. Durch Ausdehnung des Gitters in drei oder mehr Dimensionen kann der Durchmesser wesentlich reduziert werden. In einem dreidimensionalen Gitter beispielsweise verfügt jeder Knoten über sechs Verbindungsfunktionen ($\Gamma = 6$). Abbildung 3.23 zeigt ein dreidimensionales Gitter mit $N = 36$. Sind die Dimensionen des dreidimensionalen Gitters durch M_1, M_2 und M_3 gegeben, so ist die Größenordnung des Durchmessers $\Phi_{3D} = \Theta\,(M_1 + M_2 + M_3)$; auch hier ist der exakte Durchmesser von der Randleitungsführung abhängig.

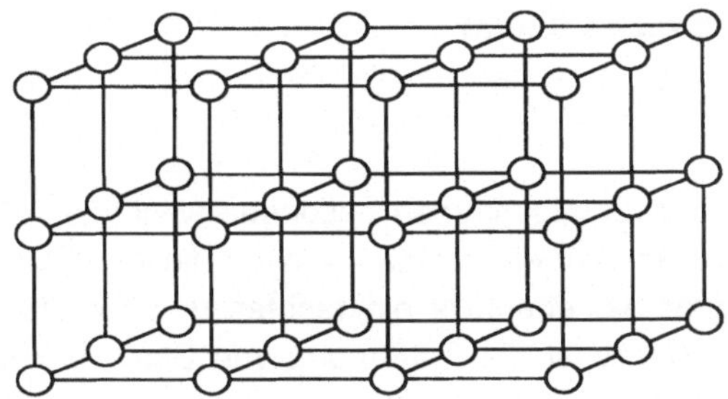

Abbildung 3.23: *Dreidimensionales offenes Gitter-Netz mit N = 36*

3.4   Bäume und Pyramiden

Viele Algorithmen können besonders gut auf Baumstrukturen abgebildet werden, z. B. *Teile-und-Herrsche-Algorithmen* [Kne89], so daß Netze mit einer Baumstruktur für eine große Klasse von Anwendungen vorteilhaft sind. Dies gilt sowohl für
die direkte Konstruktion von Baum-Netzen als auch für die Abbildung von Bäumen
auf andere Netze. Graphentheoretisch ist ein Baum ein ungerichteter zusammen-
hängender azyklischer Graph. Dies bedeutet anschaulich, daß ein Baum durch eine
Wurzel gekennzeichnet ist, von der keine, eine oder mehrere *Kanten* ausgehen.
Diese Kanten sind entweder mit einem *Blatt* (d.h. einem Knoten ohne weiterführende
Kanten) oder rekursiv mit Wurzeln weiterer Bäume verbunden. Im folgenden wird der
Begriff *Wurzel* nur auf die erste Rekursionsebene angewendet. Die Tiefe *T* des
Baumes ist die maximale Anzahl der Kanten, die auf einem Weg von einem Blatt zur
Wurzel durchlaufen werden müssen. Abbildung 3.24a zeigt einen Baum der Tiefe
$T = 3$ mit 10 Blättern.

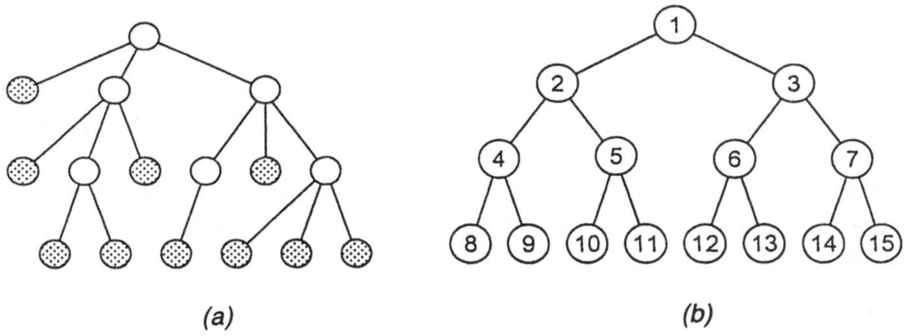

Abbildung 3.24: *(a) Unsymmetrischer Baum; (b) binärer Baum der Tiefe 3*

3.4.1 Binäre und k-fache Bäume

Binäre Bäume

Ein bekannter - und für Algorithmen besonders wichtiger - Baum ist der binäre Baum. Hierbei hat die Wurzel ein rechtes und ein linkes Kind, und jedes Kind ist entweder ein Blatt oder hat ebenfalls ein rechtes und ein linkes Kind. Bei einem *vollständigen binären Baum* ist die Entfernung von Blatt zu Wurzel für alle Blätter gleich und entspricht der Tiefe des Baumes. Dann verfügt der Baum bei einer Tiefe von T über insgesamt $2^{T+1} - 1$ Knoten und 2^T Blätter. Abbildung 3.24b zeigt einen vollständigen binären Baum der Tiefe 3. Gemäß dieser Struktur des binären Baumes sind für einen Knoten P drei Verbindungsfunktionen verfügbar, die sich je nach Typ von P (Wurzel, Blatt und interne Knoten) unterscheiden:

$$r\_child(P) \quad = \quad 2P \qquad\qquad \text{Knoten } P \text{ kein Blatt}$$

$$l\_child(P) \quad = \quad 2P+1 \qquad\quad \text{Knoten } P \text{ kein Blatt}$$

$$parent(P,t) \quad = \quad \left\lfloor \frac{P}{2} \right\rfloor \qquad\quad \text{Knoten } P \text{ nicht die Wurzel.}$$

Algorithmen wie *Teile-und-Herrsche* [Kne89] können unmittelbar auf einen binären Baum abgebildet werden und nutzen die Struktur optimal. Bei allen Problemen, die eine Kommunikation zwischen Knoten einer Ebene erfordern, müssen Daten über darüberliegende Knoten ausgetauscht werden. Im ungünstigsten Fall ist ein Transfer von einem Blatt über die Wurzel zu einem anderen Blatt notwendig; das ist immer dann der Fall, wenn Daten aus einem Blatt der rechten Baumhälfte zu einem Blatt der linken Baumhälfte transferiert werden müssen und umgekehrt.

Der Durchmesser des Baum-Netzes ist durch einen Weg von einem Blatt in der rechten Baumhälfte zu einem Blatt in der linken Baumhälfte gegeben, da hier der gesamte Weg zur Wurzel zweimal durchlaufen werden muß; daher gilt $\Phi_{BIN\_BAUM} = 2T$. Die Bisektionsweite ist durch die Verbindungsleitungen der Wurzel bestimmt und beträgt $W_{BIN\_BAUM} = 1$, wodurch die begrenzte Leistungsfähigkeit bei Datentransporten über die Wurzel hinweg verdeutlicht wird.

Bei homogener Kommunikation ist die Wahrscheinlichkeit ca. 50%, daß eine Nachricht von einem Blatt in der linken Hälfte zu einem Blatt in der rechten Hälfte des Baumes transferiert werden muß. Dadurch ist die verfügbare Bandbreite pro Kommunikationsanforderung an der Wurzel $2B/N$, mit B der Kommunikationsbandbreite der Wurzel, so daß die Wurzel zum Engpaß wird. In den folgenden Abschnitten über *erweiterte* und über *fette Bäume* werden Möglichkeiten gezeigt, diesen Engpaß zu vermeiden.

k-fache Bäume

Bei gleicher Anzahl von Blättern kann die Tiefe eines Baumes durch Erhöhung der Kinder pro Knoten von 2 beim binären Baum auf *k* beim *k*-fachen Baum reduziert werden. Da auch hier der längste Weg vom Blatt über die Wurzel zu einem anderen Blatt führt, beträgt auch der Durchmesser des *k*-fachen Baumes $2T$, bei allerdings k^T Blättern. Abbildung 3.25 zeigt einen 4-fach Baum der Tiefe $T = 2$ mit $4^T = 16$ Blattknoten.

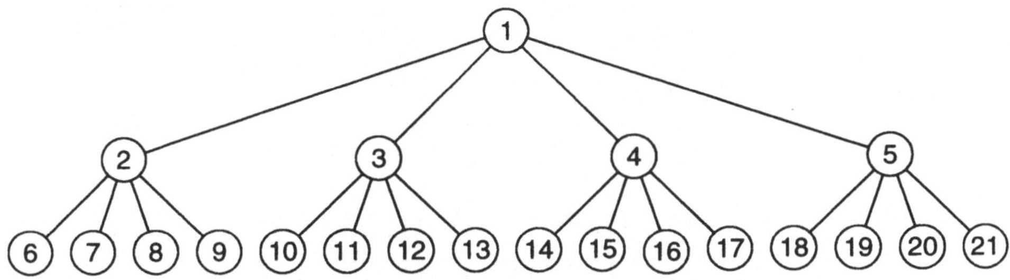

Abbildung 3.25: *4-facher Baum der Tiefe 2*

3.4.2 Ring-erweiterte Bäume

Das Problem der Kommunikation zwischen Blättern oder auch Knoten der gleichen Ebene kann durch Erweiterung des Baumes um horizontale Verbindungsleitungen erleichtert werden. Im graphentheoretischen Sinn sind solche Strukturen dann keine Bäume mehr, da Zyklen entstehen, die der Definition des Baumes als azyklischem Graphen widersprechen.

Im *vollständig verknüpften binären Baum* nach HOROWITZ und ZORAT [HoZ81] werden alle Blätter mit ihren Nachbarn verbunden. Das Blatt am rechten Rand des Baumes wird mit dem am linken Rand verknüpft, so daß auf der Blatt-Ebene ein Ring entsteht. In dieser Struktur ist eine schnelle lokale Kommunikation möglich, wobei globale Nachrichten über den Baum gesendet werden können. Die Größenordnung des Durchmessers dieser Struktur ist weiterhin $\Theta(\log N)$, da der Ringdurchmesser proportional zu N wächst und somit die kürzeste Verbindung zwischen den Knoten durch die Baumleitungen bestimmt wird.

Wird die Ring-Erweiterung auf alle Ebenen des Baumes angewendet, so entsteht ein *binärer Baum mit vollständigen Ringverbindungen* (siehe Abbildung 3.26a). Die Verbindungskomplexität kann mit wenig Verlust der Leistungsfähigkeit durch abwechselndes Unterbrechen der Ringverbindungsstruktur reduziert werden, wie in

Abbildung 3.26b gezeigt [HoZ81]. Auch für diese Strukturen gilt, daß der Durchmesser $\Phi = \Theta(\log N)$ beträgt; allerdings können viele Nachrichten statt über die Wurzel über Ringverbindungsleitungen niedrigerer Ebenen geleitet werden, so daß die mittlere Anzahl zu durchlaufender Knoten erheblich sinkt. Die Wurzel als Engpaß ist ebenfalls erheblich entschärft, da lokale Kommunikation die Ringverbindungsleitungen nutzt und somit die oberen Baumebenen entlastet.

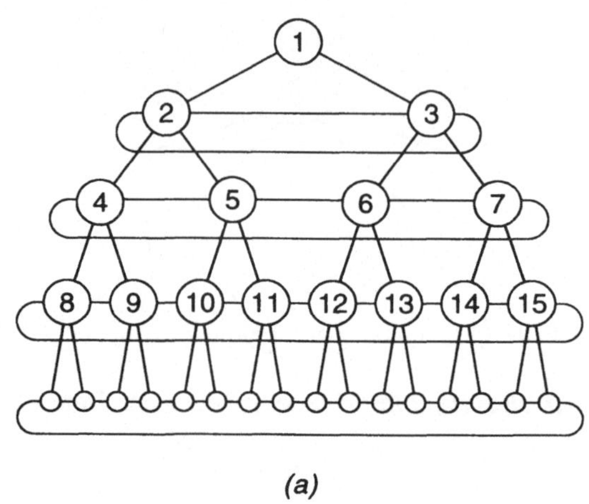

(a)

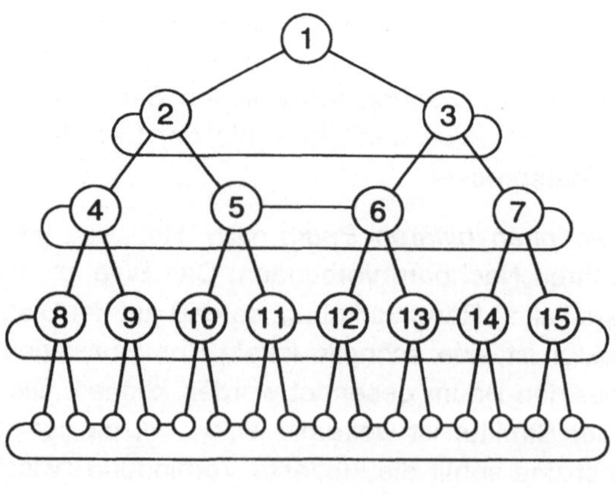

(b)

Abbildung 3.26: *(a) Binärer Baum mit vollständigen Ring-Verbindungen; (b) binärer Baum mit halbierten Ring-Verbindungen*

3.4.3 Hyper-Baum

Bei Ring-erweiterten Bäumen kann Kommunikation zwischen benachbarten Blättern zwar effizient ablaufen, jedoch fehlen in den unteren Ebenen Möglichkeiten zum Datenaustausch zwischen entfernten Knoten. Dieser Nachteil wird im *Hyper-Baum* [GoS81] durch Einfügen von globalen Verbindungsleitungen zwischen Knoten der gleichen Ebene ausgeglichen. Dabei sind in jeder Ebene solche Knoten miteinander verbunden, deren Indizes sich genau in einem Bit unterscheiden, so daß die zusätzlichen Verbindungsfunktionen den in Abschnitt 3.8 diskutierten *cube*-Funktionen entsprechen. Abbildung 3.27 zeigt einen Hyper-Baum, in dem sich die verbundenen Knoten in Ebene 1 in Bit 0 (Knoten 2 und 3), in Ebene 2 und 3 in Bit 1 (z. B. Knoten 4 und 6 bzw. 8 und 10), in Ebene 4 in Bit 3 und Ebene 5 in Bit 2 unterscheiden. Die Größenordnung des Durchmessers des Hyper-Baumes ist $\Theta(\log N)$, wobei die Knoten höherer Ebenen vom globalen Verkehr weitgehend entlastet sind.

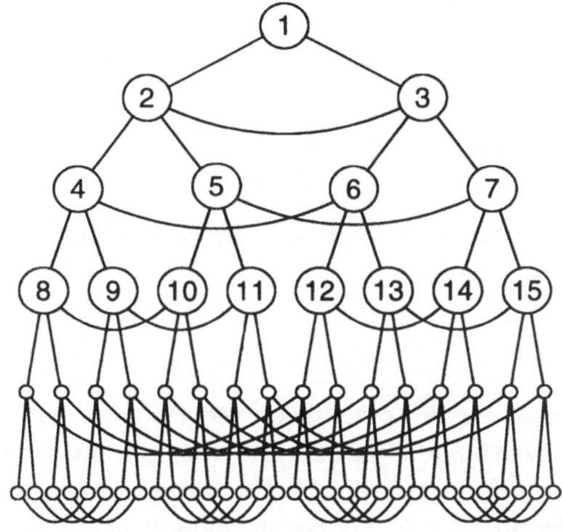

Abbildung 3.27: *Binärer Hyper-Baum der Tiefe 5*

3.4.4 Fette Bäume

Bei den erweiterten Bäumen wird der Wurzel-Engpaß durch eine Alternative in der Wegewahl zwischen Blättern entschärft. Jedoch muß dies um den Preis einer komplexeren Wegesuche erkauft werden, da für jede Nachricht ein Weg bestimmt werden muß, der die Baum- und die Querleitungen optimal nutzt. Im *Fetten Baum* (*Fat Tree*) nach LEIERSON [Lei85] bleibt die Baumstruktur erhalten, so daß keine Routingprobleme auftreten. Der Engpaß der Wurzel wird durch eine Erhöhung der

verfügbaren Bandbreite in Richtung der Wurzel vermieden; Abbildung 3.28 zeigt
einen Fetten Baum der Tiefe 3. Der Durchmesser des Netzes entspricht dem eines
binären Baumes: $\Phi_{FAT\_TREE} = 2T$, jedoch erhöht sich die Bisektionsweite auf W_{FAT_TREE}
$= 2^{T-1}$. Die Erhöhung der Bandbreite kann durch parallele Leitungen erreicht werden,
wie in Abbildung 3.28 gezeigt, oder durch Steigerung der Kommunikationsgeschwin-
digkeit der Verbindungsleitungen in den höheren Ebenen. Im Fetten Baum sind
aufgrund der erhöhten Bandbreite der höheren Ebenen beliebige Permutationen
zwischen den Blättern konfliktfrei möglich. Ein Beispiel der Anwendung des Fetten
Baumes ist die Connection Machine CM-5 (siehe Kapitel 11).

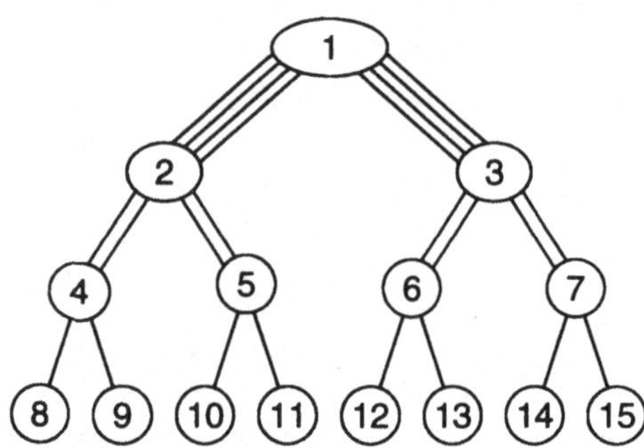

Abbildung 3.28: *Binärer Fetter Baum*

3.4.5 Pyramiden

Pyramiden-Netze sind eine Kombination von Bäumen und Gitter-Netzen. Abbildung 3.29 zeigt eine zweistufige Pyramide mit einer gitterförmigen Zwischenleitungsführung auf den unteren Ebenen. Der oberste Knoten (*Apex*) hat in diesem Beispiel
vier Verbindungsleitungen ($\Gamma = 4$); Knoten im Inneren der Zwischenebene besitzen
vier Verbindungsfunktionen für Gitteroperationen, eine Verbindungsleitung zum Apex
und vier zur darunterliegenden Ebene ($\Gamma = 9$). Im Beispiel hat die mittlere Ebene nur
Randknoten mit $\Gamma = 7$. Die Knoten im Inneren der unteren Ebene besitzen Gitterleitungen und eine Leitung zur darüberliegenden Ebene ($\Gamma = 5$). Die Verbindungs-
leitungskomplexität insbesondere der Zwischenknoten ist daher hoch.

Ähnlich wie bei Bäumen kann die hierarchische Struktur auch bei der Pyramide
zu einem Engpaß werden, wenn die Geschwindigkeit der Gesamtoperation durch die
der Knoten auf höheren Ebenen bestimmt wird, oder falls erhebliche Datenkommunikation zwischen den Ebenen erfolgen muß. Für viele Aufgaben, insbesondere aus
der Bildverarbeitung, eignet sich die pyramidale Struktur jedoch ausgezeichnet. Bei

solchen Aufgaben werden z. B. auf der untersten Ebene Algorithmen in einer sehr hohen Auflösungsstufe abgearbeitet, z. B. Bildglättung oder Kantenerkennung. Auf den höheren Ebenen werden zunehmend symbolische Aufgaben bearbeitet, deren Anforderungen an Verarbeitungsleistung und Datenmengen geringer werden. Bei einer geeigneten algorithmischen Struktur ist auch der Datenaustausch zwischen Ebenen begrenzt, so daß aufgrund der Konzentration von Daten zwischen Ebenen kein Engpaß auftritt [Sto86].

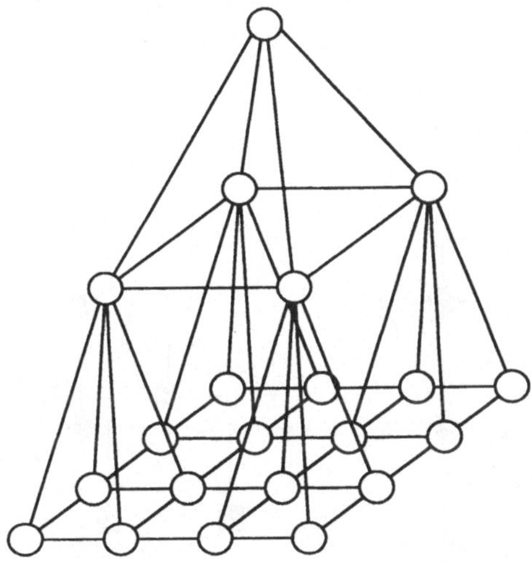

Abbildung 3.29: *Dreistufige Pyramide*

3.4.6 Baumgitter

Das Gitter-Netz hat den Nachteil, daß der Durchmesser wegen der ausschließlich lokal geführten Verbindungsleitungen linear mit der Zahl der Zeilen und Spalten wächst. Im *Baumgitter* [Lei92] werden die lokalen Gitterleitungen durch Baumstrukturen ersetzt und so Möglichkeiten zur effizienten globalen Kommunikation geschaffen. Abbildung 3.30 verdeutlicht das Konstruktionsprinzip des Baumgitters. Grundlage sind MxM quadratisch angeordnete, unverbundene Prozessoren (Abbildung 3.30a) mit $M = 2^m$. Die Prozessoren jeder Spalte werden als Blätter eines binären Baumes genutzt (Abbildung 3.30b); die übrigen Baumknoten sind Koppelelemente, die Nachrichten weitervermitteln können. Diese Konstruktion wird ebenso auf die Prozessoren jeder Zeile angewendet (Abbildung 3.30c). Die Kombination horizontaler und vertikaler Baumleitungen bildet das Baumgitter (Abbildung 3.30d).

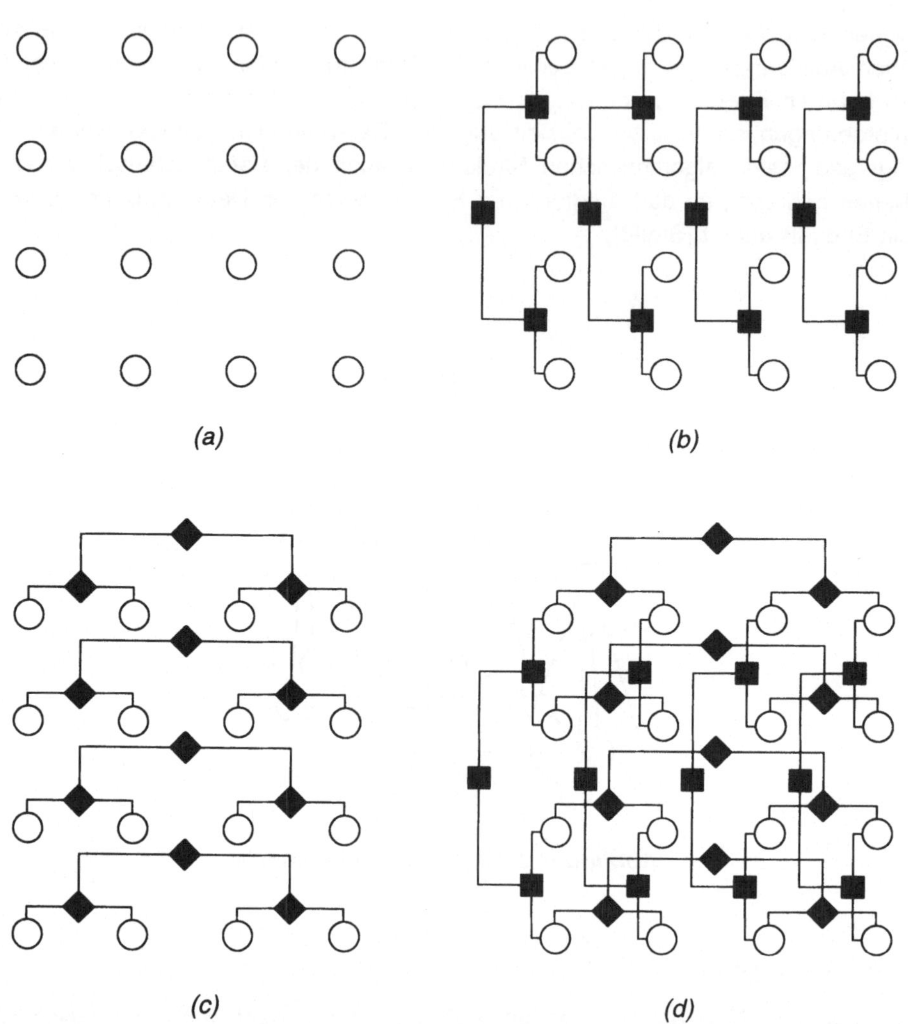

(a)   *(b)*

(c)   *(d)*

Abbildung 3.30: *Konstruktion eines 4x4-Baumgitters: (a) zugrundeliegendes Gitter;*
(b) vertikale Baumleitungen; (c) horizontale Baumleitungen;
(d) vollständiges Baumgitter

Jeder Gitterknoten hat zwei Verbindungsfunktionen und damit den Grad $\Gamma = 2$.
Mit Hilfe der Baumleitungen ist eine schnelle Kommunikation auch zwischen entfernten
Knoten möglich. Der Durchmesser des MxM-Baumgitters beträgt $\Phi = 4m = 4\,log_2M$,
da eine Nachricht im ungünstigsten Fall sowohl im horizontalen als auch im vertikalen Baum über die Wurzel geleitet werden muß. Dies ist beispielsweise bei Transfers zwischen diagonal gegenüberliegenden Eck-Knoten notwendig. So wie das Gitter

hat auch das Baumgitter die Bisektionsweite $W_{Baum\_Git} = M$ und erlaubt so eine hohe Kommunikationsbandbreite.

Die Topologie des Baumgitters eignet sich gut für viele parallele Algorithmen. Es ist häufig jedoch nicht erforderlich, einen Parallelrechner mit einem expliziten Baumgitter zu konstruieren, denn die Struktur kann sehr effizient auch mit Cube-Netzen emuliert werden, wie in Kapitel 4 ausgeführt wird.

3.5   Direktes Shuffle-Exchange-Netz

Das Shuffle-Exchange-Netz ist Konstruktionsgrundlage für indirekte einstufige und mehrstufige Netze (z. B. Omega-Netze, siehe Kapitel 6). Ein direktes Shuffle-Exchange-Netz mit $N = 2^n$ Knoten hat zwei Verbindungsfunktionen und somit den Grad $\Gamma = 2$:

$$exchange\ (p_{n-1}p_{n-2}\cdots p_1 p_0) \quad = \quad p_{n-1}p_{n-2}\cdots p_1 \overline{p_0}$$

$$shuffle\ (p_{n-1}p_{n-2}\cdots p_1 p_0) \quad = \quad p_{n-2}p_{n-3}\cdots p_1 p_0 p_{n-1}.$$

Die *exchange*-Operation invertiert das niederwertigste Adressbit jedes Knotens; dies entspricht einem Datenaustausch zwischen den Prozessoren $2k$ und $2k+1$, $0 \leq k < N/2$. Die *shuffle*-Operation rotiert das höchstwertige Bit in die niederwertigste Bitposition. Bei dieser Operation werden zwei Knoten auf sich selbst abgebildet (0 und $N - 1$), da hier alle Bits identisch sind. Abbildung 3.31 illustriert die beiden Verbindungsfunktionen für $N = 8$.

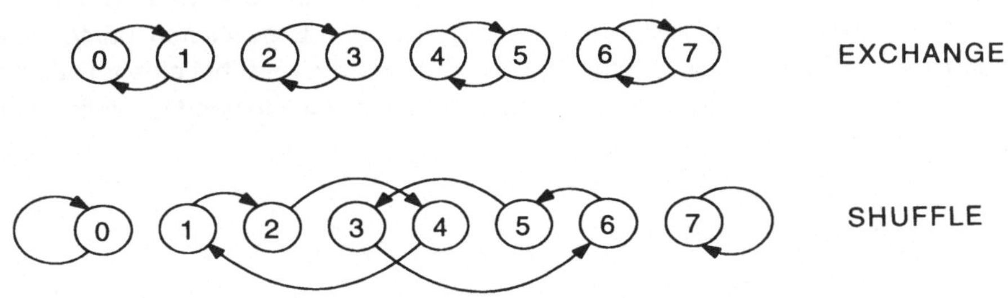

Abbildung 3.31: Verbindungsfunktionen eines Shuffle-Exchange-Netzes mit N = 8

Der Name der *shuffle*-Operation stammt von der amerikanischen Art des Kartenmischens. Beim *Perfect-Shuffle* werden zwei Kartenstapel so vermischt, daß sich auf dem gemischten Stapel Karten der Ausgangsstapel abwechseln. Abbildung 3.32 zeigt den Perfect-Shuffle für $N = 8$.

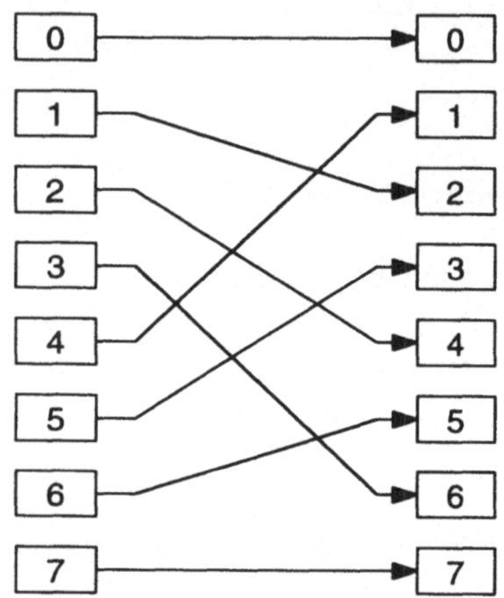

Abbildung 3.32: *Perfect-Shuffle-Operation für N = 8*

Um in einem Shuffle-Exchange-Netz Daten auszutauschen, sind in der Regel sowohl *shuffle*- als auch *exchange*-Operationen erforderlich. Um beispielsweise von Knoten 0 zu 5 zu gelangen, ist zuerst ein *exchange* notwendig, um zu Knoten 1 zu kommen. Über zwei *shuffles* wird Knoten 4 erreicht, und ein weiteres *exchange* bringt die Nachricht zum Zielknoten 5.

Der Durchmesser des Netzes ist $2n - 1$, da im ungünstigsten Fall alle Bitpositionen mittels *exchange*-Operation invertiert und $n - 1$ Bitpositionen durch *shuffle*-Operationen aus Bitposition 0 rotiert werden müssen. So muß bei einem Datentransport von Knoten 0 zu Knoten $N - 1$ in einem Netz mit $N = 8$ folgende Reihenfolge von Operationen durchgeführt werden:

$$
\begin{aligned}
exchange\ (0) &= 1 \\
shuffle\ (1) &= 2 \\
exchange\ (2) &= 3 \\
shuffle\ (3) &= 6 \\
exchange\ (6) &= 7.
\end{aligned}
$$

Die Bisektionsweite des Shuffle-Exchange-Netzes ist von der Größenordnung $\Theta(N/n)$, wie zum Beispiel in [Lei92] gezeigt wird. Besondere Eigenschaften des

Shuffle-Exchange-Graphen wie die *Necklace-Strukturen* und *degenerierte Knoten* sowie die Verwandschaft mit dem im folgenden diskutierten DeBruijn-Graphen sind in [Lei92] ausführlich erläutert.

3.6   DeBruijn-Netze

DeBruijn-Netze sind eng mit den Shuffle-Exchange-Netzen verwandt [Lei92]. Ein n-dimensionales DeBruijn-Netz mit $N = 2^n$ Knoten hat zwei Verbindungsfunktionen:

$$debruijn_0 \ (p_{n-1}p_{n-2} \ \cdots \ p_1 p_0) \quad = \quad p_{n-2}p_{n-3} \ \cdots \ p_1 p_0 0$$

$$debruijn_1 \ (p_{n-1}p_{n-2} \ \cdots \ p_1 p_0) \quad = \quad p_{n-2}p_{n-3} \ \cdots \ p_1 p_0 1.$$

Es gehen also von jedem Knoten zwei Verbindungsleitungen aus, und zwei Leitungen treffen an jedem Knoten ein. Abbildung 3.33 zeigt ein DeBruijn-Netz mit $N = 8$. Um von einem Quellknoten $Q = q_{n-1}q_{n-2} \ \cdots \ q_1 q_0$ zu einer Senke $S = s_{n-1}s_{n-2} \ldots s_1 s_0$ zu gelangen, wird entlang des Weges in jedem Schritt eines der Bits von Q in eines derer von S umgewandelt. So kann immer der Weg

$$q_{n-1}q_{n-2} \cdots q_1 q_0 \to q_{n-2} \cdots q_1 q_0 s_{n-1} \to q_{n-3} \cdots q_1 q_0 s_{n-1} s_{n-2} \to \cdots \to s_{n-1}s_{n-2} \cdots s_1 s_0$$

gewählt werden. Als Beispiel sei für $N = 8$ die Quelle $Q = 0$ und die Senke $S = 5$. Dann verläuft der Weg von $0 = 000_2$ über *debruijn$_1$* zu $1 = 001_2$ und von dort über *debruijn$_0$* zu $2 = 010_2$. Das Ziel $5 = 101_2$ wird durch *debruijn$_1$* erreicht. In vielen Fällen sind weniger als n Operationen notwendig. Zum Beispiel genügt ein Transfer zwischen 4 und 1, oder es reichen zwei Operationen zwischen 6 und 2 aus.

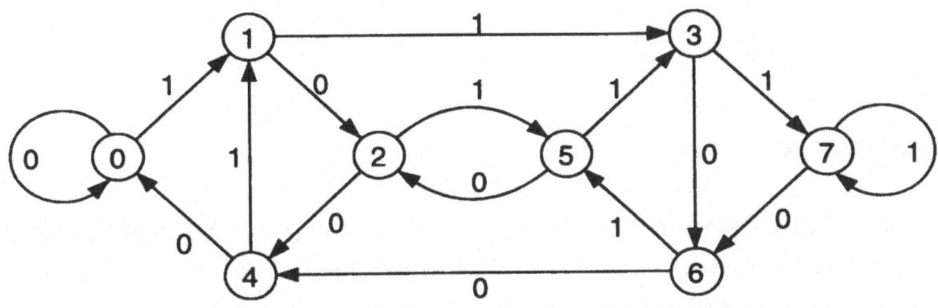

Abbildung 3.33: *DeBruijn-Netz für N = 8; mit "0" beschriftete Kanten entsprechen der debruijn$_0$-Funktion, mit "1" beschriftete Kanten entsprechen der debruijn$_1$ Funktion*

Der Durchmesser des Netzes ist $n = \log_2 N$, denn im ungünstigsten Fall müssen alle Bitpositionen eines Quellknoten verändert werden, zum Beispiel beim Transfer zwischen Knoten 0 und Knoten $N - 1$. Für diesen Transport sind genau n *debruijn*-Operationen erforderlich. Die Bisektionsweite beträgt wie beim Shuffle-Exchange-Netz $\Theta(N/n)$ [Lei92].

3.7   PM2i-Netze

Das PM2i-Netz (**Plus-Minus** 2^i) [Sie90] hat wesentliche Bedeutung als Konstruktionsgrundlage für die indirekten Datenmanipulator-Netze, die in Kapitel 6 ausführlich behandelt werden. Ein PM2i-Netz mit $N = 2^n$ Knoten enthält $2n$ Verbindungsfunktionen der Form

$$PM2_{+i}(P) = \quad (P + 2^i) \bmod N, \qquad 0 \le i < n$$

$$PM2_{-i}(P) = \quad (P - 2^i) \bmod N, \qquad 0 \le i < n.$$

Die Verbindungsfunktion $PM2_{+i}(P)$ addiert den Wert 2^i modulo N zur Knotenadresse, während $PM2_{-i}(P)$ 2^i modulo N von der Knotenadresse subtrahiert. Da $(P + 2^{n-1}) \bmod N = (P - 2^{n-1}) \bmod N$, sind $PM2_{+(n-1)}(P)$ und $PM2_{-(n-1)}(P)$ identisch. Abbildung 3.34 zeigt die $PM2_{+i}$-Verbindungsfunktionen für $N = 8$. Im Gegensatz zu den bisher diskutierten Netzen hängt die Anzahl der Verbindungsfunktionen also von der Netzgröße ab.

Abbildung 3.35 zeigt die Zwischenleitungsführung eines PM2i-Netzes für $N = 16$. Ein Datentransport von 1 nach 8 kann über 5 und 7 erfolgen, indem die Funktionen $PM2_{+2}$, $PM2_{+1}$ und $PM2_{+0}$ ausgeführt werden. Ebenfalls möglich ist eine Folge über 9 durch $PM2_{+3}$ und $PM2_{-0}$. Aus der Abbildung wird die große Anzahl der Verbindungsfunktionen deutlich, über die das PM2i-Netz verfügt.

3.8   Cube-Netze

Neben den Gitter-Netzen hat das Cube-Netz die höchste praktische Bedeutung unter den direkten Verbindungsnetzen. Ein Cube-Netz mit $N = 2^n$ Ein- und Ausgängen beinhaltet n Verbindungsfunktionen der Form

$$cube_k \, (\, p_{n-1} p_{n-2} \cdots p_k \cdots p_1 p_0) = p_{n-1} p_{n-2} \cdots \overline{p_k} \cdots p_1 p_0 \, , \qquad 0 \le k < n.$$

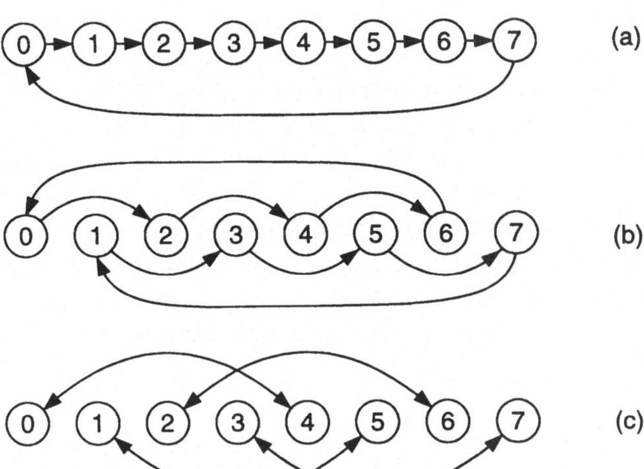

Abbildung 3.34: $PM2_{+i}$ - Verbindungsfunktionen für N = 8.
(a) $PM2_{+0}$; (b) $PM2_{+1}$; (c) $PM2_{+2}$

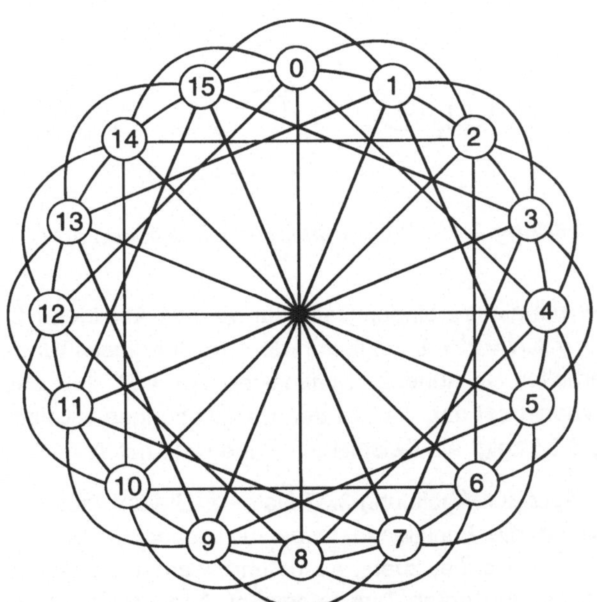

Abbildung 3.35: PM2i-Verbindungsstruktur für N = 16

Zur Beschreibung der Cube-Funktion ist die Hammingdistanz nützlich. Die *Hammingdistanz H* zweier Binärzahlen ist definiert als die Anzahl der Bitstellen, in denen sich die beiden Zahlen unterscheiden [PeW72]. Zwei Knoten in einem Cube-Netz sind demzufolge dann miteinander verbunden, wenn die Hammingdistanz ihrer Knotennummern $H = 1$ ist, also ihre Numerierung sich in genau einem Bit unterscheidet. Der Netz-Durchmesser ist $\Phi_{cube} = n$, da sich die Adressen einer Quelle Q und einer Senke S im ungünstigsten Fall in allen Bits unterscheiden, so daß zum Transfer alle n Verbindungsfunktionen ausgeführt werden müssen. Ein Beispiel ist der Transfer zwischen Knoten 0 und Knoten $N-1$. Die Verbindungsfunktionen eines Cube-Netzes mit $N = 8$ sind in Abbildung 3.36 dargestellt.

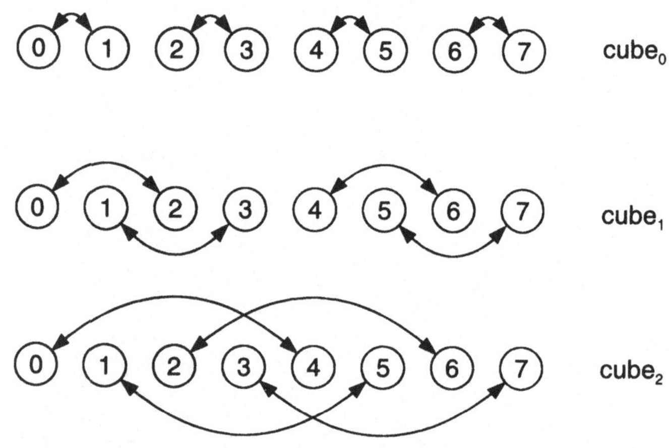

Abbildung 3.36: *Cube-Verbindungsfunktionen für N = 8*

Die dreidimensionale Verbindungsstruktur wird in Abbildung 2.1c verdeutlicht, die ein Cube-Netz mit $N = 2^n = 8$ zeigt; von der Struktur dieses Würfels hat das Netz seinen Namen erhalten. In höheren Dimensionen ($n > 3$) stellt das Netz einen n-dimensionalen Hyperwürfel dar, was zu den Bezeichnungen n-Cube und *Hypercube* führte; Abbildung 3.37 zeigt als Beispiel ein Cube-Netz mit $N = 16$.

Um im Cube-Netz aus Abbildung 3.37 Daten z. B. von Knoten 1 zu Knoten 7 zu transferieren, müssen die Funktionen *cube₁* und *cube₂* in beliebiger Reihenfolge ausgeführt werden. Wird *cube₁* zuerst ausgeführt, werden Daten von Knoten 1 zu 3 und dann durch *cube₂* zu Knoten 7 weitergeleitet. Andererseits ist auch ein Transfer von 1 zu 5 (*cube₂*) und weiter zu 7 (*cube₁*) möglich. Durch Umwege sind zwei weitere disjunkte Wege möglich. Zum einen ist ein Transfer durch *cube₀*, *cube₁*, *cube₂* und wieder *cube₀* möglich (1 → 0 → 2 → 6 → 7), und zum zweiten kann beispielsweise $cube_3$, $cube_1$, $cube_2$ und $cube_3$ ($1 \rightarrow 9 \rightarrow 11 \rightarrow 15 \rightarrow 7$) angewendet werden. In einem n-dimensionalen Cube-Netz existieren zwischen zwei beliebigen Knoten nach dem *Menger-Theorem* aus der Graphentheorie [BoM79] genau n disjunkte Wege.

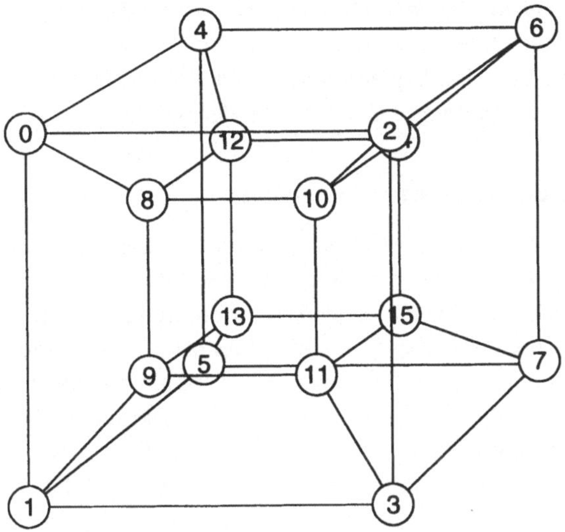

Abbildung 3.37: Topologie des binären Cube-Netzes für N = 16

Diese hohe Konnektivität mit einer Bisektionsweite von $W_{cube} = N/2$ ist einer der wichtigsten Vorteile des Cube-Netzes, der jedoch mit entsprechend hohen Kosten für Verbindungsleitungen einhergeht. Wie in Kapitel 4 gezeigt wird, bietet das Cube-Netz viele Möglichkeiten, andere Verbindungsstrukturen wie Gitter und Bäume effizient nachzubilden, so daß es in vielen kommerziellen Parallelrechnern Anwendung fand. Beispiele sind das nCube-System, das ein 13-dimensionales Cube-Netz ermöglicht [DuB92, Ncu94] und die Connection Machine CM-2 [TuR88], bei der ein 12-dimensionales Cube-Netz mit einem Gitter-Netz kombiniert wurde, um maximal 64 K PEs zu unterstützen (siehe Kapitel 11).

3.9 Modifizierte Cube-Netze

Wie im vorangegangenen Abschnitt erläutert, zeichnen sich Cube-Netze durch einen geringen Durchmesser von $\Phi_{Cube} = n$ und durch n unabhängige Wege zwischen beliebigen Quellen und Senken aus. Für Anwendungen mit globalem Verkehr wird eine weitere Reduktion des Durchmessers angestrebt, um die Kommunikationszeit zu minimieren. Im folgenden werden Methoden vorgestellt, mit denen durch Modifikationen bestehender Verbindungsleitungen oder durch Hinzufügen weiterer Leitungen dieses Ziel erreicht wird.

Ein zweiter Aspekt für Modifikationen am Cube-Netz ist die Erweiterbarkeit. Soll ein Cube-Netz mit N Knoten erweitert werden, so sind bei einer Beibehaltung der vollständigen Struktur N weitere Knoten erforderlich, was einer Verdoppelung des Systems entspricht. Um eine Erweiterung in kleineren Schritten zu erlauben, werden in Abschnitt 3.9.3 *unvollständige* Cube-Netze diskutiert.

3.9.1 Verdrehte und gekreuzte Cube-Netze

In diesem Abschnitt werden Umstrukturierungen der vorhandenen Verbindungsleitungen des Cube-Netzes besprochen, durch die der Durchmesser reduziert wird. Im *verdrehten Cube-Netz* [EsN91] bewirken Änderungen an nur zwei Leitungen des Netzes erhebliche Verbesserungen seiner Eigenschaften. Hierzu wird eine Schleife der Länge 4 im normalen Cube-Netz gewählt, d. h. ein geschlossener Weg im Netz. Ein Beispiel ist die Schleife $0 \leftrightarrow 2 \leftrightarrow 6 \leftrightarrow 4 \leftrightarrow 0$ in einem Netz mit $N = 8$. Die Knoten der Schleife seien P_0, P_1, P_2 und P_3, so daß sich die Kanten $P_0 \leftrightarrow P_1$, $P_1 \leftrightarrow P_2$, $P_2 \leftrightarrow P_3$ und $P_3 \leftrightarrow P_0$ ergeben. Um den verdrehten Cube zu erhalten, werden zwei der nicht verbundenen Kanten $P_0 \leftrightarrow P_1$ und $P_2 \leftrightarrow P_3$ des Zyklus (z. B. $0 \leftrightarrow 2$ und $6 \leftrightarrow 4$) gelöscht und durch die verdrehten Kanten $P_0 \leftrightarrow P_2$ und $P_1 \leftrightarrow P_3$ ersetzt ($0 \leftrightarrow 6$ und $2 \leftrightarrow 4$), wie in Abbildung 3.38 gezeigt. Es kann ein beliebiger Zyklus als Basis der Verdrehung genutzt werden; im *kanonisch verdrehten Cube-Netz* haben die Knoten P_0, P_1, P_2 und P_3 die binäre Numerierung $b(P_0) = 00 \dots 0$, $b(P_1) = 010 \dots 0$, $b(P_2) = 100 \dots 0$ und $b(P_3) = 110 \dots 0$ (Abbildung 3.38).

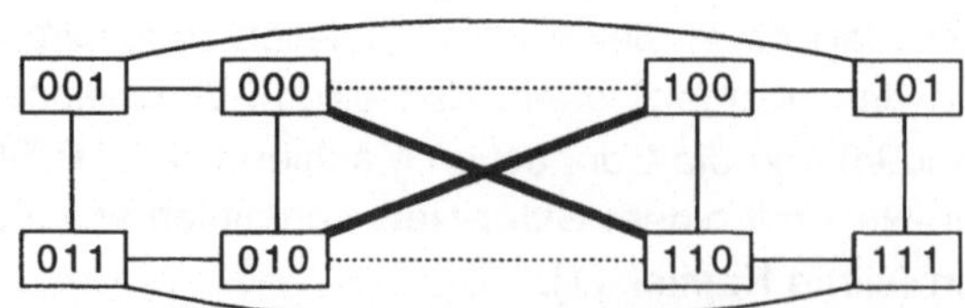

Abbildung 3.38: *Kanonisch verdrehtes Cube-Netz mit N = 8; die neuen Kanten sind dick, die gelöschten gepunktet dargestellt*

Für dieses Netz kann gezeigt werden, daß sich der Durchmesser von n auf $n{-}1$ verringert [EsN91]. Der wesentliche Nachteil einer solchen Modifikation ist die erhöhte

Komplexität der Wegesuche, die sich auch in Modifikationen der Router im Netz niederschlägt.

Im *gekreuzten Cube-Netz* werden ebenfalls vorhandene Cube-Verbindungsleitungen vertauscht; die Anzahl der Vertauschungen hängt jedoch im Gegensatz zum verdrehten Cube-Netz von der Anzahl der Knoten ab. Das gekreuzte Cube-Netz ist rekursiv definiert [Efe92]. Von Bedeutung ist dabei der Begriff der paarweisen Verwandtschaft; zwei binäre Sequenzen $x = x_1 x_0$ und $y = y_1 y_0$ sind paarweise verwandt, falls sie eines der Paare (00, 00), (10, 10), (01, 11) oder (11, 01) bilden. Dann gilt:

CQ_n ist das *n*-dimensionale gekreuzte Cube Netz. CQ_1 besteht aus den zwei miteinander verbunden Knoten 0 und 1. Ist $n > 1$, so wird CQ_n aus den beiden Subnetzen CQ_{n-1}^0 und CQ_{n-1}^1 gebildet, indem Knoten nach folgender Regel verknüpft werden: der Knoten $u = 0u_{n-2} \dots u_0$ des Netzes CQ_{n-1}^0 wird genau dann mit dem Knoten $v = 1v_{n-2} \dots v_0$ des Netzes CQ_{n-1}^1 verbunden wenn gilt:

1) $u_{n-2} = v_{n-2}$ falls n gerade ist, und

2) für $0 \leq i < \lfloor (n-1)/2 \rfloor$ ist $u_{2i+1} u_{2i}$ paarweise mit $v_{2i+1} v_{2i}$ verwandt.

Abbildung 3.39 zeigt gekreuzte Cube-Netze mit $N = 8$ und 16 Knoten. Der Durchmesser des *n*-dimensionalen Netzes reduziert sich auf $\Phi = \lceil (n+1)/2 \rceil$, und die Einbettungs-Eigenschaften verbessern sich wesentlich. Auch hier ist ein komplexeres Routing erforderlich.

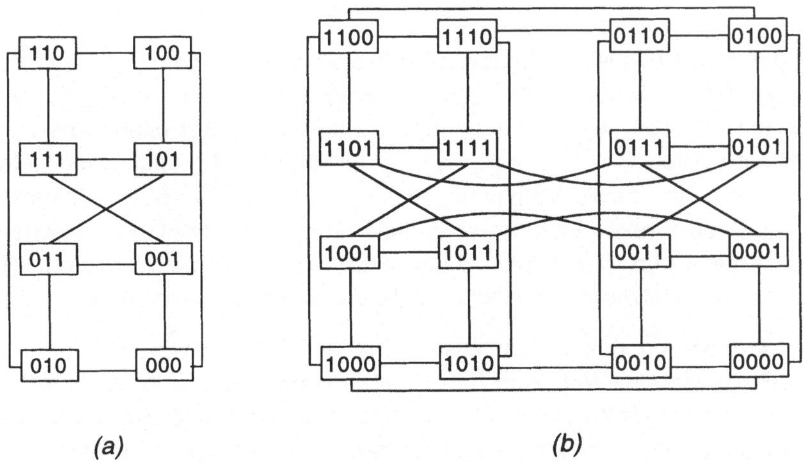

Abbildung 3.39: *Gekreuzte Cube-Netz mit (a) N = 8 und (b) N = 16*

3.9.2   Erweiterte und gefaltete Cube-Netze

Ein *erweitertes Cube-Netz* (*Enhanced Hypercube* [TzW91]) fügt zu den bestehenden Verbindungsleitungen zusätzliche hinzu, um die Eigenschaften des Netzes zu verbessern (siehe Abbildung 3.40). Diese Leitungen ermöglichen es entfernten Knoten, direkt oder über weniger Zwischenschritte miteinander zu kommunizieren. In einem erweiterten Cube-Netz der Ordnung ω werden Verbindungen zwischen allen Knotenpaaren

$$(x_{n-1} \cdots x_{n-\omega}x_{n-\omega-1} \cdots x_i \cdots x_0) \text{ und } (x_{n-1} \cdots x_{n-\omega}\overline{x}_{n-\omega-1} \cdots \overline{x}_i \cdots \overline{x}_0)$$

hergestellt. Für die erlaubten Werte der Ordnung gilt $0 \le \omega \le n - 2$. Der Durchmesser des erweiterten Cube-Netzes der Ordnung ω beträgt $\Phi = \omega + \lceil (n - \omega) / 2 \rceil$ [TzW91].

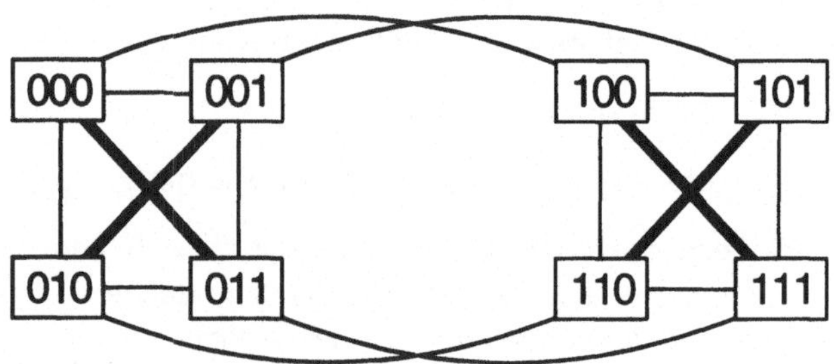

Abbildung 3.40: *Erweitertes Cube-Netz mit N = 8 und k = 1; die zusätzlichen Verbindungsleitungen sind fett dargestellt*

Der *gefaltete Cube* ist ein Spezialfall des erweiterten Cube mit $k = 0$ [EIL91]. Er verfügt über $N/2$ zusätzliche Leitungen, die jeden Knoten $P = p_{n-1}p_{n-2} \cdots p_1p_0$ mit dem Knoten verbinden, der zu ihm die größte Hammingdistanz (siehe Abschnitt 3.8) hat, d. h. mit Knoten $R = \overline{p}_{n-1}\overline{p}_{n-2} \cdots \overline{p}_1\overline{p}_0$. Abbildung 3.41 zeigt einen gefalteten Cube für $N = 8$, der um die Verbindungsleitungen $0 \leftrightarrow 7$, $1 \leftrightarrow 6$, $2 \leftrightarrow 5$ und $3 \leftrightarrow 4$ ergänzt ist. Diese Struktur bietet zwei Vorteile. Zum einen existieren zwischen zwei beliebigen Knoten nun $n + 1$ statt n disjunkte Wege, und zum anderen wird der Durchmesser des Netzes auf die Hälfte, d. h. von n auf $\lceil n/2 \rceil$ reduziert.

Die Verringerung des Durchmessers um den Faktor zwei soll nun erläutert werden. Hierzu wird der Weg zwischen Quelle Q und Senke S in Abhängigkeit von der Hammingdistanz H zwischen Q und S gewählt. Wird eine Nachricht zwischen Knoten ausgetauscht, für deren Hammingdistanz $H \le \lceil n/2 \rceil$ gilt, so wird der zusätzliche Weg nicht genutzt, und es sind höchstens $\lceil n/2 \rceil$ *cube*-Funktionen zu durchlaufen. Ist die Hammingdistanz H zwischen den kommunizierenden Knoten größer als

$\lceil n/2 \rceil$, so gilt $H = \lceil n/2 \rceil + i$, wobei i eine positive ganze Zahl ist. Zuerst wird die Zusatzleitung benutzt. Hierbei werden alle n Adressbits invertiert, und die verbleibende Hammingdistanz ist damit durch

$$H = n - H = n - \lceil n/2 \rceil - i = \lfloor n/2 \rfloor - i$$

gegeben. Für die Anzahl d der zu durchlaufenden Verbindungsleitungen gilt somit

$$d = 1 + H = 1 + \lfloor n/2 \rfloor - i \,.$$

Da i eine positive ganze Zahl ist, ergibt sich insgesamt $d \leq \lceil n/2 \rceil$, und damit ist eine Reduktion des Netzdurchmessers auf die Hälfte nachgewiesen.

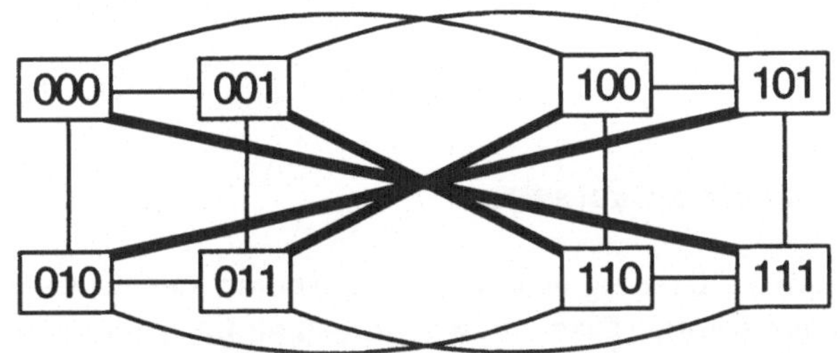

Abbildung 3.41: *Gefaltetes Cube-Netz mit N = 8; die zusätzlichen Verbindungsleitungen sind fett dargestellt*

3.9.3 Unvollständige Cube-Netze

Das Cube-Netz ist zwar bis zu hohen Knotenzahlen skalierbar und wurde auch für große Systeme eingesetzt, jedoch ist die Erweiterbarkeit nicht linear, denn eine Erweiterung um eine Dimension bedeutet eine Verdoppelung der Knotenzahl. In einem *unvollständigen Cube-Netz* sind beliebige Knotenanzahlen zugelassen, so daß eine lineare Erweiterbarkeit möglich ist. KATSEFF [Kat88] zeigte für solche Netze Algorithmen der Wegesuche, mit denen Nachrichten effektiv durch ein solches Netz geschickt werden können. In der Regel ist eine solche allgemeine Struktur jedoch nicht erforderlich; daher schlug TZENG [TzC92] eine Eingrenzung auf unvollständige Cube-Netze vor, die aus zwei vollständigen Cube-Netzen unterschiedlicher Größe 2^n und 2^k bestehen. Diese Netze sind einfacher zu konstruieren und haben vorteilhafte Eigenschaften in bezug auf Konstruktion und Routing sowie auf Erweiterungen, durch die eine Leistungsverbesserung erzielt werden kann [TzC92]. Abbildung 3.42 zeigt ein unvollständiges Cube-Netz mit $N = 12$ Knoten, das aus zwei Subnetzen mit $2^3 = 8$ und $2^2 = 4$ Knoten besteht.

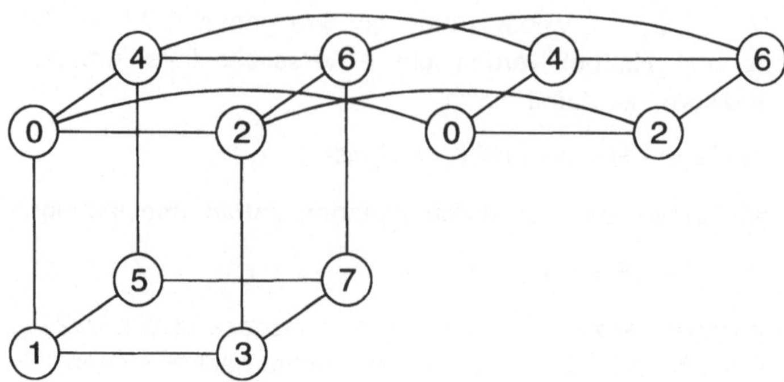

Abbildung 3.42: *Unvollständiges Cube-Netz mit N = 12 Knoten*

3.10   Cube-Connected-Cycles-Netze

Die Anzahl der Verbindungsleitungen pro Knoten des Cube-Netzes ist mit n abhängig von der Netzgröße. Dies ist zwar vorteilhaft für einen geringen Netzdurchmesser, bringt jedoch Skalierungsprobleme bei der Hardwarerealisierung, denn die Anzahl der vorgesehenen Leitungen pro Knoten bestimmt die maximale Netzgröße. Jede darüber hinausgehende Systemerweiterung erfordert eine Modifikation jedes Knotens, um mehr Verbindungen zuzulassen.

Das *Cube-Connected-Cycles-Netz* (*CCC*) behebt diese Problematik, indem durch die *cube*-Funktion nicht die individuellen Knoten sondern Ringe von Knoten mit Grad $\Gamma = 3$ verbunden werden [PrV81]. Abbildung 3.43 zeigt ein CCC-Netz mit $N = 24$.

Knoten sind hier durch einen zweidimensionalen Vektor (U, V) indiziert; die erste Zahl U des Indices entspricht der Position des Knotens innerhalb des Ringes, während die zweite Zahl V dem *cube*-Index entspricht. Ein CCC der Dimension n enthält 2^n Ringe, jeweils mit n Knoten pro Ring. Jeder Knoten verfügt dann über drei Verbindungsfunktionen:

$$ccc_{+1}(U,V) \quad = \quad ((U+1) \bmod n,\ V)$$

$$ccc_{-1}(U,V) \quad = \quad ((U-1) \bmod n,\ V)$$

$$ccc_{cube}(U,V) \quad = \quad (U, v_{n-1} v_{n-2} \cdots \overline{v_U} \cdots v_1 v_0)$$

Neben den Ringverbindungsfunktionen stellt jeder Knoten also zusätzlich eine *cube*-Verbindungsfunktion zur Verfügung.

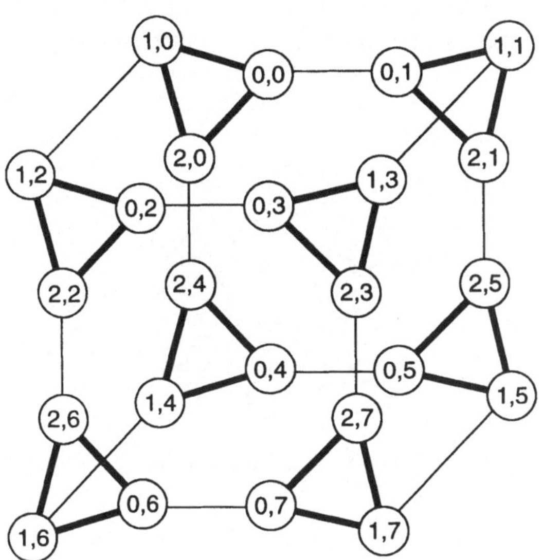

Abbildung 3.43: *Cube-Connected-Cycles-Netz mit N = 24 Knoten*

Im allgemeinen Fall kann jeder Ring auch mehr als *n* Knoten beinhalten; dann wird das Netz jedoch unsymmetrisch, da nicht mehr alle Ring-Knoten auch über eine Cube-Verbindungsleitung verfügen.

3.11 Vollständige Vermaschung

Bei einer vollständigen Vermaschung (*Vollvermaschung*) verfügt jeder Knoten über eine bidirektionale Verbindungsleitung zu jedem anderen Knoten, wie in Abbildung 3.44 gezeigt. Dies bietet den Vorteil höchstmöglicher Kommunikationsleistung, denn Daten können zwischen beliebigen Knoten ohne Zwischenschritte ausgetauscht werden, wobei es keinen Zugriffskonflikt zwischen Verbindungsleitungen gibt. Der Grad ist damit $\Gamma_V = N - 1$ und der Durchmesser des Netzes ist $\Phi_V = 1$. Durch die große Anzahl von $N \times (N - 1) / 2$ bidirektionalen Verbindungsleitungen bei N Knoten sind der unmittelbaren Anwendbarkeit jedoch enge Grenzen gesetzt; lediglich bei wenigen Knoten ist ein solches Prinzip sinnvoll.

Bei optischen Netzen hat die Vollvermaschung hohe Bedeutung erlangt, wie in Kapitel 9 ausgeführt wird. Die hohe verfügbare Bandbreite optischer Verbindungs-

leitungen wie beispielsweise Glasfaserkabel ermöglicht bei beschränktem Hardware-
aufwand die Realisierung von Systemen, die logisch betrachtet voll vermascht sind.

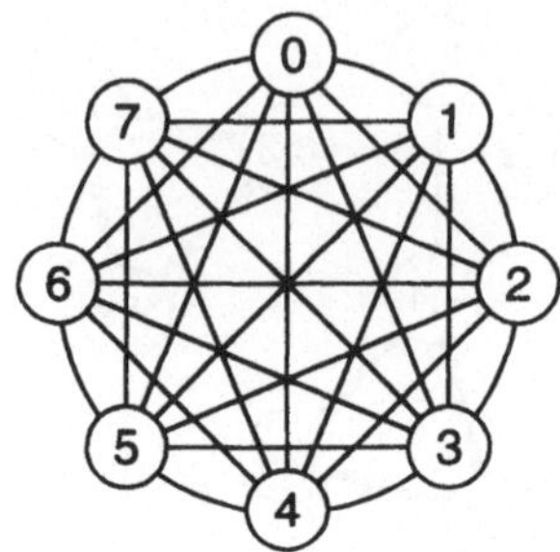

Abbildung 3.44: *Vollständige Vermaschung von N = 8 Knoten*

3.12 Übergreifende Klassifizierungen

Während in den vorangegangenen Abschnitten dieses Kapitels unterschiedlichste Topologien direkter Netze beschrieben wurden, die mit wenigen Ausnahmen
(beispielsweise das Illiac-Netz als Chordaler Ring) jeweils für sich eine abgegrenzte
Klasse von Netzen bildeten, gibt es Ansätze, unterschiedliche Netze durch Verallge-
meinerung bestimmter Aspekte der Topologie übergreifend zu klassifizieren. In diese
Klassifikationen fallen meist mehrere der diskutierten Strukturen, jedoch werden auch
neue Netze eingeführt, die durch die Klassifikationsgesetze definiert werden. Hier
sollen die k-fachen n-Cube-Netze und die Cayley-Graphen als zwei wichtige Beispiele der Methodik vorgestellt werden.

3.12.1 k-fache n-Cube-Netze

Diese Klassifikation setzt Gitter- und Cube-Netze zueinander in Beziehung. Ein
k-faches n-Cube-Netz hat $N = k^n$ Knoten [Dal90]. n ist dabei die Dimension und k die
Basis des Netzes. Ein Knoten P wird durch einen n-stelligen Index $p_{n-1} p_{n-2} \ldots p_1 p_0$
bezeichnet, dessen Ziffern die Basis k besitzen. Ein Knoten eines unidirektionalen k-
fachen n-Cube-Netzes hat n Verbindungsfunktionen:

$$kn\text{-cube}_{+j}\,(P) \quad = \quad p_{n-1}\,p_{n-2} \ldots ((p_j + 1) \bmod k) \ldots p_1\,p_0\,, \qquad 0 \le j < n$$

Bei einem bidirektionalen Netz kommen weitere n Funktionen hinzu:

$$kn\text{-cube}_{-j}\,(P) \quad = \quad p_{n-1}\,p_{n-2}\,\cdots\,((p_j-1)\bmod k)\,\cdots\,p_1\,p_0\,, \qquad 0 \le j < n\,.$$

Durch diese Definition umfassen die k-fachen n-Cube Netze zum Beispiel die in Abschnitt 3.3.1 diskutierten Torus-Netze mit $M \times M$ Knoten. Hierbei ist $k = M$ und $n = 2$, so daß ein Torus ein M-faches 2-Cube-Netz ist. Ein dreidimensionales Gitter mit $M \times M \times M$ Knoten ist dann ein M-faches 3-Cube Netz, und das in Abschnitt 3.8 diskutierte binäre Cube-Netz mit $N = 2^\eta$ Knoten hat $n = \eta$ und $k = 2$ (2-faches η-cube-Netz). Als Beispiel eines Netzes, das in den bisherigen Topologien nicht enthalten ist, ist in Abbildung 3.45 ein ternärer 3-Cube mit $3^3 = 27$ Knoten gezeigt.

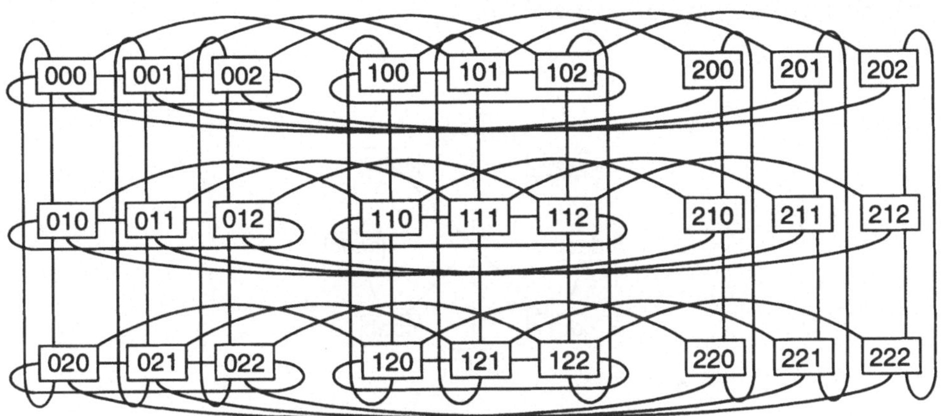

Abbildung 3.45: *In der Ebene eingebetteter ternärer 3-Cube*

3.12.2 Cayley-Graphen

Wie in Abschnitt 2.1 diskutiert, können direkte Verbindungsnetze als Graphen interpretiert werden. Eine wichtige Klasse von symmetrischen Graphen, die auch einige bekannte Netze beinhaltet, sind die *Cayley-Graphen* [AkK89]. Diese Graphen werden gruppentheoretisch durch die Anwendung von Permutations-Generatoren erzeugt. Die Basis bildet dabei eine endliche Gruppe G; ein Beispiel für eine solche Gruppe sind die 24 möglichen Permutationen der Zeichenfolge *abcd*, die durch Vertauschen der vier Elemente *a*, *b*, *c* und *d* entstehen. Ein *Generator* beschreibt die Vertauschungsregel; so würde ein Generator 4321 eine Umkehrung der Symbolreihenfolge in *dcba* bewirken. Durch die Generatoren werden entweder alle Elemente der Gruppe oder nur eine Untermenge erzeugt. Ist beispielsweise nur der Generator 4321 genutzt, so werden hierdurch nur die beiden Elemente *abcd* und *dcba* erzeugt, da eine erneute Anwendung keine neuen Elemente generiert.

In einem Cayley-Graphen entsprechen die Knoten des Graphen den Elementen der Gruppe G bzw. der durch die Generatoren erzeugten Untermenge von G. Die Kanten entsprechen den Aktionen der Generatoren. Ein Knoten P_1 ist genau dann mit einem Knoten P_2 verbunden, wenn ein Generator g existiert, so daß $g(P_1) = P_2$ ein Element von G ist. Aufgrund der Konstruktion sind Cayley-Graphen immer symmetrisch [AkK89].

Dies soll durch ein einfaches Beispiel eines Cayley-Graphen mit den Generatoren g_1 =1324, g_2 = 2143, g_3 = 4321 verdeutlicht werden. Ausgehend vom Element *abcd* erzeugen die Generatoren den Graphen in Abbildung 3.46. Durch andere Generatoren können bekannte Netze wie der binäre 3-Cube oder dreidimensionale Cube-Connected-Cycles-Netze erzeugt werden.

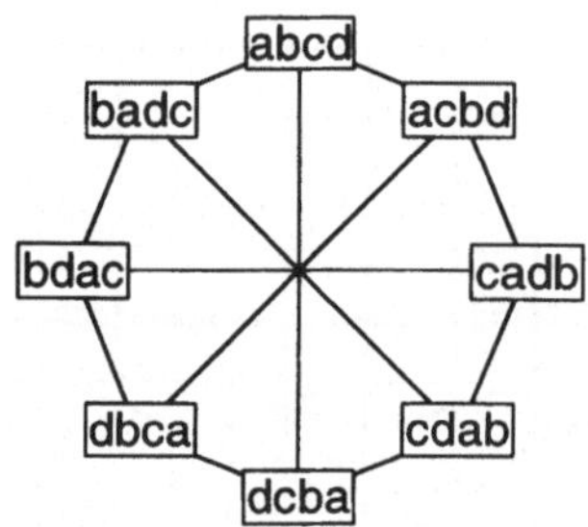

Abbildung 3.46: *Beispiel eines einfachen Cayley-Graphen mit den Generatoren*
$g_1 = 1324, g_2 = 2143, g_3 = 4321$

Eines der wichtigsten Beispiele komplexer Cayley-Graphen ist der *Star-Graph* [AkK89] (Abbildung 3.47). Im Vergleich zum Cube-Netz hat der Star-Graph für die gleiche Dimension *n* eine größere Anzahl von Knoten bei einem niedrigeren Durchmesser $\Phi = \left\lfloor \frac{3}{2}(n-1) \right\rfloor$ und einem geringeren Grad $\Gamma = n - 1$. So hat zum Beispiel ein Cube-Netz mit Dimension 9 einen Durchmesser von 9 bei 512 Knoten. Der Star-Graph der Dimension 9 hingegen hat 720 Knoten bei einem Grad Γ_{STAR9} = 5 und einem Durchmesser von Φ_{STAR9} = 7. Die Kosten für die Verbindungsleitungen im Verhältnis zur Knotenanzahl sind beim Star-Graphen also günstiger als beim Cube-Netz. Da auch effiziente Methoden der Wegesuche für den Star-Graphen bekannt sind, ist er eine interessante Alternative zum Cube-Netz.

Die Generatoren des Star-Graphen werden durch die Permutationen des ersten Elementes (1) von g = 1234 mit allen anderen Elementen gebildet: g_1 = 2134, g_2 = 3214 und g_3 = 4231.

Eine große Zahl anderer Cayley-Graphen mit vorteilhaften Eigenschaften von Durchmesser, Grad und Routing-Möglichkeiten wurden vorgeschlagen, wie beispielsweise Rotator-Graphen [Cor92].

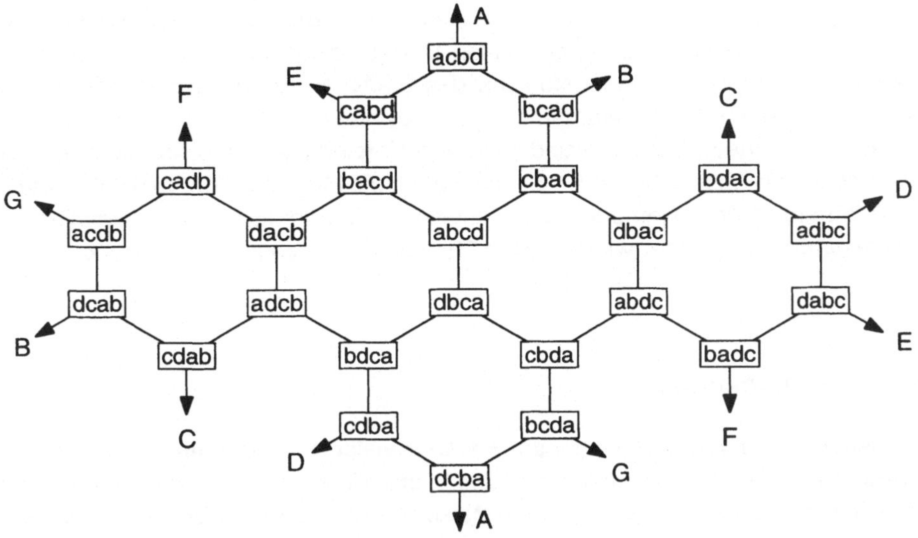

Abbildung 3.47: *Star-Graph mit den drei Generatoren $g_1 = 2134$, $g_2 = 3214$ und $g_3 = 4231$*

4 Eigenschaften direkter Netze

Im Kapitel 3 wurde eine Vielfalt von direkten Verbindungsnetzen vorgestellt, und deren Eigenschaften wurden im wesentlichen anhand der Topologie diskutiert. Werden diese Topologien in einem realen System eingesetzt, so sind viele andere Eigenschaften für die effektive Nutzung des Systems von ausschlaggebender Bedeutung. In diesem Kapitel werden zwei ausgewählte Aspekte im Detail untersucht. Die Diskussion theoretischer Grundlagen von Verbindungsfunktionen und der Partitionierung in den Abschnitten 4.1 - 4.4 untersucht die Möglichkeiten, parallele Systeme effektiv zu unterteilen. Methoden der Emulation und Einbettung, mit denen Topologien aufeinander abgebildet werden, sind Thema der Abschnitte 4.5 und 4.6.

4.1 Partitionierung

Insbesondere in Parallelrechnern mit sehr vielen Prozessoren ist es aus unterschiedlichen Gründen wünschenswert, das System in voneinander unabhängige Teile aufspalten zu können. So können zum Beispiel mehrere Benutzer gleichzeitig unabhängige Programme ablaufen lassen, oder bei der Programmentwicklung werden nur wenige Prozessoren genutzt, so daß nicht das gesamte System blockiert wird. Viele Programme können aufgrund ihrer Struktur nur eine begrenzte Zahl von Prozessoren nutzen, während andere unterschiedliche Programmteile gleichzeitig abarbeiten können. Auch eine mehrfache Programmausführung mit Vergleich der Resultate ist möglich, wodurch Fehlertoleranz erzielt werden kann.

4.1.1 Partitionierung in MSIMD-Systemen

Eine Aufteilung eines Parallelrechners muß von allen Systemkomponenten unterstützt werden. Ein reines SIMD-System, wie in Abschnitt 1.2 diskutiert, kann nicht partitioniert werden, da nur eine Kontrolleinheit vorhanden ist, die Befehle zu den PEs senden kann. Daher wurden *MSIMD-Systeme (Multiple SIMD)* konzipiert, in denen Q Kontrolleinheiten statt nur einer einzelnen verfügbar sind. Abbildung 4.1 zeigt ein MSIMD-System mit PE-zu-PE-Struktur. Beispiele von MSIMD-Systemen sind PASM [SiS87]), Connection Machine CM-2 [TuR88] und Trac [SeU80].

Jede der Kontrolleinheiten steuert eine Gruppe von PEs; im folgenden wird eine Gruppe mit *Partition* bezeichnet. Die Zuordnung von Partitionen zu Kontrolleinheiten kann frei wählbar oder auch fest sein. Jede Kontrolleinheit erzeugt einen eigenen

Befehlsstrom und Maskierungsoperationen, so daß PEs, die unterschiedlichen Partitionen zugeordnet sind, unterschiedliche Programme ausführen. Damit die Programmausführung jeder Partition unabhängig von den anderen erfolgt, dürfen sich die Partitionen nicht gegenseitig beeinflussen. Da eine Beeinflussung im wesentlichen durch PE-zu-PE-Kommunikation erfolgt, muß das Verbindungsnetz die Unterteilung des Systems, die *Partitionierung,* unterstützen. Dies wird in den folgenden Abschnitten näher untersucht.

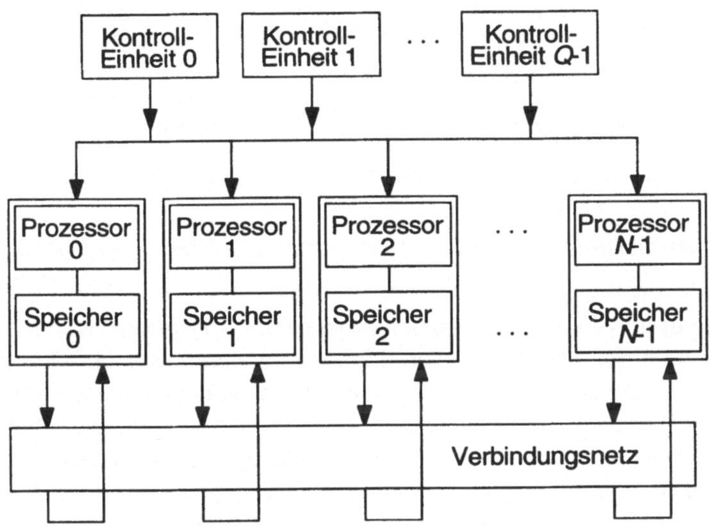

Abbildung 4.1: *MSIMD-System mit PE-zu-PE-Struktur*

Im MSIMD-System führen alle nicht-maskierten PEs einer Partition immer die gleiche Operation aus. Damit die Partitionen unabhängig voneinander sind, dürfen aus der Ausführung einer Verbindungsfunktion nur Transfers zwischen den PEs einer Partition resultieren. Ist bei $N = 8$ das Netz zum Beispiel ein Ring und wird das System in zwei Partitionen A und B mit den PEs 0, 1, 2 und 3 bzw. PEs 4, 5, 6 und 7 aufgeteilt (siehe Abbildung 4.2), so kann ein Transfer innerhalb einer Partition eine gegenseitige Beeinflussung bewirken, wenn die Randknoten nicht maskiert werden. So führt eine $ring_{+1}$-Operation ohne Maskierung in Partition A dazu, daß Daten vom Knoten 3 zum Knoten 4 in Partition B transferiert werden. Auch ist kein direkter Transfer von Knoten 3 zu Knoten 0 möglich, der in einem Ring-Netz der Größe 4 unterstützt würde.

Um diese Probleme zu vermeiden, muß entweder das Programm stark modifiziert werden, so daß keine Transfers zwischen Partitionen vorkommen, oder die

Partitionierung muß durch zusätzliche Hardwarekomponenten unterstützt werden, wie beispielsweise in Abbildung 4.3 gezeigt.

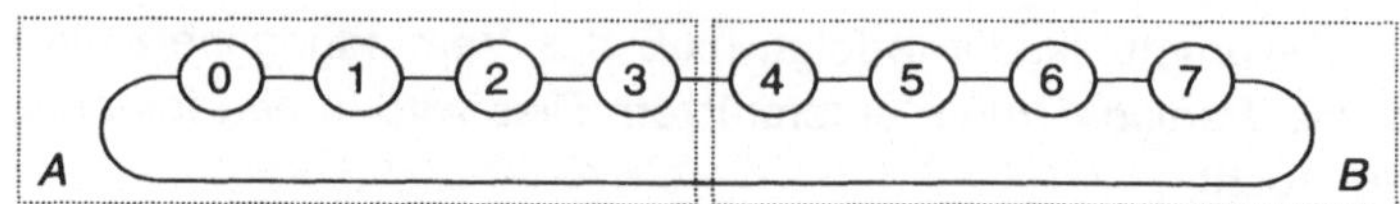

Abbildung 4.2: *Aufteilung eines Ring-Netzes*

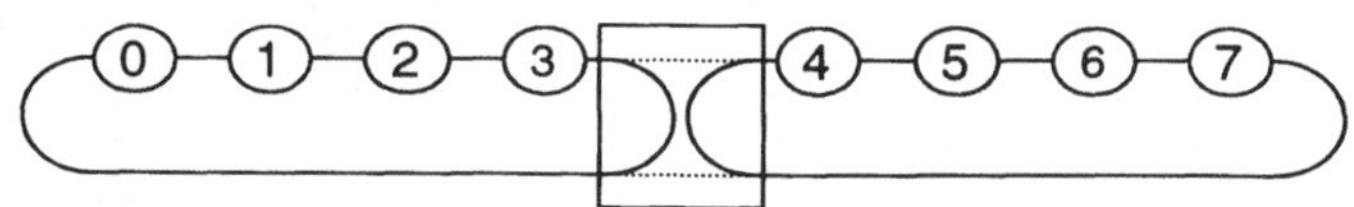

Abbildung 4.3: *Hardware-Partitionierung eines Ring-Netzes*

Beide Alternativen erfordern jedoch erheblichen Aufwand entweder auf der Seite des Nutzers oder bei der Konstruktion des Systems, so daß andere Lösungen anzustreben sind. Dies kann durch die Wahl eines Verbindungsnetzes erreicht werden, bei dem eine Partitionierung in sich nicht beeinflussende Teilnetze inhärent möglich ist. Ein Beispiel ist das Cube-Netz, dessen Aufteilung in zwei unabhängige Partitionen mit je der Hälfte der Knoten in Abbildung 4.4 dargestellt ist. Hier wird die $cube_1$-Funktion nicht genutzt (gestrichelte Verbindungsleitungen), und die Prozessoren jeder Partition können mittels $cube_0$ und $cube_2$ weiterhin voneinander unbeeinflußt kommunizieren. Die Partitionierung des Cube-Netzes wird in Abschnitt 4.4 weiter ausgeführt.

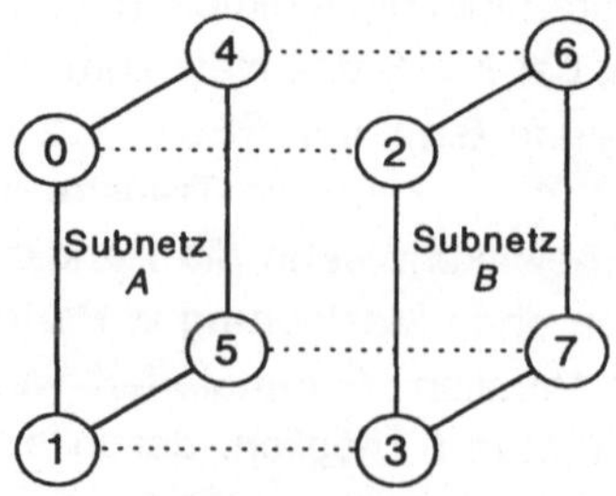

Abbildung 4.4: *Partitionierung eines Cube-Netzes mit N = 8 in zwei Subnetze mit je vier Knoten*

Prinzipiell ist eine Partitionierung direkter Netze ohne zusätzliche Hardware nur dann möglich, wenn die Anzahl der Verbindungsfunktionen pro Knoten mit der Anzahl der Knoten wächst. Ist die Zahl der Verbindungsfunktionen pro Knoten konstant (wie beispielsweise beim Gitter), so führt ein Weglassen von Funktionen dazu, daß nicht mehr alle für das Netz erforderlichen Operationen ausgeführt werden können.

4.1.2 Partitionierung in MIMD-Systemen

Auf den ersten Blick ist in MIMD-Systemen die Partitionierung problemlos möglich und erfordert keine besondere Netzstruktur, da alle Prozessoren voneinander unabhängige Programme ausführen und damit nur Daten zwischen den Prozessoren der eigenen Partition austauschen. Abbildung 4.5 zeigt als Beispiel die Aufteilung eines binären Baumes der Tiefe 3 in zwei unabhängige Bäume der Tiefe 2. Indem die Wurzel des Baumes (Knoten 1) nicht zur Kommunikation genutzt wird, können Operation innerhalb jedes Teilbaumes voneinander unbeeinflußt ablaufen.

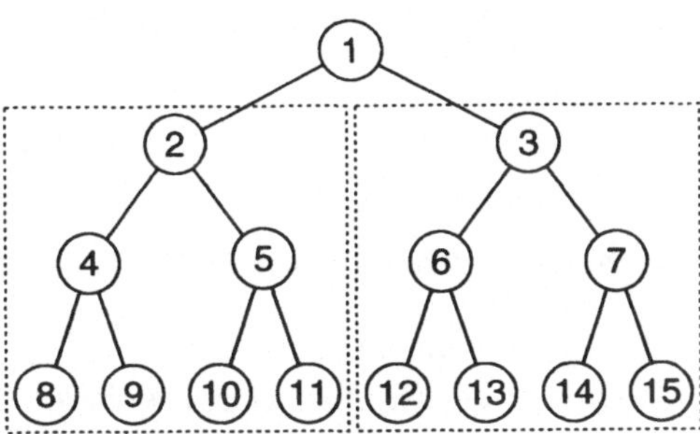

Abbildung 4.5: *Aufteilung eines binären Baumes der Tiefe 3 in zwei unabhängige Bäume der Tiefe 2*

Je nach Netz kann eine freie Aufteilung dennoch zu erheblichen gegenseitigen Beeinträchtigungen führen, wie im Mesh-Netz mit N = 16 in Abbildung 4.6 dargestellt. Wird bei einer Kommunikation zwischen Prozessoren 1 und 11 der Partition B der eingezeichnete Weg genutzt, so wird eine Datenübertragung zwischen Knoten 2, 3 und 7 der Partition A beeinträchtigt. Daher ist auch bei MIMD-Systemen eine Aufteilung in sich nicht beeinflussende Partitionen wie bei MSIMD-Rechnern vorteilhaft.

Um eine Basis für eine wirkungsvolle Aufteilung von Netzen unabhängig vom Systemtyp zu erhalten, wird im folgenden das MSIMD-Modell genutzt; eine für ein solches System geeignete Aufteilung kann auch in einem MIMD-Rechner problemlos verwendet werden. Im nächsten Abschnitt werden zunächst formale Grundlagen von Verbindungsfunktionen dargestellt und darauf aufbauend die Zyklusnotation eingeführt, mit der die Permutationsfähigkeit von Netzen beschrieben werden kann.

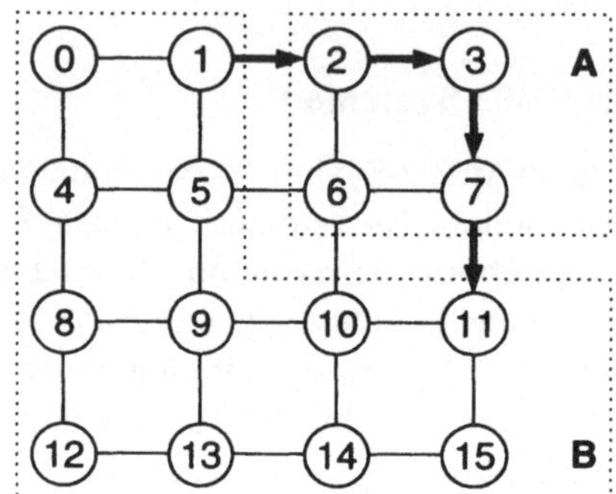

Abbildung 4.6: *Verbindungskonflikt bei einer Aufteilung eines Gitter-Netzes mit N=16 in zwei Subnetze A und B*

4.2   Verbindungsfunktionen als Abbildungen und Permutationen

Die Kommunikationsfähigkeit von Netzen wurde in Kapitel 3 durch Verbindungsfunktionen beschrieben, die hier als Grundlage der weiteren Diskussionen formalisiert werden sollen. Die hierzu erforderlichen Begriffe werden im Umfeld der Verbindungsnetze erläutert; dabei werden die mathematischen Beziehungen durch Operationen auf Knotenadressen definiert und durch entsprechende Datentransfers physikalisch interpretiert.

M_Q sei die Menge der Quellenadressen und M_S die Menge der Senkenadressen eines Verbindungsnetzes. Im allgemeinen Fall ist eine Verbindungsfunktion eine *Abbildung* einer Teilmenge $D(M_Q) \subset M_Q$ auf eine Teilmenge $B(M_S) \subset M_S$ anhand der Vorschrift $f : M_Q \to M_S$. Dabei weist f jedem Element x_1 aus der *Definitionsmenge* $D(M_Q)$ eindeutig ein Element x_2 aus der *Bildmenge* $B(M_S)$ zu. Es gilt:

$$B(M_S) = \{ \, x_2 : x_2 = f(x_1) \text{ für ein } x_1 \in D(M_Q) \, \} \, .$$

D und B können echte Teilmengen von M_Q bzw. M_S sein, so daß also nur ein Teil der Quellenadressen durch die Verbindungsfunktion auf einen Teil der Senkenadressen abgebildet wird. Physikalisch bedeutet dies, daß beim Ausführen der Verbindungsfunktion f nur ein Teil der Quellen mit einem Teil der Senken kommuniziert.

Diese Eigenschaft haben zum Beispiel die *mesh*-Verbindungsfunktionen, bei denen die Randknoten nicht über die gleichen Verbindungsfunktionen wie die inneren Knoten verfügen. Abbildung 4.7 illustriert die Definitionsmenge und die Bildmenge für die $mesh_{+1}$-Verbindungsfunktion mit $N = 16$.

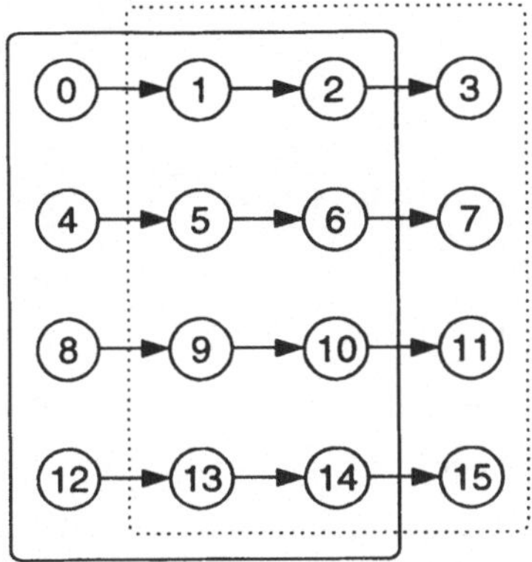

Abbildung 4.7: *Definitionsmenge (durchgezogene Linie) und Bildmenge (gestrichelte Linie) der $mesh_{+1}$-Verbindungsfunktion für N = 16*

Bei der Abbildung können zwei oder mehr Elemente in D auf das gleiche Element in B abgebildet werden, d. h. physikalisch senden zwei oder mehr Quellen Daten zur selben Senke. Dies ist zum Beispiel bei der *parent*-Verbindungsfunktion des binären Baumes der Fall: ein Knoten empfängt gleichzeitig Daten von seinen Kindern. Dieser Fall wird durch die *eineindeutige Abbildung* eingeschränkt. Hierbei folgt für alle Elemente von D aus der Beziehung $f(x_1) = f(x'_1)$, daß $x_1 = x'_1$ gilt. Dies bedeutet, daß eine Quelle mit einer Adresse aus der Menge D mit genau einer Senke mit einer Adresse aus B kommuniziert. Die $mesh_{+1}$-Verbindungsfunktion genügt dieser Bedingung, die *parent*-Funktion in Baum-Netzen hingegen nicht.

Ein spezieller Fall der eineindeutigen Abbildung ist die *Permutation*, bei der Definitionsmenge und Bildmenge identisch sind ($M_S = M_Q$); es wird also eine geordnete Liste von Elementen in eine neue Ordnung überführt. Physikalisch kommuniziert bei der Ausführung einer Permutation also jeder Knoten einer Teilmenge D der verfügbaren Knoten mit genau einem Knoten der selben Teilmenge D, wobei nie mehrere Quellknoten mit einem Senkenknoten kommunizieren. Wie aus Abbildung 4.7 ersichtlich, ist die $mesh_{+1}$-Funktion keine Permutation. Die $torus_{+1}$-Funktion, die für alle Netzknoten gleichermaßen gilt, ist ein Beispiel einer Permutation (siehe Abbildung 4.8), ebenso wie die *cube*-Funktionen. So wird beispielsweise durch eine

$cube_1$-Operation für $N = 8$ die geordnete Liste {0, 1, 2, 3, 4, 5, 6, 7} in die Liste {$cube_1$(0), $cube_1$(1), ... , $cube_1$(7)} überführt, so daß die neue Liste {2, 3, 0, 1, 6, 7, 4, 5} resultiert. Ein Netz kann über unterschiedliche Verbindungsfunktionen verfügen, von denen manche Permutationen sind, andere hingegen nicht. Ein Beispiel ist das Zylinder-Netz in Abbildung 3.20. Die Benutzung der horizontalen Verbindungsleitungen führt zu Permutationen, die der vertikalen zu eineindeutige Abbildungen, nicht jedoch zu Permutationen.

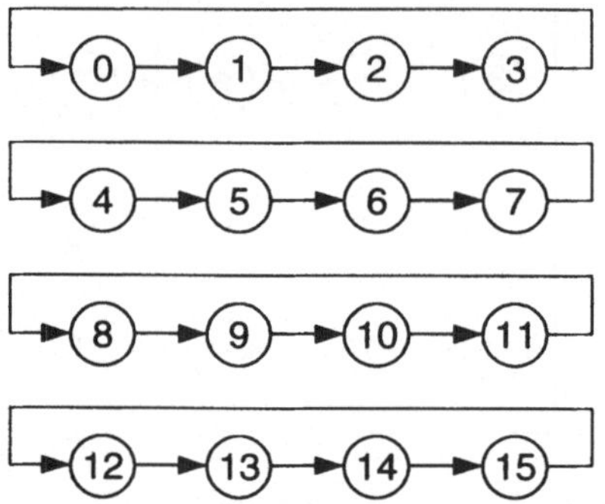

Abbildung 4.8: $torus_{+1}$-Verbindungsfunktion für N = 16

In einem SIMD-Rechner führen immer alle aktiven PEs den selben Befehl aus. Damit alle PEs an einer Kommunikation teilnehmen können, müssen sie entweder Teil der Definitions- oder der Bildmenge einer Abbildung sein, wie für die $mesh_{+1}$-Funktion in Abbildung 4.7 gezeigt. Ist eine Verbindungsfunktion eine Permutation, müssen somit alle PEs des Systems über diese Funktion verfügen. In den folgenden Abschnitten werden ausschließlich direkte Netze näher betrachtet, deren sämtliche Verbindungsfunktionen Permutationen sind. Damit haben alle Knoten die gleiche Anzahl von n Verbindungsleitungen, wobei das Netz n-regulär ist.

4.3   Zyklusnotation für Permutationen

4.3.1   Grundlagen

Wird in einem SIMD-System von allen PEs eine permutierende Verbindungsfunktion f ausgeführt, so werden Daten von einem PE Z_0 zum PE $Z_1 = f(Z_0)$ transportiert. Gleichzeitig erfolgt ein Transport von PE Z_1 zum PE $Z_2 = f(Z_1)$ usw., und schließlich ein Transport von PE Z_{k-1} zum PE $Z_0 = f(Z_{k-1})$. Durch die *ring$_{+1}$*-Funktion beispielsweise werden in einem System mit $N = 4$ Daten von Knoten 0 zu 1, von 1 zu 2, von 2 zu 3 und von 3 zu 0 transferiert.

Dieser Sachverhalt wird durch die *Zyklusnotation* effektiv beschrieben [Sie90a]. Ein Zyklus hat dabei die Form

$$(Z_0\ Z_1\ Z_2\ \dots\ Z_{k-2}\ Z_{k-1})$$

und es gilt $f(Z_j) = Z_{(j+1)\bmod k}$, d.h. $f(Z_0) = Z_1$, $f(Z_1) = Z_2$, usw., bis der Zyklus durch $f(Z_{k-1}) = Z_0$ abgeschlossen wird. Somit wird die *ring$_{+1}$*-Permutation in einem System mit $N = 4$ durch den Zyklus (0 1 2 3) vollständig beschrieben. Ein Zyklus entspricht also einer Schleife im physikalischen Verbindungsnetz. Viele Permutationen beinhalten mehrere Zyklen, wie z. B. die *torus$_{+1}$*-Verbindungsfunktion; wie aus Abbildung 4.8 ersichtlich, verfügt sie in einem Netz mit 16 Knoten über vier Schleifen, so daß sie durch vier Zyklen repräsentiert wird:

(0 1 2 3) (4 5 6 7) (8 9 10 11) (12 13 14 15).

Im allgemeinen muß eine Permutation demnach durch ein *Produkt* mehrerer Zyklen dargestellt werden. Hierzu wird die übliche mathematische Notation Π gewählt. Für die obige *torus$_{+1}$*-Funktion gilt dann:

$$torus_{+1} \quad : \quad \prod_{j=0}^{3}(4j \quad 4j+1 \quad 4j+2 \quad 4j+3)$$

Hat ein Zyklus nur ein Element (d. h. ein Knoten wird durch die Permutation auf sich selbst abgebildet, wie zum Beispiel die Knoten 0 und $N - 1$ bei der *shuffle*-Operation), so kann er bei der Notation weggelassen werden.

Um Daten zwischen beliebigen Knoten austauschen zu können, reicht in den meisten Fällen nur eine Verbindungsfunktion nicht aus. Um im Torus-Netz mit $N = 16$ zum Beispiel Daten von Knoten 0 zu Knoten 5 zu transferieren, müssen eine *torus$_{+1}$*- und eine *torus$_{+4}$*-Funktion ausgeführt werden. Um das Gesamtverhalten konsekutiver Datentransfers zu beschreiben, müssen daher *Sequenzen* von Permutationen betrachtet werden. g und h seien zwei Permutationen; dann bedeutet die *Permutationssequenz* $h \circ g$, daß zuerst g ausgeführt wird, und auf das Ergebnis h angewandt wird. Ist g die *torus$_{+1}$*-Funktion aus obigem Beispiel und h die *torus$_{+4}$*-Funktion, so gilt

$$g \quad = \quad (0\ 1\ 2\ 3)\ (4\ 5\ 6\ 7)\ (8\ 9\ 10\ 11)\ (12\ 13\ 14\ 15)$$

$$h \quad = \quad (0\ 4\ 8\ 12)\ (1\ 5\ 9\ 13)\ (2\ 6\ 10\ 14)\ (3\ 7\ 11\ 15)$$

Um die Permutationssequenz zu bilden, werden g und h hintereinander auf die Knoten angewendet. So wird Knoten 0 durch g auf Knoten 1 und dann durch h auf Knoten 5 abgebildet: $h \bigcirc g(0) = h(1) = 5$. Die Sequenzbildung wird durch $h \bigcirc g(5) = 10$, $h \bigcirc g(10) = 15$ und $h \bigcirc g(15) = 0$ fortgesetzt, und somit ist (0 5 10 15) der erste Zyklus des Resultats. Die anderen Zyklen der Sequenz in $h \bigcirc g$ werden auf gleiche Weise bestimmt:

$$h \bigcirc g \quad = \quad (0\ 5\ 10\ 15)\ (1\ 6\ 11\ 12)\ (2\ 7\ 8\ 13)\ (3\ 4\ 9\ 14).$$

Im Torus-Netz hat die Reihenfolge der Operationen keine Auswirkung auf das Ergebnis, d. h. $g \bigcirc h = h \bigcirc g$. Im allgemeinen ist dies jedoch nicht der Fall, d. h. die Sequenzbildung bei Permutationen ist im allgemeinen nicht kommutativ. Ist zum Beispiel $g = (0\ 2\ 1\ 3)$ und $h = (0\ 2)\ (1\ 3)$, so folgt $g \bigcirc h = (0)\ (1)\ (2\ 3)$ und $h \bigcirc g = (0\ 1)\ (2)\ (3)$, so daß $g \bigcirc h \neq h \bigcirc g$.

Die mehrfache Ausführung der gleichen Verbindungsfunktion hintereinander wird durch Potenzierung notiert. Als Beispiel entspricht g^4 der Ausführung der Permutation g viermal hintereinander.

4.3.2   Auswirkungen von Aktivierung und Maskierung

Bei Permutationen in einem SIMD-System werden Daten zwischen PEs Z_j, $0 \leq j < k$, zyklisch getauscht. Im einfachsten Fall bedeutet dies den zyklischen Austausch von Inhalten eines Datentransferregisters (DTR) [Sie90]. Bei einem Transfer wird dann der Inhalt von DTR(Z_0) zu DTR(Z_1), DTR(Z_1) zu DTR(Z_2) usw., und schließlich DTR(Z_k) zu DTR(Z_0) gesendet. In einer solchen Umgebung kann eine Maskierung von PEs (siehe Abschnitt 1.2) zu Datenverlusten führen. Ist beispielsweise PE Z_2 maskiert, so sendet PE Z_1 den Inhalt seines DTR an PE Z_2, der zwar diese Information empfängt und in sein DTR einschreibt, selbst jedoch keinen Transfer ausführt. Damit geht der Inhalt des DTR von Z_2 verloren. Dies kann dadurch verhindert werden, daß während einer Permutation entweder alle PEs eines Zyklus aktiv oder maskiert sind. In manchen Anwendungen ist das Überschreiben eines DTR jedoch beabsichtigt; in diesen Fällen sind im gleichen Zyklus einige PEs maskiert, während die übrigen den Befehl ausführen.

4.3.3   Anwendungsbeispiele

Die Zyklusnotation wird im folgenden Abschnitt genutzt, um die Partitionierbarkeit von direkten Permutationsnetzen zu untersuchen. Als Grundlage wird hier die Zyklusnotation beispielhaft am k-fachen n-Cube-Netz, dem Torus und binären n-Cube als Sonderfällen, sowie am Shuffle-Exchange-Netz gezeigt. Weitere Beispiele finden sich in [Sie90].

k-facher n-Cube

Das Netz verfügt über n Verbindungsfunktionen, die alle Permutationen sind. Ein Knoten wird durch Zahlen zur Basis k mit n Ziffern dargestellt. Jede der n Funktionen $kn\text{-}cube_j$, $0 \le j < n$ kann als Produkt von k^{n-1} Zyklen der Länge k beschrieben werden. Die Zyklusnotation der Funktion $kn\text{-}cube_i$ ist dann:

$$kn\text{-}cube_i \quad : \quad \prod_{\substack{P=0 \\ \text{Ziffer } i \text{ von } P=0}}^{N-1} (P \quad kn\text{-}cube_i(P) \quad kn\text{-}cube_i^2(P) \quad \cdots \quad kn\text{-}cube_i^{k-1}(P))$$

Jede der $kn\text{-}cube_i$-Funktionen mit $0 \le i < n$ ist somit ein Produkt von N/k Zyklen mit jeweils k Elementen. Der Torus und das binäre Cube-Netz dienen nun als konkrete Beispiele.

Torus

Der $M{\times}M$-Torus entspricht einem M-fachen 2-Cube, wie bereits in Abschnitt 3.12.1 ausgeführt. Daher existieren vier Operationen mit entsprechender Zyklenstruktur; hier sollen die vier $torus$-Funktionen weiter untersucht werden. Wie schon bei der Indizierung in Abschnitt 3.3.1 kann die Verwendung eines Ziffernsystems im Radix M durch eine additive Darstellung vereinfacht werden. Ein Knoten wird durch $P = i + jM$ indiziert; die Zyklusnotation ist dann:

$$torus_{+1} \quad : \quad \prod_{j=0}^{M-1} (jM \quad jM+1 \quad jM+2 \quad \cdots \quad jM+M-1)$$

$$torus_{-1} \quad : \quad \prod_{j=0}^{M-1} (jM+M-1 \quad jM+M-2 \quad \cdots \quad jM+1 \quad jM)$$

$$torus_{+M} \quad : \quad \prod_{j=0}^{M-1} (j \quad j+M \quad j+2M \quad \cdots \quad j+N-M)$$

$$torus_{-M} \quad : \quad \prod_{j=0}^{M-1} (j+N-M \quad j+N-2M \quad \cdots \quad j+M \quad j).$$

In einem Beispiel-Torus mit $N = 16$ ist $M = 4$, und somit gilt für die $torus$-Funktionen die Zyklenstruktur

$$torus_{+1} \quad : \quad (0\ 1\ 2\ 3)\ (4\ 5\ 6\ 7)\ (8\ 9\ 10\ 11)\ (12\ 13\ 14\ 15)$$

$$torus_{-1} \quad : \quad (3\ 2\ 1\ 0)\ (7\ 6\ 5\ 4)\ (11\ 10\ 9\ 8)\ (15\ 14\ 13\ 12)$$

$$torus_{+M} \quad : \quad (0\ 4\ 8\ 12)\ (1\ 5\ 9\ 13)\ (2\ 6\ 10\ 14)\ (3\ 7\ 11\ 15)$$

$$torus_{-M} \quad : \quad (12\ 8\ 4\ 0)\ (13\ 9\ 5\ 1)\ (14\ 10\ 6\ 2)\ (15\ 11\ 7\ 3).$$

Wie in Abschnitt 4.3.2 erwähnt, müssen alle PEs eines Zyklus entweder aktiviert oder alle deaktivert sein, um sicherzustellen, daß eine Permutation ohne Datenverlust ausgeführt wird. Falls PE P aktiv ist, müssen dann für die $torus_{\pm 1}$-Funktion die PEs $M \lfloor M/P \rfloor + k$, $0 \leq k < M$, aktiv sein.

Binäres Cube-Netz

Im binären Cube-Netz mit $N = 2^n$ PEs ist ein PE P mit den PEs verbunden, deren Adresse sich von P in genau einem Bit unterscheidet, so daß jeder Zyklus im Cube-Netz zwei Elemente hat und die $cube_i$-Funktion über $N/2$ Zyklen verfügt. Somit ergibt sich für die Zyklusstruktur

$$cube_i \quad = \quad \prod_{\substack{P=0 \\ \text{Bit } i \text{ von } P=0}}^{N-1} (P \quad cube_i(P)) \qquad 0 \leq i < n.$$

In einem System mit $N = 8$ gilt dann für die Zyklusstruktur der drei verfügbaren Verbindungsfunktionen:

$$cube_0 \quad = \quad (0\ 1)\ (2\ 3)\ (4\ 5)\ (6\ 7)$$

$$cube_1 \quad = \quad (0\ 2)\ (1\ 3)\ (4\ 6)\ (5\ 7)$$

$$cube_2 \quad = \quad (0\ 4)\ (1\ 5)\ (2\ 6)\ (3\ 7).$$

Für die Maskierung von PEs bedeutet dies, daß bei der Ausführung einer Funktion $cube_i$ jeweils PE P und PE $cube_i(P)$ paarweise aktiviert oder deaktiviert werden müssen.

Shuffle-Exchange-Netz

Die $exchange$-Funktion ist mit der $cube_0$-Funktion identisch, und die Zyklusstruktur im vorangegangenen Abschnitt gilt in spezialisierter Form auch hier. Somit gilt:

$$exchange \quad = \quad \prod_{\substack{P=0 \\ P \text{ gerade}}}^{N-2} (P \quad P+1)$$

$$shuffle \quad = \quad \prod_{\substack{P=0 \\ P\,\text{noch nicht} \\ \text{genutzt}}}^{N-1} (P \quad shuffle(P) \quad shuffle^2(P) \quad \cdots).$$

In einem System mit $N = 16$ Knoten ergibt sich die Zyklusstruktur

$$exchange \quad = \quad (0\ 1)\ (2\ 3)\ \ldots\ (12\ 13)\ (14\ 15)$$

$$shuffle \quad = \quad (0)\ (1\ 2\ 4\ 8)\ (3\ 6\ 12\ 9)\ (5\ 10)\ (7\ 14\ 13\ 11)\ (15)$$
$$= \quad (1\ 2\ 4\ 8)\ (3\ 6\ 12\ 9)\ (5\ 10)\ (7\ 14\ 13\ 11).$$

Die einzelnen Zyklen der *shuffle*-Funktion haben also unterschiedliche Längen; die Länge ist jedoch auf n begrenzt, da spätestens nach n *shuffle*-Operationen der Ausgangswert wiederhergestellt ist. Zyklen der Länge n sind *vollständig*, während alle anderen Zyklen *degeneriert* sind [Lei92]. So kommen immer zwei degenerierte Zyklen der Länge 1 vor (alle Bits von P sind identisch). Andere Längen sind ebenfalls möglich, wie im obigen Beispiel der Zyklus (5 10).

PM2i-Netz

Das PM2i-Netz verfügt über $2n$ Verbindungsfunktionen und die folgende Zyklusnotation ($0 \leq i < n$):

$$PM2_{+i} \quad : \quad \prod_{j=0}^{2^i-1} (j \quad j+2^i \quad j+2*2^i \quad j+3*2^i \ldots \quad j+N-2^i \ )$$

$$PM2_{-i} \quad : \quad \prod_{j=0}^{2^i-1} (j+N-2^i \ \ldots \quad j+3*2^i \quad j+2*2^i \quad j+2^i \quad j).$$

In einem System mit $N = 8$ Knoten ergeben sich somit folgende Zyklusstrukturen:

$$PM2_{+0} = \quad (0\ 1\ 2\ 3\ 4\ 5\ 6\ 7)$$

$$PM2_{-0} = \quad (7\ 6\ 5\ 4\ 3\ 2\ 1\ 0)$$

$$PM2_{+1} = \quad (0\ 2\ 4\ 6)\ (1\ 3\ 5\ 7)$$

$$PM2_{-1} = \quad (6\ 4\ 2\ 0)\ (7\ 5\ 3\ 1)$$

$$PM2_{\pm2} = \quad (0\ 4)\ (1\ 5)\ (2\ 6)\ (3\ 7).$$

4.4   Partitionierung direkter Permutationsnetze

4.4.1   Grundlagen

Wie in Kapitel 2 diskutiert, ist ein Netz der Größe N formal partitionierbar, wenn es ohne spezielle Hardware so in K sich einander nicht beeinflussende Subnetze der Größe $N_i < N$, $0 \leq i < K$ aufgeteilt werden kann, daß die Subnetze alle Eigenschaften von Netzen desselben Typs besitzen, die in der Größe N_i konstruiert wurden.

In Bezug auf die Zyklusnotation bedeutet dies, daß innerhalb einer Partition nur Verbindungsfunktionen genutzt werden können, deren Zyklen ausschließlich Elemente der Partition enthalten. Das Illiac-Netz beispielsweise ist nicht partitionierbar, da die $illiac_{+1}$-Funktion und die $illiac_{-1}$-Funktion jeweils nur durch einen Zyklus repräsentiert werden, der alle Knoten umfaßt:

$$illiac_{+1} \qquad (0 \ 1 \ 2 \ 3 \ ... \ N\text{-}1)$$

$$illiac_{-1} \qquad (N\text{-}1 \ ... \ 3 \ 2 \ 1 \ 0)$$

Eine Partitionierung erfordert, daß die einzelnen Partitionen über die gleichen Fähigkeiten, also auch Verbindungsfunktionen, wie das Gesamtsystem verfügen. Aufgrund der Zyklusstruktur muß eine Partition jedoch alle Knoten umfassen, oder die $illiac_{\pm 1}$-Funktionen dürfen nicht genutzt werden. Somit stehen lediglich zwei Funktionen zur Verfügung, obwohl alle vier für ein Netz der geringeren Größe erforderlich wären. Beide Alternativen widersprechen der Partitionierbarkeit. Im folgenden werden die Cube- und die PM2i-Netze als partitionierbare direkte Netze näher betrachtet.

4.4.2   Partitionierung des Cube-Netzes

Ein Cube-Netz der Größe $N = 2^n$ kann partitioniert werden, indem eine beliebige $cube$-Funktion nicht mehr genutzt wird. Dadurch wird das Netz in zwei unabhängige Netze der Größe $N/2 = 2^{n-1}$ aufgeteilt, die jeweils über n -1 $cube$-Funktionen verfügen und damit alle Transfers eines Cube-Netzs der Größe $N/2$ durchführen können. Abbildung 4.9 zeigt ein Beispiel eines Netzes mit $N = 8$, in dem die Funktion $cube_1$ nicht genutzt wird, so daß eine Aufteilung in zwei Netze erreicht wird. Ein Subnetz A besteht dann aus den Knoten $P_A = p_2 p_1 p_0$, bei denen Bit $p_1 = 0$ ist (Knoten 0, 1, 4 und 5); im zweiten Subnetz B ist $P_B = p_2 p_1 p_0$ mit $p_1 = 1$ (Knoten 2, 3, 6 und 7). Da sich die Knotenadressen in den Subnetzen A und B in Bit p_1 unterscheiden und im Cube-Netz eine Kommunikation zwischen Knoten mit unterschiedlichem p_1 nur durch $cube_1$ möglich ist, ist die Unabhängigkeit von A und B gewährleistet.

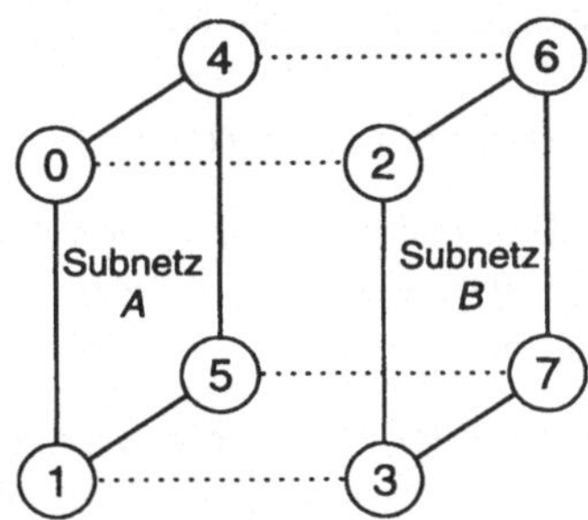

Abbildung 4.9: *Partitionierung eines Cube-Netzes mit N = 8 in zwei Subnetze mit je vier Knoten*

Die Unabhängigkeit der Subnetze kann auch mit Hilfe der Zyklusnotation verdeutlicht werden. Man betrachte die Zyklusstruktur des Cube-Netzes mit $N = 8$ in Abschnitt 4.3.3 und lasse die Zyklen der $cube_1$-Verbindungsfunktion weg. Ordnet man die verbleibenden Zyklen um, so entstehen zwei voneinander unabhängige Zyklusstrukturen für die beiden Subnetze A und B:

$$cube_0 \quad = \quad (0\ 1)\ (4\ 5) \qquad (2\ 3)\ (6\ 7)$$

$$cube_2 \quad = \quad (0\ 4)\ (1\ 5) \qquad (2\ 6)\ (3\ 7)$$

$$\text{Subnetz } A \qquad\qquad \text{Subnetz } B$$

Die Adressen der Knoten eines Subnetzes sind, wie aus dem obigen Beispiel ersichtlich, in der Regel nicht mehr konsekutiv. Da Algorithmen meist von konsekutiven Knotenindizes ausgehen, müssen die physikalischen Adressen auf logische, konsekutive Adressen abgebildet werden; dann können Algorithmen auf einem beliebig gewählten Subnetz ablaufen. Formal gesehen geschieht dies durch eine *Transformation t*, die eine physikalische Adresse P_k auf eine logische Adresse $L_{i,j}$ in Partition i abbildet:

$$L_{i,j} = t\,(P_k).$$

Über die Umkehroperation von t kann die physikalische Adresse bestimmt werden: $P_k = t^{-1}(L_{i,j})$.

Die Partitionierung eines Cube-Netzes hat einige Freiheitsgrade, die durch die folgenden Punkte bestimmt sind:

1) Die Wahl der Bitpositionen in den physikalischen Adressen der einzelnen PEs einer Partition, die bei allen PEs der Partition gleich sein müssen, ist beliebig.

2)   Falls die Endpartitionierung eines Netzes Partitionen unterschiedlicher Größe enthalten soll, ist die Wahl der Partitionen, die weiter in Subpartitionen unterteilt werden können, beliebig.

3)   Die Wahl, welche Bitposition der physikalischen PE-Adresse innerhalb einer Partition mit welcher Bitposition der logischen PE-Adresse korrespondieren soll, ist beliebig.

4)   Die Wahl der Korrespondenz der unter Punkt 3) gewählten Bitpositionen (0 zu 0 und 1 zu 1, oder 0 zu 1 und 1 zu 0) ist beliebig.

Damit die Partitionierung funktionieren kann, müssen in jeder Partition *cube*-Funktionen existieren, mit denen die PEs einer Partition untereinander kommunizieren können. Diese *cube*-Funktionen werden *logische cube*-Funktionen genannt, während das Gesamtnetz *physikalische cube*-Funktionen ausführen kann. Eine logische $cube_k$-Funktion einer Partition i wird durch $cube_{i/k}$ abgekürzt. Die Transformation t muß bei einer Partitionierung so gewählt werden, daß die physikalisch verfügbaren *cube*-Funktionen auf die logischen *cube*-Funktionen der Partitionen abgebildet werden. Dies stellt sicher, daß die Ausführung einer *cube*-Funktion auf logischen Adressen auch eine Entsprechung bei den physikalischen Verbindungsfunktionen hat. Bei einer Transformation t muß deshalb folgende Einschränkung gelten: eine logische *cube*-Funktion $cube_{i/k}$ darf nur PEs miteinander verbinden, deren logische Adressen sich ausschließlich in der Bitposition k unterscheiden.

Im Beispiel in Abbildung 4.9 ist eine mögliche Abbildung der logischen auf die physikalischen Adressen durch folgende Transformation gegeben:

$$t(0) = L_{0,0} \qquad t(1) = L_{0,1} \qquad t(2) = L_{1,0} \qquad t(3) = L_{1,1}$$

$$t(4) = L_{0,2} \qquad t(5) = L_{0,3} \qquad t(6) = L_{1,2} \qquad t(7) = L_{1,3}.$$

Hierbei werden in beiden Partitionen die logische Verbindungsfunktion $cube_{i/0}$ auf die physikalische Funktion $cube_0$, und die logische Verbindungsfunktion $cube_{i/1}$ auf die physikalische Funktion $cube_2$ abgebildet (die $cube_1$-Funktion darf nicht mehr verwendet werden).

Wie in diesem Beispiel werden beim Cube-Netz durch die Transformation $l_1 l_0 = p_2 p_0$ die physikalischen Adressbits auf logische Adressbits abgebildet. Hier wurde das physikalische Bit p_2 auf das logische Bit l_1 und das physikalische Bit p_0 auf das logische Bit l_0 abgebildet. Da p_1 zur Partitionierung benutzt wurde, findet dieses Bit in der Abbildung keine Verwendung. Im allgemeinen kann die Reihenfolge der logischen Bits unabhängig von der Reihenfolge der physikalischen Bits gewählt werden, und eine Abbildung eines logischen Bits auf ein inverses physikalisches Bit ist ebenfalls erlaubt (siehe Punkte 3) und 4) oben). Diese Freiheitsgrade können für jede Partition getrennt genutzt werden. So ist es zum Beispiel möglich, für Partition 0 die obige Abbildung zu verwenden, und für Partition 2 p_2 auf l_0 und $\overline{p_0}$ auf l_1 abzubilden. Die resultierende Transformation ist dann:

$$t(0) = L_{0,0} \qquad t(1) = L_{0,1} \qquad t(2) = L_{1,2} \qquad t(3) = L_{1,0}$$

$$t(4) = L_{0,2} \qquad t(5) = L_{0,3} \qquad t(6) = L_{1,3} \qquad t(7) = L_{1,1}.$$

In diesem Fall wird die logische Verbindungsfunktion $cube_{i,0}$ auf die physikalische Funktion $cube_0$ in Partition 0 und auf $cube_2$ in Partition 1, und die logische Verbindungsfunktion $cube_{i,1}$ auf die physikalische Funktion $cube_2$ in Partition 0 und auf $cube_0$ in Partition 1 abgebildet.

Durch die vielen Freiheitsgrade der Partitionierung ist sowohl eine variable Aufteilung des Cube-Netzes als auch eine effiziente Rekombination freigewordener Partitionen möglich. Die Theorie der Partitionierung direkter Cube-Netze findet ihre unmittelbare Entsprechung bei der Partitionierung von indirekten Cube-Netzen, wie sie in Kapitel 6 dargestellt ist.

4.4.3 Partitionierung des PM2i-Netzes

Wie in Abschnitt 4.3.3 gezeigt wurde, umfassen die Zyklen der $PM2_{\pm 0}$-Verbindungsfunktionen in einem PM2i-Netz jeweils alle PEs. Wird ein PM2i-Netz in mehrere Subnetze partitioniert, so kann die physikalische $PM2_{\pm 0}$-Verbindungsfunktion nicht mehr verwendet werden, da sonst die Partitionen nicht mehr unabhängig sind. Allgemein gilt, daß in einer Partition i der Größe g_i in einem PM2i-Netz mit N Knoten nur noch die physikalischen PM2i-Funktionen $PM2_{\pm b}$ mit $m - \log_2 g_i \leq b < m$, $m = \log_2 N$ benutzt werden dürfen. Alle anderen Verbindungsfunktionen besitzen Zyklen, die länger als g_i sind, so daß PEs aus verschiedenen Partitionen miteinander kommunizieren könnten. Die physikalischen Adressen aller PEs innerhalb einer Partition weisen die gleichen $m - \log_2 g_i$ unteren Adressbits auf.

Die Zuordnung von logischen PE-Nummeren zu den physikalischen unterliegt bei der Partitionierung des PM2i-Netzes zwei Bedingungen:

1) Wird angenommen, daß Daten von einem PE mit der physikalischen Adresse $t^{-1}(L_{i,j})$ zu einem PE mit der physikalischen Adresse $t^{-1}(L_{i,k})$ durch eine logische Verbindungsfunktion $PM2_{i/+r}$ gesendet werden, dann muß gelten: $k = j+2^r \bmod g_i$ für alle j und k mit $0 \leq j,\ k < g_i$.

2) Wird angenommen, daß Daten von einem PE mit der physikalischen Adresse $t^{-1}(L_{i,j})$ zu einem PE mit der physikalischen Adresse $t^{-1}(L_{i,k})$ durch eine logische Verbindungsfunktion $PM2_{i/-r}$ gesendet werden, dann muß gelten: $k = j-2^r \bmod g_i$ für alle j und k mit $0 \leq j,\ k < g_i$.

In jeder Partition gibt es zwei Möglichkeiten, logische Verbindungsfunktionen physikalischen zuzuweisen, wobei die zwei Zuordnungsbedingungen erfüllt sind. Entweder werden die physikalischen Funktionen $PM2_{+c}$ und $PM2_{-c}$ auf die logischen Funktionen $PM2_{i/+(c-a)}$ und $PM2_{i/-(c-a)}$, oder auf die Funktionen $PM2_{i/-(c-a)}$ und $PM2_{i/+(c-a)}$ abgebildet ($a = \log_2 g_i \le c < \log_2 N$).

Als Beispiel sei hier die Partitionierung eines PM2i-Netzes mit acht Knoten in zwei Partitionen mit jeweils vier Knoten gezeigt. Eine mögliche Abbildung der logischen auf die physikalischen Adressen ist durch folgende Transformation gegeben:

$$t(0) = L_{0,0} \qquad t(2) = L_{0,1} \qquad t(1) = L_{1,0} \qquad t(3) = L_{1,1}$$

$$t(4) = L_{0,2} \qquad t(6) = L_{0,3} \qquad t(5) = L_{1,2} \qquad t(7) = L_{1,3.}$$

Hierbei werden in beiden Partitionen die logische Verbindungsfunktion $PM2_{i/+0}$ auf die physikalische Funktion $PM2_{+1}$, die logische Funktion $PM2_{i/-0}$ auf die physikalische Funktion $PM2_{-1}$ und die logische Funktion $PM2_{i/\pm1}$ auf die physikalische Funktion $PM2_{\pm2}$ abgebildet (die $PM2_{\pm0}$-Funktionen dürfen nicht mehr verwendet werden).

Weitere legale Transformationen können durch das zyklische Vertauschen der logischen Adressen innerhalb einer Partition erreicht werden. Dies wird durch die Modulo-Operationen der PM2i-Verbindungsfunktionen ermöglicht. So ist die folgende Transformation ebenfalls anwendbar:

$$t(0) = L_{0,1} \qquad t(2) = L_{0,2} \qquad t(1) = L_{1,3} \qquad t(3) = L_{1,0}$$

$$t(4) = L_{0,3} \qquad t(6) = L_{0,0} \qquad t(5) = L_{1,1} \qquad t(7) = L_{1,2.}$$

Im Vergleich zur vorherigen sind in dieser Transformation die logischen Adressen anders auf die physikalischen verteilt; die Zuordnung der physikalischen Verteilungsfunktionen auf die logischen Funktionen sind in beiden Transformationen gleich.

Somit bestehen viele Möglichkeiten zur Partitionierung des PM2i-Netzes, so daß eine variable Aufteilung und eine effiziente Rekombination freigewordener Partitionen im PM2i-Netz ebenfalls möglich ist.

4.5   Emulation in direkten Netzen

4.5.1   Einführung

Die Kommunikationsanforderungen vieler Algorithmen können besonders gut durch den Einsatz einer angepaßten Netztopologie erfüllt werden. Steht jedoch ein

Netz mit einer anderen Topologie zur Verfügung, so existieren zwei Möglichkeiten, den Kommunikationsanforderungen trotz der nicht optimalen Topologie zu genügen. Bei der *Emulation* entspricht Knoten P der Zieltopologie dem Knoten P der vorhandenen Topologie. Jeder Kommunikationsschritt der Zieltopologie wird in der Regel durch mehrere Schritte in der vorhandenen Topologie nachgebildet. Bei der *Einbettung* hingegen werden die Knoten der Zieltopologie so auf die Knoten in der vorhandenen Topologie abgebildet, daß durch Ausnutzung der vorhandenen Verbindungsfunktionen die Zieltopologie möglichst unmittelbar nachgebildet wird.

Die Emulation eines Netzes durch ein anderes ist insbesondere im SIMD-Modus von Bedeutung. Es muß dabei ein Algorithmus gefunden werden, durch den die Emulation korrekt erfolgt. Um durch die Emulation möglichst wenig Leistung einzubüßen, sollte die Anzahl der Kommunikationsschritte minimiert werden. Es werden immer alle Verbindungsfunktionen der Zieltopologie betrachtet, um zu einer Abschätzung des ungünstigsten Falles zu gelangen. Aufgrund des SIMD-Betriebs führen alle PEs die gleichen Transfers aus; falls erforderlich, sind PEs maskiert und nehmen nicht am jeweiligen Transfer teil. Im allgemeinen Fall wird davon ausgegangen, daß es nicht möglich ist, daß ein PE die Verbindungsfunktion f_1 und ein anderes die Funktion f_2 ausübt; dies kann meist nur sequentiell geschehen. In SIMD-Systemen wie MasPar MP-1 und MP-2 [Bla90], die gleichzeitig unterschiedliche Verbindungsfunktionen unterstützen, können sowohl die Emulation als auch Einbettungsmethoden genutzt werden. Im folgenden soll zunächst die Emulation näher untersucht werden.

Um einen nachweisbar optimalen Algorithmus zur Emulation zu bestimmen, sind zwei Schritte erforderlich. Im ersten Schritt wird eine untere Schranke der mindestens erforderlichen Anzahl von Transferschritten bestimmt. Dann wird durch einen Algorithmus zur Emulation eine obere Schranke gefunden, wobei die Korrektheit des Algorithmus formal bewiesen werden muß. Bei einem optimalen Algorithmus sind obere und untere Schranke identisch.

Diese Vorgehensweise soll an zwei einfachen Beispielen gezeigt werden. Das Systemmodell ist hier das SIMD-Modell in PE-zu-PE-Struktur. Datentransfers werden zwischen Datentransferregistern (DTR) ausgeführt, wie in Abschnitt 4.3.2 diskutiert. Komplexere Algorithmen finden sich in [Sie90].

4.5.2 Emulation des Cube-Netzes durch das PM2i-Netz

Hier ist das physikalische Verbindungsnetz das PM2i-Netz, und ein Algorithmus erfordert eine *cube*-Verbindungsfunktion. Wie oben erwähnt, werden für die Bestimmung des ungünstigsten Falles alle $cube_i$-Funktionen, $0 \leq i < n$, berücksichtigt.

Untere Schranke

Die $PM2_{+(n-1)}$-Funktion ist mit der $cube_{n-1}$-Funktion identisch. Für die anderen $cube_i$-Funktionen gibt es keine direkte PM2i-Entsprechung, so daß eine untere Schranke von zwei Transfers besteht. Die obere Schranke, d.h. der Algorithmus zur Emulation, unterscheidet sich ebenfalls für $cube_{n-1}$ und die anderen $cube_i$-Funktionen. Wegen der Identität der Verbindungsfunktionen genügt für die $cube_{n-1}$-Funktion ein einzelner $PM2_{+(n-1)}$-Transfer, der von allen PEs ohne Maskierung ausgeführt wird. Für die übrigen $cube_i$-Funktionen sind folgende zwei Transfers notwendig:

(S1) $PM2_{+i} (p_{n-1}p_{n-2} \cdots p_1 p_0)$

(S2)   WHERE $(p_i = 0)$ DO $PM2_{-(i+1)} (p_{n-1}p_{n-2} \cdots p_1 p_0)$.

Beim ersten Transfer wird durch die Addition von $PM2i$ das Bit p_i invertiert, wie für die $cube_i$-Funktion gewünscht. Jedoch entsteht durch die Addition in denjenigen PEs ein Übertrag, in denen vor dem Transfer $p_i = 1$ ist. Nach dem ersten Transfer sind Daten aus diesen PEs in PEs mit $p_i = 0$ gesendet worden. Dort wird durch den zweiten Transfer der Übertrag rückgängig gemacht. Der mathematische Korrektheitsbeweis umfaßt daher eine Fallunterscheidung:

Fall 1: $p_i = 0$.   S1: $PM2_{+i}(P) = PM2_{+i}(p_{n-1} \cdots p_{i+1}0p_{i-1} \cdots p_1 p_0) =$

$$P + 2^i = p_{n-1} \cdots p_{i+1}1p_{i-1} \cdots p_1 p_0 = cube_i(P)$$

S2: $p_i = 1$, also kein Transfer

Fall 2: $p_i = 1$.   S1: $PM2_{+i}(P) = P + 2^i = PM2_{+i}(p_{n-1} \cdots p_{i+1}1p_{i-1} \cdots p_1 p_0) =$

$$PM2_{+i}(2^i + p_{n-1} \cdots p_{i+1}0p_{i-1} \cdots p_1 p_0) =$$

$$p_{n-1} \cdots p_{i+1}0p_{i-1} \cdots p_1 p_0 + 2^{i+1}$$

S2: $p_i = 0$, also Transfer

$$PM2_{-(i+1)}(P) = PM2_{-(i+1)}(p_{n-1} \cdots p_{i+1}0p_{i-1} \cdots p_1 p_0 + 2^{i+1}) =$$

$$(p_{n-1} \cdots p_{i+1}0p_{i-1} \cdots p_1 p_0 + 2^{i+1}) - 2^{i+1} =$$

$$p_{n-1} \cdots p_{i+1}0p_{i-1} \cdots p_1 p_0 = cube_i(P).$$

Da obere und untere Schranke identisch sind (beide betragen 2), ist der Algorithmus zur Emulation optimal.

4.5.3 Emulation des Cube-Netzes durch das Shuffle-Exchange-Netz

Ein weiteres Beispiel der Emulation ist die Ausführung von *cube*-Verbindungsfunktionen durch das direkte Shuffle-Exchange-Netz. Da die *exchange*-Operation und die $cube_0$-Funktion definitionsgemäß identisch sind, sind obere und untere Schranke hierfür identisch und gleich 1. Für die anderen *cube*-Funktionen soll die untere Schranke hier anhand des Transfers $cube_{n-1}$ $(10^{n-3}11) = 0^{n-2}11$ gezeigt werden. Dieser Transfer stellt einen ausgesuchten Fall dar, bei dem viele Schritte benötigt werden. Durch die obere Schranke (d. h. den Algorithmus zur Emulation) wird später gezeigt, daß es sich um einen der Fälle handelt, bei denen die meisten Transferschritte überhaupt erforderlich sind.

Da beim betrachteten Fall der Index des Zielknotens eine 1 weniger als der des Ausgangsknotens enthält, ist mindestens eine *exchange*-Operation notwendig. Es muß mindestens eine *shuffle*-Operation ausgeführt werden, um die 1 aus dem höchstwertigen Bit herauszuschieben. Die Positionen p_{n-1} ... p_2 enthalten eine 0. Um zu verhindern, daß die 1 aus Bit p_1 in eine dieser Stellen geschoben wird, sind mindestens $n-1$ *shuffles* erforderlich. Es reicht jedoch nicht aus, einen *exchange* und $n-1$ *shuffles* durchzuführen, denn wird die *exchange*-Operation zuerst ausgeführt, so ist das resultierende Ergebnis $shuffle^{n-1}(exchange(10^{n-3}11)) = 010^{n-3}1 \neq 0^{n-2}11$.

Wird die *exchange*-Operation nicht zuerst ausgeführt, so wird die 1 in Bit-Position 0 an Position $n-1$ geschoben, so daß auch dann nicht das gewünschte Ergebnis resultiert. Eine untere Schranke ist also durch $n+1$ Transfers gegeben.

Der Algorithmus zur Emulation von $cube_i$, $0 < i < n$, benötigt insgesamt $n+1$ Transfers. Zuerst werden $m-i$ *shuffle*-Operationen ausgeführt, um das durch die *cube*-Funktion zu invertierende Bit in Position 0 zu bringen, dann wird das Bit invertiert, und schließlich werden durch i *shuffle*-Operationen alle Bits wieder an ihren Ausgangspunkt zurückgeschoben:

(S1) FOR $j = 1$ TO $n - i$ DO *shuffle*

(S2) *exchange*

(S3) FOR $j = 1$ TO i DO *shuffle*.

Die korrekte Funktionsweise kann einfach bewiesen werden. Für $P = p_{n-1}$ ... p_i ... p_0 gilt: $cube_i$ $(p_{n-1}$ ... p_i ... $p_0) = p_{n-1}$ ... $\overline{p_i}$ ... p_0. Schritt S1 bildet P auf p_{i-1} ... $p_0 p_{n-1}$ ... p_i ab. Durch die *exchange*-Operation in S2 wird P nach p_{i-1} ... $p_0 p_{n-1}$ ... $\overline{p_i}$ und über S3 schließlich nach p_{n-1} ... $\overline{p_i}$ ... $p_0 = cube_i(P)$ übertragen.

Somit ist auch dieser Algorithmus optimal. Für viele andere Emulationsaufgaben sind erheblich aufwendigere und komplexere Algorithmen erforderlich; Beispiel finden sich in [Sie90].

4.6   Einbettung

4.6.1   Grundlagen

Bei der Einbettung werden die Knoten der Zieltopologie so auf die Knoten der vorhandenen Topologie abgebildet, daß die Kanten und Knoten der Zieltopologie möglichst unmittelbar denen der vorhandenen Topologie entsprechen. Bei einer optimalen Einbettung (wie sie beispielsweise bei bestimmten Gittern auf Cube-Netzen möglich ist) entsprechen Kanten bzw. Knoten der Zieltopologie direkt einer Kante bzw. einem Knoten der vorhandenen Topologie. In der Zieltopologie benachbarte Knoten sind bei der optimalen Abbildung auch in der vorhandenen Topologie benachbart, so daß eine Kommunikation zwischen einer Quelle Q und einer Senke S bei der optimalen Einbettung in der vorhandenen und in der Zieltopologie stets die gleiche Anzahl von Kommunikationsschritten erfordert.

Maße für die optimale Einbettung sind Dilation, Kongestion und Ausnutzungsgrad. Die *Dilation DL* bestimmt die maximale Anzahl von Kanten, die auf der vorhandenen Topologie durchlaufen werden müssen, um eine Kante der Zieltopologie nachzubilden. Die *Kantenkongestion KKG* bestimmt die maximale Anzahl von Kanten der Zieltopologie, die auf die gleiche Kante der vorhandenen Topologie abgebildet werden, während die *Knotenkongestion NKG* die maximale Anzahl von Knoten der Zieltopologie mißt, die auf einen Knoten der vorhandenen Topologie abgebildet werden. Der *Ausnutzungsgrad AG* bestimmt das Verhältnis zwischen Knoten der Zieltopologie und der vorhandenen Topologie. Bei einer optimalen Einbettung gilt $DL = KKG = NKG = AG = 1$. Abbildung 4.10 zeigt als Beispiel die Einbettung eines 2x4-Gitters (Abbildung 4.10a) in unterschiedliche Zieltopologien. Während 4.10b eine optimale Einbettung darstellt, ist in 4.10c eine Einbettung mit $DL = 2$, keiner Kongestion und $AG = 0.8$ gezeigt, während in 4.10d $DL = 2$ (um von Knoten 5 nach 6 in der Zieltopologie zu gelangen, müssen in der Einbettung zwei Kanten 5→7→6 der vorhandenen Topologie benutzt werden) und $KKG = 2$ (Kante zwischen Knoten 6 und 7) ist und $AG = 1$ gilt. Bei allen Beispielen gibt es keine Knotenkongestion ($NKG = 1$); bei der Diskussion der Einbettung von Bäumen in Cube-Netze wird eine Einbettung mit $NKG > 1$ verwendet.

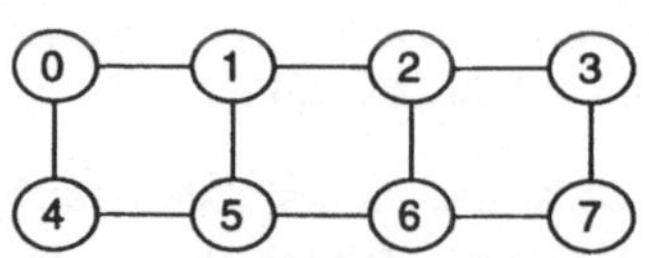

(a)

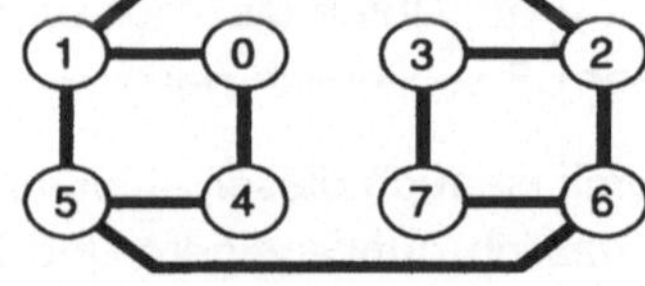

(b)

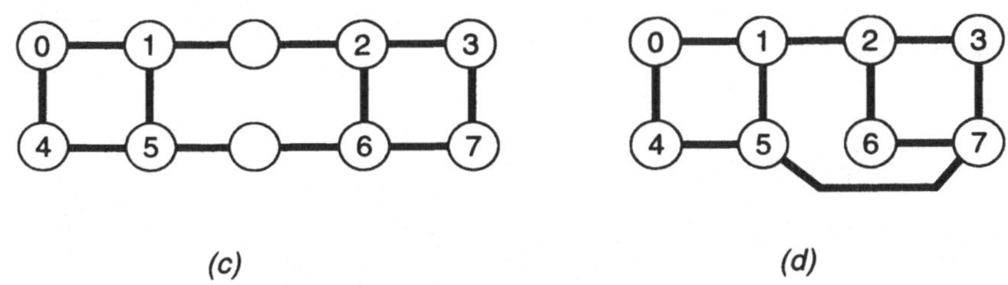

(c)   (d)

Abbildung 4.10: *Einbettung eines 2x4-Gitters in unterschiedliche Netze;
(a) Zieltopologie; (b) optimale Einbettung; (c) Einbettung mit Dilation 2; (d) Einbettung
mit Dilation 2 und Kantenkongestion 2.*

In einer MIMD-Maschine kann durch Ausführung eines einzigen Transfers (unterschiedliche Transferfunktionen in unterschiedlichen PEs) die Verbindungsoperation des emulierten Netzes ausgeführt werden. Wichtige Anwendungen, die hier diskutiert werden, sind die Einbettung von Ringen, Gittern und Bäumen in Cube-Netzen, sowie die Einbettung von Bäumen in Gitter-Netze.

4.6.2   Einbettung eines Ringes im Cube-Netz

Bei der Einbettung von Ringen in Cube-Systemen werden Gray-Codes genutzt, so daß eine optimale Einbettung erzielt werden kann. In einem *Gray-Code* unterscheiden sich zwei aufeinanderfolgende Code-Wörter immer in genau einem Bit [PeW72]. Ein Gray-Code kann beispielsweise rekursiv durch folgende Vorschrift generiert werden:

(1)   Ein Gray-Code mit zwei Elementen enthält die Code-Wörter 0 und 1:
$GC_1 = \{0,1\}$.

(2)   Ein Gray-Code GC_{k+1} mit 2^{k+1} Elementen kann aus einem Gray-Code GC_k mit 2^k Elementen generiert werden. Mit GC_k^R wird die Sequenz bezeichnet, die die Elemente von GC_k in umgekehrter Reihenfolge enthält. $\{0\,GC_k\}$ bezeichnet den Gray-Code GC_k, dessen Elementen das Bit 0 vorangestellt wird. Dann gilt:

$$GC_{k+1} = \{\ \{0\,GC_k\}\ \{1GC_k^R\}\ \}$$

Ein Gray-Code GC_k enthält immer 2^k Elemente; das Element r des Codes ist $GC_k(r)$. Ein Ring der Länge 2^k wird in ein Cube-Netz mit mindestens 2^k Knoten eingebettet, indem das Element r des Ringes auf den Knoten $GC_k(r)$ abgebildet wird. Aufgrund der Definition des Gray-Codes unterscheiden sich die Indizes zweier benachbarter Knoten des Ringes in genau einem Bit, so daß sie über eine *cube*-Funktion verbunden sind.

Als Beispiel soll ein Ring der Länge 8 in ein Cube-Netz mit acht Knoten eingebettet werden. Hierzu muß GC_3 bestimmt werden:

$GC_1 =$ $\{0, 1\}$

$GC_2 =$ $\{\, \{0\ GC_1\}\ \{1GC_1^R\}\, \}$ $=$ $\{00, 01, 11, 10\}$ $=$ $\{0, 1, 3, 2\}$

$GC_3 =$ $\{\, \{0\ GC_2\}\ \{1GC_2^R\}\, \}$ $=$ $\{000, 001, 011, 010, 110, 111, 101, 100\}$

$=$ $\{0, 1, 3, 2, 6, 7, 5, 4\}.$

Die von 0 bis 7 numerierten Ring-Knoten werden nun über die eineindeutige Abbildung t auf die Cube-Knoten abgebildet:

$t(0) = 0$ $t(1) = 1$ $t(2) = 3$ $t(3) = 2$

$t(4) = 6$ $t(5) = 7$ $t(6) = 5$ $t(7) = 4$

Um die *Ring*-Verbindungsfunktionen ausüben zu können, muß eine *cube*-Funktion für jeden Knoten bestimmt werden, die den Effekt der *Ring*-Operation hat. Hier wird der Einfachheit halber nur die $ring_{+1}$ -Funktion gezeigt. Bei den *Ring*-Operationen sind die logischen Indizes der Ring-Knoten benutzt und bei den *cube*-Funktionen die physikalischen Knoten, die über t erzielt werden.

$ring_{+1}(0) = 1$ $\rightarrow$ $cube_0(0) = 1$ $ring_{+1}(1) = 2$ $\rightarrow$ $cube_1(1) = 3$

$ring_{+1}(2) = 3$ $\rightarrow$ $cube_0(3) = 2$ $ring_{+1}(3) = 4$ $\rightarrow$ $cube_2(2) = 6$

$ring_{+1}(4) = 5$ $\rightarrow$ $cube_0(6) = 7$ $ring_{+1}(5) = 6$ $\rightarrow$ $cube_1(7) = 5$

$ring_{+1}(6) = 7$ $\rightarrow$ $cube_0(5) = 4$ $ring_{+1}(7) = 0$ $\rightarrow$ $cube_2(4) = 0$

Abbildung 4.11 zeigt diese Einbettung. Um die *Ring*-Operation auszuführen, müssen also von den beteiligten Knoten unterschiedliche *cube*-Operationen durchgeführt werden. Dies ist in einem MIMD-System effektiv möglich, wobei für jede *Ring*-Operation auch nur ein *cube*-Transfer (unterschiedlich pro Knoten) erforderlich ist. In einem SIMD-System hingegen kann in einem Zyklus nur eine spezifische *cube*-Operation erfolgen, so daß eine *Ring*-Operation in diesem Fall drei SIMD-Zyklen mit *cube*-Transfers erfordert.

Für viele Anwendungen ist die Einbettung von Ringen wünschenswert, deren Länge unter der Anzahl der Knoten liegt. Eine wichtige Einschränkung beinhaltet, daß nur Ringe mit einer geraden Anzahl von Knoten eingebettet werden können. Der Grund hierfür ist darin zu suchen, daß benachbarte PEs im Cube-Netz immer eine Hammingdistanz von $H = 1$ haben. Ausgehend von einem beliebigen PE ist die Hammingdistanz H nach Durchlaufen einer ungeraden Anzahl von Verbindungsleitungen demzufolge ungerade ($H = 2L + 1$), und nach einer gerade Anzahl von Leitungen ist sie gerade ($H = 2L$). In einem Ring mit einer ungeraden Zahl von Knoten ($N = 2K + 1$) werden von PE 0 zu PE $N - 1$ eine gerade Anzahl von Leitungen durchlaufen; also ist die Hammingdistanz zwischen Knoten 0 und $N - 1$ gerade. Dies bedeutet entweder, daß $H = 0$ (die Knoten also identisch) oder $H > 1$ ist. Im ersten Fall hat der Ring konsequenterweise eine gerade Anzahl von Knoten, während im zweiten Fall definitionsgemäß keine *cube*-Verbindungsfunktion zwischen PE 0 und $N - 1$ existiert. Es folgt, daß nur Ringe mit einer geraden Anzahl von Knoten eingebettet werden können.

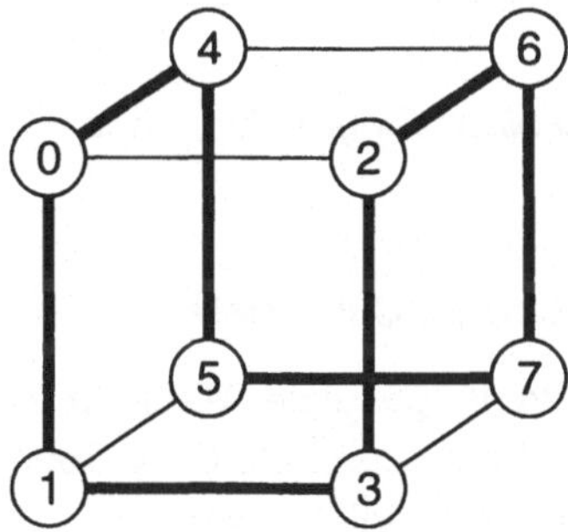

Abbildung 4.11: *Einbettung eines Ringes der Länge 8 in ein Cube-Netz mit N = 8*

Soll ein Ring mit $2K$ Elementen eingebettet werden, wobei $2K$ keine Zweierpotenz ist, so wird ein Gray-Code GC_r als Basis genutzt, mit $2^r < K < 2^{r+1}$. $GC_{r,K}$ sei ein Gray-Code, der nur die ersten K Elemente von GC_r enthält. Dann wird für die Indizierung der Gray-Code $GC_{r+1,2K}$ verwendet, der über die folgende Vorschrift gebildet wird:

$$GC_{r+1,2K} = \{ \{0\ GC_{r,K}\}\ \{1 GC_{r,K}{}^R\} \}.$$

Dieser Code enthält $2K$ Elemente; die Hammingdistanz zweier aufeinanderfolgender Code-Elemente ist 1; dies gilt definitionsgemäß auch für das erste und letzte Element des Codes. Eine Einbettung erfolgt nun analog der Einbettung eines Ringes mit 2^k Elementen dadurch, daß das Element j des Ringes auf den Knoten $GC_{r+1,2K}(j)$ des Cube-Netzes abgebildet wird. Abbildung 4.12 zeigt eine Einbettung eines Ringes der Länge 10 in ein Cube-Netz mit 16 Knoten.

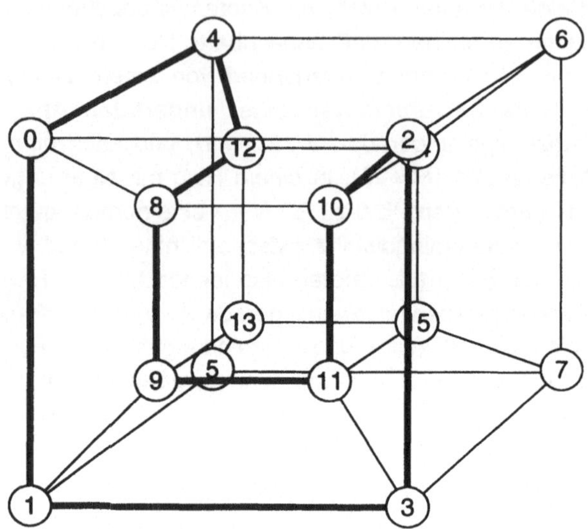

Abbildung 4.12: *Einbettung eines Ringes der Länge 10 in ein Cube-Netz mit N = 16*

4.6.3   Einbettung von Gittern im Cube-Netz

Die bei der Ring-Einbettung genutzte Methodik kann auch hier angewendet werden, indem zwei- oder höherdimensionale Gray-Codes genutzt werden. Der zweidimensionale Fall soll zuerst behandelt werden.

Die Knoten eines UxV-Gitters können durch (u,v) zweidimensional indiziert werden, mit $0 \leq u < U$, $0 \leq v < V$. Bei der Einbettung eines offenen Gitters (*mesh*-Funktion) dürfen U und V gerade oder ungerade sein; beim zylindrischen Gitter muß U und beim Torus müssen U und V aufgrund der gleichen Argumentation wie bei der Ring-Einbettung gerade sein.

Für beide Dimensionen werden Gray-Codes der Länge U bzw. V gebildet; hierbei sei $r = \lceil \log_2 U \rceil$ und $s = \lceil \log_2 V \rceil$ Diese beiden Codes sind dann $GC_{r,U}$ und $GC_{s,V}$. $GC_{r,R}$ enthält die Elemente $R = r_{u-1} \ldots r_0$, und $GC_{s,S}$ enthält die Elemente $S = s_{u-1} \ldots s_0$. Das Gitterelement (u,v) wird dann auf den Cube-Knoten $(GC_{r,R}(u)\, GC_{s,S}(v)) = r_{u-1} \ldots r_0 s_{u-1} \ldots s_0$ abgebildet; die Bits der beiden Codes werden also aneinandergefügt. Abbildung 4.13 zeigt die zweidimensionale Kodierung eines 4x8-Gitters. Die Zuordnung der physikalischen *cube*-Operationen zu den logischen Gitter-Operationen geschieht analog zum Verfahren beim Ring-Netz. Das Netz wird mittels der Knoten-Indizierung optimal ($DL = KKG = NKG = AG = 1$) in ein 5-dimensionales Cube-Netz eingebettet.

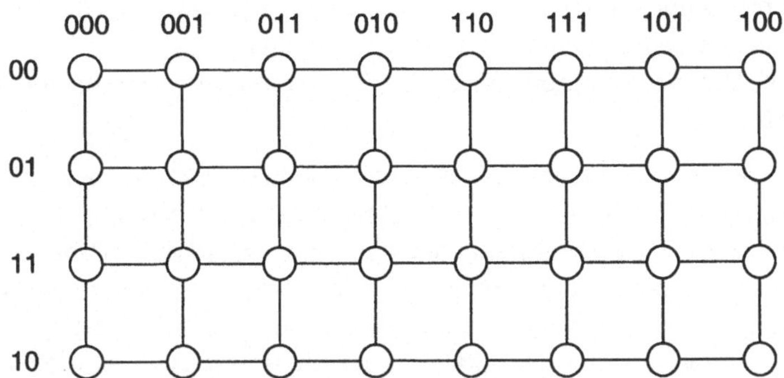

Abbildung 4.13: *Zweidimensionaler Gray-Code am 4x8-Gitter*

Bei der Einbettung mittels Gray-Codes ist zu beachten, daß nur offene Gitter oder toroide Randverbindungen möglich sind, da hierbei verbundene Randknoten in der gleichen Reihe bzw. Spalte liegen und die Knotenindizes daher eine Hammingdistanz von $H = 1$ haben. Bei der Illiac-Verbindungsfunktion beispielsweise wäre eine Verbindung zwischen dem letzten Knoten in Reihe j mit dem ersten Knoten in Reihe $(j + 1)$ mod V erforderlich; die Hammingdistanz dieser beiden Knoten ist 2, so daß sie nicht über eine einfache *cube*-Funktion verbunden sind.

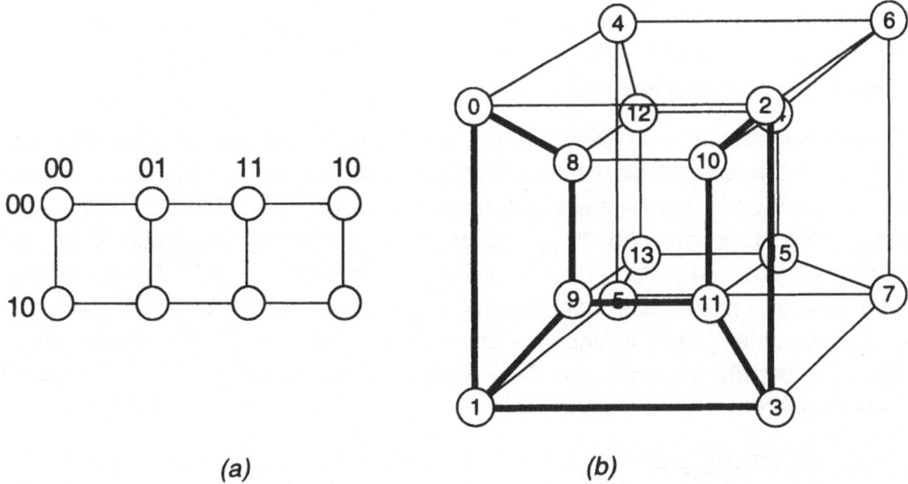

(a)   (b)

Abbildung 4.14: *(a) Zweidimensionaler Gray-Code am 2x4-Gitter, (b) Einbettung eines zweidimensionalen 2x4-Gitters in einem Cube-Netz mit N = 16*

Auch kleinere Gitter können in Cube-Netze eingebettet werden. Um die Methodik zu verdeutlichen, ist in Abbildung 4.14 ein zweidimensionaler Gray-Code am 2x4-Gitter dargestellt mit der korrespondierenden Einbettung im 4-dimensionalen Cube-Netz mit N = 16.

Die Methodik der Abbildung von zweidimensionalen Gittern kann in analoger Weise auch auf Gitter höherer Dimensionalität angewendet werden. Damit eignen sich Cube-Netze also zur Einbettung beliebiger Gitter, allerdings mit der Einschränkung auf toroide Randverbindungen. Einer jeden logischen Gitter-Operation entspricht grundsätzlich eine physikalische *cube*-Operation, so daß eine logische Gitter-Operation durch einen einzigen physikalischen Transfer realisiert werden kann.

Während dies in MIMD-Maschinen immer gilt, kann dieser Vorteil nur in solchen SIMD-Maschinen ausgenutzt werden, die in unterschiedlichen PEs voneinander abweichende Transfers zulassen, wie beispielsweise in der MasPar MP-1 oder MP-2 [Bla90].

4.6.4   Einbettung von binären Bäumen in Gittern

Aufgrund der guten Eignung von Baumstrukturen für viele Algorithmen ist die Einbettung von binären Bäumen in Gittern von hoher Bedeutung. Die einfachste Methode ist durch die H-Einbettung gegeben [HoZ81], die in Abbildung 4.15 gezeigt ist. Hierbei wird ein Knoten des Gitters entweder als Knoten des Baumes oder als Kommunikationselement genutzt. Die Struktur kann rekursiv auf beliebig große Gitter ausgedehnt werden. Der Nachteil dieser Organisation ist die schlechte Ausnutzung der Gitterknoten. In Abbildung 4.15 sind 127 von 225 Knoten aktiv genutzt, während 41 lediglich der Kommunikation dienen.

Dieser Nachteil kann in Gittern vermieden werden, die eine gleichzeitige Nutzung von Knoten sowohl als Baumknoten als auch zur Kommunikation erlauben. Durch entsprechende asymmetrische Einbettung lassen sich dann sehr hohe Ausnutzungsgrade erreichen. Abbildung 4.16 zeigt eine mögliche Einbettung, in der ein Grundelement aus 4x4-Gitterknoten einen Baum der Tiefe 3 enthält. Dieses Grundelement wird in unterschiedlichen Orientierungen plaziert; die Verbindungen zum Wurzelknoten einer jeden Ebene des Baumes werden individuell gewählt. Diese Methode erreicht für Knotenzahlen N $\rightarrow \infty$ einen asymptotischen Ausnutzungsgrad von 89% [Gor87].

Durch Einbettung größerer Grundelemente oder Wahl nicht eines sondern verschiedener Elemente und einer optimierten Plazierung der Elemente im Gitter ist auch eine asymptotische Ausnutzung der Gitterknoten von 100% erreichbar [Gor87].

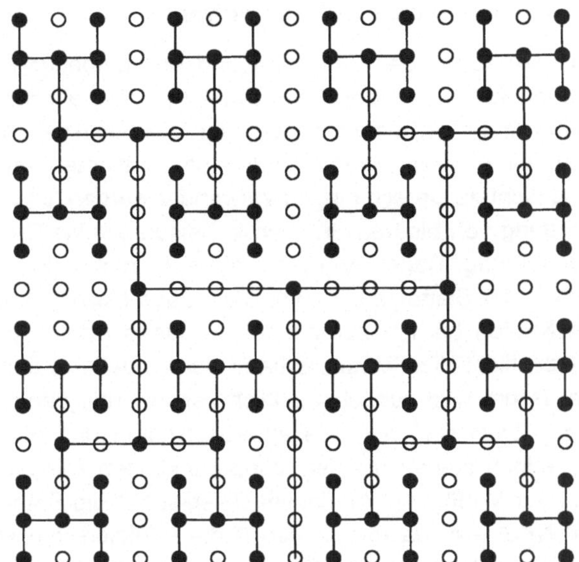

Abbildung 4.15: *Einbettung eines binären Baumes der Tiefe 7 in einem Gitter mit 225 Knoten in der H-Anordnung*

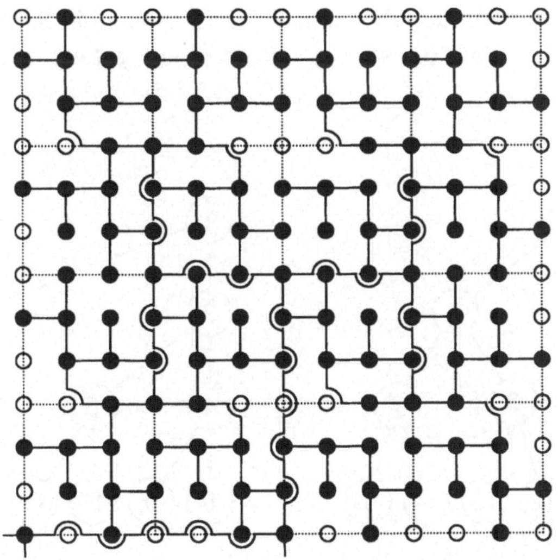

Abbildung 4.16: *Einbettung eines binären Baumes der Tiefe 7 in einem Gitter mit 169 Knoten in einer optimierten Einbettung nach [Gor87]*

4.6.5   Einbettung binärer Bäume in Cube-Netzen

Die bisherigen Methoden der Emulation und der Einbettung haben sich auf einen möglichst hohen Ausnutzungsgrad konzentriert, wobei ein Knoten der vorhandenen Topologie nie mehr als einem Knoten der Zieltopologie entsprach. Da bei vielen Algorithmen mit binären Bäumen die inneren Knoten ausschließlich zur Kommunikation und nicht zu Berechnungen verwendet werden, ist diese Randbedingung bei der Einbettung von binären Bäumen in beispielsweise Cube-Netze oft von untergeordneter Bedeutung. Dann kann eine effiziente Einbettung dadurch erreicht werden, daß lediglich die Blätter auf Knoten des Cube-Netzes abgebildet werden, wobei die inneren Knoten bis hin zur Wurzel auf diese Knoten projiziert werden. Abbildung 4.17 verdeutlicht die Schritte anhand der Einbettung eines Binärbaumes der Tiefe 3. Dieser Baum wird zunächst seitlich verzerrt und danach senkrecht auf die Blätter projiziert. Zwar sind nun alle inneren Knoten und die Wurzel auf die Blätter abgebildet, jedoch stehen mit den *cube*-Funktionen alle erforderlichen Verbindungsfunktionen zur Verfügung. In diesem Beispiel hat die Einbettung eine Knotenkongestion von $NKG = 4$, da der Knoten 0 die Funktion von vier Baumknoten übernimmt. Für die Kantendilation gilt $KKL = 1$, da jede Baumverbindung entweder einer *cube*-Verbindung entspricht, oder ein Datentransport vermieden wird, da Knoten zusammenfallen. Die Kommunikationsmöglichkeiten des Cube-Netzes werden bei dieser Einbettung bei weitem nicht ausgenutzt. So muß eine Nachricht zwischen Knoten 3 und 7 in Abbildung 4.17d über 5 Verbindungsleitungen laufen, obwohl eine direkte Kommunikation möglich wäre.

In analoger Weise kann das Baumgitter (siehe Abschnitt 3.4.6) in ein Cube-Netz eingebettet werden, so daß dessen algorithmische Vorteile auch dort ausgenutzt werden können [Lei92].

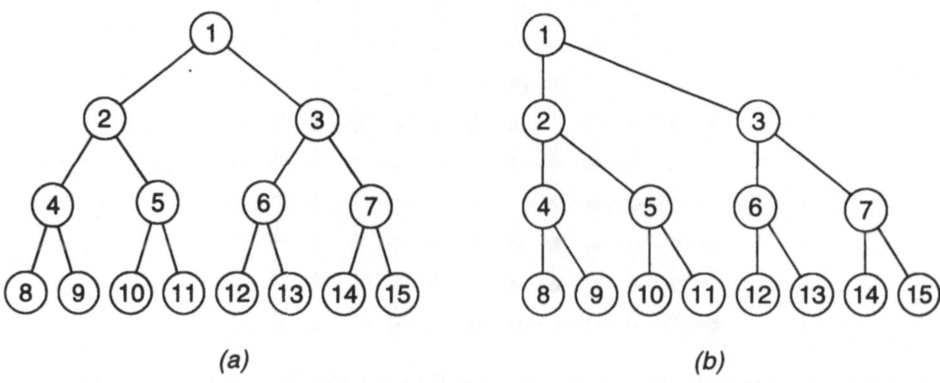

(a)   (b)

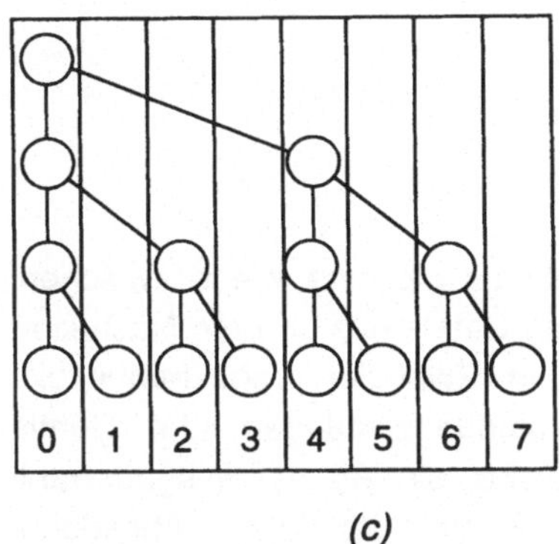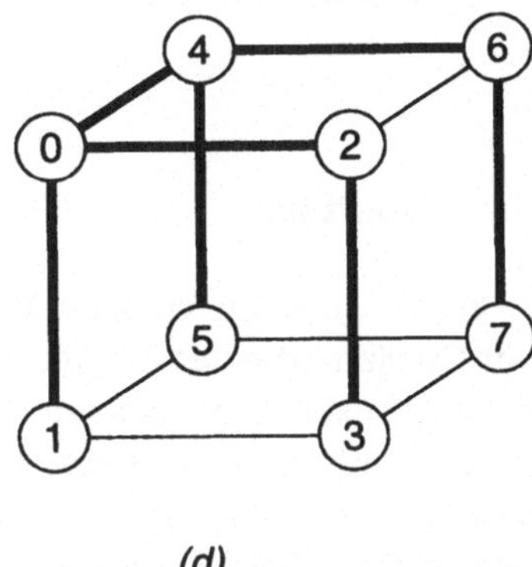

Abbildung 4.17: *Einbettung eines Binärbaumes in ein Cube-Netz; (a) ursprünglicher Baum; (b) seitlich verzerrter Baum; (c) auf die Blätter projizierter Baum; (d) Abbildung auf einem dreidimensionalen Cube-Netz.*

5 Datentransport und Wegsuche in direkten Netzen

5.1 Überblick

In den meisten direkten Verbindungsnetzen gibt es mehrere Wege zwischen einer Quelle und einer Senke. Abbildung 5.1 zeigt ein Gitter-Netz, in dem Nachrichten von Knoten 1 zu Knoten 29 transportiert werden. Zwei der Wege haben die Länge 7, während ein weiterer Weg über 11 Verbindungsleitungen führt. Somit existieren viele Möglichkeiten, Wege zu wählen, wobei die Art der Wegauswahl einen großen Einfluß auf die Leistungsfähigkeit hat. Besteht im Netz in Abbildung 5.1 zum Beispiel bereits eine Verbindung zwischen Knoten 2 und 5, so kann eine Nachricht von 1 nach 29 nur gleichzeitig vermittelt werden, wenn der Algorithmus der Wegsuche nicht nur den zunächst nach rechts verlaufenden Weg versucht (der blockiert ist), sondern auch den zunächst nach unten verlaufenden Weg nutzen kann. Ist zusätzlich auch dieser Weg belegt (beispielsweise durch eine Verbindung zwischen Knoten 9 und 25), so ist eine Vermittlung nur möglich, wenn auch ein Umweg in Betracht gezogen wird. Diese Blockierungen treten in durchschaltevermittelnden und Wormhole-Routing-Netzen auf; in Store-and-Forward paketvermittelnden Netzen wird dies durch die vollständige Pufferung der Pakete innerhalb der Knoten umgangen, so daß Nachrichten keine Verbindungsleitungen blockieren können, solange genügend Pufferplatz in den einzelnen Knoten vorhanden ist.

Im folgenden werden zunächst Möglichkeiten des Datentransports in direkten Netzen aufgezeigt. Danach werden Begriffe der Wegsuche in direkten Netzen definiert und verschiedene Methoden für unterschiedliche Netztopologien diskutiert.

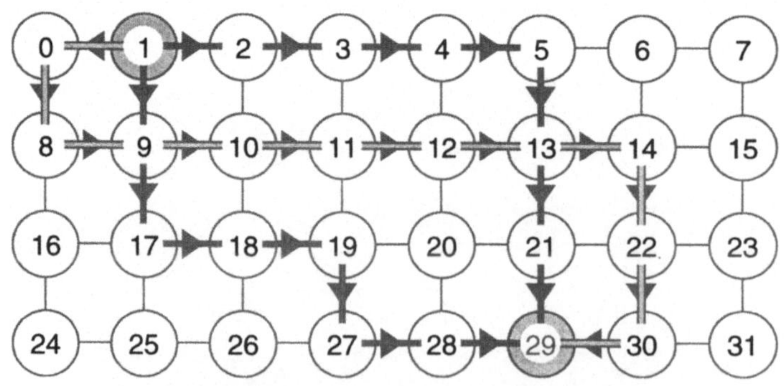

Abbildung 5.1: *Wege in einem 4x8-Gitter-Netz*

5.1.1 Kommunikationszeit

Eine effiziente Kommunikation muß den Zeitbedarf für die Vermittlung einer Nachricht minimieren. Die gesamte Latenzzeit läßt sich nach Ni und McKinley [NiM93] in drei Komponenten aufteilen: *Initialisierungszeit*, *Transportzeit* und *Blockierungszeit*.

Initialisierungszeit

Bevor eine Quelle eine Nachricht zu einer Senke senden kann, sind in der Regel Vorbereitungen auf Hardware- und Softwareebene erforderlich. Dies reicht von der Zusammenstellung von Datenpaketen bis zu höheren Protokollfunktionen im Betriebssystem. Auch an der Senke muß der Empfang der Nachricht vorbereitet werden, z. B. durch Bereitstellen von Pufferspeicher und Interrupts des Prozessors. Je nach System sind die Initialisierungsfunktionen mehr oder weniger über Hardware realisiert; die verbleibenden Funktionen werden auf Programme abgebildet. Die Gesamtzeit zur Initialisierung bei Quelle und Senke entspricht der *Initialisierungszeit* T_{INIT}.

Transportzeit

Die Zeitspanne vom Senden des Anfangsdatenworts bis zum Empfang des Nachrichtenendes ist die *Transportzeit* T_{TRANS}. Vorausgesetzt wird hierbei, daß die Nachricht durch keinerlei andere Aktivitäten im Netz verzögert wird. Als Beispiele soll T_{TRANS} eines durchschaltevermittelnden, eines Store-and-Forward und eines Wormhole-Routing direkten Netzes diskutiert werden. Nachrichten zwischen nicht direkt miteinander verbundenen Knoten müssen über Zwischenknoten transferiert werden; der Abstand (d. h. die Anzahl von zu durchlaufenden Verbindungsleitungen) zwischen Quelle und Senke sei im folgenden A. Es werden physikalische Datenkanäle mit der Gesamtbandbreite B angenommen. Weiterhin besteht eine zu übertragende Nachricht aus einem Nachrichtenkopf mit Steuerinformationen und L Bits Daten.

In einem *durchschaltevermittelnden Netz* wird durch den Nachrichtenkopf ein Weg durch das Netz aufgebaut und danach die eigendliche Information durch das Netz gesendet. Hier wird angenommen, daß in den einzelnen Stufen kein Pipelining der Datenworte vorgenommen wird (siehe Abbildung 5.2). Besteht der Nachrichtenkopf aus L_D Bits, so gilt:

$$T_{TRANS} = \frac{L_D A}{B} + \frac{L}{B}$$

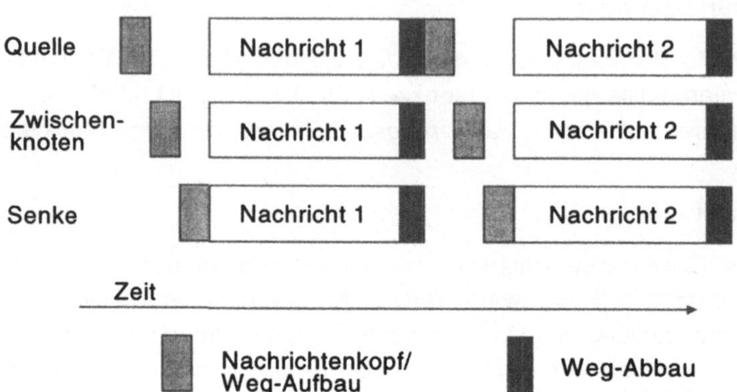

Abbildung 5.2: *Datentransport in einem durchschaltevermittelnden System*

Ist der Inhalt einer Nachricht viel länger als der Nachrichtenkopf ($L >> L_D$), dann ist die Transportzeit näherungsweise unabhängig von der Entfernung zwischen Knoten.

In einem *paketvermittelnden Store-and-Forward-Netz* besteht die Nachricht aus K_P Paketen, die in jeder Zwischenstufe gepuffert werden. Jedem Paket ist ein Paketkopf der Länge L_P für Steuerinformationen zugefügt (siehe Abbildung 5.3). Dann beträgt die Transportzeit:

$$T_{TRANS} = \frac{K_P A(L_P + L)}{B}$$

Die Transportzeit ist somit proportional zum Abstand zwischen Quelle und Senke.

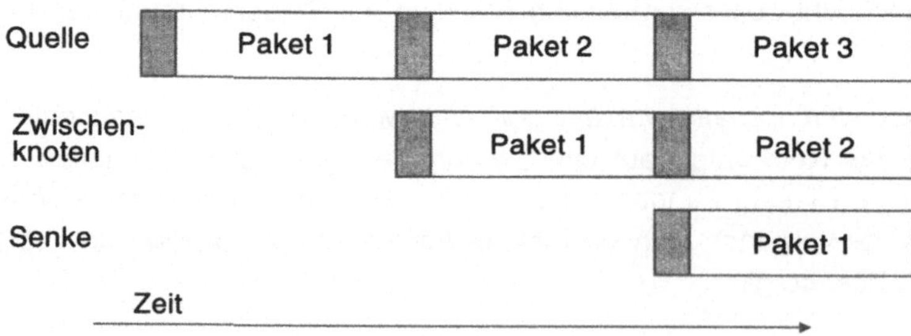

Abbildung 5.3: *Datentransport in einem paketvermittelnden System mit Store-and-Forward-Vermittlung*

In einem *Wormhole-Routing-Netz* wird eine Nachricht in Flits der Länge L_F unterteilt. Jede Nachricht besteht wiederum aus einem Nachrichtenkopf mit K_H Flits und aus K_N Flits Daten. In der Regel wird die Nachricht in jeder Stufe um ein Flit verzögert, so daß gilt (siehe Abbildung 5.4):

$$T_{TRANS} = \frac{K_H L_F A}{B} + \frac{K_N L_F}{B} = \frac{L_F}{B}(K_H A + K_N)$$

Bei langen Nachrichten mit $K_N \gg K_H A$ ist die Transportzeit näherungsweise unabhängig von der Entfernung zwischen Knoten. Aufgrund der Kürze von Flits ist diese Unabhängigkeit bei den meisten Nachrichten gegeben, was die weite Verbreitung von Wormhole-Routing-Verfahren begründet. In Abschnitt 5.3 wird das Mad-Postman-Routing vorgestellt, das eine Modifikation des Wormhole-Routing mit einer weiteren Reduktion von T_{TRANS} darstellt.

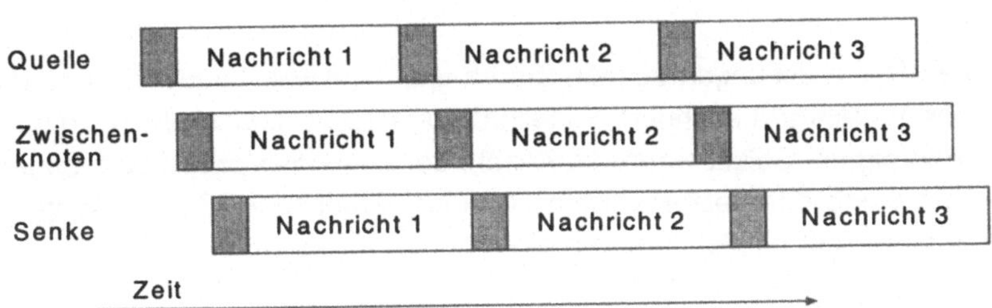

Abbildung 5.4: *Datentransport in einem paketvermittelnden System mit Wormhole-Routing*

Virtual-Cut-Through

Eine Methode, die die Vorteile von Store-and-Forward- und Wormhole-Routing vereinigt, ist *Virtual-Cut-Through* (*VCT*) [KeK79]. Hier wird eine Nachricht wie beim Wormhole-Routing in Flits unterteilt und durch das Netz geschickt. In jedem Koppelelement ist genügent Pufferplatz vorhanden, um die gesamte Nachricht zu puffern. Trifft ein Flit auf einen leeren Koppelelementpuffer, so wird es, abhängig von der Implementierung, entweder direkt durch das Koppelelement weitergeleitet, oder für einen Flittakt im Puffer zwischengepuffert. Tritt eine Blockierung der Nachricht auf, so werden die Flits der Nachricht hintereinander im blockierten Koppelelement empfangen und in einem Puffer zwischengepuffert. Bei niedriger Verkehrslast verhält sich VCT also so wie Wormhole-Routing. Bei höherer Last, wenn Blockierungen auftreten, zieht sich der Wurm jedoch zusammen und wird vollständig in einem

Koppelelement gepuffert (Store-and-Forward-Routing). So bleibt der Wurm nicht über mehrere Netzstufen gepuffert und blockiert so weniger Nachrichten im Netz.

Pipelined Channels

Eine wesentliche Beschränkung der Transportzeit einer Nachricht zwischen zwei benachbarten Knoten ist dadurch gegeben, daß ein Datenwort von der Quelle gesendet und an der Senke empfangen werden muß, bevor ein weiteres Wort übertragen werden kann. Dies führt insbesondere bei verschränkten Protokollen zu einer erheblichen Reduktion der maximalen Datenrate. SCOTT und GOODMAN [ScG94] untersuchten daher das Potential von Pipeline-Verfahren bei k-fachen n-Cube-Netzen. Dabei werden viele Datenpakete unmittelbar hintereinander auf eine Verbindungsleitung geschickt, ohne auf ein Signal zur Flußkontrolle zu achten. Dies ist ähnlich zu den Token-Ring-Verfahren, die im Abschnitt 3.2.2 diskutiert wurden. Mit Hilfe dieser Methode kann nun eine sehr hohe Datenrate erzielt werden, wobei diese Rate nicht mehr von der physikalischen Entfernung zwischen Quelle und Senke abhängig ist.

In ihren Untersuchungen zeigten SCOTT und GOODMAN [ScG94] auch, daß sich das Pipeline-Verfahren besonders vorteilhaft für k-fache n-Cube-Netze mit höheren Dimensionen eignet. Selbst wenn die Anzahl der Leitungen pro Knoten begrenzt ist, führt die Erhöhung der Netzdimension zu einer verbesserten Netzleistung. Dies ist besonders vorteilhaft für Systeme mit einer hohen Knotenzahl.

Blockierungszeit

Wird der Nachrichtentransport durch andere Datentransporte im Netz verzögert, so wird die hierdurch bedingte Latenzzeit in der Blockierungszeit T_{BLOCK} zusammengefaßt. Ursachen sind zum Beispiel volle Puffer, die ein Versenden der Nachrichten verhindern oder verlangsamen, Blockierungen innerhalb des Netzes, wie in Abschnitt 2.8 diskutiert, oder Flußkontrolle zwischen Quelle und Senke, wenn eine Senke die angelieferten Daten nicht mit der Sendegeschwindigkeit abnehmen kann.

Latenzzeit

Die gesamte Transportzeit einer Nachricht ist somit durch die folgende Beziehung gegeben:

$$T_{LATENZ} = T_{INIT} + T_{TRANSPORT} + T_{BLOCK}.$$

Der Entwurf des Kommunikationssystems muß die Gesamtzeit minimieren. Nur bei durchschaltevermittelnden Netzen ist die Initialisierungszeit auch durch Netz-Topologie und Netz-Eigenschaften bestimmt, da hier die Festlegung des Weges und der Verbindungsaufbau dem Datentransport vorangeht. Die Transportzeit hängt wie beschrieben wesentlich vom Operationsmodus des Netzes ab. Bestimmend für die Leistungsfähigkeit des Netzes sind jedoch weniger diese Größen, da durch sie lediglich deterministische und endliche Latenzzeiten verursacht werden. Auf der anderen Seite ist T_{BLOCK} nicht apriori bestimmbar, wobei diese Zeit bei ungünstigen Bedingungen auch unbegrenzt wachsen kann. Daher soll im folgenden der Schwerpunkt auf Methoden der Wegsuche gelegt werden, denn durch sinnvolle Wahl eines Weges können belegte Wegsegmente umgangen werden, so daß eine Nachricht trotz solcher Belegungen vermittelt werden kann.

5.1.2 Virtuelle Kanäle

In direkten Netzen sind benachbarte Knoten durch physikalische Leitungen miteinander verbunden. Für viele Algorithmen der Wegsuche ist es jedoch essentiell, über mehrere unabhängige Kanäle zu verfügen. Um eine Vervielfachung der Hardware bei entsprechenden Kosten zu vermeiden, werden oft *virtuelle Kanäle* geschaffen, die logisch unabhängige Kanäle über eine einzelne physikalische Verbindungsleitung zur Verfügung stellen [Dal92]. Bandbreite und Pufferplatz können je nach Verkehrsanforderungen dynamisch zugeteilt werden. Diese Methodik ist insbesondere bei Wormhole-Routing-Verfahren sinnvoll. Abbildung 5.5 zeigt einen Ausschnitt eines Wormhole-Routing-Systems, anhand dessen das Potential zur Leistungsverbesserung durch virtuelle Kanäle erläutert werden soll. Jede Verbindungsleitung hat hier einen Flit-Puffer am Eingang des Routers. In der dargestellten Situation hat PE B eine Wormhole-Verbindung zu PE C aufgebaut. Aufgrund dieser Verbindung wird eine Anforderung von PE A zum Ausgang E blockiert; dieser nur teilweise aufgebaute Weg blockiert wiederum eine Verbindung vom Eingang D zu PE B. Somit blockieren hier sowohl aktive als auch passive Verbindungen die Kommunikation im Netz.

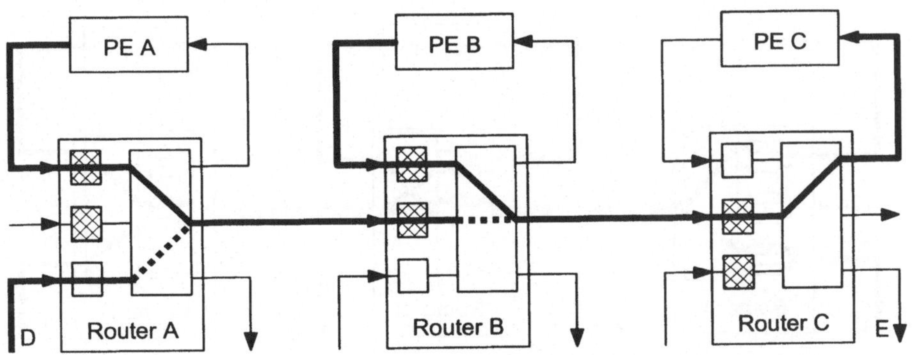

Abbildung 5.5: *Konflikte in einem System mit Wormhole-Routing*

Beim Einsatz virtueller Kanäle wird nun die Bandbreite jedes physikalischen Kanals unter zwei oder mehr logischen Kanälen aufgeteilt. Dies kann beispielsweise durch abwechselnde Zuteilung von Zeitschlitzen auf der Verbindungsleitung erfolgen. Jedem Eingang sind mehrere Flit-Puffer zugeordnet, die der Anzahl der virtuellen Kanäle eines Routerports entsprechen. Die physikalischen Leitungen werden nun nicht mehr einer sondern mehreren logischen Verbindungen fest zugeteilt.

In Abbildung 5.6 sind die physikalischen Wege in jeweils zwei virtuelle Kanäle aufgeteilt, so daß jeder Eingang auch über zwei Flit-Puffer verfügt. Nun können alle drei Verbindungen durch ein Zeitmultiplex der virtuellen Kanäle auf den Verbindungsleitungen gleichzeitig aufgebaut werden, wobei die genutzte Bandbreite erheblich erhöht wird. Während in diesem Beispiel ohne virtuelle Kanäle nur einer der drei PEs Nachrichten mit voller Bandbreite versenden kann, senden unter Benutzung der virtuellen Kanäle drei PEs mit halber Bandbreite. Die Latenzzeit von Nachrichten wird in vielen Fällen noch wesentlich deutlicher reduziert. Ist zum Beispiel die Nachricht zwischen PE B und C sehr lang und die anderen beiden Nachrichten nur kurz, so müssen diese Nachrichten ohne virtuelle Kanäle auf die lange Nachricht warten, und die Latenzzeit wird durch die Blockierungszeit bestimmt. Bei virtuellen Kanälen hingegen werden die kurzen Nachrichten durch die virtuellen Kanäle vermittelt, so daß zwar die Transportzeit für die kurzen Nachrichten steigt, jedoch keine Blockierungszeit auftritt. Aufgrund der Kürze wird die Transferzeit für die lange Nachricht nur unwesentlich verlängert, so daß insgesamt ein wesentlicher Leistungsgewinn des Netzes erzielt werden kann.

Ein zweiter wichtiger Vorteil von virtuellen Kanälen ist die Möglichkeit, durch Überlagerung einer logischen Verbindungsstruktur auf die physikalischen Leitungen Deadlocks auszuschließen. Dies wird im Abschnitt 5.3 über adaptives Routing weiter ausgeführt.

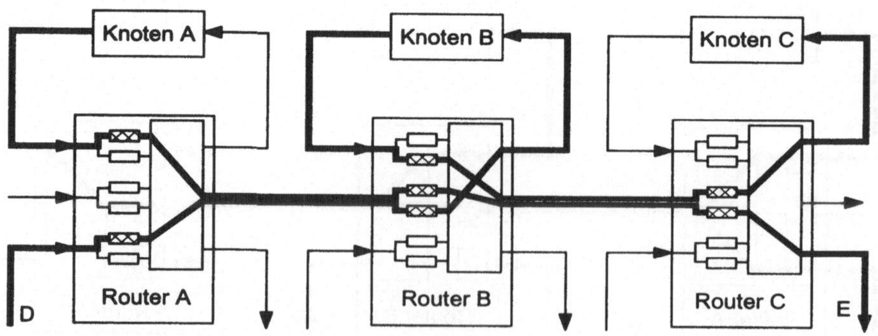

Abbildung 5.6: *System mit Wormhole-Routing und virtuellen Kanälen*

5.1.3 Mad-Postman-Routing

Wie in Abschnitt 5.1 diskutiert, kann das Wormhole-Routing-Verfahren die Transportzeit in direkten Netzen fast unabhängig vom Abstand zwischen Quelle und Senke machen. In vielen Anwendungen ist die Zeit des Verbindungsaufbaus besonders wichtig, wenn beispielsweise sehr kurze Nachrichten zur Synchronisation verschickt werden. Diese Zeit des Wegaufbaus ist auch bei Wormhole-Routing vom Abstand zwischen Quelle und Senke abhängig. Ein wesentlicher Faktor ist dabei die Zeit, die zur Auswahl des nächsten Routerausgangs benötigt wird. Das erste Flit einer Nachricht bestimmt den Weg; trifft dieses Flit an einem Routereingang ein, so muß es gepuffert und der Inhalt untersucht werden; erst danach wird dieses Flit und alle folgenden entlang des nun festgelegten Weges weitergeleitet. Im *Mad-Postman-Verfahren* [Jel93] wird diese Entscheidungszeit und damit die Mindestzeit bis zum Empfang einer Nachricht wesentlich reduziert. Zur Erläuterung des Verfahrens wird im folgenden ein *MxM*-Mesh-Netz angenommen. Der Quellknoten sei $Q = j_Q + k_Q M$, d. h. in Zeile j_Q und in Spalte k_Q, und die Senke sei $S = j_S + k_S M$, d. h. in Zeile j_S und Spalte k_S. Eine Nachricht muß zunächst horizontal, dann vertikal oder umgekehrt geleitet werden. Im folgenden soll angenommen werden, daß die Nachricht zunächst in horizontaler Richtung von rechts nach links, vermittelt wird, und danach in vertikaler Richtung von oben nach unten. Andere Richtungen und Reihenfolgen können in analoger Weise behandelt werden. Das erste Flit einer Nachricht enthält dann den Spaltenindex k_S des Zieles, und das zweite Flit beinhaltet den Zeilenindex j_S. Zunächst soll die Methodik im konfliktfreien Fall diskutiert werden, d. h. die von der Nachricht benötigten Wege sind nicht belegt. Im Abschnitt 5.3.1.4 wird eine Methode zur adaptiven Wegsuche bei Blockierungen im Netz vorgestellt.

Das Prinzip des Mad-Postman-Routings beruht auf vorausschauendem Routing. Hierbei puffert ein Router das erste Flit einer Nachricht zwar, leitet es jedoch immer in die gleiche Richtung weiter, aus der es empfangen wurde, falls der entsprechende Ausgang frei ist. Dabei wird keine Rücksicht darauf genommen, ob der Router in der Spalte des Zieles angeordnet ist oder nicht, oder ob das Ziel bereits erreicht ist. Während das erste Flit weitergeleitet wird, untersucht der Router die darin gespeicherte Information. War die Weiterleitung gerechtfertigt, so werden auch die nachfolgenden Flits in die gleiche Richtung geschickt. Ist jedoch eine Richtungsänderung des Weges notwendig, so wird das nachfolgende Flit in die neue Richtung geschickt; dieses Flit ist nun das erste der Nachricht und wird in gleicher Weise behandelt wie zuvor, mit vorausschauendem Routing. Ist das Ziel erreicht, so werden alle nachfolgenden Flits der Nachricht an den Prozessor weitergereicht.

Die Transferzeit beim Mad-Postman-Routing ist kleiner als die beim Wormhole-Routing, da beim Wormhole-Routing das erste Flit einer Nachricht erst vollständig gepuffert werden muß, um die Adresse zu extrahieren, während dies beim Mad-Postman-Routing entfällt.

War das vorausschauende Routing nicht gerechtfertigt, so ist das bereits weiter-geleitete erste Flit nun *disjunkt*. Alle nachfolgenden Router leiten das Flit zwar unge-prüft weiter, jedoch erkennen sie aufgrund des Wertes, daß das Flit bereits zu weit vermittelt wurde und bauen aufgrund des Flits keinen Weg mehr auf. Am Rande des Gitters verläßt das Flit das Netz. Aufgrund dieser disjunkten Flits ist es somit erfor-derlich, daß die Ränder des Netzes offen sind; ansonsten könnten disjunkte Flits beliebig lange im Netz verweilen und andere Nachrichten behindern.

Um eine effektive Nutzung des Verfahrens auch in Torus-Netzen zu erlauben, ist eine komplexe Struktur von virtuellen Kanälen notwendig [Jel93, YaJ89], insbe-sondere um die Deadlock-Freiheit (siehe nächster Abschnitt) zu garantieren.

5.1.4 Deadlock und Livelock

Die wichtigste Anforderung an einen Algorithmus zur Wegsuche ist, daß alle Nachrichten, die in das Netz gesendet werden, in endlicher Zeit am Zielknoten eintreffen, d. h., daß T_{BLOCK} begrenzt bleibt. *Deadlock* und *Livelock* sind zwei Phäno-mene, die dies verhindern können. *Deadlock* (*Verklemmung*) bedeutet, daß sich zwei oder mehr Nachrichten so behindern, daß keine der beiden an ihr Ziel gelan-gen kann. Abbildung 5.7 verdeutlicht dies durch vier blockierte Verbindungen in einem Gitter-Netz mit Wormhole-Routing. Keine Nachricht kann weitervermittelt wer-den, so daß das Netz auf Dauer blockiert ist.

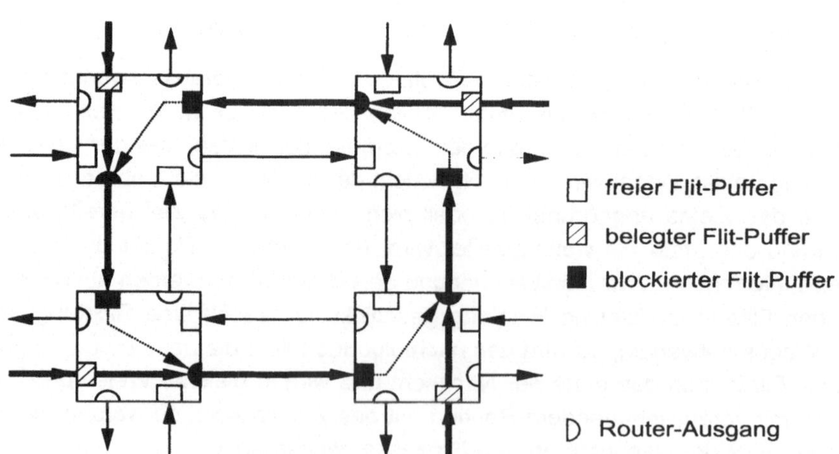

Abbildung 5.7: Deadlock-Situation in einem Gitter-Netz

Formal wurden durch COFFMAN, ELPHICK und SHOSHANI 1971 [CoE71] vier notwendige Bedingungen für das Auftreten von Deadlocks in einem System aufgestellt. Diese Bedingungen werden im folgenden allgemeingültig aufgestellt und dann im Kontext von Netzen erläutert:

(1) *Einzelnutzung.* Jede Systemressource ist entweder einem Prozeß zugeordnet oder frei verfügbar. Dies bedeutet bei Netzen beispielsweise, daß ein Kanal oder Puffer entweder frei oder einer Verbindung zugeordnet ist. Es ist nicht möglich, daß ein Kanal gleichzeitig von mehreren Verbindungen genutzt wird. Bei Systemen mit virtuellen Kanälen ist zwar der physikalische, nicht jedoch der logische Kanal mehreren Verbindungen zugeordnet. In Abbildung 5.7 sind die belegten Leitungen nur einer Verbindung zugeordnet und können durch die wartenden Nachrichten nicht gleichzeitig genutzt werden.

(2) *Anfordern und Warten.* Ein Prozeß, der Ressourcen bereits belegt, kann weitere Ressourcen anfordern. Dies bedeutet beispielsweise, daß eine bereits teilweise aufgebaute Verbindung weitere Verbindungen in Richtung der Senke anfordert und die belegten Ressourcen dabei nicht freigibt. In Abbildung 5.7 haben alle vier Verbindungen einen Flit-Puffer belegt und warten auf einen weiteren.

(3) *Keine erzwungene Freigabe.* Ein Prozeß kann nicht dazu gezwungen werden, akquirierte Ressourcen freizugeben. Eine neu aufzubauende Verbindung kann also nicht eine bestehende, unter Umständen blockierte Verbindung abbauen. Keine der Verbindungen in Abbildung 5.7 beeinflußt eine andere bereits bestehende Verbindung.

(4) *Zyklische Wartebedingung.* Es muß eine Bedingung existieren, bei der zwei oder mehr Prozesse eine zyklische Kette bilden, bei der jedes Glied der Kette auf eine Ressource wartet, die vom nächsten Glied der Kette gehalten wird. Diese Situation ist in Abbildung 5.7 gezeigt, in der vier teilweise aufgebaute Verbindungen auf einen Flit-Puffer warten, der von der jeweils nächsten Verbindung bereits gehalten wird.

Um sicherzustellen, daß in einem System keine Deadlocks auftreten können, ist es ausreichend, eine beliebige der vier Bedingungen zu vermeiden, wie an Abbildung 5.7 nachzuvollziehen ist; eine Rücknahme einer beliebigen der vier Bedingungen führt dazu, daß Nachrichten weitervermittelt werden können. Die in diesem Kapitel dargestellten Methoden der adaptiven Wegsuche nutzen unterschiedliche Bedingungen, um permanente Deadlocks zu vermeiden.

Die meisten Routing-Algorithmen eliminieren Bedingung (4); es kommen also keine zyklischen Warteschleifen vor. Um dies formal zu fassen, definierten DALLY und SEITZ [DaS87] den *Kanalabhängigkeitsgraphen*. Die Knoten dieses Graphen sind die im Netz verfügbaren logischen Kommunikationskanäle; in einem System mit virtuellen Kanälen enthält der Graph alle virtuellen Kanäle. Die Kanten des Graphen geben die durch den Algorithmus zur Wegsuche erlaubten Verbindungspaare an. Abbildung 5.8a und 5.8b zeigen die Verbindungen und den Kanalabhängigkeitsgraphen eines Ring-Netzes mit vier Knoten. DALLY und SEITZ sowie DUATO [DaS87, Dua91b] zeigten, daß in einem Netz nur dann Deadlocks auftreten können, wenn der Kanalabhängigkeitsgraph Schleifen besitzt. Dies ist beim Graphen in Abbildung 5.8b der Fall; eine Methode, diese Schleife aufzubrechen, ist durch virtuelle Kanäle gegeben. Bestehen zwei virtuelle Kanäle pro physikalischer Leitung (wie in Abbildung 5.8c gezeigt) und ist ein Verbindungsaufbau gemäß Abbildung 5.8d eingeschränkt, so ist keine Schleife mehr vorhanden. Dennoch können Verbindungen zwischen beliebigen Knoten aufgebaut werden, und Deadlocks werden vermieden.

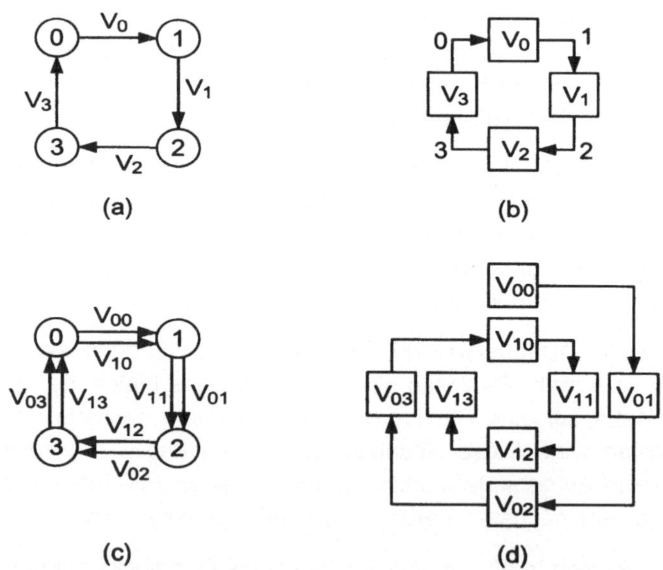

Abbildung 5.8: *Verbindungen und Kanalabhängigkeitsgraph eines Ring-Netzes mit vier Knoten; (a) Verbindungsstruktur; (b) Abhängigkeitsgraph ;(c) Ring mit zwei virtuellen Kanälen; (d) Abhängigkeitsgraph ohne Zyklen [DaS87]*

Die zweite Möglichkeit, bei der die Nachrichtenvermittlung versagen kann, ist Livelock. Werden in einem Netz Nachrichten umgelenkt, wenn sie auf blockierte Verbindungen oder fehlerhafte Leitungen treffen, so kann in diesem System ein

Livelock dadurch auftreten, daß eine Nachricht stets im Netz zirkuliert, ohne je an ihren Bestimmungsort zu gelangen. Da die Dauer eines Livelocks unbegrenzt ist, ein Netz aber nur eine endliche Zahl von Verbindungsleitungen hat, müssen manche Leitungen unendlich oft durchlaufen werden. Neben Deadlocks muß auch Livelock von einem Algorithmus zur Wegsuche sicher ausgeschlossen werden.

5.1.5 Klassifikation von Wegsuch-Verfahren

Steht der Quelle einer Nachricht ausreichende Information über das Netz zur Verfügung, so kann bei quellen-basierter Wegsuche der Weg ausschließlich durch den sendenden Knoten bestimmt werden. Dies schließt eine Berücksichtigung der Verkehrssituation innerhalb des Netzes in der Regel aus, so daß eine *verteilte Wegsuche* oft vorteilhafter ist, bei der die Kommunikationsschritte erst innerhalb des Netzes, also zum Beispiel durch die Router im direkten Netz bestimmt werden. Besonders wichtig sind die erweiterten Möglichkeiten der Wegsuche und das Potential der Beschleunigung der Wegsuche durch spezielle verteilte Hardware in den Routern.

Deterministisch / Adaptiv

Die einfachste Wahl der Wegsuche ist deterministisch; hierbei wird nur in Abhängigkeit von Quelle und Senke der Weg bestimmt; die Verkehrslast auf den einzelnen Leitungen hat keinerlei Einfluß auf die Wegauswahl. Hingegen wird bei einer *adaptiven* Wegsuche die Verfügbarkeit der Verbindungslinks mit berücksichtigt. GAUGHAN und YALAMANCHILI [GaY93] klassifizierten adaptive Routing-Verfahren anhand von drei unabhängigen Kriterien:

Progressiv und Backtracking

In einem *progressiven* Protokoll wird ein einmal ausgeführter Vermittlungsschritt nicht zurückgenommen; eine getroffene Entscheidung in der Wegsuche ist endgültig, auch wenn sie in einer Sackgasse endet. Erreicht eine Wegsuche bei der *Backtracking-Methode* eine blockierte Verbindung, so wird die bis dahin aufgebaute Verbindung zurückverfolgt und ein anderer Weg versucht. Daher wird unter Umständen das gesamte Netz nach einem geeigneten Weg durchsucht. Die Backtracking-Methode erfordert, daß die bereits untersuchten Wege notiert werden, um eine Mehrfachsuche zu vermeiden. Backtracking-Methoden können nur in durchschalte- und paketvermittelnden Netzen angewandt werden; in Netzen mit Wormhole-Routing ist dies normalerweise nicht möglich, da sich eine Nachricht über mehrere Knoten erstrecken kann, so daß ausgeführte Routing-Schritte nur sehr schwierig wieder rückgängig gemacht werden können.

Umweglos und umwegbehaftet

In einem *umweglosen Weg* führt jeder Schritt die Nachricht näher an die Senke heran. Trifft eine Nachricht an einem belegten Verbindungslink ein, so kann sie nur entlang solcher Leitungen weitervermittelt werden, die zu einem Weg gleicher Länge führen; sind alle diese Wege blockiert, so wartet die Nachricht. Die Länge eines Weges in einem solchen Verfahren ist also immer minimal. In einem *umwegbehafteten Weg* wird diese Beschränkung aufgehoben, und ein Umweg wird einer Blockierung vorgezogen; es können also Wege mit einer Länge über dem Mindestabstand von Quelle und Senke gewählt werden.

Vollständige und eingeschränkte Adaption

Die beiden obigen Eigenschaften definieren Klassen von Wegen, die vom Suchalgorithmus genutzt werden können. Bei einer *vollständigen adaptiven Wegsuche* kann der Algorithmus beliebige Wege aus dieser Klasse nutzten, während bei einer *eingeschränkten Adaption* nur eine Untermenge der möglichen Wege erlaubt ist (zur Vermeidung von Deadlocks).

Im folgenden werden Verfahren der deterministischen und der adaptiven Wegsuche diskutiert. Bei den adaptiven Methoden werden die progressiven und die Backtracking-Algorithmen getrennt betrachtet.

5.2   Deterministisches Routing in direkten Netzen

Beim deterministischen Routing wird ein Weg einzig von Quelle und Senke bestimmt, wobei von diesem Algorithmus auch bei ungleichmäßiger Auslastung des Netzes nicht abgewichen wird. Die Methode wird im Englischen auch mit *oblivious Routing* bezeichnet, da sie keine Rücksicht auf Verkehrsbedingungen im Netz nimmt. In diesen Methoden können die Probleme des Deadlock und Livelock einfach vermieden werden, jedoch ist die Leistungsfähigkeit begrenzt.

5.2.1   XY-Routing

Ein Verfahren des deterministischen Routing im Gitter-Netz, das XY-Routing, schickt Nachrichten beispielsweise zunächst grundsätzlich horizontal, bis die Zielspalte erreicht ist, gefolgt von vertikalen Transfers bis zur Zielreihe. Der Nachteil dieses Verfahrens kann durch Abbildung 5.1 verdeutlicht werden. Beim deterministischen Routing wird immer der Weg von Knoten 1 über 5 nach Knoten 29 ausgewählt. Ist bei einem solchen Transfer beispielsweise die Verbindung zwischen Knoten

13 und 21 belegt, so muß die Nachricht warten, obwohl ein Transfer entlang des Weges über Knoten 17, 19 und 27 ohne Umweg möglich wäre. Um jedoch sicherzustellen, daß keine Deadlocks auftreten, darf beim deterministischen Verfahren höchstens ein Knickpunkt des Weges auftreten.

5.2.2 *e*-Cube-Algorithmus

Der *e*-Cube-Algorithmus wurde für binäre n-Cube-Netze entworfen und von DALLY und SEITZ [DaS87] für k-fache n-Cube-Netze erweitert. Im binären n-Cube durchlaufen alle Nachrichten die Dimensionen des Netzes stets in der gleichen Reihenfolge, z. B. immer erst $cube_0$ (falls erforderlich), gefolgt von $cube_1$ usw. Jede Blockierung entlang des Weges führt zu einer Verzögerung der Nachricht; da die Reihenfolge der Dimensionen jedoch immer gleich ist, kann keine zyklische Abhängigkeit eintreten, so daß Deadlocks nicht möglich sind. Daher trifft jede Nachricht, unter Umständen verzögert, an ihrem Ziel ein.

Als Beispiel zeigt Abbildung 5.9a eine *e*-Cube-Verbindung in einem Cube-Netz mit $N = 8$ von Quelle 3 über Knoten 2 und 0 zur Senke 4. Sind Verbindungsleitungen im Netz fehlerhaft (z. B. die Leitung zwischen Knoten 0 und 4 in Abbildung 5.9b), so versagt das deterministische Prinzip. Obwohl eine Verbindung entlang des gestrichelten Weges über Knoten 2 und 6 möglich wäre, kann aufgrund der festen Reihenfolge der zu durchlaufenden Dimensionen beim *e*-cube-Routing nicht vom Weg abgewichen werden, so daß keine Kommunikation zwischen Knoten 0 und 4 mehr möglich ist.

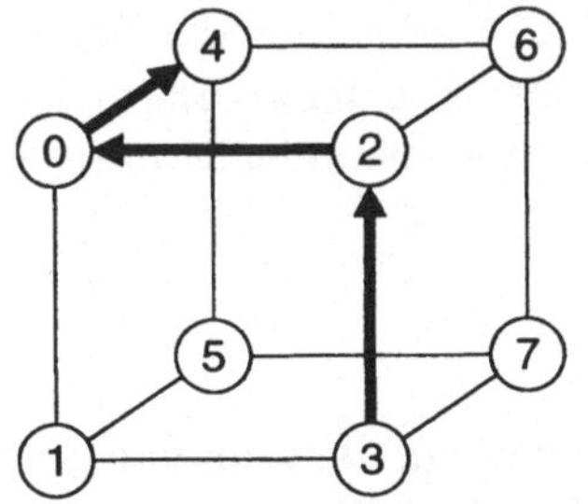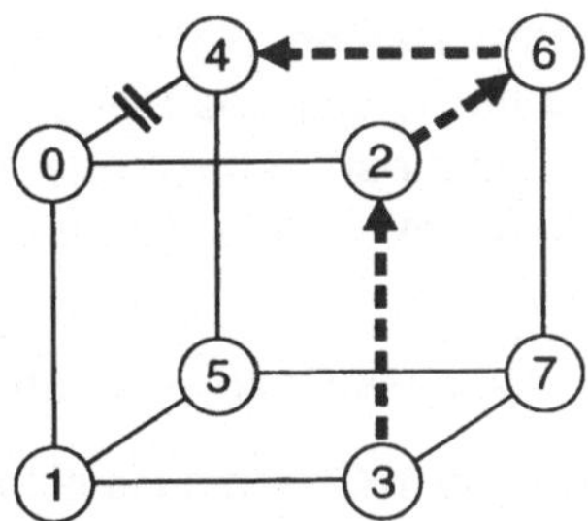

Abbildung 5.9: *e-Cube-Routing in einem Cube-Netz mit N = 8*

Auch in allgemeinen k-fachen n-Cubes ist ein Deadlock-freies deterministisches Routing möglich [DaS87]. Da in einem solchen Netz durch die Randleitungsführung Zyklen vorkommen, müssen durch die Routing-Vorschrift die Zyklen aufgebrochen werden, indem bestimmte Verbindungen nicht mehr zugelassen sind. Hierdurch werden jedoch bestimmte Wege länger als im vollständigen Netz. Das Verfahren ist nicht mehr minimal in Bezug auf das zugrundeliegende k-fache n-Cube-Netz; es ist jedoch umweglos in Bezug auf das durch das Aufbrechen der Zyklen entstandene Netz.

5.3   Adaptives Routing in direkten Netzen

5.3.1   Adaptives umwegloses Routing mit progressiver Wegauswahl

5.3.1.1   Idle-Algorithmus

Eine auf den ersten Blick attraktive Abweichung vom deterministischen Prinzip ist die zufällige Wegauswahl, wie zum Beispiel im *Idle-Algorithmus* nach GRUNWALD und REED [GrR89]. Ist an einem Knoten der nach dem deterministischen Prinzip zu wählende Ausgang belegt, so wird der nächste Ausgang genutzt, der die Nachricht dem Ziel näherbringt, bis schließlich das Ziel erreicht ist oder kein Ausgang mehr verfügbar ist, durch den die Nachricht dem Ziel näherkommt. In diesem Fall wird der bestehende Weg blockiert oder der Vermittlungsversuch beendet. Nach diesem Algorithmus ist der Weg nicht mehr festgelegt, und die Leistungsfähigkeit des Netzes wird durch Umgehung von belegten Ausgängen erhöht. Da nur Ausgänge in Betracht gezogen werden, die die Nachricht dem Ziel näherbringen, wird der resultierende Weg minimale Länge haben, und Livelocks können nicht auftreten. Deadlocks hingegen sind möglich, wenn ein blockierter Weg unendlich lange blockieren kann; durch eine Erkennung von Deadlocks (z. B. Timeout) kann die Methode vorteilhaft genutzt werden. Jeder auftretende Deadlock wird jedoch die Gesamtleistung des Netzes und damit des Systems wesentlich beeinträchtigen. Sinnvoller sind daher die im folgenden betrachteten Verfahren, die ebenfalls adaptiv arbeiten, jedoch inhärent Deadlock-Freiheit garantieren.

5.3.1.2   Double-Y-Channel-Routing

Das Double-Y-Channel-Routing-Verfahren beruht auf der Zuordnung der Kanäle zu mehreren unabhängigen Unternetzen. Für jede erforderliche Verbindung wird ein entsprechendes Unternetz ausgewählt; für solche Methoden sind in der Regel mehrere gleichzeitige Verbindungen zwischen Knoten erforderlich. Dies kann durch erhöhten Hardwareaufwand oder auch durch die Verwendung virtueller Kanäle geschehen [NiM93].

In Abbildung 5.10a ist die Kanalstruktur für ein zweidimensionales Gitter mit 4x4-Knoten gezeigt. Die Verbindungsleitungen in x-Richtung sind bidirektional und einfach ausgeführt, während in der y-Richtung zwei bidirektionale Kanäle verfügbar sind. Diese Kanäle werden nun zwei Unternetzen U_{WEST} und U_{OST} zugeordnet, von denen U_{WEST} in Abbildung 5.10b gezeigt ist. Liegt die Senke westlich der Quelle, so wird U_{WEST} genutzt, liegt sie östlich, muß U_{OST} verwendet werden. Liegt die Senke in der gleichen Spalte wie die Quelle, so ist die Wahl beliebig.

Indem die Kanäle wie in Abbildung 5.10b indiziert werden und eine Verbindung immer nur entlang abnehmender Indizes aufgebaut werden darf, ist die Methode frei von Deadlocks, umweglos und vollständig adaptiv. Für eine Verbindung kommen somit alle Wege kürzester Länge in Frage. So sind beispielsweise von Quelle 3 zur Senke 10 Wege über 2 und 6 (Leitungen 26, 25 und 24), über 7 und 6 (Leitungen 35, 27 und 24) sowie über 7 und 11 (Leitungen 35, 34 und 28) erlaubt.

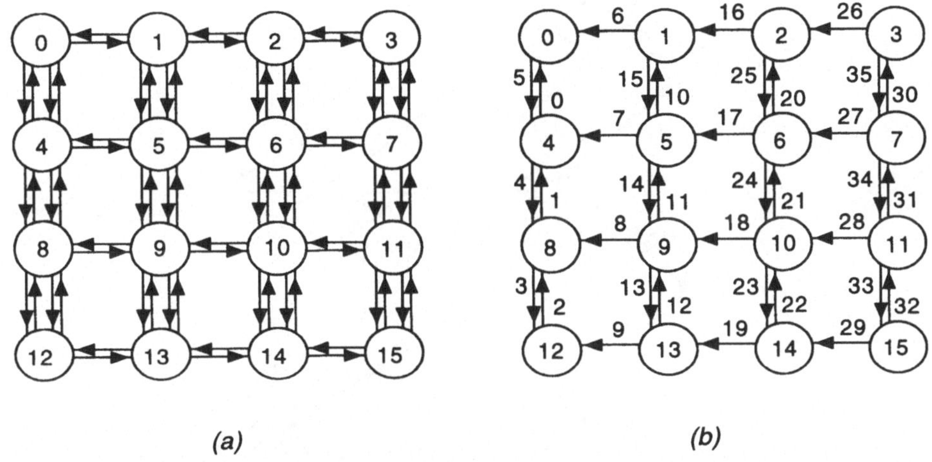

(a)   (b)

Abbildung 5.10: *Zweikanaliges adaptives Routing; (a) Gesamtstruktur der virtuellen Kanäle; (b) Verbindungen und Indizes für West-Vorzugsrichtung*

LINDER und HARDEN [LiH91] zeigten die Subnetz-Methode für k-fache n-Cube-Netze. Hat ein solches Netz nur unidirektionale Verbindungen, so können lediglich die Randverbindungen zu Deadlocks führen. Um dies zu vermeiden, wird das Netz um *Ebenen* von virtuellen Netzen erweitert, die alle die gleiche Struktur wie das unidirektionale Netz haben. Eine Nachricht, die zur Vermittlung eine Randverbindung durchlaufen muß, wird immer in die darunterliegende Ebene weitergereicht und bewegt sich in dieser Ebene weiter. Im k-fachen n-Cube-Netz kann eine Nachricht, die ohne Umwege vermittelt wird, im ungünstigsten Fall n Randverbindungen durchlaufen, so daß $n + 1$ Ebenen benötigt werden. Durch die Ebenenstruktur gibt es keine Zyklen mehr, und Deadlocks können nicht auftreten. Abbildung 5.11 zeigt die

Struktur und zwei Wege am Beispiel eines 4-fachen 2-Cube (entsprechend einem 4x4-Torus-Netz). Die virtuellen Netze jeder Ebene haben keine Randverbindungen mehr; diese werden in Verbindungen zwischen Ebenen umgewandelt.

Soll die Methode auf *bidirektionale* k-fache n-Cube-Netze angewandt werden, so ist diese Methode nicht ausreichend, da mehrdimensionale Zyklen möglich sind, die zu Deadlocks führen können. Analog zur Double-Y-Methode wird das bidirektionale Netz daher in 2^{n-1} Unternetze aufgespalten, deren Verbindungen unterschiedlichen Einschränkungen unterliegen, also unidirektional oder bidirektional sind. Jedes der Unternetze benötigt $n + 1$ Ebenen; aufgrund dieser Komplexität eignet sich das Verfahren nur für kleine n, also beispielsweise für zwei- oder dreidimensionale Tori.

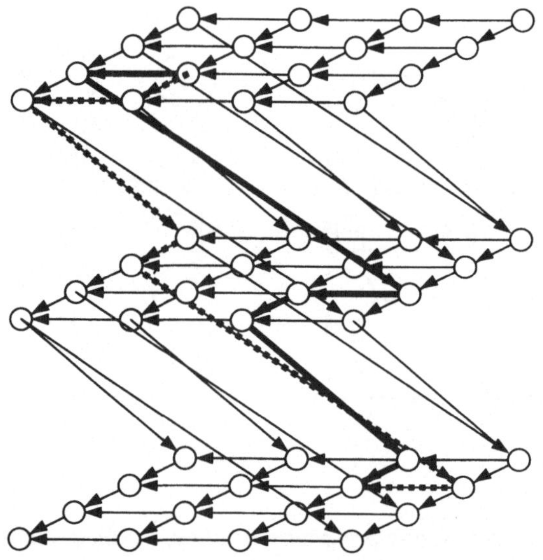

Abbildung 5.11: *Virtuelle Ebenen und Wege in einem 2-fachen 4-Cube-Netz*

5.3.1.3   Duato's Methodik

Für adaptive Routing-Protokolle führte DUATO [Dua91a] einen erweiterten Kanal-abhängigkeitsgraphen ein und zeigte eine notwendige Bedingung für die Deadlock-Freiheit dieser Protokolle. Vereinfachend tritt danach in einem Wegsuch-Protokoll kein Deadlock auf, wenn eine Untermenge R_1 der Routing-Kanäle existiert, deren Abhängigkeitsgraph keine Schleifen aufweist. Aufgrund dieses Theorems können eine Vielfalt adaptiver Routing-Protokolle entworfen werden; ein Beispiel für Routing im Hypercube-Netz soll die Methodik aufzeigen. Jeder physikalische Kanal des Netzes umfaßt mehrere virtuelle Kanäle. Diese virtuellen Kanäle werden in zwei Gruppen R_1 und R_2 aufgespalten. In den R_1-Kanälen wird der e-Cube-Algorithmus eingesetzt (dieser stellt eine deterministische und Deadlock-freie Routing-Funktion zur Verfügung), während die R_2-Kanäle zur Wegsuche nach der *Idle*-Methode zur adaptiven Wegsuche genutzt werden. Zunächst wird in den R_2-Kanälen nach der *Idle*-Methodik ein Weg gesucht, d. h., es wird in einer beliebigen Dimension nach einem profitablen Weg in Richtung der Senke gesucht. Sind alle profitablen Wege belegt, so wird ein Kanal der Menge R_1 verwendet (d. h., die Nachricht wird über die höchste profitable Dimension zur Senke weitergeleitet). Ist auch dies nicht möglich, so wartet die Nachricht. Die Wartezeit ist endlich, da das Protokoll Deadlock-frei ist. Solange adaptive Kanäle frei sind, wird eine Nachricht nicht zu den R_1-Kanälen geschaltet.

5.3.1.4 Adaptives Mad-Postman-Routing

In [Jel93] wurde eine Erweiterung des in Abschnitt 5.3 beschriebenen Mad-Postman-Routings vorgestellt. Trifft ein Flit an einem Router ein und kann aufgrund einer bereits bestehenden Verbindung nicht in seiner Eingangsrichtung weitervermittelt werden und liegt das Ziel nicht in der gleichen Zeile und Spalte wie der betreffende Router, so kann eine einfache progressive, umweglose und vollständige Wegadaption angewendet werden. Hat sich die Nachricht horizontal bewegt, so wird sie nun, falls möglich, entlang des vertikalen Weges in Richtung der Senke weitergeleitet (oder umgekehrt). Da die Nachricht noch nicht die korrekte Spalte erreicht hat, wird die Reihenfolge der ersten beiden Flits umgetauscht, so daß keine Modifikation des Routing-Verfahrens erforderlich ist. Als Konsequenz des Verfahrens ist ein Zickzackkurs durch das Netz möglich, wie in Abbildung 5.12 dargestellt. Bei jedem Richtungswechsel wird die Reihenfolge der beiden ersten Flits umgekehrt.

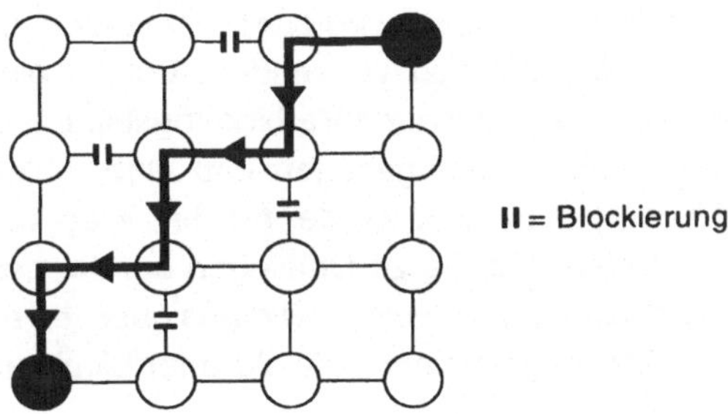

Abbildung 5.12: *Zickzackkurs einer Nachricht durch ein 4x4-Gitter*

5.3.2   Adaptives umwegbehaftetes Routing mit progressiver Wegauswahl

Werden Umwege zugelassen, so erhöht sich die Leistungsfähigkeit des Netzes weiter. Insbesondere in Systemen, in denen mit fehlerhaften Verbindungen (durch z.B. fehlerhafte Verbindungsleitungen) gerechnet werden muß, ist das erste Problem, überhaupt einen Weg von einer Quelle zu einer Senke zu finden, obwohl einzelne Verbindungen blockiert sind. Die im folgenden diskutierte A1-Methode hat diese Zielsetzung; die Möglichkeit einer Entstehung von Deadlocks und Livelocks werden dabei jedoch ignoriert. Dies wird durch die Methoden der Dimensionsumkehr und durch das Turn-Verfahren erzielt.

5.3.2.1   A1-Algorithmus

CHEN und SHIN [ChS90] schlugen 1990 den A1-Algorithmus vor, der in einem Hypercube-Netz mit fehlerhaften oder blockierten Verbindungen immer einen Weg findet, falls einer existiert. Wie in Abschnitt 3.8 diskutiert, bestehen in einem Cube-Netz der Dimension n genau n disjunkte Wege zwischen einer Quelle und einer Senke; hat ein Hypercube-Netz also weniger als n fehlerhafte Verbindungsleitungen, so kann immer ein Weg zwischen zwei Knoten gefunden werden.

Haben in einem Hypercube die Adressen von Quelle und Senke die Hamming-distanz H, so hat ein *optimaler Weg* die Länge H. In einem fehlerfreien Hypercube haben alle kürzesten Wege ebenfalls die Länge H; sind Verbindungsleitungen oder Knoten defekt, kann der kürzeste Weg durchaus länger als H werden.

Im A1-Algorithmus beinhaltet jede Nachricht neben den Nutzdaten drei Routing-Komponenten: die verbleibende Weglänge k, die noch zu durchlaufenden Dimensionen D, um vom aktuellen Knoten zur Senke zu gelangen, und einen *Umwegvektor d*. Eine Nachricht kann somit durch (k, [D], d, Daten) beschrieben werden, wobei jeder Knoten die Parameter k, [D] und d beim Weiterleiten einer Nachricht verändert. Trifft eine Nachricht an einem Knoten ein, so wird zunächst versucht, sie entlang einer der noch zu durchlaufenden Dimensionen zu senden, um so einen möglichst kurzen Weg zu erzielen. Sind alle entsprechenden Verbindungsleitungen des Knotens fehler-haft, so wird der Umwegvektor herangezogen und eine fehlerfreie Dimension, die auch noch nicht zu Umwegen genutzt wurde, für den Weg verwendet. Im Umweg-vektor werden die blockierten und die zu Umwegen bereits benutzten Dimensionen markiert. So erkennt ein Knoten, in welche Dimensionen er eine Nachricht weiter-schicken darf, wenn Verbindungsleitungen defekt oder blockiert sind.

Die Funktionsweise des A1-Algorithmus wird nun am Beispiel eines Cube-Net-zes mit 16 Knoten verdeutlicht. In Abbildung 5.13a ist ein optimaler Weg im Netz von Knoten 8 (1000) zu Knoten 7 (0111) gezeigt. Nun wird angenommen, daß die Verbindungsleitungen von Knoten 11 zu Knoten 15, von Knoten 3 zu Knoten 7, und von Knoten 6 zu Knoten 7 defekt oder blockiert sind (siehe Abbildung 5.13b), so daß die Benutzung des in Abbildung 5.13a gezeigten optimalen Weges nicht möglich ist. Es soll Knoten 8 die Nachricht (4, [1, 2, 3, 4], 0000, Daten) zu Knoten 7 schicken. Bei Anwendung des A1-Algorithmus sendet Knoten 8 (1000) die Nachricht (3, [2, 3, 4], 0000, Daten) über Dimension 1 zu Knoten 9 (1001). Knoten 9 sendet dann (2, [3, 4], 0000, Daten) über die zweite Dimension zu Knoten 11 (1011). Da die Leitung der dritten Dimension von Knoten 11 blockiert ist, schickt dieser die Nachricht (1, [3], 0000, Daten) über die vierte Dimension an Knoten 3 (0011). Da die Leitung der dritten Dimension von Knoten 3 ebenfalls blockiert ist, muß ein Umweg gewählt werden. Hierbei wird die erste nicht-blockierte Dimension gewählt (hier Dimension 1) und im Umwegvektor werden die erste und dritte Dimension markiert. So schickt Knoten 3 die Nachricht (2, [3, 1], 0101, Daten) über die erste Dimension nach Knoten 2 (0010), welcher die Nachricht (1, [1], 0101, Daten) weiter an Knoten 6 (0110) sendet. Da die erste Dimension von Knoten 6 blockiert ist, muß wieder ein Umweg, diesmal über Dimension 2 (die erste freie Dimension im Umwegvektor), gewählt werden, so daß die Nachricht (2, [1, 2], 0111, Daten) an Knoten 4 (0100) gesendet wird. Von dort aus wird dann die Nachricht (1, [2], 0111, Daten) über Knoten 5 (0101) an den Zielknoten 7 (0111) weitergeleitet. Durch diesen Algorithmus ist garantiert, daß optimale Wege mit einer hohen Wahrscheinlichkeit auch im Fehlerfall gewählt werden.

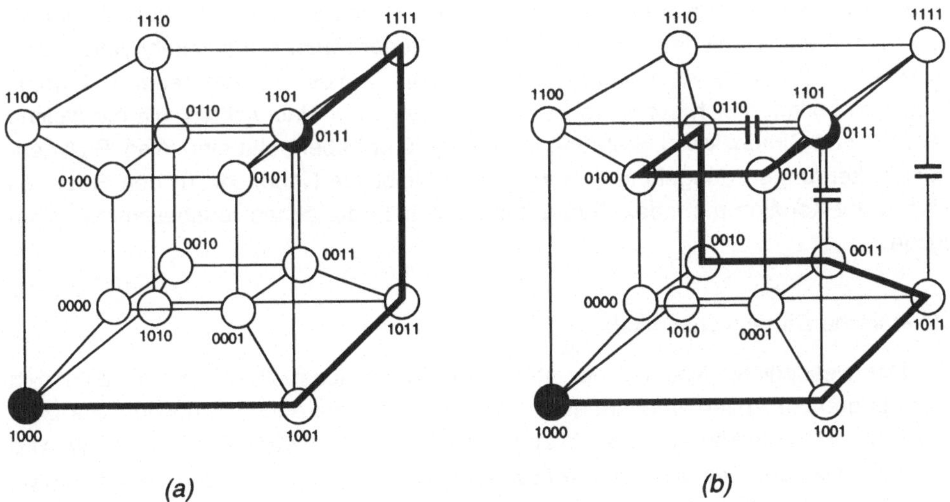

Abbildung 5.13: (a) Optimaler Weg und (b) Weg nach A1-Algorithmus in einem Cube-Netz mit N=16

Dieser Algorithmus kann noch verbessert werden, wenn jeder Knoten nicht nur Informationen über seine eigenen Verbindungsleitungen, sondern auch über Leitungen seiner Nachbarknoten besitzt. Dann können selbst Wege gefunden werden, wenn mehr als n Wegsegmente in einem Cube-Netz der Dimension n blockiert oder fehlerhaft sind [ChS90].

5.3.2.2   Wegsuche mit statischer und dynamischer Dimensionsumkehr

Wie im e-Cube-Algorithmus beschrieben, basiert die einfachste Methode der Wegsuche im Hypercube auf einer deterministischen Abfolge der Dimensionen, in denen ein Weg das Netz durchläuft, von der höchsten bis zur niedrigsten Dimension (dimensionsbestimmte Wegsuche; vergleiche XY-Routing und e-Cube-Routing). Bei einer adaptiven Wegsuche muß von dieser Reihenfolge abgewichen werden; eine solche Abweichung wurde von DALLY und AOKI [DaA93] als *Dimensionsumkehr* (*DR*, *dimension reversal*) bezeichnet. Auf dieser Umkehr und virtuellen Kanälen bauen die folgenden zwei Verfahren auf. Beide Methoden sind progressiv und umwegbehaftet und wurden von DALLY und AOKI auf k-fache 2-Cube-Netze angewandt.

Statische Dimensionsumkehr

In dieser Methode kann ein Weg höchstens r-mal eine Dimensionsumkehr durchführen. Damit Deadlocks ausgeschlossen sind, werden allen physikalischen Kanälen R virtuelle Kanäle zugeordnet, die von 1 bis R indiziert werden. Jede Nachricht beginnt in Kanälen mit dem DR-Index $r = 1$. Bei jeder Dimensionsumkehr wird r um 1 inkrementiert, und die Nachricht nutzt nur virtuelle Kanäle mit dem neuen DR-Index. Demnach befinden sich auf Kanälen mit DR-Index r nur Nachrichten, die die gleiche Anzahl r von Dimensionsumkehrungen durchgeführt haben. Hat eine Weg R Dimensionsumkehrungen ausgeführt ($r = R$), so verbleibt die Nachricht für den Rest des Weges auf Kanälen mit Index R und nutzt nur noch die dimensionsbestimmte Wegsuche.

Dynamische Dimensionsumkehr

Der wesentliche Nachteil der statischen Dimensionsumkehr ist die feste und damit begrenzte Anzahl von virtuellen Kanälen, durch die auch die maximale Anzahl von Dimensionsumkehren eines Weges beschränkt ist. Diese Einschränkung wird durch die Methode der *dynamischen Dimensionsumkehr* aufgehoben. Hierzu werden die virtuellen Kanäle entweder der *adaptiven* oder der *deterministischen* Klasse von Kanälen zugeteilt. Jede Nachricht enthält wie bei der statischen Methode einen DR-Index r; eine Nachricht beginnt mit $r = 0$ in einem adaptiven Kanal. Die Zuordnung zwischen adaptivem Kanal und r ist im Gegensatz zur statischen Methode nicht festgelegt. Deadlocks werden hierbei durch die Blockierungsstrategie ausgeschlossen. So markiert eine Nachricht alle bereits akquirierten Verbindungskanäle mit ihrem DR-Index r und darf nur auf andere Nachrichten mit einem höheren DR-Index warten. Trifft eine Nachricht an einem Knoten ein, bei dem alle Verbindungen bereits durch Nachrichten mit einem kleineren DR-Index belegt sind, so wechselt die Nachricht in einen deterministischen Kanal und bleibt dort bis zum Ziel.

Bei beiden Methoden ist Livelock aufgrund der möglichen Umwege möglich. Daher muß der größtmögliche Umweg begrenzt werden, indem die Anzahl der Schritte begrenzt wird, die eine Nachricht von der Senke entfernen. Auch ist es möglich, statt einer absoluten Grenze die Anzahl der Umwegschritte relativ zu begrenzen, zum Beispiel durch einen Umwegschritt pro Schritt in Richtung der Senke.

5.3.2.3 Turn-Modell

GLAS und NI [GIN92] erkannten 1992 die Möglichkeit, die Zyklen in einem Netz, insbesondere in Gitter- und Cube-Netzen, aufzubrechen, und dabei weniger restriktiv als beispielsweise bei der XY-Wegsuche vorzugehen. Abbildung 5.14a zeigt zwei mögliche Zyklen in einem Gitter-Netz. Um Deadlocks zu vermeiden, können die Zyklen aufgebrochen werden, indem bestimmte Wechsel der Wegrichtung verboten werden. Dies geschieht zum Beispiel im XY-Algorithmus, bei dem jeglicher Richtungswechsel vom horizontalen zum vertikalen untersagt ist (siehe Abbildung 5.14b). Dadurch sind auch keine Umwege möglich. Wie in Abbildung 5.14c am *Turn-Modell* gezeigt, reicht es jedoch, jeweils nur eine der beiden Richtungswechsel zu unterbinden. In diesem Beispiel ist kein Wechsel in die westliche Richtung möglich.

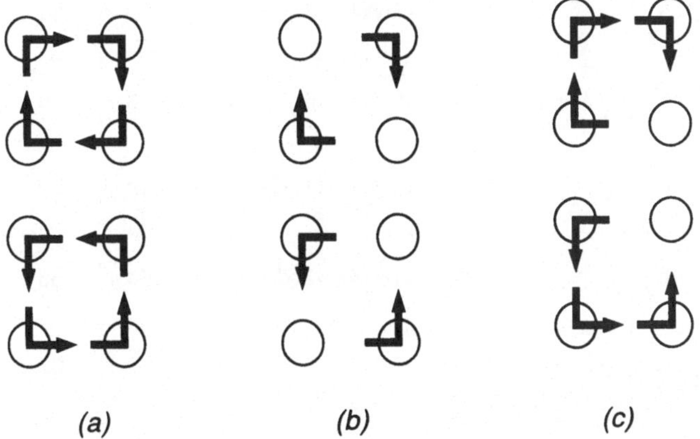

(a)   (b)   (c)

Abbildung 5.14: *Zyklen im Gitter-Netz; (a) mögliche Zyklen; (b) erlaubte Zyklen für XY-Routing; (c) erlaubte Zyklen im West-First Turn-Modell*

Um dennoch von allen Quellen alle Senken zu erreichen, müssen alle Transfers eines Weges in die westliche Richtung zuerst erfolgen; daher wird der Algorithmus auch mit *West-First-Wegsuche* bezeichnet. Sind die westgerichteten Transfers erfolgt, können beliebige Richtungswechsel, außer in die westliche Richtung, erfolgen. Deadlocks können nicht auftreten, und auch umwegbehaftete Wege werden gefunden. Abbildung 5.15 zeigt drei Beispielwege, die sowohl umweglos als auch umwegbehaftet sind. Die Methode kann nicht nur auf zweidimensionale Gitter sondern auf *k*-fache *n*-Cube-Netze und damit auch auf binäre *n*-Cubes angewendet werden. Im Vergleich zur A1-Methode ist die Wegsuche zwar frei von Deadlocks und Livelocks, da keine Zyklen vorkommen, jedoch findet die Methode im Fehlerfall oder bei Blockierungen nicht alle Wege, die A1 nutzen kann. Ist beispielsweise die Verbindungsleitung unmittelbar auf der westlichen Seite der Quelle belegt, und liegt die Senke westlich der Quelle, so kann die Methode keine Verbindung aufbauen, obwohl ein Weg möglich sein kann, der zunächst vertikal und dann erst westlich verläuft.

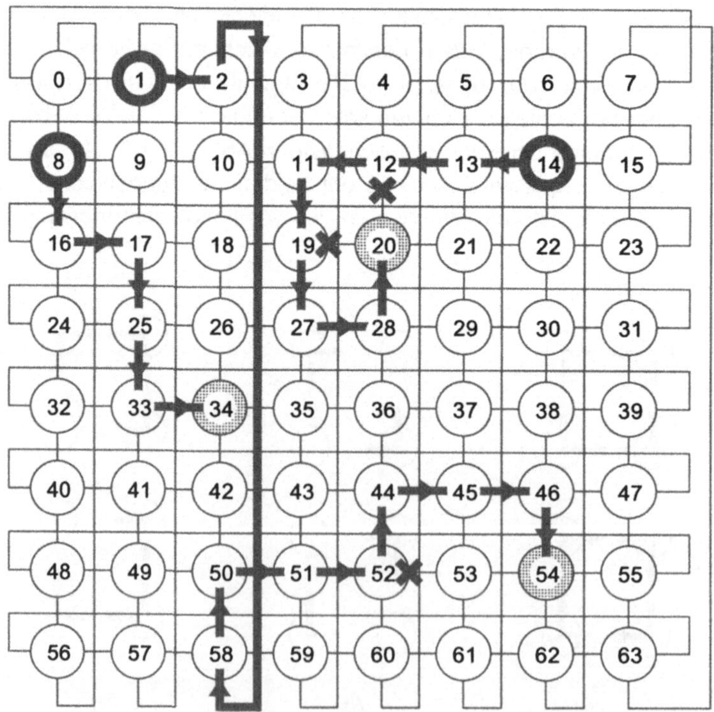

Abbildung 5.15: *West-First-Wege im 8x8-Torus-Netz*

5.3.3 Backtracking adaptives Routing

Bei allen Backtracking-Verfahren kann ein Teil eines Weges, der nicht zum Erfolg (d. h. bis zur Senke) führt, wieder abgebaut werden. Sobald ein Weg während des Aufbaus wegen anderer Verbindungen oder fehlerhafter Verbindungsleitungen blockiert wird, wird der Weg zurückverfolgt und an anderer Stelle erneut versucht. Somit wird bei einem Verbindungsaufbau grundsätzlich nicht auf andere Verbindungen gewartet, so daß die vierte der Deadlock-Bedingungen nicht zutrifft. Deshalb sind Backtracking-Verfahren grundsätzlich frei von Deadlock. Auch Livelock kann nicht auftreten, da die Verfahren über bisher verwendete Wege Information haben müssen und demnach Wege nicht mehrmal durchlaufen werden; somit kann keine beliebig lange Wartezeit auftreten.

Ein wichtiger Unterschied zu progressiven Methoden ist die Notwendigkeit, wesentlich mehr Information über bereits durchsuchte Verbindungen zu speichern. Dies kann entweder im Nachrichtenkopf erfolgen, der dadurch wesentlich länger wird, oder es wird Information in den Netzknoten verteilt gespeichert.

5.3.3.1   Vollständige profitable Suche

Die einfachste Methode der Backtracking-Wegsuche ist die vollständige Suche unter der ausschließlichen Berücksichtigung profitabler Verbindungen. Existiert ein Weg kürzester Länge zwischen Quelle und Senke, so findet ihn diese Suche auch.

k-Familie

In diesem Protokoll wird die Wegsuche durch Einsatz einer zweiphasigen Vorgehensweise beschleunigt. Solange die Nachricht weiter als k von der Senke entfernt ist, wird eine heuristische Suche genutzt; erst danach wird die vollständige Suche verwendet.

5.3.3.2   Vollständige umwegbehaftete Suche

Die obigen Protokolle erlauben keine Umwege, so daß in vielen Situationen kein Weg gefunden werden kann. Bei dieser Methode werden alle möglichen Wege zwischen Quelle und Senke in Betracht gezogen, mit und ohne Umweg. Hierdurch wird zwar eine optimale Ausnutzung des Netzes garantiert (existiert ein Weg, so wird er gefunden), jedoch kann die Wegsuche selbst eine erhebliche Last im Netz verursachen, insbesondere falls kein Weg zwischen Quelle und Senke existiert.

5.3.3.3   Two-phase misrouting backtracking

Um die Last durch das Wegsuchen zu reduzieren, wird hier die Wegsuche in zwei Phasen unterteilt. Die Phasen werden durch den verbleibenden Abstand zur

Senke bestimmt. Ist der Abstand größer als eine Konstante d, so führt der Algorithmus eine profitable vollständige Suche durch. Ist der Verbindungsaufbau dem Ziel näher gekommen als d, so wird auf eine vollständige umwegbehaftete Suche umgeschaltet. Da die zweite Phase die Verbindung wieder vom Ziel entfernen kann, wird während der Wegsuche unter Umständen mehrmals zwischen den Phasen umgeschaltet.

5.4   Zusammenfassung

Tabelle 5.1 zeigt eine Übersicht über die in diesem Kapitel diskutierten adaptiven Routing-Verfahren und ordnet sie nach den in Abschnitt 5.1.4 diskutierten Charakteristiken ein.

In [GaY93] wurden die Leistungen des e-Cube, des Two-phase-Misrouting und des Duato-Protokolls simulativ miteinander verglichen. Hierbei schnitt das Duato-Protokoll am besten ab. Für Applikationen, die längere Nachrichten produzieren (> 64 Flits), sind Backtracking-Protokolle vor allem bei höheren Verkehrsraten von Vorteil.

	Umweglos		Umwegbehaftet	
	Vollständig	Teilweise	Vollständig	Teilweise
Progressiv	Idle Double-Y Duato Mad-Postman			A1 DR Turn
Backtracking	Vollständige Suche	*k-Familie*	Vollständige UMB-Suche	TPB

Tabelle 5.1: Adaptive Routing-Protokolle und ihre Eigenschaften

6 Grundlagen indirekter Netze

6.1 Überblick

Wie in Kapitel 2 diskutiert, verfügen indirekte Verbindungsnetze über eine oder mehrere Stufen von Koppelelementen, durch die Verbindungen zwischen Quellen und Senken hergestellt werden. Im Gegensatz zu direkten Netzen, bei denen die Vermittlungsfunktion ausschließlich in den Quellen bzw. Zwischenknoten durch Auswahl der geeigneten Verbindungsleitungen ausgeführt wird, werden im indirekten Netz die Verbindungen durch Koppelelemente innerhalb des Netzes gesteuert. Daher haben Quellen und Senken bei vielen indirekten Netzen nur *eine* Verbindungsleitung in das Netz. Die topologischen Parameter *Ordnung* und *Durchmesser* sind daher für indirekte Netze nicht maßgebend.

Abbildung 6.1 zeigt ein allgemeines Modell eines indirekten Verbindungsnetzes. In einem Netz für Parallelrechner entspricht ein Eingang bzw. Ausgang des Netzes einer Verbindung zu den PEs, Prozessoren oder Speichern. Oft sind solche Leitungen wegen erhöhter Leistungsfähigkeit oder Fehlertoleranz mehrfach ausgeführt, wie z. B. im Extra-Stage-Cube-Netz (siehe Abschnitt 10.5.3). Das Netz besteht aus s Stufen von Koppelelementen; Stufe j, $0 \leq j < s$, enthält u_j Koppelelemente. Die Stufen sind über statische Verbindungsstrukturen miteinander verbunden, die zwischen den Stufen gleich oder unterschiedlich sein können. Sind alle Koppelelemente und die statischen Strukturen zwischen den Stufen identisch, spricht an von einem *homogenen Multistage-Netz*; das Omega-Netz ist hierfür ein Beispiel (siehe Abschnitt 6.3.4.2). Ein Koppelelement der Stufe j hat E_j Eingänge und A_j Ausgänge. Im allgemeinen Fall unterscheiden sich die Koppelelemente von Stufe zu Stufe oder sogar innerhalb jeder Stufe.

Eine allgemeine Indizierung der Ein-und Ausgänge des Netzes und der Koppelelemente ist nicht möglich. Gründe sind unter anderem, daß viele Netz-Definitionen eine festgelegte Indizierung umfassen, und sich bei manchen Netzen aus dieser Indizierung die einzigen Unterschiede in der Definition herleiten (vgl. Generalized-Cube und Omega-Netze in Abschnitt 6.3). Weiterhin müßten wegen Unsymmetrien in der Netz-Konstruktion wie beim Extra-Stage-Cube-Netz (siehe Abschnitt 10.5.3) bei einer allgemeingültigen Indizierung Multiplexer an Eingängen und Ausgängen als eigene Stufe gezählt, bei der Definition des Netzes jedoch gesondert behandelt werden. Aufgrund dieser Einschränkungen sind in Abbildung 6.1 lediglich die Stufen numeriert; auch diese Numerierung ist nicht allgemeingültig. Abbildung 6.2 zeigt ein Modell eines Koppelelementes und eine mögliche Indizierung der Ein- und Ausgänge.

Mit den gleichen Einschränkungen wie oben kann häufig ein 3-Tupel für die eindeutige Indizierung der Ein- und Ausgänge der Koppelelemente genutzt werden.

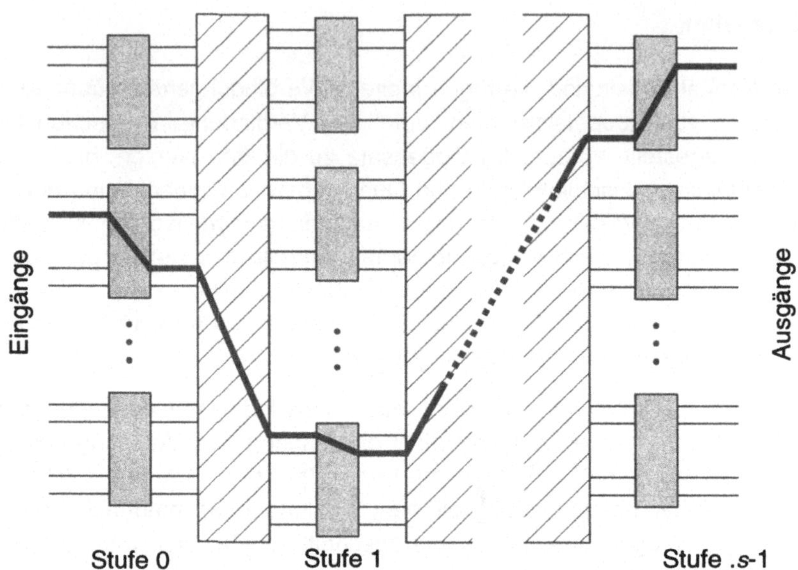

Abbildung 6.1: *Allgemeines Modell eines mehrstufigen Verbindungsnetzes mit u Stufen; Koppelelemente sind grau hervorgehoben, statische Verbindungsstrukturen zwischen Stufen sind schraffiert*

Abbildung 6.2: *Allgemeines Modell eines Koppelelementes j in der Stufe k mit sieben Eingängen und fünf Ausgängen*

Indirekte Netze können in mehrere Klassen aufgeteilt werden. Abhängig von der Anzahl der Stufen werden *einstufige Netze* mit $s = 1$ und *mehrstufige Netze*

(*Multistage Interconnection Networks*, *MINs*) mit $s \geq 2$ unterschieden. Existiert genau ein Weg von jeder Quelle zu jeder Senke, so spricht man von *indirekten Einpfadnetzen*, anderenfalls (wenn einige oder alle Ausgänge über mehrere Wege erreichbar sind) sind es *indirekte Mehrpfadnetze*. Schließlich können indirekte Netze, abhängig von den ausführbaren Permutationen, *blockierend* oder *blockierungsfrei* bzw. *rearrangierbar* sein (siehe Abschnitt 2.2.6).

Im nächsten Abschnitt werden mit dem Crossbar-Netz und dem Shuffle-Exchange-Netz zunächst zwei Topologien von einstufigen indirekten Netzen vorgestellt. Abschnitt 6.3 diskutiert mehrstufige Einpfadnetze, gefolgt von Datenmanipulatoren in Abschnitt 6.4. Da indirekte blockierungsfreie und rearrangierbare Netze eine große Bedeutung in Kommunikationsnetzen erlangt haben, werden diese gesondert in Kapitel 7 behandelt.

6.2   Einstufige indirekte Netze

6.2.1   Crossbar-Netz

Crossbar-Netze, auch *Kreuzschienenverteiler* oder *Koppelvielfach* genannt, sind höchst leistungsfähige Netze, die jedoch eine hohe Hardware-Komplexität erfordern. Sie ermöglichen blockierungsfreie Permutationen ohne Rekonfiguration sowie beliebige Multicast- und Broadcast-Verbindungen. Abbildung 6.3b zeigt ein Crossbar-Netz mit $E = 4$ Eingängen und $A = 6$ Ausgängen. Der Verteiler besteht aus horizontalen und vertikalen Bussen; an jedem Kreuzungspunkt (*Koppelpunkt*) befindet sich ein Schalter, durch den der horizontale mit dem vertikalen Bus verbunden werden kann. Insgesamt sind also $E \times A$ Schalter erforderlich, so daß die Netzgröße aus Komplexitäts- und Kostengründen begrenzt bleibt. Die hieraus resultierende traditionelle Fokussierung auf die Reduktion der Koppelpunkte hat durch die VLSI-Technologie an Bedeutung verloren, denn dort ist weniger die Anzahl der Schaltpunkte auf einem Chip sondern vielmehr die maximale Anzahl der Ein- und Ausgänge die bestimmende Größe. So werden mit VLSI-Bausteinen Kreuzschienenverteiler mit bis zu 32 Ein- und Ausgängen realisiert [FrD86]. Durch den Einsatz fortschrittlicher Chip-Verpackungstechnik und durch Multi-Chip-Modul-Techniken sind noch wesentliche Fortschritte bezüglich der Größe der Koppelelemente zu erwarten.

Ein Crossbar-Netz kann gleichzeitig $M = \min(E, A)$ Verbindungen zwischen Ein- und Ausgängen herstellen. Jede beliebige Permutation ist möglich, so daß das Netz streng blockierungsfrei ist, sowohl für 1-zu-1- als auch für Multicast-Verbindungen. Abbildung 6.3a zeigt in einem 4x4-Crossbar eine Permutation von Eingang k zu Ausgang $(k + 1)$ mod N. Multicast-Verbindungen von jedem Eingang zu beliebigen

Ausgängen sind ebenfalls möglich; Abbildung 6.3b zeigt in einem 4x6-Crossbar Multicast-Verbindungen von Eingang 0 zu den Ausgängen 0 und 3, sowie von Eingang 3 zu den Ausgängen 1, 2, 4 und 5.

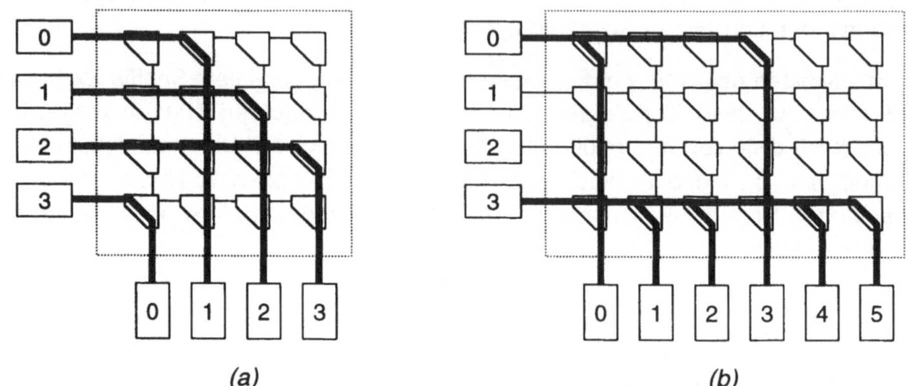

(a)   (b)

Abbildung 6.3: *(a) Crossbar mit jeweils vier Ein- und Ausgängen; hervorgehobene Leitungen zeigen eine Permutationsverbindung, (b) Crossbar mit vier Ein- und sechs Ausgängen; hervorgehobene Leitungen zeigen Multicast-Verbindungen*

Wie in Abschnitt 2.8 diskutiert, müssen neben internen Konflikten (die beim Crossbar nicht auftreten können) auch Ausgangskonflikte berücksichtigt werden. Die Konflikte werden in paketvermittelnden Netzen durch Pufferung aufgelöst; Abbildung 6.4 zeigt ein selbstroutendes paketvermittelndes Crossbar-Netz mit Puffern am Eingang und einer zentralen Steuerung, die auch den Zugang der Pakete zu den Ausgängen regelt. Trifft in dieser Netzkonfiguration ein Datenpaket an einem Eingang ein, so wird die Information in den Eingangspuffern zwischengepuffert und die Routing-Information an die Steuerlogik weitergegeben. Dort wird entschieden, welche Pakete aus den Puffern im nächsten Schritt an die Ausgänge weitergeleitet werden. Die Organisation der Pufferspeicher bestimmt ganz wesentlich die Leistungsfähigkeit eines Crossbar-Netzes (siehe Kapitel 8).

Aufgrund der hohen Leistungsfähigkeit und der hohen Regularität werden Crossbar-Netze einerseits in sehr schnellen Systemen eingesetzt (z. B. Fujitsu VPP500; siehe Kapitel 11), und finden andererseits als Bausteine mehrstufiger oder hierarchischer großer Netze Verwendung. Beispiele sind: MasPar, MP-1 und MP-2, Cray Y-MP, IBM SP-2 und Koppelelemente für Breitband-Kommunikationsnetze (siehe Kapitel 11).

Insbesondere bei massiv parallelen Rechnern mit mehreren tausend Prozessoren und in der Kommunikationstechnik wird auf den Einsatz von mehrstufigen Systemen dennoch nicht zu verzichten sein, da die Koppelelemente zusätzliche Funktionalität, beispielsweise in Form von Puffern, erfordern und dann die Komplexitätsgrenze nicht mehr durch die Koppelpunkte bestimmt wird.

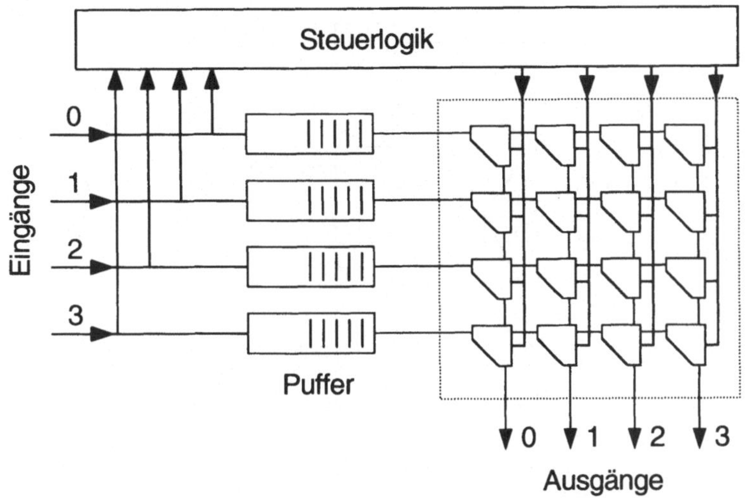

Abbildung 6.4: *Crossbar mit vier Ein- und Ausgängen, Eingangspufferung und zentraler Steuerung*

Eine wesentliche Motivation beim Einwurf und Einsatz mehrstufiger Verbindungsnetze ist die Reduktion der Anzahl von Koppelelementen, die für die Vermittlung von Datenströmen zwischen Ein- und Ausgängen erforderlich sind. So wird beispielsweise durch das Generalized-Cube-Netz, das in Abschnitt 6.3.3 erläutert wird, die Komplexität eines Netzes mit N Ein- und Ausgängen von $\Theta(N^2)$ beim Crossbar auf $\Theta(N \log_2 N)$ reduziert.

6.2.2   Einstufiges Shuffle-Exchange-Netz

Das indirekte einstufige Shuffle-Exchange-Netz beruht auf der direkten Shuffle-Exchange-Struktur, die in Abschnitt 3.5 besprochen wurde. Um jedoch die Anzahl der notwendigen Transferschritte zu reduzieren, wird die *exchange*-Operation in einer Stufe von aktiven Koppelelementen ausgeführt, wie in Abbildung 6.5 dargestellt. Die Verbindungsleitungen bilden die *shuffle*-Funktion. Jedes Koppelelement kann Daten entweder geradeaus vermitteln (*straight*) oder austauschen (*exchange*), wobei Durchschalte- oder Paketvermittlung eingesetzt werden kann.

Um Daten von einer Quelle zu einer Senke zu transportieren, sind in der Regel mehrere Durchläufe durch das Netz erforderlich. Daher werden solche einstufigen indirekten Netze auch *rezirkulierende Netze* genannt.

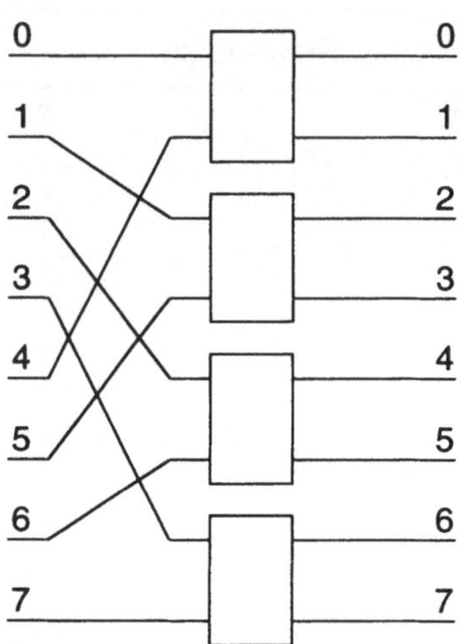

Abbildung 6.5: *Einstufiges indirektes Shuffle-Exchange-Netz*

Wird bei einem Durchlauf durch das Netz keine *exchange*-Operation ausgeführt, so wird ein Datenwort von Knoten $p_{n-1}...p_1p_0$ zum Knoten $p_{n-2}...p_1p_0p_{n-1}$ transferiert. Wird die *exchange*-Operation durchgeführt, so findet ein Transfer zum Knoten $p_{n-2} ... p_0 \overline{p}_{n-1}$ statt. Um beispielsweise von Knoten 1 zu 5 zu gelangen, wird das Datenwort im ersten Durchlauf zunächst von der Quelle ohne *exchange*-Operation zum Knoten 2 und von dort in einem zweiten Durchlauf mittels *exchange* zum Zielknoten 5 transferiert. Da nur die *exchange*-Operation Adressbits invertieren kann und bei jedem Durchlauf nur eine *exchange*-Operation durch ein Koppelelement ausgeführt wird, sind im ungünstigsten Fall $n = \log_2 N$ Durchläufe durch das Netz erforderlich; beispielsweise unterscheiden sich die Adressen der Knoten 0 zu $N - 1$ in allen n Bitpositionen, so daß n *exchange*-Operationen und damit n Durchläufe notwendig sind.

Willkürliche Permutationsverbindungen werden ebenfalls vom Netz unterstützt. Hierbei muß das Netz jedoch in vielen Fällen häufiger als n mal durchlaufen werden. Wu und Feng [WuF81] leiteten eine Obergrenze von $3(\log_2 N)$-1 Durchläufen her. Weiterhin zeigten sie, wie durch Modifikationen im einstufigen Shuffle-Exchange-Netz (z. B. durch Hinzufügen von Multiplexern in den Ausgangsleitungen) die Obergrenze von Durchläufen unter Permutationsverkehren auf $2(\log_2 N)$-1 heruntergesetzt werden kann.

Weitere Aspekte von einstufigen indirekten Shuffle-Exchange-Netzen, wie z. B. effektive Routingalgorithmen, Fehlertoleranz und Leistungsbewertung, finden sich u. a. in [BuC91, HuT88, HuT91, LiH89] diskutiert.

6.3   Mehrstufige Einpfadnetze

Indirekte Einpfadnetze werden allgemein durch die Klasse der *Banyan-Netze* repräsentiert. Netze aus einer Unterklasse der Banyan-Netze, der *SW-Banyan-Netze*, in denen das Routing der Daten verteilt durch Bitstellen der Paketadressen gesteuert wird, gehören zur Klasse der *Delta-Netze*. *Symmetrische Delta-Netze* (Delta-Netze, die aus symmetrischen *BxB*-Koppelelementen aufgebaut sind), werden bevorzugt in Parallelrechnern und in Kommunikationssystemen eingesetzt. Die Klasse der symmetrischen Delta-Netze mit $B = 2$ umfaßt mehrere topologisch äquivalente Netze, die unter den Namen *Generalized-Cube-Netz*, *Omega-Netz*, *Indirektes Binary-n-Cube-Netz*, *Staran-Flip-Netz* und *Baseline-Netz* bekannt geworden sind. Diese Netzklassen und Netze werden in den nächsten Abschnitten vorgestellt.

6.3.1   Banyan-Netz

Banyan-Netze, eingeführt von GOKE und LIPOVSKI [GoL73], sind durch deren Graphenrepräsentation definiert. Der Graph eines Banyan-Netzes besteht aus drei verschiedenen Knoten: dem *Basisknoten* (einem Knoten ohne Eingangskanten), dem *Zwischenknoten* und dem *Apex-Knoten* (einem Knoten ohne Ausgangskanten). Die fundamentale Eigenschaft des Banyan-Graphen ist, daß exakt ein Weg von jedem Basisknoten zu jedem Apex-Knoten existiert. Ein Beispiel eines Banyan-Graphen ist in Abbildung 6.6a gezeigt. Aus einem Banyan-Graphen kann ein Banyan-Netz konstruiert werden, indem jeder Graphenknoten durch ein Koppelelement und jede Graphenkante durch eine Zwischenleitung ersetzt wird (siehe Abbildung 6.6b). Jeder Knoten eines Banyan-Graphen kann unterschiedlich viele Eingangs- bzw. Ausgangskanten besitzen. Bei einem *L-Level-Banyan-Netz* sind die Knoten so angeordnet, daß sich getrennte Ebenen von Knoten ergeben, wobei jede Ebene nur mit *einer* benachbarten Ebene verbunden ist. Der Parameter L gibt hierbei die Anzahl der Ebenen des Netzes an. So repräsentiert der in Abbildung 6.6a gezeigte Graph ein *L*-Level-Banyan-Netz mit $L = 2$.

Jeder Knoten eines Banyan-Graphen kann durch seinen *Fanout F* und *Spread S* charakterisiert werden. Der Fanout gibt an, wieviele Graphenkanten zu einem

Knoten führen, während der Spread die Anzahl der Graphenkanten repräsentiert, die aus einem Knoten herausführen. Im Beispiel in Abbildung 6.6a ist $S = 2$ und $F = 2$. Bei einem *regulären L-Level-Banyan-Netz* haben alle Knoten den gleichen Fanout und Spread. Sind hierbei Fanout und Spread für alle Knoten gleich ($F = S$), so spricht man von einem *rechteckigen* (*rectangular*) *L-Level-Banyan-Netz*. Das Netz in Abbildung 6.6b) ist somit ein rechteckiges Banyan-Netz mit $F = S = 2$.

Eine Unterklasse der Banyan-Netze, die Klasse der *SW-Banyan-Netze*, sind reguläre Banyan-Netze, die sich durch *FxS*-Koppelelemente und durch einen rekursiven Aufbau aus kleineren Banyan-Netzen auszeichnen. Das in Abbildung 6.6b gezeigte Netz ist deshalb ein SW-Banyan-Netz.

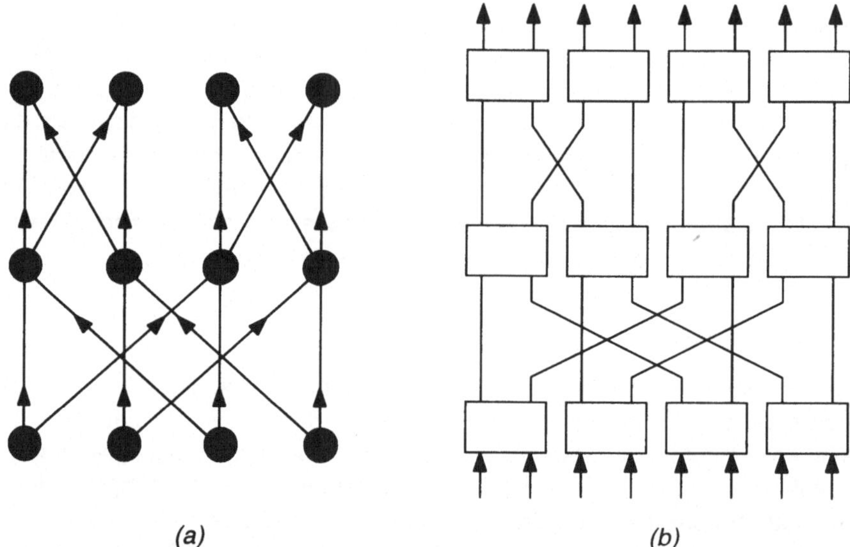

(a)   (b)

Abbildung 6.6: *(a) Banyan-Graph; (b) korrespondierendes Banyan-Netz*

6.3.2 Delta-Netz

Delta-Netze [Pat81] sind eine allgemeine Klasse von SW-Banyan-Netzen, in denen das Routing in den Koppelelementen durch ein oder mehrere Bits der Paketadressen gesteuert wird (*digit-controlled routing*). Ein Delta-Netz besteht allgemein aus s Stufen und benutzt *FxS* Koppelelemente und verbindet F^s Eingänge mit S^s Ausgängen. Die Leitungsführung zwischen den Stufen kann beliebig gewählt werden, solange zwei Bedingungen erfüllt sind: 1) es existiert genau ein Weg von jedem Netzeingang zu jedem Netzausgang, und 2) die Koppelelemente in Stufe k können durch die k-te Stelle der Paketadresse, ausgedrückt in Radix-S Arithmetik, gesteuert werden. In Abbildung 6.7 ist ein Delta-Netz mit $F = 3$, $S = 4$ und $s = 2$ gezeigt, das 9 Eingänge mit 16 Ausgängen verbinden kann.

Delta-Netze berücksichtigen Koppelelemente beliebiger Größe, die als Cross-bar-Netze aufgebaut werden. Um eine einfache Hardware-Realisierung zu erhalten, wurden in vielen Fällen Delta-Netze mit 2x2-Koppelelementen benutzt. Ein wichtiger Vertreter dieser Netzklasse ist das *Generalized-Cube-Netz* (*GC-Netz*) nach SIEGEL [SiS78, Sie90]. Diese Netze und ihre Modifikationen werden in vielen bestehenden und vorgeschlagenen Parallelrechnern eingesetzt [Bat82, Sie90, SiN89]. Deshalb werden in den nächsten Abschnitten die Topologie, Multicast- und Broadcast-möglichkeiten, Permutations- und Partitionierungseigenschaften sowie das Routing in GC-Netzen näher erläutert. Wie in Abschnitt 6.3.4 gezeigt wird, sind viele Netze, die unter anderem Namen bekannt sind, topologisch mit den Generalized-Cube-Netzen äquivalent.

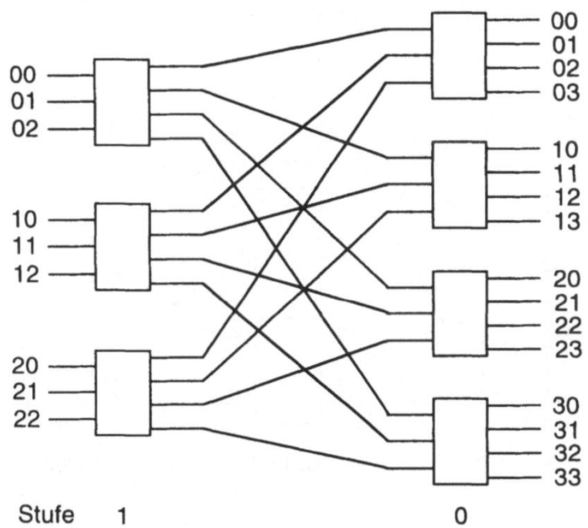

Abbildung 6.7: *Delta-Netz mit F = 3, S = 4 und s = 2*

6.3.3 Generalized-Cube-Netz

6.3.3.1 Topologie

Das mehrstufige Generalized-Cube-Netz mit N Eingängen und Ausgängen besteht aus $n = \log_2 N$ Stufen mit jeweils $N/2$ Koppelelementen [SiS78]. Vom Eingang zum Ausgang sind die Stufen in absteigender Reihenfolge numeriert. Eingänge und Ausgänge sowie die Leitungen zwischen den Stufen sind mit den Zahlen von 0 bis N − 1 indiziert. Abbildung 6.8 zeigt ein mehrstufiges GC-Netz für $N = 8$. Die Koppelelemente entsprechen denen des einstufigen indirekten Shuffle-Exchange-Netzes und können Daten damit geradeaus (*straight*) oder kreuzweise (*exchange*) transportieren. Im allgemeinen Fall ist auch eine Broadcast-Funktion möglich, mit der Daten von einem Eingang des Koppelelementes zu beiden Ausgängen vermittelt werden können. Falls die zu verteilenden Daten das Koppelelement am unteren Eingang erreichen, spricht man vom *lower broadcast*, andernfalls vom *upper broadcast*. Von der schaltungstechnischen Realisierung des Netzes hängt es ab, ob Broadcast-Funktionen unterstützt werden.

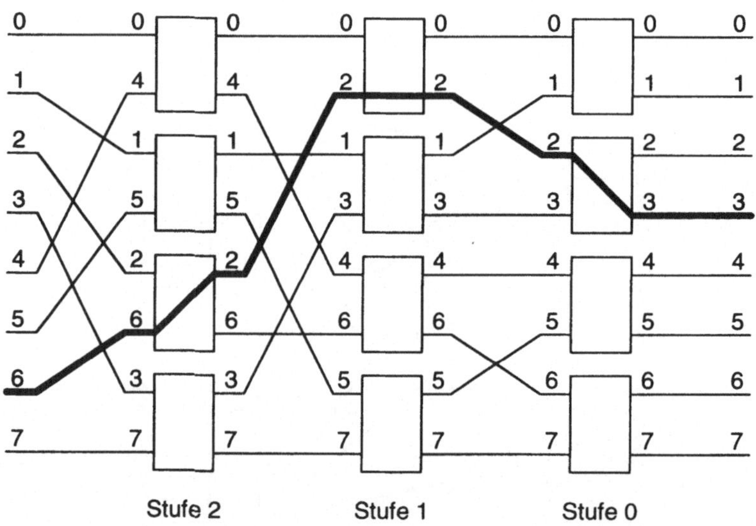

Abbildung 6.8: *Topologie des Generalized-Cube-Netzes für N = 8; die durchgezogene Linie entspricht einer Verbindung von Eingang 6 zu Ausgang 3*

Die Koppelelemente und damit der Datentransport können durchschalte- oder paketvermittelnd ausgeführt sein und sich dabei der Wormhole-Routing-Methode oder des Virtual-Cut-Through bedienen. Diese Eigenschaften haben auf die hier diskutierten grundsätzlichen Eigenschaften wie Topologie, Wegsuche und Partitionierung keinen unmittelbaren Einfluß, sind jedoch für die in Kapitel 8 studierten Realisierungen und die in Kapitel 12 untersuchte Leistungsfähigkeit von höchster

Bedeutung. In diesem Kapitel werden zur Vereinfachung durchschaltevermittelnde Netze angenommen.

Die Indizes der Verbindungsleitungen an einem Koppelelement unterscheiden sich immer in genau einem Bit, und zwar in Stufe k in Bit k. Der obere Eingang bzw. Ausgang besitzt den Index $P_O = p_{n-1}p_{n-2}\cdots p_k\cdots p_1 p_0$. Der untere Eingang und Ausgang habt jeweils den Index $P_U = p_{n-1}p_{n-2}\cdots \overline{p}_k\cdots p_1 p_0$. Ein Ausgang der Stufe k mit dem Index P ist immer mit dem Eingang P der darauffolgenden Stufe $k-1$ verbunden. Bei einer *straight*-Operation bleibt der Index also erhalten, während die *exchange*-Operation der $cube_k$-Funktion entspricht. Da jede Stufe einer Bitposition entspricht, können alle n *cube*-Funktionen in einem Durchlauf durchgeführt werden, so daß ein Transport von jeder Quelle zu jeder Senke möglich ist. Aus dem gleichen Grund existiert nur ein Weg zwischen einem Netzeingang und Netzausgang, da jede *cube*-Funktion bei einem Durchlauf nur in genau einer Stufe ausgeführt wird.

Abbildung 6.8 zeigt ein Beispiel eines Datentransports von Quelle $Q = q_{n-1}q_{n-2}\ldots q_1 q_0 = 6$ zu Senke $S = s_{n-1}s_{n-2}\ldots s_1 s_0 = 3$. In Stufe k, und nur dort, kann Adressbit k modifiziert werden. Daher muß in dieser Stufe das Bit q_k auf das Bit s_k abgebildet werden. Aufgrund der Reihenfolge der Stufen wird zunächst das höchstwertige Bit angepaßt, so daß die Nachricht das Koppelelement der Stufe $n-1$ am Ausgang $s_{n-1}q_{n-2}\ldots q_1 q_0$ verläßt; dieses Verfahren setzt sich über alle Stufen fort, so daß allgemein eine Nachricht den Eingang $s_{n-1}s_{n-2}\cdots s_{k+1}q_k q_{k-1}\cdots q_1 q_0$ und den Ausgang $s_{n-1}s_{n-2}\cdots s_{k+1}s_k q_{k-1}\cdots q_1 q_0$ eines Koppelelementes in Stufe k belegt.

Im Beispiel aus Abbildung 6.8 mit $N=8$ geht die Nachricht somit von $Q = q_2 q_1 q_0 = 110_2$ aus und nutzt nach der ersten Stufe die Verbindung $s_2 q_1 q_0 = 010_2$, dann $s_2 s_1 q_0 = 010_2$ und verläßt das Netz bei $q_2 q_1 q_0 = 011_2$. In den Stufen 0 und 2 werden hierbei *exchange*-Operationen ausgeführt, während in Stufe 1 eine *straight*-Operation stattfindet.

6.3.3.2 Broadcast und Multicast

Erlauben die Koppelelemente eines Netzes *upper* und *lower* Broadcast-Verbindungen (siehe Abschnitt 2.1.2), so können in einem solchen Netz Daten von jeder Quelle zu einer beliebigen Untermenge der Ausgänge verteilt werden. Dann werden vom Netz Multicast und somit auch Broadcast-Verbindungen unterstützt (Broadcast ist ein Sonderfall des Multicast; siehe Abschnitt 2.5). Abbildung 6.9 zeigt eine Broadcast-Verbindung von Eingang 2 zu allen Ausgängen in einem Netz mit $N=8$. Im allgemeinen Fall beteiligen sich also nicht alle Koppelelemente in einer Stufe am Broadcast. In Abbildung 6.10 ist eine Multicast-Verbindung von Eingang 2 zu den Ausgängen 0, 1 und 7 dargestellt. In den Stufen 2 und 0 wird hierbei von den Broadcast-Koppelelementen ein *upper Broadcast* ausgeführt.

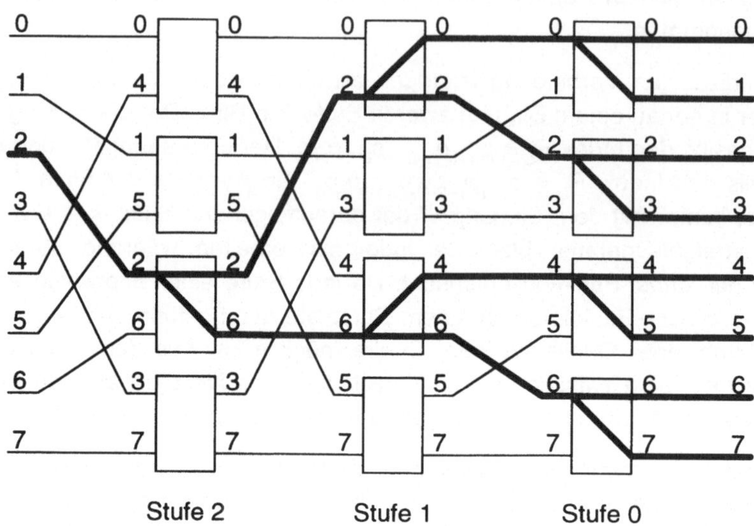

Stufe 2   Stufe 1   Stufe 0

Abbildung 6.9: *Broadcast im Generalized-Cube-Netz mit N = 8*

Eine wesentliche Vereinfachung insbesondere der Kontrolle des Netzes kann dadurch erzielt werden, daß alle auf einem Multicast-Weg liegenden Koppelelemente einer Stufe einen Broadcast oder die gleiche 1-zu-1-Verbindung ausführen. Dadurch kann nur zu genau $B = 2^b$, $0 \leq b \leq n$ Senken gleichzeitig gesendet werden, wobei die Indizes dieser B Senken in $n - b$ Bits übereinstimmen müssen. Bei dieser Methode ist somit ein Multicast wie in Abbildung 6.10 aus drei Gründen nicht mehr möglich. So sind erstens drei Senken angesprochen (es müssen 2, 4 oder 8 sein), zweitens ist Koppelelement 0 in Stufe 1 auf *exchange* und Koppelelement 3 auf *straight* gestellt, und drittens ist in Stufe 0 das Koppelelement 0 auf Broadcast und Koppelelement 3 auf 1-zu1-Verbindung konfiguriert.

Abbildung 6.11 zeigt ein Beispiel eines vereinfachten Multicasts. Das Koppelelement in Stufe 2 führt einen *upper Broadcast* aus, die zwei Elemente in Stufe 1, die vom Multicast-Weg berührt werden, sind auf *straight* geschaltet, und die betroffenen Koppelelemente in Stufe 0 sind im *upper Broadcast* Modus. Die Anzahl der Senken ist $B = 4$ ($b = 2$), und die Adressen stimmen in Bit 1 überein.

6.3.3.3   Permutationen

Ein mehrstufiges Cube-Netz kann durch Setzen aller Koppelelemente Permutationen ausführen. Abbildung 6.12 zeigt eine Permutation, bei der Eingang K mit Ausgang $K + 3$ modulo N verbunden ist. Nicht alle Permutationen sind möglich; bei

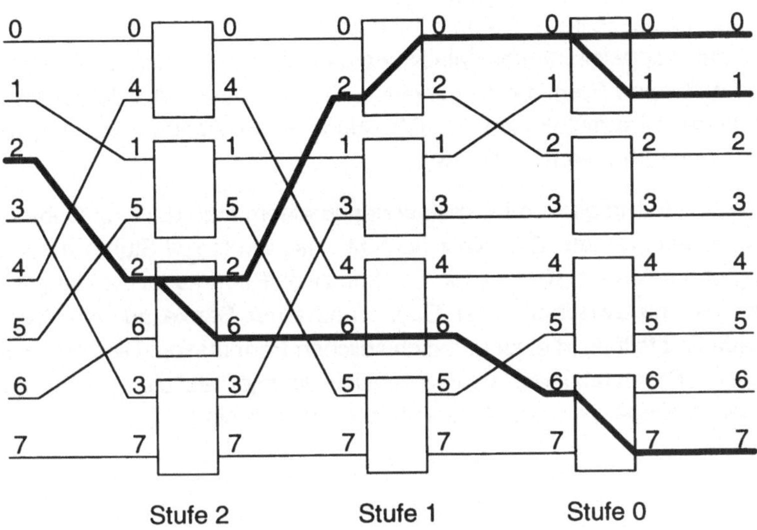

Abbildung 6.10: *Multicast im Generalized-Cube-Netz mit N = 8*

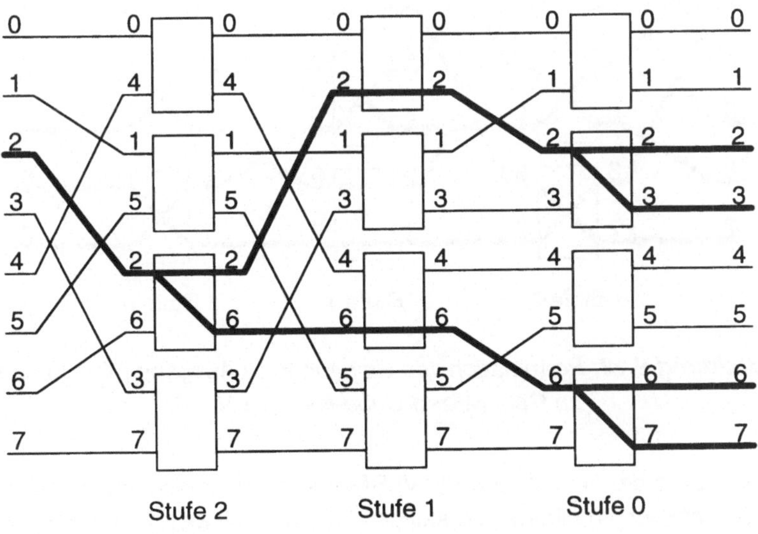

Abbildung 6.11: *Vereinfachter Multicast im Generalized-Cube-Netz mit N = 8*

einer Permutation, in der Daten zwischen 0 und 3, sowie 4 und 1 ausgetauscht werden, müssen in Stufe 2 Daten von beiden Eingängen 0 und 4 zum gleichen Ausgang 0 des Koppelelementes geleitet werden. Dies verursacht einen Verbindungskonflikt, so daß keine Permutation mit diesen beiden Quellen/Senkenpaaren möglich ist. Die wichtigsten Permutationen für SIMD-Algorithmen können durch das mehrstufige Cube-Netz ausgeführt werden [SiN89].

Die Anzahl der möglichen Permutationen in einem mehrstufigen Cube-Netz kann einfach abgezählt werden. Das Netz besteht aus $n = \log_2 N$ Stufen mit jeweils $N/2$ Koppelelementen. Jedes Koppelelement hat zwei Permutationsstellungen (*straight* und *exchange*); da zwischen einer Quelle und einer Senke nur ein Weg besteht, resultiert jede Einstellung in einer unterschiedlichen Permutation. Dies ergibt insgesamt $2^{nN/2}$ mögliche Permutationen, also wesentlich weniger als die $N!$ Permutationen, die zwischen N Eingängen und N Ausgängen möglich sind.

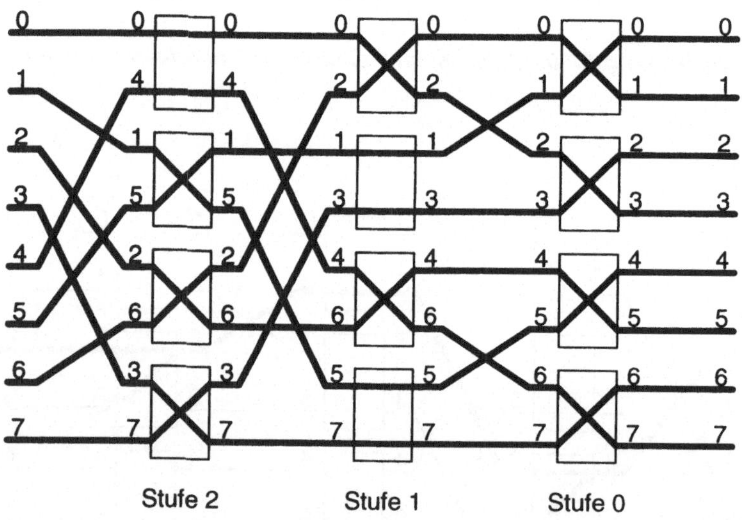

Abbildung 6.12: *Permutation von Eingang K zu Ausgang (K + 3)mod 8 im Generalized-Cube-Netz mit N = 8*

Insbesondere bei Ausnutzung der VLSI-Integration ist ein Delta-Netz mit 4x4 bis 32x32-Koppelelementen einem mehrstufigen GC-Netz mit 2x2-Koppelelementen überlegen, da es mehr Permutationen ausführen kann. Der Unterschied kann anhand der Konzeption der Koppelelemente erläutert werden. In Abbildung 6.13 ist ein Ausschnitt zweier Stufen eines GC-Netzes gezeigt. Dieser Block besteht aus vier

Koppelelementen und hat vier Eingänge und vier Ausgänge. Eine gleichzeitige Verbindung zwischen Eingang 0 und Ausgang 2 sowie Eingang 2 und Ausgang 3 ist nicht möglich, da bei beiden Wegen der Ausgang 2 der ersten Stufe benötigt wird. In einem Delta-Netz mit 4x4-Koppelelementen sind die vier Ein- und Ausgänge über einen Crossbar verbunden, bei dem grundsätzlich alle Permutationen möglich sind. Daher ist die Menge der Permutationen des Delta-Netzes eine Übermenge der erlaubten GC-Permutationen.

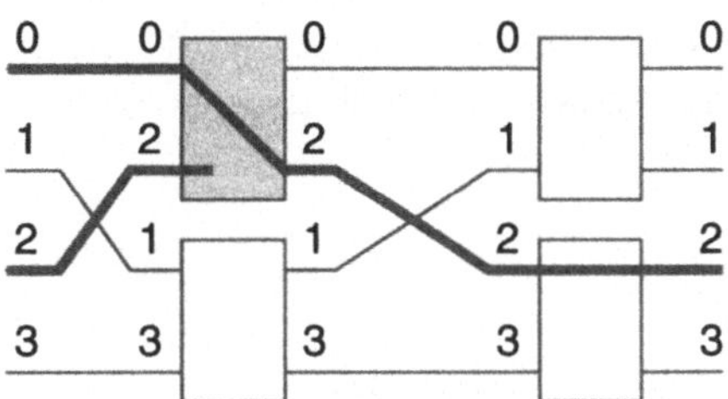

Abbildung 6.13: *Konflikt in einem Generalized-Cube-Netz mit N = 4, der durch ein Crossbar-Netz mit N = 4 ausgeführt werden kann*

6.3.3.4 Partitionierung

Die Regeln der Partitionierung, die in Kapitel 2 für direkte Netze aufgestellt wurden, finden auch bei mehrstufigen Netzen Anwendung. Bei der Partitionierung muß das Netz somit so aufgeteilt werden, daß eine Partition der Größe N' alle Eigenschaften eines Netzes hat, das in der Größe N' konstruiert wird. Die Partitionen müssen voneinander vollständig unabhängig sein. Ein mehrstufiges Cube-Netz kann dadurch in zwei unabhängige Partitionen aufgeteilt werden, daß alle Koppelelemente einer Netz-Stufe auf *straight* gesetzt werden. In Abbildung 6.14 ist ein Netz mit $N = 8$ gezeigt, in dem Stufe 2 auf *straight* gesetzt wurde. Dadurch ist das Netz in zwei Partitionen $P1$ und $P2$ geteilt; $P1$ enthält die Knoten 0, 1, 2 und 3, während Knoten 4, 5, 6 und 7 zu $P2$ gehören, so daß die Partitionierung auf Bit 2 beruht. Auch die Indizes aller Ein- und Ausgänge der Koppelelemente in Partition $P1$ bzw. $P2$ stimmen in Bit 2 überein. Ein Datenaustausch zwischen Elementen von $P1$ und $P2$ ist nur durch eine Inversion von Bit 2 möglich, die aufgrund der festen Einstellung von Stufe 2 auf *straight* jedoch nicht möglich ist. $P1$ und $P2$ sind somit voneinander unabhängig. Für Datentransfers innerhalb der Partitionen können die Stufen 1 und 0 weiterhin genutzt werden.

Die Zuordnung der logischen Knotennummern einer Partition zu den physikalischen Knoten im Generalized-Cube-Netz muß restriktiver als bei der Partitionierung von direkten Cube-Netzen (siehe Abschnitt 4.4.2) gehandhabt werden. Dies gilt auch für die Zuordnung der logischen zu den physikalischen Netzstufen (die Stufen des Generalized-Cube-Netzes entsprechen den *cube*-Verbindungsfunktionen des direkten Cube-Netzes). Da jede Partition wieder ein Generalized-Cube-Netz sein muß, muß die physikalische Stufe, die als logische Stufe i agiert, näher an den Netzeingängen liegen, als die physikalische Stufe, die die logische Stufe i-1 implementiert. Somit ist die Zuordnung der logischen Stufen einer Partition auf die physikalischen Stufen eines Netzes immer genau festgelegt. In einer Partition der Größe 2^s entspricht die von den Netzeingängen gezählte erste physikalische Stufe, die nicht auf gerade geschaltet ist, der logischen Stufe s-1, die zweite nicht festgesetzte physikalische Stufe der logischen Stufe s-2, usw.

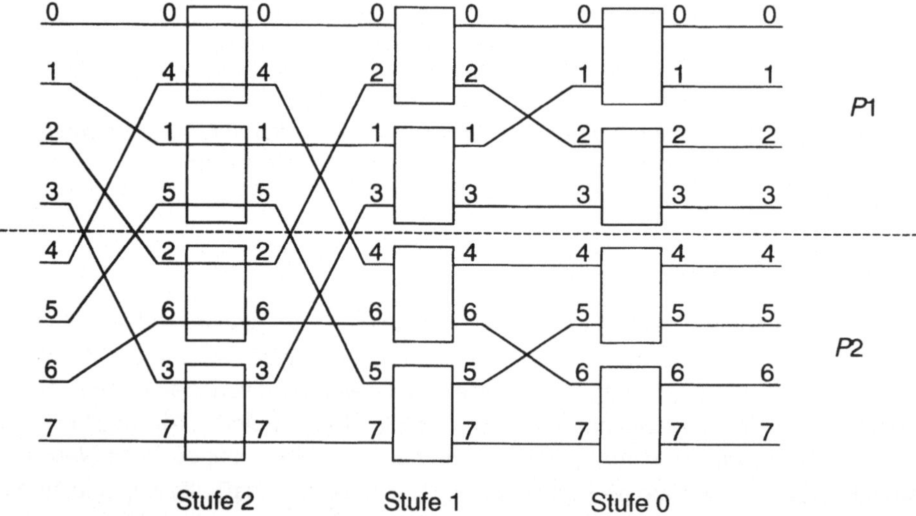

Abbildung 6.14: *Partitionierung eines Generalized-Cube-Netz mit N = 8*

Die Zuordnung der physikalischen Portnummern auf die logischen Portnummern ist ebenfalls fest vorgegeben. So wird zum Beispiel in Abbildung 6.14 die physikalische Portnummer $P=p_2p_1p_0$ auf die logische Nummer $L=p_1p_0$ abgebildet; ein Vertauschen der Bitpositionen ($L=p_0p_1$) ist hierbei unzulässig. Jedoch können die einzelnen Bitpositionen negiert werden. So sind z. B. $L = \bar{p}_1 p_0$, $L = p_1 \bar{p}_0$, oder $L = \bar{p}_1 \bar{p}_0$ gültige logische Numerierungen.

Jede Partition kann weiter unterteilt werden, indem eine oder mehrere der logischen Stufen der Partition auf gerade festgelegt wird.

6.3.3.5 Routing

Das mehrstufige Cube-Netz benötigt keine zentrale Kontrolle sondern kann durch die zu vermittelnden Nachrichten verteilt gesteuert werden. Hierbei werden das *XOR-Routing* und das *zielgerichtete Routing* unterschieden. Zunächst wird auf das Routing für 1-zu-1-Verbindungen eingegangen, gefolgt von einer Diskussion für Broadcast-Verbindungen.

Die Quelle einer 1-zu-1-Verbindung sei $Q = q_{n-1}q_{n-2}...q_1q_0$, und die Senke sei $S = s_{n-1}s_{n-2}...s_1s_0$. Um die Verbindung aufzubauen, wird eine Nachricht (*Routing-Tag*) in das Netz gesendet. Bei einem durchschaltevermittelnden Netz werden Daten erst gesendet, nachdem die gesamte Verbindung aufgebaut wurde. Bei einem paket-orientierten Netz ist das Routing-Tag der erste Teil des Paketes, das von Stufe zu Stufe durch das Netz propagiert.

XOR-Routing für 1-zu-1-Verbindungen

Beim XOR-Routing wird das n-Bit Routing-Tag durch die Exklusiv-Oder-Ver-knüpfung von Q und S gebildet:

$$T = Q \oplus S = t_{n-1}t_{n-2}...t_1t_0$$

Ein Bit t_k des Routing-Tag ist also 0, wenn $q_k = s_k$, und 1, falls $q_k \neq s_k$. Ein Koppelelement in Stufe k untersucht das Bit t_k. Ist $t_k = 1$, so wird das Koppelelement auf *exchange* gestellt; damit wird die Nachricht vom Eingang $s_{n-1}s_{n-2}...s_{k+1}q_kq_{k-1}...q_1q_0$ zum Ausgang $s_{n-1}s_{n-2}...s_{k+1}\overline{q_k}q_{k-1}...q_1q_0$ transportiert. Da wegen $t_k = 1$ auch $q_k \neq s_k$, ist dies der gewünschte Ausgang $s_{n-1}s_{n-2}...s_{k+1}s_kq_{k-1}...q_1q_0$. In gleicher Weise wird bei $t_k = 0$ das Koppelelement auf *straight* gestellt, und die Nachricht wird ebenfalls zum Ausgang $s_{n-1}s_{n-2}...s_{k+1}s_kq_{k-1}...q_1q_0$ geleitet.

Als Beispiel soll eine Verbindung vom Eingang 6 zum Ausgang 3 dienen, wie in Abbildung 6.8 gezeigt. Damit ist das Routing-Tag $T = Q \oplus S = 110_2 \oplus 011_2 = 101_2$. Stufe 2 wird aufgrund von T auf *exchange* gestellt, so daß der Ausgang 010_2 erreicht wird. Stufe 1 ist *straight*, so daß auch hier der Ausgang 010_2 benutzt wird. Stufe 0 ist wiederum *exchange*, und die korrekte Senke 011_2 ist erreicht.

Ein wesentlicher Vorteil des XOR-Routing ist die Möglichkeit, in der Senke die Quelle mit Hilfe des Routing-Tags zu bestimmen. Da definitionsgemäß $T = Q \oplus S$, gilt auch $Q = S \oplus T$. Insbesondere bei Parallelrechnern mit gemeinsamem Speicher ist dies von Vorteil, da bei jedem Lese-Zugriff der Inhalt einer Speicherzelle an die Quelle zurückgesendet wird, und die Quelladresse nicht als Teil der Nachricht mit-geschickt werden muß.

Aufgrund des XOR-Tags kann nicht festgestellt werden, ob eine Nachricht, die an einer Senke empfangen wurde, tatsächlich an diese Senke adressiert war. Falls eine Nachricht innerhalb des Netzes fehlgeleitet wurde, wird dies nicht im Tag widergespiegelt, so daß bestimmte Hardware-Probleme auf diese Weise nicht unmittelbar erkannt werden können. Sollen fehlgeleitete Pakete sofort erkannt werden, muß der Nachricht die Adresse der Quelle oder der Senke mitgegeben werden; aufgrund dieser Adresse und des XOR-Tags kann die gewünschte Überprüfung erfolgen.

Destination-Tag-Routing für 1-zu-1-Verbindungen

Beim Destination-Tag-Routing wird die Zieladresse als n-Bit Routing-Tag genutzt. Wie im XOR-Routing untersucht ein Koppelelement in Stufe k das Bit t_k. Ist $t_k = d_k = 0$, so wird die Nachricht zum oberen Ausgang vermittelt, dessen Index in Bit k eine 0 hat. Dies bedeutet, daß das Koppelelement entweder auf *straight* oder *exchange* gestellt wird, je nachdem, ob die Nachricht am oberen oder unteren Eingang des Koppelelementes eintrifft. Ist $t_k = s_k = 1$, so wird die Nachricht zum unteren Ausgang vermittelt. Damit wird in beiden Fällen die Nachricht vom Eingang $s_{n-1}s_{n-2}$ $...s_{k+1}q_k q_{k-1}...q_1 q_0$ zum korrekten Ausgang $s_{n-1}s_{n-2}...s_{k+1}s_k q_{k-1}...q_1 q_0$ transportiert.

Im Beispiel von Abbildung 6.8 mit einer Verbindung vom Eingang 6 zum Ausgang 3 ist das Destination-Routing-Tag $T = S = 110_2$. In Stufe 2 trifft die Nachricht am unteren Eingang ein. Da $t_2 = 0$, wird die Nachricht zum oberen Ausgang vermittelt und das Koppelelement damit auf *exchange* gesetzt. In Stufe 1 trifft die Nachricht am unteren Eingang ein; da $t_1 = 1$, muß auch der untere Ausgang genutzt werden, und eine *straight*-Stellung resultiert. In Stufe 0 wird der obere Eingang des Koppelelementes genutzt, und wegen $t_0 = 1$ folgt die *exchange*-Stellung, so daß die korrekte Senke 011_2 erreicht wird.

Beim Destination-Tag-Routing kann zwar anhand des Tags unmittelbar erkannt werden, ob eine Nachricht innerhalb des Netzes fehlgeleitet wurde, jedoch ist keine Aussage über die Adresse der Quelle möglich. Somit muß in der Regel die Quelladresse als Teil der Nachricht vermittelt werden.

Routing für Multicast- und Broadcast-Verbindungen

Sollen wie in Abbildung 6.10 gezeigt beliebige Koppelelemente in den Broadcast-Modus geschaltet werden können, so ist ein erheblicher Aufwand für die Kontrolle erforderlich. Für jedes Koppelelement auf dem Broadcast-Weg muß durch ein separates Bit spezifiziert werden, ob eine 1-zu-1-Verbindung aufgebaut oder ein Broadcast durchgeführt wird. Zusätzlich muß für jeden Weg der Broadcast-Verbindung ein eigenes Routing-Tag spezifiziert werden.

Um die Anzahl der erforderlichen Bits zu bestimmen, muß die maximale Anzahl von Koppelelementen eines Broadcast-Weges bestimmt werden. Dies ist durch einen Broadcast-Weg von einem Eingang zu allen Ausgängen des Netzes gegeben, wie in Abbildung 6.9 gezeigt. In einem Netz der Größe $N = 2^n$ ist in Stufe $n - 1$ ein Koppelelement beteiligt; in Stufe $n - 2$ sind es 2, dann 4 usw., bis in Stufe 0 alle $N/2$ Koppelelemente einen Broadcast durchführen. Demnach müssen maximal

$$\sum_{i=0}^{n-1} 2^i = 2^n - 1 = N - 1$$

Koppelelemente kontrolliert werden, und diese Anzahl von Bits ist für allgemeine Broadcast-Verbindungen anzugeben. Da dies insbesondere für große Netze zu einer wesentlichen Belastung durch solche langen Routing-Tags führen würde, wird die vereinfachte Broadcast-Methode vorgezogen.

Da beim vereinfachten Broadcast alle am Weg beteiligten Koppelelemente einer Stufe im gleichen Modus (1-zu-1 oder Broadcast) betrieben werden, genügen zwei Bits pro Stufe zur vollständigen Spezifikation von Routing und Broadcast. Hierzu wird das n-Bit Routing-Tag $R = r_{n-1}r_{n-2}...r_1r_0$ durch ein n-Bit Broadcast Tag $B = b_{n-1}b_{n-2}...b_1b_0$ ergänzt. Jede Stufe k untersucht das Broadcast Tag Bit b_k. Ist $b_k = 1$, so wird ein Broadcast ausgeführt; stammt die Nachricht vom unteren Eingang, wird ein *lower Broadcast*, andernfalls ein *upper Broadcast* ausgeführt. Das Routing-Tag-Bit r_k wird ignoriert. Ist $b_k = 0$, so wird r_k zum Routing im Netz genutzt. Dabei wird je nach Netz-Konfiguration die XOR- oder die Destination-Tag-Methode eingesetzt.

Blockierungsfreies Routing für sortierte Eingänge

Eine wichtige Eigenschaft der Familie der Generalized-Cube-Netze ist die Fähigkeit, Verbindungen konfliktfrei aufzubauen, wenn bei R Verbindungen die Eingänge 0 bis $R - 1$ genutzt werden, und die Ein- und Ausgänge die gleiche Reihenfolge besitzen; die Eingänge sind also sortiert. Abbildung 6.15 zeigt ein Beispiel für eine solche Permutation mit $N = 8$. Diese Eigenschaft wird bei selbstroutenden blockierungsfreien Permutationsnetzen genutzt (siehe Abschnitt 7.6) und soll im folgenden bewiesen werden.

Es muß gezeigt werden, daß unter den obigen Voraussetzungen in keiner Stufe die gleichen Verbindungsleitungen genutzt werden. Hierzu werden zwei Eingänge Q und Q' betrachtet. Ohne Beeinträchtigung der Allgemeinheit des Beweises kann $Q' > Q$ angenommen werden. Der Eingang Q ist mit Ausgang S, Q' mit S' verbunden. Aufgrund der Annahmen muß dann $S' > S$ gelten. Da die aktiven Eingänge konsekutiv angeordnet sind, gilt weiterhin $S' - S \geq Q' - Q$. Am Ausgang der Stufe k werden die Leitungen $L = s_{n-1}s_{n-2}...s_{k+1}q_kq_{k-1}...q_1q_0$ und $L' = s'_{n-1}s'_{n-2}...s'_{k+1}q'_kq'_{k-1}...q'_1q'_0$ benutzt. Falls beide Verbindungen die gleiche Leitung benutzen, gilt $L' = L$, so daß auch alle Bits von L und L' identisch sein müssen. Da $Q \neq Q'$, müssen sich $q_{n-1}q_{n-2}...q_{k+2}q_{k+1}$

und $q'_{n-1}q'_{n-2}...q'_{k+2}q'_{k+1}$ in mindestens einem Bit unterscheiden. Daher gilt wegen $Q' > Q$:

$$Q' - Q = q'_{n-1}q'_{n-2}...q'_{k+1}q_kq_{k-1}...q_1q_0 - q_{n-1}q_{n-2}...q_{k+1}q_kq_{k-1}...q_1q_0 \geq 2^{k+1}.$$

Weiterhin muß sich $s_ks_{k-1}...s_1s_0$ wegen $S \neq S'$ in mindestens einem Bit von $s'_ks'_{k-1}...s'_1s'_0$ unterscheiden. Damit gilt aufgrund $S' > S$:

$$S' - S = s_{n-1}s_{n-2}...s_{k+1}s'_ks'_{k-1}...s'_1s'_0 - s_{n-1}s_{n-2}...s_{k+1}s_ks_{k-1}...s_1s_0 < 2^{k+1}.$$

Somit gilt $Q' - Q > 2^{k+1} > S' - S$. Dies ist ein Widerspruch zur obigen Bedingung $S' - S \geq Q' - Q$, so daß keine Verbindungsleitungen gemeinsam genutzt werden, und sortierte konsekutive Eingänge konfliktfrei durch das Generalized-Cube-Netz vermittelt werden können.

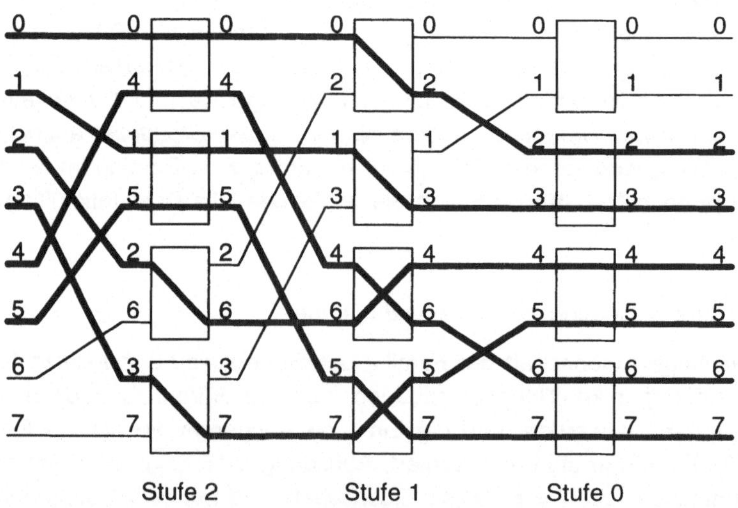

Abbildung 6.15: *Konfliktfreie Permutation von sechs Verbindungen in einem GC-Netz mit N = 8*

6.3.4 Topologisch äquivalente Netze

6.3.4.1 Überblick

Das Generalized-Cube-Netz ist ein Vertreter einer Reihe von topologisch äquivalenten Netzen, die aus $\log_2 N$ Stufen von 2x2-Koppelelementen aufgebaut sind.

Beispiele äquivalenter Systeme sind die Omega-, Indirect-Binary-*n*-Cube-, Baseline- und Flip-Netze, die im folgenden kurz beschrieben werden.

6.3.4.2 Omega-Netz

Das Omega-Netz [Law75] (Abbildung 6.16) ist topologisch äquivalent zum Generalized-Cube-Netz, wie von SIEGEL in [SiS78, Sie79] gezeigt. Dieses Netz besteht aus $s = \log_2 N$ Stufen von 2x2-Koppelelementen, wobei die Leitungsführung zwischen zwei Stufen der Shuffle-Exchange-Funktion entspricht. Die Indizierung der Eingänge von Koppelelementen ist in allen Stufen gleich; die beiden Eingänge eines Koppelelements unterscheiden sich immer in Bit 0. Durch Vertauschung der Koppelelemente A und B (siehe Abbildung 6.16) und nachfolgender Umnumerierung der Verbindungsleitungen kann das Omega-Netz in das Generalized-Cube-Netz überführt werden [Sie79].

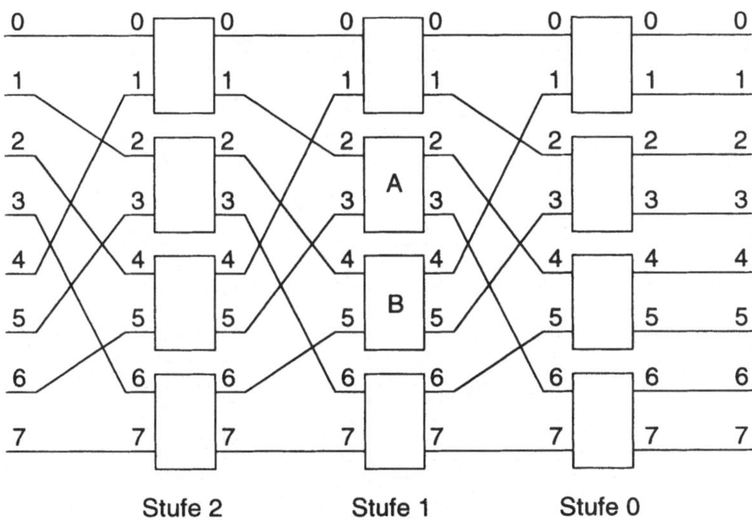

Abbildung 6.16: *Omega-Netz mit N = 8*

Die Äquivalenz der beiden Netze läßt sich auch anhand des Emulationsalgorithmus eines Cube-Netzes durch das Shuffle-Netz nachweisen. In einem Koppelelement in Stufe *k* wird eine *exchange*-Operation ausgeführt. Um bis zur Stufe *k* zu gelangen, sind bereits *k shuffle*-Operationen erfolgt, und nachdem Stufe *k* passiert wurden, folgen weitere *n − k shuffle*-Operationen. Demnach wird durch ein Koppelelement in Stufe *k* insgesamt die Funktion

$$S = \mathit{shuffle}^{n-k}(\mathit{exchange}(\mathit{shuffle}^{k}(Q)))$$

ausgeübt. Dies entspricht jedoch der $\mathit{cube}_k(Q)$-Funktion, wie in Abschnitt 4.5.3 gezeigt. Damit sind Omega- und Generalized-Cube-Netz topologisch äquivalent und haben identische Fähigkeiten des Datenaustausches bei 1-zu-1-, Permutations- und Broadcast-Verbindungen.

6.3.4.3 Indirect-Binary-n-Cube-Netz

Das Indirect-Binary-n-Cube-Netz (*IBNC-Netz*) [Pea77] (Abbildung 6.17) entspricht dem Generalized-Cube-Netz bis auf eine vertauschte Reihenfolge der Stufen. Somit kann auch dieses Netz alle 1-zu-1- und Multicast-Verbindungen in einem Durchlauf durch das Netz ausführen. Die Netze unterscheiden sich jedoch in den zulässigen Permutationsverbindungen.

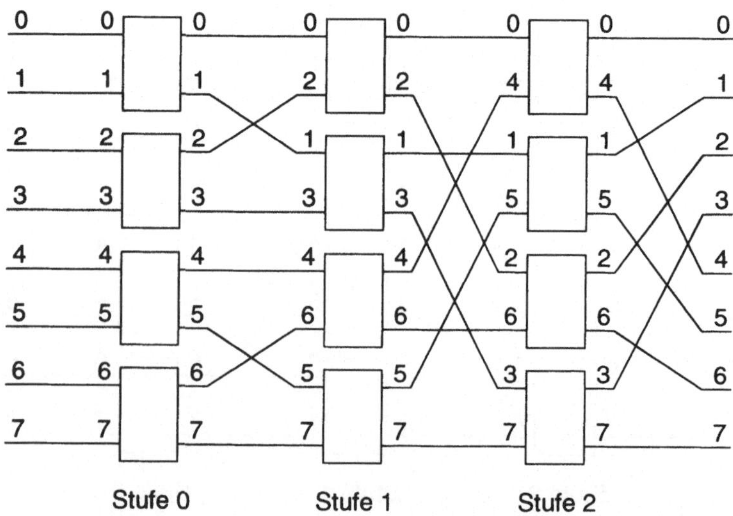

Abbildung 6.17: *Indirect-Binary-n-Cube-Netz mit N = 8*

So kann das GC-Netz zum Beispiel eine Permutation zwischen Eingang 2 und Ausgang 3 sowie 3 und 1 ausführen; im Indirect-Binary-n-Cube-Netz führt dies zu einem Konflikt, so daß diese Permutation nicht zulässig ist (siehe Abbildung 6.18). Kann das Generalized-Cube-Netz die Permutation f ausführen, so kann aufgrund der vertauschten Reihenfolge der Stufen das IBNC-Netz die Permutation f^{-1} ausführen, bei der die Rollen von Eingängen und Ausgängen vertauscht sind.

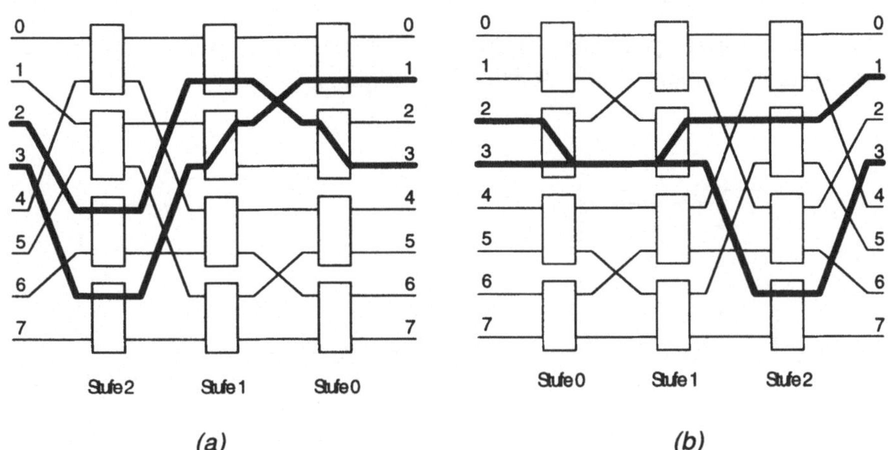

Abbildung 6.18: *Permutation in einem (a) GC-Netz und (b) IBNC-Netz*

Durch eine Umnumerierung der Zwischenleitungen des IBNC-Netzes kann die topologische Äquivalenz zum GC-Netz gezeigt werden. Hierzu wird jedem Link $P = p_{n-1}\,p_{n-2}\cdots p_1\,p_0$ die logische Nummer $\mathrm{rev}(P) = p_0\,p_1\cdots p_{n-2}\,p_{n-1}$ zugewiesen, also eine Umkehr der Bitreihenfolge durchgeführt. Dies gilt auch für jeden Netzeingang und Ausgang. Diese Umnumerierung ist in Abbildung 6.19 gezeigt. Werden nun die Koppelelemente A und B, C und D, und E und F (siehe Abbildung 6.19) jeweils vertauscht und die Netzein- und Ausgänge umsortiert, so entsteht das GC-Netz aus Abbildung 6.8.

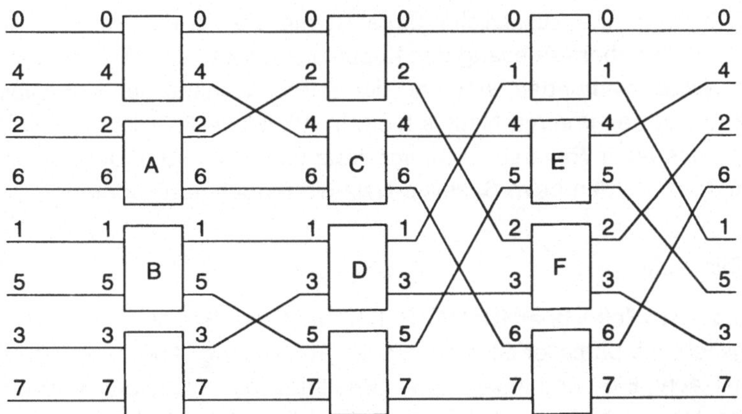

Abbildung 6.19: *Indirect-Binary-n-Cube-Netz mit Umnumerierung der Zwischenleitungen*

6.3.4.4   Baseline-Netz

Das Baseline-Netz [WuF80a] ist durch seinen rekursiven Aufbau aus kleineren Baseline-Netzen definiert, wie in Abbildung 6.20 gezeigt.

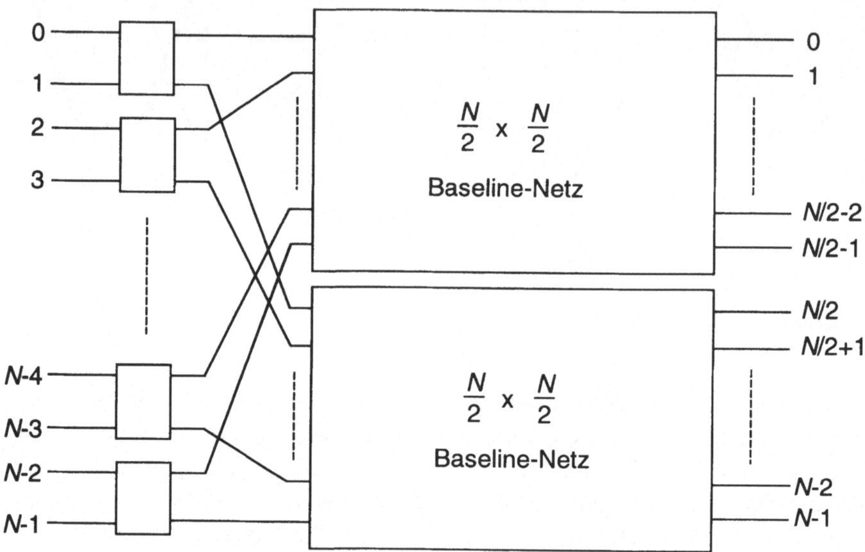

Abbildung 6.20: *Rekursive Konstruktion eines Baseline-Netzes*

Ein 2x2-Baseline-Netz ist ein einfaches 2x2-Koppelelement, während ein *NxN*-Netz aus zwei *(N/2)x(N/2)*-Netzen aufgebaut ist, mit einer zusätzlichen Netzstufe vor den beiden Netzen. Die zusätzliche Stufe ist mit den beiden Netzen *kanonisch* verdrahtet, d. h. der obere Ausgang des Koppelelementes *i* ist mit dem *i*-ten Eingang des oberen Netzes verbunden, während der untere Ausgang des Koppelelementes zum *i*-ten Eingang des unteren Netzes führt. In Abbildung 6.21 ist ein 8x8-Baseline-Netz gezeigt, das auch *Reverse-Exchange-Netz* genannt wird [WuF80b]. Verglichen mit dem GC-Netz wurden beim Baseline-Netz die Eingänge umsortiert.

6.3.4.5   Flip-Netz

Im Staran-Parallelrechner [Bat74, Bat76] fand das Flip-Netz, ein mehrstufiges Verbindungsnetz mit partieller Stufenkontrolle, Anwendung; Abbildung 6.22 zeigt ein Flip-Netz mit acht Ein- und Ausgängen. Bestände das Netz aus konventionellen Koppelelementen, so hätte es die Struktur des IBNC-Netzes. Somit ist diese Netzstruktur topologisch äquivalent zum GC-Netz [Sie79]. Im Flip-Netz des Staran-

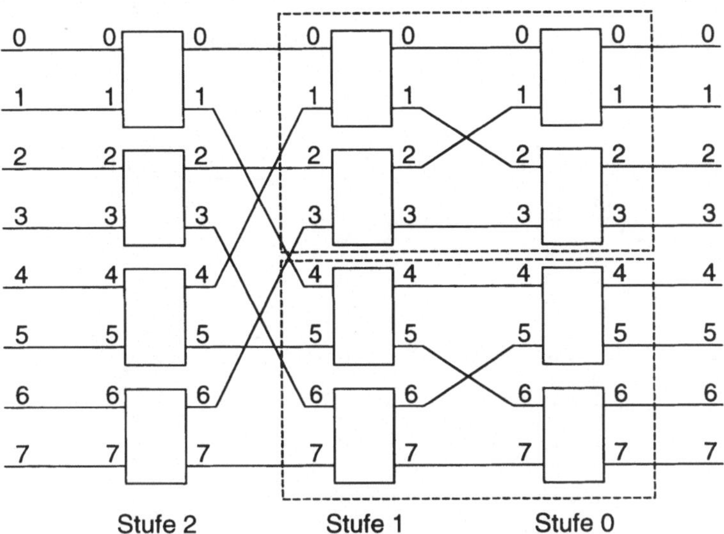

Abbildung 6.21: *Baseline-Netz mit N = 8*

Rechners werden allerdings einfachere Schalter benutzt, die durch ein externes Kontrollsignal entweder auf *straight* oder auf *exchange* gestellt werden. Die Schalter, die vom selben Kontrollsignal gesteuert werden, sind in Abbildung 6.22 schraffiert unterlegt; die Schalter der Stufe *k* werden durch *k*+1 Kontrollsignale gesteuert.

Im Staran-Rechner werden mittels des *flip control* alle Kontrollsignale einer Stufe zusammengefaßt und durch ein Signal zentral gesteuert. Ist dieses Signal logisch 0, so führen alle Schalter der Stufe eine *straight*-Operation aus. Ist es logisch 1, stehen alle Schalter der Stufe auf *exchange*. So kann durch $\log_2 N$ Kontrollsignale das gesamte Netz zentral gesteuert werden. Diese Netzfunktion wird im Staran-Rechner zur Verteilung der Daten benutzt, wenn der Assoziativspeicher im Rechner angesprochen wird.

Eine weitere Steuerung des Flip-Netzes ist *shift control*. Hiermit ist es möglich, das Netz in gleichgroße Gruppen aufzuteilen (Gruppengröße 2^p) und innerhalb jeder Gruppe in einem Netzdurchlauf Shift-Permutationen der Form $P' = (P + 2^m) \bmod 2^p$ mit $0 \leq m < p \leq \log_2 N$ auszuführen. In Tabelle 6.1 sind die verschiedenen Kombinationen der Kontrollsignale gezeigt, die verwendet werden müssen, um die einzelnen Permutationen zu erhalten (eine 1 des Kontrollsignals entspricht einem *exchange* der zugehörigen Schalter, während eine 0 die Schalter auf *straight* stellt).

Da die Schalter des Flip-Netzes nicht individuell gesteuert werden können, besitzt ein Flip-Netz weniger Kommunikationsmöglichkeiten als ein GC-Netz.

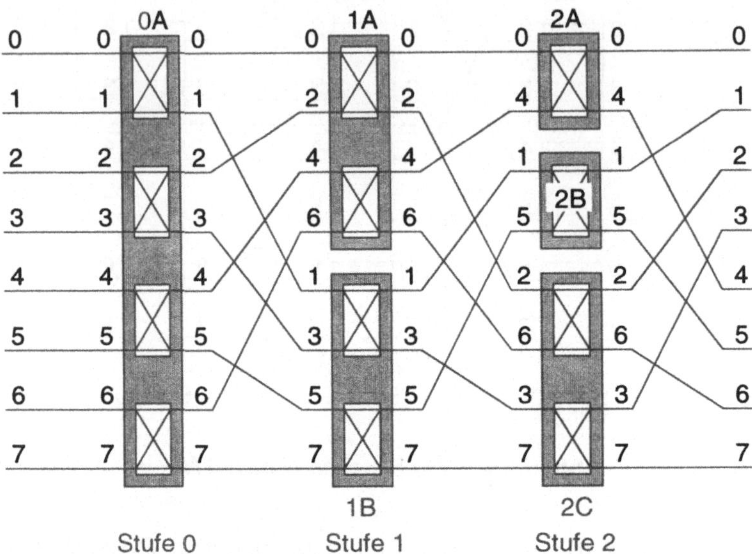

Abbildung 6.22: Flip-Netz mit N = 8

Shift	Gruppen-größe	0A	1A	1B	2A	2B	2C
+1	8	1	1	0	1	0	0
+2	8	0	1	1	1	1	0
+4	8	0	0	0	1	1	1
+1	4	1	1	0	0	0	0
+2	4	0	1	1	0	0	0
+1	2	1	0	0	0	0	0

Tabelle 6.1: Shift-Steuerung des Flip-Netzes

6.4 Datenmanipulatoren

Während das Generalized-Cube-Netz und seine topologisch äquivalenten Netze auf dem direkten Cube-Netz beruhen, liegen den Datenmanipulatoren die direkten PM2I-Netze zugrunde.

Ein Datenmanipulator-Netz besteht aus $\log_2 N$ Koppelelementstufen und einer Stufe mit Netzausgangsknoten. Jede Koppelelementstufe umfaßt jeweils N Koppelelemente und deren Ausgangsleitungen. Abbildung 6.23 zeigt ein solches Netz für N = 8. Die Eingänge sind von 0 bis $n-1$ numeriert, ebenso wie die Koppelelemente jeder Stufe. Die Zwischenleitungsführung der Stufe k stellt die $PM2_{\pm k}$-Funktionen sowie die Identitäts-Funktion (geradeaus geschaltet) dar. Daher sind die Ausgänge eines Koppelelements R_k in Stufe k mit drei Koppelelementen in Stufe $k-1$ verbunden, und zwar mit R_{k-1}, $(R_{k-1} + 2^k)$ mod N und $(R_{k-1} - 2^k)$ mod N. In Stufe $n-1$ sind die Koppelelemente R_{n-1} aufgrund der Beziehung $PM2_{+(n-1)} = PM2_{-(n-1)}$ nur mit zwei Koppelelementen der Stufe R_{n-2} verbunden. Bei einer Realisierung reichen in Stufe $n-1$ also zwei Ausgangsverbindungsleitungen aus.

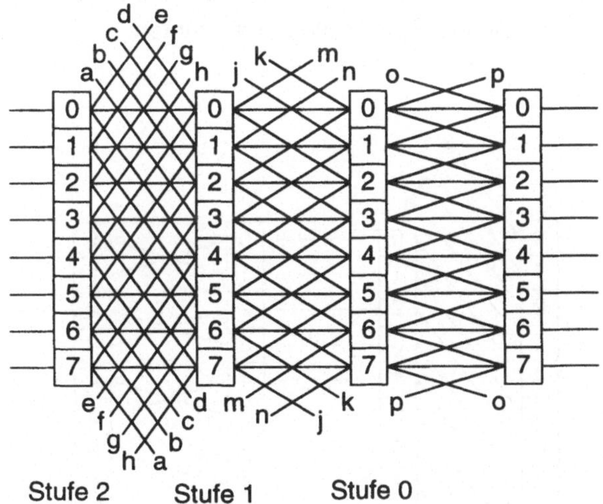

Abbildung 6.23: *Datenmanipulator mit N = 8 Eingängen und Ausgängen*

Die Verbindungsstruktur von Datenmanipulator-Netzen ist eine Übermenge der Verbindungen eines Generalized-Cube-Netzes, da auch das direkte PM2I-Netz das direkte Cube-Netz umfaßt.

Beim Datenmanipulator bestehen die Koppelelemente aus einem Selektor, der nur eine der drei Eingangsleitungen eines Koppelelements zu einem der drei Ausgänge des Koppelelements durchschaltet. Es kann also zu jeder Zeit nur eine Nachricht das Koppelelement durchqueren. In Abhängigkeit von der Steuerung der einzelnen Koppelelemente lassen sich Datenmanipulatoren in verschiedene Klassen einteilten, die in den nächsten Abschnitten näher beschrieben werden.

6.4.1 Datenmanipulator nach FENG

Der Datenmanipulator nach FENG [Fen74] ist ein Permutationsnetz, in dem sechs Kontrollsignale pro Stufe den Zustand der Koppelelemente spezifizieren. In Stufe k sind die drei Signale H_1^k, D_1^k und U_1^k den Koppelelementen mit einer 0 in Bit k zugeordnet, und drei weitere H_2^k, D_2^k und U_2^k den Koppelelementen mit einer 1 in Bit k. Die H-Signale schalten die horizontale Verbindung durch, bei D wird $PM2_{+k}$ und bei U wird $PM2_{-k}$ ausgeführt. Zur vollständigen Spezifikation des Schaltzustandes ist je genau ein Signal aus H_1^k, D_1^k und U_1^k sowie aus H_2^k, D_2^k und U_2^k pro Stufe zu setzen. Abbildung 6.24 zeigt ein Beispiel mit U_1^2, U_2^2, H_1^1, H_2^1, D_1^0 und U_2^0. Aufgrund der eingeschränkten Anzahl der Kontrollsignale kann der Datenmanipulator nur eine geringe Anzahl aller möglichen Permutationen ausführen.

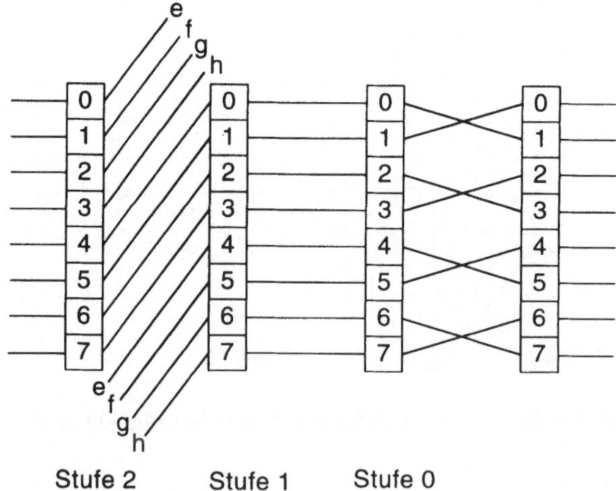

Abbildung 6.24: *Verbindungen in einem Datenmanipulator mit den Kontrollsignalen* U_1^2, U_2^2, H_1^1, H_2^1, D_1^0 *und* U_2^0 *für N = 8*

6.4.2 Augmented Data Manipulator und Inverse Augmented Data Manipulator

6.4.2.1 Eigenschaften der Netze

Durch individuelle Kontrolle der Koppelelemente, ähnlich wie beim Generalized-Cube-Netz, wird die Flexibilität des Datenmanipulators wesentlich erhöht. Dieser *Augmented Data Manipulator* (*ADM*), eingeführt von SIEGEL und SMITH [SiS78], hat die gleiche Struktur und Reihenfolge der Stufen (siehe Abbildung 6.23); beim *Inverse Augmented Data Manipulator* (*IADM*), eingeführt von SIEGEL und McMILLEN [SiM81], ist die Reihenfolge der Stufen invertiert, wie in Abbildung 6.25 gezeigt.

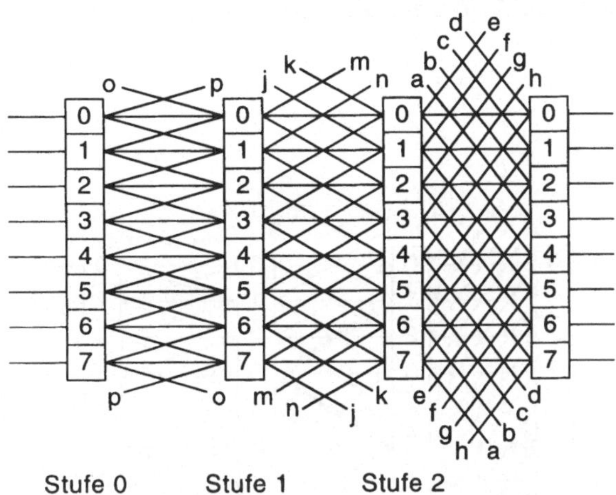

Abbildung 6.25: *Inverse Augmented Data Manipulator mit N = 8*

Beim ADM und IADM bestehen die Koppelelemente wiederum aus einem Selektor, der nur eine der drei Eingangsleitungen eines Koppelelements zu einem der drei Ausgänge des Koppelelements durchschaltet. Im *Gamma-Netz* nach PARKER und RAGHANVENDRA [PaR82] hingegen, welches die Topologie des IADM besitzt, besteht jedes Koppelelement aus 3x3-Crossbars, so daß bis zu drei Nachrichten gleichzeitig durch ein Koppelelement vermittelt werden können.

Im ADM-Netz sind sowohl 1-zu-1-Verbindungen als auch Broadcast- und Multicast-Verbindungen möglich. Abbildung 6.26 zeigt 1-zu-1-Verbindungen zwischen Eingang 5 und Ausgang 3.

Das Durchlaufen des ADM-Netzes entspricht einer Reihe von Additionen bzw. Subtraktionen zum Index des betrachteten Netzeingangs. Da Stufe k der $PM2_k$-Funktion entspricht, wird bei Durchlaufen dieser Stufe k der Index beibehalten, oder

der Wert 2^k addiert oder subtrahiert. Für die Gesamtsumme G muß $G = (Q - S)$ mod N gelten, damit von Quelle Q die korrekte Senke S erreicht wird. So wird im Beispiel in Abbildung 6.25 bei der dick durchgezogenen Verbindung in Stufe 2 die Identitäts-funktion ausgeführt, demnach 0 addiert. Dann wird durch die $PM2_{-(n-2)}$-Funktion in Stufe 1 eine 2 subtrahiert, so daß der Index 3 (die Senkenadresse) resultiert; in Stufe 0 wird dann durch die Identitätsfunktion Ausgang 3 erreicht.

Da das PM2I-Netz eine Übermenge des Cube-Netzes darstellt, ist auch die Anzahl der möglichen Wege zwischen Quellen und Senken größer als beim Genera-lized-Cube-Netz. Beim GC-Netz existiert genau ein Weg zwischen jedem Paar von Ein-und Ausgängen. Beim ADM-Netz gilt dies nur für Verbindungen zwischen Ein-gängen E und Ausgängen A mit $E = A$. Alle anderen Paare erlauben zwei oder mehr Verbindungen. Abbildung 6.26 zeigt drei verschiedene Wege zwischen Eingang 5 und Ausgang 3.

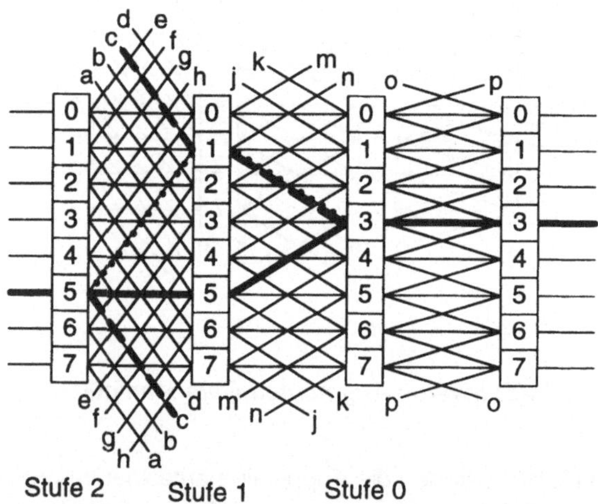

Abbildung 6.26: *Wege im ADM-Netz von Eingang 5 zu Ausgang 3*

Broadcasts und Multicasts in einen ADM-Netz erfordern, daß die Koppelelemente eine gleichzeitige Verbindung zwischen einem Eingang und mehreren Ausgängen zulassen. Dann können Multicast-Verbindungen von einem Netz-Eingang zu einer beliebigen Menge von Ausgängen durch die Überlagerung von 1-zu-1-Verbindungen erzielt werden. Aufgrund dieser Überlagerung von Einzelverbindungen gibt es auch bei Broadcast-Verbindungen in allen Fällen mit $E \neq A$ mehr als einen Weg. Abbil-dung 6.27 zeigt unterschiedliche Wege für eine Multicast-Verbindung zwischen Ein-gang 3 und den Ausgängen 0, 2, 4 und 5.

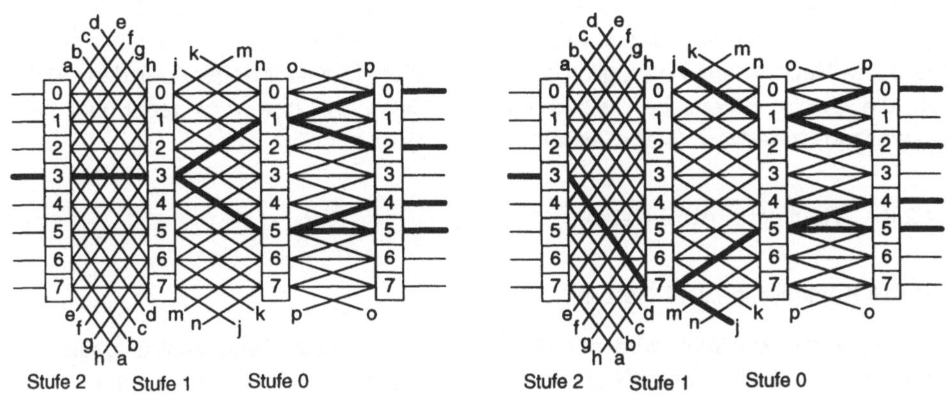

Abbildung 6.27: *Multicasts im ADM-Netz*

Permutationen sind mit den ADM- und IADM-Netzen ebenfalls möglich. Als Beispiel ist die Permutation $P' = (P+2) \bmod N$ in einem ADM-Netz mit $N = 8$ in Abbildung 6.28 gezeigt. Hier wird in Stufe 2 eine 4 addiert und in Stufe 1 eine 2 subtrahiert. Diese Permutation hätte auch dadurch ausgeführt werden können, daß Stufen 2 und 0 auf geradeaus geschaltet werden und in Stufe 1 die nach unten führenden Leitungen benutzt werden. So wird in Stufe 1 eine 2 der Adresse aufaddiert.

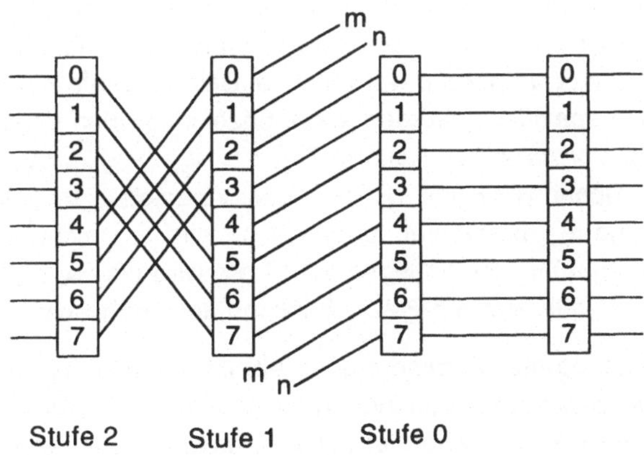

Abbildung 6.28: *Permutation P' = (P+2) mod N in einem ADM-Netz mit N = 8*

Dieses Beispiel zeigt, daß es bei vielen Permutationen verschiedene Möglichkeiten gibt, diese auszuführen. Wenn das ADM-Netz eine Permutation *f* durchführen kann, so kann das IADM-Netz die inverse Permutation f^{-1} ausführen, da im IADM-Netz die Stufen in umgekehrter Reihenfolge wie im ADM-Netz durchlaufen werden. Das IADM-Netz hat also bezüglich der Permutationsfähigkeit gegenüber dem ADM-Netz die gleiche Eigenschaft wie das Indirect-Binary-n-Cube-Netz gegenüber dem Generalized-Cube-Netz (siehe Abschnitt 6.3.4.3).

6.4.2.2 Routing in ADM-Netzen

Verteilte Kontrolle in ADM-Netzen

Wie bereits erwähnt, wird der Datenmanipulator nach FENG zentral gesteuert, mit jedoch nur sechs Kontrollsignalen pro Stufe. Die zentrale Kontrolle eines ADM- oder IADM-Netzes mit $N\log_2 N$ unabhängigen Koppelelementen ist nicht durchführbar, so daß verteilte Kontrollmechanismen wie die Routing-Tags beim Generalized-Cube-Netz erforderlich sind.

Vollständige Routing-Tags

Um jede beliebige Verbindung spezifizieren zu können, muß die Stellung jedes Koppelelementes entlang einer Verbindung von einer Quelle zu einer Senke spezifiziert werden können. Da ein Koppelelement in Stufe $n-1$ zwei Verbindungsalternativen (gerade und $PM2_{+(n-1)} = PM2_{-(n-1)}$) und die Koppelelemente in den übrigen Stufen drei Alternativen (gerade, $PM2_{+k}$, $PM2_{-k}$) ermöglichen, sind als untere Schranke $1 + \log_2(3^{n-1})$ Bits erforderlich. Jedoch können diese Bits bis auf das Kontrollbit für Stufe $n-1$ nicht einzelnen Koppelelementen zugeordnet werden, so daß die praktische Anwendbarkeit eines Kontroll-Tags mit der minimalen Bitanzahl beschränkt ist. Um diese Problematik zu umgehen, werden zwei Bits pro Stufe eingesetzt. Da jeder Weg in dieser Weise spezifiziert werden kann, bezeichnet man ein solches Routing-Tag mit $2n$ Bits als *Vollständiges Routing-Tag* $V = v_{2n-1}v_{2n-2}\ldots v_1 v_0$. Hierbei legt Bit v_k $(0 \le k < n)$ die Schrittweite und Bit v_{n+k} das Vorzeichen fest. In einer Stufe k werden die Bits v_k und v_{n+k} betrachtet. Ist $v_k = 0$, so wird v_{n+k} nicht betrachtet und die Identitätsfunktion ausgeführt. Ist hingegen $v_k = 1$, so wird die $PM2_{+k}$-Funktion ausgeführt, falls $v_{n+k} = 0$ ist, während die $PM2_{-k}$-Funktion ausgeführt wird, falls $v_{n+k} = 1$ ist.

Für die durchgezogene Verbindung in Abbildung 6.26 ist das Routing-Tag $V = 010010$, für die gepunktete Verbindung ist $V = 100110$ und für die gestichelte Verbindung wird $V = 000110$ verwendet (es wird davon ausgegangen, daß ein Vorzeichenbit, welches nicht benutzt wird, auf 0 gesetzt ist).

Das Vollständige Routing-Tag entspricht also dem additiven Abstand (modulo N) zwischen der Quell- und der Senkenadresse und ist somit äquivalent zum XOR-Routing in GC-Netzen (siehe Abschnitt 6.3.3.5).

Natürliche Routing-Tags

Eine Vereinfachung der Routing-Tags kann dadurch erfolgen, daß das Vorzeichen aller Transfers innerhalb des Netzes gleich bleibt. Ein dafür erforderliches Natürliches Routing-Tag $R = r_n r_{n-1}...r_1 r_0$ besteht aus dem Vorzeichenbit r_n sowie n Schrittweitenbits. Entlang einer Verbindung, die durch ein Natürliches Tag spezifiziert wird, nehmen die Koppelelemente nur die *gerade*-Stellung und entweder die PM2$_{+k}$- oder die PM2$_{-k}$-Stellung an. Die durchgezogene Verbindung in Abbildung 6.26 kann beispielsweise durch das Natürliche Routing-Tag 1010 spezifiziert werden. Die Schrittweitenbits 010 zeigen an, daß nur in Stufe 1 ein Wert ungleich 0 addiert werden muß, während das Vorzeichenbit angibt, daß dieser Wert negativ sein muß. Die gestrichelte Verbindung in Abbildung 6.26 wird durch das Tag 0110 spezifiziert. Für die gepunktete Verbindung existiert kein Natürliches Routing-Tag, da in Stufe 2 ein negativer Wert addiert wird, während der Wert in Stufe 1 positiv ist.

Destination-Tags

Die Bestimmung sowohl der Vollständigen als auch der Natürlichen Routing-Tags erfordert die Berechnung des Abstandes D zwischen Ein- und Ausgang. Dies entspricht der XOR-Routing-Methode beim GC-Netz, bei der in die Berechnung des Tags Ein- und Ausgang einfließen. Bei Destination-Tags entfällt jegliche Berechnung, so daß eine schnellere Bestimmung des Routing-Tags möglich ist. Auch bei den ADM- und IADM-Netzen ist eine solche Methode möglich. Hierbei werden die einzelnen Koppelelemente in zwei Klassen, gerade und ungerade, unterteilt, wobei die Koppelelemente die Destination-Tags nach einfachen Regeln, die von der Koppelelementklasse abhängen, interpretieren. Details finden sich in [RaF92, LeL86].

Routing-Tags für Broadcasts

Broadcast- und Multicast-Verbindungen können in ADM- und IADM-Netzen ebenfalls dezentral durch die einzelnen Koppelelemente gesteuert werden. Hierzu wird dem eigentlichen Routing-Tag (Vollständiges oder Natürliches Routing-Tag) ein $n{+}1$-Bit Broadcast-Tag $B = b_n b_{n-1} b_{n-2}...b_1 b_0$ angehängt. Jede Stufe k untersucht zuerst das Broadcast-Tag Bit b_k. Ist $b_k = 0$, so wird der Broadcast ignoriert und das Routing-Tag zur Vermittlung der Daten herangezogen. Ist $b_k = 1$, so wird ein Broadcast ausgeführt; stammt die Nachricht vom unteren Eingang, wird ein *Lower Broadcast*, andernfalls ein *Upper Broadcast* ausgeführt. Diese Methode erlaubt einem Koppelelement nur, bei einem Broadcast die Nachricht auf zwei seiner Ausgangslinks weiterzuschicken. Hierbei können zwei Arten von Broadcasts durchgeführt werden. Der 2^k-*Broadcast* benutzt die Geradeausleitung und eine der anderen Ausgangsleitungen, während der 2^{k+1}-*Broadcast* die beiden nichtgeraden Leitungen benutzt. Der 2^{k+1}-*Broadcast* wird benutzt, wenn das Vorzeichenbit des Broadcast-Tags (b_n) 1 ist. Ist

$b_n = 0$, so wird der *2^k-Broadcast* ausgeführt. Beim *2^k-Broadcast* bestimmt das Vorzeichenbit des Routing-Tags (entweder r_{n+k} beim Vollständigen Tag oder t_n beim Natürlichen Tag) dann, welcher der nichtgeraden Leitungen benutzt wird.

Durch diese Methode kann nur eine Untermenge aller Multicasts in einem Netz durchgeführt werden. Für den Multicast in Abbildung 6.27 z. B. existiert kein Broadcast-Tag, da in Stufe 0 gleichzeitig ein 2^k-Broadcast und ein 2^{k+1}-Broadcast durchgeführt werden muß, welches durch das Broadcast-Tag nicht spezifiziert werden kann.

6.5   Indirekte Netze mit interner Datenoperation

Bei Algorithmen, die auf Parallelrechnern mit gemeinsamem Speicher laufen, tritt häufig der Fall auf, daß mehrere Prozessoren gleichzeitig auf die gleiche gemeinsame Variable (*shared variable*) im Hauptspeicher zugreifen. Dies geschieht z. B. bei der Benutzung der Variable als *Semophore* zur Synchronisation [Dij68], oder beim Einschreiben bzw. Auslesen von Elementen aus einer gemeinsamen Queue (*shared queue*) [Sto87]. Um einen Algorithmus mit maximaler Geschwindigkeit zu erhalten, müssen diese gleichzeitigen Zugriffe auf die Variable parallel ablaufen. In Parallelrechnern mit gemeinsamem Speicher bildet jedoch das Speichermodul, in dem die Variable liegt, den Flaschenhals, da das Modul meist nur einen Zugriff pro Zyklus zuläßt, aber mehrere Zugriffe gleichzeitig von den Prozessoren iniziiert werden können. Das gleiche Problem tritt auch in Parallelrechnern mit verteiltem Speicher auf, wenn virtuell gemeinsamer Speicher unterstützt wird.

Eine Möglichkeit, gleichzeitige Zugriffe auf gemeinsame Variablen zu parallelisieren, ist die Benutzung von zusätzlicher Hardware im Verbindungsnetz, welches die Prozessoren mit den Speichermodulen (oder die PEs untereinander) verbindet. Solche Netzerweiterungen werden in den folgenden Abschnitten aufgezeigt. Hierbei werden bidirektionale Netze vorausgesetzt.

6.5.1   Fetch-and-Add-Netze

Ein Fetch&Add-Zugriff $B \leftarrow F\&A(A,e)$ besteht aus zwei Operationen (A und B sind zwei Variablen, e ist ein fester Wert). Zum einen wird der Variablen B der Wert von A zugewiesen (d. h. $B \leftarrow A$), und zum anderen wird der Variablen A der Wert e aufaddiert (d. h. $A \leftarrow A+e$). Diese Operationen sind unteilbar (*atomar*), so daß zum Beispiel ein Interrupt oder ein DMA-Zugriff das Resultat nicht beeinflussen kann. Führen nun in einem Parallelrechner zwei Prozessoren eine Fetch&Add-Operation auf die gleiche Variable aus, so ist das Ergebnis von der Reihenfolge der Ausführung abhängig. Ist zum Beispiel in der gemeinsamen Variable A der Wert a enthalten und greift Prozessor P_1 mittels $B \leftarrow$ F&A(A,e) zuerst auf A zu, gefolgt von Prozessor P_2 mit $C \leftarrow$ F&A(A,f), so gilt $B \leftarrow a$, $C \leftarrow a+e$ und $A \leftarrow a+e+f$. Bei einer umgekehrten Reihenfolge, also erst P_2, dann P_1, ist der Endwert von A identisch mit dem vorherigen Ergebnis, jedoch gilt $B' \leftarrow a+f$ und $C' \leftarrow a$. In einem parallelen MIMD-System ist jedoch die Reihenfolge der Ausführung in der Regel nicht festgelegt, so daß beide Ergebnisse korrekt sind. Diese Eigenschaft macht sich das Fetch&Add-Netz zunutze.

In der Struktur unterscheidet sich ein Fetch&Add-Netz nicht von einem üblichen mehrstufigen indirekten Netz. In der Regel wird als Grundlage das Generalized-Cube-Netz oder eines der topologisch äquivalenten Netze genutzt, jedoch sind auch Netze anderer Topologien möglich [DaE90]. Es ist erforderlich, daß eine Rückantwort auf einen Speicherzugriff den selben Weg benutzt wie der ursprüngliche Speicherzugriff. Dies ist in Mehrpfadnetzen von Bedeutung, da dort die Kontrolle der Wegauswahl entsprechend ausgelegt sein muß. Im Generalized-Cube-Netz ist diese Eigenschaft inhärent.

Der wesentliche Unterschied ergibt sich in einer Modifikation der Koppelelemente, die die Aufgabe der Zusammenlegung von Nachrichten durchführen müssen. Das folgende Beispiel eines Fetch&Add-Zugriffes von drei Prozessoren auf Speicherzelle A ist in Abbildung 6.29 illustriert.

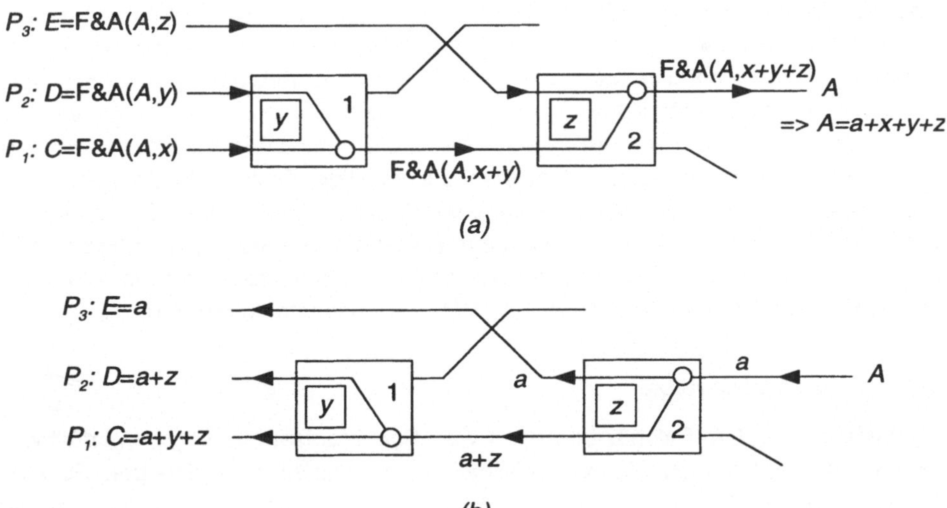

Abbildung 6.29: *Fetch&Add-Zugriff von drei Prozessoren auf Speicherzelle A: (a) Hinweg, (b) Rückweg*

Zuerst soll der Hinweg betrachtet werden (der Weg einer Nachricht vom Prozessor zum Speicher, siehe Abbildung 6.29a). Treffen in einem Koppelelement (Koppelelement 1) gleichzeitig F&A-Nachrichten an die selbe Variable A mit Inhalt a ein (d.h., $C \leftarrow F\&A(A,x)$ von Prozessor P_1 und $D \leftarrow F\&A(A,y)$ von Prozessor P_2), so werden die Zugriffe als eine einzelne Fetch&Add-Operation weitergeleitet. Dabei wird zufällig ausgewählt, ob $C \leftarrow F\&A(A,x+y)$ oder $D \leftarrow F\&A(A,x+y)$ weitergeleitet wird. Hier wird von $C \leftarrow F\&A(A,x+y)$ ausgegangen; für $D \leftarrow F\&A(A,x+y)$ gelten äquivalente Betrachtungen. Im Koppelelement 1 ist der Wert von A nicht bekannt, so daß der nicht weitergeleitete Zugriff $D \leftarrow F\&A(A,y)$ noch nicht erfüllt werden kann. Daher wird der Zugriff und der Wert y in einem speziellen Wartepuffer im Koppelelement 1 gespeichert. Der weitergeleitete Zugriff $C \leftarrow F\&A(A,x+y)$ trifft nun in Koppelelement 2 auf einen weiteren Fetch&Add-Zugriff $E \leftarrow F\&A(A,z)$ auf Variable A von Prozessor P_3. Auch diese beiden Zugriffe werden zusammengefaßt, wobei in diesem Beispiel der Zugriff $C \leftarrow F\&A(A,x+y+z)$ weitergeleitet wird, während der andere Zugriff und der Wert z im Wartepuffer von Koppelelement 2 zwischengespeichert wird. Nachdem die Operation an der Variablen A ausgeführt ist, gilt $A \leftarrow a+x+y+z$, und die Rückantwort enthält den Wert a. Nun wird der Weg der Rückantwort betrachtet (siehe Abbildung 6.29b). Trifft die Rückantwort am Koppelelement 2 ein, so wird sie einerseits unmittelbar an P_3 weitergeleitet ($E \leftarrow a$), und zum anderen wird mit Hilfe des Wartepuffers eine zweite Rückantwort generiert, die den Wert $a+z$ enthält und die an Koppelelement 1 weitergereicht wird. In Koppelelement 1 wird diese Antwort direkt an Prozessor P_2 weitergeleitet ($D \leftarrow a+z$), während mittels der im Wartepuffer gespeicherten Information eine weitere Antwort mit dem Wert $a+y+z$ generiert und an Prozessor P_1 weitergereicht wird ($C \leftarrow a+y+z$). Das Gesamtergebnis entspricht also der Ausführung dreier Fetch&Add-Operationen, ohne daß drei Zugriffe auf die Variable erforderlich sind. Da wie gezeigt in jeder Netzstufe Fetch&Add-Zugriffe zusammengeführt werden können, führt selbst eine gleichzeitige Fetch&Add-Operation aller Prozessoren auf die gleiche Variable zu lediglich einem Speicherzugriff, so daß kein Engpaß am Speichermodul entstehen kann. Damit ein Verbindungsnetz Fetch&Add-Zugriffe unterstützt, muß jedes Koppelelement des Netzes zusätzlich mit Adreßvergleichern, einem Wartepuffer und einem Addierer ausgestattet werden.

6.5.2 Fetch-and-Φ-Netze

Während mit dem Fetch&Add-Zugriff viele Synchronisationsaufgaben erfüllt werden können, sind manche Speicheroperationen hiermit nicht realisierbar. So kann zum Beispiel kein fester Wert in eine Speicherzelle geschrieben werden, da das Ergebnis immer vom ursprünglichen Wert abhängt. Die verallgemeinerte Fetch&Φ-Operation behebt dieses Problem. Bei einem Zugriff $F\&\Phi(A,e)$ auf eine Variable A wird der Inhalt der Variablen an den aufrufenden Prozessor zurückgeschickt, während der Variablen A der Wert $\Phi(A,e)$ zugewiesen wird. Die Funktion $\Phi(a,b)$ kann hierbei geliebig gewählt werden, solange die Kommutativ- und Assioziativgesetze gelten. So führt die Wahl von $\Phi(a,b) = a+b$ zu der im letzten Abschnitt beschriebenen Fetch&Add-Operation.

Der Fetch&Φ-Zugriff kann effektiv zur Zugriffsteuerung von gemeinsam genutzten Variablen benutzt werden. Damit genau ein Prozessor exklusiven Zugriff auf solch eine Variable erhält, muß während des Zugriffs diese Variable für andere Prozessoren gesperrt werden. Dies kann z. B. durch ein ein-bit Semaphore geschehen. Prozessoren, die auf die Variable zugreifen möchten, lesen den Semaphore. Ist der Semaphore 1, so ist die zugehörige Variable gesperrt und ein Prozessor kann nicht auf sie zugreifen. Es muß also sichergestellt werden, daß, wenn ein Prozessor auf eine nicht-gesperrte Variable zugreift, diese sofort für andere Prozessoren durch Setzen des zugehörigen Semaphore gesperrt wird. Dies wird durch atomare *Lock*- und *Unlock*-Operationen bewerkstelligt. Die Lock-Operation kann hierbei durch einen Fetch&Φ-Zugriff mit $\Phi(Semaphore,$ OR TRUE) implementiert werden. Diese Operation wird auch *Test-and-Set* genannt. Der Zugriff, der als erstes an der Semaphore ankommt, setzt diesen auf 1 und erhält eine 0 zurück. Alle anderen Prozessoren setzen den Semaphore ebenfalls auf 1, erhalten jedoch eine 1 zurück. Nur der Prozessor, der als Antwort eine 0 erhält, hat dann exklusiven Zugriff auf die eigentliche Variable. Die Unlock-Operation kann z. B. durch einen Fetch&Φ-Zugriff mit $\Phi(Semaphore,$ AND FALSE) implementiert werden. Bei beiden Fetch&Φ-Operationen können Nachrichten innerhalb des Netzes zusammengefaßt werden, wenn jedes Koppelelement OR und AND-Funktionen implementiert habt.

Schreib- und Lesezugriffe auf Variablen können ebenfalls durch Fetch&Φ-Operationen ausgeführt werden. Bei einem Lesezugriff kann z. B. die Funktion $\Phi(A,{}^*)$ $= A$ verwendet werden, wobei $*$ nicht beachtet werden muß. Ein Lesezugriff kann auch durch die Fetch&Add-Operation F&A$(A,0)$ ausgeführt werden. Die Funktion $\Phi(A,L) = L$ schreibt den Wert L in die Variable A. Die Rückantwort wird hierbei nicht benötigt, so daß das Versenden der Antwort vom Speicher zu den Prozessoren entfallen kann.

6.5.3   Kombinierende Netze

Wie in Abschnitt 12.7.2 näher erläutert wird, können Verkehre, bei denen manche Senken häufiger angesprochen werden als andere, zu drastischen Einbrüchen in der Netzleistung führen. Diese Verkehre entstehten z. B. in Parallelrechnern mit gemeinsamem Speicher, wenn gemeinsam genutzte Variablen von mehreren Prozessoren gleichzeitig gelesen werden. Um eine Überlastung einzelner Netzausgänge zu verhindern, kann z. B. die Fetch&Add-Operation F&A$(A,0)$ ausgeführt werden (siehe letzter Abschnitt). Hierzu müssen allerdings die Koppelelemente zusätzliche Addierer beinhalten.

Eine einfachere Methode, solche gleichzeitigen Zugriffe zu parallelisieren, ist die Verwendung von kombinierenden Netzen, in denen Nachrichten zusammengefaßt werden, die an die gleiche Variable gerichtet sind. Hierbei werden Daten jedoch nicht geändert. In den Koppelelementen von kombinierenden Netzen werden die Puffer nach Nachrichten durchsucht, die zur gleichen Speicherzelle gerichtet sind. Nur eine dieser Nachrichten wird unverändert weitergeschickt, während die restlichen Nachrichten in Wartepuffern in den Koppelelementen zwischengepuffert werden. Trifft die Rückantwort der weitergeleiteten Nachricht an einem Koppelelement wieder ein, so wird im zugehörigen Wartepuffer geschaut, ob diese Nachricht auf dem Hinweg kombiniert wurde. War dies der Fall, so wird die Rückantwort vervielfacht und an die einzelnen Quellen der kombinierten Nachrichten weitergeschickt.

Ein kombinierendes Netz wird durch den *Kombinierungsgrad k* charakterisiert, welcher die maximale Anzahl der Nachrichten angibt, die innerhalb eines Koppelelements gleichzeitig kombiniert werden können. So wurden z. B. im NYU-Ultracomputer [GoG83] und im IBM RP3-Parallelrechner [PfB85] kombinierende Netze eingeführt. Dieses bestehen aus 2x2-Koppelelementen, in denen pro Ausgang maximal zwei Nachrichten, die für die gleiche Senke bestimmt sind, kombiniert werden können ($k = 2$). Die VLSI-Implementierung dieser Koppelelemente ist in Abschnitt 8.6 näher beschrieben.

Je höher der Kombinierungsgrad ist, desto mehr Nachrichten können gleichzeitig kombiniert werden, so daß die Leistung der Netze unter unsymmetrischen Verkehren steigt. Gleichzeitig erhöht sich jedoch der Hardware-Aufwand innerhalb der Koppelelemente. LEE et al. [LeK94] konnten zeigen, daß Netze mit 2x2 kombinierenden Koppelelementen und einem Kombinierungsgrad von $k = 3$ (bis zu drei Nachrichten können gleichzeitig kombiniert werden) fast die gleiche Leistung unter unsymmetrischen Verkehren aufweisen wie Netze mit einem Kombinierungsgrad $k = \infty$ (beliebig viele Nachrichten können gleichzeitig kombiniert werden).

7 Blockierungsfreie und rearrangierbare Netze

7.1 Einführung

Müssen in durchschaltevermittelnden Netzen alle möglichen Permutationen ohne Konflikt möglich sein, so reichen die Möglichkeiten von Multistage-Cube-Netzen, Datenmanipulatoren und ähnlichen Netzen nicht aus, da deren Permutationsfähigkeit eingeschränkt ist.

Blockierungsfreie bzw. rearrangierbare Netze werden häufig in Vermittlungssystemen der Telekommunikation eingesetzt, da dort beliebige Wege möglich sein müssen, um Kommunikationsverbindungen zwischen beliebigen Teilnehmern zu erlauben. Ein Beispiel für den Einsatz in Parallelrechnern ist das GF-11-System, dessen Netz in Kapitel 11 näher beschrieben wird.

Das Crossbar-Netz erlaubt alle Permutationen zwischen Eingängen und Ausgängen ohne Rekonfiguration, sowohl für 1-zu-1- als auch für Broadcast-Verbindungen. Diese Eigenschaft der Blockierungsfreiheit ist zwar wünschenswert, aber für große Netze aufgrund der erforderlichen Komplexität nicht akzeptabel. Durch mehrstufige Netze wird dieses Komplexitätsproblem reduziert. In diesem Abschnitt werden Netze diskutiert, die beliebige Permutationen mit oder ohne Rearrangierung bestehender Verbindungen zulassen. Zuerst werden solche Netze für 1-zu-1-Verbindungen diskutiert, gefolgt von Netzen mit Multicast-Fähigkeit. Wenn nicht anders vermerkt, werden durchschaltevermittelnde Netze angenommen.

7.2 Blockierungsfreie Clos-Netze

Von CLOS wurde gezeigt [Clo53], daß ein dreistufiges Netz wie in Abbildung 7.1 gezeigt unter bestimmten Voraussetzung blockierungsfrei bzw. rearrangierbar ist. In einem dreistufigen Netz ist in Stufe k die Anzahl der Koppelelemente durch den Parameter r_k, die Anzahl der Eingänge pro Koppelelement durch m_k und die der Ausgänge durch n_k gegeben. Aufgrund der Topologie gilt $m_2 = r_1$, $m_3 = r_2$, $n_1 = r_2$ und $n_2 = r_3$. Damit ist ein dreistufiges Netz durch die fünf Parameter m_1, n_3, r_1, r_2 und r_3 vollständig definiert. Für das Netz in Abbildung 7.1 gilt $m_1 = 3$, $n_3 = 3$, $r_1 = 3$, $r_2 = 5$ und $r_3 = 4$.

Es existieren Bedingungen, unter denen ein dreistufiges Netz *im strengen Sinne blockierungsfrei* für Einfachverbindungen ist. Wie in Abschnitt 2.2.6 ausgeführt,

bedeutet dies, daß das Netz beliebige Permutationsverbindungen zwischen den Ein-
und Ausgängen zuläßt, ohne daß sich die einzelnen Verbindungen gegenseitig beeinflussen (dies gilt auch für den Aufbau einer zusätzlichen Verbindung). Für ein
rearrangierbares Netz gelten die gleichen Anforderungen, es sind jedoch Änderungen an den bestehenden Verbindungen erlaubt, wenn eine zusätzliche Verbindung
aufgebaut werden soll.

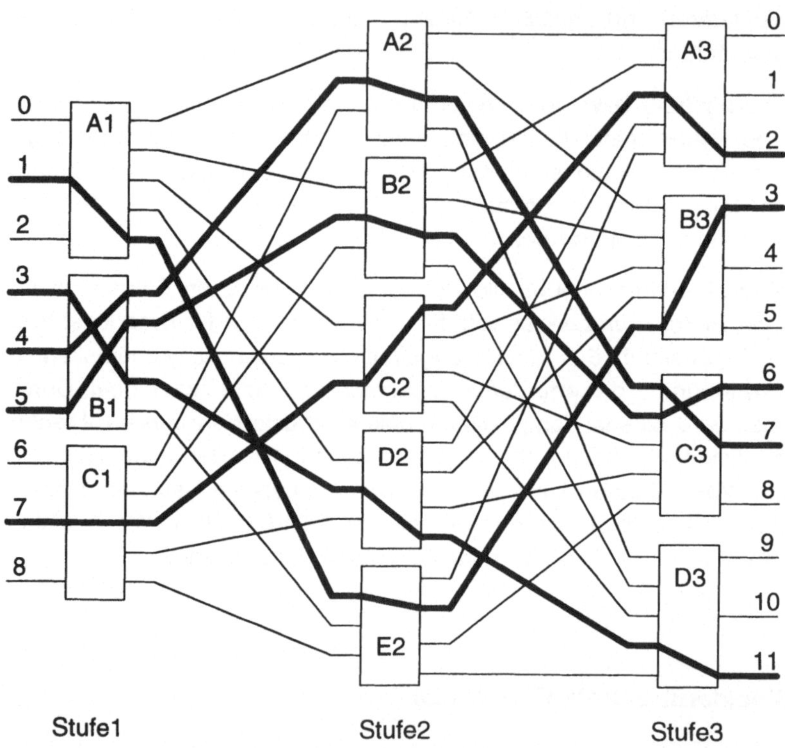

Abbildung 7.1: *Clos-Netz mit $m_1 = 3$, $n_3 = 3$, $r_1 = 3$, $r_2 = 5$ und $r_3 = 4$*
und fünf 1-zu-1-Verbindungen

    Verbindungen in einem Clos-Netz können mittels der *Paull'schen Verbindungs-
matrix* repräsentiert werden [Pau62]. Diese Matrix enthält eine Reihe für jedes Koppelelement der Eingangsstufe und eine Spalte für jedes Koppelelement der Ausgangsstufe. Verläuft eine Verbindung im Netz vom Eingangskoppelelement *A* zum Ausgangs-
koppelelement *B* über ein Koppelelement *C* in der mittleren Netzstufe, so wird *C* im
Matrixelement (*A, B*) eingetragen. Sind alle Verbindungen im Netz eingetragen, so

können manche Matrixelemente keinen Eintrag enthalten, während in anderen ein oder auch mehrere Koppelelemente vermerkt sind. Für die Verbindungen des Netzes in Abbildung 7.1 ergibt sich dadurch die Paull'sche Matrix in Abbildung 7.2.

	A3	B3	C3	D3
A1		E2		
B1			A2,B2	D2
C1	C2			

Abbildung 7.2: *Paull'sche Verbindungsmatrix für das Clos-Netz in Abbildung 7.1*

Aus den Eigenschaften des Clos-Netzes ergeben sich unmittelbare Auswirkungen auf den Inhalt der Matrix, die für den Beweis der Blockierungsfreiheit essentiell sind. Für 1-zu-1-Verbindungen gelten die folgenden Bedingungen: Ein Koppelelement der Eingangsstufe hat m_1 Eingänge und r_2 Ausgänge. Von jedem Koppelelement können also höchstens $u = \min(m_1, r_2)$ verschiedene Verbindungen ausgehen, so daß die Anzahl der Einträge in einer Spalte durch u begrenzt ist. Alle Einträge einer Reihe sind voneinander verschieden, da ein Eingangselement nur über eine einzelne Verbindungsleitung mit jedem Koppelelement der mittleren Stufe verbunden ist. In ähnlicher Weise gilt, daß eine Spalte maximal $v = \min(r_2, n_3)$ Einträge enthält, wobei auch hier alle Einträge voneinander verschieden sind, da nur jeweils eine Verbindungsleitung zwischen einem Ausgangselement und jedem Koppelelement in der mittleren Stufe existiert.

Sind Multicast-Verbindungen zugelassen, gelten die Bedingungen für die Matrixspalten weiterhin. Für die Reihen gilt nur noch $u = r_2$, denn ein einzelner Eingang kann mit jedem Element der mittleren Stufe verbunden sein, so daß m_1 für die Einträge in einer Reihe keine Grenze darstellt. Da ein Multicast auch von einem Koppelelement der mittleren Stufe ausgehen kann, können auch gleiche Einträge in einer Reihe vorkommen.

Das *Clos-Theorem* legt die Bedingungen für die Blockierungsfreiheit des Clos-Netzes fest:

Ein Clos-Netz ist dann und nur dann streng nicht-blockierend für 1-zu-1-Verbindungen, wenn $r_2 \geq m_1 + n_3 - 1$. Ein symmetrisches Netz mit $m_1 = n_3 = n$ ist demnach genau dann streng nicht-blockierend wenn $r_2 \geq 2n - 1$.

Der Beweis kann mit Hilfe der Paull'schen Matrix einfach geführt werden. Damit ein neue Verbindung zwischen einem Eingang in Koppelelement A der ersten Stufe und einem Ausgang am Koppelelement B der zweiten Stufe reserviert werden kann, muß ein Koppelelement C der mittleren Stufe in die Matrixposition (A, B) eingetragen werden. Damit dies möglich ist, darf Reihe A vor der Reservierung höchstens m_1-1 unterschiedliche Einträge haben, denn das Koppelelemente A hat nur m_1 Eingänge, und einer dieser Eingänge muß für die neue Verbindung zur Verfügung stehen. Spalte B darf nur höchstens n_3-1 Einträge haben, da Koppelelement B nur n_3 Ausgänge hat, und einer der Ausgänge für die neue Verbindung benötigt wird. Im ungünstigsten Fall sind alle Elemente der Reihe und der Spalte verschieden (entsprechen also unterschiedlichen Koppelelementen der mittleren Stufe), so daß zumindest ein weiteres Koppelelement in der mittleren Stufe für die aufzubauende Verbindung zur Verfügung stehen muß. Gilt also $r_2 \geq m_1 + n_3 - 1$, so kann stets eine neue Verbindung aufgebaut werden, ohne daß die bestehenden Verbindungen beeinflußt werden.

7.3 Rearrangierbare Clos-Netze

Ein rearrangierbares Netz kann alle möglichen Permutationen durchführen, jedoch sind unter Umständen bestehende Verbindungen zu modifizieren. Daher hat ein solches Netz geringere Hardwareanforderungen als das nicht-blockierende Netz. Dabei gilt das *Slepian-Duguid-Theorem* [Dug59, Sle52]: ein dreistufiges Clos-Netz ist genau dann rearrangierbar, wenn $r_2 \geq \max(m_1, n_3)$. Ein symmetrisches Netz mit $m_1 = n_3 = n$ ist demnach genau dann rearrangierbar, wenn $r_2 \geq n$.

Der Beweis dieses Theorems zeigt gleichzeitig die Methode der Rekonfiguration eines solchen Netzes und soll daher hier aufgezeigt werden. Hierzu wird wieder die Paull'sche Matrix genutzt. Soll eine neue Verbindung zwischen einem Eingang an Koppelelement A der Eingangsstufe mit Koppelelement B der Ausgangsstufe aufgebaut werden, so gilt wegen $r_2 \geq \max(m_1, n_3)$ eine der beiden folgenden Bedingungen:

(a)   Es existieren ein oder mehrere Koppelelemente der mittleren Stufe, die weder in Reihe A noch in Spalte B der Verbindungsmatrix erscheinen; oder

(b)   in Reihe A existiert ein Koppelelement C der mittleren Stufe, das nicht in Spalte B erscheint, und es existiert in Spalte B ein Koppelelement D der mittleren Stufe, das nicht in Reihe A erscheint.

Nachgewiesen werden muß also, daß (b) immer dann erfüllt ist, wenn (a) nicht gilt. In diesem Fall müssen alle r_2 Koppelelemente der mittleren Stufe in Reihe A

und/oder Spalte B aufgeführt werden, da ansonsten ein nicht-genutztes Element verfügbar wäre. In Reihe A können höchstens $m_1 - 1$ Koppelelemente eingetragen sein, damit ein neuer Weg durch A möglich ist. Da laut der Bedingung der Rearrangierbarkeit $r_2 \geq \max(m_1, n_3)$, muß auch $r_2 > m_1 - 1$ gelten, so daß mindestens ein Koppelelement D in Spalte B erscheinen muß, das nicht eines der maximal $m_1 - 1$ Einträge in Reihe A ist. In gleicher Weise kann nachgewiesen werden, daß ein Eintrag C in Reihe A existiert, der nicht in Spalte B aufgeführt ist.

Mit Hilfe der beiden Fälle kann eine neue Verbindung aufgebaut werden. Gilt Fall (a), so wird die Verbindung durch eines der Koppelelemente der mittleren Stufe gelegt, die weder in Reihe A noch in Spalte B erscheinen. Dieses Element wird in der Matrixposition (A,B) eingetragen.

Gilt Fall (b), so ist eine Änderung bestehender Verbindungen erforderlich. Hierzu wird in Matrixspalte B nach dem Auftreten eines D-Eintrages gesucht (Abbildung 7.3). In der Reihe dieses Eintrages wird nach einem Element C gesucht, wie in Abbildung 7.3 gezeigt. Dieser Suchvorgang wird abwechselnd fortgeführt, bis kein C oder D mehr gefunden wird. Das Netz wird rekonfiguriert, indem alle D entlang des Suchweges in ein C sowie alle C in ein D umgewandelt werden. Das Element D erscheint nun weder in Reihe A noch Spalte B und kann damit in Matrixposition (A,B) eingetragen werden. Die Verbindungsmatrix nach der Rekonfiguration ist in Abbildung 7.4 gezeigt.

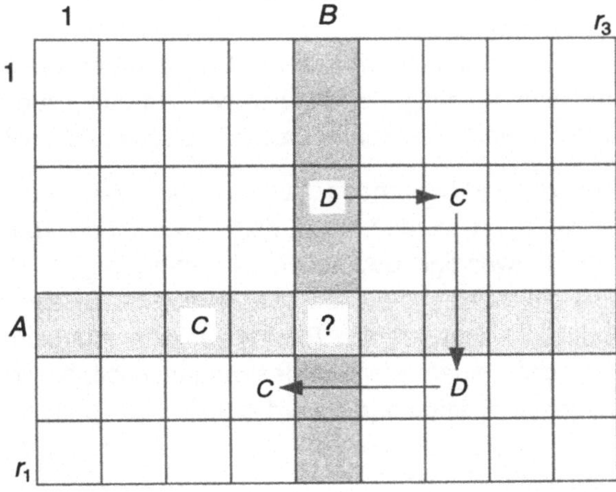

Abbildung 7.3: *Verbindungsmatrix vor Rekonfiguration*

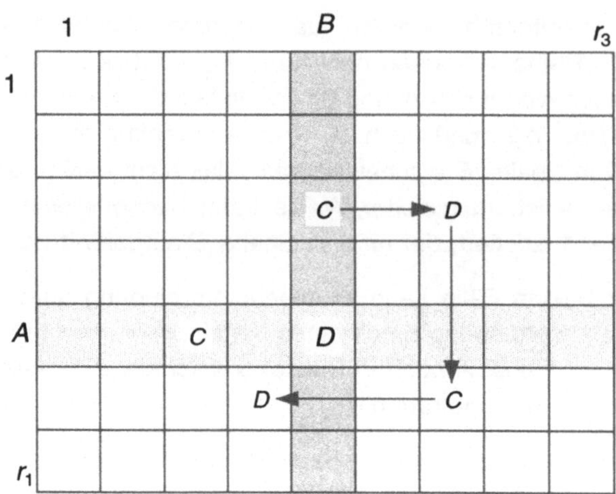

Abbildung 7.4: *Verbindungsmatrix nach Rekonfiguration*

Die Bedingung des Clos-Theorems ist auch notwendig, da mindestens $\max(m_1, n_3)$ Koppelelemente in der mittleren Stufe erforderlich sind, um alle m_1 Eingänge der Koppelelemente der ersten Stufe sowie alle n_3 Koppelelementausgänge der dritten Stufe auszulasten.

Von SLEPIAN [Sle52] wurde eine hinreichende Bedingung für die Anzahl M der zu modifiziertenden Verbindungen aufgestellt. Der oben beschriebene Suchweg innerhalb der Paull'schen Matrix umfaßt $r_1 + r_3 - 2$ Reihen und Spalten, so daß auch maximal $M = r_1 + r_3 - 2$ Verbindungen modifiziert werden müssen (das Element C in der Reihe A braucht nicht rekonfiguriert zu werden, und das letzte Symbol im Suchweg zählt für eine Reihe und eine Spalte; deshalb erscheint die -2 in der Formel).

Die Anzahl der zu modifizierenden Verbindungen kann durch die Paull'sche Methode erheblich verringert werden; nach dem *Paull'schen Theorem* [Pau62] gilt als hinreichende und notwendige Bedingung $M \leq \min(r_1, r_3) - 1$. Durch den Beweis des Theorems wird gleichzeitig die Methodik dieser Netz-Rekonfiguration dargestellt. Ausgangspunkt ist wiederum die Paull'sche Verbindungsmatrix, in der eine neue Verbindung zwischen einem Eingang des Eingangskoppelelementes A und des Ausgangskoppelelementes B eingetragen werden soll. Statt nur ausgehend von Matrixspalte B nach zu modifizierenden Verbindungen zu suchen, wird gleichzeitig auch ausgehend von Matrixreihe A gesucht.

Im folgenden sei zunächst $r_1 \leq r_3$. Im ersten Schritt wird horizontal, ausgehend von Element D in Spalte B, nach einem Element C gesucht, und gleichzeitig vertikal, ausgehend vom Element C in Reihe A, nach einem Element D gesucht. Im nächsten

Schritt wird der erste Weg vertikal und der zweite Weg horizontal fortgesetzt, usw. (siehe Abbildung 7.5). Dann werden die C und D des kürzeren Weges ausgetauscht (siehe Abbildung 7.6). In jeder Reihe der Verbindungsmatrix ist nur ein Element C bzw. D vorhanden (fundamentale Matrixeigenschaft; siehe oben). Da in jedem Schritt von einem der beiden Wege eine neue Reihe erreicht wird, ist die Suche nach maximal $r_1 - 2$ Schritten beendet, denn die Reihe A und die Reihe, in der das D der Spalte B liegt, brauchen nicht untersucht zu werden. So müssen also maximal $r_1 - 1$ Verbindungen modifiziert werden (das C bzw. D, mit dem begonnen wurde, muß ebenfalls geändert werden).

Falls $r_3 \le r_1$, kann die gleiche Prozedur angewandt werden, jedoch brauchen aus gleichem Grund wie zuvor nicht mehr als $r_3 - 2$ Zeilen untersucht und nicht mehr als $r_3 - 1$ Verbindungen modifiziert zu werden. Damit ist $M \le \min(r_1, r_3) - 1$.

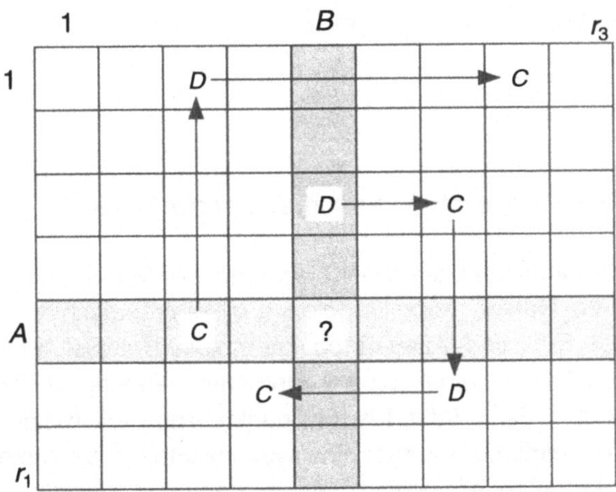

Abbildung 7.5: *Verbindungsmatrix vor optimierter Rekonfiguration*

Andere Methoden zur Rekonfiguration von Verbindungen in rearrangierbaren Netzen sind ebenfalls in [Pau62] vorgestellt worden. Diese unterscheiden sich von der oben beschriebenen Methode dadurch, daß im Mittel weniger Umkonfigurierungen benötigt werden. Die maximale Anzahl der zu modifizierenden Verbindungen ist auch bei diesen Methoden $M = \min(r_1, r_3) - 1$.

Weitere Routingalgorithmen finden sich z. B. in [CaO93, DoO93, Wak68].

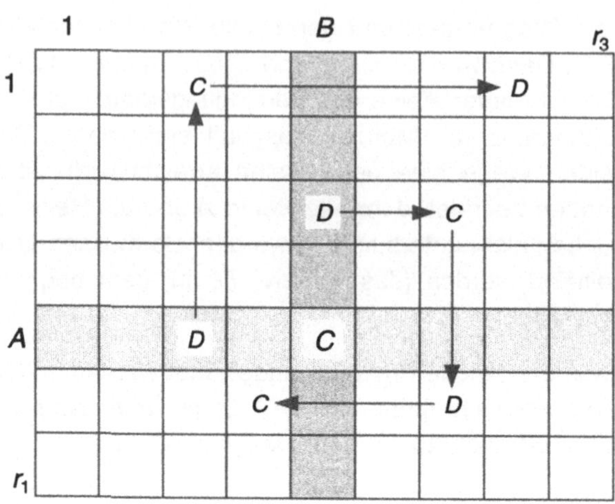

Abbildung 7.6: *Verbindungsmatrix nach optimierter Rekonfiguration*

7.4 Rekursive Konstruktion rearrangierbarer Netze

Da ein Clos-Netz nur über drei Stufen verfügt, werden die individuellen Koppelelemente bei großen Netzen sehr komplex. Ein symmetrisches, rearrangierbares Netz mit N = 1024 Ein- und Ausgängen kann zum Beispiel aus zweiunddreißig 32x32-Crossbars bestehen. Jedes dieser Elemente benötigt 32^2 Koppelpunkte, so daß insgesamt $3 \times 32 \times 32^2 = 98304$ Koppelpunkte erforderlich sind. Die Konstruktion solch großer Koppelelemente stellt eine wesentliche Schwierigkeit dar, und wird erst durch VLSI-Integration ermöglicht, wie in Kapitel 8 diskutiert. Daher ist eine Verringerung der Komplexität der Koppelelemente wünschenswert, die durch rekursive Konstruktion erreicht werden kann. Das Beneš-Netz beispielsweise ist ein rearrangierbares Netz, das aus 2x2-Koppelelementen aufgebaut wird.

7.4.1 Konstruktion von Beneš-Netzen

Grundlage des Konstruktionsprinzips des Beneš-Netzes [Ben64, Ben65] ist ein dreistufiges symmetrisches Clos-Netz mit N Ein- und Ausgängen, wie in Abbildung 7.7 für $N = 8$ gezeigt. Eingangs- und Ausgangsstufen sind aus 2x2-Koppelelementen aufgebaut ($n = m = 2$), woraus unmittelbar folgt, daß die mittlere Stufe aus zwei $N/2$ x $N/2$-Koppelelementen bestehen muß. Um ein insgesamt rearrangierbares Netz zu erzielen, ist es ausreichend, daß die Koppelelemente der mittleren Stufe lediglich

rearrangierbar sind; die nichtblockierende Eigenschaft eines Crossbars ist nicht erforderlich. Daher kann jedes der Koppelelemente der mittleren Stufe wiederum als
dreistufiges Clos-Netz mit $n = m = r = 2$ aufgebaut werden, wie in Abbildung 7.8
gezeigt.

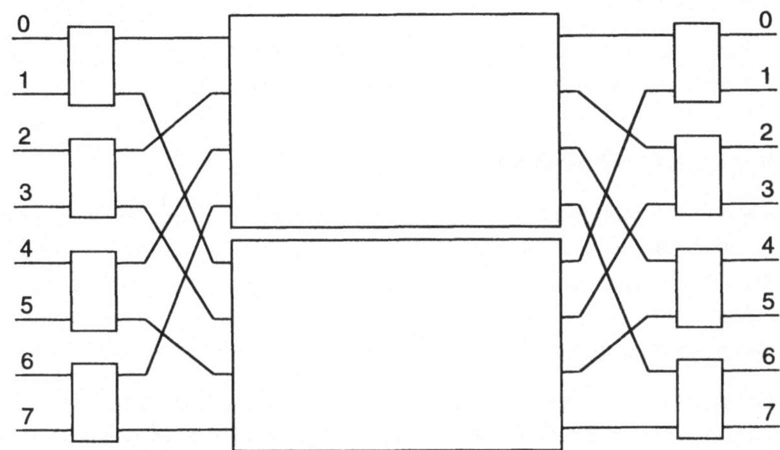

Abbildung 7.7: *Dreistufiges Clos-Netz mit 2x2-Koppelelementen in erster und dritter Stufe*

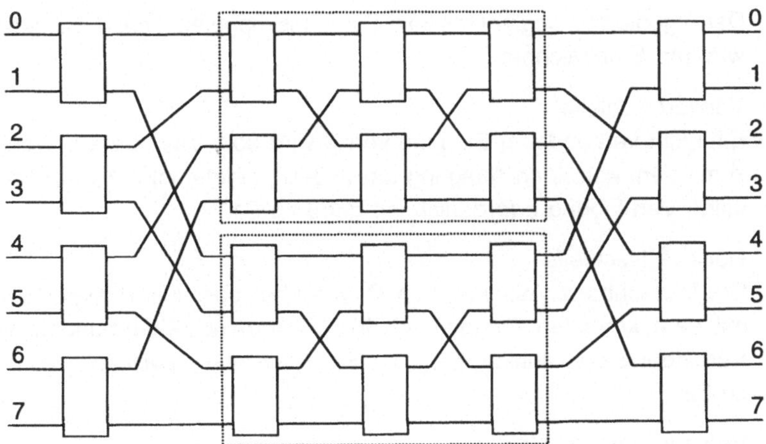

Abbildung 7.8: *Beneš-Netz für N = 8*

Dieses rekursive Prinzip kann auf beliebig große Netze angewendet werden. Ein Netz mit $N = 2^n$ Eingängen und Ausgängen besteht dann aus $2n - 1$ Stufen mit jeweils $N/2$ 2x2-Koppelelementen. Die Komplexität des Netzes, gemessen an Koppelpunkten, ist erheblich reduziert. Da ein 2x2-Koppelelement $r^2 = 4$ Koppelpunkte benötigt, sind in einem $N = 1024$ Netz also

$$r^2 \times N/2 \times (2n - 1) = 4 \times 512 \times (2 \times 10 - 1) = 38912$$

Koppelpunkte erforderlich, was eine signifikante Reduktion im Vergleich zum Netz mit 32x32-Koppelelementen (98304 Koppelpunkte) darstellt.

7.4.2 Wegsuche im Beneš-Netz

Während die Wegsuche in dreistufigen streng-blockierungsfreien Netzen in einem Schritt und in einem rearrangierbaren Netz durch höchstens $M = \min(r_1, r_3) - 1$ Verbindungsänderungen erfolgt, ist bei rekursiv erzeugten Beneš-Netzen auch eine rekursive Wegsuche erforderlich; unter Umständen muß wegen der Änderung nur einer Verbindung eine große Zahl bestehender Verbindungen modifiziert werden.

Die einfachste Form der Wegsuche im Beneš-Netz erfolgt durch den *Schleifen-Algorithmus* [OpT71]. Hierbei wird die gewünschte Verbindungsstruktur zunächst im dreistufigen Netz aufgebaut, dessen Eingangs- und Ausgangsstufe aus 2x2-Koppelelementen bestehen, mit zwei $N/2 \times N/2$-Koppelelementen A und B in der mittleren Stufe (siehe Abbildung 7.9).

Der Schleifenalgorithmus beinhaltet die folgenden Schritte:

S1   Initialisierung
       Der Algorithmus beginnt mit dem Eingangskoppelelement 0. Dieses Element wird mit S bezeichnet.

S2   Vorwärtsschleife
       Ein nicht verbundener Eingang von S wird über das obere Koppelelement A mit dem korrekten Ausgang am 2x2-Koppelelement D verbunden. Falls keine Verbindung erforderlich ist, gehe zu S4.

S3   Rückwärtsschleife
       Der benachbarte Ausgang von D wird über das untere Koppelelement B mit dem korrekten Eingang am Koppelelement S' verbunden. Ist keine Verbindung erforderlich, gehe zu S4. Andernfalls setze $S = S'$ und gehe zu S2.

S4   Beginne neue Schleife
       Beende den Algorithmus, falls alle erforderlichen Verbindungen aufgebaut sind. Andernfalls wähle ein noch nicht voll konfiguriertes Eingangskoppelelement als S und gehe zu S2.

Abbildung 7.9 zeigt den Ablauf des Algorithmus für eine Schleife mit vier Verbindungen (0→6, 1→0, 6→7 und 7→1) in einem Netz mit $N = 8$. Hierbei werden die Schritte S1, S2, S3, S2, S3 durchlaufen. In S4 kann danach mit einer neuen Schleife begonnen werden.

Der Algorithmus kann rekursiv für die $N/2$ x $N/2$-Koppelelemente ausgeführt werden. Da für jede Verbindung ein Schritt des Algorithmus durchlaufen werden muß, ist die Zeitkomplexität für jede der n Rekursionsebenen O(N), so daß insgesamt O(N log$N$) Zeit für den Aufbau aller Verbindungen benötigt wird. Dies ist ausreichend für die Durchschaltevermittlung, führt jedoch bei Paketvermittlung zu nicht akzeptablen Zeiten für den Verbindungsaufbau.

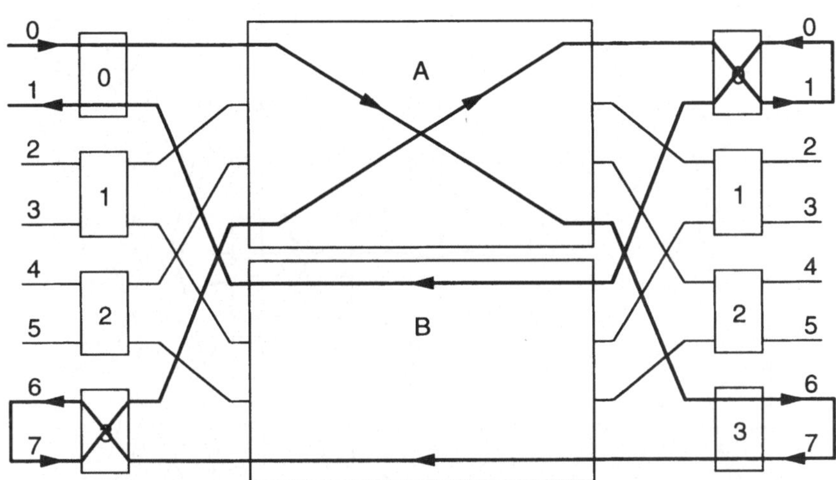

Abbildung 7.9: *Schleifenalgorithmus im Beneš-Netz*

Weitere Routingalgorithmen finden sich z. B. in [NaS82b, Len78, LeP81]. Hier wurde insbesondere auf eine verringerte Ausführzeit der Algorithmen Wert gelegt (z. B. durch parallele Algorithmen).

7.5   Rekursive Konstruktion blockierungsfreier Netze

Wie beim Clos-Netz diskutiert, sind die Hardware-Anforderungen an strenge Blockierungsfreiheit aufgrund der großen Anzahl von Koppelelementen in der mittleren Stufe wesentlich höher als bei rearrangierbaren Netzen, so daß eine rekursive

Konstruktion somit von noch höherer Bedeutung ist. Eine Alternative ist das *Cantor-Netz* [Can71]. Hierbei werden m parallele Beneš-Netze eingesetzt; Abbildung 7.10 zeigt ein Cantor-Netz für $N = 8$ und $m = 3$. Jeder Eingang des Cantor-Netzes führt zu einem 1-zu-m-Demultiplexer, welcher den Eingang mit den m parallelgeschalteten Beneš-Netzen verbindet. An der Ausgangsseite des Netzes befinden sich m-zu-1-Multiplexer, die die Ausgänge der m Beneš-Netze auf die Ausgänge des Cantor-Netzes verteilen.

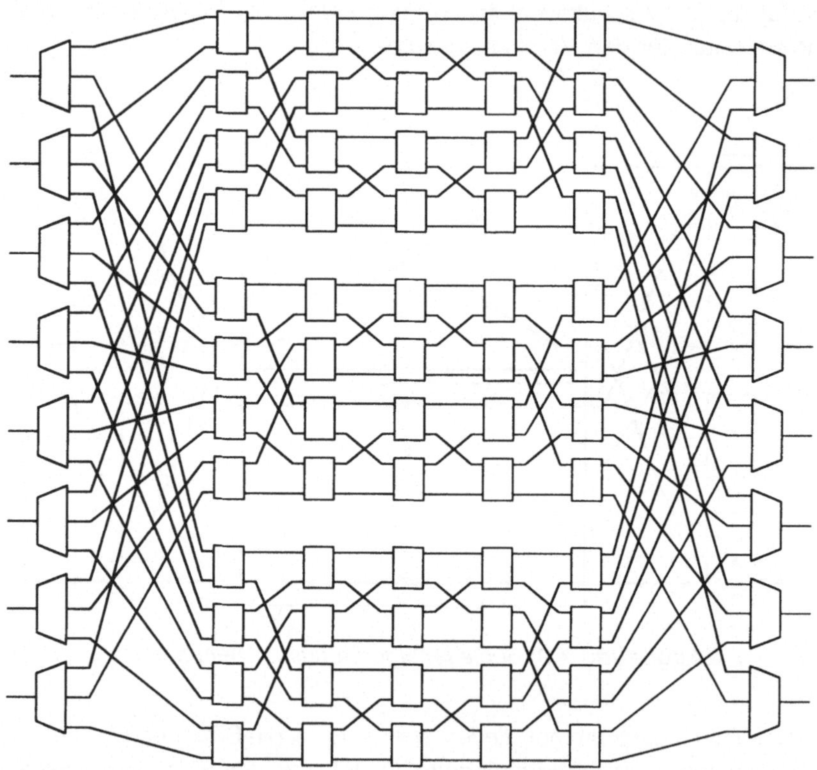

Abbildung 7.10: *Cantor-Netz für N = 8*

Obwohl im Cantor-Netz Beneš-Netze eingesetzt werden, die selbst nur rearrangierbar aber nicht blockierungsfrei sind, führt eine geeignete Wahl der Anzahl der parallelen Beneš-Netze m zu einem blockierungsfreien Cantor-Netz. Hierbei muß die Anzahl zu $m = \log_2 N$ gewählt werden [Can71]. Im 8x8-Cantor-Netz in Abbildung 7.10 müssen deshalb 3 parallele Beneš-Netze eingesetzt werden.

Das Cantor-Netz besitzt gegenüber einem Clos-Netz den Vorteil, daß weniger Koppelpunkte benutzt werden müssen, so daß blockierungsfreie Netze auch für größere N mit vertretbarem Aufwand implementiert werden können.

7.6   Blockierungsfreie Multicast-Netze

7.6.1   Grundlegende Architektur

Blockierungsfreie Verbindungsnetze wie das Clos-Netz können zwar jede mögliche 1-zu-1-Permutation ausführen, stellen jedoch im allgemeinen keine rearrangierbaren oder blockierungsfreien Multicast-Verbindungen zur Verfügung. Die *Generalized Connection Networks (GCN)* [Tho78, Ofm65] ermöglichen blockierungsfreie Multicast-Verbindungen und erfordern, verglichen mit blockierungsfreien Clos-Netzen, einen höheren Hardware-Aufwand. Ein GCN kann zum Beispiel durch eine Kombination eines Kopier-Netzes und eines Beneš-Netzes erreicht werden. In diesem Abschnitt werden die Grundlagen dieser GCN-Komponenten sowie deren Kombination zu einem GCN dargestellt.

Die zwei Komponenten des GCN haben folgende Funktion:

1)   *Kopiernetz.* Kopieren der Eingänge auf die korrekte Zahl beliebiger Ausgänge, d. h., ohne Berücksichtigung der Zieladresse. Kopier-Netze können in zwei Komponenten, einen kompakten Superkonzentrator und ein Verteilnetz aufgeteilt werden.

1a)   *Kompakter Superkonzentrator.* Die aktiven Eingänge werden auf beliebige Netz-Ausgänge kompakt vermittelt. Die Untermenge C einer Menge $\{k \mid 0 \leq k \leq N{-}1\}$ ist dann *kompakt*, wenn die Elemente von C sich modulo N konsekutiv anordnen lassen. Ist eine Menge kompakt, so existiert formal also eine Zahl K so, daß gilt: $C = \{k \mid 0 \leq (k + K) \bmod N \}$. Bei der kompakten Menge $\{N - 3, N - 2, N - 1, 0, 1, 2, 3\}$ gilt beispielsweise $K = 3$.

1b)   *Verteilnetz.* Die aktiven konsekutiven Ausgänge des kompakten Superkonzentrators werden ohne Berücksichtigung der Zieladresse auf die korrekte Anzahl beliebiger Ausgänge vermittelt.

2)   *Permutationsnetz.* Die aktiven Ausgänge des Kopier-Netzes werden zu den korrekten Zieladressen weitergeleitet.

In Abbildung 7.11 ist die Struktur eines GCN aufgezeigt. Der kompakte Superkonzentrator wird im GCN benötigt, da das darauffolgende Verteilnetz nur dann alle Multicast-Verbindungen blockierungsfrei herstellen kann, wenn die aktiven Eingänge konsektuiv (kompakt) angeordnet sind. Dies stellt der Superkonzentrator sicher. Im folgenden werden Konstruktion und Zusammenspiel der einzelnen Komponenten dargestellt.

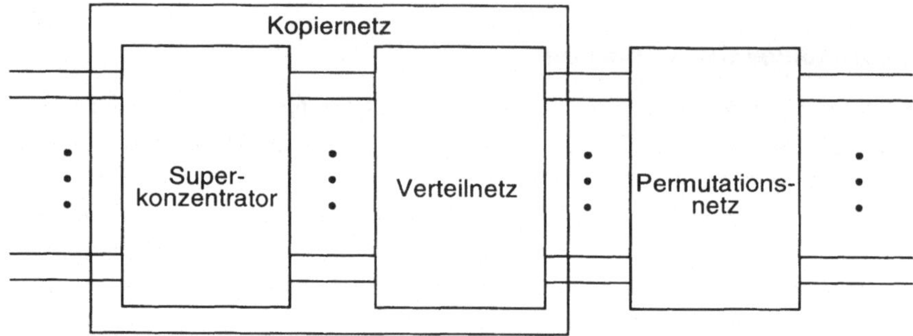

Abbildung 7.11: *Verallgemeinertes Verbindungsnetz (GCN)*

7.6.2   Rekursive Konstruktion von Superkonzentratoren

Im einfachsten Fall kann ein kompakter Superkonzentrator mit E Eingängen und O Ausgängen durch ein $E \times O$-Crossbar-Netz realisiert werden. Um die dabei auftretende Komplexität zu verringern, kann eine rekursive Konstruktion genutzt werden. Hierzu muß zunächst gezeigt werden, wie ein kompakter Superkonzentrator durch zwei Stufen kleinerer Superkonzentratoren realisiert werden kann. Im folgenden sei E durch R teilbar, und O durch S. Aufgrund der Konzentration sind nicht mehr Netzausgänge als Eingänge erforderlich, d. h. $E \leq O$. Ist die maximale Anzahl der zu konzentrierenden Eingänge beschränkt, kann $E < O$ gewählt werden.

Unter diesen Voraussetzungen ist eine Aufteilung in eine Stufe 1 mit R kompakten Superkonzentratoren (*KSK*) der Größe $E/R \times S$ und eine Stufe 2 mit S Koppelelementen der Größe $R \times O/S$ möglich, wie in Abbildung 7.12 für $E = 16$, $R = S = 4$ und $O = 12$ gezeigt. Die Ausgangsleitung i eines Koppelelementes j in Stufe k wird durch (i, j, k) indiziert. Die Netzeingänge sind konsekutiv den KSKs der ersten Stufe zugeordnet, d. h., ein KSK-Eingang $(a, b, 0)$ ist mit dem Netzeingang $a + b \times E/R$ verbunden. Die Ausgänge eines KSK der ersten Stufe sind mit je einem KSK der zweiten Stufe verbunden. Am Netzausgang wechseln sich die Ausgänge der einzelnen Stufen ab, d. h. $(a, b, 2)$ führt zu Ausgang $k = b + a \times O/S$. Damit diese Faktorisierung des Netzes eine kompakte Superkonzentration aller möglichen Eingangskombinationen durchführen kann, muß $S \geq N/R$ gelten, denn eine mögliche Eingangskombination besteht aus der Menge $O = \{k \mid 0 \leq k < E/R\}$. Da alle E/R Elemente von O mit dem ersten KSK verbunden sind, muß dieses Element E/R Ausgänge besitzen. Da sich entsprechende Eingangsmengen für alle KSK der ersten Stufe konstruieren lassen, gilt die obige Bedingung. Da nur 1-zu-1-Verbindungen berücksichtigt werden, sind in den Koppelelementen der ersten Stufe andererseits nie mehr Ausgänge als Eingänge erforderlich, so daß mit $S = E/R$ eine sinnvolle Faktorisierung erreicht wird. Für die zweite Stufe gilt diese Bedingung nicht; jedoch muß sichergestellt sein, daß die Gesamtzahl der angeforderten Verbindungen die Zahl der Netz-Ausgänge nicht überschreitet.

Für die zweistufige Zerlegung soll nun gezeigt werden, wie eine kompakte Superkonzentration möglich ist. Dies geschieht über den folgenden Algorithmus zur Wegzuweisung.

S0   Initialisierung
     Setze den Eingang der ersten Stufe $e = (r, s, 0) = (0, 0, 0)$;
     Setze den Ausgang der ersten Stufe $m = (u, s, 1) = (0, 0, 1)$;
     Setze den Ausgang der zweiten Stufe $a = (v, u, 2) = (0, 0, 2)$.

S1   Falls e belegt ist
     verbinde e mit a via m;
     $u = u + 1$; falls $u = S$, setze $u = 0$, $v = v + 1$;

S2 $r = r + 1$; falls $r = E/R$, setze $r = 0$, $s = s + 1$;

S3   Falls noch nicht alle Verbindungen aufgebaut sind, gehe zu S1.

In Abbildung 7.12 ist ein Superkonzentrator mit $E = 16$, $O = 12$, $R = S = 4$ gezeigt, in dem die Eingänge 0, 2, 7, 9, 11, 14 und 15 belegt und die Verbindungen nach dem obigen Algorithmus aufgebaut sind. Die Ausgänge der KSK der ersten Stufe sind modulo R kompakt, was insbesondere im dritten Koppelelement der ersten Stufe deutlich wird, bei dem der oberste und der unterste Ausgang belegt sind.

Die rekursive Konstruktion kann dazu genutzt werden, einen kompakten Superkonzentrator mit $E = O = N = 2^n$ aus 2x2-Koppelelementen aufzubauen. Dazu wird im ersten Schritt das Netz in eine Stufe mit 2x2 (insgesamt $N/2$) Superkonzentratoren und eine zweite mit zwei $N/2 \times N/2$-KSK faktorisiert. Ein 2x2-KSK kann als Crossbar aufgebaut werden, so daß lediglich ein übliches 2x2-Koppelelement erforderlich ist. Die beiden KSK der zweiten Stufe werden rekursiv weiter faktorisiert, so daß schließlich nur noch 2x2-Elemente genutzt werden. Diese Faktorisierung und die Konzentration von fünf Eingängen ist in Abbildung 7.13 anhand eines 16x16-KSK dargestellt. Das resultierende Netz entspricht dem Baseline-Netz aus Abschnitt 6.3.4.4.

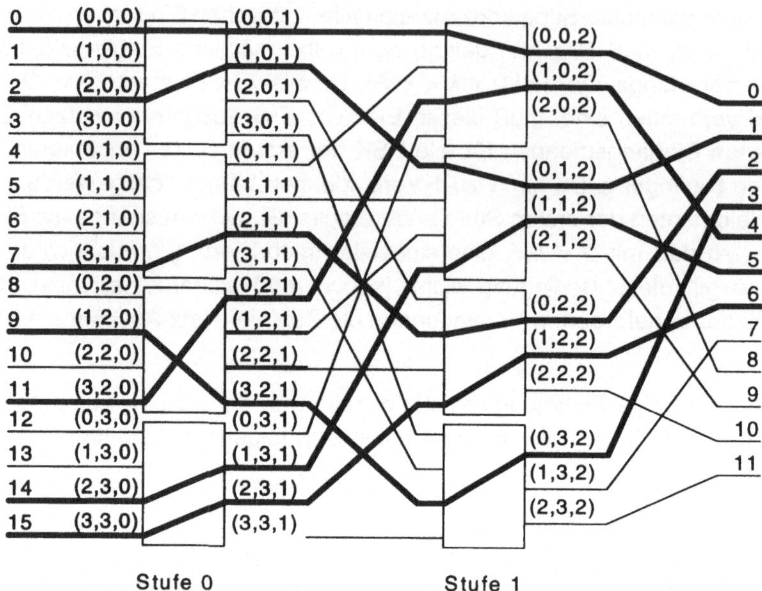

Abbildung 7.12: *Superkonzentrator mit 7 aufgebauten Verbindungen*

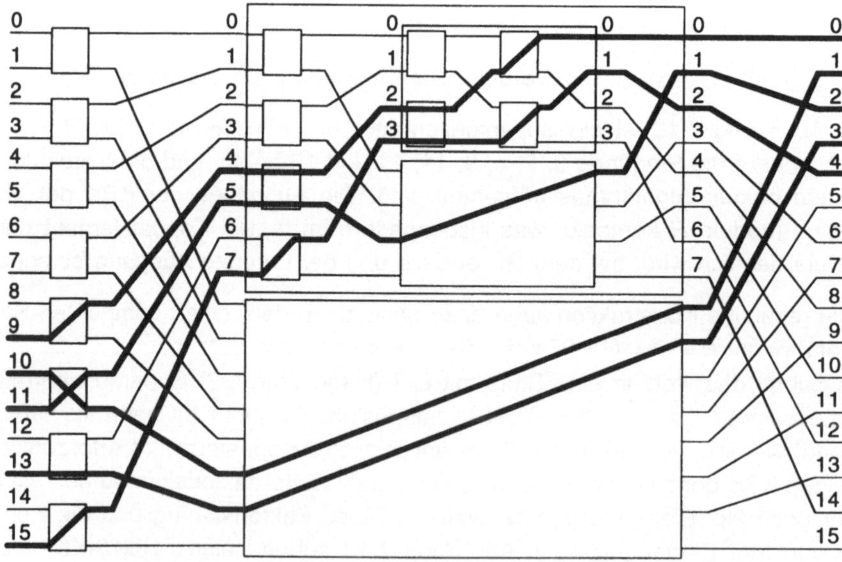

Abbildung 7.13: *Rekursiver Aufbau eines Superkonzentrators*

7.6.3 Verteilnetze

Ein Verteilnetz ist ein kompakter Superkonzentrator, dessen Ausgänge als Eingänge und umgekehrt genutzt werden, so daß intern auch die Datenflußrichtung vertauscht ist. Außerdem werden Koppelelemente mit Broadcast-Fähigkeit eingesetzt. Das Verteilnetz vermittelt kompakt angeordnete Eingänge zur korrekten Anzahl von Ausgängen, wie bei Multicasts erforderlich. Die Anordnung der Ausgänge ist dabei nicht vorgeschrieben; es muß jedoch durch geeignete Wahl der Ausgänge möglich sein, von jedem der aktiven Eingängen die korrekte Zahl von Wegen zu Ausgängen konfliktfrei aufzubauen. Eine sinnvolle Möglichkeit sind kompakte Ausgänge. Unter diesen Voraussetzungen kann der im vorherigen Abschnitt aufgezeigte Zuweisungsalgorithmus auch hier angewendet werden, indem die Rolle von Ein- und Ausgängen vertauscht wird und Schritt 2 wie folgt für Multicast-Verbindungen modifiziert wird:

S2   Falls alle Pfade für e hergestellt sind
      $r = r + 1$; falls $r = E/R$, setze $r = 0$, $s = s + 1$;

In Abbildung 7.14 ist ein Verteilnetz gezeigt, in dem Verbindungen von 3 Eingängen zu 8 Ausgängen aufgebaut sind.

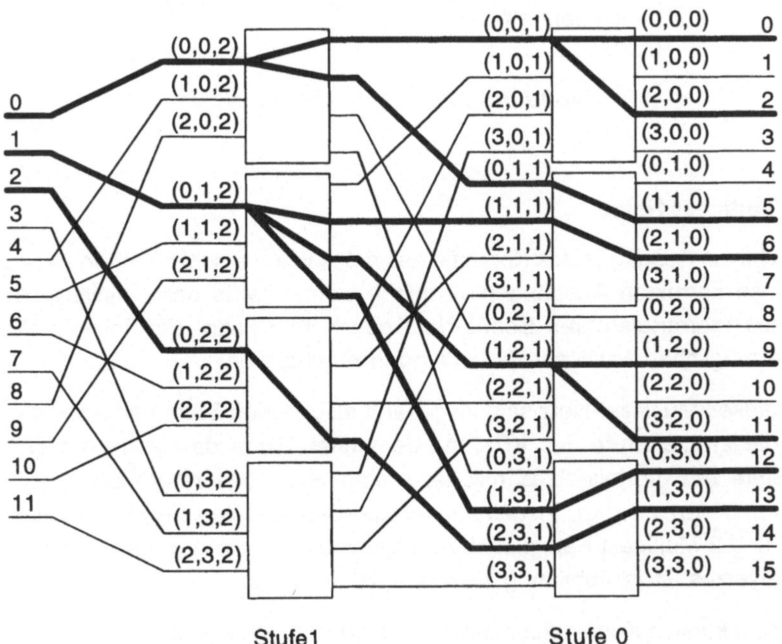

Abbildung 7.14: *Verteilnetz*

7.6.4 Kopiernetze

Ein Kopiernetz muß Verbindungen von beliebigen aktiven Eingängen zur korrekten Anzahl von Ausgängen vermitteln, ohne dabei die Zieladressen zu berücksichtigen. Dies kann durch Hintereinanderschalten eines kompakten Superkonzentrators und eines Verteilnetzes geschehen: der KSK vermittelt beliebige aktive Eingänge zu einer kompakten Menge von Ausgängen, und das Verteilnetz vermittelt diese zur korrekten Anzahl von Ausgängen. Abbildung 7.15 zeigt ein Beispiel, in dem in einem Kopiernetz mit 8 Ein- und 8 Ausgängen Nachrichten von Eingang 2 zu den Ausgängen 0 und 1, von 3 zu 2, 3 und 4 und von 5 zu 5 und 6 vermittelt werden.

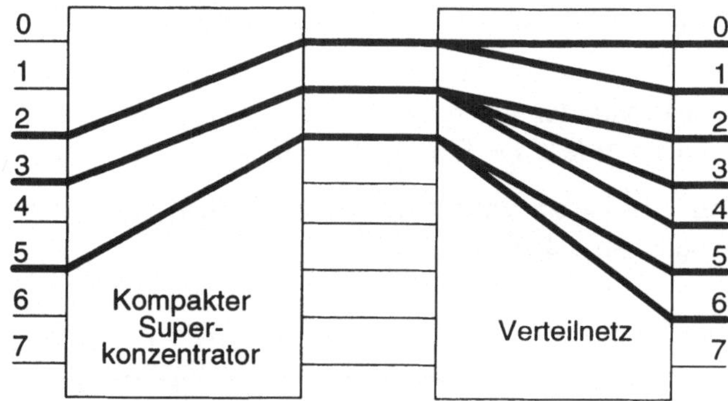

Abbildung 7.15: *Kopiernetz für N = 8*

7.6.5 Multicast-Netze

Die aktiven Ausgänge des Kopiernetzes müssen im anschließenden Permutationsnetz zu den korrekten Ausgängen vermittelt werden, was beispielsweise durch ein dreistufiges rearrangierbares Beneš-Netz geschehen kann. Ein solches Netz kann dann alle möglichen Multicast-Verbindungen durchführen.

Für dieses Multicast-Netz sind insgesamt also sieben Stufen erforderlich. Jedoch können die zweite Stufe des KSK mit der ersten Stufe des Verteilnetzes und die zweite Stufe des Verteilnetzes mit der ersten Stufe des rearrangierbaren Beneš-Netzes kombiniert werden. Insgesamt resultiert so eine fünfstufige Struktur, bei der Stufen 2 und 3 Multicast-Fähigkeiten besitzen müssen; die Anordnung eines solchen Multicast-Netzes ist in Abbildung 7.16 dargestellt.

Durch rekursive Konstruktion jeder Stufe kann auch dieses Netz aus 2x2-Koppelelementen aufgebaut werden, wie in Abbildung 7.17 für ein Netz mit 16 Ein- und Ausgängen gezeigt [Tho78].

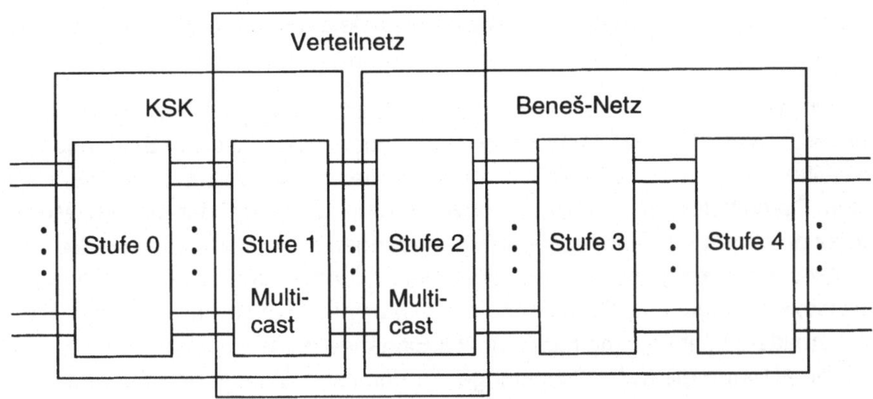

Abbildung 7.16: *Fünfstufiger Aufbau eines Multicast-Netzes*

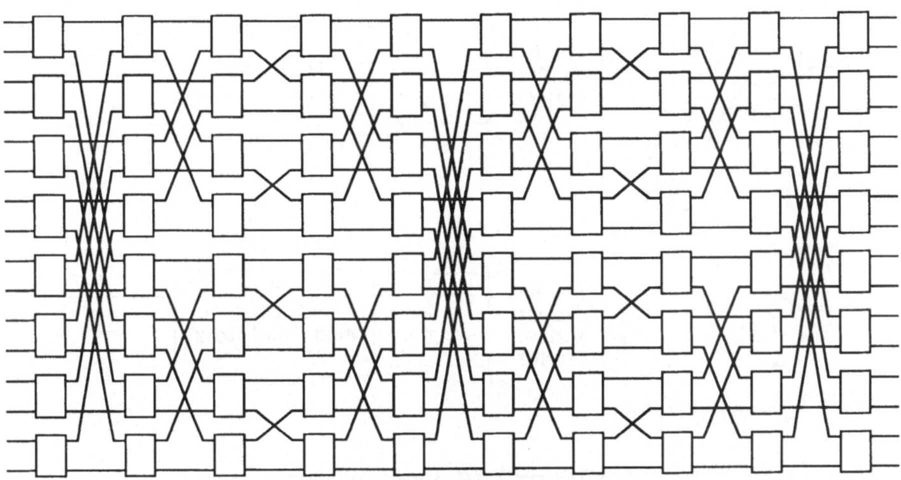

Abbildung 7.17: *Aufbau eines Multicast-Netzes mit N = 16, aufgebaut aus 2x2-Koppelelementen*

7.6.6   Das Pippenger Multicast-Netz

Eine Alternative zum im vorangegangenen Abschnitt beschriebenen Multicast-Netz ist das Pippenger-Netz [Pip78], das rekursiv aufgebaut wird (siehe Abbildung 7.18). Ein Netz mit N Eingängen und N Ausgängen besteht dabei aus Demultiplexern, Superkonzentratoren und Multicast-Netzen der halben Größe. Diese Konstruktion kann rekursiv bis zur Verwendung von 2x2-Koppelelementen fortgesetzt werden. Der Nachteil des Netzes ist die erhöhte Hardware-Komplexität.

Durch die rekursive Konstruktion ist die Wegzuweisung im Pippenger-Netz vergleichsweise einfach. Sind Multicast-Verbindungen eines aktiven Eingangs nur zu einer Hälfte des Netzes erforderlich, so wird die Verbindung mittels des entsprechenden Demultiplexers und Superkonzentrators zu einem der beiden Multicast-Subnetze durchgeführt. Sind hingegen Verbindungen zu Ausgängen in beiden Hälften des Netzes notwendig, so werden zwei Verbindungen über beide Ausgänge des Demultiplexers aufgebaut. Da die $N/2$ x $N/2$-Multipoint-Netze nie mehr als $N/2$ Eingänge vermitteln können, sind maximal $N/2$ Eingänge jedes Superkonzentrators aktiv, so daß die N Eingänge auf $N/2$ Eingänge zur nächsten Stufe in den Superkonzentratoren gebündelt werden können.

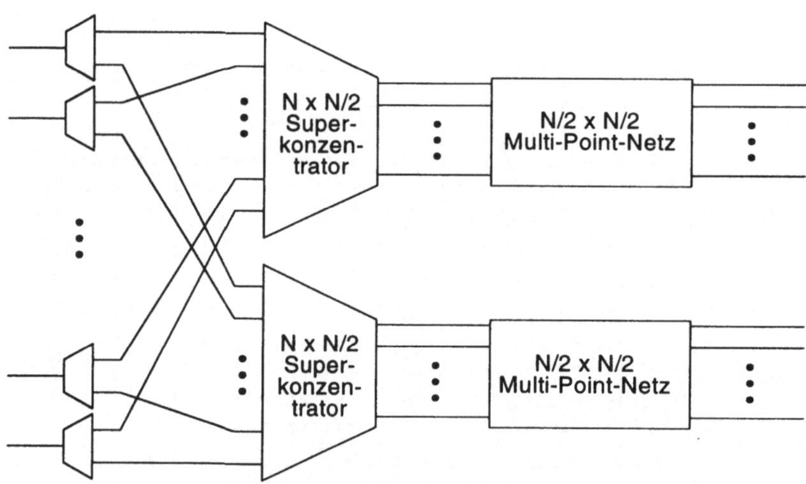

Abbildung 7.18: Pippenger-Netz

7.7 Selbstroutende Permutationsnetze

7.7.1 Allgemeines

Die bisher beschriebenen rearrangierbaren und blockierungsfreien Permutationsnetze habe den gravierenden Nachteil, daß Verbindungen durch eine zentrale

Steuerlogik aufgebaut werden müssen, in der Wissen über alle erforderlichen Verbindungen vorliegt. Die Bestimmung des korrekten Verbindungsmusters erfordert erhebliche Zeit. Während dies für durchschaltevermittelnde Netze wie beispielsweise durchschaltevermittelnde Telefonvermittlung möglich ist, da Verbindungen in der Regel über längere Zeit bestehen bleiben, gilt dies nicht für paketvermittelnde Netze. Der Verbindungsaufbau geschieht hierbei für jedes Paket, so daß eine zentrale Kontrolle nicht mehr möglich ist; statt dessen ist eine verteilte Kontrolle wie beim Generalized-Cube-Netz erforderlich. Eine Methode, Blockierungen innerhalb des Netzes zu vermeiden, ist das Hintereinanderschalten eines Sortiernetzes und eines Banyan-Netzes zu einem Batcher-Banyan-Netz, das im folgenden diskutiert werden soll.

7.7.2   Batcher-Banyan-Netze

Wie in Abschnitt 6.3.3.5 erläutert, kann ein Generalized-Cube-Netz Verbindungen konfliktfrei herstellen, wenn die aktiven Eingänge kompakt und in gleicher Reihenfolge wie die Ausgänge anstehen. Die erste Stufe des Batcher-Banyan-Netzes [Bat68] ist daher ein Sortiernetz, durch das diese Bedingung erfüllt wird. Darauf folgt ein SW-Banyan-Netz mit S = F = 2, das topologisch äquivalent zum Generalized-Cube-Netz ist (siehe Abschnitt 6.3).

Der Sortierer folgt dem Prinzip des *bitonischen Sortierens*. Eine bitonische Sequenz mit N Komponenten $S_B = (s_1, s_2,... s_k, s_{k+1},... s_N)$ besteht aus einer Teilliste $T_A = (s_1, s_2,... s_k)$ mit monoton wachsenden Komponenten und der Teilliste $T_B = (s_k, s_{k+1},... s_N)$ mit monoton abnehmenden Komponenten. Somit gilt $s_1 \leq s_2 \leq s_3 \leq ... \leq s_k$ und $s_{k+1} \geq s_{k+2} \geq ... \geq s_N$. Eine *kreisförmig bitonische Sequenz* ist eine bitonische Sequenz, bei der die Enden zusammengefügt und dann in zwei gleichlange Teillisten aufgeteilt wurden. Abbildung 7.19 verdeutlicht dies. Vergleicht man eine monoton wachsende Liste mit einer monoton abnehmenden Liste, so existiert nicht mehr als ein Kreuzungspunkt H, bei dem sich die Werte der beiden Listen überkreuzen. Dies gilt auch für kreisförmig bitonische Sequenzen und ist ebenfalls in Abbildung 7.19 verdeutlicht.

BATCHER [Bat76] hat gezeigt, daß bei einer bitonischen Sequenz mit $2n$ Komponenten $s_1, s_2,... s_{2n}$ die zwei Teilsequenzen $S_1 = [\min(s_1, s_{n+1}), \min(s_2, s_{n+2}), ..., \min(s_n, s_{2n})]$ und $S_2 = [\max(s_1, s_{n+1}), \max(s_2, s_{n+2}), ..., \max(s_n, s_{2n})]$ ebenfalls bitonisch sind. Auch wurde gezeigt, daß keine Komponente der Sequenz S_1 größer sein kann als eine Komponente aus Sequenz S_2. Dies gilt ebenfalls für kreisförmig bitonische Sequenzen. Beide Eigenschaften können dazu genutzt werden, um rekursiv eine bitonische Sequenz zu sortieren. Ein solcher Sortierer, aufgebaut aus 2x2 Sortierelementen, ist in Abbildung 7.20 gezeigt. Der Pfeil in einem Sortierelement zeigt die Sortierrichtung an. In Abbildung 7.20 werden also die wertemäßig größeren Eingangsdaten am unteren Ausgang eines Sortierelements ausgegeben.

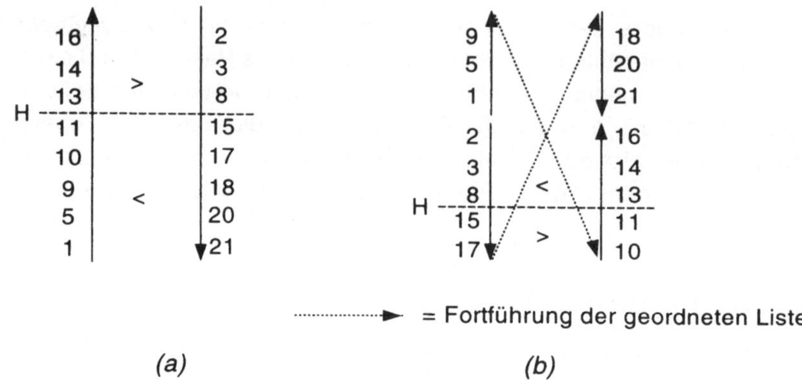

Abbildung 7.19: *Kreuzungspunkt H in einer (a) bitonischen und (b) kreisförmig bitonischen Sequenz*

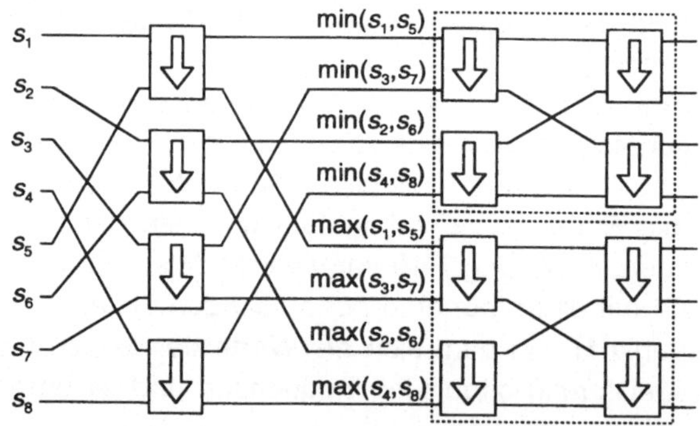

Abbildung 7.20: *Bitonischer Sortierer für eine bitonische Sequenz von 8 Komponenten*

Bitonische Sortierer können auch zum Sortieren von nicht-bitonischen Sequenzen mit $2n$ Komponenten herangezogen werden. Hierzu wird der *Sort-by-Merge-Algorithmus* verwendet. Zuerst werden jeweils zwei Komponenten der Sequenz zu einer sortierten Liste zusammengefügt, so daß $n/2$ bitonische Sequenzen der Länge 4 entstehen. Diese Sequenzen werden wiederum zu $n/4$ bitonischen Sequenzen der Länge 8 zusammengefügt, usw.

Abbildung 7.21 zeigt ein Batcher-Banyan-Netz für $N = 8$. Der erste Teil, das Sortiernetz, ist rekursiv aus 2x2, 4x4 und 8x8 bitonischen Sortierern aufgebaut, die ihrerseits aus 2x2-Sortierelementen bestehen. In diesem Sortiernetz werden die ankommenden Pakete nach ihrer Zieladresse an den Netzausgängen sortiert in aufsteigender Reihenfolge und kompakt ausgegeben und vom nachfolgenden 8x8-Banyan-Netz an die korrekten Ausgänge vermittelt. Diese Vermittlung geschieht blokkierungsfrei, solange keine Ausgangskonflikte auftreten, also solange nicht zwei oder mehr Pakete die gleiche Zieladresse besitzen. Ein Batcher-Banyan-Netz mit N Eingängen ist aus $(N/4)$ $((\log_2 N)^2 + \log_2 N)$ 2x2 Sortierelementen aufgebaut.

Stehen in einem $N \times N$-Batcher-Banyan-Netz gleichzeitig k ($k<N$) Pakete, also weniger als N Pakete, zur Vermittlung an, so muß sichergestellt sein, daß diese k Pakete ebenfalls kompakt und nach Adressen sortiert an den Ausgängen des Sortiernetzes ausgegeben werden. Dies kann z. B. dadurch geschehen, daß jedes Paket ein Aktivitätsbit besitzt, welches anzeigt, ob ein Paket in einem bestimmten Zeitschlitz am Netzeingang anliegt oder nicht. Das Sortiernetz muß dieses Bit beim Sortieren mitberücksichtigen und die $N - k$ inaktiven Pakete zu den $N - k$ oberen Netzausgängen vermitteln. Dies stellt sicher, daß die k aktiven Pakete sortiert und kompakt an den k unteren Ausgängen des Sortiernetzes erscheinen. Das nachfolgende Banyan-Netz vermittelt dann nur die aktiven Pakete blockierungsfrei zu deren Zielsenken, während die $N - k$ inaktiven Pakete ignoriert werden. Diese Anordnung wurde z. B. im *Starlite*, einem Koppelelement der Firma AT&T Bell Laboratories implementiert [HuK84].

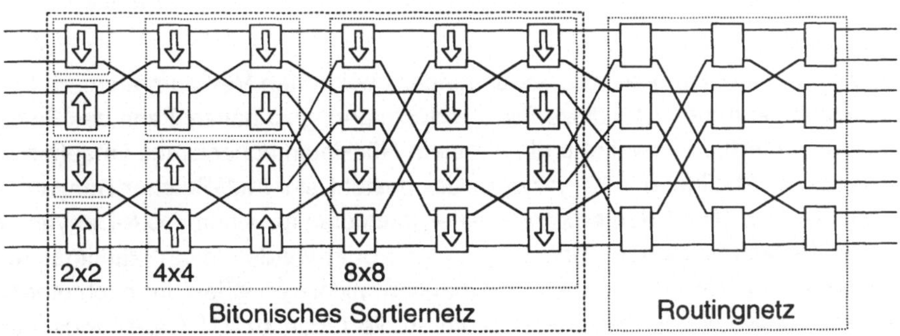

Abbildung 7.21: *Batcher-Banyan selbstroutendes Permutationsnetz*

Wie bereits erwähnt, kann ein Batcher-Banyan-Netz Pakete nur dann blockierungsfrei vermitteln, wenn keine Ausgangskonflikte auftreten. Kann dies nicht ausgeschlossen werden, so muß das Netz modifiziert werden. Im einfachsten Fall wird zwischen dem Sortiernetz und dem Banyan-Netz ein Verwerfer und ein weiteres Sortiernetz eingefügt, wie in Abbildung 7.22 gezeigt. Hierin ist die Vermittlung von vier Paketen zu den Ausgängen 1, 4, 2 und 1 gezeigt. An den Ausgängen des eigentlichen Sortiernetzes liegen die Pakete sortiert vor. Deshalb liegen Pakete mit gleicher Zieladresse an benachbarten Ausgängen an. Der nachgeschaltete Verwerfer kann dann leicht Pakete erkennen, die zu einem Ausgangskonflikt im Banyan-Netz führen, indem die Paketadressen an benachbarten Eingängen verglichen werden. Werden Pakete mit der gleichen Zieladresse erkannt, so wird nur eines dieser Pakete weitergeleitet, während die restlichen Pakete verworfen werden (siehe Abbildung 7.22). Durch das Verwerfen von Paketen entstehen nun Lücken in der sortierten Paketsequenz an den Ausgängen des Verwerfers, so daß ein nachgeschaltetes Banyan-Netz diese Pakete nur in bestimmten Fällen blockierungsfrei weitervermitteln kann. Deshalb muß zwischen dem Verwerfer und dem Banyan-Netz ein weiteres Sortiernetz eingefügt werden, so daß die Pakete wieder kompakt sortiert an den Eingängen des Banyan-Netzes anliegen.

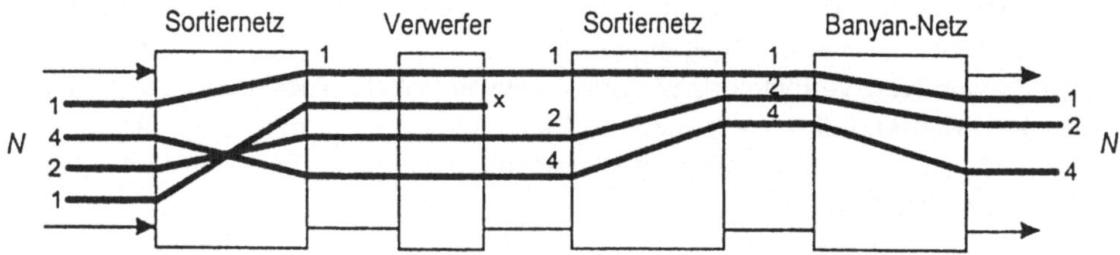

Abbildung 7.22: *Batcher-Banyan-Netz mit Verwerfen von Paketen*

In diesem Netz kann es also, insbesondere bei hohen Verkehrsraten, zu hohen Paketverlusten kommen. Um diese Paketverluste gering zu halten, kann das Batcher-Banyan-Netz intern aufgeweitet und mit einem Rücklaufmechanismus versehen werden. Dies ist in Abbildung 7.23 gezeigt. Hier besteht ein $N{\times}N$-Batcher-Banyan-Netz aus zwei $(N{+}L) \times (N{+}L)$-Sortiernetzen, einer Markierstufe, einem $N{\times}N$-Banyan-Netz und einem Rücklaufspeicher. Anders als im Verwerfer werden in der Markierstufe die zu Blockierungen führenden Pakete nur markiert, nicht verworfen. Im nachfolgenden Sortiernetz werden diese markierten Pakete an die L obersten Netzausgänge weitervermittelt. Diese Ausgänge sind nicht mit dem Banyan-Netz, sondern mit einem Rücklaufspeicher verbunden. In einem Batcher-Banyan-Netz mit Rücklauf werden also die zu Blockierungen führenden Pakete aussortiert, in einem Rücklaufspeicher zwischengepuffert und im nächsten Zyklus wieder dem ersten Sortierer angeboten. Um die Reihenfolge der Pakete nicht zu verändern, müssen die zurückgeführten Pakete priorisiert werden. Hierzu wird den Paketen ein Prioritätsfeld angehängt, welches bei jedem Rücklauf inkrementiert wird; dieser Wert entspricht somit dem

Alter eines Paketes. Entdeckt nun die Markierstufe Pakete mit der gleichen Ziel-adresse, so wird das älteste Paket (das Paket mit dem höchsten Prioritätswert) weitergeleitet, während die restlichen Pakete markiert und rückgeführt werden. So wird sichergestellt, daß die Paketreihenfolge beibehalten wird.

Die Größe des Rückführspeicher bestimmt in diesen Netzen die Paketverlust-wahrscheinlichkeit. So sind z. B. in einem 16x16-Batcher-Banyan-Netz mit Rück-führung $L = 40$ Rückleitungen erforderlich, um bei einer Last von 80% eine Paket-verlustwahrscheinlichkeit von 10^{-6} zu erreichen [GiH91].

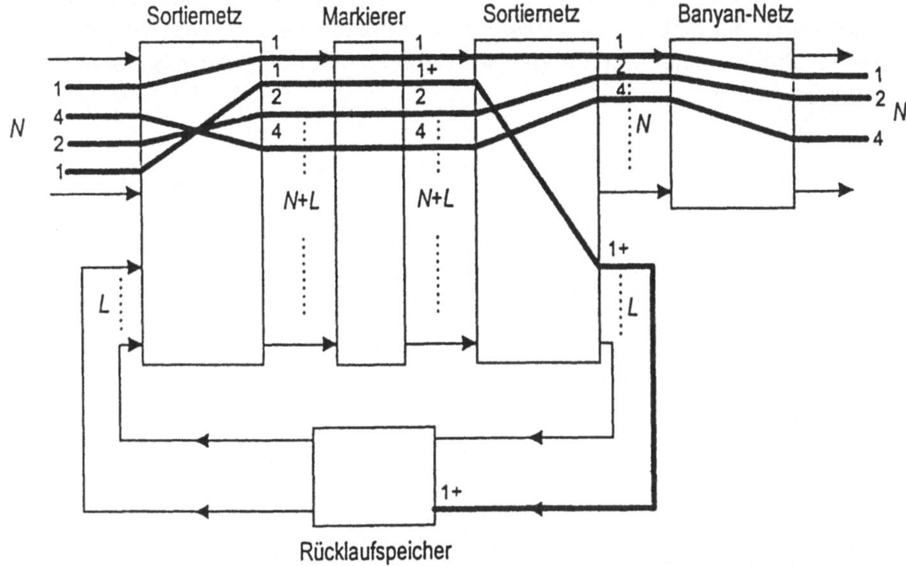

Abbildung 7.23: *Batcher-Banyan-Netz mit Rücklauf*

Die Anzahl der Rückleitungen in Batcher-Banyan-Netzen mit Rücklauf kann verringert werden, indem mehrere parallele Banyan-Netze anstelle eines einzigen Netzes verwendet werden. Dies wurde in *Sunshine*, einem Koppelelement der Firma Bell Communications Research implementiert [GiH91]. Sind z. B. *k* parallele Netze vorhanden, so können gleichzeitig bis zu *k* Pakete, die die gleiche Senkenadresse haben, vermittelt werden. Hierzu müssen allerdings Ausgangspuffer am Netz vor-handen sein, die die an einem Ausgang gleichzeitig ankommenden Pakete zwischen-puffern.

Eine weitere Art der Konfliktauflösung besteht in der Verwendung von Eingangs-puffern, die dem eigentlichen Batcher-Banyan-Netz vorgeschaltet werden. Hierzu braucht das Netz nicht aufgeweitet zu werden; es kann also ein Batcher-Banyan-Netz mit Paketverwerfung verwendet werden (siehe Abbildung 7.21). Ein Netzzyklus wird in drei Phasen aufgeteilt. In der *ersten Phase* werden kurze Testpakete bestehend aus der Quell- und Zieladresse des eigentlichen Datenpaketes durch das Netz gesendet. Diese Testpakete werden im Sortiernetz sortiert und blockierende Pakete im Verwerfer verworfen. Die übriggebliebenen Pakete erreichen über das Banyan-Netz ihre entsprechenden Senken. In der *zweiten Phase* wird der Empfang eines Testpakets durch die Senke bestätigt. Diese Bestätigung kann entweder durch eine getrennte Signalleitung in Rückrichtung erfolgen oder mit Hilfe eines weiteren Durchlaufs der erfolgreichen Testpakete durch das Netz zurück zu deren Quellen. In der *dritten Phase* werden dann die Datenpakete aus den Eingangspuffern durch das Netz geschickt, die eine positive Bestätigung erhalten haben. Diese Pakete können blockierungsfrei vermittelt werden, da alle Ausgangsblockierungen in der ersten Phase verworfen wurden.

8 Koppelelementarchitekturen und Realisierungsaspekte

Mehrstufige indirekte Netze bestehen aus Stufen von Koppelelementen, die durch statische Zwischenleitungen miteinander verbunden sind. Für die erreichbare Netzleistung spielt die Architektur und Realisierung der Koppelelemente eine wesentliche Rolle. In paketvermittelnden Netzen müssen die Koppelelemente neben der Vermittlungsfunktion bei Konflikten an ihren Ausgängen Pakete zwischenpuffern. Die Organisation von Puffern ist dabei für die Leistungsfähigkeit der Elemente ausschlaggebend. Die wichtigsten grundlegenden Organisationen sind Eingangspuffer, Ausgangspuffer, Zentralpuffer und verteilte Pufferung. Diese Architekturen werden in den folgenden Abschnitten aufgeführt. Varianten dieser Prinzipien können genutzt werden, um eine weitere Steigerung der Leistungsfähigkeit zu erzielen.

8.1 Koppelelemente mit Eingangspufferung

Vom Standpunkt der schaltungstechnischen Realisierung bieten Koppelelemente mit Eingangspuffer wesentliche Vorteile. Abbildung 8.1 zeigt die Organisation eines RxS-Koppelelementes mit R Eingängen und S Ausgängen. Jeder Eingang ist mit einem Puffer verbunden, der einen RxS-Ausgangsschalter speist.

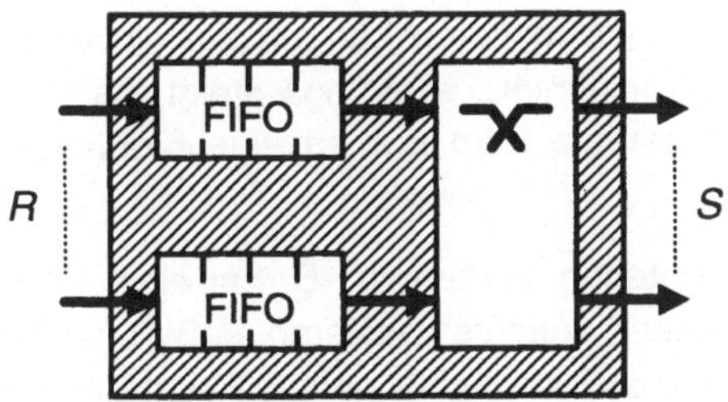

Abbildung 8.1: RxS-Koppelelement mit Eingangspufferarchitektur

Enthalten zwei oder mehr Ausgänge der Puffer Pakete, die zum selben Koppelelementausgang gerichtet sind, so wird nur eines dieser Pakete durchgeschaltet, während die anderen Pakete in ihrem jeweiligen Puffer warten, bis der Ausgang frei wird. Die Auswahl des zu lesenden Puffers wird durch einen Arbitrierungsalgorithmus bestimmt. Diese Arbitrierungsmechanismen lassen sich in zwei Klassen einteilen: die *zustandsunabhängigen* und die *zustandsabhängigen Arbitrierungsstrategien*.

Zustandsunabhängige Arbitrierungsstrategien

Bei der *zufälligen Auswahl* [Ili91, KaH87, RaT89] wird ein Paket aus einem zufällig ausgewählten Puffer herausgenommen. Dies führt zu einer fairen Auswahl, ist jedoch schwierig zu implementieren.

Bei der *festen Priorisierung* [BaM91, KaH87] werden die Puffer in einer festen Reihenfolge ausgewählt. Dieser Mechanismus ist einfach zu implementieren, führt jedoch zu einer unfairen Behandlung der Pakete.

Bei der *zyklischen Priorisierung* [Dai87, Hah91] werden die Puffer ebenfalls sequentiell ausgewählt. Allerdings wird der Startpunkt bei jedem Zyklus um einen Puffer verschoben. Dies führt zu einer fairen Auswahl der Pakete und ist einfach zu implementieren.

Zustandsabhängige Arbitrierungsstrategien

Bei der *wartezeitabhängigen Auswahl* [Ili91, RaT89] wird der Puffer mit dem ältesten Paket ausgewählt. Hierbei können die Wartezeitsschwankungen minimiert werden [The94]. Jedoch ist ein erhöhter Hardware-Aufwand erforderlich, da die Wartezeiten einzelner Pakete bestimmt werden müssen.

Die *Auswahl des längsten Puffers* (*Longest Queue First, LQF*) [GaG91, KaH87, RaT89] führt zu gleichmäßigen mittleren Längen der einzelnen Puffer. Die Verlustwahrscheinlichkeit wird so minimiert, allerdings steigt die Schwankung der Durchlaufzeit [The94]. Diese Strategie führt nur zu einem geringen Hardware-Mehraufwand.

Abhängig vom angebotenen Verkehr (z. B. bei einer hohen Verkehrsrate oder bei unsymmetrischem Verkehr) kann es passieren, daß Puffer innerhalb eines Koppelelementes voll werden, so daß sie keine neuen Pakete mehr aufnehmen können. Beim Eintreffen eines neuen Paketes hängt das Netzverhalten dann von der Methode der Blockierungsauflösung des Gesamtnetzes ab (Drop- oder Block-Methode, siehe Abschnitt 2.8). Bei einem Drop-Netz geht in diesem Fall das ankommende Paket verloren. Bei einem Netz mit der Block-Methode werden Pakete von einem Quellkoppelelement in einer Netzstufe zu einem Zielkoppelelement in der nächsten Stufe nur dann weitergeleitet, wenn im Zielpuffer des Zielelements Platz für das Paket vorhanden ist. Ansonsten wartet das Paket in seinem Qiuellpuffer. Hierzu existieren

Steuerleitungen an jedem Koppelelementport, die den angeschlossenen Koppelelementen den Zustand der Elementpuffer mitteilen. Bei eingangsgepufferten Koppelelementen reicht hierfür eine Steuerleitung pro Elementport aus. Diese Leitung signalisiert dem Quellelement, ob der Eingangspuffer des Eingangsports am Zielelement, an dem das Quellelement angeschlossen ist, noch Pufferplätze frei hat. Solange Pufferplätze vorhanden sind, kann das Quellelement Pakete senden.

Ein Nachteil der Eingangspufferstruktur in Koppelelementen ist die geringe Leistungsfähigkeit dieser Organisation, die im „Head-of-the-line" (*HOL*)-Flaschenhals begründet ist. Dies ist in Abbildung 8.2a anhand eines 2x2-Koppelelements illustriert. Beide Eingangspuffer des Elementes enthalten an der vordersten Stelle ein Paket, das zum oberen Ausgang A gerichtet ist, während die nächste Position in beiden Puffern mit Paketen zum unteren Ausgang B belegt ist. Offensichtlich kann nur ein einziges Paket vermittelt werden, obwohl Nachrichten zu beiden Ausgängen verfügbar sind. Die vordersten Pakete blockieren die später eingetroffenen. Die Leistungsfähigkeit dieses Mechanismus ist in Abschnitt 12.5.2 näher untersucht. Es wird gezeigt, das der HOL-Flaschenhals zu einer Reduzierung des maximalen Durchsatzes auf rund 58% bei 16x16-Koppelelementen führt.

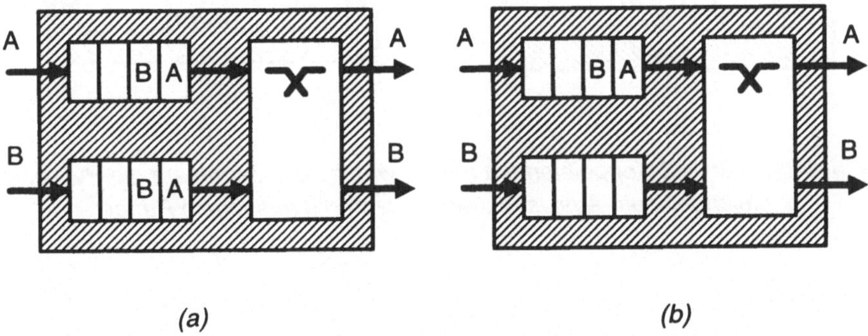

Abbildung 8.2: (a) HOL-Blockierung in einem 2x2-Koppelelement mit Eingangspuffern; (b) Durchsatzbegrenzung durch sequentiellen Pufferzugriff

Ein zweites Problem ist in Abbildung 8.2b illustriert. Nur einer der Puffer enthält Pakete, von denen je eines zu Ausgang A bzw. B gerichtet ist. Aufgrund der sequentiellen Abarbeitung eines FIFO-Puffers kann in dieser Situation pro Zyklus nur ein Paket ausgelesen werden, obwohl Nachrichten für beide Ausgänge verfügbar sind. Auch durch diese Situation wird der Durchsatz solcher Koppelelemente fundamental begrenzt.

Zwei Modifikationen dienen dazu, die beiden Probleme zu reduzieren. So kann durch Abkehr vom FIFO-Prinzip, also durch wahlfreien Zugriff zu beliebigen Elementen eines Puffers, die HOL-Blockierung umgangen werden [ArG89, BuT89, HIK88, ShM90]. Dies ist für ein 2x2-Koppelelement in Abbildung 8.3a dargestellt. Durch gleichzeitiges Auslesen mehrerer Nachrichten aus einem Puffer ist eine wesentliche Leistungssteigerung möglich (siehe Abbildung 8.3b) [TaF88]. In [RoS88] wurde gezeigt, daß das gleichzeitige Lesen von zwei Pufferplätzen auch bei größeren Koppelelementen ausreicht. Können mehr Nachrichten gelesen werden, so resultiert nur eine unwesentliche Leistungssteigerung. Höchste Anforderungen werden durch eine Kombination beider Methoden in Verbindung mit einer effektiven Auswahlstrategie des nächsten zu lesenden Puffers erfüllt [SiM90]. Diese Struktur wird mit *verallgemeinerten Eingangspuffern* beschrieben und ist in Abbildung 8.4 dargestellt.

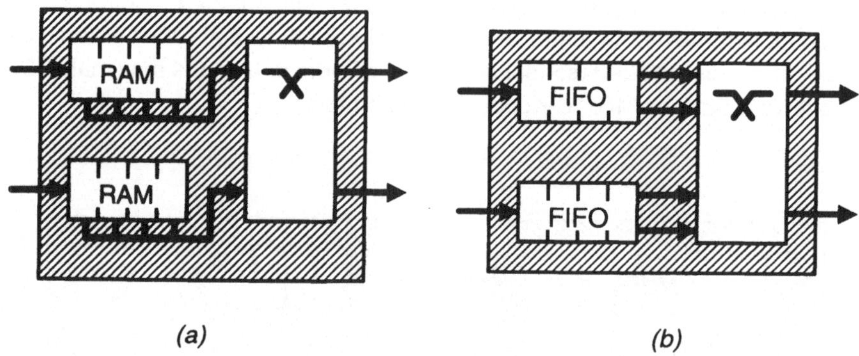

(a)　　　　　　　　　　　　　　　　　(b)

Abbildung 8.3: *2x2-Koppelelement mit (a) wahlfreiem Zugriff auf die Puffer; (b) gleichzeitigem Auslesen zweier Elemente aus jedem Puffer*

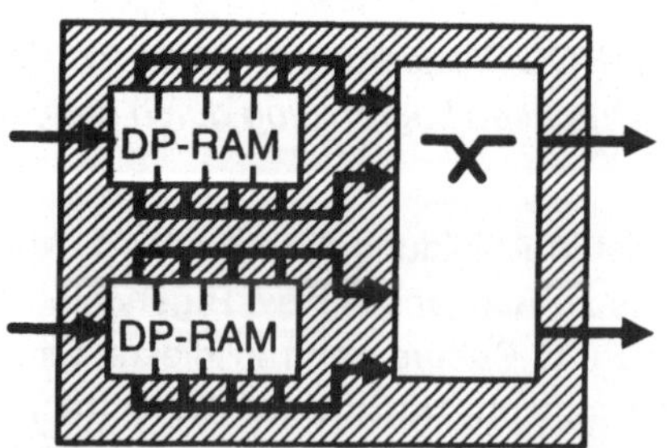

Abbildung 8.4: *2x2-Koppelelement mit verallgemeinerten Eingangspuffern*

8.2   Koppelelemente mit Ausgangspufferung

Werden die Puffer nicht den Eingängen sondern den Ausgängen zugeordnet, so wird eine höhere Leistungsfähigkeit erreicht. Ankommende Pakete werden vom Verteiler zum korrekten Ausgangspuffer geleitet und dort gepuffert (siehe Abbildung 8.5). Dies stellt besondere Anforderungen an die Bandbreite des Verteilers und der Puffer. Im ungünstigsten Fall treffen an allen Eingängen gleichzeitig Nachrichten ein, die zum gleichen Ausgang gerichtet sind. Dann müssen bei einem RxS-Schalter R Nachrichten durch den Verteiler vermittelt, und in den zugehörigen Ausgangspuffer müssen R Pakete geschrieben und eines gelesen werden. Der interne Pufferzugang muß also stark parallelisiert werden, um diesen Anforderungen gerecht zu werden. Diese Parallelisierung kann z. B. unter Zuhilfenahme des *Bit-Slice-Prinzips* [BaG91, Ito91b, SuN89] oder durch die Aufteilung der Puffer in mehrere kleinere Puffer, die zyklisch gelesen und beschrieben werden [BaF91], verwirklicht werden.

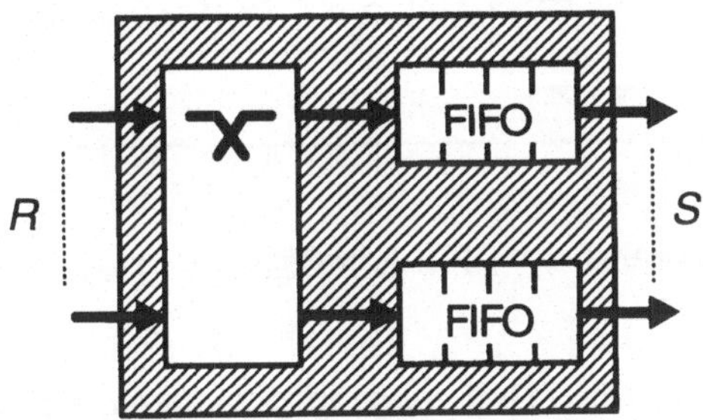

Abbildung 8.5: *RxS-Koppelelement mit Ausgangspuffern*

Da in einem Ausgangspuffer immer nur Pakete gepuffert werden, die zum gleichen Ausgang geleitet werden, kann eine HOL-Blockierung, wie sie im vorangegangenen Abschnitt diskutiert wurde, nicht auftreten. So verhält sich jeder Ausgangspuffer wie ein idealer, statischer und von den anderen Puffern unabhängiger Multiplexer. Bei einer unbegrenzten Puffergröße kann deshalb ein maximaler Durchsatz von 100% erreicht werden. Werden Puffer mit der FIFO-Strategie verwendet, erhält man die kleinstmöglichen Durchlaufzeitschwankungen der Pakete.

8.2.1   Busbasierte Koppelelemente

Da innerhalb eines Chips sehr hohe Schaltgeschwindigkeiten erreicht werden können, ist es bei VLSI-Koppelelementen möglich, die Vermittlung zwischen Ein-

und Ausgängen durch eine Busstruktur zu erreichen. Abbildung 8.6 zeigt ein bus-
basiertes *BxB*-Koppelelement mit Ausgangspuffern [SuN89]. Nach einer Seriell/
Parallel-Wandlung der empfangenen Daten werden diese auf ein Zeitmultiplex-Bus-
system gegeben. Ein Adreßfilter an jedem Ausgangspuffer selektiert die Daten, so
daß die Pakete in den richtigen Puffern gepuffert werden können. Der Flaschenhals
bei dieser Lösung ist die begrenzte Busbandbreite, die in der Regel einen hohen
Parallelisierungsgrad erfordert.

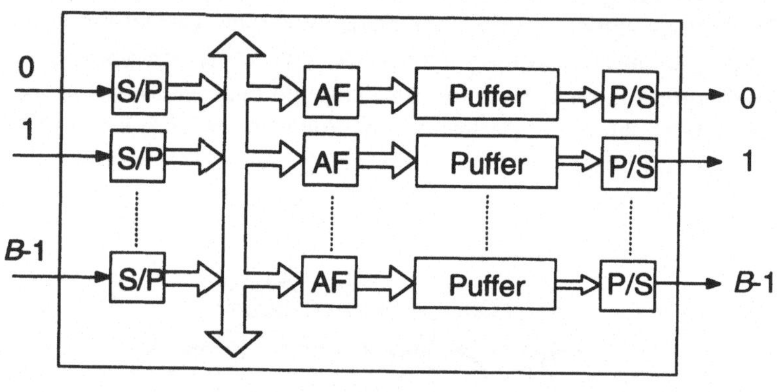

S/P = Seriell/Parallel   AF = Adreßfilter   P/S = Parallel/Seriell
Wandlung   Wandlung

Abbildung 8.6: *Struktur eines BxB ausgangsgepufferten Koppelelementes auf der*
Basis eines Zeitmultiplex-Bussystems nach [SuN89]

8.2.2 Ringbasierte Koppelelemente

Die verfügbare Bandbreite kann durch ein ringbasiertes Koppelelement verbessert werden [GaR90]. Wie in Abbildung 8.7 gezeigt, werden die eintreffenden Pakete
in Ringstationen eingespeist und in einem Fließbandprinzip von Station zu Station
weitertransportiert, bis sie ihr Ziel erreicht haben. Um eine möglichst effiziente Band-
breitenzuteilung des Rings zu erreichen, sollte der Ring nach dem Zeitschlitzverfahren
arbeiten. Ein Hauptvorteil des Ringsystems gegenüber einem Bussystem ist die
Möglichkeit der mehrfachen Verwendung eines Zeitschlitzes während eines Ring-
umlaufs. Hierzu muß jede Ringstation in der Lage sein, Zeitschlitze, in denen sich für
diese Station bestimmte Pakete befinden, vor dem Weiterreichen zu leeren.

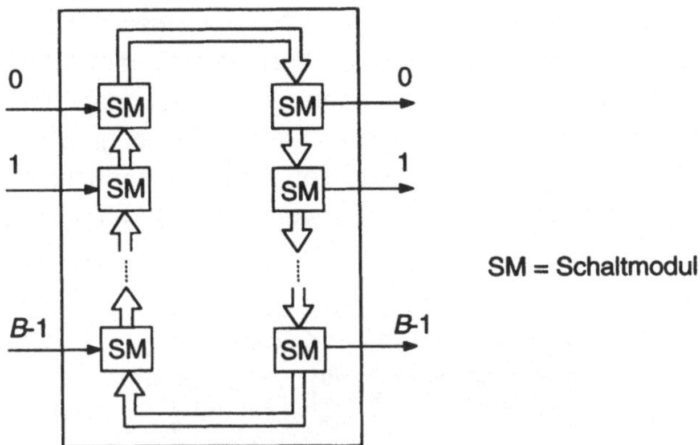

Abbildung 8.7: *Struktur eines BxB-Koppelelements auf der Basis eines Ringsystems*

8.2.3 Paketflußsteuerung in Block-Netzen

Die Paketflußsteuerung zwischen Koppelelementen in Block-Netzen mit ausgangsgepufferten Schaltelementen gestaltet sich schwieriger als bei eingangsgepufferten Schaltern. Eine Möglichkeit ist, bei einem BxB-Koppelelement B Steuerleitungen pro Elementport zu verwenden, die dem angeschlossenen Koppelelement signalisieren, welche der B Ausgangspuffer noch Pakete aufnehmen können. Da es jedoch vorkommen kann, daß bis zu B Pakete an den B Eingangsports eines Koppelelements gleichzeitig zu einem Elementausgangsport geroutet werden müssen, muß die Flußsteuerung Pakete bereits abweisen, wenn ein Puffer noch $B - 1$ freie Pufferplätze besitzt, damit zu keinem Zeitpunkt Pakete verloren gehen können. Diese Flußkontrolle resultiert also einerseits in einem großen Hardware-Aufwand (insbesondere für größere Koppelelemente, da mehrfache Steuerleitungen pro Elementport verwendet werden müssen) und andererseits in einer suboptimalen Ausnutzung der Ausgangspuffer, da es vorkommen kann, daß Pakete abgewiesen werden, obwohl Pufferplatz vorhanden gewesen wäre.

Eine effektivere Flußsteuerung kann implementiert werden, wenn pro Koppelelementeingangsport ein zusätzliches Eingangslatch benutzt wird, wie in Abbildung 8.8 gezeigt [PfN85]. Bei einem Pakettransfer zwischen zwei Koppelelementen wird das Paket zuerst in dem Eingangslatch zwischengepuffert und dann in einem zweiten Schritt durch das eigentliche Koppelelement geroutet. Ist der Zielausgangspuffer voll, wartet das Paket im Eingangslatch. So muß einem angeschlossenen Koppelelement nur mitgeteilt werden, ob das Latch des Zieleingangsports voll ist, so daß nur eine Steuerleitung pro Elementport benötigt wird. Da in jedem Zyklus ein Element selbst erkennen kann, wieviele Pakete zu einem bestimmten Ausgangspuffer geroutet werden müssen, können durch einen Arbitrierungsmechanismus, z. B. durch eine zyklische Auswahl der Latches (siehe Abschnitt 8.1), die Pakete auf die einzelnen Ausgangspuffer verteilt werden. So kann jeder Ausgangspuffer vollständig ausgenutzt werden. Dies führt zu einer höheren Leistung unter gleichverteiltem Verkehr [PfN85]. In [JuS94] wurde jedoch gezeigt, daß diese Eingangslatchkonfiguration zu einer Netzleistungsminderung unter ungleichverteilten Verkehren führen kann.

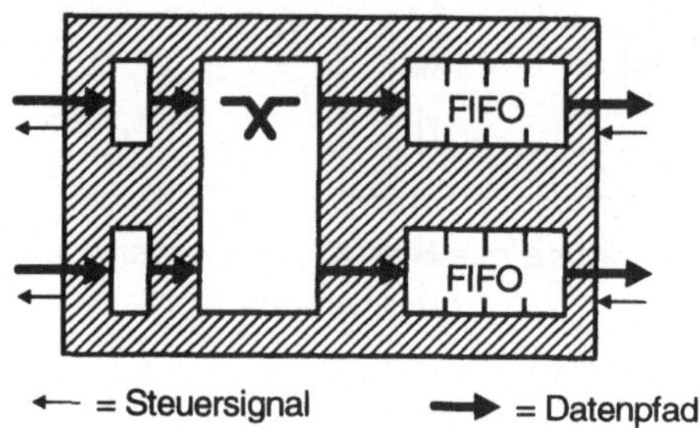

Abbildung 8.8: *2x2-Koppelelement mit Ausgangspuffern und Eingangslatches*

8.3   Koppelelemente mit verteilter Pufferung

Die Probleme der hohen Bandbreiteanforderungen an die Puffer und des HOL-Blockierens können mittels verteilter Pufferanordnungen vermieden werden. So ist in Abbildung 8.9 eine Crossbar-Anordnung gezeigt, bei der jedem Kreuzungspunkt ein eigener Puffer zugeordnet ist. Das wesentliche Problem solcher verteilter Strukturen ist der sehr hohe Pufferbedarf.

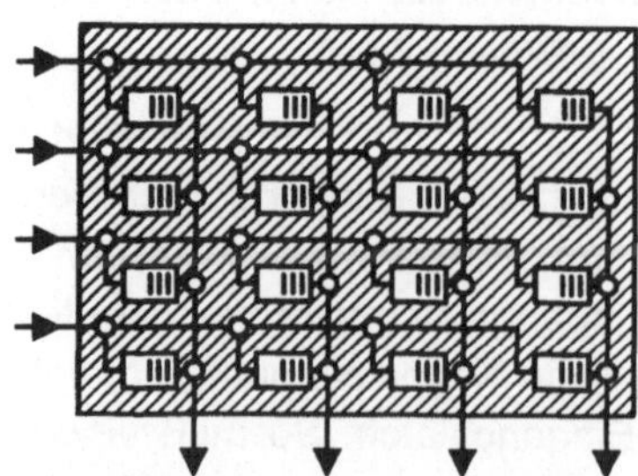

Abbildung 8.9: *4x4-Koppelelement mit verteilter Pufferarchitektur*

8.4   Koppelelemente mit Zentralpufferung

Um bei der Ausgangspufferorganisation eine hohe Leistungsfähigkeit zu erreichen, ist ein erheblicher Pufferbedarf erforderlich. Dieser Nachteil kann durch eine gemeinsame Nutzung der Pufferplätze vermieden werden. Die Konfiguration der resultierenden Zentralpufferorganisation ist in Abbildung 8.10 dargestellt.

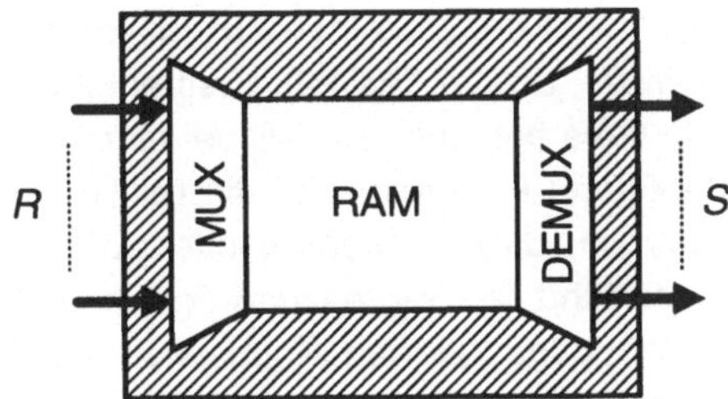

Abbildung 8.10: *2x2-Koppelelement mit Zentralpuffer*

Pakete an den Eingängen werden über einen Multiplexer in einen Puffer geleitet und aus dem Puffer durch einen Demultiplexer zum korrekten Ausgang geschickt. Der Zentralpuffer kann bis zu Z Pakete puffern. Intern ist jedem Ausgang ein logischer Puffer zugeordnet, aus dem die Zellen in der Reihenfolge ihres Eintreffens entnommen werden. Die Anforderungen an die Pufferbandbreite sind noch größer als bei der Ausgangspufferorganisation, da im ungünstigsten Fall Pakete von allen Eingängen in den Puffer geschrieben und Pakete für alle Ausgänge gelesen werden müssen. Aufgrund dieser Anforderungen ist ein Aufbau aus diskreten Komponenten schwierig; bei VLSI-Schaltungen ist eine Realisierung einfacher möglich (siehe nächsten Abschnitt).

Beim *Complete Sharing* der Pufferplätze [KaK80] wird der Puffer gemeinsam von allen Ausgängen benutzt, wobei sich die einzelnen Puffer gegenseitig mit Pufferplätzen aushelfen können. Der Pufferplatz kann so sehr effizient ausgenutzt werden, so daß wesentlich weniger Gesamtpufferplatz benötigt wird als bei physikalisch getrennten Ausgangspuffern. In [BoB87] wurde gezeigt, daß ausgehend von einer Paketverlustwahrscheinlichkeit von 10^{-12} der Pufferplatz in einem 16x16-Koppelelement um den Faktor 7.5 geringer ist als bei getrennten Ausgangspuffern. Diese Pufferplatzersparnis ist besonders bedeutsam, wenn eine Realisierung des Koppelelements in Form eines einzelnen Schaltkreises angestrebt wird. Da in diesem Fall ein großer Teil der Chipfläche vom Puffer eingenommen wird, wird ein möglichst geringer Pufferbedarf angestrebt. Deshalb basieren viele Ein-Chip-Lösungen von Koppelelementen auf dem Zentralpufferprinzip [FiF91, HeS90].

Das Prinzip des Complete Sharing wirkt sich jedoch nachteilig aus, wenn ein oder mehrere Ausgänge des Koppelelements häufiger angesprochen werden als andere. In diesem Fall kann sich der Zentralpuffer mit Paketen füllen, die für die häufiger angesprochenen Ausgänge bestimmt sind, so daß für die restlichen Pakete kein Platz mehr vorhanden ist. Um diesen Effekt zu vermeiden, muß die Belegung des Puffers durch einzelne Ausgänge vermieden werden. Dies kann z. B. durch die Begrenzung der maximalen Länge der einzelnen Ausgangspuffer geschehen (*address queue length limitation*) [ChH91, LeK90, ScS90]. Hierbei kann ein einzelner Ausgang nur einen Teil des Zentralpuffers belegen, so daß bei einer Verkehrsunsymmetrie zu diesem Ausgang noch genügend Pufferplatz für die restlichen Ausgänge zur Verfügung steht. Wird angenommen, daß Z (Zentralpuffergröße) ein Vielfaches von B (Koppelelementgröße) ist, so führt die Begrenzung der Queuelängen auf jeweils Z/B Pufferplätze zu einem ausgangsgepufferten Koppelelement. Falls in Zentralpufferelementen mit Queuelängenbegrenzung jedoch Verkehrsunsymmetrien bestehen, die mehrere Ausgänge stärker belasten, so kann sich der Zentralpuffer dennoch füllen und den restlichen Verkehr behindern. Dies kann vermieden werden, indem für jeden Ausgangspuffer ein kleiner Teil des Zentralpuffers reserviert wird, auf den kein anderer Puffer zugreifen kann [ChH91, KaK80, Tze91]. Bei einer Verkehrsunsymmetrie steht dann jedem Ausgangspuffer ein Mindestpuffer zur Verfügung, so daß Paketverluste verringert werden können.

Koppelelemente mit Zentralpuffer bieten die Vorteile hoher Leistungsfähigkeit bei reduzierten Anforderungen an die Puffergröße. Da der Flächenbedarf der Puffer direkt in die Kosten eines entsprechenden VLSI-Chips eingeht, sind solche Architekturen besonders attraktiv, wenn die Probleme der hohen Pufferbandbreite gelöst werden können. In den nächsten beiden Abschnitten werden zwei Architekturen vorgestellt (die Zentalpufferorganisation mit paralleler Pufferstruktur und mit Schieberegisterstruktur), mit denen dies erreicht wird.

8.4.1 Zentralpufferorganisation mit paralleler Pufferstruktur

Diese Pufferstruktur ist in Abbildung 8.11a anhand eines 2x2-Koppelelements zu sehen und besteht aus jeweils einem Schieberegister an jedem Elementport und einem RAM. Die an einem Eingangsport seriell ankommenden Bits eines Datenpakets werden in das Schieberegister des Ports geschoben (Abbildung 8.11a). Ist das gesamte Paket eingetroffen und im Schieberegister gepuffert, wird es in einem Schritt in das RAM geschrieben (Abbildung 8.11b). Beim Auslesen des Pakets wird es in einem Schritt von der RAM-Zeile in das Ausgangsschieberegister gelesen und dann seriell auf den Ausgangsport geschoben (Abbildung 8.11c).

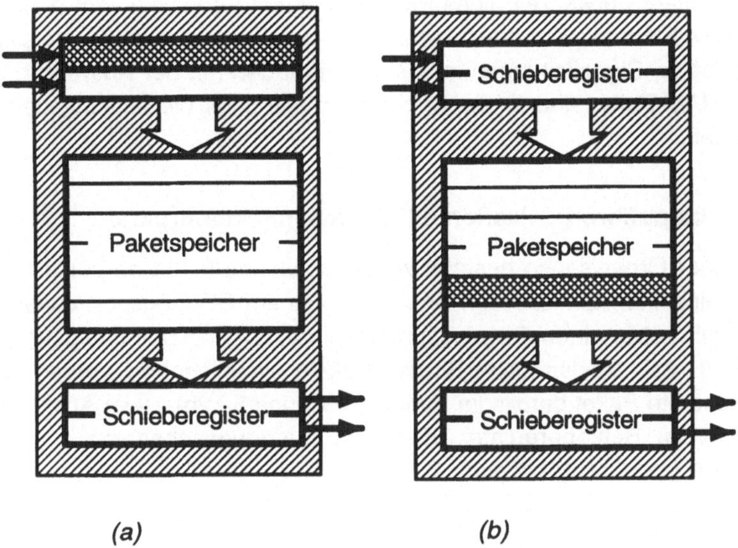

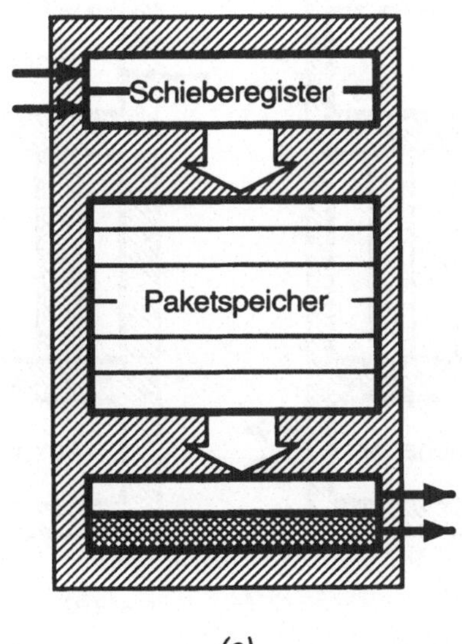

Abbildung 8.11: *2x2-Koppelelement mit paralleler Pufferstruktur: (a) Eingangsoperation; (b) Pufferung; (c) Ausgabeoperation*

Die minimale Verweilzeit eines Pakets in einem Koppelelement dauert also drei Zelltakte. Das Element wird durch einen zentralen Controller im Kontrollpfad gesteuert. Die globalen Signalleitungen im RAM, verbunden mit der Auswahl der zu bearbeitenden RAM-Zeile, sind in dieser Struktur allerdings die leistungsbegrenzenden Komponenten.

8.4.2   Zentralpufferorganisation mit Schieberegisterstruktur

Bei dieser Organisation besteht, wie in Abbildung 8.12a dargestellt, der Paketpuffer aus einzelnen Schieberegistern. Ein an einem Eingangsport seriell eintreffendes Paket wird über einen Eingangsschalter in eins der Schieberegister geschoben (Abbildung 8.12a). Ist das letzte Bit des Pakets eingeschoben worden, so befindet sich das gesamte Paket bereits im Puffer (Abbildung 8.12b). Beim Auslesen wird das Paket aus dem Schieberegister über den Ausgangsschalter auf den richtigen Ausgangsport gegeben (Abbildung 8.12c).

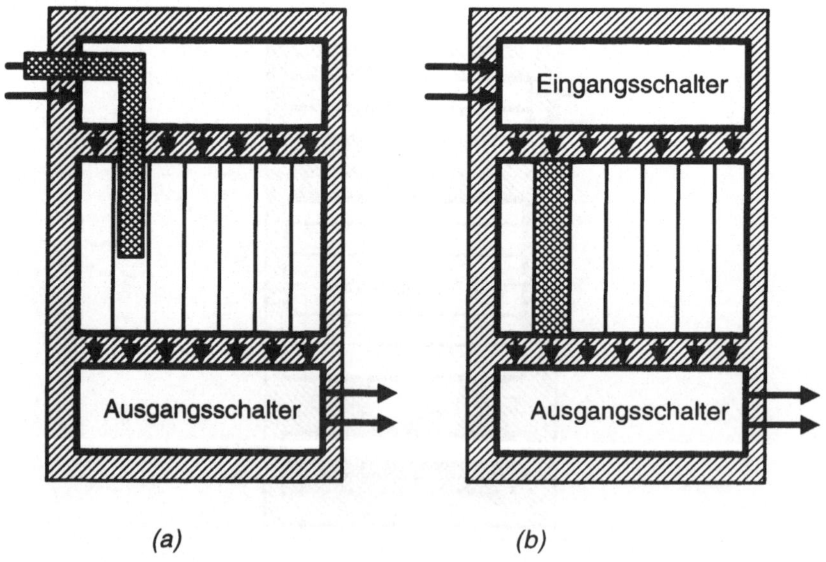

(a)   (b)

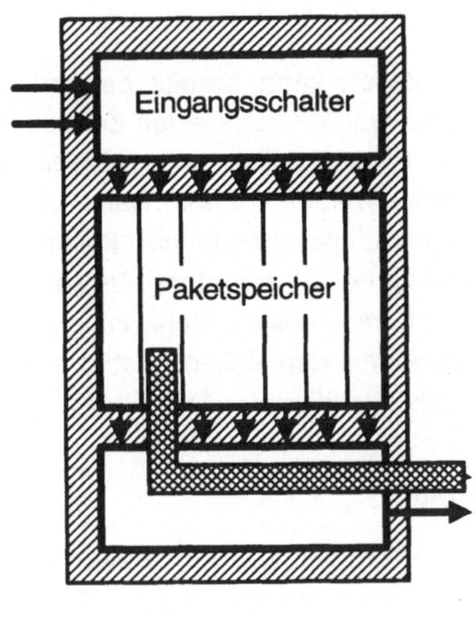

(c)

Abbildung 8.12: *2x2-Koppelelement mit Schieberegisterstruktur. (a) Eingangsoperation; (b) Pufferung; (c) Ausgabeoperation.*

8.5   Prioritätsmechanismen in ATM-Koppelelementen

Oft müssen Verbindungen mit unterschiedlichen Qualitätsparametern (z. B. unterschiedliche maximale Zellverlustwahrscheinlichkeiten) in einem ATM-Netz unterstützt werden. So dürfen Zellen einer Videoverbindung nur eine Verlustwahrscheinlichkeit im Bereich von 10^{-8} erfahren, während bei einer Telefonverbindung Verlustwahrscheinlichkeiten bis zu 10^{-3} ohne größeren Qualitätsverlust noch tolerierbar sind. Die Einhaltung dieser unterschiedlichen Qualitätsgrößen kann zum Beispiel durch die Vergabe von unterschiedlichen Zellprioritäten erreicht werden. Hierzu enthält jede ATM-Zelle ein Prioritätsbit, so daß zwei Zellklassen unterschieden werden können.

Es sind verschiedene Mechanismen vorgeschlagen worden, um gleichzeitige ATM-Verbindungen mit zwei unterschiedlichen Zellverlustraten zu erhalten. Diese werden in den folgenden Abschnitten näher beschrieben.

8.5.1 Wegetrennung

Eine Priorisierung der Zellen kann bereits bei der Einspeisung in das Netz vorgenommen werden. Hierbei werden den beiden Zellklassen unterschiedliche Wege durch das Netz zugeordnet, wobei Zellen unterschiedlicher Priorität niemals über gleiche interne Netzleitungen vermittelt werden. Dann kann über die Auslastung der einzelnen Netzleitungen die Verlustwahrscheinlichkeiten der Zellklassen festgelegt werden. Falls allerdings eine virtuelle Verbindung Zellen aus beiden Prioritätsklassen verwendet, kann durch die unterschiedliche Behandlung der Zellklassen die Reihenfolge der an der Senke ankommenden Zellen gestört sein. Die korrekte Zellreihenfolge muß dann durch Protokollfunktionen wieder hergestellt werden.

8.5.2 Getrennte Pufferung

Eine Priorisierung der Zellklassen kann innerhalb des Netzes in den einzelnen Koppelelementen durch eine getrennte Pufferung der Zellen unterschiedlicher Klassen erfolgen. Hierbei stehen an einem Koppelelementport (am Eingangsport bei eingangsgepufferten Koppelelementen, bzw. am Ausgangsport bei ausgangsgepufferten Elementen) zwei parallele Puffer zur Verfügung, jeweils einer für Zellen einer Prioritätsklasse. Höher priorisierte Zellen werden durch die Bedieneinheit immer zuerst weitergeleitet, so daß diese eine geringere Durchlaufzeit und Verlustwahrscheinlichkeit aufweisen als die niederpriorisierten Zellen. Allerdings kann auch bei diesem Verfahren die Zellreihenfolge gestört sein, wenn zu einer Verbindung Zellen aus beiden Prioritätsklassen gehören. Auch erfordert die Bereitstellung zweier getrennter Puffer an einem Koppelelementport einen größeren Hardwareaufwand als bei konventionellen Koppelelementen.

8.5.3 Verdrängungssystem

Bei dieser Methode verdrängt eine eintreffende höher priorisierte Zelle in einem Koppelelementpuffer eine gepufferte Zelle mit niedrigerer Priorität, wobei die verdrängte Zelle verloren geht. Meist wird hierbei die zuletzt gepufferte (*Last In First Drop, LIFD*) oder die zuerst gepufferte Zelle niedrigerer Priorität (*First In First Drop, FIFD*) verworfen. So kann eine Zelle höherer Priorität nur dann verloren gehen, wenn der Puffer nur mit Zellen dieser Prioritätsklasse vollständig gefüllt ist. Damit die Zellreihenfolge erhalten bleibt, müssen nach dem Verdrängen einer Zelle aus einem FIFO-Puffer die hinter dieser Zelle gepufferten Zellen um einen Platz im Puffer vorrücken. Die eingetroffene Zelle höherer Priorität wird dann hinter allen anderen Zellen im Puffer gepuffert.

Der Nachteil dieser Methode ist der relativ hohe Hardware-Mehraufwand. Es müssen FIFO-Puffer durchsucht werden, Zellen entnommen und andere Zellen verschoben werden. Diese Puffersteuerung kann z. B. durch die Benutzung von mehreren verketteten Listen erfolgen.

8.5.4 Schwellwertverfahren

Bei diesem Verfahren wird ein Koppelelementpuffer in zwei Bereiche eingeteilt. In jedem Puffer der Länge D dürfen nur solange Zellen einer Prioritätsklasse i gepuffert werden, bis ein Grenzwert D_i überschritten wird. Dieser Grenzwert kann sich entweder auf die Gesamtzahl der im Puffer abgelegten Zellen, oder auf die Gesamtzahl der Zellen der Prioritätsklasse i im Puffer beziehen. Hierbei werden keine gepufferten Zellen verdrängt.

Beim *Partial Buffer Sharing*, einem Schwellwertverfahren, welches von KRÖNER et al. [KrH91] eingeführt worden ist, ist der Grenzwert für die höher priorisierten Zellen $D_1 = D$. Diese Zellklasse darf also den gesamten Puffer benutzen. Zellen mit niedrigerer Priorität dürfen jedoch nur einen Bereich von D_2 Pufferplätzen benutzen. Dies ist in Abbildung 8.13 an einem 2x2-Koppelelement dargestellt. Ein Teilbereich von $D - D_2$ Pufferplätzen ist demnach ausschließlich für Zellen mit höherer Priorität reserviert, während der Bereich von D_2 Pufferplätzen von beiden Klassen genutzt werden kann.

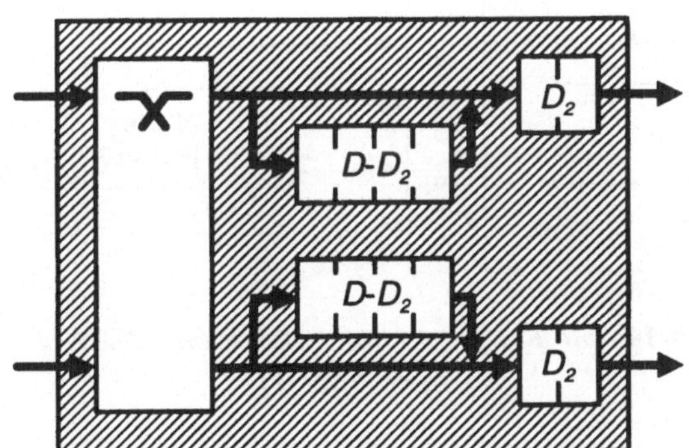

Abbildung 8.13: *Schwellwertverfahren in einem 2x2-Koppelelement*

Im Vergleich zum Verdrängungssystem verbraucht das Schwellwertverfahren erheblich weniger Hardware, da pro Prioritätsklasse zusätzlich nur ein Register für den Grenzwert, ein Zähler für den aktuellen Füllstand und Vergleichslogik benötigt wird. Da die Leistungscharakteristiken des Schwellwertverfahrens vergleichbar mit denen eines Verdrängungssystems sind, wird es in vielen Implementierungen von Verlustprioritäten in ATM-Netzen verwendet [BaF91, KoE91].

8.6   Koppelelemente für kombinierende Netze

Um die negativen Auswirkungen von Synchronisationsverkehren, die z. B. durch die Benutzung von Synchronisationsvariablen entstehen, auf die Netzleistung zu verringern, wurden im NYU-Ultracomputer [EdG85, GoG83] und im IBM RP3-Parallel-rechner [BrM85, PfB85] kombinierende Netze eingeführt (siehe Abschnitt 6.5.3). Das Konzept des Kombinierens von Datenpaketen wird nun anhand des Modells eines kombinerenden 2x2-Koppelelements [PfN85], das in Abbildung 8.14 dargestellt ist, aufgezeigt. Hierbei wird eine Prozessor-zu-Speicher-Parallelrechnerorganisation angenommen.

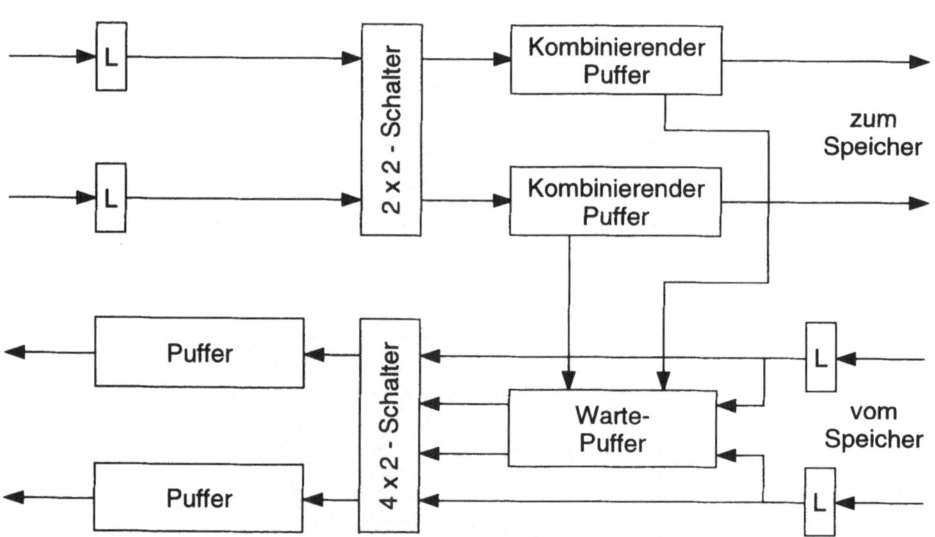

Abbildung 8.14: *Struktur eines kombinierenden 2x2-Koppelelements nach [PfN85]*

Leseanforderungen an die Speicher, die als Nachrichtenpakete von den Prozessoren zu den Speichern geschickt werden, werden in den Eingangslatches eines Netzkoppelelements gepuffert und über einen 2x2-Crossbar auf die beiden Ausgangspuffer verteilt. Befindet sich in einem Ausgangspuffer bereits ein Leserequest, welcher zur gleichen Speicheradresse geroutet werden soll wie der eintreffende Leserequest, so wird es mit dem eintreffenden Request zu einer Lesenachricht kombiniert. Diese Zusammenführung wird im Wartepuffer festgehalten. Wenn die Antwort auf die kombinierte Nachricht vom Speicher wieder in dem Koppelelement eintrifft, erkennt das Koppelelement durch Abfrage des Wartepuffers, daß die Antwort zu zwei in diesem

Element kombinierten Leserequests gehört. Die Antwort wird dann im Koppelelement dupliziert und an die beiden Prozessoren geschickt, deren Leserequest kombiniert wurden. Da in aufeinanderfolgenden Netzstufen kombinierte Nachrichten wiederum kombiniert werden können, produziert die Generierung von duplizierten Antworten einen dynamischen Multicast von Daten zu mehreren Prozessoren.

9 Optische Verbindungsnetze

9.1 Einführung

Die meisten Verbindungsnetze von Parallelrechnern beruhen auf einer Datenübertragung in rein elektrischer Form, d. h. entlang von elektrisch leitenden Verbindungsleitungen. Diese Methode bietet den großen Vorteil der direkten Kompatibilität der Ein- und Ausgabe in integrierte Schaltungen. Jedoch sind bei einer Hochgeschwindigkeitsübertragung entlang solcher Leitungen viele elektrische Phänomene wie Abschluß, Wellenwiderstand, Übersprechen usw. zu beachten, die eine fundamentale Begrenzung der Bandbreite der Leitungen zur Folge haben.

Der Einsatz optischer Methoden in der Kommunikation umgeht viele dieser Beschränkungen und bietet, wie in den folgenden Abschnitten ausgeführt, eine um Größenordnungen höhere Bandbreite. In den meisten heutigen Rechnersystemen werden die Berechnungen in elektronischen Schaltkreises ausgeführt, zum Beispiel in schnellen Mikroprozessoren. Daher ist beim Einsatz optischer Kommunikation in der Regel ein Übergang von der elektrischen Domäne in die optische und umgekehrt erforderlich, mit verschiedenen Problemen, die ein solcher Übergang mit sich bringt.

Bestimmte Aufgaben (z. B. Pufferung) sind mit rein optischen Methoden nur eingeschränkt möglich.

9.2 Grundlagen und Technologie optischer Übertragung

Optische Übertragung kann grundsätzlich innerhalb eines lichtleitenden Mediums wie Glasfaser oder im freien Raum erfolgen.

Im Bereich der Vermittlungssysteme, LANs, MANs und WANs ist eine effiziente Übertragung auch über sehr weite Entfernungen erforderlich. Hierzu werden überwiegend Glasfasern verwendet. Glasfasern haben eine von der Wellenlänge des zu übertragenden Lichtes abhängige Dämpfung, wie in Abbildung 9.1 dargestellt (der Verlauf ist hier nur qualitativ dargestellt). Daher werden vorzugsweise Wellenlängen eingesetzt, bei denen die Dämpfung der Glasfasern minimal ist, im wesentlichen bei $\omega = 1300$ nm und $\omega = 1550$ nm. Meist werden in diesen Bereichen Wellenlängenintervalle von jeweils 100 nm genutzt, die zu einer Bandbreite von etwa 18 THz (1300 nm) bzw. 15 THz (1550 nm) führen. Die Wellenlänge um 1300 nm hat zwar die höhere Dämpfung, bietet jedoch den Vorteil der geringsten Dispersion, so daß Laufzeitunterschiede minimiert werden.

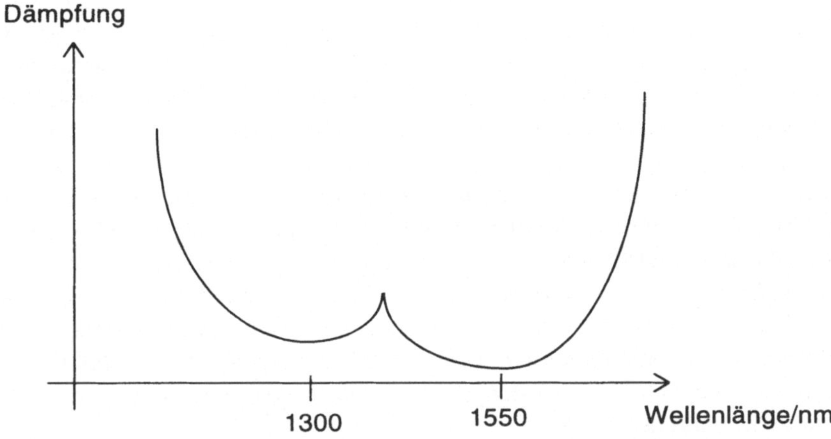

Abbildung 9.1: *Dämpfung in einer Glasfaser*

Hohe Geschwindigkeiten bei der Übertragung optischer Signale erfordern schnelle Signalquellen. Geeignet sind hierfür Laserdioden, die bis in den GHz-Bereich reichen. Leuchtdioden (LEDs) können nur begrenzt eingesetzt werden, da diese nur bis zu einer Frequenz von einigen 100 MHz arbeiten.

Seit kurzem stehen rein optische Verstärker auf der Basis von *Erbium-dotierten Glasfasern* zur Verfügung, die alle optischen Signale mit einer Wellenlänge um 1550 nm in einem Wellenlängenintervall von 30 nm verstärken [Min91]. Diese Verstärker erlauben andere Topologien von Netzen auf Glasfaserbasis, da auftretende Verluste ausgeglichen werden können.

Wie in der elektrischen Domäne können in optischen Übertragungssystemen das *TDM* (*Time Division Multiplexing*) und das *SDM* (*Space Division Multiplexing*) eingesetzt werden. Beim optischen TDM werden mehrere Nachrichtenströme zeitlich verzahnt mit der gleichen Wellenlänge über eine Glasfaser übertragen. Die Implementierung von STM wird jedoch durch die Problematik der Bereitstellung optischer Puffer erschwert (siehe Abschnitt 9.6.3). Daher sind nur wenige Beispiele solcher Systeme zu finden.

Wegen ihres geringen Durchmessers können viele Glasfasern in einem Glasfaserkabel zusammengefaßt werden. So ist es möglich, 1000 Fasern in einem Kabel mit dem Durchmesser von 25 mm unterzubringen [TrJ91]. Mit diesen Kabeln kann ein optisches SDM ermöglicht werden, wobei jeder Übertragungskanal eine eigene Glasfaser benutzt.

Neben TDM und SDM kommt bei optischen Verfahren die Trennung von Kommunikationskanälen durch die Nutzung unterschiedlicher Wellenlängen des durch eine Glasfaser geleiteten Lichts hinzu. Bei diesem *Wavelength Division Multiplexing* (*WDM*) werden die Übertragungskanäle sehr dicht, mit einem Wellenlängenabstand von 1 nm, im bevorzugten Wellenlängenintervall der Glasfaser angeordnet. So ist es möglich, viele Kommunikationskanäle auf einer Glasfaserleitung gleichzeitig aufzubauen, die sich gegenseitig nicht beeinflussen. Beim *Dense Wavelength Division Multiplexing* (*DWDM*) werden spezielle Laserdioden eingesetzt, mit denen es möglich ist, Kanäle mit einem Wellenabstand von 0,1 nm gleichzeitig aufzubauen [Bra90]. Durch WDM und DWDM steht somit auf einer einzelnen Glasfaser eine gesamte Kommunikationsbandbreite von einigen 10 THz zur Verfügung, die völlig andere Kommunikationsstrukturen zuläßt, als sie bei elektrischen Verbindungsnetzen (mit einer Kommunikationsbandbreite von einigen GHz) möglich sind. Deshalb wird WDM in den meisten optischen Verbindungsnetzen eingesetzt, manchmal auch in Verbindung mit SDM und/oder TDM.

In Anwendungen von Parallelrechnern dominieren kurze Übertragungsstrecken, im Bereich von Metern statt Kilometern, so daß Dämpfung und Dispersion in den Glasfasern weniger relevant sind. Dennoch sollte die gleiche Technologie wie in der Telekommunikation genutzt werden, da sie erprobt, zuverlässig und preiswert ist.

Mehrere Methoden der Implementierung optischer Netze können unterschieden werden. Im einfachsten Fall können elektrische Leitungen durch optische Verbindungsleitungen, z. B. durch Glasfaserkabel, ersetzt werden. Dies wird beispielsweise beim *FDDI* (*Fiber Distributed Data Interface*) und in *DQDB* lokalen Netzen (*local area networks*, *LAN*) intensiv genutzt. Hier bieten Glasfasern eine preiswerte Methode, hohe Übertragungsgeschwindigkeiten zu erreichen und dabei die in elektrischen Kabeln üblichen Abschluß- und Treiberprobleme sowie Einflüsse elektromagnetischer Felder zu vermeiden. Von besonderem Vorteil ist die große physikalische Entfernung, die mit diesen Systemen überwunden werden kann.

Die spezifischen Vorteile der optischen Kommunikationstechnik liegen unter anderem in der Bandbreite optischer Verbindungen, die vier Größenordnungen über der möglichen Bandbreite einer elektrischen Verbindung liegen. Dies ermöglicht Strukturen, die in der elektrischen Domäne nicht machbar wären, insbesondere die Einschritt-Netze, die in den nächsten Abschnitten diskutiert werden. Die Fähigkeit, Information über Lichtstrahlen durch Luft oder Vakuum zu übertragen, ermöglicht neue Anwendungen zur Kommunikation zwischen Prozessoren in dicht gepackten Parallelrechnern, z. B. in Systemen, die auf Multi-Chip-Modulen [DoF93] basieren.

In vielen optischen Vermittlungssystemen finden pro Verbindung mehrere Übergänge zwischen elektrischer und optischer Domäne statt, welches zu einer einschränkenden Größe werden kann. In einem System sollte die Anzahl solcher Übergänge minimiert werden, insbesondere falls sich die Domänen abwechseln. So ist beispielsweise eine rein optische Verbindung zwischen einer Zahl von Quellen und Senken wünschenswert, im Idealfall als direkte Verbindungstopologie.

9.3 Klassifikation optischer Netze

Da überwiegend WDM in optischen Netzen eingesetzt wird, wird dieser Netztypus in den nächsten Abschnitten bevorzugt behandelt.

Optische WDM-Netze können in zwei Klassen eingeteilt werden: in die Broadcast-and-Select-Netze und in die Wavelength-Routing-Netze [Ram93]. *Broadcast-and-Select-Netze* zeichnen sich dadurch aus, daß die Quellen Signale mit bestimmten Wellenlängen in das Netz einspeisen, das Netz diese Signale zusammenfaßt und das Summensignal an alle Senken weiterleitet (*Broadcast*). Die einzelnen Senken suchen sich dann aus dem Summensignal das für sie bestimmte Signal aus (*Select*). In *Wavelength-Routing-Netzen* speisen die Quellen ebenfalls Signale mit bestimmten Wellenlängen in das Netz ein. Im Netz werden die verschiedenen Wellenlängen unterschiedlich behandelt und durch Routingverfahren an die richtigen Senken weitergeleitet.

Optische Netze aus beiden Klassen können weiterhin in Einschritt- und Mehrschritt-Netze unterteilt werden. Im *Einschritt-Netz* (*single-hop network*) werden die einzelnen Signale von den Quellen zu den Senken in einem einzigen Schritt vermittelt, wobei diese Signale immer in der optischen Domäne bleiben. Im *Mehrschritt-Netz* (*multi-hop network*) hingegen werden die Signale in vielen Fällen über Zwischenknoten in mehreren Schritten vermittelt. Hierbei können Signale mehrfach zwischen der optischen und der elektrischen Domäne wechseln.

Die Topologien und Eigenschaften von optischen Netzen aus den zuvor beschriebenen Klassen werden in den folgenden Abschnitten näher diskutiert.

9.4 Broadcast-and-Select-Netze

Wie bereits erwähnt, zeichnen sich Broadcast-and-Select-Netze durch die Zusammenfassung von einzelnen Strömen zu einem Summenstrom aus, der auf die einzelnen Senken verteilt wird. Hierbei können Einschritt- und Mehrschritt-Netze unterschieden werden.

9.4.1 Einschritt-Netze

9.4.1.1 Grundprinzip

Das Prinzip eines Broadcast-and-Select-Einschritt-Netzes ist in Abbildung 9.2 dargestellt. Zentrale Komponente eines solchen Netzes ist der optische Koppler, mit dem jeder Knoten durch je einen Eingang und einen Ausgang verbunden ist. Dieser Koppler kombiniert alle Eingangssignale und sendet das gleiche, kombinierte Signal zu allen Ausgängen. Kommunizierende Knoten nutzen die gleiche optische Wellenlänge ω_p durch Abstimmung auf der Sender- und/oder der Empfängerseite. Da sich Lichtstrahlen unterschiedlicher Wellenlänge nicht gegenseitig beeinflussen, können alle Quellen und Senken gleichzeitig mit hoher Geschwindigkeit Daten austauschen. Eine Konfiguration von Verbindungen erfordert eine Veränderung der Wellenlänge, so daß veränderliche Sender und/oder Empfänger benötigt werden.

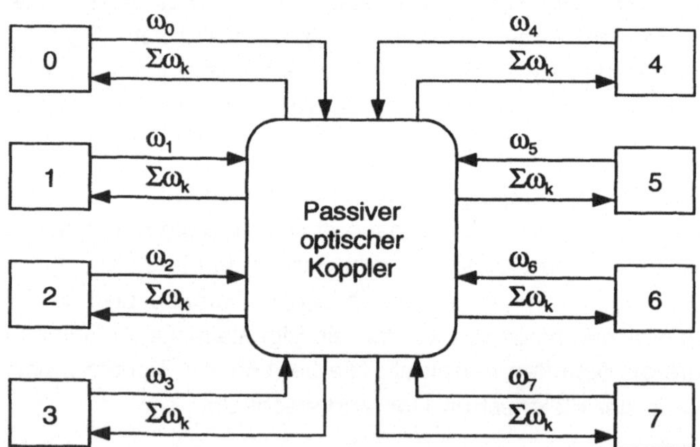

Abbildung 9.2: *Prinzip eines optischen Broadcast-and-Select-Einschritt-Netzes mit acht Knoten*

Auch andere Architekturen optischer Einschritt-Netze sind möglich, wie beispielsweise der optische Baum in Abbildung 9.3 und der optische Bus in Abbildung 9.4. In der Regel zeigen diese Systeme höhere Verluste, was durch Fortschritte bei rein optisch arbeitenden Verstärkern jedoch ausgeglichen werden kann.

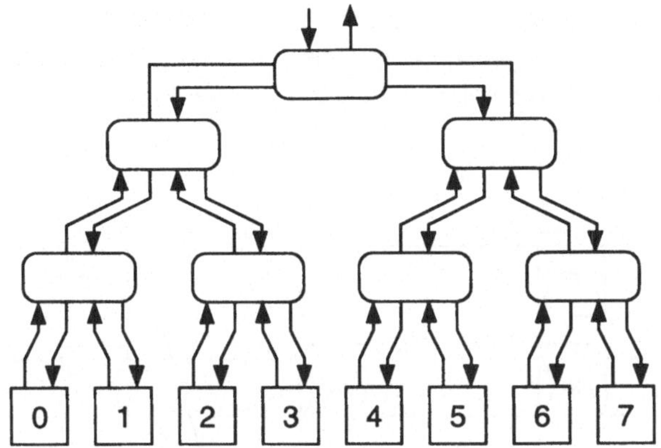

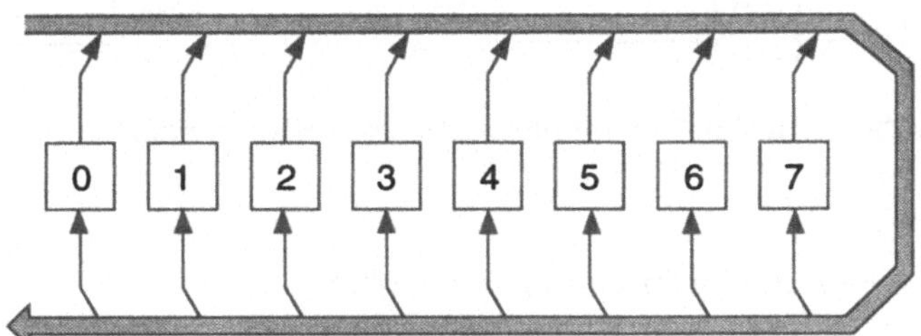

Abbildung 9.3: *Optischer Baum*

Abbildung 9.4: *Optischer Bus*

Die zwei wichtigsten Herausforderungen an den Entwurf eines Einschritt-Netzes ist ein effizienter optischer Koppler und eine effiziente und schnelle Methode der Veränderung der Übertragungswellenlängen.

9.4.1.2 Optische Koppler

In Einschritt-Netzen müssen die optischen Signale aller Quellen kombiniert, und das Summensignal muß zu allen Senken transportiert werden. Die effizienteste Methode ist ein optischer Sternkoppler, der jeweils N Ein- und Ausgänge besitzt und aus kleineren Elementen aufgebaut werden kann, in einer Struktur, die den Multistage-Cube-Netzen (siehe Kapitel 6) entspricht. Abbildung 9.5 zeigt eine mögliche Organisation mit $N = 8$ und gibt die Summensignale in den einzelnen Stufen wieder. In jedem optischen Element werden die Eingangssignale kombiniert und zu beiden Ausgängen weitergeleitet.

Optische Sternkoppler sind rein passiv und haben den Vorteil geringer Verluste. Die Eingangsleistung wird gleichmäßig zwischen allen N Ausgängen aufgeteilt, so daß eine hohe Anzahl von Knoten unterstützt werden kann.

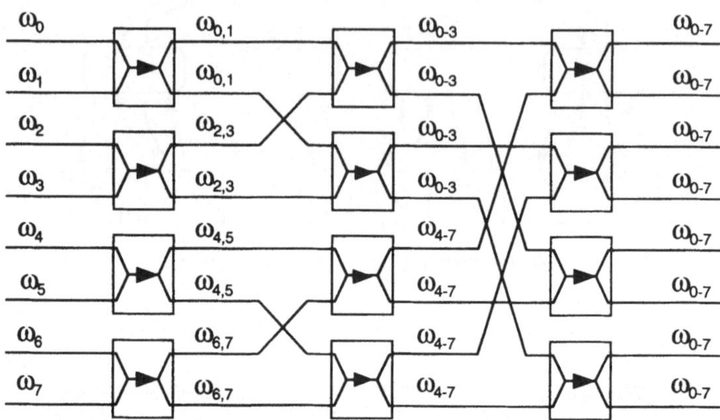

Abbildung 9.5: *Mehrstufiger optischer Sternkoppler für N = 8*

9.4.1.3   Veränderliche Laser und optische Filter

Details über die Technologie veränderlicher Laser und optischer Filter wurden von BRACKET in [Bra90] ausführlich dokumentiert, hier soll nur ein kurzer Abriß gegeben werden. Die beiden wesentlichen Parameter für veränderliche Laser und Filter sind der Bereich der Wellenlänge, über die hinweg der Laser eingestellt werden kann, sowie die Zeitdauer, die zur Einstellung benötigt wird.

Die vier wichtigsten Möglichkeiten für Laser mit veränderlichen Wellenlängen sind (1) thermische Verfahren [Bra90] mit Einstellbereichen um lediglich 1 nm und Einstellzeiten im ms-Bereich, (2) mechanische Verstellung einer externen Laser-Cavity [MeM89] mit einem großen Einstellbereich um 100 nm, jedoch ms-Einstellzeiten, (3) akusto-optische Methoden mit Einstellbereichen um 83 nm und Zeiten von wenigen Mikrosekunden [CoC88] und (4) Veränderung des Injektionsstroms in Halbleiter-Lasern, die zwar in wenigen ns, jedoch über geringere Wellenlängen (z. B. 12.5 nm in 1.8 ns [Shi89]) eingestellt werden können. In [Lee91] werden ausführlich die wichtigsten Lasertypen und deren Eigenschaften diskutiert.

Auf der Empfängerseite erlauben passive einstellbare Filter (z. B. *Fabry-Perot-Filter* [Mil90]) eine sehr hohe Auflösung, erfordern jedoch Einstellzeiten im ms-

Bereich und haben den Nachteil, daß sie das optische Signal dämpfen. Bei aktiven Filtern können *elektro-optische* und *akusto-optische* Filter unterschieden werden. Der elektro-optische Filter kann zwar sehr schnell eingestellt werden (im Nanosekundenbereich), hat jedoch nur einen begrenzten Einstellbereich von 16 nm [HeB87]. Der akusto-optische Filter verhält sich entgegengesetzt (400 nm Bereich im Mikrosekunden einstellbar) [HeS88]. Jedoch besitzt der akusto-optische Filter den Vorteil, daß er mehrere Wellenlängen gleichzeitig auswählen kann [ChS89]. Eine zusammenfassende Darstellung über optische Filter findet sich z. B. in [KoC89].

9.4.1.4   Klassifizierung von Einschritt-Netzen

Einschrittnetze können nach der Methode der Adaption der Wellenlänge klassifiziert werden. Sender können fest oder veränderbar sein: FT (*fixed transmitters*) oder TT (*tunable transmitters*). Das gleiche gilt für die Empfängerschaltungen: FR (*fixed receivers*) oder TR (*tunable receivers*). Die wichtigsten vier Kombinationen sind damit:

FR-FT: feste Wellenlängen bei Sender und Empfänger;
TT-FR: veränderlicher Sender, fester Empfänger;
FT-TR: feste Senderwellenlänge, einstellbarer Empfänger;
TT-TR: veränderliche Wellenlänge bei Sender und Empfänger.

Konflikte beim Aufbau einer Verbindung zwischen Quelle und Senke können entweder entstehen, wenn zwei oder mehr Sender gleichzeitig mit der gleichen Wellenlänge senden, oder wenn an einen Empfänger gleichzeitig mehrere Signale gesendet werden (mit unterschiedlichen Wellenlängen). Solche Konflikte können z. B. durch Austausch von Information über den eigentlichen Datenkanal, oder über einen separaten Kontrollkanal vermieden werden.

Im allgemeinen kann ein System sowohl feste als auch veränderliche Sender und/oder Empfänger besitzen, während eine Quelle bzw. Senke mehrere Sender oder Empfänger haben kann. Wird auch ein Kontrollkanal berücksichtigt, so können Einschritt-Systeme durch fünf Parameter charakterisiert werden [Muk92]. Ein Knoten verfügt über j feste und k veränderliche Sender sowie über r feste und s veränderliche Empfänger. Die Kommunikation basiert auf einem Kontrollkanal (CC), der die Kommunikation vor der eigentlichen Datenübertragung koordiniert. Dies läßt sich in der folgenden Notation sinnvoll beschreiben:

$$CC\text{-}FT^j\ TT^k\ \text{-}\ FR^r\ TR^s.$$

Sind in einem System bestimmte Komponenten nicht vorhanden, so wird der entsprechende Parameter ausgelassen. Beispielsweise hat ein FT^2-TR keinen Kontrollkanal, zwei feste Sender und einen steuerbaren Empfänger pro Knoten.

FT-FR Einschritt-Systeme

Da in einem Einschritt-Netz jede Quelle zu allen Senken senden muß, ist die FT-FR-Kombination nur für kleine Einschritt-Netze geeignet. Dabei muß bei insgesamt N Knoten jeder Knoten über einen festen Sender und über mindestens $N-1$ feste Empfänger verfügen (FT-FR^{N-1}). LAMDANET [GoK90] ist ein Beispiel für ein solches System (hier werden jeweils N Empfänger pro Knoten verwendet). In Mehrschritt-Netzen, die in Abschnitt 9.4.2 diskutiert werden, ist die Anzahl der Wellenlängen pro Sender beschränkt, so daß das FR^j-FT^r dort verbreitet Anwendung findet.

Alle Sender und Empfänger haben eine eindeutige Zuordnung zur Wellenlänge, so daß keine Konflikte auftreten. Auch kann eine Datenübertragung ohne vorherige Koordination oder Prüfung der bestehenden Verbindungen aufgebaut werden.

TT-FR Einschritt-Systeme

Beim TT-FR-Prinzip hat jede Senke eine einzelne feste Empfangswellenlänge. Eine Quelle muß zum Datentransport zu einer Senke ihren Sender auf die Wellenlänge der Senke einstellen. Es können somit Daten ohne vorherige Information der Senke übertragen werden. Dies ist insbesondere bei MIMD-Parallelrechnern ein großer Vorteil, denn in der Regel erfolgt in diesen Systemen eine Übertragung, bei der das Betriebssystem des Empfängers die Daten übernimmt und dem Anwenderprogramm zur Verfügung stellt. Besonders deutlich wird die Problematik bei Speicherzugriffen, bei denen der Empfänger grundsätzlich über keine *apriori* Information über einen Datentransport verfügt.

Die Schwierigkeit bei diesen Systemen ist die Möglichkeit von Konflikten, da zwei oder mehr Sender auf der gleichen Wellenlänge übertragen könnten, was zu Datenverlust führen würde. Deshalb wird in TT-FR-Systemen in der Regel ein *Carrier-Sense-Multiple-Access-Protokoll* (*CSMA*, siehe Abschnitt 3.1.3) genutzt, bei dem eine Quelle vor Beginn einer Sendeoperation prüft, ob bereits auf der fraglichen Wellenlänge gesendet wird. Falls dies nicht der Fall ist, kann der Datentransport erfolgen. Anderfalls wartet die Quelle, bis die aktuelle Datenübertragung beendet ist. Sollten zwei Quellen gleichzeitig mit einem Datentransport beginnen, so führt dies zu Kollisionen, die durch Rücklesen der gesendeten Information erkannt werden können. In diesem Fall ziehen sich wie beim Ethernet beide Quellen zurück und versuchen zu einer späteren Zeit eine erneute Übertragung. Ebenfalls geeignet sind die *ALOHA*- und *Slotted-ALOHA-Protokolle* (siehe Abschnitt 3.1.3).

Im *Fiber Optical Crossconnect System* (*FOX*) [ArC86] werden zwei passive Sternkoppler in einem Parallelrechner mit Prozessor-zu-Speicher-Architektur verwendet, wobei je ein Koppler für die Kommunikation zwischen Prozessoren und Speicher bzw. die umgekehrte Signalrichtung genutzt wird. In diesem System erzielt eine einfache Erkennung von Konflikten mit nachfolgendem exponentiellen Warten eine hohe Leistungsfähigkeit [ArC86].

Durch *Protection-Against-Collision* (*PAC*) Komponenten kann ein TT-FR-System effizient konfliktfrei betrieben werden [KaG91]. Hierzu werden zwei Koppler eingesetzt; ein Koppler dient der Datenübertragung (*Daten-Stern* in Abbildung 9.6), während ein zweiter Koppler für die Zugangskontrolle (*Kontroll-Stern* in Abbildung 9.6) genutzt wird. Eine Quelle, die Zugang zu einer Senke erhalten möchte, sendet über ihren PAC-Schalter einen Burst auf der erforderlichen Wellenlänge zu dem Kontroll-Koppler. Dort werden alle Zugangsbursts mit dem Summensignal aus dem Datenkoppler kombiniert und als ein elektrisches Summensignal allen PAC-Schaltern zur Verfügung gestellt.

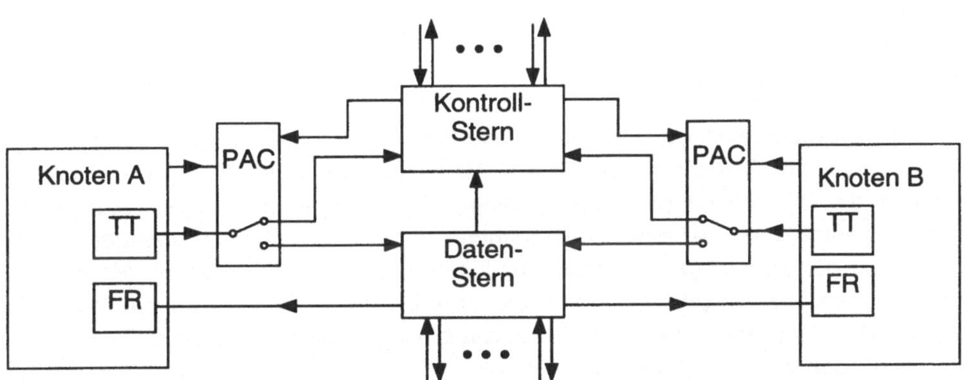

Abbildung 9.6: *Prinzip der Zugangskontrolle mit PAC-Komponenten*

Ist bei einem Verbindungsaufbau die Wellenlänge durch eine weitere Datenübertragung oder durch eine zweite gleichzeitige Anforderung blockiert, so wird dies durch den Kontroll-Stern erkannt und die Quelle wiederholt den Versuch nach einer Wartezeit. Andernfalls ist der Kanal frei, und die Quelle beginnt eine Datenübertragung zur Senke. Die Stellung des zur sendenden Quelle gehörenden PAC-Schalters wird durch das elektrische Summensignal des Kontroll-Sterns gesteuert.

FT-TR Einschritt-Systeme

Bei einer FT-TR-Organisation geschieht die Auswahl der Datenquelle durch die Senke, indem ein Filter auf die Wellenlänge des Senders eingestellt wird. Da mehrere Knoten auf der gleichen Wellenlänge empfangen können, ist eine Multicast-Funktion einfach zu erzielen.

Da alle Sender unterschiedliche Wellenlängen verwenden, ist das FT-TR-Prinzip inhärent frei von Konflikten auf der Glasfaser. Jedoch können Konflikte an den Senken auftreten, wenn eine Quelle ein Signal zu einer Senke sendet, der Empfänger der Senke aber auf einer anderen Wellenlänge bereits ein Signal empfängt. So ist es erforderlich, einen Empfänger vor Beginn der Datenübertragung hierüber zu informieren. Eine Methode hierzu, die im *IBM RAINBOW Projekt* genutzt wurde [DoG90], benutzt ein Polling-Prinzip, also eine kontinuierliche Abfrage. Jeder inaktive Knoten prüft sequentiell die Wellenlängen aller Sender des Systems. Ein Sender, der einen Kommunikationskanal aufbauen will, sendet kontinuierlich eine Anfrage auf seiner festen Wellenlänge und empfängt auf der Wellenlänge der Senke. Sobald die Senke die Anfrage erkannt hat, sendet sie eine Bestätigung an die Quelle, und die Datenübertragung kann beginnen. Der Nachteil der Methode ist die lange Zeitspanne, die einem Verbindungsaufbau vorausgeht und die linear mit der Anzahl der Knoten wächst.

TT-TR Einschritt-Systeme

Die größte Flexibilität wird durch den Einsatz von einstellbaren Quellen und Senken erreicht. Sind nicht alle Sender gleichzeitig aktiv, so ist in einem solchen System die Möglichkeit gegeben, weniger Wellenlängen als Knoten zuzulassen. Dies bedeutet entweder eine Vereinfachung der Realisierung, da weniger präzise Methoden der Lasersteuerung bzw. der Filterung ausreichen, oder die Möglichkeit, mehr Knoten anzuschließen als mit fester Zuordnung der Wellenlänge möglich wäre. Während die festen Systeme grundsätzlich blockierungsfrei sind (jede Permutation zwischen den Knoten ist konfliktfrei möglich), ist dies bei TT-TR-Systemen mit begrenzter Anzahl von Wellenlängen nicht mehr gegeben.

Die wichtigste Herausforderung für TT-TR-Systeme ist eine effiziente Steuerung, da Konflikte auf der Senderseite (wie bei TT-FR-Systemen) auftreten können, und auch auf der Empfängerseite die richtige Wellenlänge vor Beginn der Übertragung gewählt werden muß. Daher hat diese Methode den höchsten Koordinationsaufwand.

Eine einfache Methode zur Konfliktvermeidung und zur Einstellung der Empfänger ist die feste Zuordnung von Zeitschlitzen zu Paaren von kommunizierenden Knoten. Sind in einem TT-TR-System mit N Knoten N Wellenlängen verfügbar, so können in N Zeitschlitzen Daten zwischen beliebigen Knotenpaaren ausgetauscht werden. Hierzu wird die Wellenlänge ω_k in Zeitschlitz Z_j von Knoten j genutzt, um mit Knoten k zu kommunizieren. Durch die feste Zuordnung ist die Latenzzeit recht groß, und der Durchsatz hängt stark von der Art der Verkehrsbelastung ab. Wollen beispielsweise viele Knoten mit je einer bevorzugten Senke kommunizieren (z. B. Knoten j mit $j+1$), so wird der Durchsatz auf $1/N$ beschränkt. Nur bei gleichmäßiger

Kommunikationslast (jeder Knoten mit allen anderen) ist ein hoher Durchsatz möglich. Die feste Zuordnung kann flexibler gestaltet werden, indem während eines Zeitschlitzes mehrere Quellen Zugang zu einer Senke haben können. Dadurch sind zwar Konflikte möglich, jedoch ist ein wesentlich höherer Durchsatz erreichbar [ChG88]. Weitere Protokolle zur Konfliktauflösung sind in [ChG88, Muk92] beschrieben.

9.4.2 Mehrschritt-Netze

Bei Mehrschritt-Netzen (*Multihop-Netze*) ist allen Sendern und Empfängern im System eine feste Wellenlänge zugeordnet, so daß die Schwierigkeiten bei der Realisierung veränderlicher Laser oder Filter umgangen werden. Zentrale Komponente des Systems ist weiterhin ein optischer Koppler, jedoch hat jeder Knoten mehrere Eingänge und Ausgänge zum Netz, die auf unterschiedlichen Frequenzen senden und empfangen. Abbildung 9.7 zeigt ein solches System. Da nicht jeder Sender die Wellenlängen jeder Senke einstellen kann, sind für eine Datenübertragung zwischen beliebigen Quellen und Senken in der Regel mehrere Schritte erforderlich. Im System in Abbildung 9.7 muß beispielsweise für einen Datentransport zwischen Quelle 0 und Senke 3 ein Zwischenknoten durchlaufen werden. So kann der Knoten 0 auf der Wellenlänge ω_0 Daten zu Knoten 1 senden, die über Wellenlänge ω_3 dann den Zielknoten 3 erreichen.

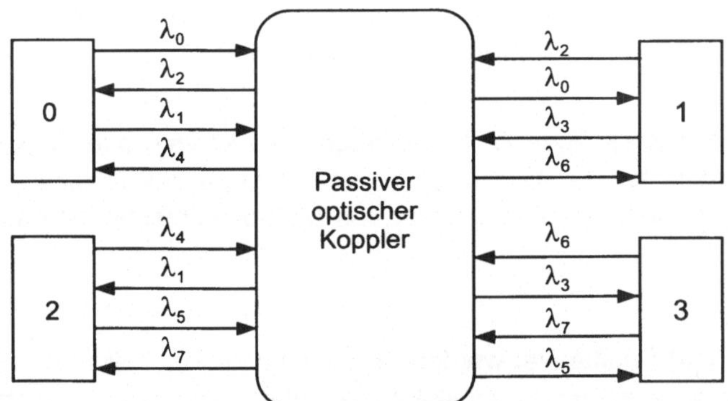

Abbildung 9.7: *Physikalische Struktur eines optischen Mehrschritt-Netzes*

Der Vorteil eines solchen Systems ist die Vermeidung von einstellbaren Sendern und Empfängern. Durch die feste Zuordnung entfallen auch die Probleme der

Zugangsregelung und der Konflikte, die im Abschnitt über Einschrittnetze dargestellt wurden.

Werden alle Wellenlängen über einen zentralen Koppler kombiniert wie in Abbildung 9.7 dargestellt, so besteht durch entsprechende Anordnung der Wellenlängen die Möglichkeit, unterschiedlichste logische Topologien auf die physikalische Struktur abzubilden. Mit zwei Wellenlängen pro Knoten wie in Abbildung 9.7 sind zwei sinnvolle logische Strukturen der Torus oder das De Bruijn-Netz (siehe Kapitel 3). So hat die Wellenlängenzuordnung von Abbildung 9.7 die logische Struktur eines 2x2-Torusnetzes, wie in Abbildung 9.8 dargestellt.

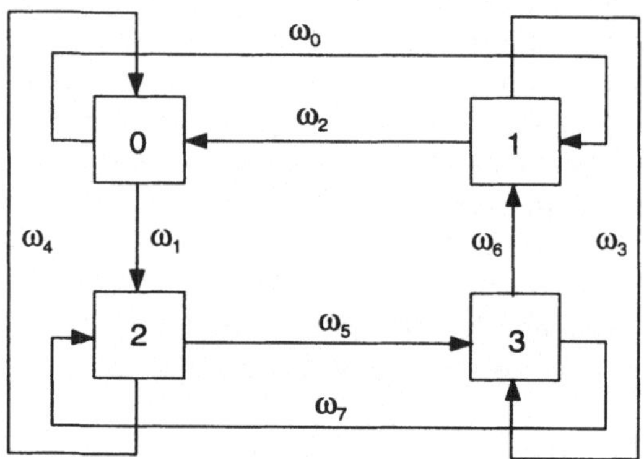

Abbildung 9.8: *Logische Torus-Verbindungsstruktur des optischen Mehrschritt-Netzes aus Abbildung 9.7*

Verfügt ein Knoten über G Wellenlängen, so können alle direkten Topologien abgebildet werden, für die $G \leq \Gamma$ gilt (Γ ist der Grad des Netzes, siehe Abschnitt 2.2.2). Eine verbreitet genutzte Struktur von Mehrschrittnetzen ist das Shuffle-Net.

Shuffle-Net

In einem (p,k)-Shuffle-Net werden $N = kp^k$ Knoten in k Spalten mit je p^k Knoten angeordnet. Jeweils p Verbindungsleitungen führen aus einem Knoten heraus bzw. herein, wobei die Leitungsführung zwischen den Stufen der Shuffle-Funktion (siehe Abschnitt 3.5) entspricht. Die Knoten der letzten Stufe sind über eine Shuffle-Funktion mit den Knoten der ersten Stufe verbunden. Abbildung 9.9 zeigt ein (2,3)-Shuffle-Net. Der Durchmesser eines (p,k)-Shuffle-Nets (der maximale Abstand zwischen zwei Knoten; siehe Abschnitt 2.2.1) beträgt allgemein $2k$-1.

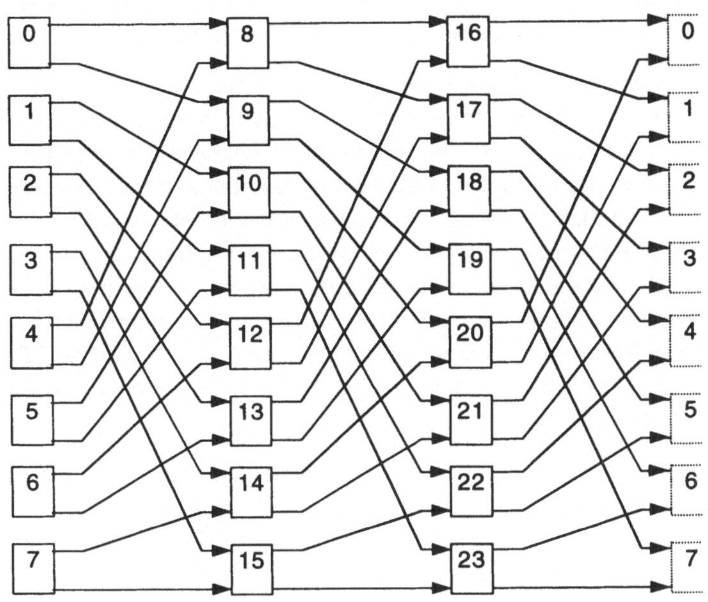

Abbildung 9.9: (2,3)-Shuffle-Net

Durch die zylindrische Struktur des Netzes existieren mehrere Wege zwischen zwei Knoten. Um in Abildung 9.9 von Knoten 0 zu Knoten 10 zu gelangen, kann z. B. der Weg 0→8→16→1→10 oder der Weg 0→9→18→5→10 gewählt werden. Es existieren auch Wege unterschiedlicher Länge. Knoten 0 und Knoten 8 sind z. B. direkt miteinander verbunden. Es kann allerdings auch der Weg 0→9→18→4→8 zur Kommunikation von Knoten 0 zu Knoten 8 genutzt werden. Diese Charakteristik kann dazu verwendet werden, um effiziente Routing-Algorithmen zu entwickeln, wie im folgenden diskutiert.

Besonders bei schiefen Verkehren, unter denen manche Verbindungsleitungen höher belastet sind als andere, können Leistungseinbußen auftreten, die z. B. durch den adaptiven Routing-Algorithmus nach KAROL und SHAIKH [KaS91] gemindert werden können. Ist eine Nachricht in einem (p,k)-Shuffle-Net mehr als k Schritte vom Ziel entfernt, so wird diese zu dem Ausgangsport des Knoten weitergeleitet, an dem die wenigsten Nachrichten gepuffert sind. Auch wenn eine Nachricht weniger als k Schritte vom Ziel entfernt ist, kann sie zu einem anderen Ausgang umgeleitet werden, falls am eigentlichen Ausgang die Anzahl der gepufferten Nachrichten eine Grenze übersteigt, während die Anzahl der gepufferten Nachrichten am umgeleiteten Ausgang eine viel kleinere Grenze unterschreitet. Dieser Mechanismus führt dazu, daß manche Nachrichten zwar über einen längeren Weg vermittelt werden, sie jedoch schneller am Ziel ankommen als wenn sie auf dem kürzesten Weg vermittelt würden, falls dieser Weg eine sehr hohe Verkehrslast aufweist.

Treffen in einem Knoten zwei oder mehr Nachrichten für den gleichen Ausgang gleichzeitig ein, so wird normalerweise eine Nachricht direkt weitervermittelt, während die anderen Nachrichten in die elektrische Domäne wechseln und im Knoten zwischengepuffert werden. Da ein Wechsel der Domänen immer zeitaufwendig ist, kann hierauf auch verzichtet werden, wenn die restlichen Nachrichten nicht im Knoten zwischengepuffert werden, sondern rein optisch zu anderen noch nicht belegten Ausgängen des Knotens umgeleitet werden. Ist eine Nachricht an einem Zwischenknoten angekommen, der mehr als p Schritte von ihrem Ziel entfernt ist, so existieren mehrere kürzeste Wege von diesem Zwischenknoten zum Zielknoten. Daher kann dann die Nachricht zu einem dieser Ausgänge des Zwischenknotens umgeleitet werden, ohne daß die Weglänge zunimmt.

Weitere Routing-Algorithmen für das Shuffle-Net finden sich z.B. in [AcK89, AcS91, EiM88].

9.5   Wavelength-Routing-Netze

Broadcast-and-Select-Netze haben den entscheidenen Nachteil, daß Wellenlängen nicht wiederverwendet werden können. So müssen in einem Netz mit N Knoten mindestens N verschiedene Wellenlängen verwendet werden (vorausgesetzt, daß Knoten sich nicht durch das TDM-Verfahren Wellenlängen teilen). Bei größeren Netzen müssen deshalb erhöhte Anforderungen an die Wellenlängenstabilität der Laser und an die Steilheit der Empfangsfilter gesetzt werden. Die maximale Anzahl von verwendbaren Wellenlängen wird unter anderem durch diese Anforderungen begrenzt.

Ein Netztyp, bei dem Wellenlängen wiederverwendet werden können, ist das Wavelength-Routing-Netz [Hil88]. In diesem Netz existieren zwei Arten von Knoten: die Endknoten und die Routingknoten. Abbildung 9.10 zeigt ein Wavelength-Routing-Netz mit jeweils vier End- und Routingknoten. Jeder Endknoten hat eine bidirektionale Verbindung zu einem bestimmten Routingknoten, während die Routingknoten untereinander über unidirektionale Leitungen miteinander verbunden sind. Im allgemeinen können mehr Routingknoten als Endknoten vorhanden sein. Auch kann die Verbindungsstruktur zwischen den Routingknoten beliebig gewählt werden. In den Endknoten werden die zu vermittelnden Nachrichten in optische Signale umgeformt und an den zugehörigen Routingknoten geschickt. Die Wellenlänge des Signals bestimmt den Weg, den das Signal durch das Netz nimmt, bis es schließlich den

Senkenendknoten erreicht und wieder in eine elektrische Nachricht umgewandelt wird. Abbildung 9.10 zeigt auch, wie Wellenlängen (in diesem Fall Wellenlänge ω_0) mehrfach verwendet werden können. Ein Signal mit der Wellenlänge ω_0 wird von Endknoten 1 zu Endknoten 4 über die Routingknoten 1, 2 und 4 vermittelt, während gleichzeitig ein Signal mit der gleichen Wellenlänge von Endknoten 2 zu Endknoten 3 (über die Routingknoten 2 und 3) übertragen wird. Signale können somit mit der gleichen Wellenlänge durch das Netz vermittelt werden, solange sich ihre Wege nicht überschneiden.

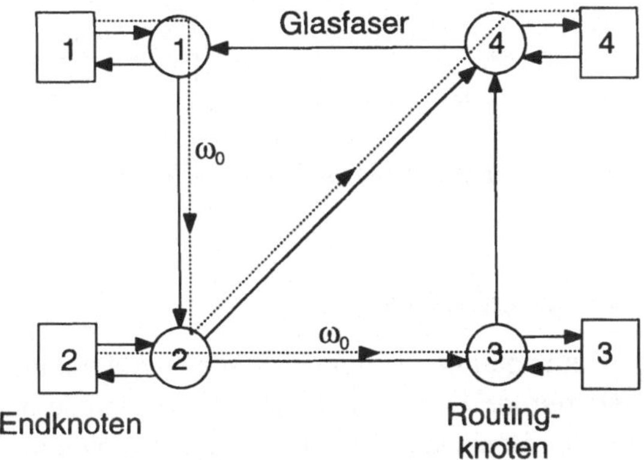

Abbildung 9.10: *Wavelength-Routing-Netz mit jeweils vier End- und Routingknoten*

In jedem Routingknoten werden Signale, abhängig von deren Wellenlängen, an einen der Knotenausgänge (entweder zu einem weiteren Routingknoten oder zu einem Endknoten) weitervermittelt. Hierbei können statische und dynamische Routingknoten unterschieden werden, die in den nächsten Abschnitten näher beschrieben werden.

9.5.1 Statische Routingknoten

In Abbildung 9.11 ist das Prinzip eines statischen Routingknotens anhand eines 2x2-Knotens aufgezeigt. An jedem Eingang können Signale mit zwei verschiedenen Wellenlängen eintreffen. Durch optische Multiplexer und Demultiplexer werden die Signale statisch auf die Knotenausgänge verteilt. So wird z. B. ein Signal mit Wellenlänge ω_1, welches am oberen Eingang des Knotens anliegt, immer an den unteren Knotenausgang vermittelt.

Diese Architektur ist nicht nur auf 2x2-Knoten beschränkt. In [Kob87] wurde ein passiver *NxN-Cross-Connect* vorgestellt, der ein Signal an einem Eingang an jeden der *N* Ausgänge weiterleiten kann, wobei nur *N* verschiedene Wellenlängen benötigt werden.

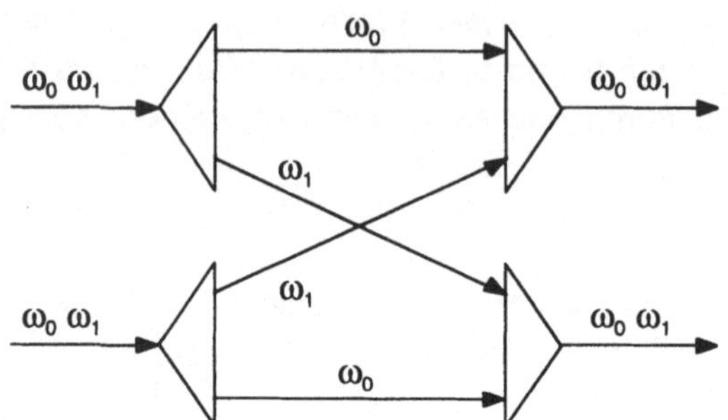

Abbildung 9.11: *Statischer 2x2-Routingknoten*

9.5.2 Dynamische Routingknoten

In dynamischen Routingknoten werden Schaltelemente eingesetzt, die elektrisch oder optisch gesteuert werden und die ankommenden Signale an die Ausgänge des Routingknotens vermitteln. Somit können solche Routingknoten durch Umkonfiguration der Schaltelemente dynamisch auf wechselnde Verkehrsanforderungen reagieren. In Abbildung 9.12 ist ein dynamischer 2x2-Routingknoten dargestellt. Da an jedem Eingang Signale mit zwei verschiedenen Wellenlängen anliegen können, enthält der Knoten zwei optische Schalter (für jede Wellenlänge einen). Auch bei diesen Routingknoten ist deren Größe nicht auf 2x2 beschränkt. Um in einem dynamischen $N{\times}N$-Rouingknoten mit i verschiedenen Wellenlängen pro Eingang Signale von jedem Eingang zu jedem Ausgang vermitteln zu können, sind i Schaltelemente der Größe $N{\times}N$ nötig. Architekturen optischer Schaltelemente, die auch in dynamischen Routingknoten eingesetzt werden können, werden im nächsten Abschnitt näher beschrieben.

Aus diesen Routingknoten können Einschritt- wie auch Mehrschrittnetze aufgebaut werden. Bei Mehrschrittnetzen wird ein Signal über mehrere Endknoten an die Senke vermittelt, wobei in jedem Endknoten das Signal in die elektrische Domäne umgewandelt wird und auf einer anderen Wellenlänge wieder in das Netz eingespeist wird. Um die Umwandlung der Signale in den Endknoten zu vermeiden, können auch optische Wellenlängenkonverter in den Routingknoten eingesetzt werden. Abbildung 9.13a zeigt das Prinzip eines solchen Konverters. Hierbei wird die Wellenlänge ω_0 des ankommenden Signals durch ein elektrisches Steuersignal in die Wellenlänge ω_1 konvertiert. Diese Konvertierung kann optisch erfolgen; in [DuP93] wird ein optischer Konverter beschrieben, der Wellenlängen über einen Bereich von 18 nm bei 2,5 Gbit/s konvertieren kann. N dieser Konverter können dazu genutzt werden, einen Wellenlängenschalter aufzubauen, der N ankommende Wellenlängen gleichzeitig konvertieren kann. Dieses Prinzip ist in Abbildung 9.13b verdeutlicht.

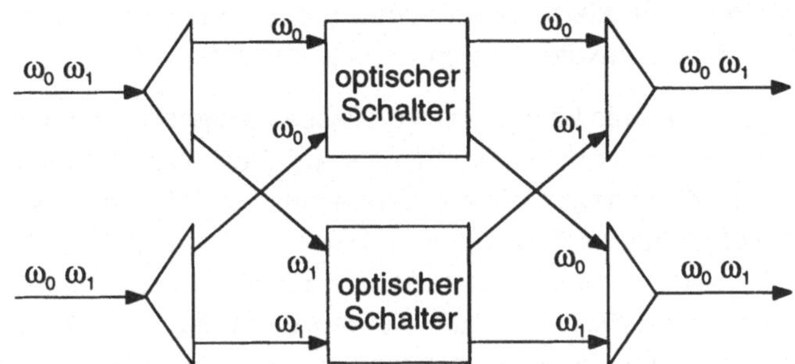

Abbildung 9.12: *Dynamischer 2x2-Routingknoten*

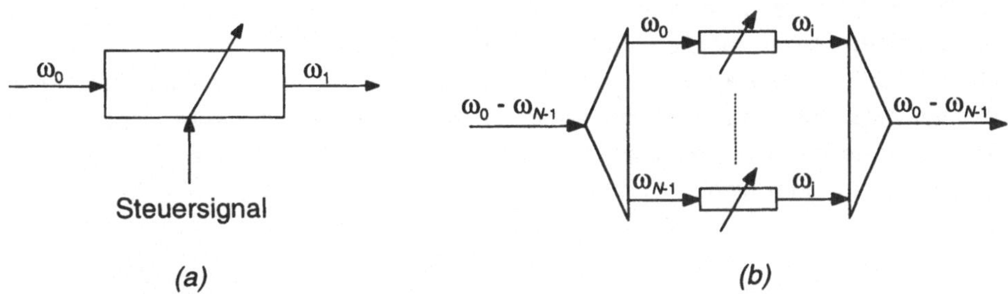

Abbildung 9.13: *(a) Wellenlängenkonverter, (b) Wellenlängenschalter*

9.6 Optische Schaltelemente

Wie im vorherigen Abschnitt gezeigt, benutzen Wavelength-Routing-Netze optische Schaltelemente (*photonic switches*). Die Anforderungen an diese Schaltelemente hängen im Wesentlichen von der benutzten Vermittlungsart ab. Bei einer Durchschaltevermittlung wird eine Verbindung durch das Netz vor der Datenübertragung aufgebaut. Während der Datenübertragung bleibt die Stellung der Schaltelemente im Netz unverändert. Bei einer Blockierung wird die aufzubauende Verbindung abgebrochen. Bei der Paketvermittlung hingegen wird die Stellung der Schaltelemente durch die eintreffenden Pakete gesteuert. Dies erfordert, insbesondere in selbststeuernden Netzen, eine schnelle Erkennung des Paketkopfes und eine ebenso schnelle Steuerung der Schaltelemente. Auch müssen bei Blockierungen Pakete in den Schaltelementen zwischengepuffert werden. Diese Anforderungen stellen für elektrische Schaltelemente keine Probleme dar. Bei optischen Schaltelementen führen diese jedoch zu Problemen, vor allem bei optischen Steuerinformationserkennung und der optischen Pufferung von Paketen in den Schaltelementen.

Optische Schaltelemente können in zwei Klassen eingeteilt werden. In *Waveguide-Schaltelementen* werden die optischen Signale auf Wellenleitern, die auf einem Chip integriert sind, geleitet. Hierdurch können in den meisten Fällen nur zweidimensionale Schaltelemente aufgebaut werden. Um eine größere Packungsdichte zu erhalten, ist es manchmal sinnvoller, eine dreidimensionale Schaltelementstruktur zu benutzen. Bei diesen *Free-Space-Schaltelementen* werden dann die Signale im Raum (durch die Luft oder durch Glas) dreidimensional vermittelt. Diese beiden Schaltelementklassen werden in den nächsten Abschnitten näher behandelt.

9.6.1 Waveguide-Schaltelemente

Durch Ausnutzung elektro-optischer Effekte ist die Konstruktion von optischen 2x2-Schaltelementen möglich. Abbildung 9.14 zeigt das Prinzip eines solchen Elements [Mid92], bei dem zwei Lichtwellenleiter in ein *Lithium-Niobat-Kristall* eingebettet sind. Zwischen Kontroll-Elektroden verlaufen die Wellenleiter sehr dicht beieinander, wobei es je nach elektrischem Potential zu einer Überkreuzung der optischen Signale kommt oder nicht.

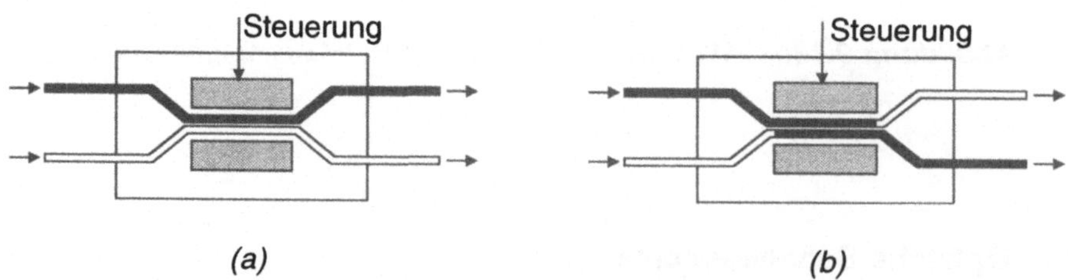

Abbildung 9.14: *Optischer 2x2-Schalter in Lithium-Niobat-Kristall; (a) straight Verbindung; (b) exchange Verbindung*

Dadurch werden mehrstufige optische Verbindungsnetze ermöglicht, mit den in Kapiteln 6 und 7 beschriebenen Topologien. So wurde beispielsweise von NEC ein

128x128-optisches Schaltelement aus mehreren Stufen kleinerer Schaltelemente konstruiert [BuF91].

Die optischen Schaltelemente können entweder elektrisch oder optisch gesteuert werden. Beispiele dieser Steuerungsmöglichkeiten werden in den nächsten Abschnitten vorgestellt.

9.6.1.1   Elektrische Steuerung

Ein Grundprinzip der elektrischen Steuerung von optischen Netzen ist in Abbildung 9.15 gezeigt. Hierbei werden die optischen Eingangsinformationen sowohl durch das mehrstufige optische Netz geleitet als auch nach einer Konversion in die elektrische Domäne einem elektrischen Steuernetz zugeführt.

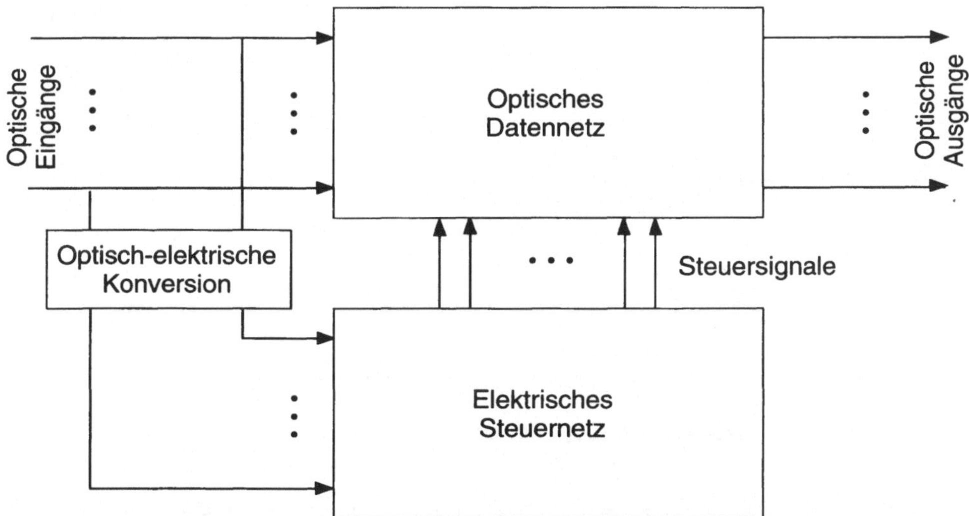

Abbildung 9.15: *Optisches Netz mit elektrischem Steuernetz*

Das elektrische Steuernetz wird ausschließlich zum Verbindungsaufbau genutzt. Sind das elektrische und das optische Netz identisch aufgebaut, so können die Steuersignale des Verbindungsaufbaus im elektrischen Netz eins-zu-eins zur Steuerung entsprechender Schaltelemente im optischen Netz dienen [Oba90]. Nachdem eine Verbindung aufgebaut wurde, ist das System optisch transparent (durchschaltevermittelnd) und Daten können mit hoher Geschwindigkeit übertragen werden.

Diese Methode kann nicht nur für die Durchschaltevermittlung sondern auch für Paketvermittlung genutzt werden. Da die Zeit zur Steuerung der Schaltelemente bei der Paketvermittlung sehr kurz ist, muß eine sehr schnelle Steuerung gewährleistet sein. BLUMENTHAL et al. [BIC92] haben dies anhand der Implementierung eines Routingknotens gezeigt. Die Architektur des Routingknotens ist in Abbildung 9.16 zu sehen.

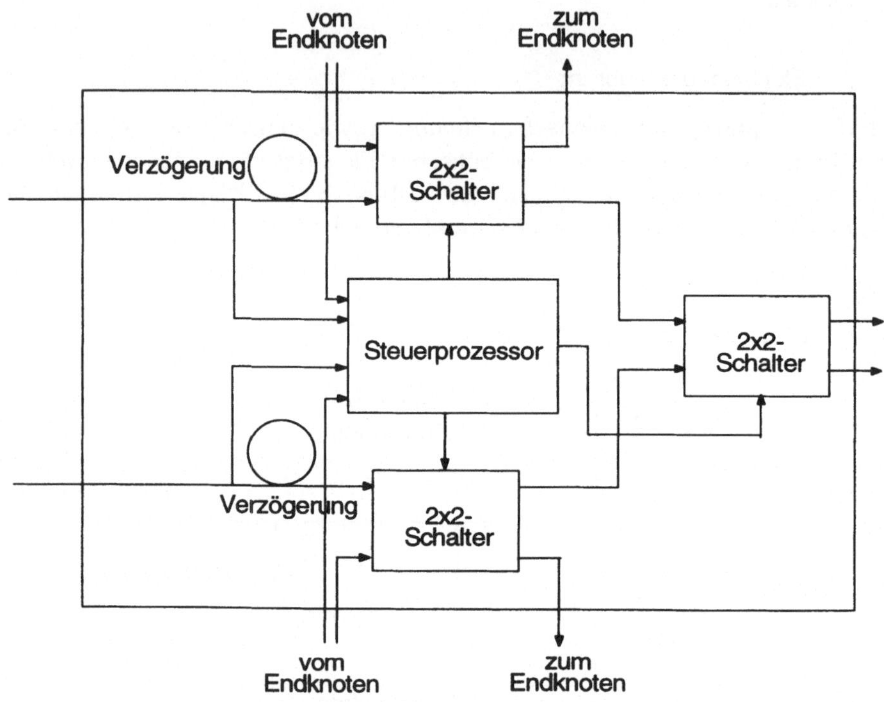

Abbildung 9.16: *Routingknoten nach [BIC92]*

Der Knoten besteht aus drei 2x2-Schaltelementen, die die Eingänge mit den Ausgängen verbinden und den angeschlossenen Endknoten an das Netz anschließen. Zur Kodierung der Daten und der Steuerinformationen wurde hierbei die *Bit-per-Wellenlängenkodierung* (*BPW*) gewählt [BIC92]. Informations- und Steuerdaten werden nicht sequentiell auf einer Wellenlänge transportiert, sondern parallel auf mehreren Wellenlängen. Sind beispielsweise die Informationsdaten n Bit breit, so werden n unterschiedliche Wellenlängen benutzt, wobei jedem Bit genau eine Wellenlänge zugeordnet ist. Das gleiche gilt für die Kodierung der Steuerdaten. Um Steuer- und Informationsdaten einfach zu trennen, werden die Steuerdaten in einem Wellenlängenbereich um 830 nm übertragen, während sich die Wellenlängen der Informationsdaten in einem Bereich um 1300 nm befinden. Die optischen Steuerdaten werden einem Steuerprozessor zugeführt, der diese in die elektrische Domäne umwandelt und die Steuersignale für die einzelnen Schaltelemente generiert. Da die Umwandlung und die Signalgenerierung im Steuerprozessor Zeit benötigt, müssen die optischen Informationsdaten durch eine Verzögerungsschleife verzögert werden, so daß diese gleichzeitig mit den Steuersignalen an den Koppelelementen der ersten Routingknotenstufe eintreffen. Konflikte innerhalb des Routingknotens werden durch das *Deflection-Routing* aufgelöst. Treffen zwei Nachrichten für den gleichen Ausgang am Knoten ein, so wird eine der Nachrichten an den korrekten Ausgang weitergeleitet, während die zweite Nachricht zum anderen Ausgang umgeleitet wird. So werden im Routingknoten keinerlei optische Puffer benötigt.

9.6.1.2   Optische Steuerung

Bei der optischen Steuerung von Schaltelementen und Routingknoten existiert kein paralleles elektrisches Steuernetz. Vielmehr wird der Schalter direkt durch den Kopf des Nachrichtenpakets gesteuert. Beispielsweise wird im Schaltelement, welches von NISHIO et al. vorgestellt wurde [NiS93], das zeitliche Auftreten des Nachrichtenkopfes zur Steuerung des Schalters benutzt. Dies soll anhand eines 2x2-Schaltelements, das in Abbildung 9.17a gezeigt ist, verdeutlicht werden. Das Schaltelement besteht aus einer Matrix von vier *VSTEP-Schaltern* (*vertical-to-surface-transmission electro-photonic device*) [NiS93]. Diese Schalter funktionieren ähnlich wie ein elektrischer Thyristor. Wird eine elektrische Spannung an den Schalter angelegt und trifft gleichzeitig ein Lichtpuls auf die Schalteroberfläche, so wird der Schalter eingeschaltet und läßt das nach dem Lichtpuls einfallende Licht durch. Trifft kein Lichtpuls auf, so bleibt der Schalter geöffnet. In dem 2x2-Schaltelement in Abbildung 9.17a werden die ankommenden Nachrichten auf jeweils eine Spalte der Matrix gelenkt. Signale von jeder Matrixreihe werden zu einem Ausgangssignal zusammengefaßt. Die VSTEP-Schalter in jeder Reihe der Matrix werden durch jeweils eine elektrische Spannung (V_1 bzw. V_2) gesteuert. Die Verläufe der Spannungen und der optischen Signale an den Schaltelementeingängen sind in Abbildung 9.17b dargestellt. Während der Zeitspanne T_1 ist die obere Matrixreihe aktiv. Derjenige VSTEP-Schalter der oberen Reihe, an dem in dieser Zeitspanne ein Lichtimpuls auftritt, schaltet durch. In diesem Beipiel ist es der rechte obere Schalter, da im Kopf des Signals an Eingang *B* ein Lichtpuls vorhanden ist. Während der Zeitspanne T_2 ist die untere Matrixreihe aktiv und der untere linke Schalter schaltet durch, da zu diesem Zeitpunkt ein Lichtpuls im Kopf des Signals an Eingang *A* erscheint. Es wird also zuerst das Signal an Eingang *B* zum Ausgang *C*, und dann das Signal am Eingang *A* zum Ausgang *D* vermittelt. Die Verläufe der Spannungen V_1 und V_2 wiederholen sich periodisch; allein der Zeitpunkt, an dem in einem Eingangsignal ein Lichpuls auftritt, bestimmt den Schaltelementausgang, zu dem das Signal vermittelt wird.

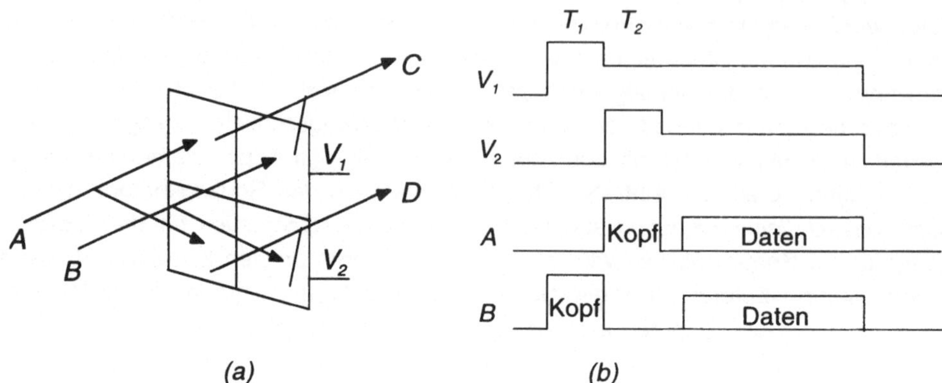

Abbildung 9.17: *(a) 2x2-Schaltelement, (b) Spannungs- und Eingangssignalverläufe*

Von Ogino und Fujioka [OgF90] wurde ein optisches 2x2-Schaltelement mit optischer Steuerung vorgestellt, welches auf dem Schalter aus Abbildung 9.14 aufbaut. Wie in Abbildung 9.18 zu sehen ist, wird ein Ausgang des Schalters mit einem Photodetektor bestückt, der den Schalter steuert.

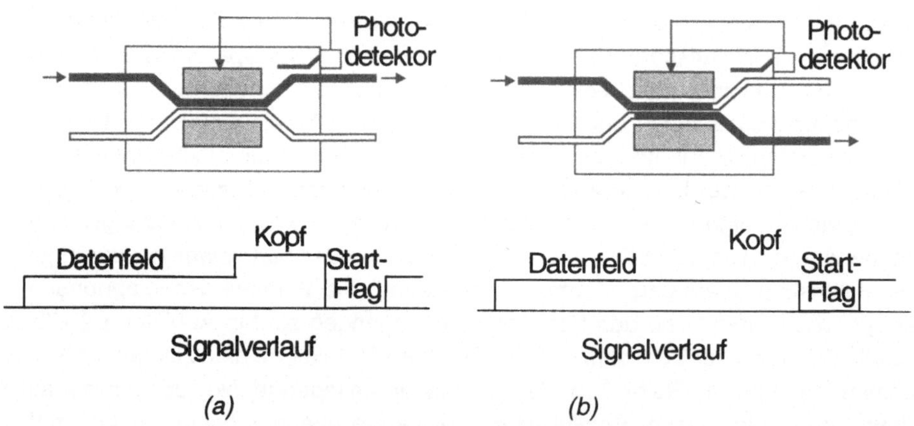

Abbildung 9.18: *2x2-Schaltelement, (a) Straight-Stellung, (b) Exchange-Stellung*

Zunächst betrachte man das Eingangssignal in Abbildung 9.18a. Erst wird ein Startflag empfangen, welches den Schalter auf die *exchange*-Stellung zurücksetzt. Danach wird der Kopf der Nachricht empfangen. Dieser Kopf wird vom Photodetektor detektiert, wodurch der Schalter in die *straight*-Stellung gebracht wird. Diese Stellung bleibt durch die Rückkopplung über den Photodetektor solange bestehen, bis ein weiteres Startflag empfangen wird. Im Signal in Abbildung 9.18b ist kein erhöhter Lichtpuls im Kopf vorhanden. Der Photodetektor erkennt keinen Kopf, so daß der Schalter in der *exchange*-Stellung bleibt. Damit Lichtimpulse während der eigentlichen Datenübertragung die Rückkopplung nicht beeinflussen können, werden der Kopf der Nachricht und die Daten mit unterschiedlichen Wellenlängen übertragen.

9.6.2 Free-Space-Schaltelemente

Die bisher betrachteten optischen Schaltelemente beruhen auf der Nutzung von Lichtwellenleitern, die auf einem Trägermaterial integriert sind. Hierdurch können in den meisten Fällen nur zweidimensionale Schaltelemente aufgebaut werden. Um eine größere Packungsdichte zu erhalten, ist es manchmal sinnvoller, eine dreidimensionale Schaltelementstruktur zu benutzen, wobei die Lichtsignale nicht über Wellenleiter sondern durch Luft oder Glas transferiert werden.

Dieses Prinzip soll anhand eines selbstroutenden optischen Free-Space-Crossbar-Schaltelements [HaF90] verdeutlicht werden. Der Aufbau eines 5x5-Schaltelements ist in Abbildung 9.19 gezeigt.

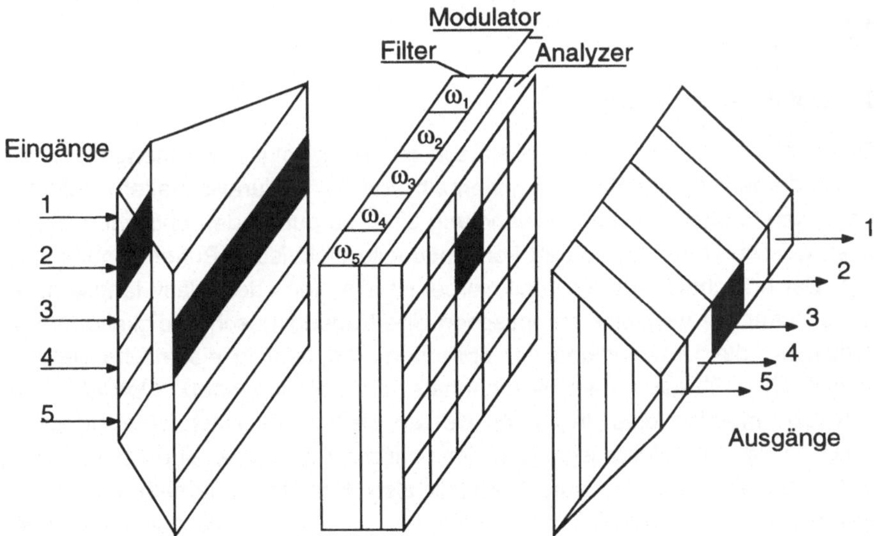

Abbildung 9.19: *Optischer 5x5-Free-Space-Crossbar*

Das Schaltelement besteht aus zwei optischen Linsen (je eine an den Ein- und Ausgängen) und aus einer Crossbar-Maske, die zwischen den beiden Linsen liegt.

Diese Maske besteht aus einem Filter, einem Modulator und einem Analyzer. Eine Nachricht, die an einem der Eingänge ankommt, besteht aus einem Kopf und den eigentlichen Daten. Der Kopf enthält ein Lichtsignal, dessen Wellenlänge den Ausgang des Schaltelements bestimmt. Diese Wellenlänge kann eine der fünf Wellenlängen des Filters sein (ω_1 bis ω_5). Das nachfolgende Datensignal besitzt eine von den fünf Wellenlängen verschiedene Wellenlänge, z. B. ω_0. Das Eingangssignal wird durch die erste Linse auf eine Reihe verteilt und der Crossbar-Matrix über ein lichtdurchlässiges Medium (z. B. Luft oder Glas) zugeführt. Zuerst erreicht der Nachrichtenkopf die Matrix. Der Filter erkennt die Wellenlänge und läßt das Signal nur in der zur Wellenlänge passenden Matrixspalte durch. Das Signal gelangt so zum Modulator, in dem die Polarisation des Nachrichtenkopfes und der Nachrichtendaten moduliert wird. Der nachfolgende Analyzer läßt nur dieses modulierte Signal passieren. Es gelangt über ein lichtdurchlässiges Medium zur Ausgangslinse und wird auf den Ausgang konzentriert. So bestimmt allein die Wellenlänge des Nachrichtenkopfes den Schaltelementausgang, an den das Signal selbstständig vom Schaltelement vermittelt wird.

Das Prinzip der Benutzung von Luft oder Glas zur optischen Datenvermittlung ist nicht nur auf Schaltelemente begrenzt. Es kann auch auf die Verbindungsstruktur zwischen einzelnen Schaltelementen angewendet werden. Dies wird in Abschnitt 9.7 gezeigt.

9.6.3 Optische Pufferung

In paketvermittelten optischen Netzen ist häufig eine Zwischenpufferung von Paketen erforderlich, um Konflikte innerhalb von Vermittlungsschaltern aufzulösen. Eine einfache Methode ist die Umwandlung einer zu puffernden optischen Nachricht in die elektrische Domäne, so daß konventionelle elektrische Puffer benutzt werden können. Der entscheidende Nachteil hierbei ist allerdings der relativ langsame elektronische Puffer (im Vergleich zu optischen Übertragungsgeschwindigkeiten) und der Zeitverlust bei der Umwandlung der optischen Nachricht in elektrische Daten und umgekehrt. Dies führt zu einem Flaschenhals im Verbindungsnetz. *Optisch transparente Netze* umgehen dies. In diesen Netzen bleiben die Nachrichtensignale vom Netzeingang bis zum Netzausgang in der optischen Domäne; eine Umwandlung in die elektrische Domäne und zurück entfällt also. Konflikte innerhalb solcher Netze können beispielsweise durch Routingstrategien (z. B. das Deflection-Routing, siehe Abschnitt 9.6.1.1) aufgelöst werden. Diese Strategien beruhen meistens jedoch darauf, daß Nachrichten umgeleitet werden und somit einen längeren Weg nehmen müssen. Sollen Pakete auf dem kürzesten Weg (ohne Umleitungen) durch das Netz vermittelt werden, so müssen sie bei Konflikten in den Schaltelementen optisch zwischengepuffert werden. Die Implementierung solcher optischer Puffer stellt allerdings immernoch eine große Herausforderung dar.

Die zur Zeit verwendeten Pufferstrategien können in drei Klassen eingeteilt werden: die Wellenlängenpufferung, die Pufferung über Verzögerungsleitungen und die Schleifenpufferung. Diese Pufferarten werden im folgenden näher beschrieben.

Bei der Wellenlängenpufferung werden Konflikte im Wellenlängenbereich aufgelöst. Abbildung 9.20a verdeutlicht dies an einem 2x2-Schaltelement. Kommen zwei Pakete mit der gleichen Wellenlänge ω_1 an den Eingängen des Schaltelements an, die zum gleichen Ausgang vermittelt werden müssen, so wird ein Paket zum Ausgang vermittelt, während die Wellenlänge des anderen Pakets auf ω_2 geändert wird und ebenfalls an den Ausgang vermittelt wird. So werden die Pakete parallel, jedoch mit verschiedenen Wellenlängen, zum nächsten Schaltelement weitergeleitet. Zur Wellenlängenkonversion kann z. B. der in Abschnitt 9.5.2 beschriebene Wellenlängenkonverter benutzt werden.

Bei der Pufferung mittels Verzögerungsleitungen wird ein zu pufferndes Signal um eine bestimmte Zeitspanne verzögert [JaG93]. Dies geschieht, indem das Signal eine Glasfaser bestimmter Länge, die proportional zur Verzögerungszeit ist, durchläuft. Werden Glasfaser verschiedener Länge eingesetzt, so kann ein optischer Puffer, wie in Abbildung 9.20b gezeigt, aufgebaut werden. Durch diesen Puffer werden gleichzeitig ankommende Pakete unterschiedlicher Wellenlänge serialisiert wieder ausgegeben, so daß diese keine Konflikte in einem nachfolgenden Schaltelement produzieren können. Ein Nachteil dieses Verfahrens ist allerdings die Länge der Verzögerungsleitungen, die, je nach Verzögerungsdauer, einige hundert Kilometer lang werden können.

Eine weitere Methode der optischen Pufferung ist die Benutzung einer Glasfaserschleife [BoC92], wie in Abbildung 9.20c dargestellt. In dieser Schleife können n verschiedene Signale (mit unterschiedlicher Wellenlänge) herumkreisen. Dies kann dazu genutzt werden, um n verschiedene Pakete zu puffern. Es wird davon ausgegangen, daß alle zu puffernden Pakete die gleiche Wellenlänge ω_1 besitzen. Kommt ein Paket am Puffer an, so wird dessen Wellenlänge ω_1 in eine Wellenlänge ω_i konvertiert (ω_i ist eine Wellenlänge, die zu diesem Zeitpunkt in der Schleife nicht benutzt wird). Danach tritt das Paket in die Schleife ein und beginnt herumzukreisen. Da ein Paket beliebig lange gepuffert werden soll, eine Glasfaser jedoch eine Dämpfung aufweist, müssen die in der Schleife befindlichen Signale nach jedem Schleifendurchlauf verstärkt werden. Soll ein bestimmtes Paket aus dem Puffer herausgenommen werden, so wird der Filter am Pufferausgang auf die Wellenlänge des Pakets eingestellt, so daß das Paket den Filter passieren kann. Damit der Pufferplatz frei wird, muß das Paket aus der Schleife entfernt werden. Hierzu dienen die n optischen Schalter in der Schleife. Befindet sich ein Paket mit einer Wellenlänge ω_i im Puffer, so ist der zugehörige Schalter geschlossen. Wird das Paket aus dem Puffer gelesen, so wird der zugehörige Schalter geöffnet, so daß das Paket nicht weiter in der

Schleife herumkreisen kann. Auch diese Technik stößt an ihre Grenzen, wenn größere Puffer implementiert werden sollen. Hierdurch steigt auch die Anzahl der Wellenlängen, die benötigt werden, so daß höhere Anforderungen an den Konverter, die optischen Schalter, den Filter (z. B. Filtersteilheit) und den Verstärker (z. B. Breitbandigkeit) gestellt werden müssen.

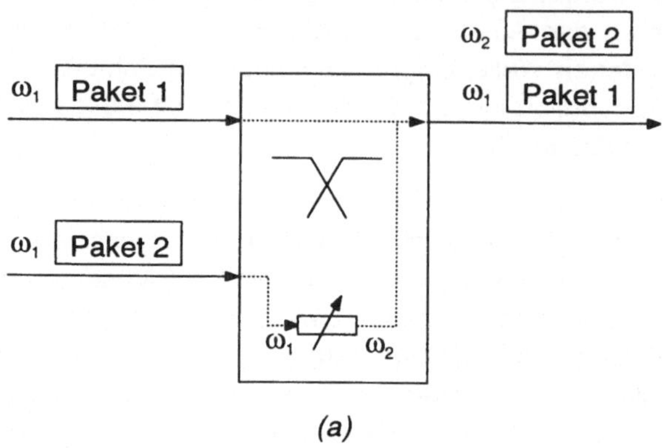

(a)

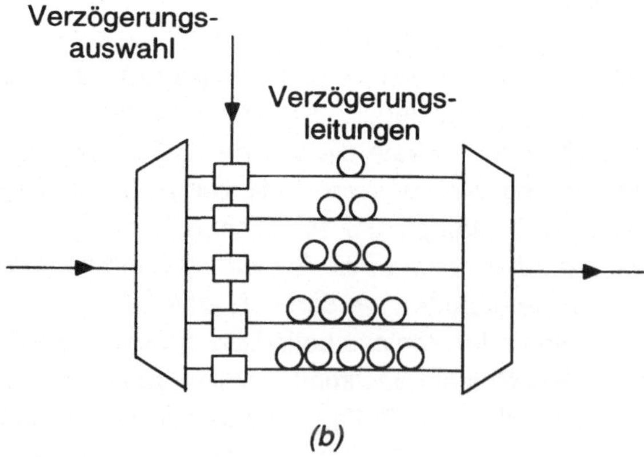

(b)

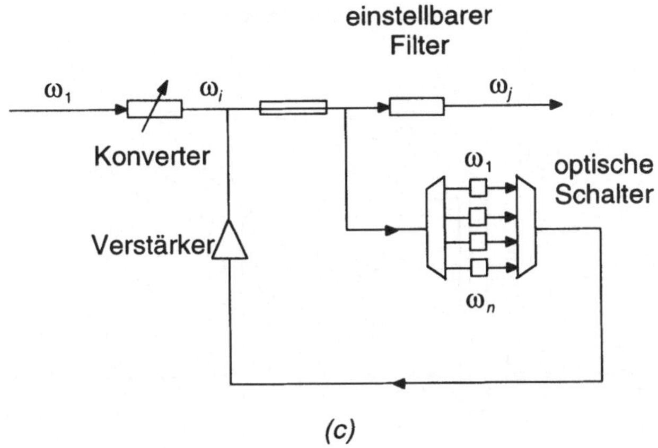

Abbildung 9.20: *Optischer Puffer: (a) Wellenlängenpuffer, (b) Pufferung durch Verzögerung und (c) Pufferschleife*

9.7 Free-Space-Verbindungsstrukturen

In mehrstufigen optischen Verbindungsnetzen müssen die einzelnen Schaltelemente einer Stufe mit denen der darauffolgenden Stufe optisch verbunden werden. Dies kann beispielsweise durch Glasfaserleitungen geschehen. Allerdings sind hierfür eine größere Anzahl von Glasfaser-Platinen- oder Glasfaser-Chip-Adaptern nötig, die auf möglichst kleinem Raum untergebracht werden müssen. Dies kann bei größeren Netzen zu einem entscheidenden Problem werden. Um dieses Problem zu umgehen, kann das Prinzip der Benutzung von Luft oder Glas zur optischen Datenvermittlung auch auf die Verbindungsstruktur zwischen einzelnen Netzstufen angewendet werden.

Abbildung 9.21 zeigt beispielhaft ein solches Free-Space-Verbindungsnetz. An jedem Ein- und Ausgang einer Netzstufe befinden sich Hologramme, die die Lichtstrahlen in bestimmte Richtungen ablenken und aus bestimmten Richtungen empfangen können [BaW93]. Zwischen den Hologrammen zweier Stufen befindet sich ein lichtdurchlässiges Medium (z. B. Luft oder Glas). Die Hologramme können z. B. so beschaffen sein, daß eine optische Shuffle-Verbindungsfunktion entsteht. Durch solche Free-Space-Verbindungsstrukturen wird der kompakte, dreidimensionale Aufbau von optischen Verbindungsnetzen ermöglicht.

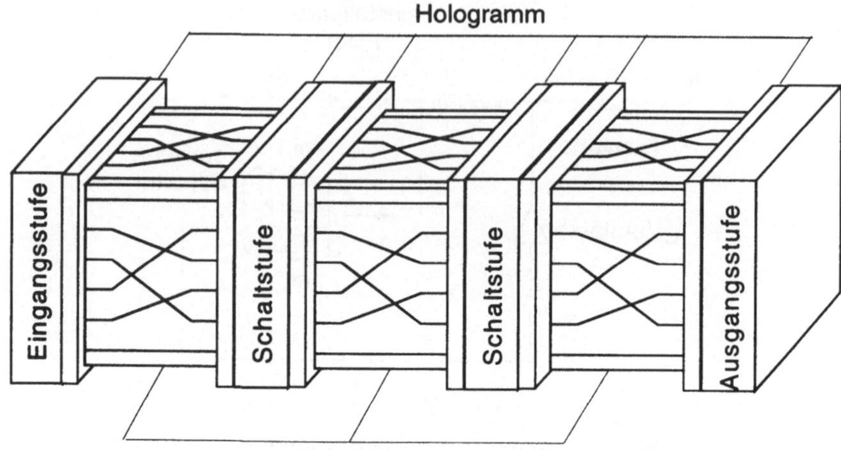

Abbildung 9.21: *Dreidimensionales Free-Space-Verbindungsnetz*

9.8   Ausblick

Wie in diesem Kapitel aufgezeigt, bietet die optische Übertragung von Nachrichten eine um mehrere Größenordnungen höhere Bandbreite als die elektrische Übertragung. Durch diese Technik können viele Anforderungen an Kommunikationsnetze und zukünftige Datenverkehre erfüllt werden. Diese Vorteile werden allerdings dadurch wieder relativiert, daß es bis jetzt nur eingeschränkte Möglichkeiten zur optischen Pufferung von Paketen gibt. Auch ist die rein optische Steuerung von selbstroutenden Netzen immer noch ein Problem. Erst wenn für diese Probleme geeignete Lösungen gefunden sind, können rein optische ATM-Netze effizient aufgebaut und betrieben werden.

10 Fehlertoleranz und Test von Netzen

10.1 Grundlagen

10.1.1 Motivation

In vielen Anwendungen ist es unumgänglich, daß ein Rechensystem jederzeit korrekt arbeitet, auch unter ungünstigen Umständen. Beispiele sind hochzuverlässige Systeme, zum Beispiel Telefonvermittlungsanlagen, System ohne Wartungsmöglichkeit mit langer Lebensdauer (z. B. in der Raumfahrt), Hochleistungsrechner sowie Rechner für sicherheitsrelevante Anwendungen. Bei diesen Systemen ist eine Reparatur entweder nicht möglich (Raumsonden), nicht akzeptabel (Abschalten einer Telefonvermittlung, sicherheitsrelevante Systeme) oder zumindest problematisch und teuer (Wiederholung eines laufzeitintensiven Programms in Höchstleistungsrechnern). In sehr großen Systemen, wie sie für Rechenleistungen im Teraflop-Bereich erforderlich sind, besteht aufgrund der sehr großen Zahl von Bauteilen im System eine hohe Wahrscheinlichkeit, daß zu jeder Zeit Komponenten defekt sind; trotzdem muß ein solches System über lange Zeiträume korrekt arbeiten.

In diesem Kapitel sollen die Grundlagen von fehlertoleranten Netzen dargestellt werden. Zunächst werden prinzipielle Maßnahmen zur Vermeidung von Fehlfunktionen diskutiert, gefolgt von Fehlermodellen, auf denen Maßnahmen zur Fehlertoleranz basieren. Es folgt eine Diskussion der grundlegenden Methoden, die zur Erzielung von Fehlertoleranz Anwendung finden.

10.1.2 Fehlervermeidung

Um nicht akzeptable Fehlfunktionen in Rechensystemen auszuschließen, werden prinzipiell zwei Methoden angewandt, die Fehlervermeidung und die Fehlerbeherrschung. Bei der *Fehlervermeidung* werden Verfahren eingesetzt, die das Auftreten eines Fehlers von vornherein unwahrscheinlich werden lassen, indem mögliche Fehlerursachen bereits beim Entwurf betrachtet und ausgeschlossen werden. So können schon in der Spezifikationsphase eines Systems formale Methoden eingesetzt werden, um grundlegende Entwurfsfehler auszuschalten. Bei der Hardware-Implementierung können Methoden wie formale Verifikation [Yoe90] genutzt werden, so daß die korrekte Umsetzung der Spezifikation in Hardware sichergestellt ist. Bei der Konstruktion werden nur Komponenten mit höchster Zuverlässigkeit eingesetzt, so daß ein Ausfall unwahrscheinlich ist. Der Einfluß äußerer Einwirkungen wie elektromagnetischer Störungen wird so berücksichtigt, daß sie nicht zu Funktionsstörungen führen.

Fehlervermeidung führt zu einer hohen Verfügbarkeit eines Systems, es bleibt jedoch immer eine Restwahrscheinlichkeit von Bauelementeausfällen oder anderer nicht erfaßter Störungen. Tritt hierdurch ein Fehler auf, so ist die weitere Funktion nicht mehr gewährleistet. Diese Situation kann nur durch Maßnahmen der Fehlerbeherrschung vermieden werden.

Um die Fehlerhäufigkeit so gering wie möglich zu halten, sollten Maßnahmen der Fehlerbeherrschung immer durch möglichst weitgehende Maßnahmen der Fehlervermeidung ergänzt werden. Ausführliche Diskussionen der Fehlervermeidung finden sich beispielsweise in [Goe89].

10.1.3 Fehlerbeherrschung

Durch *Fehlerbeherrschung* treten in einem System trotz eines vorliegenden Fehlers keine unakzeptablen Auswirkungen auf. Jegliche Art von Fehlerbeherrschung erfordert *Redundanz*, d. h. Maßnahmen, die über die zur Funktion erforderlichen hinausgehen und mit denen die Effekte von Fehlern erkannt und beherrscht werden können. Dies können zusätzliche Komponenten sein (*Hardwareredundanz*) oder auch zusätzliche Programmabläufe (*Softwareredundanz*).

Fehlerbeherrschende Systeme können in fehlersichere und fehlertolerante Systeme eingeteilt werden. Die Anzahl der beherrschbaren Fehler ist immer begrenzt und hängt von der Redundanzmethode ab. Wird die Zahl überschritten, so kann das System trotz der Redundanz den fehlerhaften Zustand nicht mehr von einem fehlerfreien unterscheiden. Ein typisches Beispiel ist der *Paritätscode*, bei dem ein einzelnes fehlerhaftes Bit erkannt wird, die Verfälschung von zwei Bits jedoch zu einem korrekten Code führt [PeW72].

10.1.3.1 Fehlersichere Systeme

In einem *fehlersicheren System* wird ein auftretender Fehler erkannt und das System in einen sicheren Zustand überführt, z. B. abgeschaltet. Ein bekanntes Beispiel ist das Antiblockier-Bremssystem (ABS) von Fahrzeugen. Bei einer Fehlfunktion wird das ABS abgeschaltet, so daß der Fahrer wieder über die Standard-Bremsfunktion verfügt. In vielen Rechensystemen, beispielsweise im Bankbereich, ist dieses Verfahren von hoher Bedeutung. Eine fehlerhafte Transaktion muß immer vermieden werden, während ein Anhalten des Rechners bis zur Reparatur meist akzeptabel ist.

In einem fehlersicheren System sei die Zeit zwischen dem Auftreten zweier Fehler durch T gegeben. Dann muß in einem zeitlichen Abstand kleiner T ein vollständiger Test des Systems durchgeführt werden (*Selbsttesthypothese*) [NiN89], damit sich Fehler nicht akkumulieren können (siehe Abschnitt 10.1.4).

Treten in einem System, daß bis zu *k* gleichzeitige Fehler sicher erkennen kann, in der Zeit zwischen zwei Tests mehr als *k* Fehler auf, so ist es möglich, daß beim nächsten Test die Fehler nicht erkannt werden. Ist der Test nicht vollständig, so kann in nicht getesteten Schaltungsteilen ein Fehler auftreten, der die Erkennung weiterer Fehler auch im getesteten Schaltungsteil verhindert.

Der zeitliche Abstand zwischen zwei Fehlern kann nur im statistischen Sinne vorausgesagt werden. Indem der Abstand zwischen Tests sehr viel kleiner als die durchschnittliche Zeit zwischen Fehlern gewählt wird, wird auch die Wahrscheinlichkeit des Auftretens einer unzulässigen Anzahl von Fehlern zwischen Tests sehr klein. Allerdings ist die verbleibende Wahrscheinlichkeit, das *Restrisiko*, immer größer als 0, da bei statistisch verteilten Fehlerereignissen immer die Möglichkeit gleichzeitiger oder nahezu gleichzeitiger Fehler besteht. Sind Fehler durch äußere Einflüsse verursacht, so ist eine Gleichzeitigkeit immer möglich.

10.1.3.2   Fehlertolerante Systeme

Ein fehlertolerantes System kann fehlerbehebend oder fehlerkompensierend sein und arbeitet trotz eines oder mehrerer auftretender Fehler korrekt weiter.

In einem *fehlerkompensierenden System* hat ein Fehler keine für den Anwender erkennbaren Auswirkungen. Das System bleibt auch im Fehlerfall unverändert, jedoch werden die Auswirkungen des Fehlers unterdrückt, so daß das Ergebnis trotz Fehler korrekt ist. Auf ein Verbindungsnetz übertragen, bedeutet dies eine korrekte Datenübertragung trotz eines Fehlers. Ein Beispiel ist der Einsatz von *fehlerkorrigierenden Codes*, bei denen trotz der Verfälschung z. B. eines Bits der ursprüngliche Informationsgehalt aus Zusatzinformationen zurückgewonnen werden kann.

Bei einer *Fehlerbehebung* wird im Fehlerfall durch *Rekonfiguration* die Hardware oder Software so umstrukturiert, daß das System wieder fehlerfrei ist. In vielen Fällen bestehen nach der Umstrukturierung Einschränkungen der Leistungsfähigkeit. Beispielsweise sind bei vielen indirekten Netzen mit der Fähigkeit zur Fehlerbehebung wie dem Extra-Stage-Cube-Netz (siehe Abschnitt 10.5.3) nach einer Rekonfiguration die Permutationsmöglichkeiten eingeschränkt und die Bandbreite des Netzes reduziert. In der Zeit zwischen dem Auftreten des Fehlers und dessen Behebung können inkorrekte Operationen durchgeführt werden. Somit ist eine Rückverfolgung des Systemzustandes zu einem korrekten Zustand erforderlich, bevor die Weiterbearbeitung fortgesetzt werden kann. Es kann also nach Auftreten eines Fehlers eine erhebliche Zeit verstreichen, bis einerseits ein funktionsfähiger Zustand wiederhergestellt ist (Dauer der Rekonfigurationsprozedur), und bis andererseits durch den Fehler verursachte falsche Operationen wieder korrigiert sind.

10.1.4 Fehlerakkumulation

Einige Fehler im System haben nur in bestimmten Betriebsfällen eine Auswirkung. Ein solcher versteckter Fehler wird möglicherweise über eine längere Zeit nicht erkannt, so daß weitere Fehler hinzukommen können, bevor fehlerbeherschende Maßnahmen eingeleitet werden. Eine solche *Fehlerakkumulation* kann dazu führen, daß die Anzahl der maximal beherrschbaren Fehler überschritten wird und somit Fehlfunktionen des Systems auftreten können. Aus diesem Grund muß in jedem fehlerbeherrschenden System regelmäßig ein Test aller Funktionen so durchgeführt werden, daß alle potentiellen Fehler erkannt werden. Somit ist in einem fehlerbeherrschenden System neben der notwendigen Redundanz zur Fehlerbehebung oder Fehlermaskierung die kontinuierliche Durchführung von Tests aller Systemfunktionen eine zentrale Aufgabe.

10.1.5 Fehlerfortpflanzung und Fehlerisolation

In vielen Fällen können Fehler durch Nebeneffekte auch die Funktion fehlerfreier Systemkomponenten beeinflussen. Werden solche Fehler nicht *isoliert*, so ist u. U. eine Fehlerbeherrschung nicht mehr möglich, obwohl der Fehler an sich beherrschbar wäre.

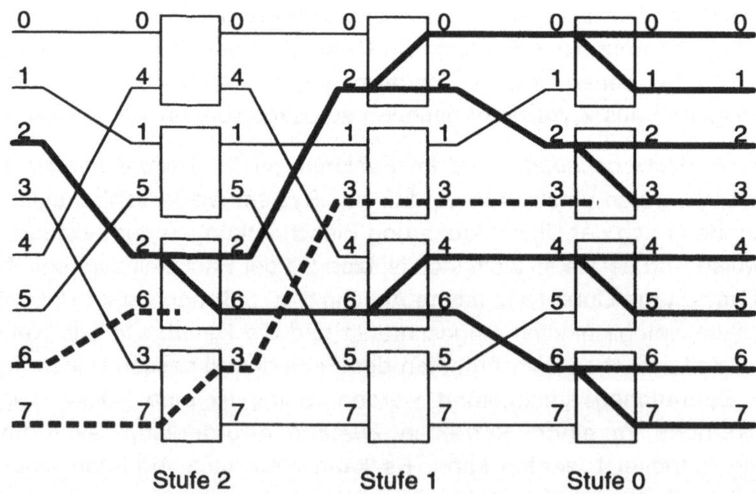

Abbildung 10.1: *Generalized-Cube-Netz mit fehlerhafter Broadcast-Verbindung (fette Linie) und zwei Verbindungen, die durch den Broadcast blockiert werden (gestrichelte Linien)*

Als ein Beispiel soll ein durchschaltevermittelndes Generalized-Cube-Netz mit N = 8 dienen (siehe Abbildung 10.1). Es wird angenommen, daß durch einen Fehler in Stufe 2 eine Broadcast-Verbindung zu allen Ausgängen nicht mehr abgebaut werden kann. Durch diesen einzelnen Fehler wird somit das gesamte Netze unbrauchbar, da alle Netzausgänge belegt sind und belegt bleiben.

10.1.6 Erkennung und Lokalisierung von Fehlern

Bei der Fehlererkennung muß ein physikalischer Fehler wie ein ausgefallenes Bauteil oder eine unterbrochene Leitung durch seine Auswirkungen erkannt und bei der Fehlerlokalisierung identifiziert werden. Hierzu ist grundsätzlich eine Aktivierung und eine Fortpflanzung erforderlich. Bei der *Fehleraktivierung* muß das System so betrieben werden, daß der Fehler eine lokale Abweichung vom Sollverhalten herbeiführt. Hat im Beispiel in Abbildung 10.2 die Verbindungsleitung $L1$ einen Kurzschluß mit der Versorgungsspannung, so muß ein Wert 0 vom einem Eingang, z. B. $E1$, über das Koppelelement in der Stufe 0 zur Leitung $L1$ propagiert werden. Aufgrund des Kurzschlusses weicht nun der Istwert vom Sollwert ab (1 statt 0), und der Fehler ist aktiviert. Damit der Fehler auch beobachtet werden kann, muß der Signalwert von Leitung $L1$ über Koppelelemente der Stufen 1 und 2 zu einem Ausgang, z. B. $A2$, propagiert werden. Dort liegt dann ein Unterschied zwischen dem Sollwert 0 und dem Istwert 1 vor, so daß der Fehler erkannt ist. Um einen solchen Test zu erzeugen, ist also Wissen über potentielle Fehler erforderlich, um Stimuli zur Fehleraktivierung zu bestimmen, sowie Wissen über Datenfortpflanzung im Netz.

Durch den beschriebenen Test kann der Fehler in $L1$ nicht von anderen potentiellen Fehlern entlang des Weges von $E1$ zu $A2$ unterschieden werden. Hierzu ist in einer zweiten Phase die Lokalisierung erforderlich.

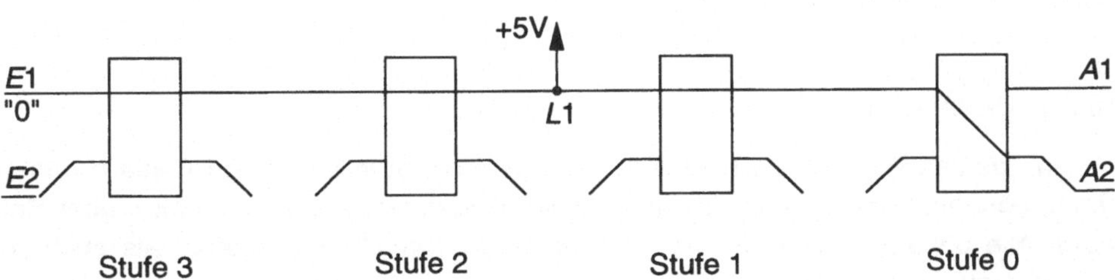

Abbildung 10.2: *Fehleraktivierung und Fehlerbeobachtung in einem mehrstufigen Netz*

Um Fehlerakkumulation zu vermeiden, ist ein kontinuierlicher Test des Systems notwendig. In vielen Fällen wird durch diese Tests zwar das Vorhandensein, nicht jedoch die genaue Lage eines Fehlers bestimmt. Bei fehlerbehebenden Systemen ist jedoch eine genaue Kenntnis des Fehlers erforderlich, um die Rekonfiguration einzuleiten. Daher ist neben der Fehlererkennung (die in Netzen beispielsweise durch fehlerhafte Datenübertragungen erfolgen kann) auch eine *Fehlerdiagnose* erforderlich. Hierbei muß zum einen festgestellt werden, ob der Fehler behebbar ist, und zum zweiten muß der Fehlerort, bei Netzen zum Beispiel das defekte Koppelelement oder die defekte Signalleitung, bestimmt werden. Für die Fehlerlokalisierung sind dann, abhängig vom System, weitere Tests der Hardware notwendig.

Da in fehlerbeherrschenden Systemen die Anzahl der tolerierbaren Fehler begrenzt ist, muß sowohl bei fehlermaskierenden als auch bei fehlerbehebenden Systemen möglichst bald nach Auftreten des Fehlers eine Reparatur erfolgen. Dies kann vom Austauschen von Komponenten zu Änderungen in der Systemsoftware reichen. Da zur Reparatur der Fehler ebenfalls diagnostiziert sein muß, ist auch bei fehlermaskierenden Systemen eine Möglichkeit zur Fehlerdiagnose unumgänglich.

Ein wesentlicher Aspekt bei fehlerbehebenden Systemen ist die Fehlereingrenzung. Ein Fehler kann im allgemeinen nicht nur lokale sondern systemweite Auswirkungen haben, wenn dessen Auswirkungen nicht eingegrenzt werden. Ein Beispiel ist ein Fehler, durch den eine Broadcast-Verbindung in einem Netz von einem Prozessor zu allen anderen Prozessoren nicht mehr abgebaut wird; dann ist durch den einzelnen Fehler die gesamte Netzkommunikation lahmgelegt. Für eine erfolgreiche Rekonfiguration ist somit unter Umständen nach der Diagnose eine Fehlereingrenzung erforderlich.

10.2   Fehler und Fehlermodelle

10.2.1 Einführung

Im idealen Fall sollte ein fehlertolerantes System jede Art von Fehlern beherrschen können, vom beliebigen Ausfall eines Bauelementes bis zu fehlerhafter Software. Alle beherrschbaren Fehler müssen sowohl im Betrieb erkannt als auch von den regelmäßig durchzuführenden Selbsttests gefunden werden. Aus Komplexitätsgründen können nicht alle möglichen Fehlerursachen in Betracht gezogen werden. Daher ist eine Abstraktion des Fehlerverhaltens durch ein *Fehlermodell* erforderlich. Für die durch das Fehlermodell vorgegebenen Fehlfunktionen werden dann Tests generiert; dies birgt die Gefahr in sich, daß manche durchaus realistischen Fehler nicht modelliert, demnach bei Tests nicht erkannt und auch nicht behoben werden können. Somit muß der Fehlermodellierung großes Gewicht beigemessen werden.

10.2.2 Klassifikation

In Rechensystemen können Fehler in Software- und Hardwarefehler unterteilt werden. Ursachen von Softwarefehlern können nur *Spezifikations-* oder *Implementierungsfehler* sein. Softwarefehler sind immer vorhanden und können nicht erst während des Betriebs entstehen. Auch bei Verbindungsnetzen sind Softwarefehler von Bedeutung, beispielsweise bei der Protokollverarbeitung im Prozessor; sie sollen hier jedoch nicht weiter betrachtet werden. Auch bei Hardwarekomponenten sind Spezifikations- und Implementierungsfehler als Fehlerursachen möglich und müssen durch fehlervermeidende Maßnahmen beherrscht werden. *Betriebsfehler*, die durch äußere Störungen und Bauelementeausfälle verursacht werden, müssen zusätzlich berücksichtigt werden.

Damit von einem fehlerfreien System ausgegangen werden kann, wird hier ausschließlich der Betriebsfehler berücksichtigt. Bei einem Betriebsfehler kann es sich um einen *permanenten* Hardwarefehler handeln, d. h. eine Komponente weicht auf Dauer vom Sollverhalten ab; Beispiele sind defekte Bauelemente, Kurzschlüsse oder unterbrochene Leitungen. Solche Fehler können durch entsprechende Tests eindeutig identifiziert werden. *Transiente* Fehler sind vorübergehende Einzelereignisse, die zum Beispiel durch äußere Störungen wie elektromagnetische Impulse zu einem Fehlverhalten führen. Bei *intermittierenden* Fehlern tritt ein Fehlverhalten in unregelmäßigen Abständen auf, wie zum Beispiel durch defekte Lötstellen oder temperaturabhängige Fehler. Sowohl transiente als auch intermittierende Fehler können in der Regel nicht durch Tests erkannt werden, da sie mit hoher Wahrscheinlichkeit während der Tests nicht auftreten.

10.2.3 Auswirkungen auf fehlerbeherrschende Systeme

Fehlermaskierende und fehlerbehebende Systeme unterscheiden sich wesentlich in der Art der beherrschbaren Fehler. Liegt bei einem fehlermaskierenden System die Zahl der Fehler unter der vom System tolerierbaren, so ist die korrekte Funktion jederzeit gewährleistet, unabhängig von der Art des Fehlers (permanent, transient oder intermittierend). Auch das Fehlermodell spielt für die Maskierung keine Rolle.

Fehlerbehebung hingegen setzt voraus, daß ein Fehler diagnostiziert werden kann, was eine Erkennung und Lokalisierung durch Testprozeduren erfordert. Der Erfolg dieser Prozeduren hängt entscheidend vom Fehlermodell ab, da für Fehler, die nicht dem Modell entsprechen, auch keine Tests erzeugt werden und keine

Erkennung erfolgt. Werden die Fehler durch Tests erkannt, so können permanente Fehler behoben werden, solange deren Zahl unter dem durch die Systemredundanz vorgegebenen Maximum bleibt. Transiente und intermittierende Fehler können nur behoben werden, wenn ihre Ursache eindeutig identifizierbar ist, was in vielen Fällen nicht möglich ist. Auch hier ist die Anzahl der beherrschbaren Fehler begrenzt.

Einer Reparatur, durch die der fehlerfreie Systemzustand wiederhergestellt werden kann, muß auch eine Diagnose des Fehlers vorangehen. Somit sind für alle fehlerbeherrschenden Systeme effiziente Tests, die sich auf ein geeignetes Fehlermodell gründen, von entscheidender Bedeutung.

10.2.4 Funktionale Fehlermodelle

Bei funktionalen Fehlermodellen werden ohne Berücksichtigung der schaltungstechnischen Realisierung zu erwartende Fehler postuliert, für die dann Tests erzeugt und Rekonfigurationsmaßnahmen getroffen werden. Vorteil dieser Modelle ist die Unabhängigkeit von der Schaltungsrealisierung, wodurch in einer frühen Entwurfsphase Testmethoden entwickelt und deren Effizienz beurteilt werden kann. Häufig benutzte funktionale Fehlermodelle für 2x2-Koppelelemente in mehrstufigen indirekten Netzen sollen hier als Beispiel dienen (siehe Abbildung 10.3).

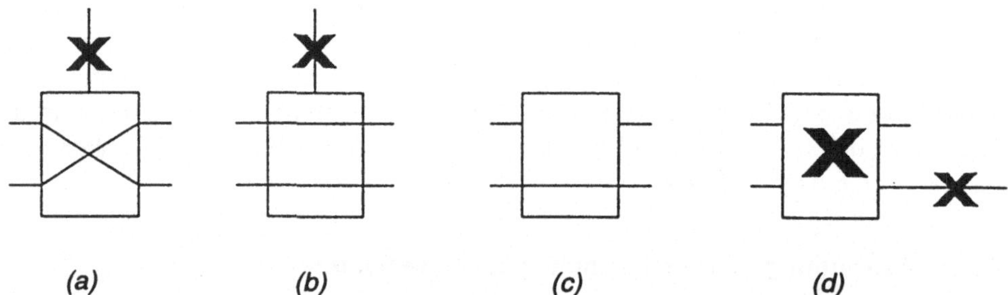

Abbildung 10.3: *Modelle fehlerhafter 2x2-Koppelelemente: (a), (b) Fehlfunktion der Steuerlogik; (c) Unterbrechung einer Leitung; (d) vollständiger Ausfall eines Koppelelements und einer Leitung*

Ein Modell geht davon aus, daß lediglich die Steuerlogik eines Koppelelements versagt, wie in Abbildung 10.3a dargestellt. Dann können im Fehlerfall korrekte Daten transportiert werden, werden aber unter Umständen zur falschen Senke geleitet. Dieses Modell versagt bei dem Ausfall der Datenübertragung innerhalb des Koppelelements oder der Datenleitung. Komplexere funktionale Modelle berücksichtigen sowohl die Daten- als auch die Steuerlogik wie in Abbildung 10.3b gezeigt.

Hier wird davon ausgegangen, daß ein Koppelelement in einem festen Zustand bleibt (beispielsweise *straight*), und daß Leitungen unterbrochen sein können. Die Unterbrechung der oberen Leitung im Koppelelement in Abbildung 10.3c könnte auch durch eine Unterbrechung der oberen Eingangsleitung verursacht sein. Bei fehlerbehebenden Netzen wird meist von dem Modell ausgegangen, daß ein Koppelelement oder eine Leitung in einer beliebigen Weise defekt, also nicht weiter nutzbar ist, wie in Abbildung 10.3d dargestellt.

Ein weiteres oft verwendetes Fehlermodell von Koppelelementen baut auf der Kombination aller möglichen Verbindungszustände auf. In Abbildung 10.4 sind diese 16 Zustände eines 2x2-Koppelelements (durchschaltevermittelnd) dargestellt [FeW81].

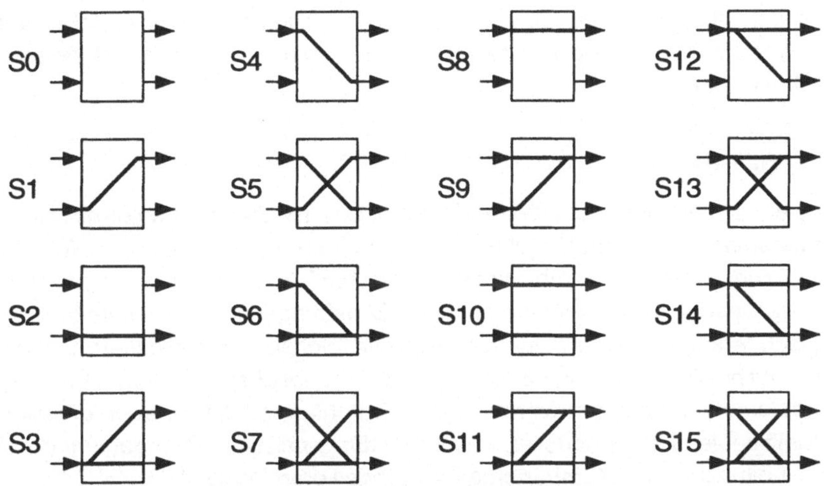

Abbildung 10.4: *Mögliche fehlerfreie und fehlerhafte Zustände eines 2x2-*
Koppelelements

Je nach Implementierung des Koppelelements existieren zwei bzw. vier korrekte Verbindungszustände. Bei einem Koppelelement, welches nur die *straight-* und *exchange*-Zustände annehmen kann, sind dies die Zustände S5 (*exchange*) und S10 (*straight*). Koppelelemente, die außerdem noch einen Broadcast ausführen können, unterstützen zusätzlich zu S5 und S10 noch Zustand S3 (*lower broadcast*) und S12 (*upper broadcast*). Alle anderen in Abbildung 10.4 gezeigten Zustände sind somit Fehlzustände und müssen durch einen Test als Fehler erkannt werden. Der Test muß hierbei auch feststellen, ob ein Koppelelement aus einem korrekten Zustand in einen fehlerhaften Zustand gebracht werden kann.

Insbesondere für die Testerzeugung werden die einfachen Modelle oft verfeinert, um eine Berücksichtigung aller Funktionskomponenten und eine bessere Diagnose zuzulassen. Häufig sind bestimmte Modellteile z. B. durch Haftfehlermodellierung einzelner Leitungen bereits schaltungstechnisch geprägt.

10.2.5 Schaltungstechnische Fehlermodelle

Bei schaltungstechnischen Fehlermodellen wird die vollständige Hardware als Grundlage der Fehlerbetrachtung benutzt, wobei in der Schaltung physikalische Fehler postuliert werden. Auf dieser Basis werden Tests erzeugt und die Fehlerbehebung gegründet. Die Vorgehensweise wird bei der Erzeugung und Beurteilung von Tests für integrierte Schaltungen grundsätzlich verwendet. Da moderne Verbindungsnetze in der Regel mit Hilfe von VLSI-Schaltungen implementiert werden, ist die Verwendung der dort üblichen Methoden sinnvoll. Die wichtigsten Fehlermodelle sind Haftfehler, Kurzschlußfehler und offene Verbindungsleitungen, die im folgenden näher behandelt werden.

10.2.5.1   Haftfehler

Das einfachste und populärste Fehlermodell ist das Haftfehlermodell. Hierbei wird angenommen, daß ein Schaltungsknoten einen festen logischen Wert 0 oder 1 annimmt, zum Beispiel durch einen Kurzschluß mit Masseleitungen oder der Versorgungsspannung. In kombinatorischen Schaltungen können Tests für Haftfehler automatisch erzeugt werden; in sequentiellen Schaltungen existieren allgemeine Lösungen nicht. Durch Maßnahmen des *testfreundlichen Entwurfs* [Wun91] kann diese Problematik umgangen werden. Das Haftfehlermodell wird auch in vielen komplexen funktionalen Fehlermodellen von Verbindungsnetzen verwendet, um den Ausfall einzelner Leitungen und Komponenten zu modellieren [MoO91].

10.2.5.2   Kurzschlußfehler

Sind zwei Leitungen aufgrund eines Fehlers miteinander verbunden, kann ein Test auf Haftfehler dieses Problem unter bestimmten Voraussetzungen nicht erkennen. Werden die gleichen Haftfehler auf beiden Leitungen gleichzeitig geprüft, so kann der Kurzschluß nicht bemerkt werden, da nur bei unterschiedlichem Signalwert eine Abweichung vom Sollwert auftritt. Durch Kurzschlußfehler wird in der Regel eine logische Abhängigkeit zwischen den verbundenen Signalen ausgelöst. Je nach Technologie und Schaltung hat eine logische 0 eine stärkere Treiberleistung als eine logische 1 oder umgekehrt. Dies führt zu einer ODER- bzw. einer UND-Verknüpfung der Signale wie in Abbildung 10.5 dargestellt.

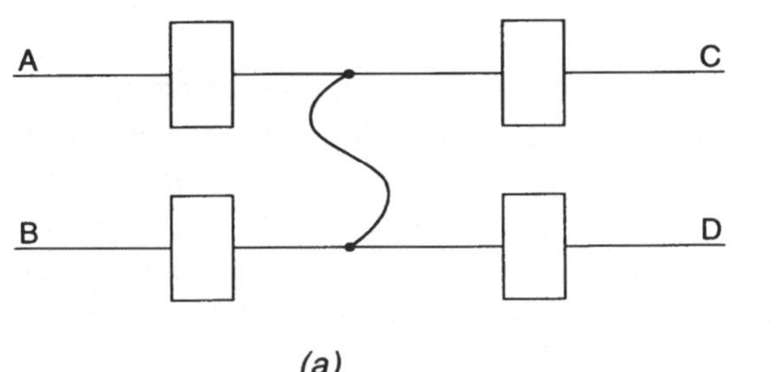

	(a)		

A	B	UND	ODER
0	0	0	0
0	1	0	1
1	0	0	1
1	1	1	1

(b)

Abbildung 10.5:*(a) Kurzschluß zwischen zwei Leitungen; (b) Logikresultat für Ausgänge A und B bei UND bzw. ODER-Kurzschluß*

10.2.5.3 Offene Leitungen

Ist eine Leitung unterbrochen, so kann der Signalwert je nach Schaltung einen logischen Wert von 0, 1 oder einen Zwischenwert annehmen. Diese Fehler sind besonders problematisch, da sie vor allem bei CMOS-Schaltungen zu Speicher-effekten führen können, die dann eine rein kombinatorische Schaltung in eine sequentielle Schaltung transformieren. Solche Fehler können häufig nur durch Sequenzen mehrerer Tests erkannt werden und verursachen somit erhebliche Schwierigkeiten bei der Testerzeugung [Wun91].

10.2.6 Testerzeugung und Fehlerbehebung

Anhand der Fehlermodelle können Tests generiert und Maßnahmen zur Fehler-behebung ergriffen werden. Bei funktionalen Modellen beruht die Testerzeugung in der Regel auf einer Analyse der durch die Modelle postulierten Fehlfunktionen und einem Beweis der Vollständigkeit. Beim schaltungstechnischen Fehlermodell können Tests oft automatisch generiert werden, wenn Regeln des testfreundlichen VLSI-Entwurfs eingehalten wurden [Wun91].

10.3 Maßnahmen der Fehlererkennung, Fehlermaskierung und Fehler-behebung

Unabhängig von der tatsächlichen Realisierung können mehrere prinzipielle Methoden unterschieden werden, um einerseits Fehler während des Betriebs zu erkennen (Voraussetzung der Fehlerbehebung), zu beheben oder zu kompensieren. Diese Methoden sollen hier diskutiert werden. Die Umsetzung der Methoden in Architekturen fehlertoleranter Netze findet sich in den Abschnitten 10.4 und 10.5.

10.3.1 Codierung

Bei der Fehlererkennung und Fehlerkompensation durch *Codierung* wird aus der Nutzinformation Datensicherungsinformation abgeleitet und der Nutzinformation hinzugefügt; unter Umständen wird auch die Nutzinformation umgewandelt. Codes werden in *Fehlererkennungscodes* (*FEC*) und *Fehlerkorrekturcodes* (*FCC*) eingeteilt. Durch Fehlererkennungscodes werden fehlerhaft übertragene Daten erkannt, während Fehlerkorrekturcodes eine Erkennung und Korrektur von Fehlern innerhalb der durch die Codierung festgelegten Grenzen erlauben.

Wird ein beschränkter Teil der Information durch einen Fehler während der Übertragung von codierten Daten in einem Verbindungsnetz verfälscht, so kann die ursprüngliche Nutzinformation wiedergewonnen werden oder zumindest ein Fehler erkannt werden. Der Umfang der tolerierbaren Datenverfälschung hängt vom verwendeten Code ab. Die Anwendbarkeit der Codierung auf die Sicherung der Datenübertragung in Verbindungsnetzen ist eingeschränkt, denn sie setzt voraus, daß zumindest ein Teil der Daten am vorgesehenen Empfänger eintrifft. Kann aufgrund eines Defektes in einem Koppelelement Prozessor $P1$ nicht mehr mit Prozessor $P2$ kommunizieren, so kann dieser Fehler durch Codierung nicht kompensiert werden. Da auch transiente und intermittierende Fehler in der Datenübertragung durch Codierung kompensiert werden können, wird diese Methodik häufig angewendet.

Ein oft verwendeter Code zur Fehlererkennung ist die *Parität*. Hierbei wird der Nutzinformation ein Paritätsbit angehängt, welches 1 ist, falls die Anzahl der Einsen in der codierten Nutzinformation (Nutzdaten plus Paritätsbit) gerade (*even parity*) oder ungerade (*odd parity*) ist. Obwohl gerade und ungerade Parität mathematisch identisch sind, wird die ungerade Parität bevorzugt, da sie sicherstellt, daß mindestens eine 1 im codierten Datenwort vorhanden ist. Durch die Paritätsbildung ist es möglich, jede ungerade Anzahl von fehlerhaften Bitwerten zu erkennen; geradzahlige Bitfehler können nicht erkannt werden.

Hamming-Codes enthalten mehrere Prüfbits; je nach Anzahl der Prüfbits im Verhältnis zur Breite des Codeworts können ein oder mehr fehlerhafte Bits erkannt und korrigiert werden [PeW72]. Der Hamming-Code kann als Paritäts-Code interpretiert werden, wobei mehrere Paritäten über verschiedene Untermengen der Datenbits gebildet werden. So kann ein 32-Bit-Wort durch ein 7-Bit-Codewort ergänzt werden, so daß ein Fehler korrigiert und zwei Fehler erkannt werden.

Andere Codes wie *zyklische Codes* können zur Sicherung längerer Datenströme genutzt werden. Weitere Diskussionen finden sich beispielsweise in [Goe89] und [PeW72].

10.3.2 Protokoll-Sicherung

Ein fehlerfreier Datentransport kann über ein unzuverlässiges oder fehlerbehaftetes Transportmedium mit Hilfe von Kommunikationsprotokollen sichergestellt werden; insbesondere dient Schicht 2 des ISO OSI-Schichtenmodells (siehe Kapitel 1) der Datensicherung. Ist das Transportmedium ein Verbindungsnetz, so sind zwei Aspekte zu betrachten: Fehler können (a) beim Datentransport entlang einer aufgebauten Verbindung zwischen einer Quelle und einer Senke auftreten, und (b) Fehler können das Zustandekommen einer Verbindung zwischen Quelle und Senke beeinträchtigen oder verhindern.

(a) Datentransportfehler. Durch Kommunikationsprotokolle, die in Software oder Hardware abgebildet sind, können Fehler während eines Datentransports erkannt und in vielen Fällen auch maskiert werden. Handelt es sich beispielsweise um transiente oder intermittierende Fehler, so genügt eine Fehlererkennung mit nachfolgender erneuter Übertragung; Beispiele sind auch Paketverluste in ATM-Netzen, die durch temporäre Überlasten verursacht werden, oder Kollisionen in Aloha- oder CSMA/CD-Kommunikationssystemen. Hier ist eine unvollständige Nachrichtenübertragung möglich, ohne daß eine Fehlfunktion der Hardware vorliegt. Sind nur wenige Teile der Nachricht gestört, reichen oft auch fehlerkorrigierende Codes zur Fehlermaskierung, so daß eine erneute Übertragung vermieden wird.

In anderen Fällen, insbesondere bei Hardware-Fehlern, kann die Übertragung so beeinträchtigt sein, daß eine erfolgreiche Übertragung entlang des bestehenden Weges nicht möglich ist, so daß mittels Protokollschicht 3 ein anderer Weg zwischen Quelle und Senke gewählt werden muß. Solche Möglichkeiten bieten viele direkte Netze wie beispielsweise Gitter-Netze, in denen über adaptive Routing-Verfahren fehlerbehaftete Verbindungsleitungen umgangen werden können.

(b) Ist das Verbindungsnetz beispielsweise ein Generalized-Cube-Netz, so existiert nur ein Weg zwischen Quelle und Senke. Viele Fehler entlang dieses Weges können das Zustandekommen einer Verbindung verhindern. Abbildung 10.6 zeigt ein Generalized-Cube-Netz mit $N = 8$ und zwei defekten Koppelelementen. Das defekte Koppelelement in Stufe 1 verhindert beispielsweise eine Verbindung zwischen Knoten 0 und 6. In einem System mit PE-zu-PE-Organisation kann dies durch Protokollmechanismen beherrscht werden, indem das Netz zweimal durchlaufen wird, beispielsweise über Knoten 3 als Zwischenknoten, wie in Abbildung 10.6 dargestellt. Bei anderen Fehlern wie dem defekten Koppelelement in Stufe 2 können Knoten 1 und 5 jedoch keine Daten mehr in das Netz senden, so daß sie mit keinem anderen Knoten mehr Verbindung aufnehmen können, unabhängig vom verwendeten Kommunikationsprotokoll. Um beim Auftreten solcher Fehler dennoch eine Weiterfunktion des Systems zu gestatten und einen mehrfachen Netzdurchlauf zu vermeiden, sind Maßnahmen zur Fehlermaskierung oder Fehlerbehebung erforderlich, die durch die Hardwarestruktur des Netzes unterstützt werden.

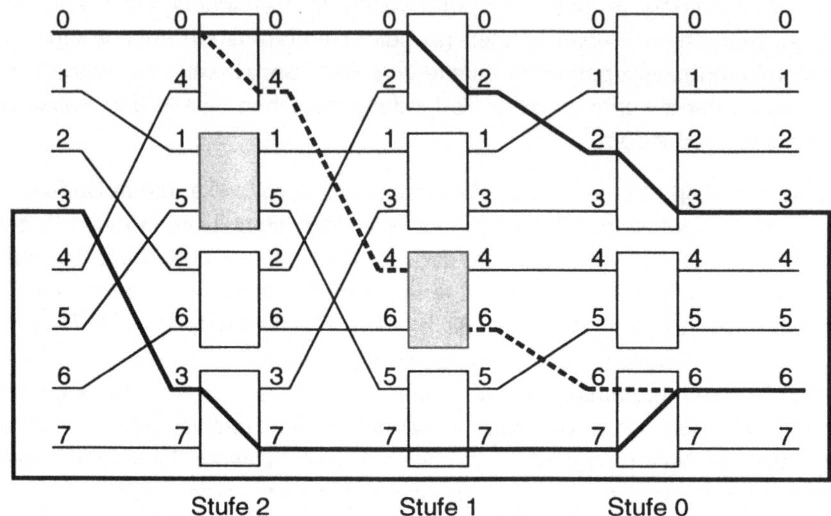

Abbildung 10.6: *Generalized-Cube-Netz mit fehlerhaften Koppelelementen in Stufe 2 und 1. Die fette Linie zeigt einen zirkulierenden Weg, durch den eine Kommunikation zwischen Knoten 0 und 6 trotz des Fehlers in Stufe 1 ermöglicht wird.*

10.3.3 Reserve zur Fehlerbehebung

In vielen hochgradig zuverlässigen und verfügbaren Systemen werden Reservesysteme zur Zuverlässigkeitssteigerung verwendet. Diese Systeme bestehen aus mehreren identischen Modulen, wobei nur eines der Module im System benutzt wird. Wird ein Fehler in dem benutzten Modul entdeckt, so wird dieses Modul durch eines der Reservemodule ersetzt, so daß das System fehlerfrei weiterarbeiten kann. Solche dynamisch redundanten Systeme können kalte oder heiße Reservemodule beinhalten. In Systemen mit *kalter Reserve* wird ein redundantes Modul nur im Fehlerfall aktiviert (Anschalten der Modulversorgungsspannung). Bei Systemen mit *heißer Reserve* sind alle Module gleichzeitig in Betrieb. Im Falle eines Fehlers werden dann nur die Ausgangssignale des fehlerhaften Moduls vom System abgetrennt und die Signale eines fehlerfreien Moduls zugeschaltet. Der Hauptunterschied zwischen kalter und heißer Reserve ist die Alterung der redundanten Module. Eine kalte Reserve unterliegt dem normalen Alterungsprozeß, während eine heiße Reserve aufgrund des kontinuierlichen Betriebs schneller altert. Dies hat Auswirkungen auf die Ausfallwahrscheinlichkeit eines Moduls.

In vielen Fällen ist es akzeptabel, daß im Fehlerfall die Leistungsfähigkeit des Systems in eingeschränktem Maße reduziert wird (*graceful degradation*). Ein Modul, welches nur zur Leistungssteigerung des Systems eingesetzt wird, kann dann im Fehlerfall einfach abgeschaltet werden, wobei zwar die Systemleistung sinkt, das System jedoch fehlerfrei weiterarbeiten kann.

10.3.4 Mehrfach-Redundanz zur Fehlerkompensation

Beim Mehrheitsentscheid führen mehrere Funktionsmodule die gleiche Operation aus, wobei die Ergebnisse verglichen werden. Bei zwei Modulen kann ein Fehler zwar durch einen Unterschied im Ergebnis erkannt werden, jedoch kann durch den Vergleich nicht entschieden werden, welches Modul defekt ist. Von hoher Bedeutung ist diese Organisation daher bei Systemen mit einem sicheren Zustand. Ist die korrekte Funktion nicht mehr gewährleistet, wird der sichere Zustand (z. B. Systemabschaltung) angenommen. Dadurch wird vermieden, daß es aufgrund der Fehlfunktion zu einer Gefährdung kommen kann.

Bei drei Modulen kann die fehlerhafte Einheit unmittelbar durch den Vergleicher (*Voter*) erkannt und so der Fehler maskiert werden (Abbildung 10.7).

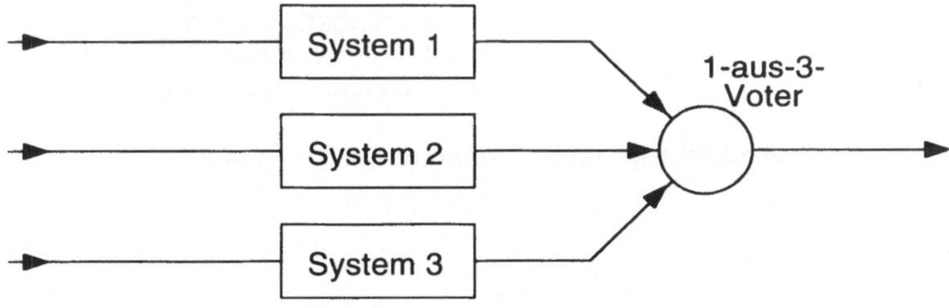

Abbildung 10.7: *Eins-aus-drei-Mehrheitsentscheid*

Diese Systeme werden auch *Triple-Modular-Redundancy-Systeme* (*TMR-Systeme*) genannt. Der Nachteil einer solchen Anordnung ist der hohe Hardwareaufwand, der nur in Systemen gerechtfertigt ist, bei denen keinerlei Unterbrechung der Funktion akzeptiert werden kann (z. B. Flugzeugsteuerungen). Die Replikation kann sich auf ein gesamtes Computersystem beziehen oder aber nur auf Systemteile wie z. B. Verbindungsnetz oder Prozessoren.

10.3.5 Selbsttestende Logik

Um während des Betriebs Fehler erkennen zu können, muß ein System selbsttestend sein. Abbildung 10.8 zeigt das Prinzip. Die Daten an den Systemausgängen werden in zwei Klassen eingeteilt: in gültige und ungültige Ausgangsdaten. Der an den Systemausgängen befindliche *Checker* erkennt ungültige Ausgangsdaten und signalisiert dies dem System durch eine Fehlermeldung. Im fehlerfreien Fall produziert das System für alle relevanten Eingangsdaten gültige Ausgangsdaten. Durch die innere Systemstruktur muß sichergestellt sein, daß ein Fehler im System ungültige Ausgangsdaten für mindestens eine Eingangssignalkombination produziert. Wenn sichergestellt werden kann, daß in der Zeit zwischen dem Auftreten zweier Fehler alle gültigen Eingangsdaten am System anliegen, können durch selbsttestende Systeme beliebige Fehler erkannt werden. Selbsttestende Systeme werden z. B. in [Wak78] behandelt.

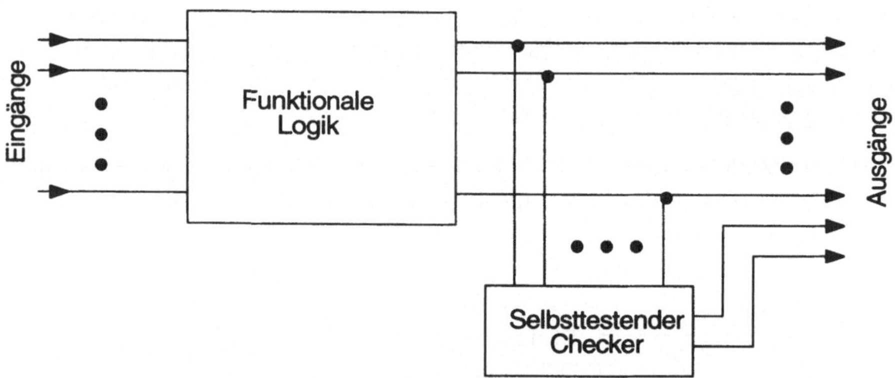

Abbildung 10.8: *Selbsttestendes System*

10.4   Fehlertolerante direkte Netze

Bei vielen direkten Verbindungsnetzen existieren mehrere disjunkte Verbindungswege zwischen einer Quelle und einer Senke. Treten Fehler in den Verbindungsleitungen auf, so können diese häufig durch Nutzung der verbleibenden Wege umgangen werden. Abbildung 10.9 zeigt ein Beispiel eines Cube-Netzes mit $N = 8$, in dem die Verbindungsleitung zwischen Knoten 0 und 2 unterbrochen ist. Ein Datentransfer zwischen diesen Knoten ist dennoch möglich, z. B. über Knoten 1 und 3.

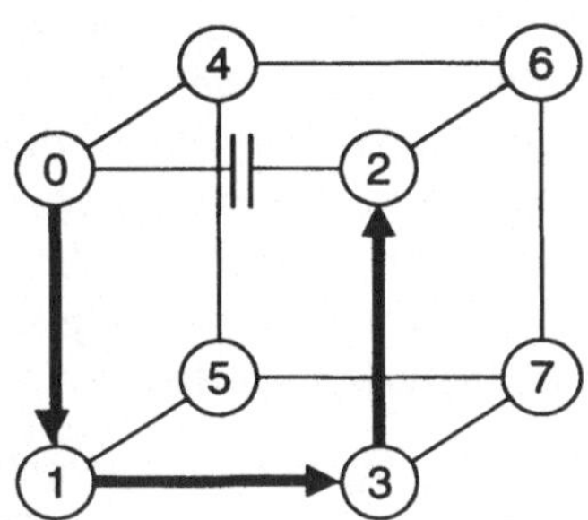

Abbildung 10.9: *Fehler in einem Cube-Netz mit N = 8*

Um Fehler zu umgehen, genügt es also, fehlertolerante Routingverfahren einzusetzen. Diese Verfahren müssen einen Alternativweg finden, wenn im Netz ein Fehler aufgetreten ist. Da dies eine ähnliche Aufgabe wie bei der Alternativwegsuche bei Netzblockierungen ist, können die in Kapitel 5 diskutierten Routingverfahren zur Fehlerumgehung eingesetzt werden. Da ein Fehler auch auf dem kürzesten Weg zwischen Quelle und Senke auftreten kann, müssen Umwege in Kauf genommen werden. Deshalb sind die deterministischen und umweglosen Routingverfahren für fehlertolerante direkte Netze ungeeignet. Da in vielen Fällen aus Komplexitätsgründen die Fehlerlokation nur lokal bekannt ist (ein Knoten kennt z. B. nur den Fehlerzustand seiner eigenen Verbindungsleitungen) [GaY95], kann ein progressiver Routingalgorithmus versagen, wenn mehrere Fehler gleichzeitig im System existieren dürfen. Bei diesen Routingalgorithmen kann eine einmal getroffene Wegentscheidung nicht mehr zurückgenommen werden, so daß im Fehlerfall ein Verbindungsaufbau in einer Sackgasse enden kann. In diesem Fall können umwegbehaftete Backtracking-Algorithmen eingesetzt werden, in denen falsche Entscheidungen wieder rückgängig gemacht werden können. Eine weitergehende Diskussion über fehlertolerante Routingalgorithmen für direkte Netze findet sich z. B. in [ChS90, ChW96].

10.5 Fehlertolerante indirekte Netze

10.5.1 Überblick und Methoden

Viele indirekte Netze verfügen über keinerlei Redundanz, wie z. B. das Generalized-Cube-Netz. Jeglicher Ausfall einer Komponente im Netz führt dazu, daß bestimmte Eingangs-/Ausgangspaare nicht mehr miteinander kommunizieren können.

Selbst ein mehrfaches Durchlaufen des Netzes führt in allen den Fällen nicht zum Ziel, in denen Komponenten fehlerhaft sind, die direkt mit den Quellen oder Senken verbunden sind (beispielsweise Koppelelemente in der ersten und letzten Stufe; siehe auch Abbildung 10.6). Um solche Netze zu fehlertoleranten Netzen zu erweitern, sind zusätzliche Komponenten erforderlich. Je nach gewählter Methode können hierbei zusätzliche Netzstufen und/oder Verbindungsleitungen eingesetzt werden; das Verbindungsnetz kann auch repliziert werden.

In diesem Abschnitt sollen rekonfigurierbare mehrstufige Netze betrachtet werden, also Netze, die nach Auftreten und Lokalisieren eines oder eventuell mehrerer Fehler so umstrukturiert werden können, daß eine korrekte Funktion wieder gewährleistet ist.

10.5.2 Fehlermodelle

In den hier vorgestellten Netzen werden verschiedene Fehlermodelle angenommen; in der Regel sind dies funktionale Fehlermodelle, die sich auf alle oder in vielen Fällen nur auf eine Untermenge der Netzkomponenten beziehen. So ist in vielen Netzen ein Rekonfiguration nur möglich, wenn bestimmte Komponenten, beispielsweise die Verbindungsleitungen zwischen Prozessoren und Netz, fehlerfrei sind. In anderen Fällen dürfen beliebige Komponenten fehlerhaft sein. Die zutreffenden Fehlermodelle werden bei den einzelnen Netzen aufgeführt. In der Regel werden bei der Definition und Analyse rekonfigurierbarer Netze ausschließlich Aspekte auf hoher Abstraktionsebene untersucht und beispielsweise die Realisierung nicht berücksichtigt. So ist in allen vorgestellten Netzen der Aspekt der Fehlerisolation vernachlässigt, der zwar für eine erfolgreiche Rekonfiguration essentiell wichtig ist, jedoch erst bei der Implementierung berücksichtigt werden kann.

Das Netz ist nur ein Teil des gesamten Systems. Deshalb müssen für ein fehlertolerantes Parallelrechnersystem auch Fehler in anderen Komponenten wie Prozessorelementen berücksichtigt werden. In den Untersuchungen zu rekonfigurierbaren Netzen wird dieser Aspekt meist vernachlässigt. Das in Abschnitt 10.5.9 diskutierte DR-Netz ist ein Ansatz, bei dem Fehler sowohl im Netz als auch in den Prozessoren beherrscht werden.

In den folgenden Abschnitten werden repräsentative Beipiele von rekonfigurierbaren indirekten Netzen vorgestellt. Das Extra-Stage-Cube-Netz nutzt eine zusätzlich Stufe von Koppelelementen in Verbindung mit Hardware zur Rekonfiguration. Im Multipath-Omega-Netz werden zusätzliche Stufen verwendet, um mehrfache Wege zwischen Quellen und Senken zu erhalten. Das F-Netz nutzt zusätzliche Verbindungsleitungen zwischen Stufen. Das erweiterte IADM-Netz verwendet inhärente Redundanz mit zusätzlichen Verbindungsleitungen zwischen Stufen. Das Augmented-Shuffle-Exchange-Netz (ASEN) verwendet zusätzliche Verbindungsleitungen zwischen Koppelelementen der gleichen Stufe und eine zusätzliche Netzstufe. Das Indra-Netz besteht aus replizierten Netzen und zusätzlichen Rekonfigurationsschaltern. Das DR-Netz schließlich nutzt zusätzliche Koppelelemente, Verbindungsleitungen und Prozessoren, um eine Erweiterung der Fehlertoleranz auf Komponenten außerhalb des Netzes zu erreichen.

10.5.3 Extra-Stage-Cube-Netz

Im Generalized-Cube-Netz gibt es genau einen Weg zwischen jeder Quelle und jeder Senke. Daher führt der Ausfall eines beliebigen Koppelelements oder einer beliebigen Verbindungsleitung zwischen den Stufen dazu, daß nicht mehr alle 1-zu-1-Verbindungen möglich sind. ADAMS und SIEGEL [AdS82] erweiterten das GC-Netz um eine zusätzliche Stufe; dadurch kann ein beliebiger Koppelelement- oder Leitungsfehler toleriert werden. Dieses Netz wird deshalb *Extra-Stage-Cube-Netz* (*ESC*) genannt. Alle 1-zu-1-Verbindungen sind weiterhin möglich, während beliebige Permutationen im Fehlerfall in zwei Durchläufen durch das Netz durchgeführt werden können, wie im folgenden ausgeführt wird.

Das Fehlermodell geht von einem einzelnen permanenten Fehler in einer Verbindungsleitung oder einem Koppelelement aus, durch die das jeweilige Element nicht mehr genutzt werden kann.

Abbildung 10.10 zeigt ein Extra-Stage-Cube-Netz mit $N = 2^n = 8$ Eingängen und Ausgängen. Das Netz entspricht einem Generalized-Cube-Netz mit einer zusätzlichen Stufe am Eingang des Netzes sowie Multiplexern und Demultiplexern an der ersten und der letzten Stufe des Netzes. Durch diese Bypass-Logik kann die erste und die letzte Stufe umgangen werden. Die Eingänge eines Koppelelements der Zusatzstufe n unterscheiden sich wie die der Stufe 0 in Bit 0, führen somit die $cube_0$-Funktion aus. Das Netz besteht also immer aus $n+1$ Stufen, so daß die Hardwarekomplexität bei $N \log_2 N$ bleibt.

Wie erwähnt, sind Fehlfunktionen in beliebigen Verbindungsleitungen und Koppelelmenten erlaubt. Fehler im Multiplexer am Eingang und Demultiplexer am Ausgang können ebenfalls toleriert werden; lediglich Fehler in den Eingangs- und Ausgangsverbindungsleitungen sowie in den Demultiplexern am Eingang und den Multiplexern am Ausgang können nicht kompensiert werden.

Diese im ursprünglichen Entwurf des Extra-Stage-Cube-Netzes vorhandenen Problemstellen werden im *Erweiterten Extra-Stage-Cube-Netz* vermieden [AdS84]; in diesem Netz, das in Abbildung 10.11 für $N = 8$ dargestellt ist, ist jeder Knoten durch zwei Verbindungsleitungen mit dem Netz verbunden. Eine Leitung führt zu den Stufen 0 bzw. n, und die andere zu Multiplexern am Eingang bzw. Demultiplexern am Ausgang. Zur Vereinfachung der Diskussion wird im folgenden dieses modifizierte Extra-Stage-Cube-Netz verwendet.

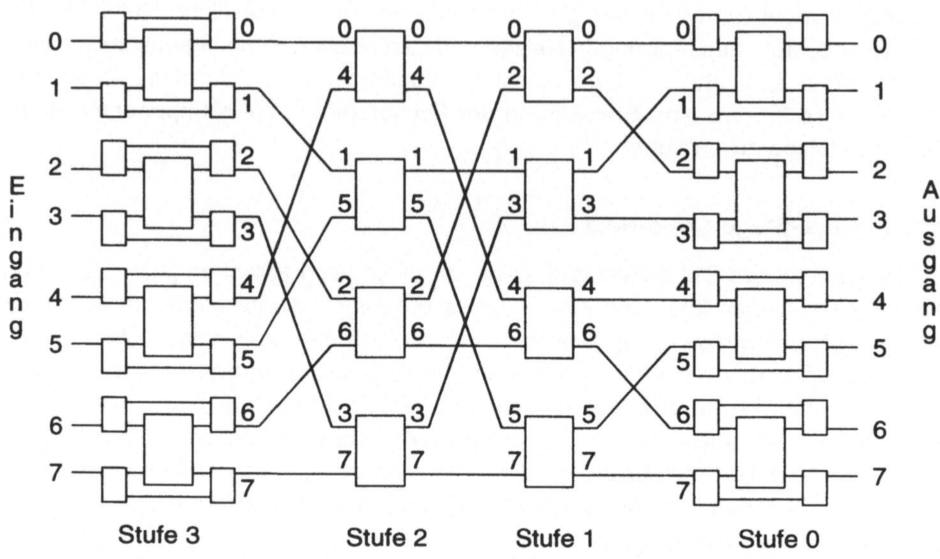

Abbildung 10.10: *Extra-Stage-Cube-Netz für N = 8 mit einzelner Verbindungsleitung zum Netz*

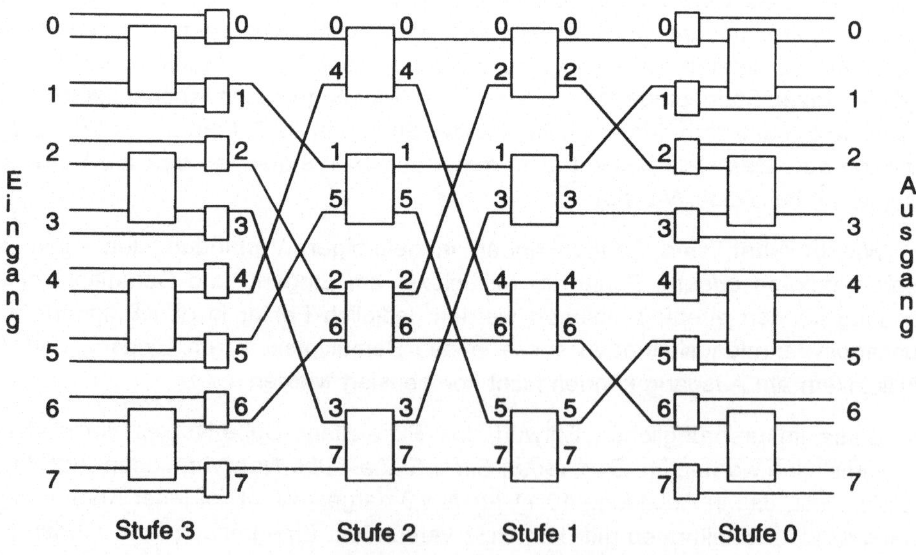

Abbildung 10.11: *Modifiziertes Extra-Stage-Cube-Netz für N = 8 mit doppelter Verbindungsleitung zum Netz*

Mit der Bypass-Logik am Eingang und am Ausgang können Koppelelemente in Stufe 0 und n umgangen werden. Abbildung 10.12 zeigt die möglichen Zustände der Bypass-Logik. Im fehlerfreien Fall wird Stufe n mittels der Bypass-Logik umgangen und Stufe 0 wird genutzt, wie in Abbildung 10.13 dargestellt. Die so verbleibenden n Stufen des Netzes bilden ein vollständiges Generalized-Cube-Netz, mit allen in Abschnitt 6.3.3 diskutierten Eigenschaften.

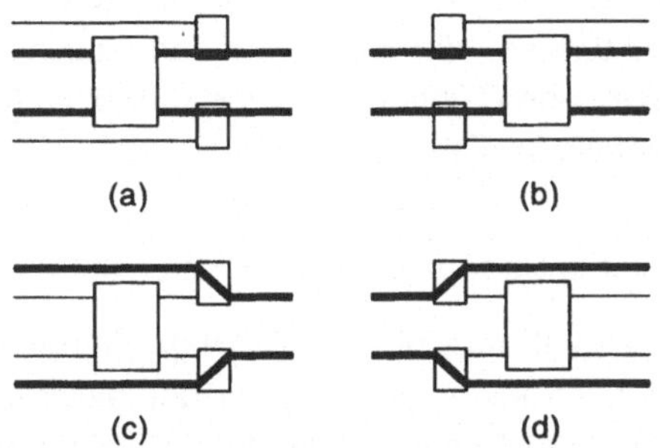

Abbildung 10.12: *Bypass-Logik im modifizierten Extra-Stage-Cube-Netz; (a) Eingangsstufe, Koppelelement aktiv; (b) Ausgangsstufe, Koppelelement aktiv; (c) Eingangsstufe, Koppelelement umgangen; (d) Ausgangsstufe, Koppelelement umgangen*

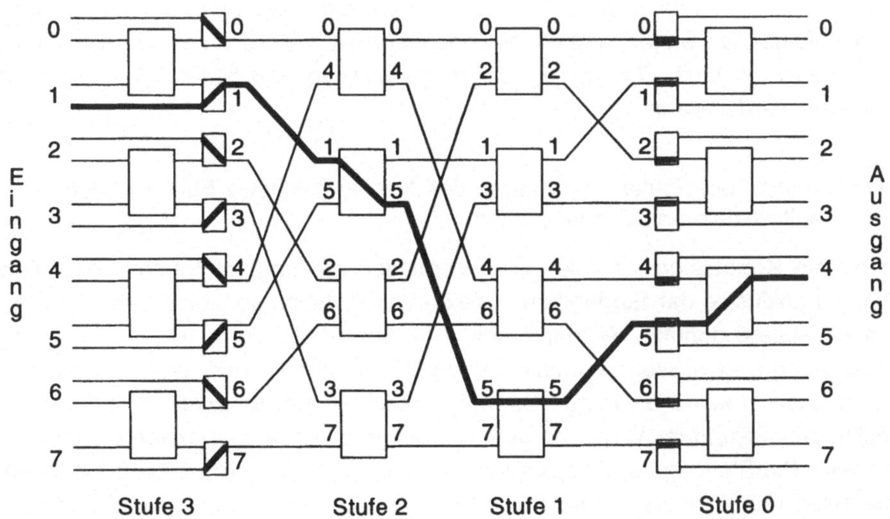

Abbildung 10.13: *Extra-Stage-Cube-Netz für N = 8 im fehlerfreien Zustand*

Für die im Fehlerfall erforderliche Rekonfiguration müssen drei Fälle unterschieden werden:

(a)   Fehler in Stufe n. Dies umfaßt Fehler in Verbindungsleitungen zum Eingang und Fehler in Verbindungsleitungen zu Stufe $n - 1$.

(b)   Fehler in Stufe 0. Dies umfaßt Fehler in Verbindungsleitungen zum Ausgang und Fehler in Verbindungsleitungen zu Stufe 1.

(c)   Fehler in Stufen 1 bis $n - 1$. Dies umfaßt Fehler in Koppelelementen und Verbindungsleitungen, die nicht von den Fällen (a) und (b) abgedeckt werden. Fehler in den Eingangsmultiplexern bzw. Ausgangsdemultiplexern gehören ebenfalls in diese Kategorie.

Rekonfiguration bei Fehler in Stufe n (ausgenommen Fehler im Eingangsmultiplexer)

Sind das Koppelelement oder die Verbindungsleitungen zwischen Knoten und Koppelelement fehlerhaft, so bleibt das Netz in der gleichen Konfiguration wie im fehlerfreien Fall, da mittels der Bypass-Logik der Fehler umgangen wird.

Rekonfiguration bei Fehler in Stufe 0 (ausgenommen Fehler im Ausgangsdemultiplexer)

Sind das Koppelelement oder die Verbindungsleitungen zwischen Knoten und Koppelelement fehlerhaft, so wird Stufe n aktiviert und Stufe 0 mittels der Bypass-Logik umgangen. Bei einer 1-zu-1-Verbindung wird dann die $cube_0$-Funktion als erste statt als letzte Operation ausgeführt. Eine Nachricht trifft dann am Eingang $S = s_{n-1}s_{n-2}...s_1s_0$ der Stufe n ein und verläßt Stufe n am Ausgang $S = s_{n-1}s_{n-2}...s_1d_0$. In den nachfolgenden Stufen wird die Nachricht normal weitergeleitet. Am Ausgang von Stufe 1 wird der Link $D = d_{n-1}d_{n-2}...d_1d_0$ genutzt, so daß Stufe 0 wie erforderlich umgangen werden kann.

Rekonfiguration bei Fehlern im Inneren des Netzes (inklusive Fehler in den Multiplexern und Demultiplexern)

Ist ein Koppelelement oder eine Verbindungsleitung im Inneren des Netzes fehlerhaft (inklusive der Eingangsmultiplexer der Stufe n), so werden sowohl Stufe n als auch Stufe 0 genutzt. Hierdurch könne für jede Verbindung zwischen Eingang S und Ausgang D zwei Wege benutzt werden, die im Inneren des Netzes disjunkt sind. Wird in Stufe n keine e*xchange*-Operation durchgeführt, so wird der *primäre Weg* genutzt; der *sekundäre Weg* wird gewählt, indem in Stufe n ein *exchange* durchgeführt wird. Die Stellung der Koppelelemente beim primären Weg entspricht denen im fehlerfreien Fall. Der sekundäre Weg geht von $S = s_{n-1}s_{n-2}...s_1s_0$ aus und verläßt

Stufe n am Ausgang $s_{n-1}s_{n-2}...s_1\overline{s_0}$. In Stufe k, $k > 0$, wird der Ausgang $d_{n-1}d_{n-2}...d_{k+1}d_ks_{k-1}...s_1\overline{s_0}$ benutzt, so daß der Eingang $d_{n-1}d_{n-2}...d_1\overline{s_0}$ von Stufe 0 erreicht ist. Falls $s_0 = d_0$, so muß Stufe 0 auf *exchange* gesetzt werden, damit der Ausgang $d_{n-1}d_{n-2}...d_1d_0$ erreicht wird. Ist hingegen $s_n \neq d_0$, also $d_0 = \overline{s_0}$ so wird Stufe 0 auf *straight* gestellt.

Primärer und sekundärer Weg haben im Inneren des Netzes weder Verbindungsleitungen noch Koppelelemente gemeinsam

Für Verbindungsleitungen ist dies offensichtlich, da sich primärer und sekundärer Weg aufgrund der Inversion von Bit s_0 in Stufe n in Bit 0 unterscheiden. Aufgrund der Konstruktion des Generalized-Cube-Netzes (die auch für die inneren Stufen des ESC zutrifft) unterscheiden sich die Indizes der Ein- und Ausgänge eines Koppelelementes der Stufe k in Bit k und stimmen in allen anderen Bitpositionen überein. Da sich primärer und sekundärer Weg in Bit 0 unterscheiden, sind sie nur in Stufe 0 an das gleiche Koppelelement angeschlossen und verwenden in allen anderen Stufen disjunkte Koppelelemente.

Fehler im Multiplexer am Eingang und im Demultiplexer am Ausgang können wie ein fehlerhaftes Koppelelement der Stufe 1 bzw. $n - 1$ behandelt werden.

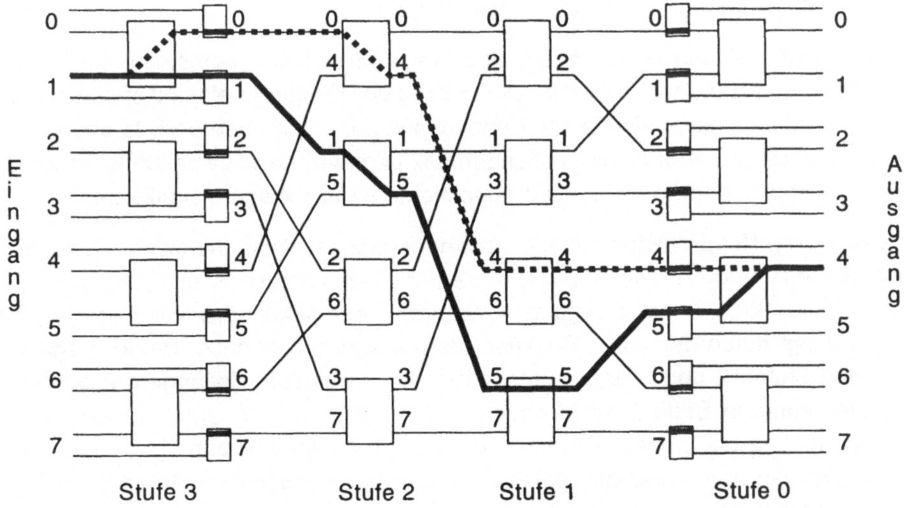

Abbildung 10.14: *Primärer (durchgezogene Linie) und sekundärer Weg (gestrichelte Linie) im ESC-Netz mit N = 8 zwischen Eingang 1 und Ausgang 4*

Abbildung 10.14 zeigt die beiden Wege in einem ESC-Netz mit $N = 8$, von Eingang 1 zu Ausgang 4. Ausgehend von Eingang 1 verläßt der primäre (durchgezogene) Weg die Stufe n am Ausgang 1, während der sekundäre Weg aufgrund der $cube_0$-Funktion den Ausgang 0 in Stufe n nutzt. In beiden Fällen werden die Koppelelemente in Stufe 2 auf *straight* und in Stufe 1 auf *exchange* gestellt. Die Indizes der Verbindungsleitungen des primären Weges haben in Bit 0 immer eine 0, während dieses Bit beim sekundären Weg 1 ist. In Stufe 0 ist beim primären Weg die $cube_0$-Funktion erforderlich, um zu Ausgang 4 zu gelangen. Beim sekundären Weg wurde diese Operation bereits in Stufe n ausgeführt, so daß Stufe 0 jetzt auf *straight* gesetzt werden muß.

10.5.3.1 Broadcast im Extra-Stage-Cube-Netz

Wie bei 1-zu-1-Verbindungen existieren auch bei Broadcast-Verbindungen zwei voneinander unabhängige Wege, wenn Stufen 0 und n aktiviert sind. Der primäre Broadcast-Weg verläßt Stufe n dabei am Ausgang S, während der sekundäre Weg die Stufe n am Ausgang $cube_0(S)$ verläßt. Wird ein Koppelelement entlang des Weges auf Broadcast gestellt, wird Bit 0 nicht verändert, so daß die Indizes aller Verbindungsleitungen des primären Broadcast-Weges in Bit 0 den Wert s_0 enthalten, während die Indizes aller Verbindungsleitungen des sekundären Broadcast-Weges in Bit 0 den Wert $\overline{s_0}$ haben. Die Indizes des primären und des sekundären Broadcast-Weges unterscheiden sich also bis zur Stufe 0 in Bit 0; daher besitzen die Wege keine gemeinsamen Verbindungsleitungen.

Aus dem gleichen Grund haben die Wege auch keine gemeinsamen Koppelelemente in den Stufen $n - 1$ bis 1. Die Indizes der Eingänge eines Koppelelements in Stufe k unterscheiden sich in Bit k und stimmen in allen anderen Bits überein. Da sich die Indizes aller Verbindungsleitungen des primären und des sekundären Weges in Bit 0 unterscheiden, müssen die Koppelelemente der Wege disjunkt sein.

Abbildung 10.15 illustriert diese Zusammenhänge. Ausgehend von Eingang 1 sollen die Ausgänge 1 und 5 erreicht werden. Der primäre Weg (durchgezogene Linie) verläßt Stufe 3 am Ausgang 1, während der sekundäre Weg (gestrichelte Linie), bedingt durch die $cube_0$-Funktion, den Ausgang 0 benutzt. Beide Wege führen in den Stufen 2 und 1 über unterschiedliche Verbindungsleitungen und Koppelelemente, wobei in Stufe 2 ein Broadcast ausgeführt wird. In Stufe 0 muß für den sekundären Weg die $cube_0$-Funktion von Stufe 3 wieder rückgängig gemacht werden, so daß die zum sekundären Weg gehörenden Koppelelemente in Stufe 0 auf *exchange* stehen.

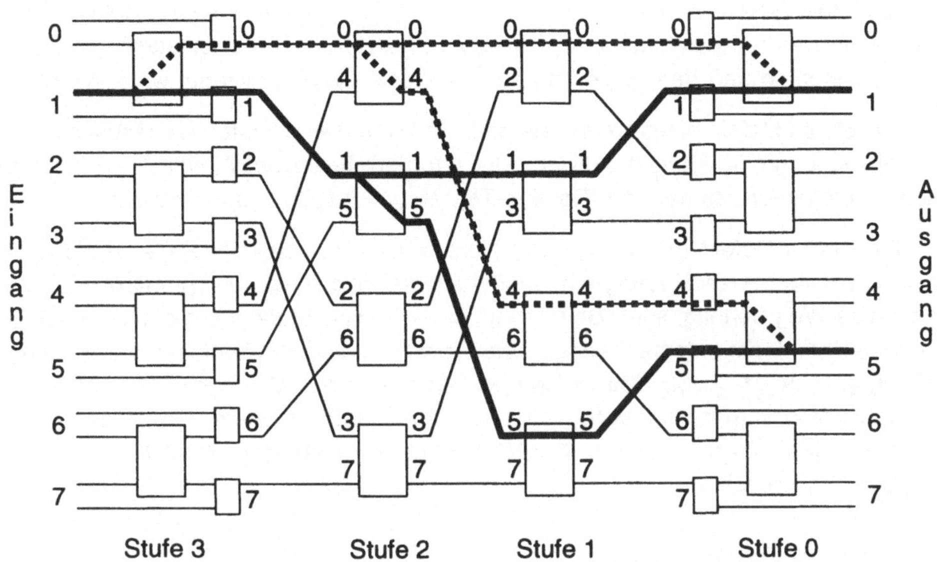

Abbildung 10.15: *Primärer (durchgezogene Linie) und sekundärer Multicast-Verbindungsweg (gestrichelte Linie) im ESC-Netz mit N = 8 zwischen Eingang 1 und Ausgängen 1 und 5.*

10.5.3.2 Routing im Extra-Stage-Cube-Netz

Wie beim Generalized-Cube-Netz ist auch beim Extra-Stage-Cube-Netz eine verteilte Kontrolle mittels Routing-Tags möglich. Da das ESC jedoch über eine zusätzliche Stufe verfügt, muß auch ein zusätzliches Bit eingefügt werden. Das Routing-Tag $R = r_n r_{n-1} r_{n-2} \ldots r_1 r_0$ enthält also immer $n + 1$ Bits. Je nach Fehlerfall muß das Routing angepaßt werden, um die fehlerhaften Netzkomponenten zu umgehen. Im folgenden werden zunächst XOR-Tags diskutiert, gefolgt von Destination-Tags.

XOR-Routing-Tag

Wie im Generalized-Cube-Netz sei $T = t_{n-1} t_{n-2} \ldots t_1 t_0 = S \oplus D$ das Ergebnis der bitweisen Exklusiv-Oder-Verknüpfung der Indizes von Eingang S und Ausgang D. Ein Routing-Bit $t_k = 0$ resultiert in einer *straight*-Stellung des Koppelelements in Stufe k, während $t_k = 1$ zur *exchange*-Stellung führt. Im fehlerfreien Fall werden Nachrichten nur in den Stufen $n - 1$ bis 0 vermittelt, denn Stufe n ist nicht in Betrieb. Daher kann Bit n beliebig gewählt werden, so daß ein XOR-Tag $R_{XOR} = 0 t_{n-1} t_{n-2} \ldots t_1 t_0$ resultiert. Bei einem defekten Koppelelement in Stufe n kann das Routing-Tag beibehalten werden. Ist die Verbindungsleitung zwischen PE und dem Eingang der

Bypass-Logik defekt, so kann statt dessen der Koppelelment-Eingang genutzt werden, wenn das Koppelelement auf *straight* gesetzt wird. Dies ist durch Bit $r_n = 0$ gewährleistet, so daß das obige Tag auch in diesem Fall verwendet werden kann.

Bei einem Defekt eines Koppelelements in Stufe 0 wird Stufe n zugeschaltet und die Bypass-Logik in Stufe 0 aktiviert. Die erforderliche $cube_0$-Funktion wird nun in Stufe n ausgeführt, so daß das Routing-Tag $R_{XOR} = t_0 t_{n-1} t_{n-2} ... t_1 0$ resultiert.

Bei einem Defekt im Inneren des Netzes sind stets sowohl Stufe n als auch Stufe 0 aktiviert. Das Routing-Tag muß berücksichtigen, ob der primäre oder der sekundäre Weg benötigt wird. Beim primären Weg wird Stufe n auf *straight* gestellt, während Stufe 0 die entsprechende $cube_0$-Operation ausführt. Daher ist das Routing-Tag $R_{XOR} = 0 t_{n-1} t_{n-2} ... t_1 t_0$. Muß hingegen der sekundäre Weg genutzt werden, so wird in Stufe n immer eine $cube_0$-Operation ausgeführt. In Stufe 0 wird dies durch Inversion des Routing Bits t_0 berücksichtigt, so daß das XOR-Tag $R_{XOR} = 1 t_{n-1} t_{n-2} ... t_1 \overline{t_0}$ resultiert.

Destination-Tag-Routing

Hierbei ist das Routing-Tag des Generalized-Cube-Netzes durch $T = D = d_{n-1} d_{n-2} ... d_1 d_0$ gegeben und muß wiederum für das ESC um das Bit n erweitert werden. Im fehlerfreien Fall ist auch hier Bit n beliebig wählbar. Bei einem Defekt der Eingangsleitung des Eingangsstufen-Bypasses muß die Stufe auf *straight* gestellt werden. Dies erfordert, daß sich Bit 0 des Indizes der Verbindungsleitung am Ausgang von Stufe n nicht ändert. Bei einem Eingang $S = s_{n-1} s_{n-2} ... s_1 s_0$ ist dieses Bit s_0, so daß sich das Routing-Tag $R_{DEST} = s_0 d_{n-1} d_{n-2} ... d_1 d_0$ ergibt. Bei einem Defekt in Stufe 0 wird Stufe n aktiviert und Stufe 0 umgangen, so daß Routing Bit 0 beliebig gewählt werden kann. Die $cube_0$-Funktion wird durch Stufe n ausgeführt, so daß das Routing-Tag $R_{DEST} = d_0 d_{n-1} d_{n-2} ... d_1 d_0$ resultiert. Bei einem Defekt im Inneren des Netzes werden Stufe n und Stufe 0 aktiviert. Um den primären Weg zu wählen, muß Stufe 0 auf *straight* gestellt werden. Daher gilt $R_{DEST} = s_0 d_{n-1} d_{n-2} ... d_1 d_0$. Für den sekundären Weg muß *exchange* gewählt werden. Dies bedeutet, daß am Ausgang von Stufe n die Verbindungsleitung mit dem Index $s_{n-1} s_{n-2} ... s_1 \overline{s_0}$ genutzt werden muß. Das hierfür erforderliche Routing-Tag ist daher $R_{DEST} = \overline{s_0} \ d_{n-1} d_{n-2} ... d_1 d_0$.

10.5.4 Multipath-Omega-Netz

Das *Multipath-Omega-Netz* (*MON*) [PaL83] ist vom Omega-Netz abgeleitet und verbindet N Eingänge mit N Ausgängen. Es besteht aus f Stufen und wird durch die Pseudofaktorisierung $<B_1, B_2, ... B_{f-1}, B_f>$ bestimmt, wobei $B = B_1 {}^* B_2 {}^* ... {}^* B_{f-1} {}^* B_f$ ein Vielfaches von N sein muß, mit $B/N = R$. R ist hierbei die Anzahl der unterschiedlichen Wege zwischen einer Quelle und einer Senke. Diese Wege brauchen nicht disjunkt zu sein; sie können sich Verbindungsleitungen und Koppelemente teilen. In einer Netzstufe i werden $B_i{\times}B_i$-Koppelelemente benutzt. Die Netzstufen sind untereinander durch eine Shuffle-Struktur verbunden; die Eingangsleitungen in Stufe i folgen hierbei einem $\{k_i\,B_i^*N/(k_i\,B_i)\}$-Shuffle, wobei $k_i>0$ eine Ganzzahl ist und so gewählt werden muß, daß es exakt R Wege zwischen jeder Quelle und Senke gibt. In Abbildung 10.16 ist ein Multipath-Omega-Netz mit $N=16$ gezeigt. Für dieses Netz gilt: $R=4$, $B_1=4$, $B_2=2$, $B_3=2$, $B_4=4$, $k_1=1$, $k_2=1$, $k_3=8$ und $k_4=1$. Die vier verschiedenen Wege zwischen Knoten 15 und 8 sind ebenfalls gezeigt.

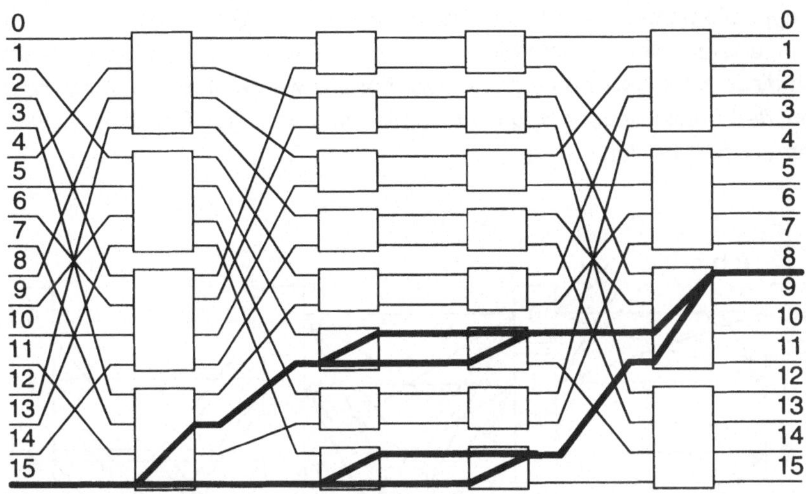

Abbildung 10.16: *Multipath-Omega-Netz mit N = 16, der Pseudofaktorisierung <4,2,2,4> und einer Verbindungsstruktur mit $k_1 = 1$, $k_2 = 1$, $k_3 = 8$ und $k_4 = 1$*

Das MON kann einen Totalausfall interner Links und Koppelelemente tolerieren. Fehler in den Koppelelementen der Eingangs- und Ausgangsstufe können nur toleriert werden, wenn diese nicht zu einem Totalausfall eines Koppelelements führen. Ein fehlerhaftes Koppelelement muß weiterhin in der Lage sein, Nachrichten über zumindest einen Ausgangslink weiterzuleiten, der zur Senke führt.

10.5.5 F-Netz

Das *F-Netz*, eingeführt von CIMINIERA und SERRA [CiS86], verbindet $N=2^n$ Eingänge mit N Ausgängen. Es besteht aus $n+1$ Stufen mit jeweils N 4x4-Koppelelementen, die als Selektoren ausgelegt sind. Die Stufen sind von 0 bis n durchnumeriert, wobei die Eingangsstufe den Index 0 hat. Ein Koppelelement in Stufe i

besitzt den Index $W_i = w_{n-1}w_{n-2}...w_1w_0$. Dieses Element ist mit vier Koppelelementen in Stufe $i+1$ verbunden, die die Indizes W_{i+1}, X_{i+1}, Y_{i+1} und Z_{i+1} besitzen. Hierbei gelten folgende Zuordnungen: $W_{i+1} = W_i$, $X_{i+1} = w_{n-1}w_{n-2}...w_{j+1}\overline{w_i}w_{i-1}...w_1w_0$, $Y_{i+1} = \overline{w_{n-1}w_{n-2}...w_{i+1}}w_iw_{i-1}...w_1w_0$ und $Z_{i+1} = \overline{w_{n-1}w_{n-2}...w_{i+1}w_iw_{i-1}...w_1w_0}$. Die Topologie eines F-Netzes mit $N = 8$ ist in Abbildung 10.17 gezeigt. Werden nur die W_{i+1}- und X_{i+1}-Verbindungsleitungen von jedem Koppelelement benutzt, so ist das F-Netz topologisch äquivalent zum GC-Netz. Es existieren also pro Koppelelement zwei zusätzliche Verbindungsleitungen, die für die Fehlertoleranz benutzt werden können. In jeder Stufe (bis auf die Ausgangsstufe) können zwei verschiedene Koppelelemente ausgewählt werden, um zur gleichen Senke zu gelangen. So können fehlerhafte Koppelelemente oder Verbindungsleitungen umgangen werden. Das Fehlermodell in diesem Netz beschränkt sich auf Fehler in internen Koppelelementen, wodurch diese Koppelelemente nicht mehr benutzt werden können. Auch wird angenommen, daß Fehler unabhängig voneinander auftreten. Das F-Netz ist fehlertolerant für einen solchen Fehler.

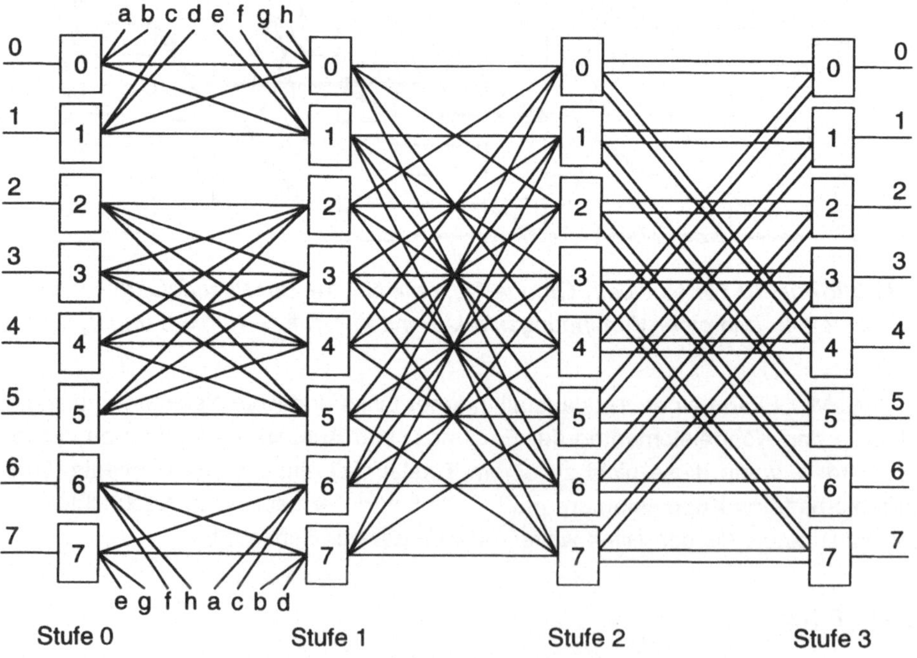

Abbildung 10.17: *Topologie des F-Netzes für N = 8*

10.5.6 Erweitertes IADM-Netz

Wie in Kapitel 3 diskutiert, stellen ADM- und IADM-Netze für viele Verbindungen mehrere disjunkte Wege zur Verfügung, so daß redundante Wege als Grundvoraussetzung der Fehlertoleranz vorhanden sind. Jedoch ist immer dann, wenn eine gerade Verbindung zwischen zwei Stufen erforderlich ist, nur eine einzelne Leitung vorhanden, so daß nicht alle Fehler umgangen werden können. Eine einfache Alternative ist die Verdopplung aller horizontalen Verbindungsleitungen; dies umgeht jedoch nicht das Problem eines Koppelelement-Ausfalls. Durch Hinzufügen von *Half-Links* kann das IADM-Netz fehlertolerant gemacht werden [McS82]. Hierbei werden in Stufe k ($1 \leq k \leq n$-1) zusätzlich zu den vorhandenen Verbindungsfunktionen $PM2_{\pm k}$ die Funktionen $PM2_{\pm(k-1)}$ eingefügt, wie in Abbildung 10.18 gezeigt. Als Fehlermodell wird in diesem Netz angenommen, daß jeder interne Link oder jedes interne Koppelelement ausfallen kann, wobei die ausgefallene Komponente nicht mehr benutzt werden kann. Auch wird angenommen, daß Fehler unabhängig voneinander auftreten. Unter diesem Fehlermodell kann das Netz beim Auftreten eines Fehlers weiterhin alle Quellen mit allen Senken verbinden.

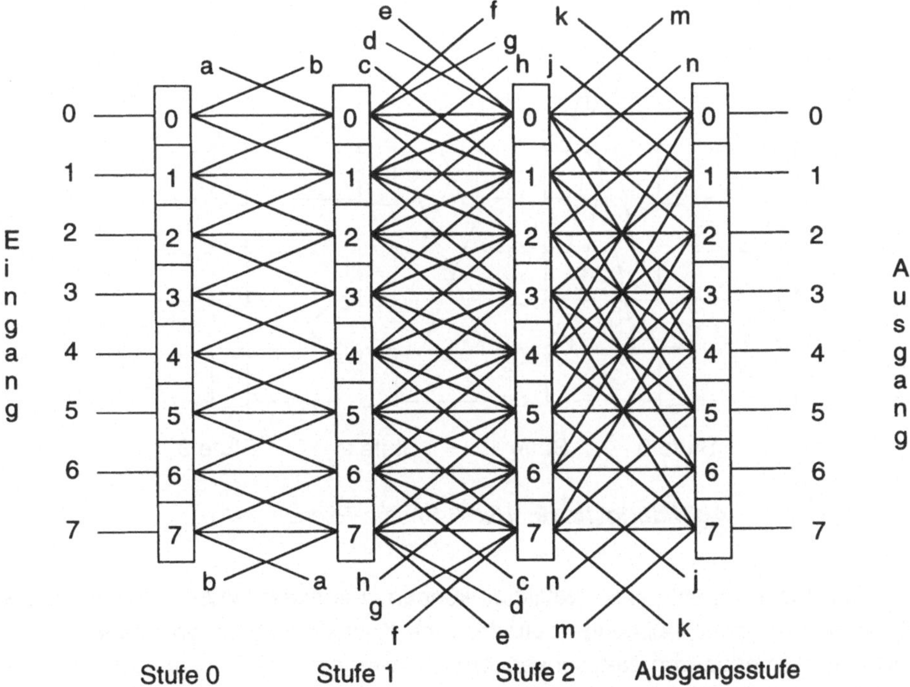

Abbildung 10.18: *IADM-Netz mit Half-Links*

10.5.7 Augmented-Shuffle-Exchange-Netz

Das *Augmented-Shuffle-Exchange-Netz* (*ASEN*) [KuR87] ist aus dem Shuffle-Exchange-Netz abgeleitet, wobei zusätzliche interne Verbindungsleitungen verwendet werden. Zur Verdeutlichung der Konstruktion eines ASEN ist in Abbildung 10.19 ein 16x16-Shuffle-Exchange-Netz gezeigt.

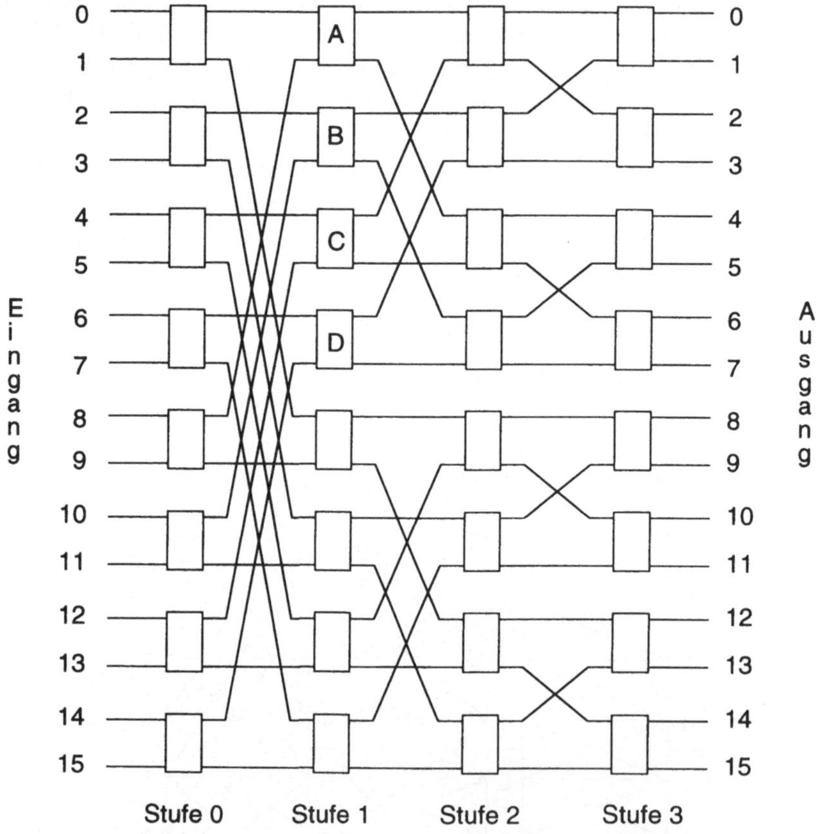

Abbildung 10.19: *16x16-Shuffle-Exchange-Netz*

Die Koppelelemente einer Netzstufe können in *konjugierende Teilmengen* unterteilt werden. In jeder Teilmenge befinden sich Koppelelemente, von denen aus die gleiche Untermenge von Netzsenken erreicht werden kann. So gehören z. B. die Koppelelemente A, B, C und D in Stufe 1 (siehe Abbildung 10.19) zu einer konjugierenden Teilmenge. Weiterhin befinden sich in einer Teilmenge mehrere *konjugieren-*

de Paare von Koppelelementen. Die Koppelelemente eines Paares sind mit den gleichen Koppelelementen der nächsten Stufe verbunden. So bilden z. B. die Koppelelemente A und C, bzw. B und D jeweils ein konjugierendes Paar in Abbildung 10.19.

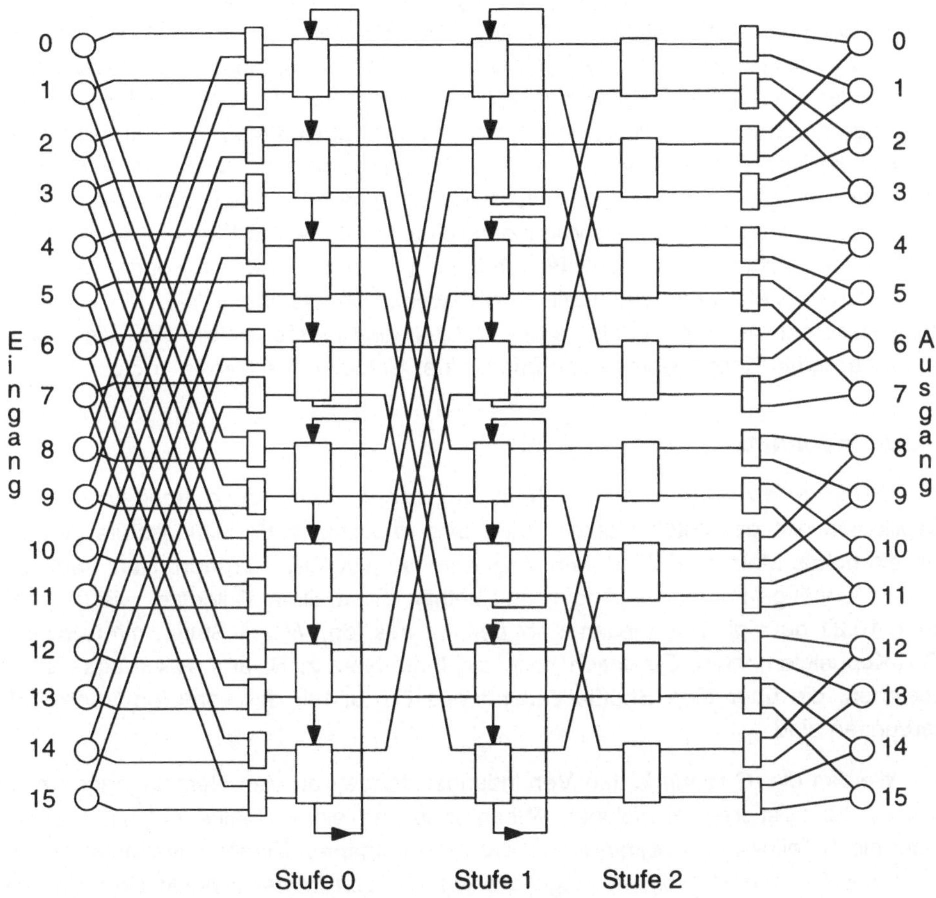

Abbildung 10.20: *16x16-Augmented-Shuffle-Exchange-Netz mit maximalen Schleifen (ASEN-Max)*

Ein Shuffle-Exchange-Netz wird in ein ASEN umgewandelt, indem vor der ersten Netzstufe eine Multiplexerstufe gesetzt wird, und die Koppelelemente in der letzten Netzstufe durch Demultiplexer ersetzt werden. Außerdem werden Schleifen in den internen Netzstufen eingesetzt, die Koppelelemente, die zu einer konjugierenden Teilmenge gehören, aber nicht konjugierende Paare bilden, miteinander verbinden. Beinhalten die Schleifen die maximale Anzahl von zulässigen Koppelelementen, so spricht man von einem ASEN-Max. In Abbildung 10.20 ist ein 16x16-ASEN-Max dargestellt.

Im ASEN wird ein adaptives Routing eingesetzt. Im fehlerfreien Fall wird eine Nachricht über einen der Eingangsleitungen und dem zugehörigen Muliplexer zu einem Koppelelement in Stufe 0 vermittelt. Von hier aus wird, wie im konventionellen Shuffle-Exchange-Netz, die Nachricht zu ihrer Senke weitergeleitet. Hierbei kann XOR- oder Destination-Tag-Routing eingesetzt werden. Tritt ein Fehler in einem Eingangslink, in einem Multiplexer oder in einem Koppelelement der Stufe 0 auf, so werden die Nachrichten über den anderen Eingangslink zum Netz geschickt. Kann ein Koppelelement eine Nachricht nicht weitervermitteln, da entweder das nachfolgende Koppelelement oder die Verbindungsleitung zu diesem Element defekt ist, so wird die Nachricht über die Schleifenverbindung zu einem anderen Koppelelement in der gleichen Stufe weitervermittelt. Von diesem Koppelelement wird die Nachricht dann weitergeleitet. Die Topologie des Netzes stellt hierbei sicher, daß eine Nachricht über jedes Koppelelement innerhalb einer Schleife ihre Senke erreichen kann.

10.5.8 Indra-Netz

Im *Indra-Netz* (*Interconnection Network Designed for Reliable Architectures*) wird Replikation des gesamten Netzes sowie eine zusätzliche Verteilungsstufe genutzt, um ein hohes Maß an Fehlertoleranz zu erzielen [RaV84]. Ein Indra-Netz verbindet $N = 2^n$ Eingänge mit N Ausgängen und enthält R parallele Teilnetze, wie in Abbildung 10.21 gezeigt. Das Gesamtnetz besteht aus $\log_R N + 1$ Stufen mit jeweils N $R{\times}R$-Koppelelementen. Demnach kann ein Indra-Netz z. B. aus R Omega-Netzen bestehen, die über eine Shuffle-Verbindungsstruktur mit der vorderen Verteilstufe verbunden sind.

Werden die R redundanten Verbindungsleitungen an den Netzeingängen nicht benutzt, so existieren R disjunkte Wege zwischen einer Quelle und einer Senke (über die R Teilnetze). Zusammen mit den R redundanten Eingangsleitungen existieren somit R^2 unterschiedliche Wege, die jedoch nicht immer disjunkt sind. Tritt ein Fehler in den Koppelelementen der ersten Stufe auf, so kann durch eine geeignete Wahl der Eingangsleitung dieser Fehler umgangen werden. Fehler in einem Teilnetz werden toleriert, indem Nachrichten nicht in dieses Netz geschickt werden, sondern über die restlichen $R-1$ parallelen Teilnetze vermittelt werden. Im Indra-Netz können somit mindestens $R-1$ Fehler toleriert werden. Das Worst-Case-Szenario ist hierbei der Fall, daß in $R-1$ Teilnetzen ein Fehler existiert, so daß alle Nachrichten über das übergebliebene fehlerfreie Teilnetz vermittelt werden können.

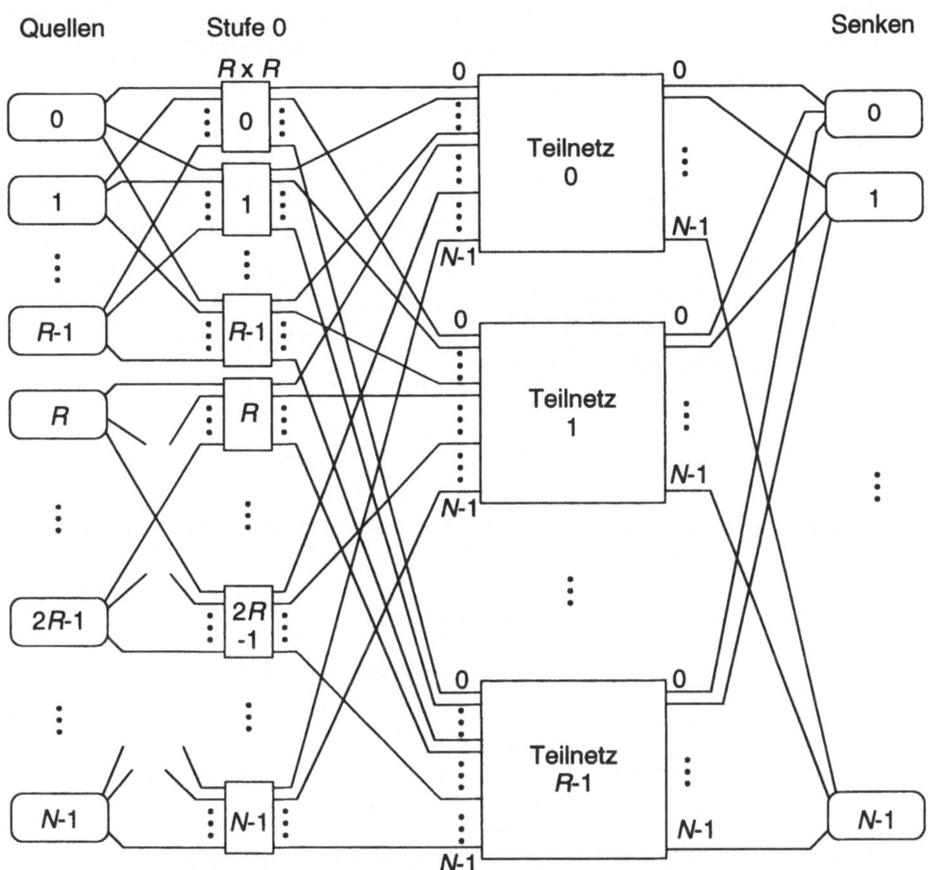

Abbildung 10.21: *Prinzip des Indra-Netzes*

10.5.9 Dynamisches-Redundanz-Netz

Während bei den vorherigen Netzen die Fehlertoleranz des Netzes isoliert vom restlichen System betrachtet wird (d.h., jeder Ausfall eines Prozessors führt zu einer Verringerung der Gesamtsystemleistung), wird beim *Dynamischen-Redundanz-Netz* (*DR-Netz*) der Ausfall von Prozessoren mit berücksichtigt [JeS88]. Dieses Netz baut auf dem Generalized-Cube-Netz auf und erzielt die erforderliche Redundanz durch zusätzliche Verbindungsleitungen und dynamisch zuschaltbare Prozessoren. Das Netz ist im Gegensatz zum Generalized-Cube-Netz über seine Graphenstruktur definiert, ähnlich wie die Banyan-Netze. Zur Verdeutlichung ist in Abbildung 10.22

die Graphenstruktur des Generalized-Cube-Netzes gezeigt, während Abbildung 10.23 die Entsprechung von Koppelelementen und Graphen-Interpretation illustriert.

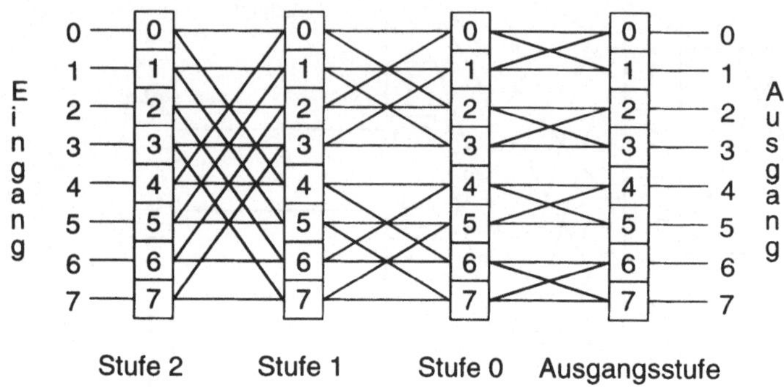

Abbildung 10.22: *Graphen-Interpretation des Generalized-Cube-Netzes*

Abbildung 10.23: *Graphen-Interpretation von Koppelelementen*

Abbildung 10.24 zeigt die Topologie des DR-Netzes mit $N = 8$ aktiven und $S = 2$ redundanten Prozessoren (die Prozessoren sind hier nicht gezeigt).

Im allgemeinen Fall ist das DR-Netz aus n Stufen mit $N + S$ Koppelelementen sowie einer Ausgangsstufe aufgebaut. Die Stufen sind von 0 bis $n - 1$ und die Koppelelemente von 0 bis $N + S - 1$ indiziert. Jedes Koppelelement hat drei Eingänge und drei Ausgänge, und ist als Selektor realisiert; daher wird in einem Koppelelement zu jeder Zeit immer nur einer der drei Eingänge zu einem Ausgang durchgeschaltet. Die Verbindungsleitungen zwischen den Stufen verbinden den Ausgang R von Koppelelement in Stufe k mit den Koppelelementen $(R + 2^k) \bmod (N + S)$, R und $(R - 2^k) \bmod (N + S)$. Eine Reihe i des DR-Netzes ist definiert als alle PEs und Koppelelemente mit Index i und die dazugehörigen Verbindungsleitungen.

Im Betrieb des DR-Netzes wird nur eine Untermenge der Verbindungsleitungen benutzt, um eine GC-Verbindungsstruktur zu erreichen. Abbildung 10.25 zeigt die in einem DR-Netz mit $N = 8$ und $S = 2$ benutzten Verbindungsleitungen. Hierbei werden

die PEs 0 bis 7 als normale Knoten verwendet, während PEs 8 und 9 als Reserve
dienen (sie werden im Betrieb nicht verwendet).

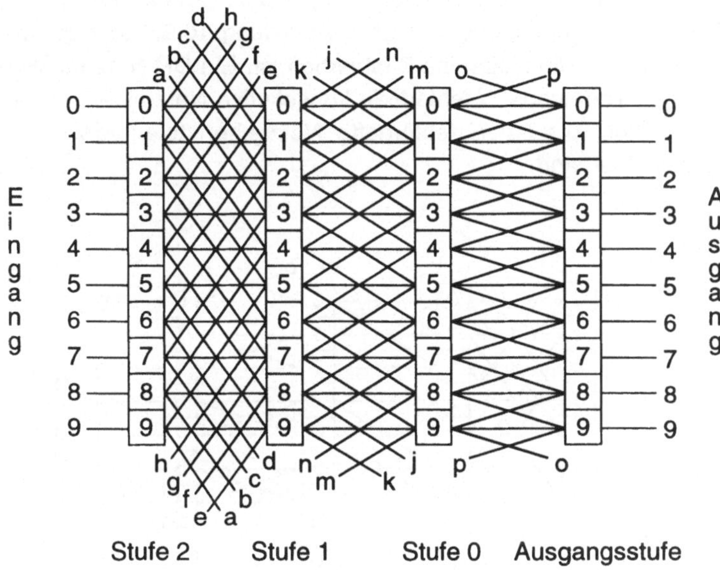

Abbildung 10.24: *Topologie des DR-Netzes für N = 8 und S = 2*

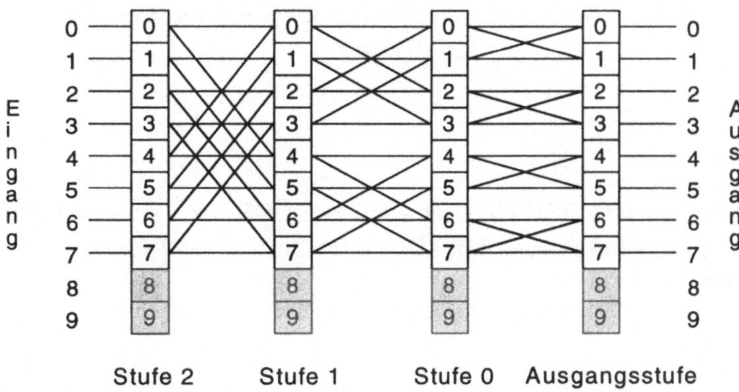

Abbildung 10.25: *Verbindungsstruktur des DR-Netzes für N = 8 und S = 2 im
fehlerfreien Betrieb*

Tritt nun in Reihe j des DR-Netzes ein Fehler auf (in den dazugehörigen Prozessoren, Koppelelementen oder Verbindungsleitungen), so wird es umkonfiguriert, wobei die fehlerhafte Reihe durch eine der Reservereihen ausgetauscht wird. Dies geschieht durch die logische Umnumerierung der Reihen-Indizes. Die physikalische Reihe p wird hierbei auf die logische Reihe $l(p)$ umkonfiguriert, mit $l(p) = (p - j - S)$ mod $(N + S)$. Diese Umkonfigurierung ist in Abbildung 10.26 gezeigt, wobei davon ausgegangen wird, daß die Netzreihe 7 fehlerhaft ist. Ein DR-Netz funktioniert somit fehlerfrei, solange mindestens N fehlerfreie konsekutive Netzreihen vorhanden sind. So kann ein DR-Netz bis zu S fehlerhafte Netzreihen tolerieren, solange diese konsekutiv angeordnet sind.

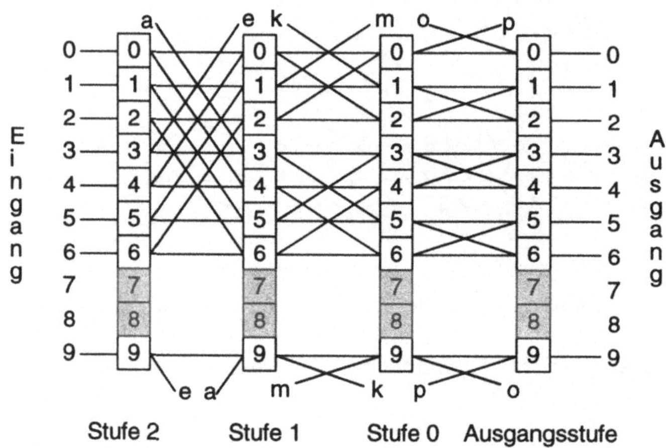

Abbildung 10.26: *Rekonfiguriertes DR-Netz für N = 8 und S = 2 bei Ausfall von Reihe 7*

10.5.9.1 Routing im DR-Netz

Wie beim GC- und ESC-Netz ist auch beim DR-Netz eine verteilte Kontrolle mittels Routing-Tags möglich, wobei XOR- oder Destination-Tags verwendet werden können. Hierbei wird auf den logischen Adressen der PEs aufgebaut.

XOR-Routing

Wie im Generalized-Cube-Netz sei $T = t_{n-1}t_{n-2}...t_1t_0 = S \oplus D$ das Ergebnis der bitweisen Exklusiv-Oder-Verknüpfung der logischen Quelladresse S und der logischen Senkenadresse D. Jedes Koppelelement in Stufe i des DR-Netzes besitzt eine logische Adresse $A = a_{n-1}a_{n-2}...a_1a_0$. Erreicht eine Nachricht ein Koppelelement in Stufe i, so wird das Routingbit t_i mit dem Adressbit a_i verglichen. Ist $t_i = 0$, so wird die *straight*-Ausgangsleitung des Koppelelements benutzt (f_0). Ist $t_i = 1$ und $a_i = 0$, wird die Nachricht zur nach unten führenden Ausgangsleitung weitervermittelt (f_{+i}), während im anderen Fall ($t_i = 1$ und $a_i = 1$), die nach oben führende Leitung benutzt wird (f_{-i}). Dadurch wird in Stufe i die *cube$_i$*-Operation ausgeführt. Bei einer Umkonfigurierung des Netzes muß die logische Adresse jedes Koppelelements auf die umkonfigurierte Adresse umgestellt werden. Dies kann z. B. durch das Versenden einer Umkonfigurationsnachricht durch die PEs geschehen.

Destination-Tag-Routing

Hierbei ist das Routing-Tag durch $T = D = d_{n-1}d_{n-2}...d_1d_0$ gegeben. Für die Routingentscheidung wird wiederum die logische Koppelelementadresse A herangezogen. Trifft eine Nachricht in Stufe i an einem Koppelelement ein, so wird d_i mit dem Adressbit a_i verglichen. Ist $d_i < a_i$, so wird die Ausgangsleitung f_{-i} benutzt. Bei $d_i = a_i$ so wird die Ausgangsleitung f_0 benutzt, während im Fall $d_i > a_i$ die Nachricht zur Leitung f_{+i} geroutet wird. Nach einer Netzumkonfigurierung muß den Koppelelementen ebenfalls deren neue logische Adresse mitgeteilt werden.

10.5.9.2   Reduziertes DR-Netz (*RDR-Netz*)

Während des Betriebs eines DR-Netzes bleiben viele Verbindungsleitungen ungenutzt. Um den Hardwareaufwand zu reduzieren, können einige dieser Leitungen entfallen, wobei das Netz fehlertolerant gegenüber einer Untermenge von Fehlern bleibt [JeS88b]. Die hieraus resultierende Struktur ist in Abbildung 10.27 gezeigt. Die Regeln zur Konstruktion eines reduzierten DR-Netzes lauten ($N = 2^n$, $S = 2^s$):

1) In den Stufen $n - 1$ bis s besitzt das RDR-Netz die gleiche Verbindungsstruktur wie das DR-Netz.

2) In Stufe i ($0 \leq i < s$) besitzt jedes Koppelelement mit der physikalischen Adresse Q ($0 \leq Q < N + S$) zwei Ausgangsleitungen. Ist Bit i der Adresse Q gleich 0, so werden die Leitungen f_0 und f_{+i} implementiert. Anderenfalls besitzt das Koppelelement die Ausgangsleitungen f_0 und f_{-i}.

Bei der Umkonfiguration im Fehlerfall müssen nun andere logische Adressen als beim DR-Netz verwendet werden. Die physikalische Reihe p wird hierbei auf die logische Reihe $l(p)$ umkonfiguriert, mit $l(p) = [\, p - \lfloor (j + S)/S \rfloor * S \,] \bmod (N + S)$.

Im DR-Netz können bis zu S fehlerhafte Reihen toleriert werden, solange diese konsekutiv angeordnet sind. Im RDR-Netz hingegen können fehlerhafte Reihen nur dann toleriert werden, wenn für die physikalische Adressen p und q von jeweils zwei fehlerbehafteten Reihen gilt: $\lfloor (p + S)/S \rfloor = \lfloor (q + S)/S \rfloor$. So gilt für das RDR-Netz in Abbildung 10.27 z. B., daß Fehler in den Reihen 5 und 6 toleriert werden können (nach einer Umkonfigurierung werden die Reihen 4, 5, 6 und 7 nicht mehr benutzt). Fehler in den Reihen 0 und 4 können jedoch nicht toleriert werden.

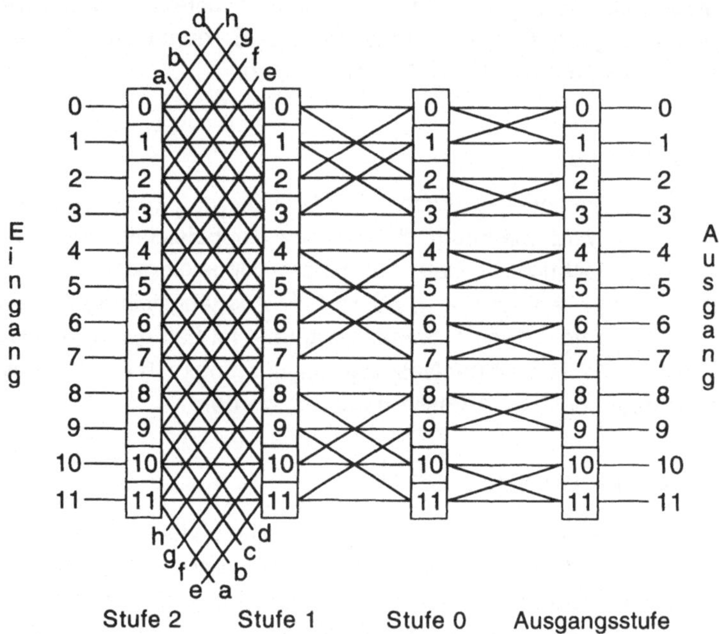

Abbildung 10.27: *Reduziertes DR-Netz mit N = 8 und S = 4*

10.6   Test von Netzen

Zwei grundsätzliche Aspekte können beim Testen von Netzen unterschieden werden.

(1) Die Integrität der übertragenen Daten muß stets sichergestellt sein, so daß die Datenübertragung kontinuierlich überwacht werden muß. Fehlerhafte Datenübertragungen sind unmittelbar zu erfassen und zu wiederholen oder zu korrigieren. Hierzu sind dynamische Tests erforderlich, die Redundanzen in der Übertragung ausnutzen. Die Überwachung einer Datenübertragung kann entweder durch Hard-

ware oder Software erfolgen. Eine häufig genutzte Hardwaremethode ist die Erweiterung des Datenpfades um Paritäts-Bits, mit denen Einzelfehler detektiert werden können. Mit einem EDC-Code werden Einzelfehler erkannt und korrigiert (siehe Abschnitt 10.3.1); je nach Code werden bestimmte Klassen von Mehrfachfehlern erkannt und korrigiert.

(2) Werden permanente oder intermittierende Fehler bei der Datenübertragung festgestellt, so muß durch Prüfungen während des Betriebs oder in einem Testmodus der Fehler lokalisiert werden. In einem fehlertoleranten Netz folgt eine Rekonfigurierung; andere Netze müssen unmittelbar repariert werden, jedoch ist auch hier die präzise Lokalisierung unumgänglich.

Der Test eines Netzes kann im einfachsten Fall dadurch erfolgen, daß Testnachrichten in das Netz gesendet und an den Netzsenken analysiert werden. Die Lokalisierung von Fehlern kann dabei in manchen Fällen jedoch schwierig sein. Deshalb existieren Testmethoden, die zusätzliche Hardware im Netz benutzen. Hierdurch wird die Erkennung und Lokalisierung von Fehlern vereinfacht. Im folgenden werden Aspekte dieser Testverfahren, wobei von permanenten Hardware-Fehlern ausgegangen wird.

10.6.1 Testmethoden ohne Hardwareunterstützung

Bei diesen Testmethoden wird die korrekte Funktionalität des Netzes durch Nachrichten überprüft, die durch das Netz propagieren. Anhand Ankunftsort, Ankunftszeit und Nachrichteninhalt wird eine Aussage über Fehler im Netz getroffen. Für die Komplexität der Tests sind das zugrundeliegende Fehlermodell und die Komplexität der Koppelelemente von entscheidender Bedeutung. Bei einfachen Fehlermodellen und Koppelelementen genügen wenige Nachrichten, um alle Fehler entsprechend dem Modell zu bestimmen. Dies wird in den nächsten Abschnitten anhand von indirekten durchschalte- und paketvermittelnden Netzen aufgezeigt.

10.6.1.1 Durchschaltevermittelnde Netze

Die Vermittlung von Daten durch diese Netze kann entweder zentral (über einen zentralen Controller) oder verteilt (über Adressen in den Nachrichtenköpfen) gesteuert sein. Diese unterschiedliche Steuerung führt zu unterschiedlichen Testmethoden, die im folgenden beschrieben werden.

Zentralgesteuertes Netz

Die ersten Arbeiten über das Testen von mehrstufigen indirekten Netzen gingen von einem zentral gesteuerten Netz aus [FeW81]. In dieser Arbeit wurde von 2x2-Koppelelementen mit zwei gültigen Zuständen (S5 und S10 in Abbildung 10.4) aus-

gegangen und als Fehlermodell angenommen, daß sich ein fehlerhaftes Koppelelement in einer der 14 fehlerhaften Zustände befinden kann, aus einem fehlerfreien
in einen fehlerhaften Zustand wechseln kann (und umgekehrt) oder in einem fehlerfreien Zustand bleibt, dieser jedoch nicht umgeschaltet werden kann (z. B. durch
einen Haftfehler auf der Steuerleitung eines Koppelelements). Auch wurden Haftfehler auf den Verbindungsleitungen angenommen. FENG und WU [FeW81] zeigten,
daß, unabhängig von der Netzgröße, vier Testvektoren ausreichen, um alle Einzelfehler im Netz zu erkennen. Hierbei wird der Test in zwei Phasen unterteilt. In der
ersten Phase werden alle Koppelelemente durch eine zentrale Steuerung in den
straight-Zustand gebracht. Dann wird an jedem Netzeingang hintereinander eine 0
und eine 1 in das Netz eingespeist, und zwar so, daß in jedem Netzzyklus immer
komplementäre Werte an den Eingängen eines Koppelelementes anliegen. Dies ist
in Abbildung 10.28a gezeigt. In der zweiten Testphase werden alle Koppelelemente
in den *exchange*-Zustand geschaltet und der Test aus Phase 1 wiederholt (siehe
Abbildung 10.28b).

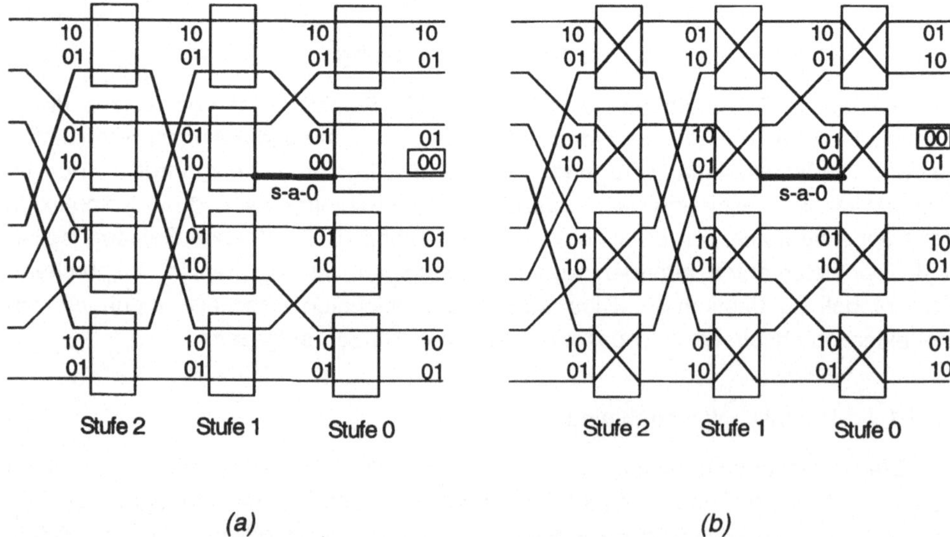

(a) *(b)*

Abbildung 10.28: *Testnachrichten in (a) Testphase 1 und (b)Testphase 2 bei einem
Haftfehler auf einer Verbindungsleitung*

Im fehlerfreien Zustand des Netzes sind die Antworten an den Netzausgängen
ebenfalls komplementär über der Zeit, wie auch in bezug auf die Ausgänge eines
Koppelelementes. Wie in Abbildung 10.28 zu sehen ist, kann ein Haftfehler auf einer

Verbindungsleitung in beiden Testphasen dadurch erkannt werden, daß die Signale auf einer Netzausgangsleitung nicht komplementär sind. Zur Erkennung eines Haftfehlers auf einer Verbindungsleitung ist also eine Testphase ausreichend; die Ausgangsmuster beider Testphasen werden gebraucht, um den Fehler im Netz zu lokalisieren.

Das Erkennen eines Koppelelementfehlers ist in Abbildung 10.29 dargestellt. Hierbei wird ein Haftfehler auf einer Koppelelementsteuerleitung in Stufe 1 angenommen, so daß dieses Koppelelement nur den *straight*-Zustand annehmen kann. In Testphase 1 wird dieser Fehler nicht erkannt, da in diesem Fall alle Koppelelemente auf *straight* gestellt sind, so daß der Fehler sich nicht auswirken kann. Erst in Testphase 2 wird der Fehler dadurch erkannt, daß die Signale an den Ausgängen eines Koppelelements in Stufe 0 nicht mehr komplementär zueinander sind. Zur Erkennung eines Koppelelementfehlers sind also bis zu zwei Testphasen nötig.

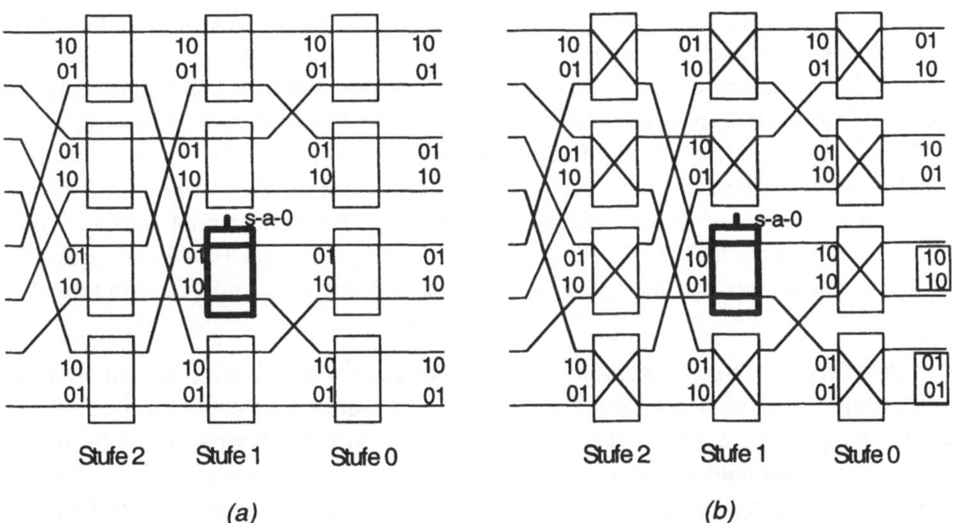

Abbildung 10.29: *Testnachrichten in (a) Testphase 1 und (b)Testphase 2 bei einem Haftfehler auf einer Koppelelementsteuerleitung*

Die Fehlerlokalisierung ist jedoch schwieriger als bei Haftfehlern auf den Verbindungsleitungen. In [FeW81] wurde gezeigt, daß zur Fehlerlokalisierung minimal vier und maximal $\max\left(12, 6 + 2\lceil \log_2(\log_2 N)\rceil\right)$ Tests erforderlich sind. Bei einem 1024x1024-Netz sind beispielsweise maximal 14 Tests zur Lokalisierung von Einzelfehlern nötig. Vier der fehlerhaften Koppelelementzustände können mit dieser Methode jedoch nicht eindeutig lokalisiert werden. In [FeZ90] wurde die zuvor beschriebene Testmethode auf Netze mit Koppelelementen, die vier fehlerfreie Zustände besitzen, erweitert. Hierbei wird eine dritte Testphase eingeführt, in der die Broadcast-Zustände der Koppelelemente überprüft werden.

Verteiltgesteuertes Netz

Im verteiltgesteuerten Netz können Fehler auftreten, die bei Zentralsteuerung nicht auftreten, da die Steuerinformation mit über den Datenpfad übertragen wird. So kann z. B. ein Haftfehler auf einer Verbindungsleitung zur Verfälschung einer Nachrichtenadresse führen, so daß diese Nachricht zu einer falschen Senke vermittelt wird; dieser Fehler kann bei einem zentralgesteuerten Netz nicht auftreten. Fehlererkennung und Fehlerlokalisierung ist deshalb in verteiltgesteuerten Netzen schwieriger als in Netzen mit Zentralsteuerung.

In [DaH85b] wurde eine Methode aufgezeigt, wie verteiltgesteuerte Netze getestet werden können. Diese Methode basiert auf der Testmethode von zentralgesteuerten Netzen. In dieser Arbeit wird von einem $N \times N$-Generalized-Cube-Netz mit Broadcast-Fähigkeit ausgegangen. Zum Verbindungsaufbau wird also ein Routing-Tag der Länge $2n$ mit $n = \log_2 N$ verwendet, wobei die oberen n Bits das Broadcast-Routing-Tag darstellt, während die unteren n Bits als Destination-Routing-Tag für 1-zu-1-Verbindungen benutzt werden (siehe Abschnitt 6.3.3.5). Ein Fehler innerhalb des Netzes kann dazu führen, daß Verbindungen nicht aufgebaut werden können. Dies kann durch einen *Timeout-Mechanismus* in den Senken erkannt werden. Auch wird angenommen, daß beide Routing-Tags durch jeweils ein Paritätsbit gesichert sind, die zusammen mit den Tags über separate Paritätsleitungen übertragen werden.

Der Test des Netzes besteht aus drei Phasen: in den ersten beiden Phasen werden alle Verbindungsleitungen und die Koppelelementzustände für 1-zu-1-Verbindungen geprüft, während die Broadcast-Funktionen der Koppelelemente in der dritten Phase getestet werden. Jede Phase besteht aus mindestens einer *Setup-Phase* (ein Routing-Tag wird durch das Netz gesendet, welches die Verbindung aufbaut) und einer *Datentransfer-Phase* (die eigentliche Dateninformation wird übertragen). Die drei Testphasen werden im folgenden näher beschrieben.

Phase 1

In der Setup-Phase von Testphase 1 schickt jede Quelle als 1-zu-1-Routing-Tag eine Nachricht zu ihrer eigenen Adresse; das Broadcast-Tag wird auf Null gesetzt. Hierdurch wird jedes Koppelelement innerhalb des Netzes auf *straight* gestellt. Können alle Verbindungen erfolgreich aufgebaut werden, so wird in der Datentransfer-Phase als erste Nachricht das bitweise Komplement des Gesamt-Routing-Tags übertragen. Dadurch sind auf allen Datenleitungen komplementäre Signale übertragen worden, so daß ein Haftfehler erkannt werden kann. Da sich jedoch bei Datenpfaden mit einer geraden Anzahl von Bits die Parität bei einer vollständigen Komplementierung der Daten nicht ändert, können in diesem Fall Haftfehler auf den Paritätsleitungen nicht erkannt werden. Deshalb wird als zweite Nachricht die erste Nachricht noch einmal geschickt, wobei jedoch die Bits 0 und n invertiert sind. Hierdurch ergibt sich eine Paritätsänderung auf beiden Paritätsleitungen, so daß Haftfehler auf diesen Leitungen ebenfalls erkannt werden können. Um den Testablauf in Phase 1 zu verdeutlichen, betrachte man z. B. PE 2 in einem 16x16-Netz. In der Setup-Phase wird das Routing-Tag '0000-0010' mit den Paritätsbits '01' gesendet, welches im fehlerfreien Fall eine Verbindung zur Senke 2 aufbaut. Danach wird das Komplement, also '1111-1101' mit der Parität '01' übertragen, gefolgt von '1110-1100' mit Parität '10'. Wie zu erkennen ist, wird jede Leitung mit mindestens einer 1 und einer 0 getrieben. Tritt in dieser Testphase ein Paritätsfehler auf oder sind Verbindungen blockiert, so ist ein Fehler innerhalb des Netzes erkannt worden.

Phase 2

In dieser Phase werden die Koppelelemente auf *exchange* gestellt. Dies geschieht dadurch, daß in der Setup-Phase eine Quelle das Komplement ihrer Adresse als 1-zu1-Routing-Tag durch das Netz schickt (die Bits des Broadcast-Routing-Tags werden wieder auf Null gesetzt). In der Datentransferphase wird dann die gleiche Testmethode wie in Phase 1 angewendet. Betrachtet man wieder PE 2 in einem 16x16-Netz, so wird in der Setup-Phase das Routing-Tag '0000-1101' mit Parität '01' versendet, so daß eine Verbindung zur Senke 13 aufgebaut wird. Danach wird das Komplement des Tags, also '1111-0010' mit Parität '01', und die Nachricht '0001-1100' mit Parität '10' zur Senke 13 geschickt. Durch Paritätsfehler und/oder blockierte Verbindungen kann wiederum ein Netzfehler erkannt werden.

Durch Ausführung der Testphasen 1 und 2 können alle Einzelfehler auf den Verbindungsleitungen und in den Koppelelementen für 1-zu-1-Verbindungen erkannt werden. Um auch Fehler während einer Broadcast-Verbindung zu erkennen, muß Testphase 3 ausgeführt werden.

Phase 3

In dieser Phase werden die Koppelelemente auf ihre Broadcast-Fähigkeit hin überprüft. Da die Fehlerfreiheit der Verbindungsleitungen bereits in Phase 1 und 2 getestet wurde, braucht dies in dieser Phase nicht wiederholt zu werden. Der Broadcast-Test baut auf der Methode von [FeZ85] auf. Hierbei wird jede Netzstufe hintereinander getestet, indem alle Koppelelemente der Stufe auf *upper* bzw. *lower Broadcast* gestellt werden und deren fehlerfreie Funktion durch verschickte Nachrichten verifiziert werden. Der Test besteht also aus $4n$ Subphasen ($2n$ Setup-Phasen für alle 2 Broadcaststellungen in n Stufen plus $2n$ Datentransfer-Phasen für alle 2 Broadcaststellungen in n Stufen). Beispielhaft sei hier der Test der Netzstufe i beschrieben, wobei zuerst der *lower Broadcast* und danach der *upper Broadcast* der Koppelelemente getestet wird. Um die Koppelelemente in den *lower Broadcast* zu setzen, senden alle die $N/2$ PEs, die eine 1 in der Bitstelle i ihrer Adresse haben, in der Setup-Phase ein Routing-Tag in das Netz. Das Broadcast-Tag hat hierbei eine 1 in Bitposition i und Nullen in den restlichen Stellen. Das 1-zu-1-Routing-Tag wird gleich der PE-Adresse gesetzt, so daß die Koppelelemente in den restlichen Stufen auf *straight* gestellt sind. Danach senden die PEs in der Datentransferphase das Komplement des Routing-Tags durch das Netz. Durch die Datentransferphase wird sichergestellt, daß erkannt wird, wenn während des Broadcasts einer der nichtbeteiligten PEs ebenfalls sendet, so daß die Broadcastdaten durch diese zusätzlichen Daten überschrieben werden. Zum Test des *upper Broadcast* senden alle PEs, die eine 0 in der Bitstelle i ihrer Adresse haben, in der Setup-Phase ein Routing-Tag in das Netz. Das Broadcast-Tag hat wiederum eine 1 in Bitposition i und Nullen in den restlichen Stellen, während für das 1-zu-1-Routing-Tag wieder die PE-Adresse genommen wird. In der Datentransfer-Phase wird dann das komplementäre Gesamt-Routing-Tag gesendet, um ein Überschreiben der Daten zu erkennen.

Durch die Auswertung der Paritätsfehler und blockierten Verbindungen in den drei Testphasen kann ein Fehler lokalisiert werden. In den meisten Fällen ist es möglich, den Fehlerort genau zu bestimmen. In manchen Fällen kann der Fehler allerdings nur auf ein Koppelelementpaar und deren Verbindungsleitungen eingegrenzt werden [DaH85].

10.6.1.2 Paketvermittelnde Netze

Der Test von paketvermittelnden Netzen ist komplexer als der von durchschaltevermittelnden Netzen, da die Koppelelementzustände sich von Paket zu Paket ändern können und nicht, wie in durchschaltevermittelnden Netzen, nach einem Verbindungsaufbau stabil bleiben.

In [Lim82] wird jedoch eine Methode aufgezeigt, wie paketvermittelnde Netze, aufgebaut aus 2x2-Koppelelementen, relativ einfach getestet werden können. Dieses Verfahren baut auf der Methode von FENG und WU [FeW81] für durchschaltevermittelnde Netze auf (siehe Abschnitt 10.6.1.1) und besteht deshalb wieder aus zwei Phasen. In jeder Phase sendet jede Quelle genau ein Paket in das Netz; in der ersten Phase wird das Routing-Tag des Pakets so gewählt, daß alle Koppelelemente den *straight*-Zustand annehmen, während in der zweiten Phase die Koppelelemente auf *exchange* gestellt werden. Auch wird im Paketkopf die Quellenadresse mit übertragen. Im Informationsteil des Pakets werden zwei Worte übertragen, deren Länge gleich der Datenpfadbreite im Netz ist. Das erste Wort enthält abwechselnd eine 0 und eine 1, während das zweite Wort aus dem bitweisen Komplement des ersten Wortes gebildet wird. Durch die Übertragung des Paketinformationsteils können Haftfehler auf den Verbindungsleitungen detektiert werden.

Die Wahl der Routing-Tags, und somit die Stellungen der Koppelelemente, führt zu einer Permutationsverbindung in beiden Phasen. Deshalb muß jede Senke in jeder Phase exakt ein Paket empfangen. Wenn eine Senke kein Paket oder mehrere Pakete in einer Testphase empfängt, muß ein Paket falsch vermittelt worden sein, so daß ein Fehler in einem Koppelelement detektiert ist. Zusätzlich kann durch die Auswertung der übertragenen Quellenadresse entschieden werden, ob ein Paket falsch vermittelt wurde.

Für die Koppelelemente wird ein von dem in Abschnitt 10.2.4 vorgestellten Modell abweichendes Fehlermodell benutzt. In diesem Fehlermodell werden drei Fälle unterschieden: beide Ausgangsports sind für einen Eingangsport nicht erreichbar, ein Ausgangsport ist für einen Eingangsport nicht erreichbar, und ein Ausgangsport ist permanent mit einem Eingangsport verbunden. Diese drei Fälle sind in Abbildung 10.30 gezeigt (die fetten Linien in Abbildung 10.30c zeigen eine permanente Verbindung zwischen einem Ein- und Ausgang).

Nach der Ausführung beider Testphasen kann über die Anzahl der fehlerhaften bzw. nicht vermittelten Pakete eine Aussage über die Fehlerart gemacht werden. Bei den Koppelelementfehlern in Abbildung 10.30a werden zwei Pakete nicht vermittelt, eines in jeder Testphase. Hierbei kann jedoch nicht unterschieden werden, ob ein Koppelelement oder eine der Eingangsleitungen in diesem Koppelelement defekt ist. Bei den Fehlerfällen in Abbildung 10.30b und 10.30c wird in einer der Testphasen ein Paket nicht empfangen, während im zweiten Fall (Abbildung 10.30c) zusätzlich in einer Phase eine Senke zwei Pakete empfängt.

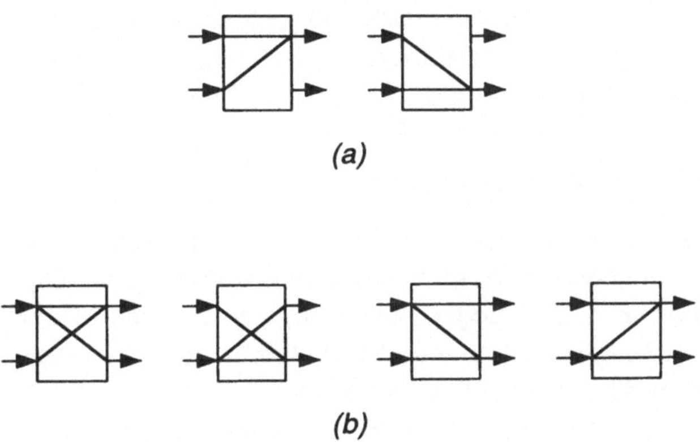

(a)

(b)

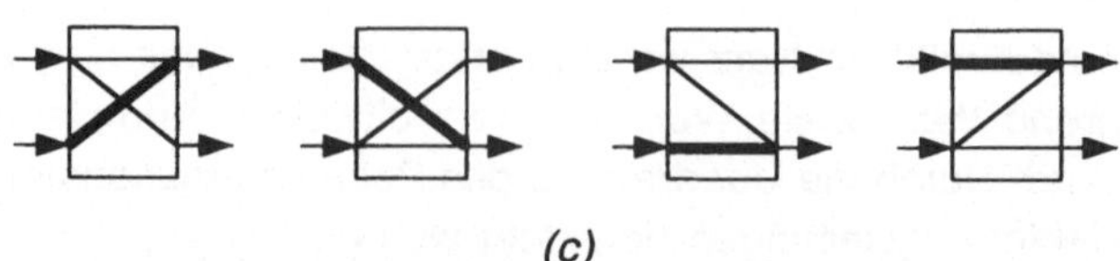

(c)

Abbildung 10.30: *Fehlerhafte Koppelelementzustände nach [Lim82]; (a) beide Ausgänge sind für einen Eingang nicht erreichbar, (b) ein Ausgang ist für einen Eingang nicht erreichbar, (c) ein Ausgang ist permanent mit einem Eingang verbunden*

Andere Testmethoden von paketvermittelnden indirekten Netzen, die auf der Graphenstruktur von Banyan-Netzen aufbauen, finden sich z. B. in [MaO83, MoO91].

10.6.2 Testmethoden mit Hardwareunterstützung

Die bisherigen Methoden des Tests beruhen darauf, daß ein gegebenes Netz ohne Eingriffe in die bestehende Struktur dadurch geprüft wird, daß Daten in einer koordinierten Weise in die Eingänge gesendet und an den Ausgängen beobachtet werden. Dies bedeutet den geringsten Aufwand für den Computerarchitekten, da die Prüfung beim Entwurf und der Konstruktion nicht berücksichtigt werden muß. Der Nachteil dieser Methoden ist die in der Regel hohe Testzeit und die oft unbefriedigende Testqualität, wenn von einem einfachen Systemmodell ausgegangen wird.

Durch Erweiterung des Netzes um Hardwarekomponenten für den Test kann diese Situation verbessert werden. Zwei prinzipielle Methoden können dabei unterschieden werden. Einerseits ist es möglich, ausgehend von einem funktionalen Modell das Netz so zu erweitern, daß eine Prüfung möglich ist. Als Repräsentanten dieser Methode wird das *polynomische Testen* vorgestellt; zum zweiten können die Verfahren des *testfreundlichen VLSI-Entwurfs* Anwendung finden (*Design-for-Testability, DFT*). Der effiziente Einbau von DFT-Komponenten nimmt in der VLSI-Forschung breiten Raum ein (siehe z. B. [Wun91]). Hier soll ein Überblick über die Methoden gegeben werden, die zur Implementierung von VLSI-basierten, komplexen Verbindungsnetzen unerläßlich sind.

10.6.2.1 Testhilfen in VLSI-Schaltungen

Komplexe VLSI-Schaltungen bestehen in der Regel aus kombinatorischer Logik und Registern; ein einfaches Beispiel sind Steuerwerke, die in Registern den aktuellen Zustand speichern und Logik benutzen, um aus den Registerinhalten und Eingangssignalen Ausgangssignale und den Übergang zum nächsten Zustand abzuleiten. Wird das Haftfehlermodell angenommen, so existieren für kombinatorische Schaltungen effiziente Algorithmen zur automatischen Bestimmung von Prüfmustern,

z. B. der *D-Algorithmus* [Rot66] oder das *PODEM-Verfahren* [Goe81]. Die so erzeugten Prüfmuster müssen an den Eingängen der Schaltung angelegt werden und sti-
mulieren die möglichen Fehler so, daß die Schaltungsausgänge von ihrem Sollwert
abweichen und damit eine Fehlererkennung möglich ist. In kombinatorischen Schaltkreisen können durch Redundanzen in der Schaltung jedoch Fehler maskiert werden,
so daß prinzipiell keine Testmuster gefunden werden können, die einen solchen
Fehler erkennbar machen. Damit die Fehlerfreiheit einer Schaltung sichergestellt ist,
muß schon beim Entwurf darauf geachtet, daß solche Redundanzen nicht auftreten.

Eine größere Herausforderung an den Test integrierter Schaltungen bieten Schaltungen mit Registern, da hierfür nur in sehr einfachen Fällen Prüfmuster automatisch
erzeugt werden können. Die Problematik soll anhand der Schaltung in Abbildung
10.31 erläutert werden. Hier sind kombinatorische Schaltungsblöcke durch Register
voneinander getrennt. Soll ein potentieller Fehler im ersten Block erkannt werden, so
müssen Prüfmuster über die Register am Eingang an die kombinatorische Schaltung
angelegt werden, so daß der Ausgang vom Sollverhalten abweicht. Diese Abweichung kann jedoch nicht unmittelbar beobachtet werden, sondern muß über die
dahintergeschalteten Register und kombinatorischen Blöcke zum Ausgang propagiert werden. Dies ist problematisch und unter Umständen nicht möglich, da durch
die nachfolgenden Blöcke eine Abweichung vom Sollverhalten unter Umständen
maskiert wird. Ein mehrstufiges Verbindungsnetz entspricht in vielen Fällen einer
solchen Struktur, was einen ersten Eindruck über die Schwierigkeit des Tests eines
solchen Netzes vermittelt.

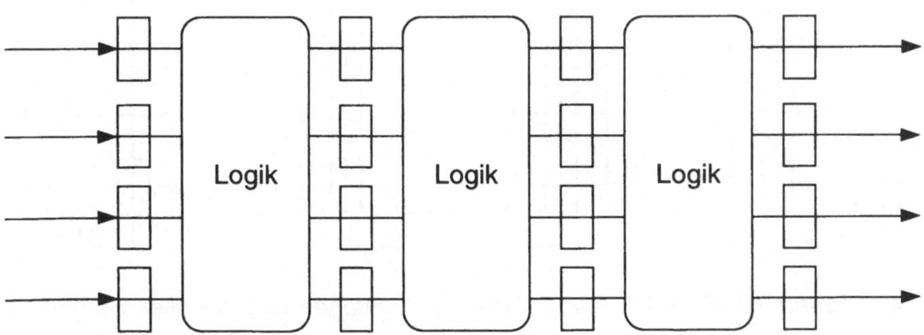

Abbildung 10.31: *Mehrstufige sequentielle Logik*

Um auch bei solchen Schaltungen dennoch die automatische Erzeugung von
Testmustern zu erlauben, kann die *Scan-Pfad-Methode* eingesetzt werden [Fuj85].
Hierbei wird die Schaltung in einen ausschließlich kombinatorischen Teil und die

Register partitioniert. Die Register werden dann zu einer Schiebekette zusammengeschaltet, wie in Abbildung 10.32 dargestellt. Um einen Test durchzuführen, werden
die Register über ein Test-Signal zu einer Schiebekette zusammengeschaltet und
ein Prüfmuster in die Register eingeschoben. Nach Abschluß des Schiebevorgangs
liegt nun das gesamte Prüfmuster an der kombinatorischen Logik und stimuliert so
potentielle Fehler. Da im kombinatorischen Block keine Register enthalten sind,
können die Prüfmuster durch automatische Verfahren bestimmt werden. Durch Um-
schalten der Register und einmaliges Betätigen des Taktes wird das Ergebnis in die
Register übernommen und kann danach wieder über die Schiebefunktion ausgelesen werden. Da durch das Schieben auch die Registerfunktion geprüft wird, kann
eine solche Konfiguration effizient geprüft werden.

Durch moderne Werkzeuge für den VLSI-Entwurf können Testhilfen wie Scan-
Pfade automatisch in die Schaltung eingebaut werden, so daß der zusätzliche
Entwurfsaufwand für die Testhilfen minimal bleibt. Solche Maßnahmen des testfreundlichen Entwurfs können noch um Methoden des *eingebauten Selbsttests* (*BIST*)
erweitert werden [BaM87], wodurch insbesondere die Zeitdauer von Tests erheblich
reduziert werden kann. Alle solche Maßnahmen erfordern zwar zusätzliche Komponenten im VLSI-Baustein, jedoch ist der Aufwand bei komplexen Schaltungen im
Vergleich zum Nutzen bis auf Ausnahmefälle gerechtfertigt.

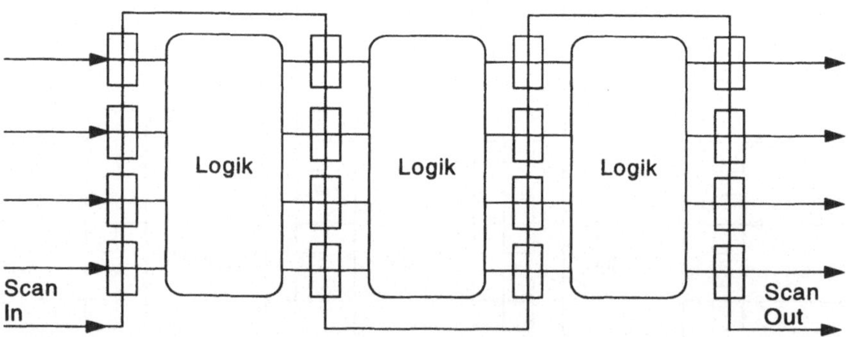

Abbildung 10.32: *Scan-Pfad in einer mehrstufigen sequentiellen Schaltung*

10.6.2.2   Testhilfen in VLSI-Systemen

Der zweite Aspekt des Tests von Systemen mit VLSI-Schaltungen ist die Prüfung
der Verbindungen zwischen Chips. In einem Verbindungsnetz sind dies zum Beispiel
die Verbindungsleitungen zwischen Koppelelementen. Bei der Herstellung eines
Systems können hierfür komplexe Testsysteme genutzt werden, die Testpunkte

kontaktieren und die Verbindungen zwischen den Testpunkten prüfen; im Betrieb ist
dies jedoch nicht möglich. Die *Boundary-Scan-Methode* [TuM90] erlaubt sowohl den
Test von Verbindungen als auch die Prüfung von bereits eingebauten integrierten
Schaltkreisen. Auch diese Methode erfordert die Erweiterung der VLSI-Schaltungen
um Testlogik und einen zusätzlichen *Testbus* auf der zu prüfenden Platine. Abbildung 10.33 zeigt das Prinzip.

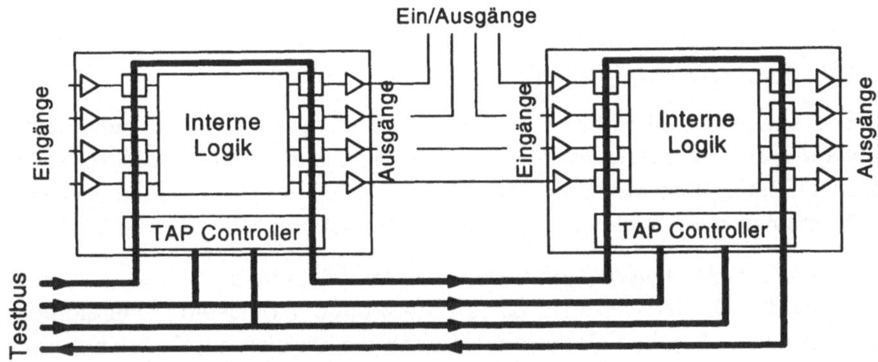

Abbildung 10.33: *Prinzip des Boundary-Scan*

Jeder integrierte Schaltkreis enthält einen *Test-Acces-Port-Controller* (*TAP-
Controller*), mit dem der Chip an den Testbus angeschlossen ist. Die interne Logik
des Schaltkreises ist durch die *Boundary-Scan-Zellen* von den Eingängen und Ausgängen getrennt. Jede Zelle besteht aus Multiplexern und einem 1-Bit-Register. Die
Zelle kann in einen transparenten Modus geschaltet werden, so daß die Boundary-
Scan-Logik während des regulären Betriebs keinen Einfluß auf die Funktion hat. Die
Register der Zellen können zu einem Schieberegister zusammengeschaltet werden,
mit dessen Hilfe einerseits Werte am Zelleingang übernommen und zum Testbus
weitergeleitet werden können, und zum anderen Werte vom Testbus eingeschoben
werden können.

Der Test eines Systems mit Boundary-Scan-Testbus erlaubt somit eine Prüfung
der internen Systemfunktion, indem über den Testbus Prüfmuster für die interne
Logik in die Zellen an den Eingängen geschoben werden. Somit werden Daten auf
die interne Logik gegeben, wobei die Zellen am Ausgang die Testantworten übernehmen, die dann über den Testbus ausgelesen werden. Diese Tests können unabhängig von den Verbindungen des Schaltkreises und den umgebenden Bausteinen
durchgeführt werden, so daß es möglich ist, die beim Entwurf erzeugten Testmuster
im System zu verwenden.

Für eine Prüfung der Verbindungen zwischen Komponenten werden Prüfmuster in die Zellen an den Ausgängen geschoben, über die Verbindungsleitungen zum nächsten Chip weitergeleitet und dort in Scanzellen am Eingang eingelesen. Durch entsprechende Auslegung der Prüfmuster ist eine Prüfung von N Verbindungsleitungen auf Kurzschluß und Haftfehler mit lediglich $\log_2 N$ Mustern möglich.

Ein System mit Boundary-Scan-Testmöglichkeiten erfüllt somit viele der Anforderungen, die an den Test eines fehlersicheren oder fehlertoleranten Systems gestellt werden.

10.6.2.3   Polynomisches Testen

Eine spezielle Methode zum Test von Verbindungsnetzen, in denen zusätzliche Hardware in den Koppelelementen eingesetzt wird, ist das *polynomische Testen* von Netzen [LiS89b]. Diese Methode baut auf dem Prinzip der Multiplikation bzw. Division von Polynomen durch rückgekoppelte Schieberegister auf [Goe89, PeW72].

Es wird ein *Generatorpolynom* f(x) der Form $f(x) = x^n + c_{n-1} x^{n-1} + \ldots + c_2 x^2 + c_1 x + 1$ verwendet. Die Multiplikation eines Datenwortes mit diesem Generatorpolynom führt zu einem *zyklischen Codewort*, während die Division ein Codewort wieder in das entsprechende Datenwort zurückwandeln kann (der Endwert im Schieberegister gleicht dem Rest der Division und ist 0 wenn kein Fehler aufgetreten ist). Multiplikation und Division kann durch rückgekoppelte Schieberegister implementiert werden. Die Koeffizienten c_i des Generatorpolynoms bestimmen hierbei die Rückkopplungen im Schieberegister. In Abbildung 10.34 ist ein Multiplikations-Schieberegister gezeigt. Das Schieberegister in Abbildung 10.35 stellt eine Division dar. Durch geeignete Wahl der c_i (und somit der Rückkopplungen im Schieberegister) kann ein Schiebezyklus mit einer maximalen Länge von 2^{n-1} (bei einem Schieberegister der Länge n) erreicht werden. Ist der Anfangswert im Schieberegister von 0 verschieden, so werden schrittweise mit dem Takt alle 2^{n-1} von 0 verschiedenen Codewörter hintereinander erzeugt.

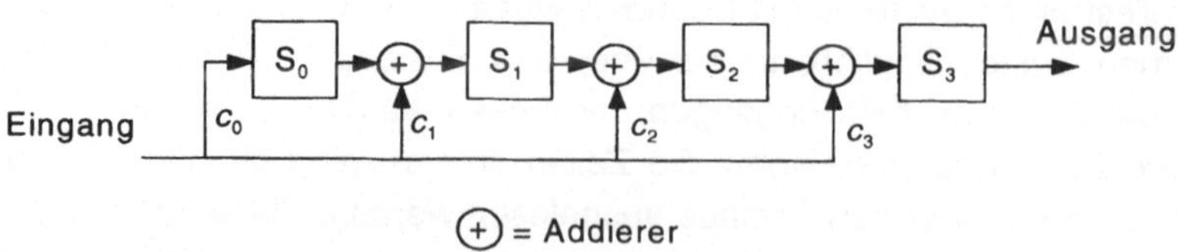

Abbildung 10.34: *Multiplikations-Schieberegister*

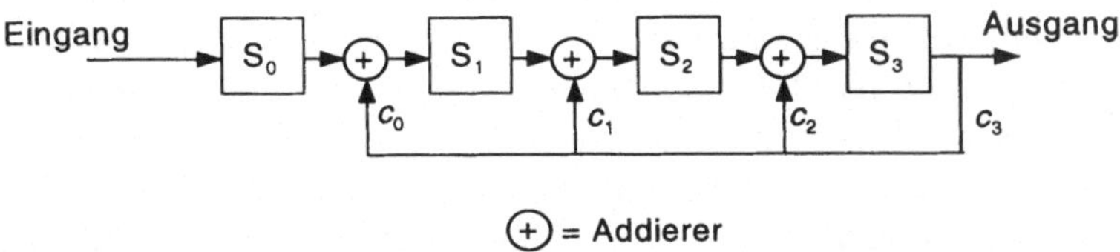

Abbildung 10.35: *Divisions-Schieberegister*

Diese rückgekoppelten Schieberegister können einerseits zur Erzeugung von *Pseudo-Zufallszahlen* [Gol82] und zum anderen zur Erkennung von Fehlern im Datenstrom und im Schieberegister mit hohen Erkennungswahrscheinlichkeit (*Signaturanalyse*) [McC86] herangezogen werden.

In [LiS89] wurde gezeigt, wie die Paketpuffer in den Koppelelementen eines Verbindungsnetzes zu rückgekoppelten Schieberegistern zusammengeschaltet werden können, um somit die Koppelelemente und die Verbindungsleitungen testen zu können. Hierzu wird im Testmodus eine Verbindungspermutation ausgesucht. Durch Steuerpakete, die über diese Permutation durch das Netz vermittelt werden, werden die einzelnen Koppelelemente konfiguriert, wobei die Paketpuffer als Schieberegister dienen. In jedem Koppelelement existiert zusätzliche Hardware, wie in Abbildung 10.36 gezeigt.

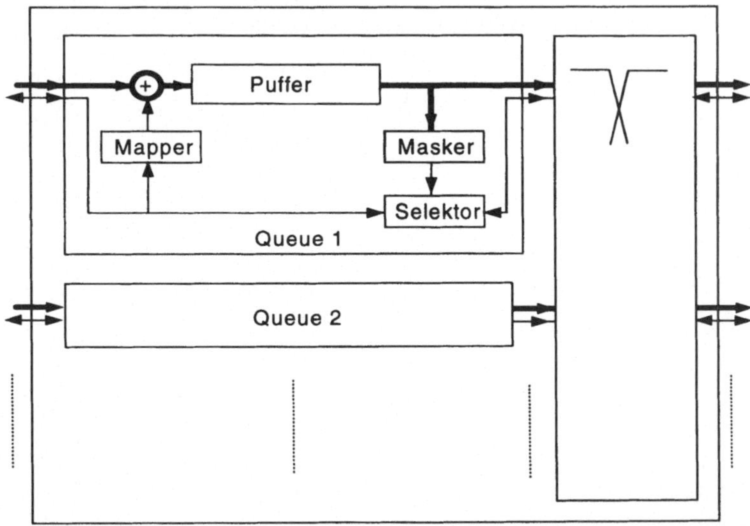

Abbildung 10.36: *Architektur eines Koppelelements mit Hardwareerweiterung*

Es existieren vier verschiedene Steuerpakete, die den Masker, Mapper und Selektor in jedem Koppelelement einstellen. So entstehen vier verschiedene Koppelelementkonfigurationen (A, B, C und D), die in Abbildung 10.37 in einem dividierenden Schieberegister gezeigt sind. Auch sind die Koppelelemente so gesteuert, daß sie Pakete nur über die eingestellte Permutationsverbindung vermitteln. Durch eine Änderung der Testpermutationen können während des Tests andere Koppelelemente zu Schieberegistern zusammengeschaltet werden.

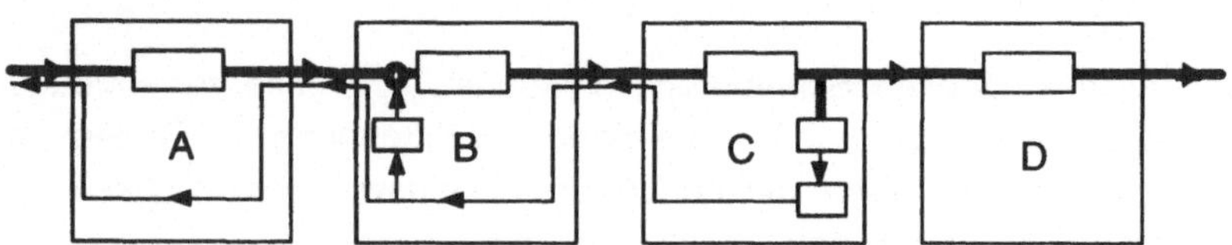

Abbildung 10.37: *Verschiedene Konfigurationen der Koppelelemente*

Zur Verdeutlichung der Funktionsweise sei angenommen, daß eine Identitätspermutation (Quelle *i* sendet Pakete zu Senke *i*) als Testpermutation ausgewählt wurde. Man betrachte z. B. den Weg, auf dem ein Paket von Quelle 0 zu Senke 0 vermittelt wird. Alle Koppelelementpuffer auf diesem Weg bilden ein langes rückgekoppeltes Schieberegister, wobei die Rückkopplungen durch die Konfigurationen der einzelnen Koppelelemente bestimmt sind. Nachdem das Netz konfiguriert ist, senden die Quellen Testpakete in das Netz und die Senken werten die empfangenen Testantworten aus. Hierdurch können Fehler in den Koppelelementen (Puffer, Steuerung, etc.) und in den Verbindungsleitungen entdeckt werden.

11 Fallbeispiele von Kommunikations- und Parallelrechnersystemen

11.1 ATM-Systeme

Die immer stärker in den Vordergrund tretende ATM-Technik erfordert schnelle und große Verbindungsnetze mit den Randbedingungen der Kommunikationstechnik. In diesen Systemen ist die Latenzzeit sekundär; wichtiger sind möglichst geringe Schwankungen der Durchlaufzeit. Die Netze sind meist ohne Backpressure aufgebaut, jedoch ist durch die Pufferdimensionierung eine geringe Verlustwahrscheinlichkeit für Pakete (10^{-10} bis 10^{-11}) sichergestellt. Durch die Verfügbarkeit höchstintegrierter VLSI-Schaltkreise sind komplexe paketvermittelnde Koppelelemente für ATM-Systeme möglich geworden. In diesen Systemen werden überwiegend Strukturen indirekter Verbindungsnetze gewählt: Banyan, Batcher-Banyan und Beneš-Netze (bestehend aus mehreren Stufen von ATM-Koppelelementen). In diesem Abschnitt sollen einige Fallbeispiele für realisierte Bauteile und Koppelelemente von ATM-Verbindungsnetzen vorgestellt werden. Anhand der Diskussion wird deutlich, welchen großen Einfluß die VLSI-Integration spielt; viele Strukturen wären ohne die Schaltungskomplexität, die VLSI-Systeme bieten, nicht realisierbar.

11.1.1 Koppelelemente mit verallgemeinerten Eingangspuffern

Als Beispiel für ein Koppelelement mit verallgemeinerten Eingangspuffern (siehe Abschnitt 8.1) wird hier ein 2x2-Koppelelement beschrieben, welches von Toshiba Microelectronics Corporation entworfen wurde [SaS91]. Dieses Koppelelement dient als Grundbaustein für ein asynchrones gepuffertes Banyan-Netz, welches Datenraten von bis zu 800 Mbit/s verarbeiten kann. Ein Experimentierelement wurde auf einem 0.8 µm LSI BiCMOS Gate Array implementiert. CMOS wurde für das eigentliche Koppelelement verwendet, während die Eingangs- und Ausgangstreiber des Chips in ECL aufgebaut sind. Um das Koppelelement auf dem 4.8 mm x 5.9 mm großen Chip unterzubringen, wurde eine kürzere Zellänge als 53 Bytes gewählt: jede 128-bit Zelle besteht aus einem 4-bit Zellkopf und aus 124 Informationsbits. Die Architektur des Koppelelements ist in Abbildung 11.1 gezeigt. Die vier Bit breiten Eingangsdaten werden in Eingangswandlern in 16-bit Daten umgewandelt, die dann in den Eingangspuffern gepuffert werden. Die beiden Eingangspuffer haben eine Größe von jeweils vier Zellen, wobei auf jede Zelle wahlfrei zugegriffen werden kann. Dieser wahlfreie Zugriff wird durch einen Kontroller gesteuert, der sich auch die Reihenfolge der gepufferten Pakete merkt und einen 2x2-Crossbar steuert.

Während eine Zelle über den Crossbar zum korrekten Ausgang vermittelt wird, wird diese in den Ausgangswandlern in 4-bit Daten zerlegt und an die Koppelelement-ausgänge weitergegeben. Die Virtual-Cut-Through-Methode ist ebenfalls implementiert. Das 2x2-Koppelelement arbeitet bei einer Taktrate von 200 MHz und besteht aus 32.000 Transistoren.

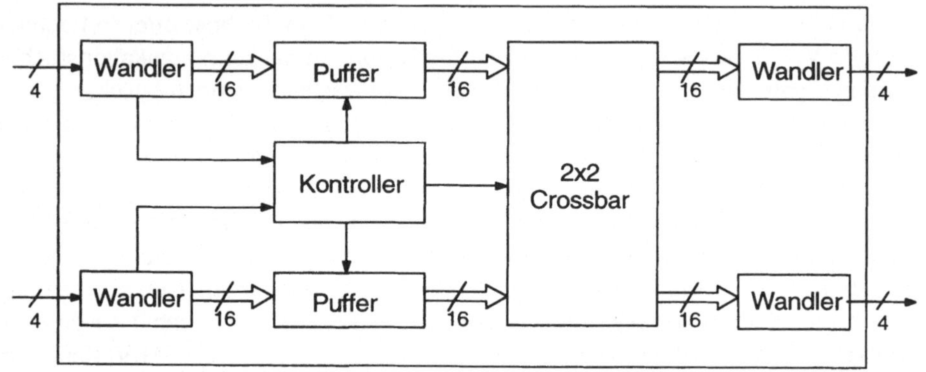

Abbildung 11.1: *Architektur des 2x2-Koppelelements von Toshiba*

11.1.2 Koppelelemente mit Zentralpuffer

CNET ATM-Koppelelement

Dieses 16x16-ATM-Koppelelement ist bei der Centre National d'Etudes des Télécommunications (CNET) in Frankreich 1991 entwickelt worden [ChB91] und baut auf dem *Prelude-Verbindungsnetz* [DeC88] auf, welches Anfang der achtziger Jahre ebenfalls von dieser Firma konzipiert wurde. Die Architektur des Koppelelements ist in Abbildung 11.2 zu sehen. Jede Datenzelle besteht aus 56 Byte (53 Byte ATM-Zelle plus drei Extrabytes). Die sechzehn 8-bit breiten Dateneingänge werden durch 16 Empfangscontroller auf intern jeweils 28-bit aufgeweitet. Diese 16x28-bit Pfade werden der eigentlichen ATM-Schaltmatrix zugeführt, die aus sieben parallelen (jeweils 4-bit breiten) identischen Slices bestehen. Am Ausgang dieser Schaltmatrix werden die 28-bit breiten Datenpfade durch 16 Ausgangscontroller wieder auf 8-bit reduziert. Da die Eingangs- und Ausgangscontroller ähnliche Funktionalität besitzen, war es möglich, beide Funktionen auf einem CMOS-Chip zu realisieren. Das 16x16-Koppelelement besteht somit aus insgesamt 40 CMOS-Chips, wobei drei verschiedene Chipsorten verwendet werden: 32 Eingangs/Ausgangscontroller, sieben ATM-Schaltmatrix-Slices und ein Matrixcontroller. Die sieben Schaltmatrix-Chips sind hierbei auf einem *MCM* (*Multi-Chip-Modul*) [DoF93] untergebracht und bilden einen Zentralpuffer mit 512 Zellplätzen. Ein Schaltmatrix-Slice besteht aus 350.000 Transistoren, wurde in 0.7 µm CMOS gefertigt und hat eine Chip-Größe von 6.5 mm x 7 mm. Die Zentralpufferlese- und Schreibrate beträgt 44.4 MHz, wobei eine Datenrate von 1.244 Gbit/s erreicht werden kann. Das Zentralpufferkoppelelement ist so ausgelegt, daß bei einer Verkehrsrate von 0.9 eine Zellverlustrate von nur 10^{-14} entsteht.

Bei der Implementierung der Schaltmatrix mit Zentralpuffer wurde besonderen Wert auf deren Testbarkeit gelegt [ThR91]. Mittels Boundary-Scan (siehe Abschnitt 10.6.2.1) können die chip-interne Logik, sowie die externen Verbindungen auf dem MCM überprüft werden. Weiterehin wurde ein Selbsttest für den Zentralpuffer implementiert. Es ist möglich, den Chip in 0.4 Sekunden mittels 15.000.000 Testmustern mit einer Fehlerabdeckung von 99.9% (Haftfehler) zu testen. Die Testlogik führt zu einem Hardware-Mehraufwand von nur 9% [ThR91b].

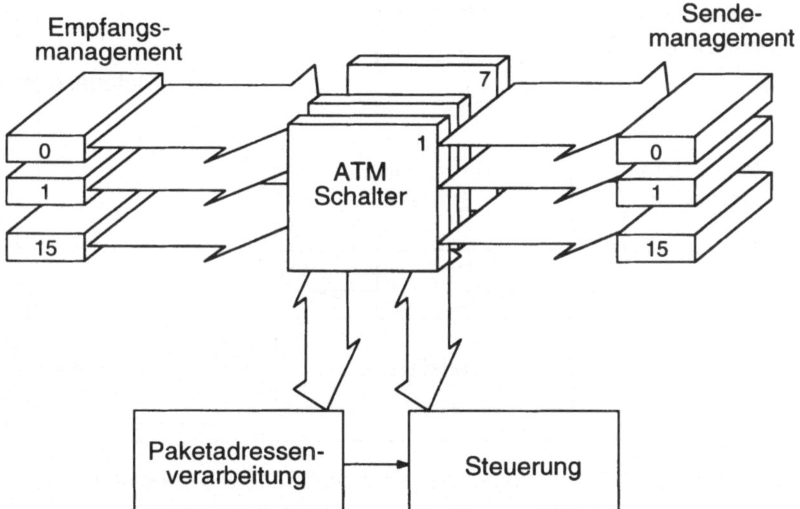

Abbildung 11.2: *Architektur des 16x16 CNET Zentralpufferkoppelelements*

Siemens SE16/8-Koppelelement

Das ATM-Koppelelement SE16/8 von Siemens ist ein weiteres Zentralpufferelement, welches 1991 fertiggestellt wurde [HoM92]. Dieses Koppelelement verbindet 16 serielle 1-bit Eingänge mit acht seriellen 1-bit Ausgängen (Ein- und Ausgangsdatenrate: 175.8 Mbit/s), wie in Abbildung 11.3 dargestellt, und besteht aus nur einem CMOS-Chip. In diesem Element ist eine Datenzelle 62 Bytes lang und wird in zwei Teilen zu jeweils 31 Bytes im Zentralpuffer gepuffert. Hierbei wird jedes serielle Eingangsdatenwort in einem Seriell/Parallelwandler in ein 248-bit breites Wort (31 Bytes) umgewandelt, welches dann im Zentralpuffer abgelegt wird. Beim Auslesen eines Wortes wird dieses durch eine Parallel/Seriell-Wandlung wieder in einen seriellen Datenstrom umgewandelt. Der Zentralpuffer besteht aus 320 31-Byte Worten; es können als 160 ATM-Zellen gepuffert werden. Der Chip wurde mit einer 1 µm CMOS-Technologie gefertigt und ist 14.3 mm x 15.1 mm groß; es werden 770.000 Transistoren benutzt.

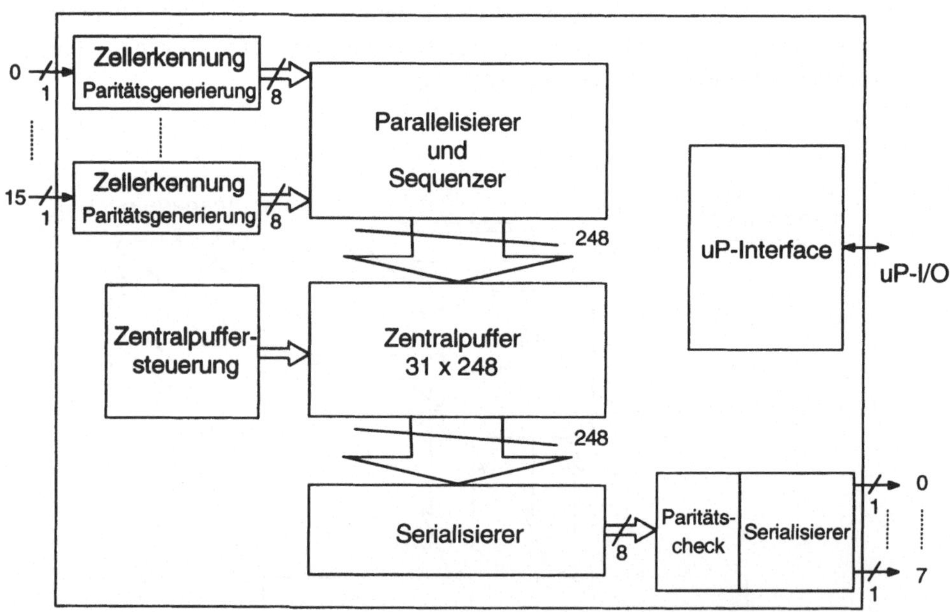

Abbildung 11.3: *Architektur des Siemens SE16/8 Koppelelements*

Eine Besonderheit dieses Koppelelements ist, daß ATM-Zellen mit zwei unterschiedlichen Prioritäten (hohe und niedrige Priorität) vermittelt werden können. Hierzu kann ein Schwellwert S in das Koppelelement über eine Schnittstelle geladen werden. Ist dieser Wert S kleiner als 160, so werden Zellen niedriger Priorität nur dann im Zentralpuffer abgelegt, wenn weniger als S Zellen gepuffert sind. Ist der Füllstand höher als S, so werden ankommende Zellen mit niedriger Priorität verworfen. Zellen mit hoher Priorität unterliegen diesem Mechanismus nicht; ankommende Zellen hoher Priorität werden erst dann verworfen, wenn der Zentralpuffer voll ist (*partial buffer sharing*, siehe Abschnitt 8.5.4). Mit diesem Prioritätsmechanismus wird eine feste Verlustwahrscheinlichkeit für Zellen hoher Priorität von 10^{-10} erreicht, während die Verlustrate der Zellen niedriger Priorität durch den Schwellwert S variiert werden kann. So resultiert zum Beispiel bei einer Wahl von $S = 110$ eine Verlustrate von 10^{-6} für Zellen niedriger Priorität [HoM92].

11.2   Parallelrechnersysteme

Während in Kommunikationssystemen Daten meist zu längerfristigen Verbindungen gehören (z. B. die Übertragung eines Telefongespräches) und bis zu einer bestimmten Verlustrate auch verloren gehen dürfen, zeichnet sich die Kommunikation in Parallelrechnern durch meist kurze Datenpakete aus (z. B. eine Leseanforderung an ein Speichermodul), die nicht verloren gehen dürfen. Auch spielt die Latenzzeit eine wesentliche Rolle, um zum Beispiel schnelle Synchronisationen zu ermöglichen. Diese Unterschiede spiegeln sich in den Implementierungen von Parallelrechnernetzen wider, welches die nachfolgende Diskussion einiger Parallelrechnersysteme und ihrer Verbindungsnetze verdeutlicht.

11.2.1 Direkte Netze

Im einfachsten Fall verfügt ein direktes Netz nicht über Kommunikationshilfen wie Router und ist damit ein statisches Netz im engeren Sinn. Daten werden zwischen den Knoten ausgetauscht; in der Regel über Register oder Speicherzellen des Knotenrechners. Insbesondere bei massiv parallelen SIMD-Rechnern findet dieses Prinzip Anwendung, da durch die inhärente Synchronisation des Systems direkte Transfers zwischen Prozessoren besonders einfach sind. Wegen ihrer Einfachheit werden direkte Netze aber auch in MIMD-Maschinen eingesetzt.

11.2.1.1   Hypercubes

Connection Machine CM-2

Die Connection Machine CM-2 [TuR88] wurde von der Thinking Machines Corporation hergestellt, die die erste Maschine 1987 fertigstellte. Die CM-2 ist ein SIMD-Computer mit bis zu 65.536 PEs, die in vier Gruppen zu je 16K PEs unterteilt sind. Diese Gruppen können von bis zu vier Controllern angesteuert werden, so daß die Maschine in bis zu vier kleinere, unabhängige SIMD-Rechner unterteilt oder als ein großer Rechner betrieben werden kann (siehe Abbildung 11.4). Jedes PE besteht aus einem Einbit-Prozessor und aus 64Kbits RAM. Die Prozessoren sind so einfach aufgebaut, daß 16 Stück (ohne RAM) auf einem VLSI-Chip untergebracht sind. Das Verbindungsnetz einer voll ausgebauten CM-2 bildet ein 12-cube, welches die Prozessorchips untereinander verbindet. Jeder 16-Prozessor-Chip bildet somit eine Ecke des Hypercubes. Um die Kommunikationseffizienz des Rechners zu erhöhen, kann das Hypercube-Netz auch als ein mehrdimensionales Gitternetz verwendet werden, wobei eine Untermenge der Hypercube-Verbindungsleitungen genutzt werden. Es stehen Gitternetze mit bis zu 16 Dimensionen zur Verfügung. Auch können Nachrichten, die an einen bestimmten PE gerichtet sind, durch spezielle Hardware zusammengefaßt werden. Dieses Kombinieren umfaßt die Bildung der Summe, einer logischen Oder-Verknüpfung, und einer Max- bzw. Min-Berechnung.

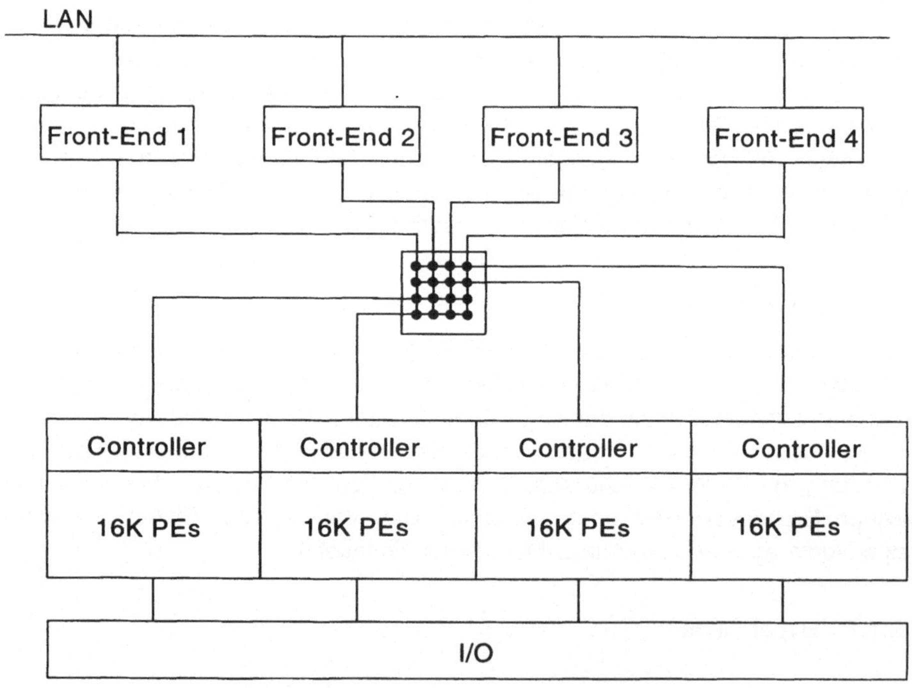

Abbildung 11.4: *Architektur des CM-2-Rechners*

nCube

Das *n*Cube-2S MIMD-System unterstützt maximal 8192 PEs, die aus jeweils einem 15 MIPS / 64 MFLOPS (64-bit) Prozessor und 4 bis 64 MByte RAM bestehen [DuB92]. Jeder Prozessor besitzt 13 bidirektionale Kanäle, die eine Hypercube-

Topologie bilden, und einen Kanal für I/O-Operationen. Die Kanäle haben eine Leistung von bis zu 2.7 MByte/s und greifen über einen DMA-Mechanismus auf den PE-Speicher zu. Ein Nachfolger des *n*Cube-2S Systems, das *n*Cube-3 System, hat ebenfalls eine Hypercube-Topologie und zeichnet sich durch leistungsstärkere PEs aus. Die Prozessoren haben eine Leistung von 50 MIPS und 50 MFLOPS, und der angeschlossene Speicher hat eine Größe von 16 MByte bis 1 GByte. Jeder Prozessor besitzt 18 Kommunikationskanäle (zwei Kanäle sind für I/O-Operationen reserviert), so daß Systemkonfigurationen mit bis zu 65.536 Knoten unterstützt werden.

11.2.1.2   2-dimensionale Gitternetze

Paragon XP/S

Der MIMD-Paragon-Rechner XP/S der Firma Intel besteht aus maximal 2000 Knoten, die durch ein 2-dimensionales Gitternetz miteinander verbunden sind [EsK93]. Die Architektur des Paragon-Rechners ist in Abbildung 11.5 zu sehen.

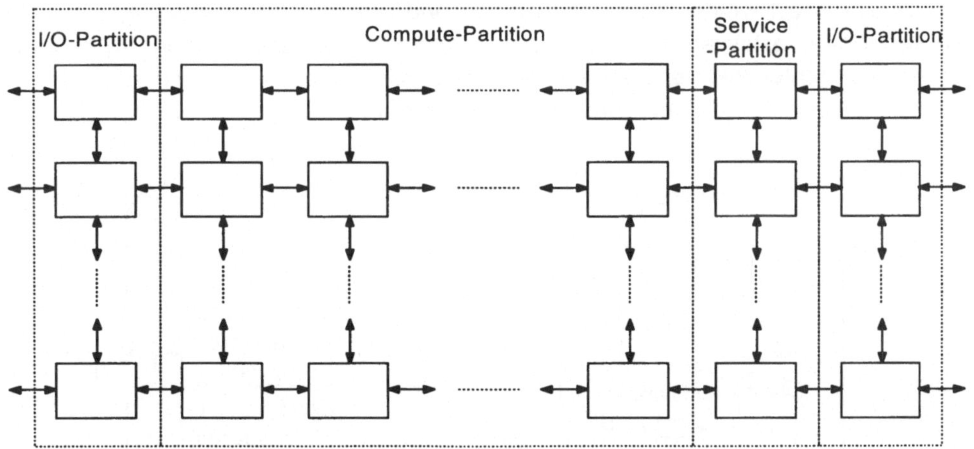

Abbildung 11.5: *Architektur des Intel Paragon-Rechners*

Die Knoten sind in mehrere Partitionen unterteilt: eine *Compute-Partition* (Knoten, die zur Ausführung von parallelen Programmen zur Verfügung stehen), zwei I/O-Partitionen (Knoten, die für I/O-Operationen reserviert sind) und eine Service-Partition (Knoten, die für Systemaufgaben bestimmt sind). Jeder Knoten verfügt über maximal 128 MByte RAM und besteht aus zwei bis fünf Intel i860XP Prozessoren, die jeweils eine Leistung von 40 MIPS und 75 MFLOPS aufweisen. Von den bis zu fünf Prozessoren ist einer ausschließlich für die Datenkommunikation verantwortlich, während die restlichen Prozessoren zur Rechenleistung des Knotens beisteuern. Jeder Knoten ist durch einen 5x5-Crossbar an das Wormhole-Routing-Gitternetz des Rechners angeschlossen, welches bei einem 16-bit breiten Datenpfad einen Durchsatz von 2x200 MByte/s (bidirektional) aufweist.

Massively Parallel Processor (MPP)

Das MPP-Parallelrechnersystem [Bat80] wurde von der Goodyear Aerospace Corporation entworfen, ist ein SIMD-System mit 16.384 Prozessorelementen und ist primär für die Hochgeschwindigkeitsverarbeitung von Satellitenbildern gedacht. Die erste Maschine wurde bereits 1982 fertiggestellt und war damals der erste SIMD-Rechner mit einer so hohen Anzahl von Prozessoren. Die PEs des Rechners bestehen aus einem bit-seriellen Prozessor und 1024-bit RAM. Abbildung 11.6 zeigt ein Blockschaltbild des Prozessors. Er besteht aus einem 1-bit-Volladdierer, einem Schieberegister programmierbarer Länge, einem Vergleicher und mehreren Registern (A, B, C, G, P und S). Die einzelnen PEs sind untereinander über ein 4-Nächstes-Nachbarn-Netz verbunden, bei dem die Konfiguration der Randleitungen software-mäßig eingestellt werden kann. Die oberen und unteren Netzrandleitungen können entweder offen gelassen oder zu Spalten zusammengeschaltet werden, während die linken und rechten Netzrandleitungen entweder offen gelassen oder zu einer offenen oder geschlossenen Spirale verbunden werden können.

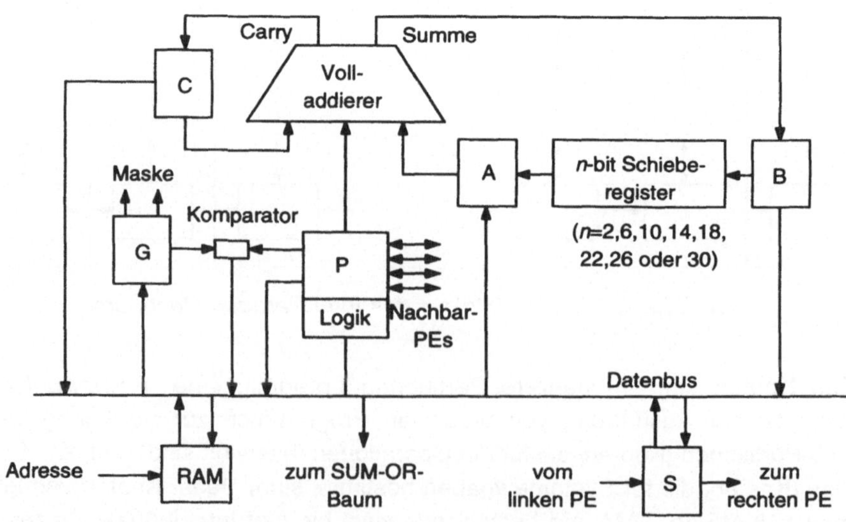

Abbildung 11.6: *Architektur eines Prozessorelements des MPP-Rechners*

Zur Kommunikation zwischen den PEs stehen in jedem Prozessor ein spezielles Register (P-Register), bidirektionale Links, sowie Logik zur Auswahl der aktuellen Verbindungsleitung zur Verfügung. Führen die PEs zum Beispiel einen Datentransfer zu ihren linken Nachbarn aus, so schieben sie den Inhalt ihres P-Registers in das angeschlossene P-Register ihres linken Nachbarn. Ein weiteres spezielles Register, das S-Register, ist für I/O-Operationen zuständig. Jedes S-Register ist mit dem S-Register vom rechten und linken PE-Nachbarn verbunden, so daß eine S-Registerebene entsteht, durch die Daten geschoben werden können. Während einer I/O-Operation werden Daten von außen in die 128x128-S-Registerebene hineingeschoben und die Daten, die in den S-Registern gespeichert waren, aus der Ebene hinausgeschoben. Durch diesen Mechanismus wird eine schnelle Datenein- bzw. ausgabe ermöglicht.

11.2.1.3   3-dimensionale Gitternetze

Cray T3D

1994 wurde der erste MIMD-Parallelrechner T3D der Firma Cray installiert. Er besteht aus bis zu 2048 PEs, die in einer dreidimensionalen Torus-Topologie miteinander verbunden sind [Cra94]. Als Prozessoren wurden 150 MFLOPS DEC Alpha-Mikroprozessoren gewählt, wobei diese nicht direkt an die lokalen RAMs angeschlossen sind. Jeder Speicherzugriff erfolgt vielmehr über ein Speichersteuerungsmodul, welches entscheidet, ob auf den lokalen oder einen entfernten Speicher über das Verbindungsnetz zugegriffen werden soll. Muß ein entfernter Speicher angesprochen werden, so gibt die Speichersteuerung den Request an den Netzrouter weiter, der mit 16-bit breiten Datenpfaden an das bidirektionale Verbindungsnetz angeschlossen ist. Jeder Datenpfad im Netz weist eine Transportleistung von 300 MByte/s auf. Zur Vermeidung von Deadlocks innerhalb des Netzes wird ein dimensionsgeordnetes Routing eingesetzt. Weiterhin ist spezielle Hardware zum blockweisen Datentransfer vorhanden. Ein Nachteil des T3D-Rechners ist, daß sich jeweils zwei Prozessoren eine Netzschnittstelle teilen müssen, so daß es bei gleichzeitigen Netzanforderungen zu Engpässen kommen kann. Zur schnellen Synchronisation von Prozessoren existiert ein separates Synchronisationsnetz, welches als ein binärer Baum aufgebaut ist. Durch spezielle Brücken innerhalb dieses Baumes ist es möglich, nicht nur alle PEs, sondern auch nur eine Teilmenge von 2^n Prozessoren zu synchronisieren.

11.2.1.4   VLSI-Prozessorfelder

Eine weitere Klasse von Systemen, in denen einfache direkte Netz genutzt werden, sind die VLSI-Prozessorfelder. Diese Rechner sind für spezielle Anwendungen oder spezielle Algorithmen konzipiert und nutzen parallele Prozessoren auf einem oder mehreren ICs, um die Aufgabe mit hoher Geschwindigkeit abzuarbeiten. In diesen Prozessorfeldern, die von *systolischen Strukturen* bis zu *Wavefront Arrays* reichen [Kun88], werden Daten zwischen Rechenknoten ausgetauscht, die meist nur eine begrenzte, festgelegte Funktion wie Minimum, Maximum, Addition oder Multiplikation ausführen. In der Regel ist die Kommunikation lokal begrenzt und beschränkt sich auf die unmittelbaren Nachbarn. Dies kann in einer (*lineares systolisches Feld*), zwei oder mehr Dimensionen der Fall sein.

Ein Beispiel für die Anwendung eines VLSI-Prozessorfeldes ist das Sortieren von *n* Zahlen. Hierzu kann die in Abbildung 11.7 gezeigte Topologie eines Prozessorfeldes benutzt werden. Jeder Prozessor besteht aus zwei Einheiten: einer Minimum- und einer Maximumbildung. Werden die zu sortierenden Daten an den X-Eingängen bereitgestellt und an den M-Eingängen der Wert $-\infty$ angelegt, so erscheinen die sortierten Zahlen an den Y-Ausgängen.

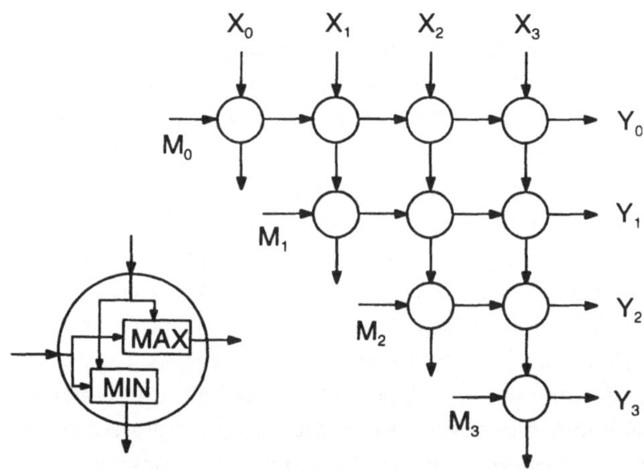

Abbildung 11.7: *Topologie eines Prozessorfeldes zum Sortieren von vier Zahlen*

11.2.2 Indirekte Netze

Im einfachsten Fall besteht ein indirektes Netz aus einem Crossbar. Dessen Komplexität wächst zwar mit $\Theta(N^2)$, jedoch ist dies für kleinere Systeme akzeptabel und weist eine hohe Leistungsfähigkeit auf. Für größere Rechner bieten sich mehrstufige indirekte Netze an. Zur Steigerung der Fehlertoleranz wie auch der Leistung von Parallelrechnern werden hierbei häufig Mehrpfadnetze benutzt.

11.2.2.1 Einpfadnetze

Fujitsu VPP500

Der 1993 auf den Markt gebrachte MIMD VPP500-Rechner der Firma Fujitsu ist zur Zeit die einzige Maschine, die bis zu 222 PEs über einen einzigen Crossbar miteinander verbindet [Utl94]. Jedes PE besteht aus einem 300 MIPS bzw. 200 MFLOPS (skalar), 1.6 GFLOPS (vektoriell) Prozessor und einem 128 bis 256 MByte großen RAM. Die hohe skalare Leistung des Prozessors wird unter anderem durch eine intern stark parallelisierte Instruktionsausführung und durch lange Instruktionswörter erreicht. Die Kommunikation zwischen den PEs läuft über einen 224x224 bidirektionalen Crossbar ab, dessen Transferleistung 2x400 MByte/s pro Link beträgt. Auch ist spezielle Hardware für eine schnelle Barrierensynchronisation vorhanden. Die PEs sind über den Crossbar mit bis zu zwei Steuerprozessoren verbunden, die für I/O sowie für die Kommunikation mit dem Host-Rechner, einem Fujitsu VP2000 oder VX200, und dem Sekundärspeicher verantwortlich sind.

Cray Y-MP 816

Dieser Parallelrechner besitzt 1, 2, 4 oder 8 Prozessoren und hat eine Prozessor-zu-Speicher-Organisation. Der gemeinsame Hauptspeicher hat eine Größe von 16, 32, 64 oder 128 Mworten (maximal 1GByte). Jeder Prozessor kann parallel Skalar- und Vektoroperationen mit einer Leistung von 200 MFLOPs (vektoriell) und 17 MFLOPS (skalar) ausführen. Hierzu stehen eine 64-bit Floating-Point- und eine 64-bit Integer-Einheit zur Verfügung. Die Prozessoren sind mit dem in bis zu 256 Bänke aufgeteilten Hauptspeicher über ein zweistufiges, durchschaltevermittelndes Netz verbunden, wie in Abbildung 11.8 gezeigt. Hierbei besitzt jeder Prozessor vier Zugänge zum Netz, so daß zwei Skalar- und Vektorleseoperationen, eine Schreiboperation und eine I/O-Operation parallel ausgeführt werden können. Die erste Stufe des Netzes besteht aus acht 4x4-Koppelelemente, die mit vier 8x8-Koppelelemente in der nächsten Stufe verbunden sind. Jeder Ausgangslink der zweiten Stufe trifft auf einen 1x8-Demultiplexer, der die eintreffenden Nachrichten auf acht Speicherbänke verteilt.

European Declarative System (EDS)

Dieser MIMD-Parallelrechner entstand im Rahmen des europäischen EDS-Projektes (European Declarative System) [HaL90] unter Beteiligung von BULL, ECRC, ICL und Siemens, und ist für leistungsfähige Datenbankanwendungen entwickelt worden. Jedes der bis zu 256 PEs besteht aus zwei SPARC-Prozessoren: einer dient als Rechenprozessor, der andere als Kommunikationsprozessor.

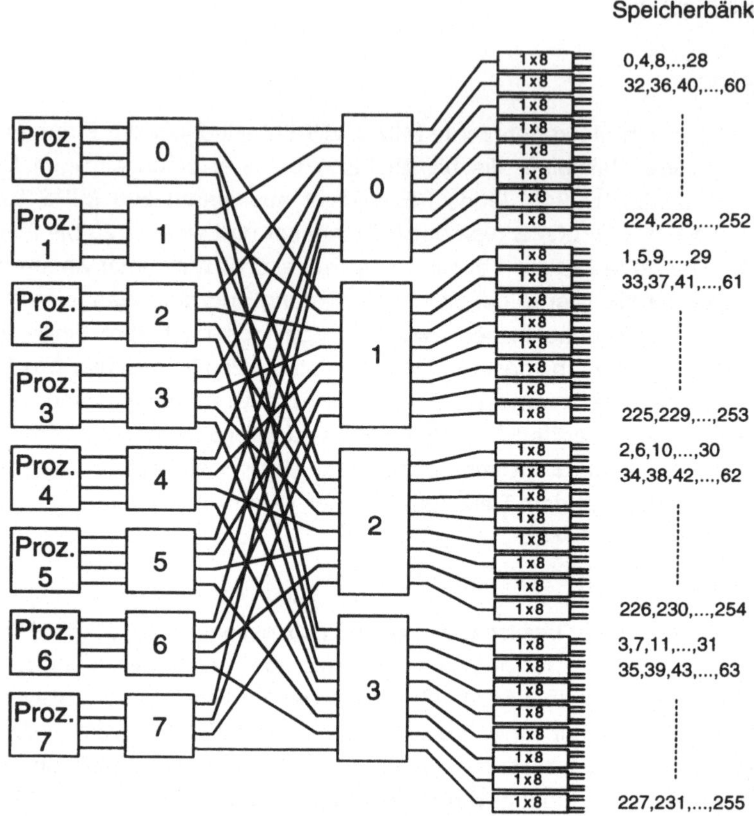

Abbildung 11.8: *Verbindungsnetz der Cray Y-MP mit acht Prozessoren und 256 Speicherbänken*

Dem Rechenprozessor steht ein RAM von 64 MByte zur Verfügung. Für die Struktur des Verbindungsnetzes des Rechners besonders wichtig war die Anforderung, einen virtuellen gemeinsamen Speicher zur Verfügung zu stellen. Daher ist eine geringe Latenzzeit von besonderer Bedeutung. Hierzu wurde ein mehrstufiges Delta-Netz bestehend aus 8x8-Koppelelementen gewählt. Das Koppelelement verfügt über 8-bit breite Ein- und Ausgangskanäle, die jeweils eine Datenrate von 30 MByte/s verarbeiten können. Jedem Eingang ist ein Puffer mit Plätzen für vier Pakete zugeordnet. Pakete haben eine variable Länge von bis zu 146 Bytes (16 Headerbytes, 128 Datenbytes und 2 Bytes zur Fehlererkennung und Korrektur). Datenverluste werden durch einen Backpressure-Mechanismus vermieden. Um eine hohe Leistungsfähigkeit zu erzielen, sind verallgemeinerte Eingangspuffer realisiert, d. h., es kann auf jeden Platz der Eingangspuffer wahlfrei zugegriffen werden, und aus jedem Puffer können gleichzeitig mehrere Pakete ausgelesen werden (siehe Abschnitt 8.1). Um die Latenzzeit zu reduzieren, wird die Virtual-Cut-Through-Methodik (siehe Abschnitt 2.7) angewendet. Das Koppelelement ist in 0.7 µm HCMOS-Technologie auf einem 14.7 x 14.7 mm^2 Chip mit Standardzellen realisiert und braucht 28.000 Gatteräquivalente plus 40 unabhängige 2-Port RAMs mit ca. 45 Kbit Speicherkapazität.

11.2.2.2   Mehrpfadnetze

IBM SP-2

Der IBM SP-2 Rechner ist eine MIMD-Maschine, welche RS/6000 Prozessoren mit 125 oder 266 MFLOPS benutzt [Stu94]. Diese Prozessoren sind über ein mehrstufiges indirektes Netz miteinander verbunden. Dieses Netz ist aus einer oder mehreren High Performance Switch (HPS) Platinen aufgebaut (abhängig von der Anzahl der zu verbindenden Prozessoren), deren Architektur in Abbildung 11.9 gezeigt ist.

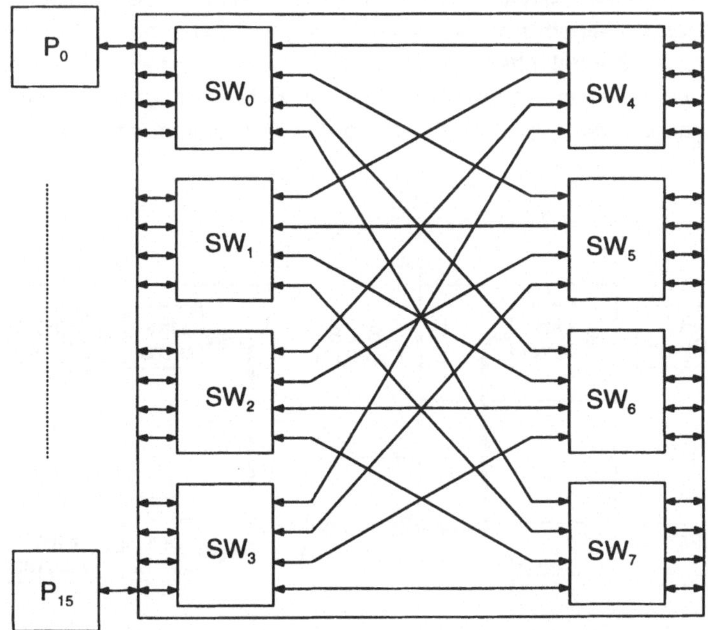

Abbildung 11.9: *Struktur einer HPS-Platine des IBM SP-2 Systems*

Auf einer HPS-Platine befinden sich acht bidirektionale 4x4-Koppelelemente, die zu einem zweistufigen Netz zusammengeschaltet sind. Bis zu 16 Prozessoren können an die linke Seite des HPS angeschlossen werden. Datentransfers innerhalb einer Prozessor-Vierergruppe werden über das angeschlossene Koppelelement in der linken Stufe des HPS gesteuert; Transfers zwischen zwei Vierergruppen werden über beide Stufen abgewickelt. Somit steht für die Kommunikation zwischen zwei Prozessoren innerhalb einer Gruppe genau ein Weg zur Verfügung, während es vier verschiedene Wege gibt, zwei Prozessoren aus verschiedenen Gruppen zu verbinden. Ein Weg wird hierbei jedoch nicht adaptiv vom Netz ausgewählt, sondern per Software vom sendenden Knoten. Um größere Systeme zu erhalten, wird die rechte Seite einer HPS-Platine mit einer oder mehreren weiteren HPS-Platinen verbunden.

Das Kernstück einer HPS ist das bidirektionale 4x4-Koppelelement, welches als 8x8-Schalter aufgebaut ist und eine Linkgeschwindigkeit von 40 MByte/s aufweist. Eine vereinfachte Darstellung der Schalterarchitektur ist in Abbildung 11.10 gezeigt. Das Koppelelement kann Datenpakete mit einer variablen Länge (maximal 256 Byte) vermitteln. Pakete, die byteweise auf einem der 8-bit breiten Eingangskanäle am Koppelelement ankommen, werden in einem 31-Byte großen FIFO-Puffer zwischengepuffert und entweder direkt über einen 8x8-Crossbar an den Zielausgang weitervermittelt, oder, bei einem Konflikt, zu 64-bit Worten zusammengefaßt und in einem 128-Wort großen Zentralpuffer zwischengepuffert. Worte, die aus dem Zentralpuffer ausgelesen werden, werden wieder in einzelne Bytes zerlegt und in einem 7 Bytes langen Ausgangspuffer gepuffert, bevor sie das Koppelelement verlassen.

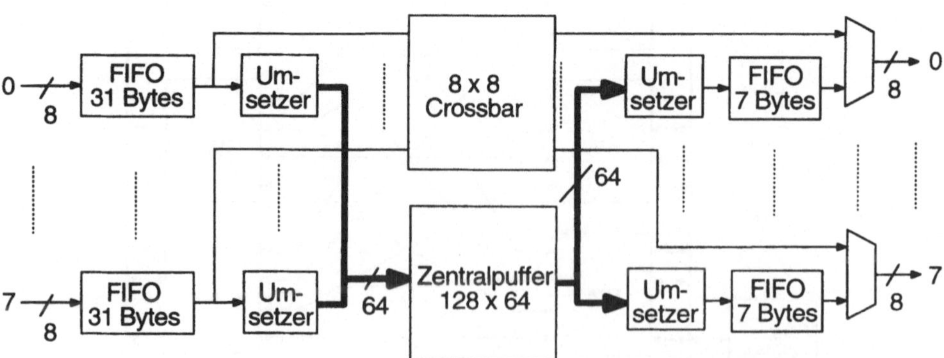

Abbildung 11.10: *Architektur des IBM SP-2 8x8-Koppelelements*

IBM GF-11

Der GF-11 Rechner ist eine SIMD-Maschine, die im IBM T. J. Watson Research Center 1990 entworfen wurde und 566 leistungsstarke 32-bit-PEs enthält [KuB93]. 512 der 566 PEs stehen dem Benutzer zur Verfügung, während die restlichen 54 PEs Ersatzelemente sind. Die Prozessoren enthalten zwei ALUs: eine 20 MIPS 32-bit-Integer-Recheneinheit und eine 20 MFLOPS 32-bit-Floating-Point-Einheit. Der hierarchische Speicher eines GF-11 PEs besteht aus drei Blöcken: einem Register-file bestehend aus 256 32-bit-Registern, 64 KByte statischem RAM für häufig be-nutzte Daten und 256 KByte dynamischem RAM für seltener benutzte Daten. Die PEs kommunizieren miteinander über ein dreistufiges, durchschaltevermittelndes Beneš-Netz, welches aus 24x24-Crossbars aufgebaut ist; jede Netzstufe besteht aus 24 Crossbars. Vor jedem Datentransfer kann das Netz umkonfiguriert werden, wobei 1024 verschiedene Möglichkeiten existieren. Da das Umkonfigurieren jedoch eine nicht zu vernachlässigende Zeitspanne benötigt, sollte das Netz vor Beginn eines Programms konfiguriert werden und die Konfiguration während des Programmlaufs beibehalten werden. Durch die Verwendung der leistungsstarken Prozessoren kann der GF-11 Rechner eine Rechenleistung von bis zu 11.3 GFLOPS erreichen.

Connection Machine CM-5

Die Connection Machine CM-5 der Firma Thinking Machines Corporation ist ein Nachfolger des SIMD-Rechners CM-2 (siehe Abschnitt 11.2.1.1), hat jedoch mit dessen Architektur nichts mehr gemeinsam [LeA92]. Der CM-5-Rechner ist ein MIMD-System, welches aus 32 bis 16.384 SPARC-Prozessoren besteht. Jeder Prozessor besitzt einen 64 KByte großen Befehls- und Datencache. Bis zu vier parallele 64-bit-Vektoreinheiten mit einer Leistung von jeweils 32 MFLOPS können über einen 64-bit breiten Bus an jeden Prozessor angeschlossen werden, wobei 8 bis 32 MByte RAM zur Verfügung stehen. Die einzelnen PEs sind über drei Netze miteinander verbun-den: einem Datennetz, einem Steuernetz und einem Service-Netz. Das Datennetz, über das die PEs Nachrichten austauschen, hat die Topologie eines 'fetten Baumes' (siehe Abschnitt 3.4.4). Wie in Abbildung 11.11 zu sehen ist, ist ein fetter Baum ein Binärbaum, bei dem die Datenpfade von den Baumblättern zu der Wurzel einen steigenden Datendurchsatz haben.

In Abbildung 11.12 ist die Struktur der unteren Ebenen des CM-5 Datennetzes gezeigt. Jedes PE ist über zwei 8-bit breite, bidirektionale Links an zwei Schalter der unteren Netzebene angeschlossen. Diese Schalter sind wieder durch zwei Links mit der nächsthöheren Ebene verbunden, wobei die Schalter dieser Ebene über jeweils vier Links an die nächste Ebene angeschlossen sind. Durch diese Struktur entste-hen mehrere Wege zwischen zwei Prozessoren, so daß durch eine adaptive Wege-wahl ein Lastausgleich im Netz geschaffen werden kann. Das Steuernetz der CM-5 ist unabhängig vom Datennetz, besitzt eine Binärbaumstruktur und ist für eine schnelle Synchronisation der Prozessoren verantwortlich. Während des Entwurfs der CM-5 wurde viel Wert auf Testbarkeit gelegt. So sind alle verwendeten Chips mit Ausnahme des Prozessors und des Speichers mit Scanketten und Boundary-Scan versehen worden. Um die Hardware effizient zu testen, können Testmuster über das dritte Baumnetz, das Service-Netz, gleichzeitig auf verschiedene Rechnerboards und Chips verteilt werden.

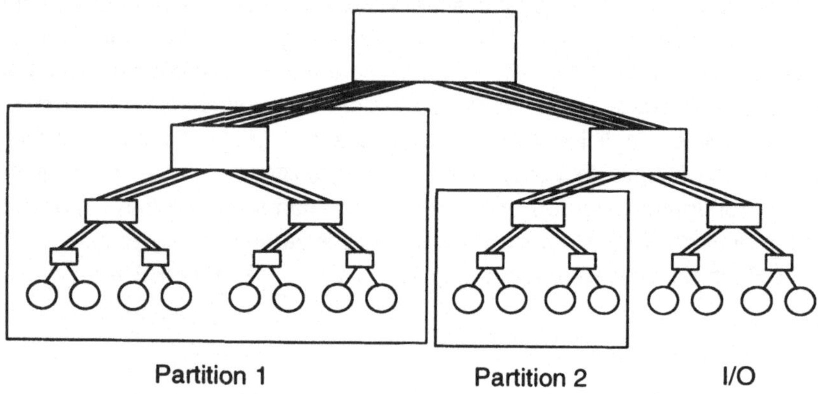

Abbildung 11.11: *Struktur eines fetten Baumes*

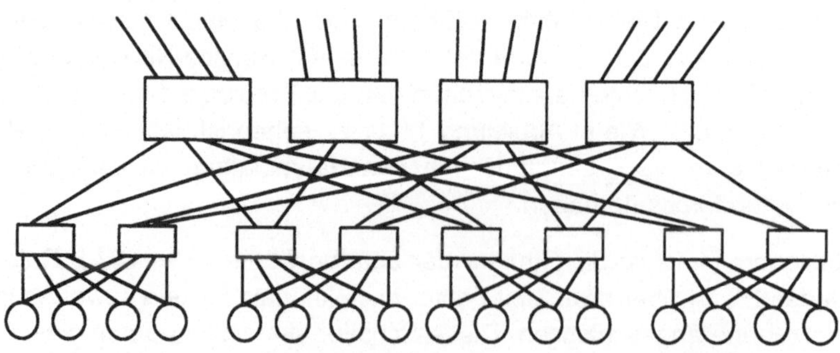

Abbildung 11.12: *Verbindungsstruktur des CM-5 Datennetzes*

11.2.3 Hierarchische Netze

KSR-2 AllCache

Der MIMD-Rechner KSR-2 der Firma Kendall Square Research besteht aus mindestens 32 PEs [Ken92]. Jedes PE beinhaltet einen 64-bit-RISC-Prozessor mit 80 MIPS und 80 MFLOPS und ein 32 MByte RAM. Wie in Abbildung 11.13 gezeigt, verbindet ein aus zwei Ebenen bestehendes hierarchisches Ring-Netz die Prozessoren untereinander.

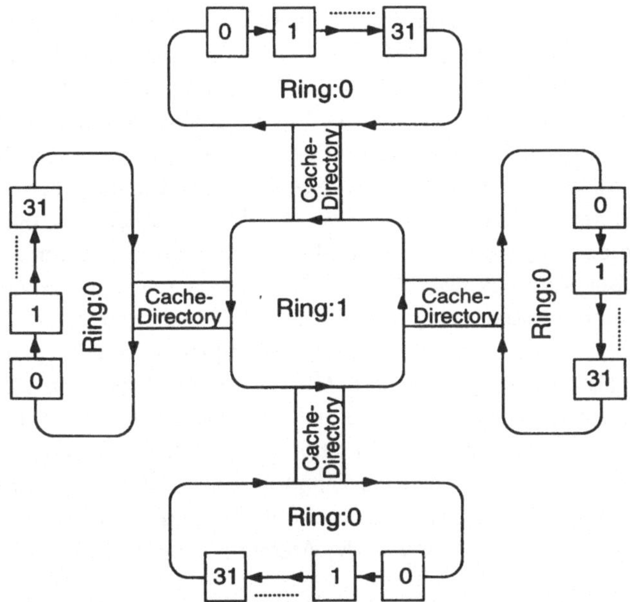

Abbildung 11.13: *Hierarchisches Ringsystem des KSR-2 AllCache Parallelrechners*

Die Besonderheit dieses Parallelrechners ist die Implementierung des *AllCache Memory Designs*. Jeder Prozessor enthält einen Subcache mit je 256 KByte für Befehle und Daten. Der 32 MByte RAM-Bereich wird als lokaler Cache angesehen, welcher in 16KByte Seiten mit jeweils 128 128-Byte Subseiten unterteilt ist. Zusätzlich existiert in jedem PE ein lokales Cacheverzeichnis, in dem der Status jeder Subseite (Leserecht, exklusives Schreibrecht, nicht vorhanden) gespeichert ist. Will ein Prozessor eine Subseite lesen, die nicht in seinem lokalen Cache gespeichert ist, so sendet er einen Request auf seinen Ring:0. Dies ist ein segmentierter Ring, in dem der Request von PE zu PE weitergereicht wird. Befindet sich die gesuchte

Subseite in keinem der 32 PEs auf dem Ring, so wird die Anforderung in die höhere Hierarchie-Ebene (Ring:1) weitergeleitet. In jeder Verbindungsstelle zwischen den beiden Ringhierarchien befindet sich ein *AllCache Directory*, das alle Einträge der lokalen Caches des verbunden Ring:0 enthält. So ist es für Anforderungen im Ring:1 möglich, den Zielcache zu finden, ohne auf die einzelnen Ringe:0 überzuwechseln. Bei einem Schreibvorgang auf eine Subseite werden zuerst alle Kopien dieser Seite im System ungültig gemacht. Danach kann die neu erstellte Subseite, wie zuvor beschrieben, wieder von anderen PEs gelesen werden.

Suprenum

Der Suprenum MIMD-Rechner der Gesellschaft für Mathematik und Datenverarbeitung (GMD-First) umfaßt 256 PEs, wobei jedes 20 MFLOP-PE im wesentlichen aus einem MC68020 Prozessor (20 MHz), 8 MByte RAM, einem Scalar Arithmetic Coprocessor, einem Vectorprozessor mit 64 KByte Cache, einem Prozessor für Datenblocktransfers und einem Kommunikationsprozessor besteht [Gil88]. Die PEs sind in 16 Cluster zu je 16 PEs unterteilt, wobei jedem Cluster eine lokale Disk, ein Diskcontrollerknoten, Netzinterfaces (*bus interfaces*, *BIFs*) und ein Monitorknoten zur Leistungsmessung zugeordnet sind. Die einzelnen Knoten innerhalb eines Clusters sind über einen dualen 2x64-bit-Clusterbus mit einer Gesamtleistung von 256 MByte/s untereinander verbunden. Die 16 Cluster kommunizieren über einen zweidimensionalen 4x4-Torus miteinander, wobei jede Verbindung aus zwei antiparallel laufenden Ringen mit jeweils 280 Mbit/s besteht. Dieses in Abbildung 11.14a gezeigte Netz verbindet auch die Cluster mit drei Frontendrechnern. Um einen Cluster an die Doppelringe anzuschließen, benötigt jedes Cluster vier Netzinterfaces (BIFs) für die Anbindung des Clusters an die Ringe in jeder Himmelsrichtung (N, S, W und O) (siehe Abbildung 11.14b). Hierbei wird auf die Register-Insertion-Technik (siehe Abschnitt 3.2.3) zurückgegriffen, wie die Architektur eines BIFs in Abbildung 11.15 zeigt.

Jeder BIF-Port besitzt ein 9-bit breites Eingangs- bzw. Ausgangsregister, wobei der eine Ring an I_1 bzw. O_1 und der andere Ring an I_2 bzw. O_2 angeschlossen ist. Datenpakete, die auf Ring 1 über Eingangsregister I_1 in das BIF gelangen und für dieses Cluster bestimmt sind, werden über den temporären Puffer B und das Empfangsregister R an das Cluster weitergegeben. Pakete, die das Cluster sendet, werden im Senderegister gepuffert und über das B-Register in die Ringe eingespeist. Das B-Register ist hierbei als ein Schieberegister ausgelegt, dessen effektive Länge durch die Stellung des Multiplexers eingestellt wird. Der 2x2-Schalter, der die beiden Ringe miteinander verbindet, kann zwei Stellungen einnehmen: *straight* oder *exchange*.

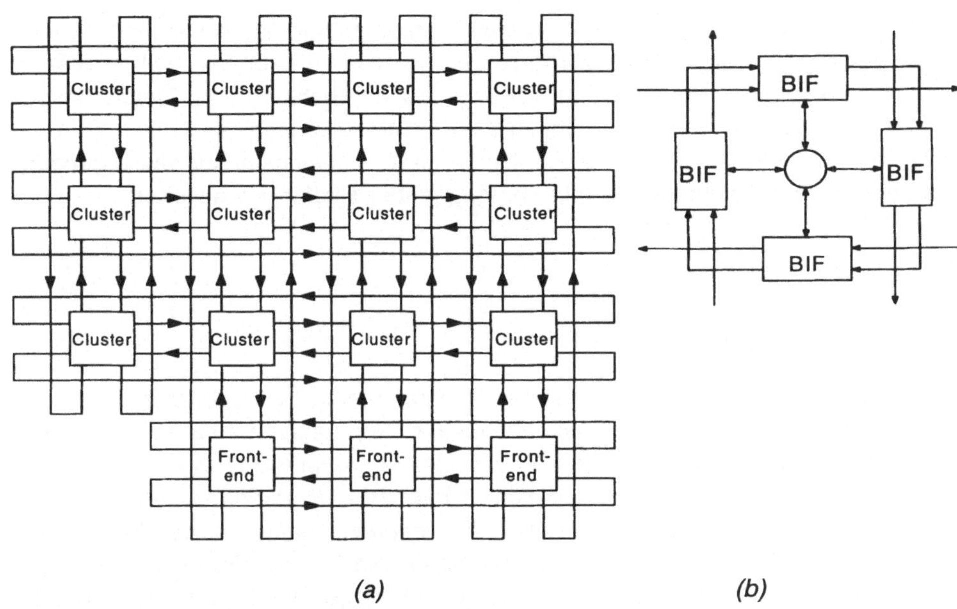

(a)   (b)

Abbildung 11.14: *(a) Torus-Topologie des Suprenum-Rechners; (b) Anbindung eines Clusters an das Doppelringsystem*

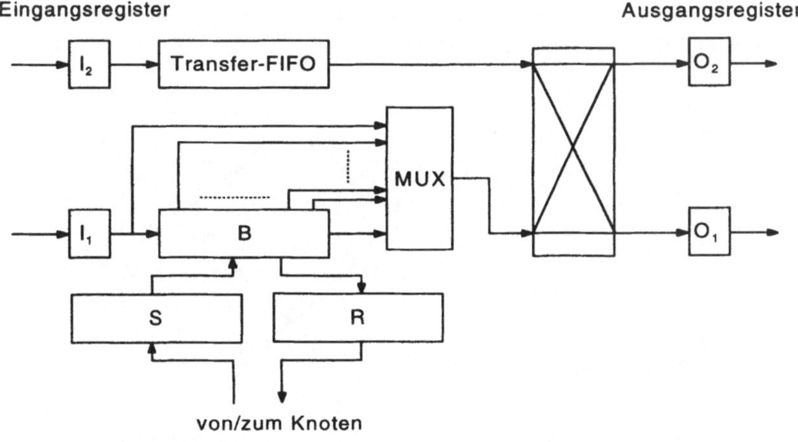

Abbildung 11.15: *Architektur eines Bus Interfaces (BIF) des Suprenum-Rechners*

Da Pakete an beiden BIF-Eingängen gleichzeitig ankommen können, existiert ein Transfer-FIFO-Puffer am Eingang I_2, in dem zur Konfliktauflösung Pakete zwischengepuffert werden. Um einen Überlauf dieses Transferpuffers und somit Datenverluste zu vermeiden, wird ein Hold-Signal erzeugt, wenn der Puffer fast voll ist. Dieses Signal teilt den BIFs, die in der entgegengesetzten Richtung zum Datentransport liegen mit, solange keine Pakete mehr zu diesem BIF zu senden, bis dessen Transferpuffer wieder Pakete aufnehmen kann. Durch die Doppelringstruktur des Suprenum-Rechners ist eine erhöhte Fehlertoleranz gegenüber Busfehlern gegeben.

11.2.4 Netzkombinationen

MasPar MP-1 und MP-2

Die Maspar MP-1 und MP-2 Systeme sind kommerziell verfügbare massiv parallele SIMD-Rechner der Firma MasPar Computer Corporation mit bis zu 16.384 PEs [Bla90]. Beide Maschinentypen haben die gleiche Architektur und unterscheiden sich im wesentlichen nur in der Komplexität ihrer PEs. Während die MasPar MP-1 4-bit Prozessoren mit jeweils 16KByte RAM benutzt, stehen in der MP-2 32-bit Prozessoren mit jeweils 64KBytes zur Verfügung. Die 16.384 PEs sind in 1024 sich nicht überlappende Cluster zu je 16 PEs aufgeteilt, wobei die 16 PEs eine 4x4-Matrix bilden. Zwei PE-Cluster sind auf einem VLSI-Chip zusammengefaßt und 64 PE-Cluster (1024 PEs) sind auf einer PE-Platine untergebracht. Zur Kommunikation zwischen den PEs stehen in beiden Rechnertypen ein 8-Nächste-Nachbarn-Netz (XNET) sowie ein globaler Router auf der Basis eines indirekten Netzes zur Verfügung. Das direkte Netz verbindet die acht nächsten Nachbarn in einer Torus-Topologie. Die Anzahl der Leitungen wurden durch Verwendung von Tristate-Logik minimiert, wie in Abbildung 11.16 dargestellt.

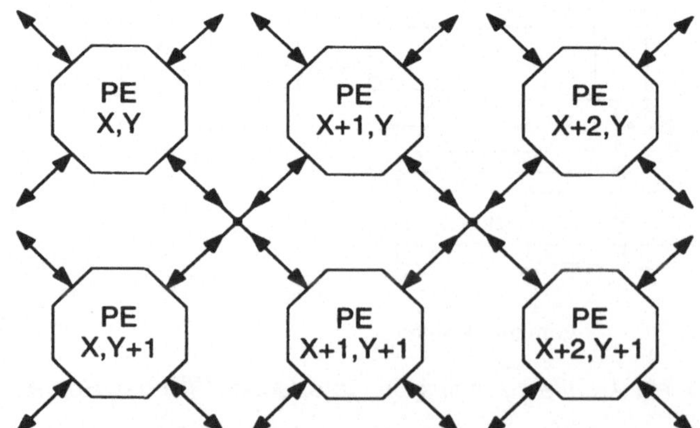

Abbildung 11.16: Verbindungsstruktur des MasPar XNET

Soll zum Beispiel eine Verbindung in horizontaler Richtung aufgebaut werden, müssen der südöstliche Ausgang und der südwestliche Eingang eines jeden PEs aktiviert werden (siehe Abbildung 11.17a). Wird nicht der südwestliche Eingang sondern der nordwestliche Eingang benutzt, so entsteht eine diagonale Verbindungsstruktur, wie in Abbildung 11.17b dargestellt.

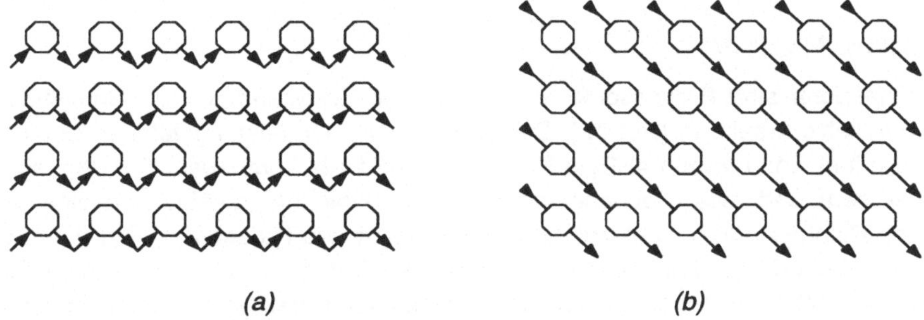

(a)   (b)

Abbildung 11.17: *MasPar XNET: (a) horizontale und (b) diagonale Verbindung*

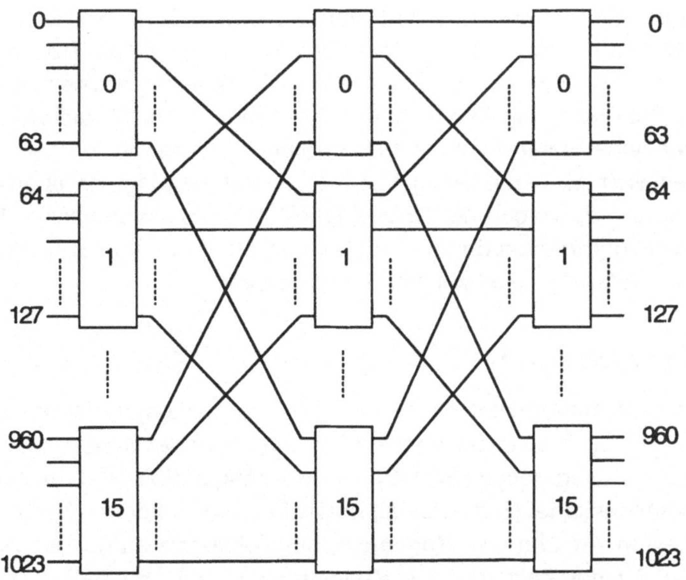

Abbildung 11.18: *Struktur des MasPar-Routers*

Das zweite zur Verfügung stehende Verbindungsnetz ist ein indirektes dreistufiges 1024x1024-Netz (siehe Abbildung 11.18), welches die 1024 PE-Cluster miteinander verbindet. So besitzt jedes Cluster jeweils einen 1-bit Anschluß zum Netzeingang und zum Netzausgang. Da sich die jeweils 16 PEs eines Clusters einen Netzeingang teilen, müssen Kommunikationsanforderungen dieser PEs serialisiert werden, was zu einer Verlangsamung der Kommunikation führt.

11.2.5 Transputersysteme

Transputer IMS T800

Transputer sind Prozessoren mit besonderen Erweiterungen zur Unterstützung von Parallelverarbeitung [RoD92]. Der IMS T800 ist ein leistungsfähiger 32-bit Prozessor mit einem internen 4KByte RAM (externes RAM kann zusätzlich angeschlossen werden) und zwei Recheneinheiten: eine 32-bit Integer-ALU und eine 64-bit Floating-Point-Einheit. Die einzelnen Komponenten des Prozessors sind über einen internen 32-bit-Bus miteinander verbunden. Der Transputer enthält spezielle Hardware, um Prozesse quasi-parallel mittels eines Zeitscheibenverfahrens abzuarbeiten. Außerdem verfügt der Transputer über vier bidirektionale Hochgeschwindigkeits-Kommunikationskanäle. Hiermit kann die Kommunikation zwischen Transputern über DMA-Kanäle abgewickelt werden. Diese seriellen Kanäle haben im IMS T800 eine Bandbreite von 20 Mbit/s; jedes versendete Datenbyte muß vom Empfänger durch eine rückgesendete Antwort bestätigt werden, bevor das nächste Datenwort verschickt werden kann. Mit den vier Kommunikationslinks eines Transputers können beispielsweise zweidimensionale Gitternetze sehr effektiv realisiert werden. Jedem Kanal ist im Prozessor ein DMA-Kanal zugeordnet, so daß Nachrichten vom und zum Speicher ohne zusätzliche Prozessorbefehle transferiert werden können. Wird ein Knoten lediglich zur Weiterleitung von Nachrichten benötigt, so ist dessen Leistung dennoch reduziert, da wegen der DMA-Zugriffe der Prozessorspeicher belastet wird. Zur effektiven Programmierung von Transputern steht die eigens hierfür entwickelte Programmiersprache OCCAM zur Verfügung [Inm83].

Inmos C004-Koppelelement

Das durchschaltevermittelnde Inmos C004-Koppelelement ist auf die Kommunikation der IMS T800 Transputer abgestimmt und verbindet 32 Ein- und Ausgänge in einer beliebigen Konfiguration [RoD92]. Diese Konfiguration wird über einen speziellen Kommunikationskanal (Steuerkanal) eingestellt. Somit können Verbindungen nicht in einer verteilten Art über die Kommunikationsleitungen aufgebaut werden. Durch diese Struktur ist die Zeitdauer zur Konfiguration hoch, so daß in der Regel nur

wenige Umkonfigurationen während eines Programmlaufs durchgeführt werden sollten. Auch darf während der Umkonfigurierung kein Datenaustausch auf den Daten-
kanälen stattfinden.

Parsytec Supercluster

Dieser Parallelrechner der Firma Parsytec benutzt Transputer aus der T800-
Familie (IMS T805-Transputer), die hierarchisch miteinander verbunden sind. Die
untere Ebene, auch *Computing Cluster* genannt, besteht aus 16 Transputern, die
über mehrere C004-Koppelelemente miteinander kommunizieren. In der zweiten Ebene
werden die Clusters miteinander und mit dem Host-Rechner wieder über C004-
Koppelelemente verbunden.

Transputer IMS T9000

Dieser Transputer ist eine Weiterentwicklung des T800, wobei auch weitrei-
chende Änderungen in der Architektur vorgenommen wurden [Inm91]. Das Blockschaltbild eines T9000-Transputers ist in Abbildung 11.19 gezeigt.

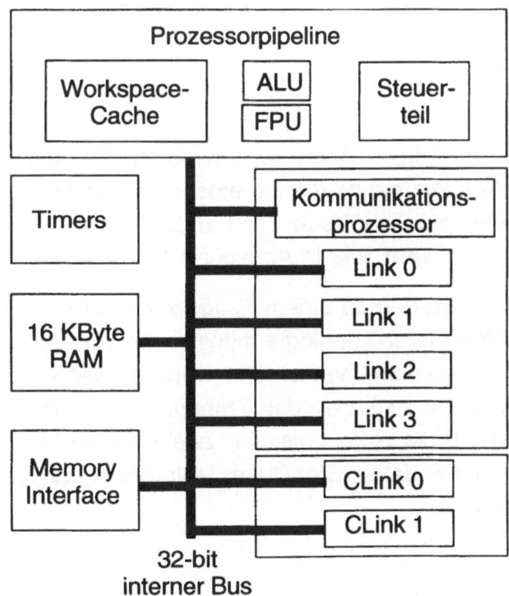

Abbildung 11.19: *Blockschaltbild eines T9000-Transputers*

Die beiden Rechenwerke (32-bit Integer und 64-bit Floating-Point) wurden enger miteinander verbunden, so daß nun eine überlappende Ausführung von Ganzzahl- und Fließkomma-Operationen möglich ist. Auch wurde eine 5-stufige Pipeline zur Leistungssteigerung eingeführt. Weiterhin wurde das interne RAM auf 16KByte vergrößert und ein Workspace-Cache zur Speicherung von 32 lokalen Variablen eingeführt. Das interne RAM ist in vier Bänke aufgesplittet, wobei auf diese Bänke parallel über einen internen Crossbar zugegriffen werden kann. Dieser Mechanismus führt zu einer Beschleunigung des RAM-Zugriffs, so daß eine Zugriffsgeschwindigkeit von 200 MWord/s erreicht werden kann. Auch die Funktionsweise der vier Kommunikationslinks wurde abgeändert. Ein eigener, interner Kommunikationsprozessor steuert nun die 100Mbit/s Links, wobei auf Paketvermittlung zurückgegriffen wird. Die vier physikalischen Kanäle können beliebig viele virtuelle Kanäle unterstützen.

Inmos C104-Koppelelement

Das Inmos C104-Koppelelement unterstützt die Kommunikation unter IMS T9000-Transputern und verbindet 32 Ein- und Ausgänge in einer beliebigen Konfiguration, und zwar paketvermittelnd [RoD92]. Hierzu wird ein interner 32x32-Crossbar verwendet. Zur Leistungssteigerung wurde das Prinzip des Wormhole-Routings implementiert.

Parsytec GC

Das GC-System der Firma Parsytec verwendet T9000-Transputer und C104-Koppelelemente [Par94]. Hierbei werden in einem Cluster 16 Transputer (plus einem zusätzlichen Transputer zur Erhöhung der Fehlertoleranz) über vier C104-Koppelelemente zusammengeschaltet, wie in Abbildung 11.20 gezeigt.

Vier dieser Cluster werden zu einem *GigaCube* über die C104-Koppelelemente in einer 3-dimensionalen Gitter-Topologie miteinander verbunden. Diese GigaCubes können wiederum 3-dimensional verschaltet werden (siehe Abbildung 11.21). Die Gesamtkommunikationsrate zwischen den Transputern innerhalb eines Clusters liegt bei 1.3 GByte/s, während die Rate zwischen zwei Clustern bei 1.1 GByte/s beträgt. Je nach Anzahl von verwendeten GigaCubes entsteht so ein Parallelrechner mit 64 bis zu 16384 Prozessoren.

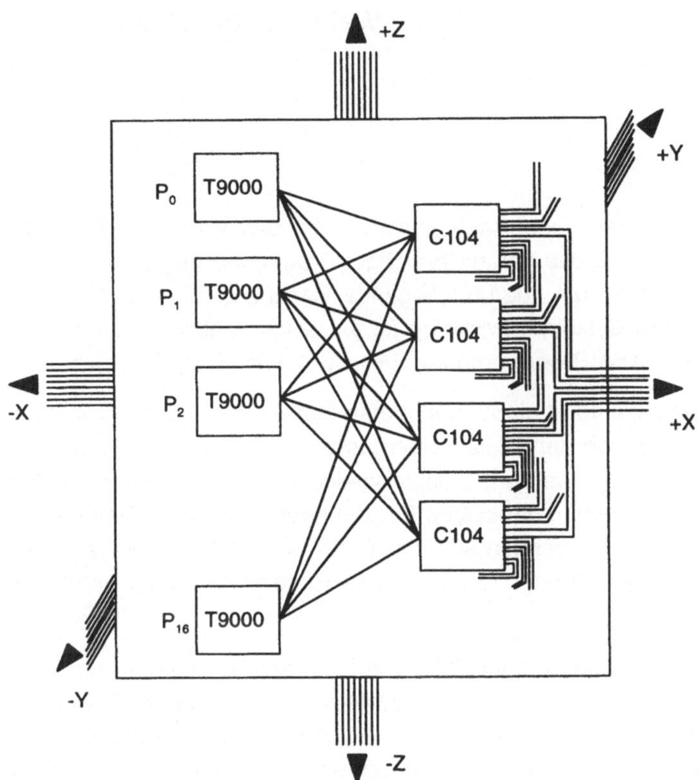

Abbildung 11.20: *Aufbau eines GC-Clusters*

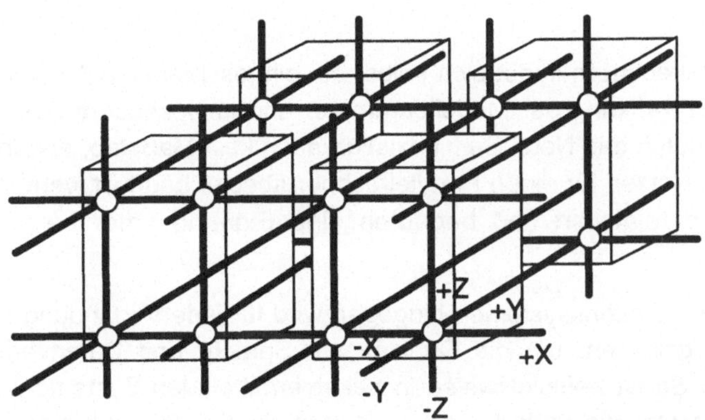

Abbildung 11.21: *3-dimensionale Verschaltung von mehreren GigaCubes*

12 Leistungsbewertung von Verbindungsnetzen

12.1 Überblick

Für den Nutzer eines Rechensystems ist das wichtigste Maß der Leistungsfähigkeit, wie schnell das gerade benötigte Programm ausgeführt wird. Von geringer
Bedeutung ist dabei die zugrundeliegende Rechnerarchitektur, ob parallel oder sequentiell. Für die Systementwicklung ist ein solches absolutes Maß nicht geeignet,
da eine Vielzahl von Programmen möglichst effektiv ausgeführt werden soll.

Bei der Bestimmung eines geeigneten Netzes müssen die verschiedenen Alternativen verglichen werden. Einerseits müssen rein qualitativ grundlegende Anforderungen berücksichtigt werden, beispielsweise eine Forderung nach Fehlertoleranz.
Die Klassen von Netzen, die solche Forderungen erfüllen, müssen quantitativ verglichen werden. Dies beschränkt sich nicht nur auf die Topologie, sondern muß gege-
benenfalls auf Realisierungsdetails wie die Pufferorganisation bei Koppelelementen
eingehen.

Dazu muß auf eine Modellbildung zurückgegriffen werden, um im Rahmen von
Anwendungsklassen zu geeigneten Systemen zu gelangen. Die Modelle müssen
einerseits die erwarteten Anwendungen widerspiegeln, beispielsweise durch vor-
aussichtliche Zugriffsmuster auf einen gemeinsamen Speicher. Andererseits müssen
auch Netzeigenschaften in einer Weise vereinfacht werden, die eine ausreichende
Genauigkeit der Untersuchungen bei einem vertretbaren Untersuchungsaufwand zuläßt. Diese Modelle der Anwendungen und der Netzarchitektur können nun bewertet
werden, wobei eine Reihe von Metriken möglich sind, die in Abschnitt 12.2.1 diskutiert werden.

Bei Parallelrechnern findet sich selbst bei eingeschränkten Anwendungsklassen
eine starke Schwankung der Modellparameter und insbesondere des anzunehmen-
den Verkehrs durch das Netz. Somit existiert auch kein Maßstab, anhand dessen die
Eignung eines Netzes für einen Parallelrechner absolut beurteilt werden könnte. Alle
Aussagen sind relativiert und bedeuten eine Eignung unter bestimmten Randbedingungen.

Bei Kommunikationssystemen hingegen wird für jede Verbindung eine bestimmte Dienstgüte gefordert, um die Qualität von Sprach- und Datenverbindungen zu
gewährleisten. So ist beispielsweise in paketvermittelnden Systemen die maximale
Anzahl der Pakete, die verloren gehen dürfen, begrenzt (typischerweise auf nicht
mehr als ein in 10^9 übertragenen Paketen), und es bestehen auch strenge Anforde-

rungen an die Schwankungsbreite der Durchlaufzeit (*Jitter*). Ein Paket, das für eine Sprachverbindung erforderlich ist, muß zur entsprechenden Zeit eintreffen, oder es kann nicht mehr genutzt werden. Anhand solcher Eigenschaften kann die Eignung eines Netzes präzise gefaßt werden, denn entweder werden die Anforderungen erfüllt oder nicht. Durch die Einführung neuer Dienste, beispielsweise von komprimierten Videoübertragungen, wird es auch hier zunehmend schwieriger, die Anforderungen einerseits sinnvoll zu modellieren, und andererseits die entsprechende Leistung sicherzustellen, da beispielsweise die Anforderungen an die Bandbreite einer Videoverbindung starken Schwankungen unterliegt.

Neben einem meist gut definierten Anforderungsprofil haben Kommunikationsnetze den Vorteil, daß der Verkehr in bestimmten Grenzen durch das System, beispielsweise den Vermittlungsrechner, gesteuert werden kann. Ist eine Einhaltung der geforderten Dienstgüte nicht mehr gewährleistet, so kann der Vermittlungsrechner zum Beispiel die Annahme weiterer Verbindungen verweigern, wodurch der Anrufer ein Besetztsignal erhält.

Die Leistungsfähigkeit von Netzen ist nicht nur durch deren Struktur bestimmt, sondern unterliegt auch anderen systembestimmten Parametern. Ein Beispiel sind Kommunikationsprotokolle. Wie in Kapitel 5 dargestellt, sind unterschiedliche Methoden der Wegesuche in direkten Wormhole-Routing-Netzen möglich. Obwohl die gleiche Struktur zugrunde liegt, hat beispielsweise ein Netz mit deterministischem XY-Routing eine wesentlich geringere Leistungsfähigkeit als eines mit virtuellen Kanälen oder einer adaptiven Wegesuche. Ein weiteres Beispiel sind langsame Kommunikationsprotokolle, die Nachrichten entweder nicht schnell genug an das Netz liefern oder zu langsam abnehmen; in vielen Parallelrechnern werden daher Kommunikationsprozessoren eingesetzt, die sicherstellen, daß der Hauptprozessor nicht durch Kommunikationsaufgaben verlangsamt wird.

Um jedoch Netze unterschiedlicher Topologie und internem Aufbau miteinander vergleichen zu können und so eine Entscheidung über die Eignung eines Netzes zu treffen, ist es erforderlich, abstrakte Modelle der Leistung einzuführen, die eine möglichst gute Korrelation mit den Anforderungen des jeweiligen Einsatzbereiches aufweisen sollen. Durch Eingrenzung der Anwendungsklasse können unterschiedliche Maße sinnvoll werden.

In diesem Kapitel werden zunächst Leistungsmaße diskutiert, mit denen die Eignung von Netzen erfaßt werden kann. Danach werden Verkehre und Verkehrsmodelle untersucht, die den tatsächlichen Datenverkehr im Netz mehr oder weniger gut annähern. Methoden der Leistungsbewertung durch analytische Berechnung und durch Simulation schließen sich an, gefolgt von einem simulativen Leistungsvergleich von Verbindungsnetzen unter unterschiedlichen Datenverkehren.

12.2 Leistungsmaße

12.2.1 Strukturelle/Verkehrsunabhängige Kriterien

Durch die Untersuchung der Struktur eines Netzes können Aussagen über die Leistungsfähigkeit ohne Berücksichtigung des zu erwartenden Verkehrs oder der Realisierung gemacht werden. So erlaubt der Durchmesser von direkten Netzen eine Aussage über die maximale Anzahl von Kommunikationsschritten zwischen beliebigen Quellen und Senken. Über die Bisektionsweite kann die Bandbreite für den Datenaustausch zwischen den Hälften eines Netzes beurteilt werden. Diese Maße werden intensiv genutzt, um Topologien zu beurteilen und fundamentale oder inkrementelle Verbesserungen vorzunehmen. Der Grad des Netzes bestimmt die maximale Anzahl von Verbindungen pro Knoten und ist damit Maß für die Hardwarekomplexität eines Knotens.

So werden oft Star-Graphen und Cube-Netze verglichen. Bei ähnlichen Eigenschaften und Komplexitäten bietet der Star-Graph einen geringeren Durchmesser als das Cube-Netz, so daß die Nutzung des Star-Graphen in vielen Arbeiten vorgeschlagen wird. Die in Abschnitt 3.9 dargestellten Arbeiten über modifizierte Cube-Netze zielen alle auf eine Reduktion des Durchmessers bei gleichbleibender oder geringfügig erhöhter Hardwarekomplexität ab.

Durch die Topologie direkter Netze sind auch die Wege zwischen Quellen und Senken vorgegeben. Bei vielen Netzen sind mehrere Wege möglich, beispielsweise beim direkten Cube-Netz. Durch Nutzung dieser unabhängigen Wege kann ein solches Netz Fehler tolerieren. Wie zuvor erwähnt, hängt die Möglichkeit, im Betrieb Fehler zu tolerieren, dann von der Routing-Methode ab. Wird beispielsweise die e-Cube-Methode genutzt (siehe Abschnitt 5.2.2), so wird nur einer der möglichen Wege zugelassen, so daß das Netz im System nicht mehr fehlertolerant ist.

Auch bei indirekten Netzen sind strukturelle Maße von Bedeutung. So werden durch die Struktur die durchführbaren Permutationen eines Netzes bestimmt. Bei fehlertoleranten Netzen hängt die Art der tolerierbaren Fehler sowie die Leistungsfähigkeit im Fehlerfall von der Topologie ab.

Strukturelle Maße haben den Vorteil, daß sie meist gut bestimmt werden können; beispielsweise ist für die meisten direkten Netze der Durchmesser als Funktion der Netzgröße bekannt. Sie bieten damit Randbedingungen, denen jede Realisierung unterliegt. Sie können daher im Vorfeld zur Auswahl geeigneter Strukturen genutzt werden. Vielfach bieten strukturelle Maße unumgängliche Kriterien. Muß ein Netz etwa beliebige Permutationen unterstützen, so ist die Wahl auf rearrangierbare oder nicht-blockierende indirekte Netze (oder eine Vollvermaschung) eingeschränkt.

Diese Vorteile werden durch zwei prinzipielle Nachteile relativiert: die Unabhängigkeit vom Verkehr und die fehlende Berücksichtigung der Realisierung. Nutzt ein Algorithmus beispielsweise nur Daten seiner nächsten Nachbarn, so ist ein Gitter-Netz trotz seines hohen Durchmessers wegen der geringen Kosten sehr gut geeignet, wie auch aus der Verbreitung von Gitternetzen in massiv parallelen Computersystemen ersichtlich ist (siehe Abschnitt 11.2).

Das Wormhole-Routing-Verfahren mit seiner reduzierten Abhängigkeit von der Anzahl der Router auf einem Weg und adaptive Routing-Verfahren, die eine Erhöhung der Zwischenschritte verursachen können, zeigen ebenfalls eine verringerte Bedeutung der topologischen Maße für die Beurteilung der Verbindungsnetze.

Ein weiterer Grund für die Schwierigkeit, die Leistung eines Netzes allein anhand topologischer Kriterien zu beurteilen, ist durch die Realisierung gegeben. So sind durch neue Technologien wie der optischen Verbindungstechnik (siehe Kapitel 9) Bandbreiten ermöglicht worden, die effektiv eine Vollvermaschung zwischen allen Knoten eines Netzes zulassen, selbst bei höheren Knotenzahlen. Dann spielt die Netztopologie eine untergeordnete Rolle.

Auch bei konventionellen Technologien können durch die Erhöhung der Bandbreite, beispielsweise durch Parallelisierung, die Randbedingungen soweit geändert werden, daß sich Netze eignen, die von der Topologie her ungünstiger scheinen. Ein Beispiel ist das Ringnetz in der KSR-2, über das Speicherzugriffe mit akzeptabler Geschwindigkeit möglich sind (siehe Abschnitt 11.2.3).

Schließlich sind alle topologischen und strukturellen Maße rein statisch, können also temporäre Überlasten nicht berücksichtigen. In vielen Fällen sind solche Überlasten und deren Einfluß auf die Netzleistung von hoher Bedeutung (siehe Abschnitt 12.7.2.2).

Ein Mittel zwischen den topologischen Kriterien und den verkehrsabhängigen Maßen (siehe nächster Abschnitt) sind entfernungsabhängige Maße [Wit81]. Hierbei wird eine Lokalität von Zugriffen angenommen, beispielsweise daß Nachrichten im Mittel nur zwei Nachbarn weiterlaufen.

12.2.2 Verkehrsabhängige Leistungsmaße

Sobald der Verkehr durch das Netz mit berücksichtigt wird, kann die tatsächliche Übertragungsleistung eines Netzes als Maß genutzt werden. Es können alle Realisierungsaspekte erfaßt werden, jedoch wird oft eine Vereinfachung erforderlich, um Vergleiche zuzulassen. In der Regel hängt die Übertragungsleistung eines Netzes im starken Maße von der Anwendung und damit vom angebotenen Verkehr ab.

Ein Maß für die Übertragungsleistung eines Netzes ist der *Datendurchsatz*, der als die mittlere Anzahl von Nachrichten, die pro Zeiteinheit durch das Netz gelangen, definiert ist. In vielen Fällen ist der Durchsatz jedoch nicht die bestimmende Größe für die Ausführungszeit von Programmen, sondern die *Durchlaufzeit* von Nachrichten durch das Netz. Diese Zeit kann sich aus mehreren Teilen zusammensetzen: der *Setup-Zeit* (die Zeitspanne während eines Verbindungsaufbaus in durchschaltevermittelnden Netzen), der *Latenzzeit* und einer *Wartezeit*, abhängig vom Vermittlungsprotokoll des Netzes. Die Latenzzeit ist hierbei die minimale Durchlaufzeit einer Nachricht durch das Netz, wenn diese Nachricht durch keine anderen Nachrichten im Netz behindert wird. Die Durchlaufzeit von Nachrichten in Parallelrechnernetzen kann wesentlich wichtiger sein als der Durchsatz, wenn beispielsweise der Fortgang eines Programms vom Erhalt sehr kurzer Nachrichten abhängt. Kommen diese Nachrichten schnell an der Senke an, so ist dies viel wichtiger als eine hohe Datenrate, die nur bei längeren Nachrichten zum Tragen kommt.

In vielen Fällen sind nicht nur der Mittelwert der Durchlaufzeit, sondern auch höhere Momente dieser Zeit von Bedeutung. Besonders wichtig ist die Varianz der Durchlaufzeit, auch *Jitter* der Durchlaufzeit genannt, da diese Schwankungsbreite ein wesentliches Kriterium für die Dienstgüte in Kommunikationsnetzen darstellt.

In Netzen kann die mittlere *Netzauslastung* als ein weiteres Leistungsmaß genutzt werden, die als das Verhältnis von der mittleren Abgangsrate der Nachrichten an den Netzausgängen zu der Kapazität des Netzes (maximal möglicher Durchsatz) definiert ist. In den folgenden Abschnitten werden Maße für unterschiedliche Arten von Netzen näher erläutert.

12.2.2.1   Durchschaltevermittelnde Netze

In einem durchschaltevermittelnden Netz können Daten mit maximaler Geschwindigkeit transportiert werden, sobald die Verbindung aufgebaut ist. Für die Paketdurchlaufzeit sind also zwei Kriterien relevant: die Setup-Zeit bestimmt die Zeitspanne, um eine Verbindung durch das Netz aufzubauen, die Latenzzeit ist gleich der Zeitspanne zwischen Absenden und Empfangen einer Nachricht über den aufgebauten Weg. Somit gilt für durchschaltevermittelnde Netze:

Durchlaufzeit = Setup-Zeit + Latenzzeit.

Bleibt in einem durchschaltevermittelnden System eine Verbindung längerfristig aufgebaut (z. B. während einer Programmausführung oder während eines Telefongesprächs), so kommt der Latenzzeit wesentliche Bedeutung zu. Der Datentransport kann nicht nur über eine direkte Verbindung zwischen Quelle und Senke erfolgen, sondern ist auch durch Pakete möglich, die von Stufe zu Stufe weitervermittelt werden, wie z. B. in Wormhole-Routing-Netzen. In diesem Fall kann die Latenzzeit vor allem bei kurzen Nachrichten einen wesentlichen Einfluß haben, wie oben erwähnt.

Die Leistung während der aufgebauten Verbindung ist also einfach zu messen; schwieriger sind Maße für den Verbindungsaufbau und Abbau zu bestimmen.

Netze mit Block-Protokoll

Die Art der Maße hängt unmittelbar von der Realisierung des Netzes bzw. der Protokolle ab. In einem Netz mit Block-Protokoll (beispielsweise den meisten Wormhole-Routing-Netzen) kann die Setup-Zeit in die *eigentliche Setup-Zeit* und die *Blockierungszeit* unterteilt werden. Die eigentliche Setup-Zeit ist die Zeit, die für den Aufbau der Verbindung erforderlich ist, wenn der Aufbau nicht durch andere Nachrichten behindert wird. Die Blockierungszeit hingegen ist die Wartezeit, während der eine aufzubauende Verbindung im Netz oder am Netzausgang blockiert ist, also auf die Freigabe von benötigten Wegsegmenten oder Koppelelementen wartet. Besonders wichtig ist die Blockierungszeit bei Netzen, in denen durch adaptives Routing ein Deadlock möglich ist (siehe Kapitel 5), da dort durch geeignete Maßnahmen Deadlocksituationen vermieden oder erkannt werden müssen.

Netze mit Drop-Protokoll

In einem Netz mit Drop-Protokoll wird ein Vermittlungsversuch abgebrochen, sobald ein Teil des Weges blockiert ist. Somit ist nur die eigentliche Setup-Zeit von Bedeutung; es gibt keine Blockierungszeit und somit auch keine Deadlocks. Hingegen ist hier die *Annahmewahrscheinlichkeit* von Bedeutung. Die Annahmewahrscheinlichkeit besagt, welcher Teil der Nachrichten, die in das Netz geschickt werden, tatsächlich auch vermittelt wird. Selbst in einem blockierungsfreien Netz ist $P_{Annahme}$ in der Regel kleiner als 1, da auch Ausgangskonflikte erfaßt werden, die stets zu Blockierungen führen.

Offensichtlich ist die Annahmewahrscheinlichkeit stark vom Verkehr durch das Netz abhängig. Werden zum Beispiel in einem Generalized-Cube-Netz Permutationsverbindungen aufgebaut, die vom Netz ermöglicht werden (beispielsweise Quelle i zu Senke $i + k$ mod N), so ist gilt $P_{Annahme} = 1$. Werden jedoch beliebige Permutationen zugelassen, so ist die Annahmewahrscheinlichkeit erheblich geringer, da das Netz nur einen kleinen Teil der möglichen Permutationen beherrscht. Somit ist dieses Maß besonders wichtig bei blockierenden Netzen, da es die maximale Leistung unter vorgegebenem Verkehr bestimmt.

12.2.2.2 Paketvermittelnde Netze

In diesem Abschnitt werden Leistungsmaße für paketvermittelnde Netze betrachtet, in denen jedes Datenpaket auch Vermittlungsinformation beinhaltet. Dadurch wird keine Verbindung länger als für ein Paket aufrechterhalten. Im einfachsten Fall kann das Netz paketsynchron sein, so daß Pakete in einem Zyklus von Router zu Router bzw. Stufe zu Stufe weitergereicht werden. In der Regel finden sich in den Routern bzw. Koppelelementen eines solchen Netzes Paketpuffer, deren Länge je nach Auslegung schwankt. Pakete können dann während des Transports gepuffert werden, wobei diese Zeit in der Durchlaufzeit erfaßt wird. Wird ein Paket in jeder Stufe ohne Beeinflussung durch anderen Verkehr weitervermittelt (alle Puffer in den Koppelelementen sind leer), ergibt sich die minimale Durchlaufzeit oder auch Latenzzeit. Weiterhin existiert neben der Latenzzeit eines Paketes noch die Wartezeit in den einzelnen Puffern auf dem Weg durch das Netz. Somit gilt für paketvermittelnde Netze:

Durchlaufzeit = Latenzzeit + Wartezeit.

In Netzen mit Block-Protokoll, die auch keine Pakete an den Quellen verlieren, ist die Durchlaufzeit nicht begrenzt. In Kommunikationssystemen ist jedoch die maximale Durchlaufzeit von hoher Bedeutung; wird sie überschritten, so ist die Übertragung eines Paketes in vielen Fällen nicht mehr sinnvoll. Daher werden in Kommunikationssystemen überwiegend Netze mit Drop-Protokoll verwendet; es können aber auch Block-Netze eingesetzt werden, die an den Quellen Paketpuffer mit begrenzter Länge haben. In beiden Fällen können Pakete verloren gehen. Dann kommt als weiteres Maß die *Paketverlustwahrscheinlichkeit* hinzu. In der Regel muß diese Wahrscheinlichkeit sehr klein sein.

Auch in paketvermittelten direkten Netzen ist Deadlock möglich, wenn Nachrichten nicht verloren gehen. Solche Situationen sind ausführlich in [Gun81, MeS80] diskutiert. Hinzu kommt die Möglichkeit des Livelock, bei dem wiederholte identische Anforderungen bzw. Paketübertragungen nie zum Ziel kommen (siehe Kapitel 5). Das Auftreten von Deadlock und Livelock hängt vom Routing-Verfahren ab und ist ein qualitatives Leistungsmaß.

Weitere Maße in diesen Netzen beziehen sich auf die Belegung der Koppelelementpuffer, beispielsweise mittlere Pufferlänge oder höhere Momente.

In den meisten indirekten Netzen spielen topologische Kriterien wie die möglichen Permutationen eine Bedeutung (blockierend, rearrangierbar, blockierungsfrei), die jedoch bei paketvermittelten Netzen in den Hintergrund treten. Dort sind die maximal erzielbare Netzauslastung, die Blockierungswahrscheinlichkeit, die durchschnittliche Durchlaufzeit und die Schwankungsbreite der Durchlaufzeit von unmittelbarer Bedeutung. Diese Maße werden in Abschnitt 12.5 weiter diskutiert.

12.3   Verkehrsmodelle

12.3.1 Allgemeines

Die Leistungsfähigkeit eines Verbindungsnetzes kann nur im Kontext seiner Belastung gesehen werden, also dem Kommunikationsverkehr. Soll die Leistungsbewertung zur Beurteilung und Bestimmung eines geeigneten Netzes vor der Realisierung genutzt werden, so ist der zu erwartende Verkehr nur in seltenen Fällen hinreichend genau bekannt. Insbesondere in Parallelrechnern schwankt die Last und die Verkehrscharakteristik von Programm zu Programm, so daß auf vereinfachende Modelle zurückgegriffen werden muß. In Kommunikationssystemen kann für Sprachverbindungen durch die Verbindungsannahme eine recht gute Aussage über die Art der zu erwartenden Last gemacht werden. Für neue Dienste wie Videoübertragung ist dies wiederum nur schlecht möglich. Somit werden in der Regel Verkehrsmodelle verwendet, durch die ein bestimmtes Verkehrsverhalten angenähert und idealisiert wird. Oft werden unterschiedliche Verkehrsarten überlagert, um Problematiken aufzuzeigen.

Durch die Verkehrsmodellierung werden in der Regel bestimmte Klassen von Anwendungen, Aufgaben oder Diensten angenähert. Beispiele sind gemeinsame Speicher und virtuelle gemeinsame Speicher in Parallelrechnern oder Videodienste in Kommunikationssystemen.

Bei der Erzeugung eines Modellverkehrs sind zwei voneinander unabhängige Parameter zu berücksichtigen: die Verkehrsrate und die Verbindungsverteilung. Bei der *Verkehrsrate* wird bestimmt, in welchem zeitlichen Abstand bzw. in welcher statistischen Verteilung Nachrichten in das Netz gesendet werden. Die *Verbindungsverteilung* legt fest, welche Quellen und Senken miteinander kommunizieren.

Nur in Ausnahmefällen ist die Messung von Netzen unter realen Verkehrsbedingungen möglich, so daß in der Regel eine Modellierung des Verkehrs vorgenommen werden muß. Unter einem solchen Verkehrsmodell sind dann die Leistungsparameter eines Verbindungsnetzes analytisch oder zumindest durch Simulation faßbar.

Die Modellbildung soll die realen Bedingungen zwar vereinfachen, gleichzeitig jedoch eine möglichst sinnvolle und angemessene Abstraktion sein. Aus diesem Grund wurden zahlreiche Verkehrsmodelle entwickelt, von denen einige wichtige Modelle hier vorgestellt werden. Diese Modelle werden in den folgenden Abschnitten zur Bewertung einiger spezifischer Netze herangezogen.

Der Prozeß der Generierung von Nachrichten und die statistische Verteilung von Kommunikationszielen sind die zwei wesentlichen, voneinander unabhängigen Parameter, mit denen eine Verkehrsquelle spezifiziert wird. Typen von Verbindungsverteilungen sollen zunächst erläutert werden.

12.3.2 Verbindungsverteilung

Die Verbindungsverteilung bestimmt, zu welchen Zielen Nachrichten gesendet werden sollen. Bei Parallelrechnern ist aufgrund der Algorithmen die Zielauswahl oft lokal eingegrenzt (z.B. nur zu den unmittelbaren Nachbarn) oder durch Permutationen geprägt. Bei Kommunikationssystemen und z. B. Parallelrechnern mit globalem Speicher ist meist eine zufällige Kommunikationsstruktur zu erwarten. Dies spiegelt sich in den folgenden Verkehrsmodellen wider.

12.3.2.1   Gleichverteilter Verkehr

Kann eine Quelle N mögliche Ziele erreichen, so ist eine Nachricht zu jedem Ziel mit gleicher Wahrscheinlichkeit gerichtet. Somit beträgt die Wahrscheinlichkeit $1/N$, daß eine Nachricht zu einem bestimmten Ziel geleitet wird, wobei alle Ziele im statistischen Mittel gleich häufig angesprochen werden. Diese Verteilung isz insbesondere bei analytischen Methoden zur Leistungsbewertung von Netzen weit verbreitet. Für Kommunikationssysteme ist dieses Modell meist eine gute Annäherung des tatsächlichen Verkehrs, bei Parallelrechners ist es jedoch problematisch. Dort findet sich oft eine Lokalität des Zugriffs wie im nächsten Abschnitt ausgeführt.

12.3.2.2   Lokaler Verkehr

Eine solche Zielverteilung ist nur im Kontext einer bestimmten Netztopologie definiert, da die Lokalität durch ein Entfernungsmaß wie die Anzahl der Schritte zwischen zwei Prozessoren festgelegt werden muß. Eine Möglichkeit ist dann, mittels einer Verteilungsfunktion die Entfernung festzulegen, und dann zufällig Verbindungen zwischen den Prozessoren in dieser Entfernung aufzubauen. Zu diesen Verkehren gehören die Modelle der *sphere-of-locality* und der *decreasing probability*. Beim sphere-of-locality-Modell liegen die Senkenadressen der Nachricht mit einer hohen Wahrscheinlichkeit h innerhalb einer Kugel mit dem Radius R (gemessen in der Anzahl der Vermittlungsschritte vom Quellenknoten aus gerechnet) um den Quellknoten herum, während sie mit der Wahrscheinlichkeit $(1 - h)$ außerhalb der Kugel liegen. Beim decreasing probability-Modell nimmt die Wahrscheinlichkeit der Kommunikation zwischen zwei Knoten mit deren Distanz nach einer zu spezifizierenden Verteilungsfunktion ab.

12.3.2.3   Statischer Hot-Spot-Verkehr

In den bisherigen Diskussionen über die Leistungsbewertung von Verbindungsnetzen wurde meist ein gleichmäßiger Verkehr angenommen. Für viele Situationen beim Betrieb von Parallelrechnern ist dieses Modell jedoch nicht ausreichend. So findet bei Synchronisationsschritten in einem parallelen Programm auf Maschinen mit gemeinsamem Speicher ein Zugriff von vielen Prozessoren auf eine bestimmte Speicherzelle statt, in der die Synchronisationsinformation abgelegt ist. Einerseits führt dies zu einem Engpaß bei dieser Speicherzelle (dem *Hot-Spot)*, da immer nur ein Zugriff pro Speicherzyklus möglich ist, jedoch viele Zugriffe nacheinander bedient werden müssen. In blockierenden Netzen (z. B. in Generalized-Cube-Netzen) führt dieser Effekt jedoch zu einer Verlangsamung nicht nur der Nachrichten, die an die überlastete Speicherzelle gerichtet sind, sondern zusätzlich zu einem weitgehenden Zusammenbruch der gesamten Leistungsfähigkeit des Netzes. Dieser *Hot-Spot-Contention-Effekt* wurde zuerst von PFISTER und NORTON beschrieben [PfN85] und soll im folgenden diskutiert werden.

Das Systemmodell ist ein Parallelrechner mit $N = 2^n$ Prozessoren und N Speichern, die durch ein Generalized-Cube-Netz verbunden sind. Im einfachsten Verkehrsmodell, mit dem der Hot-Spot-Effekt verursacht werden kann, erzeugen die Prozessoren einen Bernoulli-Verkehr mit Verkehrrate λ. Ein Bruchteil h ($0 \leq h \leq 1$) dieses Verkehrs ist zu einem Hot-Spot gerichtet, so daß jeder Prozessor mit einer Rate $h\lambda$ Nachrichten zum Hot-Spot sendet. Die übrigen Nachrichten sind mit gleicher Wahrscheinlichkeit an alle N Speicher gerichtet. Demnach ist insgesamt ein Verkehr von $\lambda_h = \lambda(1 - h) + \lambda h N$ an den Hot-Spot gerichtet, so daß in jedem Zyklus diese Anzahl von Nachrichten an den Hot-Spot gesendet werden. Ein Speichermodul kann jedoch maximal einen Speicherzugriff per Netzzyklus bedienen, so daß bei genügend großem h eine Überlast entsteht. Die asymptotisch maximale Verkehrsrate pro Prozessor Λ, bei der noch keine Überlast entsteht, ist dadurch charakterisiert, daß die Last am Hot-Spot maximal ist ($\lambda_h = 1$). Dann gilt

$$\Lambda = \frac{1}{1 + h(N - 1)}.$$

Bei dieser Last kann der Hot-Spot also im Mittel alle eingehenden Anfragen bedienen, jedoch führt die hohe Last zu einer starken Pufferauslastung, insbesondere in den Stufen in der Nähe des Netzausgangs. Übersteigt λ_h den Wert 1, so kann der Hot-Spot nur noch einen Teil der eingehenden Nachrichten schnell genug bedienen. In einem blockierenden Netz mit begrenzter Pufferkapazität pro Koppelelement werden dann zunächst die Pufferplätze im Koppelelement gefüllt, das mit dem Hot-Spot-Speicher verbunden ist. Sobald diese Plätze belegt sind, füllen sich die Puffer aller Koppelelemente, die mit dem Element am Ausgang verbunden sind, usw. Da gemäß dem Hot-Spot-Modell alle Prozessoren Nachrichten zum Hot-Spot senden, füllen sich auch die Puffer in der Eingangsstufe. Somit bildet sich ein *Überlastbaum* (*Sättigungsbaum*) im Netz, in dem die Puffer in den zugehörigen Koppelelementen des Baumes gefüllt sind. Nachrichten, die nicht zum Hot-Spot gerichtet sind, jedoch durch einen Teil des Baumes transferiert werden müssen, werden ebenfalls verzögert. In Abbildung 12.1 ist der Überlastbaum in einem Generalized-Cube-Netz mit *N* = 8 unter einem Hot-Spot-Verkehr zur Senke 4 gezeigt. Die Möglichkeit der *Tree-Saturation* ist einer der wesentlichen Nachteile von blockierenden mehrstufigen Verbindungsnetzen.

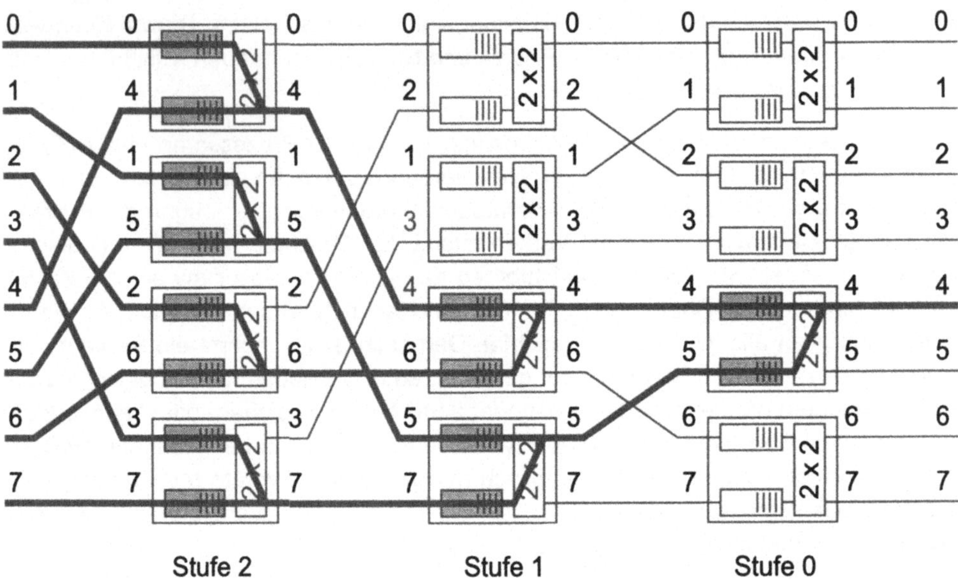

Abbildung 12.1: *Überlastbaum in einem Generalized-Cube-Netz mit N = 8 und einem Hot-Spot bei Senke 4*

Dieser Hot-Spot-Verkehr geht von einer kontinuierlichen Last am Hot-Spot aus. Für reale Systeme ist diese Annahme jedoch meist nicht gerechtfertigt. Insbesondere für das konzeptionelle Verständnis ist dieses Modell jedoch gut geeignet. In realen Systemen ist die Lebensdauer eines bestimmten Hot-Spots in der Regel begrenzt. So können beispielsweise alle Prozessoren an einer Stelle eines parallelen Programms eine Anzahl von Zugriffen auf den Hot-Spot durchführen. Zwar gilt das obige Verkehrsmodell noch, jedoch nur für einen begrenzten Zeitraum, so daß sich dynamische Effekte des Auf- und Abbaus von Hot-Spots ergeben. Eine Möglichkeit, dieses dynamische Verkehrsverhalten mit zu berücksichtigen, ist die Benutzung des Modells des dynamischen Hot-Spot-Verkehres, welches im nächsten Abschnitt beschrieben wird.

12.3.2.4 Dynamischer Hot-Spot-Verkehr

Dieser Verkehr berücksichtigt das dynamische Verhalten von temporären Hot-Spots. Ein häufiges Anwendungsszenario, in der ein dynamischer Hot-Spot auftreten kann, ist der Zugriff von Prozessoren auf eine gemeinsame Synchronisationsvariable. Das folgende Beispiel erläutert die Konsequenzen. Die Synchronisierung an einer bestimmten Stelle im Programm ist zum Beispiel dadurch möglich, daß alle Prozessoren auf die Synchronisationsvariable (*Semaphore*) zugreifen, den Wert um eins erhöhen und anhand des Wertes prüfen, ob alle Prozessoren den Zugriff bereits durchgeführt haben (siehe Abschnitt 6.5.2). Alle bis auf den letzten Prozessor warten dann auf den Abschluß der Synchronisation. Nach dem Zugriff auf die Synchronisationsvariable führen sie andere Programme aus, so daß während der Wartezeit also von allen Prozessoren weiterhin Nachrichten generiert werden, die zum Beispiel dem gleichmäßigen Verkehrsmodell folgen können. Der letzte Prozessor verschickt dann eine Broadcast-Nachricht an alle anderen Prozessoren, so daß der Synchronisationsprozeß abgeschlossen ist und alle Prozessoren synchronisiert mit der Programmausführung fortfahren. Ein ähnliches Verfahren kann auch für die Zuteilung von Verarbeitungsaufgaben genutzt werden. Hierbei kann zum Beispiel durch eine gemeinsame Variable eine Warteschlange mit neuen Aufgaben verwaltet werden, so daß auch hier die Prozessoren diese Variable abfragen und verändern müssen.

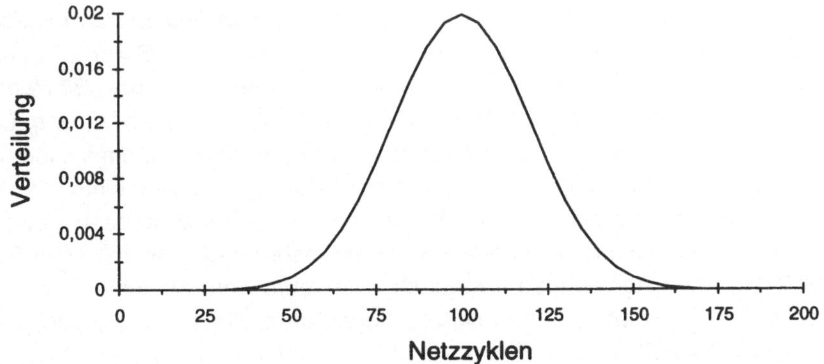

Abbildung 12.2: *Normalverteilung der pro Netzzyklus und Quelle erzeugten Hot-Spot-Pakete mit Mittelwert $\mu = 100$ und Standardabweichung $\sigma = 20$*

In beiden Szenarien wird also pro Prozessor nur eine Nachricht an den Hot-Spot gesendet. Da die Prozessoren einen Synchronisationspunkt zu unterschiedlichen Zeiten erreichen (sie laufen noch nicht synchron), kann dieses Hot-Spot-Verhalten zum Beispiel durch eine Normalverteilung der Zugriffe beschrieben werden. In diesem Modell erreichen die Prozessoren den Synchronisationspunkt im Mittel zum Zeitpunkt μ mit einer Streuung σ. Die Wahrscheinlichkeitsfunktion des Zugriffs ist in Abbildung 12.2 gezeigt. Auch bei einem solchen Modell ergibt sich ein Hot-Spot-Verhalten, das zeitlich begrenzt ist und einem realistischen Anwendungsszenario näher kommt. Die Erfassung der Konsequenzen dieses Verkehrsmodells ist jedoch ungleich schwieriger als die des statischen Modells, insbesondere wegen der dynamischen Effekte.

Statische und dynamische Hot-Spot-Verkehre werden in vielen Fällen mit zur Leistungsbewertung von Verbindungsnetzen in Parallelrechnern herangezogen, da hierdurch relativ realitätsnahe Szenarien (z. B. parallele Zugriffe auf gemeinsam genutzte Variablen von mehreren Prozessoren) berücksichtigt werden, die zu signifikanten Leistungseinbrüchen in direkten wie auch indirekten Netzen führen können.

12.3.2.5 Permutationsverkehr

Bei vielen Algorithmen müssen Daten zwischen spezifischen Prozessoren ausgetauscht werden. Ein Beispiel ist die *Fast-Fourier-Transformation* (*FFT*), die in mathematischer und numerischer Analyse eine bedeutende Rolle spielt. Applikationen der FFT beinhalten z. B. Partikelsimulation, Lösern von partiellen Differentialgleichungen, Lösern von Poisson-Gleichungen und Digitalfilter. Die parallele FFT benötigt zwei Typen von Interprozessorkommunikation, die in einer bestimmten Reihenfolge mehrfach benutzt werden [Sto87]: die *Perfect-Shuffle-Permutation*, in der eine Quelle mit der Adresse $Q = q_{s-1}, q_{s-2}, \ldots, q_1, q_0$ mit der Senke $S = q_{s-2}, \ldots, q_1, q_0, q_{s-1}$ kommuniziert und die *Bit-Reverse-Permutation* (eine Unterklasse der *Bit-Permute-Complement-Permutationen* [NaS82a]) bei der eine Quelle $Q = q_{s-1}, q_{s-2}, \ldots, q_1, q_0$ Daten zur Senke $S = q_0, q_1, \ldots, q_{s-2}, q_{s-1}$ schickt. In der strengen Form kommuniziert beim Permutationsverkehr jede Quelle im Netz mit einer Senke. Im allgemeinen Fall kann dies auf eine Untermenge beschränkt sein. Bei diesen Verkehren können also keine Konflikte an den Netzausgängen entstehen, da nie mehrere Quellen mit einer Senke kommunizieren. Allerdings können Permutationsverkehre Konfliktpunkte (*nonuniform traffic spots, NUTS*) innerhalb eines Netzes hervorrufen, die zu Leistungseinbußen führen können. Dies tritt z. B. in Generalized-Cube-Netzen unter einer Bit-Reverse-Permutation auf.

Bit-Reverse-Permutationsverkehr in Generalized-Cube-Netzen

In Generalized-Cube-Netzen unter Bit-Reverse-Permutationsverkehren werden allgemein die Permutationsnachrichten, die ein Koppelelement in der vorderen Netzhälfte betreten, von allen Elementeingängen auf einen Elementausgang konzentriert. In der Mittelstufe bei Netzen mit einer ungeraden Anzahl von Stufen werden die Daten permutiert, während sie in der hinteren Netzhälfte auf die einzelnen Koppelelementausgänge wieder verteilt werden. Die konvergierenden und divergierenden Wege der Permutationsnachrichten in einem fünfstufigen Generalized-Cube-Netz, aufgebaut aus 4x4-Koppelelementen, sind in Abbildung 12.3 gezeigt.

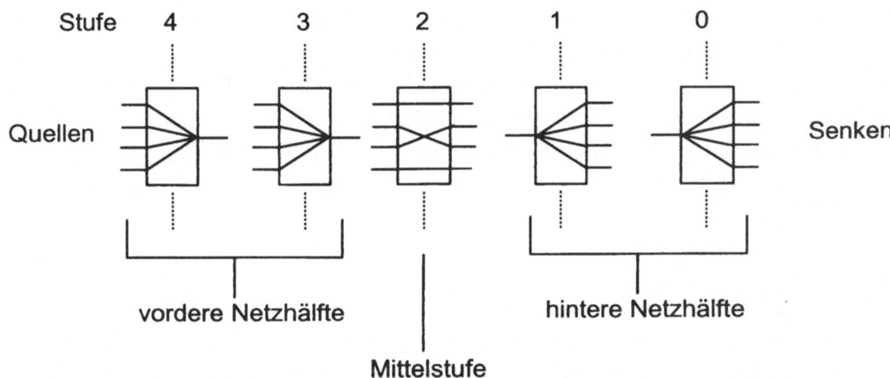

Abbildung 12.3: *Routing in einem fünfstufigen Generalized-Cube-Netz mit 4x4-Koppelelementen unter einem Bit-Reverse-Permutationsverkehr*

So werden in einem s-stufigen Netz, aufgebaut aus BxB-Koppelelementen, die Permutationsnachrichten von $B^{\lfloor s/2 \rfloor}$ verschiedenen Quellen auf eine heißen Ausgangsleitung der letzten Stufe in der vorderen Netzhälfte konzentriert. Übersteigt die Verkehrslast an dieser Ausgangsleitung den Wert 1, so kann die letzte Stufe der vorderen Netzhälfte nur noch einen Teil der eingehenden Nachrichten schnell genug bearbeiten. In einem indirekten mehrstufigen Block-Netz mit begrenzter Pufferkapazität pro Koppelelement bauen sich dann, ähnlich wie unter Hot-Spot-Verkehren, Sättigungsbäume gefüllter Puffer auf. Diese *partiellen Sättigungsbäume* beginnen an den heißen Ausgängen der vorderen Netzhälfte und können sich bis zu den Netzeingängen erstrecken. Sie können selbst Nachrichten, die nicht an der Permutation beteiligt sind, verzögern.

12.3.2.6 Multicast-Verkehr

In diesem Szenario werden von einer Quelle mehrere Senken gleichzeitig angesprochen. Der *Fanout-Parameter f* beschreibt hierbei die mittlere Anzahl von Senken, mit der eine Quelle gleichzeitig kommuniziert ($1 \leq f \leq N$, in Netzen mit N

Senken) . Ein spezieller Fall ist der Broadcast, bei dem von einer Quelle alle Senken angesprochen werden ($f = N$).

12.3.2.7   Single-Source-Single-Destination-Verkehr (*SSSD*)

In manchen Applikationen wie auch Steuermechanismen kommuniziert ein Prozessor für eine gewisse Zeit mit einem bestimmten anderen. Dies tritt zum Beispiel bei der dynamischen Lastbalancierung in MIMD-Computeren auf, bei der eine gleichmäßige Verteilung der Arbeitslast auf die Prozessoren eines Parallelrechners erreicht werden soll [Cyb89]. Hierbei wird ein Prozeß, der auf einem Prozessor läuft, während seiner Ausführung unterbrochen und auf einen anderen Prozessor migriert, wobei der gesamte Prozeßstatus mit allen relevanten Daten zum anderen Prozessor über das Verbindungsnetz transferiert werden muß. Dieser Datentransfer muß schnell geschehen, damit die zusätzlichen Laufzeiten bedingt durch den Lastbalancierungs-Overhead gering bleiben.

12.3.2.8   Prioritätsverkehr

Insbesondere in Kommunikationssystemen können mehrere Klassen von Verbindungen existieren, die durch unterschiedliche einzuhaltende Qualitätsparameter charakterisiert sind. Dies können zum Beispiel Realzeit-Videoströme sein, die im Netz nur eine begrenzte Durchlaufzeit und einen begrenzten Jitter erfahren dürfen, oder Datenströme von Sprechverbindungen, die in manchen Fällen eine höhere Verlustwahrscheinlichkeit als andere Dienste aufweisen dürfen. So existieren verschiedene Paketklassen, die im Verbindungsnetz durch die Vergabe von verschiedenen Weiterleitungs- oder Verlustprioritäten unterschiedlich behandelt werden können. Auch muß der Netzzugang der einzelnen Paketklassen durch geeignete Prioritätsmaßnahmen gesteuert werden. Hierzu besitzt jedes Paket eine zusätzliche Prioritätskennung, womit die verschiedenen Paketklassen am Netzzugang und im Netz unterschieden werden können.

12.3.2.9   Kombinierter Verkehr

Die hier angesprochenen Modelle können beliebig kombiniert werden. Besonders wichtig ist die Kombination eines gleichverteilten Hintergrundverkehrs mit einer anderen Verkehrsart. In den meisten Fällen treten spezifische Verkehre nicht allein, sondern in Verkehrsgemischen auf, die durch eine Kombination eines gleichverteilten Hintergrundverkehrs mit der spezifischen Verkehrsart realistisch modelliert werden kann. Um leistungsfähige Parallelrechner zu erhalten, nehmen die Prozessoren zum Beispiel während sie auf den Abschluß einer Synchronisation warten, eine Kontextumschaltung vor, so daß sie während der Synchronisationsphase andere

Programme abarbeiten und zusätzlichen Datenverkehr produzieren. Da dieser zusätzliche Verkehr meist zufälliger Natur ist, kann das gesamte Verkehrsszenario durch eine Überlagerung eines dynamischen Hot-Spot-Verkehrs mit einem gleichverteilten Hintergrundverkehr modelliert werden.

12.3.3 Verkehrsratenerzeugung

Deterministische Verkehrsraten

In manchen Anwendungen wird der Kommunikationsverkehr rein deterministisch erzeugt. Soll zum Beispiel eine Datei über ein Kommunikationssystem übertragen werden, so ist der gesamte Datensatz vor dem Kommunikationsbeginn bereits vorhanden, so daß die Daten ohne Verzögerung für die Kommunikation bereitgestellt werden können. Abhängig von den höheren Protokollen werden dann zum Beispiel in synchronen Systemen Pakete im jedem i-ten Zeitschlitz erzeugt.

Stochastische Verkehrsraten

In der Regel wird die Erzeugung von Verkehren für die Leistungsbewertung von Verbindungsnetzen durch stochastische Prozesse modelliert. Aufgrund dieser Prozesse ist dann eine Analyse und Bewertung der Systeme möglich. Grundlagen sind kontinuierliche und diskrete Zufallsvariablen und Prozesse, die die Verteilung der Zwischenankunftsabstände von Nachrichten beschreiben. Charakteristiken von Zufallsvariablen und stochastischen Prozessen und deren Verwendung zur analytischen Leistungsbewertung von Verbindungsnetzen werden in den nächsten Abschnitten näher beschrieben.

12.4   Verkehrstheoretische Methoden der Leistungsbewertung

Bei der mathematischen Analyse zur Leistungsbestimmung von Netzen werden die Netze und die zu betrachtenden Datenverkehre abstrahiert und in mathematische Modelle überführt. Hierbei wird meist ein großer Zustandsraum aufgespannt, der in vielen Fällen mathematisch nicht mehr handhabbar ist. Um die Komplexität der Leistungsberechnung zu verkleinern, kann das Netzmodell deshalb in kleinere Einheiten, wie z. B. Bedieneinheiten und Pufferspeicher unterteilt werden. Wenn vereinfachende Annahmen über die Unabhängigkeit der Elemente getroffen werden, können diese Einheiten dann getrennt betrachtet werden. Grundelemente der Analyse sind einstufige Bediensysteme mit einer Bedieneinheit und einer Warteschlange. Die Leistungsprofile von Bediensystemen können mittels der *Warteschlangentheorie* (siehe

z. B. [GrH81, Kle75, Lav83]) und unter Zuhilfenahme von stochastischen Prozessen mathematisch bestimmt werden.

Grundlage der mathematischen Analyse sind diskrete und kontinuierliche Zufallsvariablen ZV, die die Ankunfts- und Bedienprozesse der Netzeinheiten beschreiben. Den Variablen sind hierbei Elementarereignisse, wie z. B. die Ankunft eines Datenpakets, zugeordnet. Diskrete ZVs werden benutzt, um diskrete Ereignisse (z. B. die Anzahl belegter Bedienungseinheiten in einer Gruppe von n Bedienungseinheiten) zu beschreiben, während kontinuierliche ZVs für kontinuierliche Ereignisse (z. B. die zufällige Dauer einer Bedienung oder eines Gespräches) verwendet werden. Da im Abschnitt 12.5 die Leistung von gepufferten Koppelelementen analytisch durch die Verwendung von Zufallsvariablen bestimmt wird, wird im folgenden näher auf Definition und Eigenschaften von Zufallsvariablen eingegangen.

12.4.1   Zufallsvariable

Zur Leistungsanalyse von Systemen werden diskrete und kontinuierliche Zufallsvariablen benutzt. *Diskrete Zufallsvariable* können nur diskrete Werte annehmen; ein Beispiel ist das Werfen eines Würfels, bei dem die diskreten Werte 1 bis 6 möglich sind. *Kontinuierliche Zufallsvariable* hingegen können beliebige Werte annehmen, wie zum Beispiel die Zeitspanne zwischen dem Auftreten zweier aufeinanderfolgender Ereignisse. Eine Zufallsvariable wird durch ihre *Wahrscheinlichkeits-Verteilungsfunktion VF* charakterisiert. Sei X eine diskrete ZV, so ist deren Verteilungsfunktion

$$\text{als } F(x) = P\{X \leq x\} = \sum_{i=0}^{x} p_i \text{ mit } 0 \leq x \leq i_{max} \text{ definiert (die einzelnen } p_i \text{ mit } p_i = P\{X = i\}$$

werden die *Verteilung* der ZV genannt), während die VF für eine kontinuierliche ZV T zu $F(t) = P\{T \leq t\}$ festgelegt ist. Hierbei stellt die Verteilungsfunktion die Wahrscheinlichkeit dafür dar, daß die ZV einen Wert x (bzw. t) nicht überschreitet. Die *Verteilungsdichtefunktion (VDF)* f einer ZV ist gleich der Ableitung ihrer Verteilungsfunktion: $f(t) = F'(t)$.

Für die Leistungsbewertung von Bediensystemen sind die gewöhnlichen Momente k-ter Ordnung von Bedeutung, die als

$$m_k = E\left[T^k\right] = \int_0^{\infty} t^k f(t) dt \qquad \text{für kontinuierliche und als}$$

$$m_k = E\left[T^k\right] = \sum_{i=0}^{\infty} i^k p_i \qquad \text{für diskrete ZV definiert sind.}$$

Der *Mittelwert* (*Erwartungswert*) einer ZV ist gleich dem ersten gewöhnlichen Moment der ZV (E[T] = m_1), während die *Varianz* einer ZV zu VAR[T] = $m_2 - (m_1)^2$ berechnet werden kann. Zur Bestimmung der gewöhnlichen Momente einer ZV stehen zwei mathematische Hilfsmittel zur Verfügung: die Erzeugende Funktion für diskrete ZV und die Laplace-Stieltjes-Transformation für kontinuierliche ZV.

Erzeugende Funktion diskreter Zufallsvariablen

Die Erzeugende Funktion der Wahrscheinlichkeiten p_i = P{X = i} einer diskreten ZV X ist als $G(z) = \sum_{i=0}^{\infty} z^i p^i$ definiert, wobei der Erwartungswert und die Varianz der ZV durch E[X] = G'(1) und VAR[X] = G''(1) + G'(1) − [G'(1)]² berechnet werden können (G'(1) ist hierbei der Wert der ersten Ableitung von G(z) nach z an der Stelle 1, während G''(1) dem Wert der zweiten Ableitung von G(z) nach z an der Stelle 1 entspricht). Die Verteilung der ZV kann ebenfalls über deren Erzeugende Funktion bestimmt werden:

$$p_i = \frac{1}{i!} \left. \frac{d^i G(z)}{dz^i} \right|_{z=0} .$$

Seien X_1 und X_2 zwei unabhängige ZV mit den Erzeugenden Funktionen $G_1(z)$ und $G_2(z)$, so berechnet sich die erzeugende Funktion G(z) einer Summen-ZV X = X_1 + X_2 zu G(z) = $G_1(z)$ * $G_2(z)$.

Laplace-Stieltjes-Transformation kontinuierlicher und diskreter Zufallsvariablen

Während die Erzeugende Funktion nur für diskrete ZV existiert, kann die Laplace-Stieltjes (LS)-Transformation auch für kontinuierliche ZV angewendet werden. Es sei T eine ZV mit der Verteilungsfunktion F(t). Dann ist

$$\Phi(s) = \int_{0-}^{\infty} e^{-st} dF(t) \qquad \text{die LS-Transformierte von F(t).}$$

Falls die Verteilungsfunktion F(t) einer ZV T differenzierbar ist und somit T eine Verteilungsdichtefunktion f(t) = F'(t) besitzt, ist die LS-Transformierte von F(t) gleich der *Laplace-Transformierten* von f(t): $\Phi(s)$ = L{f(t)}. Bei diskreten Zufallsvariablen besteht der folgende Zusammenhang zwischen der LS-Transformierten $\Phi(s)$ und deren Erzeugenden Funktion G(z): $\Phi(s)$ = G(e⁻ˢ). Mit der LS-Transformierten ist es möglich, die gewöhnlichen Momente *k*-ter Ordnung einer ZV direkt zu bestimmen:

$$m_k = E\left[T^k\right] = (-1)^k \left. \frac{d^k \Phi(s)}{ds^k} \right|_{s=0} .$$

Seien T_1 und T_2 zwei unabhängige Zufallsvariablen mit den LS-Transformierten $\Phi_1(s)$ und $\Phi_2(s)$, so kann die LS-Transformierte $\Phi(s)$ einer Summen-ZV $T = T_1 + T_2$ analog zur Erzeugenden Funktion zu $\Phi(s) = \Phi_1(s) * \Phi_2(s)$ berechnet werden.

Zur analytischen Untersuchung von Bediensystemen müssen die Ereignisankünfte und die Bedienzeit der Bedieneinheiten durch Zufallsvariablen mit deren Verteilungen und durch stochastische Prozesse charakterisiert werden. Im folgenden werden die wichtigsten Verteilungen und Prozesse kurz vorgestellt.

12.4.2 Verteilungen

Negativ-Exponentielle Verteilung (kontinuierlich)

Die Negativ-Exponentielle Verteilung ist die einzige kontinuierliche Verteilung, die gedächtnisfrei ist. Dies bedeutet, daß das zukünftige Verhalten nicht von der Vergangenheit abhängt. Die charakteristischen Merkmale dieser Verteilung sind:

Verteilungsfunktion: $F(t) = 1 - e^{-\lambda t}$

LS-Transformierte: $\Phi(s) = \dfrac{\lambda}{s + \lambda}$

Mittelwert: $E[T] = \dfrac{1}{\lambda}$

Varianz: $VAR[T] = \dfrac{1}{\lambda^2} .$

Der Parameter λ wird auch als Rate der exponentiellen Verteilung bezeichnet. Der Verlauf einer Exponentialverteilung mit $\lambda = 0.2$ ist in Abbildung 12.4 gezeigt.

Bernoulli-Verteilung (diskret)

Hat ein Zufallsexperiment nur zwei mögliche Ereignisse $X = 0$ und $X = 1$, so resultiert eine Bernoulli-Verteilung. Ist die Wahrscheinlichkeit, daß das Ereignis $X = 1$ eintritt q, so sind die charakteristischen Merkmale dieser Verteilung:

Verteilung: $p_x = q$ für $X = 1$ und $p_x = 1 - q$ für $X = 0$

Erzeugende Funktion: $G(z) = 1 - q + qz$

Mittelwert: $E[X] = q$

Varianz: $VAR[X] = q\,(1 - q).$

Diese Verteilung beschreibt zum Beispiel in synchronen paketvermittlenden Verbindungsnetzen die Wahrscheinlichkeit, daß ein Paket in einem bestimmten Zeitschlitz an einem Netzeingang erzeugt wird.

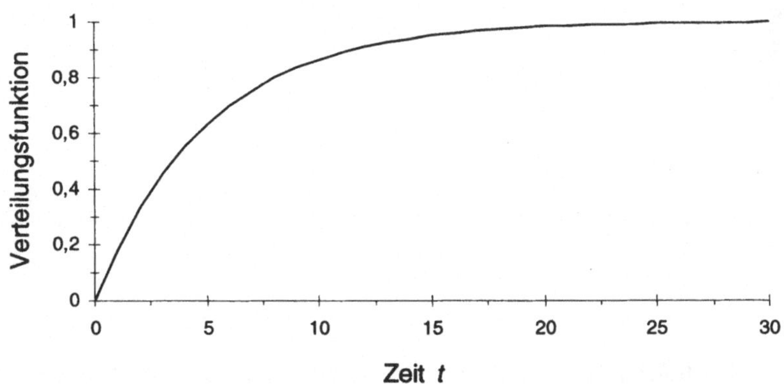

Abbildung 12.4: *Negativ-Exponentielle Verteilung mit* $\lambda = 0.2$

Binominal-Verteilung (diskret)

Wird ein Bernoulli-Experiment mit der Erfolgswahrscheinlichkeit q n-mal hintereinander ausgeführt, so gibt die Binominal-Verteilung die Anzahl x der Ereignisse mit $X = 1$ an. Es gilt:

Verteilung: $px = \binom{n}{x} q^{x}(1 - q)^{n-x}$, mit $\binom{n}{x} = \dfrac{n!}{x!(n - x)!}$

Erzeugende Funktion: $G(z) = (qz + 1 - q)^{n}$

Mittelwert: $E[X] = nq$

Varianz: $VAR[X] = nq\,(1 - q).$

Diese Verteilung beschreibt in synchronen paketvermittlenden Verbindungsnetzen mit Bernoulli-verteilten Paketankünften (mit Auftrittswahrscheinlichkeit q) die Anzahl der an einem Netzeingang ankommenden Pakete in n Zeitschlitzen. Der Verlauf einer Binominal-Verteilung mit $q = 0.3$ und $n = 30$ ist in Abbildung 12.5 gezeigt.

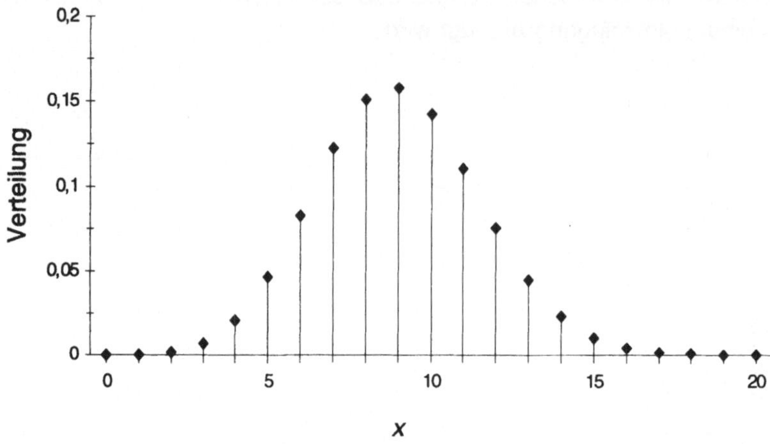

Abbildung 12.5: *Binominal-Verteilung mit q = 0.3 und n = 30*

Geometrische Verteilung (diskret)

Wird ein Bernoulli-Experiment mehrfach hintereinander ausgeführt, so gibt die geometrische Verteilung die Anzahl x der Versuche zwischen Ereignissen mit $X = 1$ (Auftrittswahrscheinlichkeit q) an. Es gilt:

Verteilung: $\qquad\qquad\qquad p_x = (1 - q)^x \, q$

Erzeugende Funktion: $\qquad G(z) = \dfrac{q}{1 - (1 - q)z}$

Mittelwert: $\qquad\qquad\quad E(X) = \dfrac{1 - q}{q}$

Varianz: $\qquad\qquad\qquad VAR(X) = \dfrac{1 - q}{q^2}.$

In synchronen paketvermittlenden Verbindungsnetzen mit Bernoulli-verteilten Paketankünften kann diese Verteilung benutzt werden, um die Anzahl der Zeitschlitze zwischen zwei aufeinanderfolgenden Paketankünften an einem Netzeingang zu charakterisieren. In Abbildung 12.6 ist eine geometrische Verteilung mit $q = 0.2$ gezeigt.

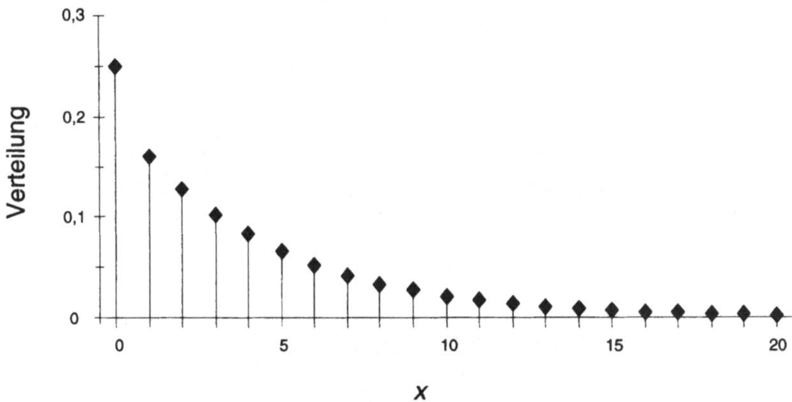

Abbildung 12.6: *Geometrische Verteilung mit q = 0.2*

Poisson-Verteilung (diskret)

Man betrachte Ankunftsereignisse über der Zeit und nehme an, daß die Phasendauern zwischen zwei aufeinanderfolgenden Ereignissen negativ-exponentiell mit der Rate λ verteilt sind. Dann wird die Anzahl x von Ankünften in einer Zeitspanne $T = \dfrac{A}{\lambda}$ durch eine Poisson-Verteilung beschrieben. Es gilt:

Verteilung:
$$p_x = \frac{A^x}{x!} e^{-A}$$

Erzeugende Funktion:
$$G(z) = e^{-A(1-z)}$$

Mittelwert:
$$E[T] = A$$

Varianz:
$$VAR[T] = A.$$

Weiterhin gilt das *Additionstheorem der Poisson-Verteilung*: Die Summe zweier Poisson-verteilter Zufallsvariablen mit den Verteilungsparametern A_1 und A_2 ergibt wieder eine Poisson-verteilte Zufallsvariable mit dem Verteilungsparameter $A = A_1 + A_2$. Eine Poisson-Verteilung mit $A = 20$ ist in Abbildung 12.7 gezeigt.

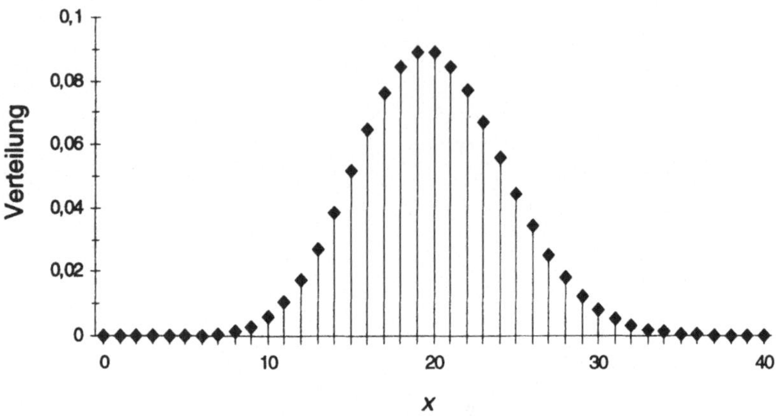

Abbildung 12.7: *Poisson-Verteilung mit A = 20*

12.4.3 Prozesse und Theoreme

Stochastische Prozesse

Ein stochastischer Prozeß ist eine Familie (X(*t*), *t* ∈ T) von Zufallsvariablen über einen Parameterbereich T, wobei X(*t*) den Zustand des Prozesses zum Zeitpunkt *t* darstellt. Die Menge aller Zustände X(*t*), welche zur Zeit *t* auftreten können, nennt man den *Zustandsraum* eines stochastischen Prozesses. Diese Prozesse werden verwendet, um das zeitliche Verhalten von zufallsabhängigen Größen zu beschreiben. Die Zustände wie auch der Zeitparameter der Prozesse können dabei *diskret* oder *kontinuierlich* sein. Es existieren viele verschiedene stochastische Prozesse; die für die Analyse von Bediensystemen wichtigen Prozesse werden mit ihren Eigenschaften im folgenden kurz dargestellt.

Markoff-Prozeß

Der einfachste stochastische Prozeß ist der Markoff-Prozeß, der sich durch die Gedächtnisfreiheit auszeichnet. Hierbei hängt die zukünftige Entwicklung des Prozesses nur vom gegenwärtigem Zeitpunkt ab. Dies wird auch als *Markoff'sche Eigenschaft* bezeichnet. Die Abstände zwischen zwei Ereignissen eines zeitkontinuierlichen Markoff-Prozesses sind wegen der Gedächtnisfreiheit des Prozesses immer negativ-exponentiell verteilt. Markoff-Prozesse mit diskretem Zustandsraum werden durch *zeitdiskrete* und *zeitkontinuierliche Markoff-Ketten* beschrieben.

Semi-Markoff-Prozeß

Bei einem Semi-Markoff-Prozeß hängt die zukünftige Entwicklung des Prozesses nicht nur vom gegenwärtigem Zeitpunkt ab, sondern auch von der Zeitspanne des Bestehens des gegenwärtigen Zustandes. Semi-Markoff-Prozesse mit diskretem Zustandsraum werden durch *zeitdiskrete* und *zeitkontinuierliche Eingebettete Markoff-Ketten* beschrieben.

Geburts- und Sterbeprozeß

Ein Geburts- und Sterbeprozeß ist ein Markoff-Prozeß, bei dem nur Übergänge zwischen benachbarten Prozeßzuständen auftreten. Diese Prozesse können zum Beispiel unter bestimmten Annahmen das zeitliche Anwachsen und Abnehmen einer Warteschlangenlänge oder die zu- und abnehmende Anzahl von belegten Bedieneinheiten in einem Bedienungssystem charakterisieren. Bei einem reinen Geburtsprozeß finden nur Übergänge zu oberen Zuständen statt, während bei einem reinen Sterbeprozeß nur Übergänge zu unteren Zuständen auftreten.

Punktprozeß

Ein Punktprozeß beschreibt Ereigniszeitpunkte über der Zeitachse. Dies können zum Beispiel Ankunftsereignisse in einem System sein.

Erneuerungsprozeß

Ein spezieller Punktprozeß ist der Erneuerungsprozeß, bei dem die Abstände der Ereigniszeitpunkte unabhängig voneinander sind und die gleiche Verteilungsfunktion besitzen.

Deterministischer Prozeß

Bei diesem Erneuerungsprozeß werden die Zwischenankunftsabstände deterministisch erzeugt, indem ein konstanter Ankunftsabstand angenommen wird.

Allgemein modulierter Deterministischer Prozeß (*GMDP*)

Dieser Prozeß wird durch einen endlichen Zustandsautomaten gesteuert, wobei in jedem Zustand die Ankunftsereignisse mit einem zustandsabhängigen, aber konstanten Abstand erzeugt werden. Die Anzahl der in einem Zustand erzeugten Ankünfte kann beliebig verteilt sein. Dieser Prozeß wird oft benutzt, um Datenverkehre in Kommunikationssystemen gleichzeitig auf Burst- und Zellebene zu modellieren.

Burst-Silence-Quelle

Die Burst-Silence-Quelle, auch *Sporadische Quelle* genannt, ist ein spezieller GMDP, bei dem genau zwei Zustände existieren: der aktive Zustand und der Pausenzustand, wie in Abbildung 12.8 gezeigt. Im aktiven Zustand werden Ankünfte mit geometrisch verteilten Abständen erzeugt, während im Pausenzustand keine Ankünfte generiert werden. Die Länge des Pausenzustands kann geometrisch oder negativ-exponentiell verteilt sein.

In vielen technischen Systemen ist die Nachrichtenerzeugung von Zeiten hoher Aktivität gekennzeichnet, die sich mit Zeiten der Inaktivität abwechseln. Ein einfaches Beispiel ist die Sprachübertragung, bei der sich Sprache und Sprechpausen (zwischen Wörtern, beim Zuhören) abwechseln. Dieses Verhalten kann zum Beispiel durch eine Burst-Silence-Quelle modelliert werden.

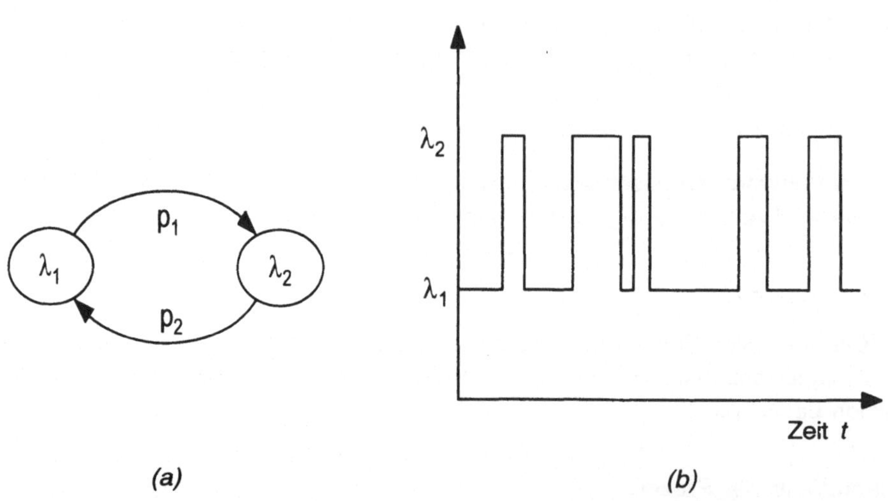

Abbildung 12.8: *Zustände einer Burst-Silence-Quelle*

Poisson-Prozeß

Der Poisson-Prozeß ist ein zeitkontinuierlicher gedächtnisfreier Erneuerungsprozeß. Die Phasendauern zwischen den Ereignissen sind hierbei negativ-exponentiell mit der Rate λ verteilt. Die Anzahl von Ereignissen in einer Zeitspanne t ist Poisson-verteilt mit dem Parameter $A = \lambda t$.

Kendallsche Notation

Zur Klassifikation von Bediensystemmodellen wird überwiegend die Kendallsche Notation und deren Erweiterung benutzt. Hierbei wird ein Modell durch die Kurzbeschreibung 'A$^{[X]}$/B/C-S' charakterisiert, wobei A den Ankunftsprozeß beschreibt, das hochgestellte '[X]' Gruppenankünfte spezifiziert, B den Bedienprozeß charakterisiert, C die Anzahl der parallelen Bedieneinheiten angibt und S die Länge der Warteschlange (ohne Bedieneinheit) ist. Sofern keine anderen Angaben gemacht werden, wird eine FIFO-Warteschlange angenommen. Ankunfts- und Bedienprozeß können zum Beispiel 'M' (Markoff), 'D' (deterministisch) oder 'G' (general, allgemein) verteilt sein. Es werden allgemein drei verschiedene Systeme unterschieden: das *Wartesystem* (alle Anforderungen, die nicht sofort bedient werden können, warten in einer unendlich langen Warteschlange; $S = \infty$), das *Verlustsystem* (alle Anforderungen, die nicht sofort bedient werden können, werden verworfen; $S = 0$) und das *Warte-Verlust-System* (alle Anforderungen, die nicht sofort bedient werden können, warten in einer endlich langen Warteschlange, oder werden bei einer vollen Warteschlange verworfen; $0 < S < \infty$).

Theorem von Little

Das Theorem von Little besagt, daß in einem beliebigen System mit einem beliebigen Ankunftsprozeß mit Ankunftsrate λ die mittlere Zahl von Rufen E[X] im System sich wie folgt zu der mittleren Aufenthaltszeit E[T] der Rufe im System verhält: $\lambda*E[T] = E[X]$. Dieses Theorem kann zur Bestimmung der mittleren Wartezeit in Bediensystemen benutzt werden, wenn die mittlere Anzahl der Rufe im System bekannt ist.

Warteschlangennetze

Verbindungsnetze können durch Warteschlangennetze modelliert und analysiert werden. Diese bestehen aus mehrstufigen Bediensystemen, die die Struktur des Verbindungsnetzes widerspiegeln. Hierbei wird zwischen *offenen* und *geschlossenen Warteschlangennetzen* unterschieden. Offene Netze agieren mit der Außenwelt; es können Anforderungen von außen in das Netz gelangen und das Netz auch wieder verlassen. In geschlossenen Netzen hingegen verbleiben alle Anforderungen im System, wobei auch keine weiteren Anforderungen von außen in das System gelangen können; es zirkuliert also eine konstante Anzahl von Anforderungen im Netz. Da Verbindungsnetze Anforderungen, die von außen kommen, vermitteln und wieder an die Außenwelt abgeben, werden diese Netze mittels offener Warteschlangennetze modelliert.

Die Analyse von Warteschlangennetzen spannt in vielen Fällen einen großen Zustandsraum auf, der nur schlecht mathematisch handhabbar ist. Werden bestimmte Annahmen getroffen, so ist es möglich, die Analyse zu vereinfachen. Hierzu kann zum Beispiel das Ausgangsprozeßtheorem von Burke verwendet werden.

Ausgangsprozeßtheorem von Burke

Dieses Ausgangsprozeßtheorem besagt, daß der Ausgangsprozeß eines Wartesystems M/M/n (Markoff-Ankunfts- und Bedienprozeß, n Bedieneinheiten) wieder einen Poisson-Prozeß ergibt [Bur56].

Im Fall von rückkopplungsfreien offenen Netzen mit exponentiellen Ankunftsprozessen und Bedienzeiten kann das Ausgangsprozeßtheorem sukzessive auf die einzelnen nun isoliert zu betrachtenden Bediensysteme angewendet werden. Hierbei sind alle internen Ausgangsprozesse Poisson-Prozesse.

Die in diesem Abschnitt vorgestellten mathematischen Methoden und Hilfsmittel werden nun im nächsten Abschnitt zur analytischen Leistungsbestimmung von Koppelelementen mit Ausgangs- und Eingangspuffern verwendet.

12.5   Analytische Leistungsbewertung gepufferter Koppelelemente

In paketvermittelten indirekten Netzen finden Koppelelemente mit Puffern ihre Anwendung. Während detaillierte Strukturen und Möglichkeiten der Realisierung in Kapitel 8 diskutiert wurden, soll hier anhand von Eingangs- und Ausgangspuffern (Abbildung 8.1 und 8.5, Kapitel 8) die Möglichkeiten und Grenzen der analytischen Bewertung von solchen Koppelelementen diskutiert werden. Bei den Betrachtungen in den Abschnitten 12.5.1 bis 12.5.3 wird ein Verkehr mit gleichverteilten Zieladressen angenommen, dessen Ankunftsrate q einem Bernoulli-Prozeß entspricht.

12.5.1 Ausgangspuffer

Da die Leistungsfähigkeit von Ausgangspuffern vergleichsweise einfach bestimmt werden kann, sollen diese zuerst betrachtet werden. Es werden $B \times B$-Koppelelemente betrachtet, die an jedem Ausgangsport einen unendlich großen FIFO-Puffer aufweisen. Durch die Annahme eines gleichverteilten Bernoulli-Verkehrs stellt sich ein Verkehrsverhalten, wie in Abbildung 12.9 am Modell eines ausgangsgepufferten Koppelelementes mit FIFO-Warteschlangen und Bedieneinheiten gezeigt ein. Es wird angenommen, daß die Bedienzeiten H der Bedieneinheiten konstant sind und der Übertragungsdauer einer Zelle entsprechen.

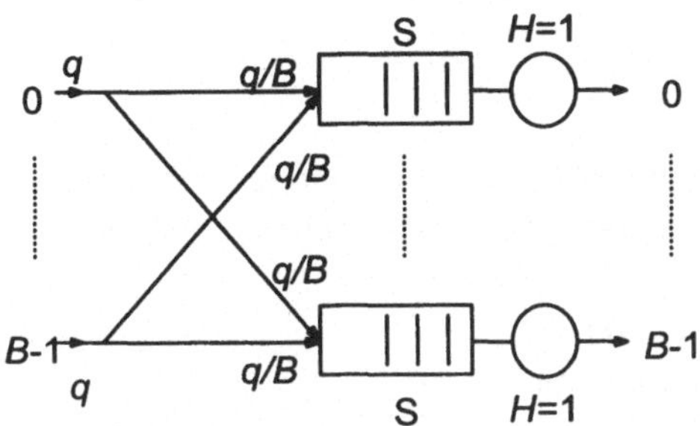

Abbildung 12.9: *Verkehrsverteilung in einem BxB ausgangsgepufferten Koppelelement*

Die Wahrscheinlichkeit, daß eine eintreffende Zelle zu einem bestimmten Ausgang gerichtet ist, ist also q/B. Da die Zellen symmetrisch an die Ausgänge verteilt werden, genügt es, einen der Ausgangspuffer näher zu untersuchen. Die Anzahl A der gleichzeitig an einem Ausgangspuffer eintreffenden Zellen folgt einer Binominalverteilung, da die Ankunftsprozesse der verschiedenen Eingänge unabhängig sind. A hat somit die Binominalwahrscheinlichkeiten:

$$a_i = P\{A = i\} = \binom{B}{i}\left(\frac{q}{B}\right)^i\left(1 - \frac{q}{B}\right)^{B-1}$$

mit der Erzeugenden Funktion:

$$A(z) = \left(1 - \frac{q}{B} + \frac{zq}{B}\right)^B ;$$

$$A'(1) = q,$$

$$A''(1) = \left(1 - \frac{1}{B}\right)q^2.$$

Es sei nun A_m die Anzahl der im Zeitschlitz m gleichzeitig an einem Ausgangspuffer eintreffenden Zellen und Q_m die Anzahl der sich im Ausgangspuffer befindlichen Zellen im Zeitschlitz m. Dann gilt:

$$Q_m = \max(0, Q_{m-1} + A_m - 1).$$

Die belegte Puffergröße Q_m kann durch eine Markoff-Kette beschrieben werden, womit deren Erzeugenden Funktion zu

$$Q(z) = \frac{(1-q)(1-z)}{A(z)-z}$$

bestimmt werden kann [KaH87]. Durch Ableitung und Grenzwertbildung an der Stelle 1 kann der Mittelwert der belegten Puffergröße berechnet werden:

$$E[Q] = Q'(1) = \left(1 - \frac{1}{B}\right) \frac{q^2}{2(1-q)} \; .$$

Um den Mittelwert der Zellwartezeit W zu erhalten, kann das Gesetz von Little angewendet werden:

$$E[W] = \frac{E[Q]}{q} = \left(1 - \frac{1}{B}\right) \frac{q}{2(1-q)} \; .$$

Mit diesem Ansatz kann jedoch nicht die Varianz der Wartezeit bestimmt werden. Deshalb wird nun die Berechnung der mittleren Wartezeit über deren Erzeugende Funktion aufgezeigt, wodurch auch die Varianz bestimmt werden kann.

Es wird angenommen, daß die Zellen, die im Zeitschlitz m an einem Ausgang ankommen, zufällig zur Übertragung über den Ausgangslink ausgewählt werden, wobei zuerst alle Zellen, die vor dem Zeitschlitz m empfangen wurden, übertragen werden. So setzt sich die Wartezeit einer im Zeitschlitz m ankommenden Zelle in einem Ausgangspuffer aus zwei Teilen zusammen: der Wartezeit W_1 bis alle Zellen, die vor dem Zeitschlitz m angekommen sind, verarbeitet wurden, und der Wartezeit W_2 bis diese Zelle zufällig zur Übertragung ausgewählt worden ist. Die Wartezeit W_1 einer Zelle entspricht der belegten Puffergröße zum Zeitpunkt $m - 1$, so daß die Erzeugenden Funktion von W_1 zu $W_1(z) = Q(z)$ bestimmt werden kann. Bei der Berechnung der Wartezeit W_2 muß die Anzahl der gleichzeitig eintreffenden Zellen berücksichtigt werden. Die Wahrscheinlichkeit das eine Zelle in einer Gruppe von i Zellen eintrifft, ist durch

$$P = i \frac{a_i}{E[a]}$$

gegeben [KaH87]. So besitzt die Zufallsvariable W_2 die folgenden Wahrscheinlichkeiten:

$$P\{W_2 = n\} = \frac{1}{q} \sum_{i=n+1}^{\infty} a_i$$

und die Erzeugende Funktion

$$W_2(z) = \frac{1 - A(z)}{q(1 - z)} \quad .$$

Da sich die Zufallsvariablen W_1 und W_2 zur Zufallsvariable der Wartezeit W aufaddieren, erhält man die Erzeugenden Funktion der Wartezeit durch die Multiplikation der einzelnen Erzeugenden Funktionen:

$$W(z) = Q(z)W(z);$$

$$W'(1) = \frac{\left(1 - \dfrac{1}{B}\right)q}{2(1 - q)},$$

$$W''(1) = \frac{\left(1 - \dfrac{1}{B}\right)\left(1 - \dfrac{2}{B}\right)q^2}{3(1 - q)} + \frac{\left(1 - \dfrac{1}{B}\right)^2 q^3}{2(2 - q)^2} \quad .$$

Hieraus können nun der Mittelwert und die Varianz der Zellwartezeit bestimmt werden:

$$E[W] = W'(1)$$

$$VAR[W] = W'(1) + W''(1) - (W'(1))^2 =$$

$$\frac{\left(1 - \dfrac{1}{B}\right) q \left[6 - 5q\left(1 + \dfrac{1}{B}\right) + 2q^2\left(1 + \dfrac{1}{B}\right)\right]}{12(1 - q)^2} \quad .$$

12.5.2 Eingangspuffer

Die Implementierung von Koppelelementen mit Eingangspuffern ist einfacher als die mit Ausgangspuffern, wie auch in Kapitel 8 erläutert wurde, so daß auch deren Leistungsbewertung einen hohen Stellenwert einnimmt. Aufgrund der Head-of-the-Line-Blockierung ist die Analyse jedoch schwieriger als die von Koppelelementen mit Ausgangspuffern. In den meisten Fällen müssen vereinfachende Annahmen (z. B. unbegrenzte Pufferlängen) getroffen werden, um überhaupt eine Analyse zu erlauben. Bei komplexen Koppelelementen, die beispielsweise Mehrfachzugriffe oder Zugriffe in beliebiger Reihenfolge bei begrenzter Pufferlänge erlauben, werden zur Leistungsbewertung ausschließlich Simulationen herangezogen.

In jedem Zyklus wird das Paket am Anfang jeder Warteschlange eines eingangs-gepufferten Koppelelements untersucht und zum entsprechenden Ausgang weiter-geleitet. Da jedoch nur ein Paket pro Zyklus einen jeden Ausgang verlassen kann, trifft häufig der Fall ein, daß mehrere Pakete gleichzeitig zum gleichen Ausgang gesendet werden sollen. In diesem Fall wird nach einem bestimmten Mechanismus, beispielsweise zyklisch, eines der Pakete ausgewählt. Im nächsten Zyklus würden dann eines oder mehrere Pakete des vorangegangenen Zyklus auf Weiterleitung warten, so daß eine Korrelation über Zyklen hinweg entsteht. Dies kann durch eine virtuelle Ausgangswarteschlange, wie in Abbildung 12.10 gezeigt, modelliert werden.

Indem die Korrelation der wartenden Pakete eliminiert wird, kann der Head-of-Line-Effekt bei der Analyse vernachläßigt werden, da nun die Paketadressen wieder unabhängig voneinander sind. Zu Analysezwecken ist es beispielsweise möglich, die Adressen nicht weitergeleiteter Pakete wieder zufällig zu verteilen um so die Unab-hängigkeit zwischen Zyklen wiederherzustellen.

Die nachfolgenden Analysen zeigen zwei Fälle. Zunächst wird die Leistung eines Koppelelements unter Vernachlässigung des HOL-Effektes untersucht, gefolgt von einer Analyse, in der dieser Effekt berücksichtigt wird. Hierzu werden paket-vermittelnde $B{\times}B$-Koppelelemente untersucht. In jedem Zyklus kann an jedem Ein-gang bzw. Ausgang ein Paket angenommen bzw. weitergeleitet werden.

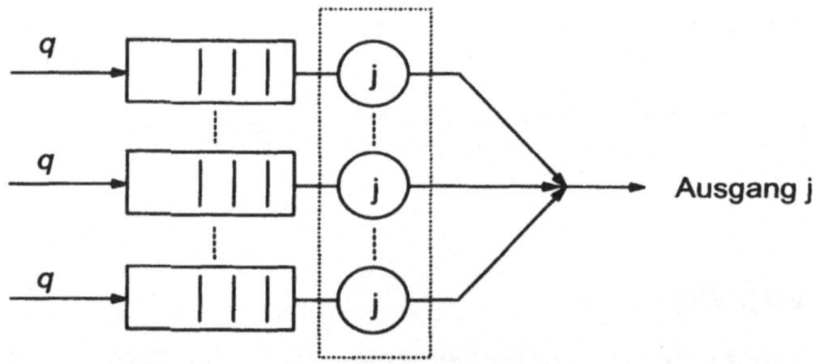

virtuelle Ausgangswarteschlange

Abbildung 12.10: *Virtuelle Ausgangswarteschlange in einem Koppelelement mit Eingangspuffern*

12.5.2.1 Vernachlässigung des HOL-Effektes

Ziel dieser Analyse ist die Ermittlung des durchschnittlichen Paketdurchsatzes. In jedem Zyklus treffen an jedem Eingang durchschnittlich q Pakete mit einer Bernoulli-Verteilung ein ($0 \leq q \leq 1$), und k sei die zufällige Anzahl der HOL-Pakete aller

Warteschlangen pro Zeitschlitz ($0 \leq k \leq B$). Dann ist die Wahrscheinlichkeit, daß in einem Zeitschlitz keines der k Pakete für einen bestimmten Ausgangsport bestimmt ist,

$\left(1 - \dfrac{1}{B}\right)^k$ und die Wahrscheinlichkeit W, daß mindestens ein Paket zu einem bestimmten Ausgangsport geroutet werden muß, ist

$W = 1 - \left(1 - \dfrac{1}{B}\right)^k$. Der Mittelwert dieser Wahrscheinlichkeit entspricht dem mittleren Paketdurchsatz S des Koppelelements:

$$S = 1 - E\left[\left(1 - \frac{1}{B}\right)^k\right] = 1 - \sum_{i=0}^{B}\left(1 - \frac{1}{B}\right)^i\binom{B}{i}(1 - p_0)p_0^{k-i}$$

$$= 1 - \left(1 - \frac{1-p_0}{B}\right)^B \xrightarrow{B \to \infty} 1 - e^{-(1-p_0)},$$

wobei p_0 die Wahrscheinlichkeit ist, daß eine Warteschlange leer ist. Im eingeschwungenen Zustand muß der Paketdurchsatz gleich dem angebotenen Verkehr mit Verkehrsrate q sein, so daß gilt: $q = 1 - e^{-(1-p_0)}$. Der maximale Durchsatz wird erreicht, wenn keine der Warteschlangen leer ist, also wenn $p_0 = 0$. Dies führt zu einer maximal verarbeitbaren Verkehrsrate von $q_{max} = 1 - 1/e = 0.632$ (unter den Voraussetzungen, daß $B \to \infty$ und daß die HOL-Effekte vernachläßigt wurden).

12.5.2.2 Berücksichtigung des HOL-Effektes

In diesem Abschnitt wird das realistischere Modell betrachtet, bei dem die Korrelation der nicht-weitergeleiteten HOL-Pakete mitberücksichtigt wird. Das Modell eines Eingangspuffers besteht nun aus der eigentlichen Warteschlange und einer Bedieneinheit, deren Bedienzeit durch die Paketwartezeiten in der virtuellen Ausgangswarteschlange bestimmt wird (siehe Abbildung 12.10).

Zur Berechnung der maximal verarbeitbaren Verkehrsrate betrachte man das dynamische Verhalten der virtuellen Ausgangswarteschlange. Die Anzahl N_j' der HOL-Pakete, die im nächsten Zeitschlitz für Ausgang j bestimmt sind, hängt wie folgt von den Größen im betrachteten Zeitschlitz ab: $N_j' = N_j - e(N_j) + A_j$, wobei A_j die Anzahl der frisch in den nicht-blockierten Eingangspuffern eingetroffenen HOL-Pakete ist, die für Ausgang j bestimmt sind, und $e(N_j) = \min(1, N_j)$ die Anzahl der HOL-Pakete darstellt, die im betrachteten Zeitschlitz zum Ausgang j übertragen wurden.

Wenn B, die Koppelelementgröße, zu Unendlich wird ($B \to \infty$), kann die Unabhängigkeit von N_j und A_j angenommen werden, so daß der Mittelwert von N_j zu

$$E\left[N_j\right] = E\left[A_j\right] + \frac{E\left[A_j\left(A_j - 1\right)\right]}{2\left(1 - E\left[A_j\right]\right)}$$

berechnet werden kann [The94]. Da A_j bei $B \to \infty$ einer Poisson-Verteilung mit $E[A_j]$ = q und $E[A_j(A_j - 1)] = q^2$ folgt, beträgt der Mittelwert von N_j somit:

$$E\left[N_j\right] = q + \frac{q^2}{2(1-q)} = \frac{q(2-q)}{2(1-q)}.$$

Da die Bedienzeiten der Bedieneinheiten durch die Paketwartezeiten in der virtuellen Ausgangswarteschlange bestimmt wird, ist in diesem Fall $E[N_j]$ äquivalent zur Auslastung A der Eingangspuffer. Dies führt bei $A = 1$ zu einer maximal verarbeitbaren Verkehrsrate von $q_{max} = 2 - \sqrt{2} = 0.586$ (unter der Voraussetzung, daß $B \to \infty$).

Für kleinere B kann die maximal verarbeitbare Verkehrsrate q_{max} ebenfalls berechnet werden [HIK88]; sie ist für verschiedene Koppelelementgrößen in der folgenden Tabelle aufgelistet. Es fällt auf, daß sich q_{max} sehr schnell an den Wert 0.586 für $B \to \infty$ annähert.

B	2	3	4	5	6	7	8
q_{max}	0.75	0.6825	0.6553	0.6399	0.6302	0.6234	0.6184

Ein Vergleich mit der im letzten Abschnitt berechneten maximalen Verkehrsrate zeigt, daß die Vernachlässigung der HOL-Effekte in eingangsgepufferten Koppelelementen zu einer zu optimistischen Leistungsabschätzung führt. Auch unterstreichen die Ergebnisse, daß Eingangspuffer in Koppelelementen zu einem begrenzten Maximaldurchsatz führen (sogar bei unendlich langen Puffern), während mit Ausgangspuffern ein Durchsatz von bis zu 100% (bei unendlich langen Puffern) erreicht werden kann.

Zur Berechnung der mittleren Paketdurchlaufzeit müssen die Wartezeit der Pakete im Eingangspuffer W_1 und die Bedienzeit W_2 bestimmt werden. W_2 läßt sich durch das Gesetz von Little einfach berechnen:

$$W_2 = \frac{E\left[N_j\right]}{q} = \frac{2-q}{2(1-q)}.$$

Die Wartezeit in den Eingangspuffern W_1 ist schwieriger zu berechnen, da sie vom ersten und zweiten Moment der Bedienzeit abhängt. Hierbei spielt die Arbitrierungsstrategie der konkurrierenden HOL-Pakete in der virtuellen Ausgangswarteschlange eine entscheidende Rolle. Werden die Pakete mit einer FIFO-Strategie abgearbeitet, so kann eine geschlossene Lösung von W_1 über die Erzeugende Funktion ermittelt werden [The94]:

$$W_1 = \frac{q^2}{6(1-q)}\left(1 + \frac{4}{(2-q)^2 - 2}\right) \cdot$$

Bei anderen Arbitrierungsstrategien, wie z. B. *random*, kann die Wartezeit meist nur numerisch bestimmt werden.

12.5.3 Analyse mehrstufiger Netze

Schon die Analyse individueller Koppelelemente gestaltet sich schwierig, wie in den vorangegangenen Abschnitten gezeigt. Während bei den obigen Analysen die Quellen einen gleichverteilten Verkehr mit Bernoulli-Ankunftsprozessen liefern, ist bei einem mehrstufigen Netz zwar die Gleichverteilung der Zieladressen an den Ausgängen der ersten Stufe weiterhin gegeben. Die Verkehrsrate entspricht jedoch nicht mehr dem Bernoulli-Prozeß. Dies wird im folgenden anhand eines mehrstufigen Verbindungsnetzes mit ausgangsgepufferten Koppelelementen gezeigt. Da eingangsgepufferte Koppelelemente durch Eingangswarteschlangen und eine virtuelle Ausgangswarteschlange modelliert werden können (siehe vorherigen Abschnitt), trifft die Diskussion auf diese Koppelelemente ebenfalls zu.

Betrachtet man den Ausgangsprozeß eines Koppelelements mit Ausgangspuffern (siehe Abbildung 12.11), so können zwei Phasen unterschieden werden. Die *Betriebsperiode* zeichnet sich durch die kontinuierliche Belegung einer Ausgangsleitung aus, da in dieser Phase in jedem Zeitschlitz mindestens ein Paket im Puffer gespuffert ist. Die Betriebsperiode wechselt sich mit einer *Freiperiode* ab, in der der Puffer leer ist, so daß keine Pakete übertragen werden.

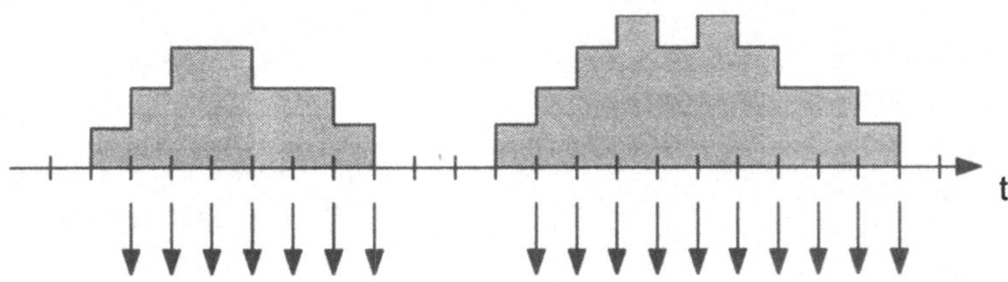

Abbildung 12.11: *Ausgangsprozeß eines ausgangsgepufferten Koppelelements*

Dies zeigt deutlich, daß der Verkehr, der den Koppelelementen ab der zweiten Netzstufe angeboten wird, nicht mehr einer Bernoulli-Verteilung folgt. Die Korrelation des Verkehrs in den hinteren Netzstufen wirkt sich unter anderem auf die Paketverlustwahrscheinlichkeiten in den einzelnen Stufen aus, wie in Abbildung 12.12 am Beispiel eines 6-stufigen 64x64-Delta-Netzes gezeigt. Die Verlustwahrscheinlichkeiten nehmen von Stufe zu Stufe zu. Werden z. B. die Pufferlängen in den Koppelelementen so gewählt, daß die Paketverlustwahrscheinlichkeit in der ersten Netzstufe einen bestimmten Wert nicht überschreitet (da diese Wahrscheinlichkeit in der ersten Stufe einfach zu berechnen ist), so können in den hinteren Netzstufen höhere Verlustwahrscheinlichkeiten auftreten, so daß das Netz unterdimensioniert ist.

Auch sind die Durchlaufzeiten durch die einzelnen Netzstufen korrelliert. Trifft zum Beispiel ein Paket in einem stark gefüllten Puffer ein, so ist die Zeit bis dieses Paket weitergeleitet wird, relativ hoch und somit die Betriebsperiode dieses Puffers relativ groß. Dies bedingt jedoch auch längere Betriebsperioden in dem in der nächsten Stufe angeschlossenen Koppelelement, so daß die Wahrscheinlichkeit, daß das Paket in der nächsten Stufe ebenfalls lange warten muß, groß ist. Umgekehrt ist die Wahrscheinlichkeit groß, daß ein Paket in der nächsten Stufe schnell weitergeleitet wird, wenn die Betriebsperiode in der jetzigen Stufe klein ist.

Diese Diskussion zeigt, daß bei der analytischen Leistungsberechnung von mehrstufigen Verbindungsnetzen die Veränderung des Verkehrs durch die Koppelelemente in den einzelnen Stufen nicht vernachläßigt werden darf. Anderenfalls resultiert eine zu optimistische Leistungsbewertung des Netzes.

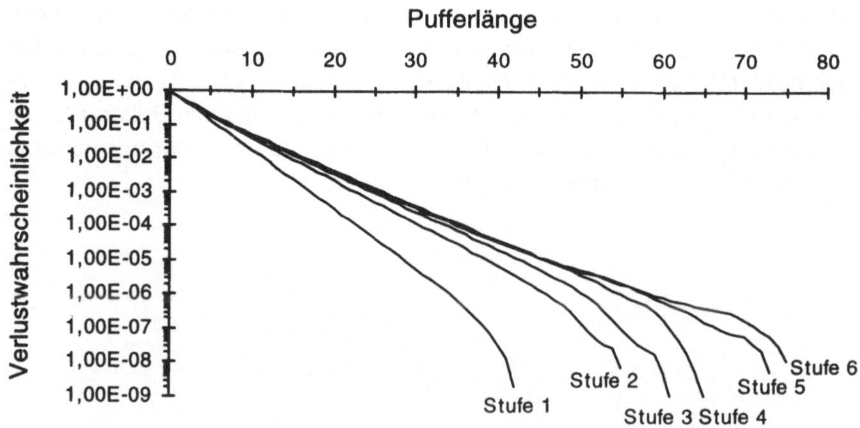

Abbildung 12.12: *Paketverlustwahrscheinlichkeiten in einem 64x64 Delta-Netz aufgebaut aus 2x2 ausgangsgepufferten Koppelelementen mit $\lambda = 0.9$*

12.6   Bewertung durch Simulation

12.6.1 Allgemeines

Mit der Warteschlangentheorie ist es möglich, Leistungscharakteristiken von Verbindungsnetzen zu bestimmen und seltene Ereignisse im Netz mathematisch zu erfassen. Allerdings kann dies nur durch die Benutzung von vereinfachten mathematischen Modellen der Netzelemente erreicht werden. So ist es meist nur möglich, komplexe Abläufe wie Arbitrierungsmechanismen und Auswahlverfahren als zufallsabhängige Entscheidungen und Prozesse als gedächtnisfrei oder mit einer gedächtnisfreien Verteilung der Zustandsdauer zu modellieren. Deshalb versagt die Analyse bei der Leistungsbewertung von vielen realen Systemen. Dies gilt beispielsweise für fortschrittliche Strukturen von Koppelelementen mit mehrfachen Puffern, mit dynamischem verkehrsabhängigen Verhalten, endlichen Puffern und mehrfachen Stufen, und insbesondere bei transientem Verkehrsverhalten.

In solchen Fällen ist eine Leistungsbewertung nur mit Hilfe von Simulationen möglich. Hierzu wird das Verbindungsnetz programmtechnisch modelliert, und sein Verhalten unter einem Datenverkehr simuliert. Hängen die zu bestimmenden Leistungsparameter nicht nur vom Netz selbst, sondern auch von Teilen des übergeordneten Kommunikationssystems ab, so müssen diese Teile ebenfalls im Simulationsmodell mit berücksichtigt werden. Dies ist nötig, wenn zum Beispiel der Einfluß höherer Protokollfunktionen auf die Netzleistung bestimmt werden soll.

Der zu betrachtende Datenverkehr kann entweder an einem realen System gemessen oder programmtechnisch modelliert werden. Da die Datenverkehrseigenschaften von den auf dem Parallelrechner laufenden Applikationen abhängig sind, muß bei der Verkehrsmessung ein repräsentativer Programmix gefunden werden, welcher zu realistischen Datenströmen führt. Bei der Verkehrsmodellierung werden Verkehrsszenarien betrachtet, die allgemein durch die Ausführung von Applikationsprogrammen oder durch das Betriebssystem entstehen können. Beispiele hierfür sind das Modell des gleichverteilten Verkehrs, bei dem alle Senken gleichhäufig angesprochen werden, oder der Hot-Spot-Verkehr, der zum Beispiel bei der Synchronisation von Prozessoren oder bei einem gleichzeitigen Zugriff von mehreren Prozessoren auf eine gemeinsame Variable auftreten kann.

12.6.2 Statistische Genauigkeit, Zufallszahlen, Aufwärmzyklen

Da bei einer Simulation die Leistungsparameter quasi experimentell bestimmt werden, dürfen diese nur im Zusammenhang mit der statistischen Genauigkeit der Simulation betrachtet und bewertet werden. Das Ergebnis eines einzelnen Simulationslaufs ist statistisch nicht aussagefähig. Erst die Mittelung von Ergebnissen mehrerer unabhängiger Simulationsläufe oder hintereinander ausgeführter Teiltests führt zu verwertbaren Ergebnissen. Über den Mittelwert der Ergebnisse und dessen Varianz kann ein Vertrauensintervall berechnet werden, welches ein Maß für die statistische Sicherheit des Simulationsergebnisses darstellt. Hierzu wird in vielen Fällen das 95% Student-t-Vertrauensintervall nach GOSSET benutzt, wobei 95% der Simulationsergebnisse innerhalb dieses Intervalls um den Mittelwert liegen.

Die Genauigkeit einer Simulation hängt nicht nur von der Anzahl der relevanten Simulationsereignisse ab, sondern unter anderem auch von der Qualität der Zufallszahlen, die zur Erzeugung des Verkehrs genutzt werden. Jede Korrelation oder Abweichung von der Gleichverteilung führt zu falschen Ergebnissen, da der tatsächliche Verkehr vom gewollten abweicht. Ein Beispiel: korrelierte Zufallszahlen entsprechen einem Hot-Spot-Verkehrsverhalten, das zu wesentlich reduziertem Durchsatz für den gesamten Verkehr führt.

In vielen Fällen soll der eingeschwungene Zustand betrachtet werden. Hierzu werden Aufwärmzyklen am Anfang eines Simulationslaufes eingeführt, bis das Netz eingeschwungen ist. Erst danach wird mit der Sammlung der Simulationsstatistiken begonnen. In manchen Fällen wird eine feste Anzahl von Aufwärmzyklen vorgegeben, während in anderen Fällen der eingeschwungene Zustand dynamisch durch das Beobachten von relevanten Netzparametern, wie zum Beispiel der Auslastung oder der Paketdurchlaufzeit, erkannt wird.

12.6.3 Simulatorstrukturen

Die zwei bedeutendsten Simulationskonzepte sind die zeitgesteuerte und die ereignisgesteuerte Simulation. In der *zeitgesteuerten Simulation* wird die fortschreitende Zeit in gleichlange Zeitschritte T eingeteilt, wobei Ereignisse bei einem Wechsel von einem Zeitschritt zum nächsten abgearbeitet werden. Bei dieser Methode werden also Ereignisse synchron zu einem Zeittakt abgearbeitet. Ein Nachteil dieser Methode ist, daß alle Zeitpunkte simuliert werden, auch wenn in einem bestimmten Zyklus nichts geschieht. Bei der *ereignisgesteuerten Simulation* wird die Zeit zwischen zwei aufeinanderfolgenden Ereignissen, unabhängig von der Länge dieses Zeitraumes, übersprungen. Ereignisse werden, geordnet nach ihrem Ereigniszeitpunkt, in einer Ereignisliste (*Kalender*) gespeichert und in der chronologischen Reihenfolge abgearbeitet. Hiermit ist also eine fast zeitlich kontinuierliche Simulation von Abläufen möglich.

12.6.4 Aspekte der parallelen Simulation

Die Simulation von Verbindungsnetzen ist aufgrund der großen Anzahl der erforderlichen Zyklen sehr zeitaufwendig, so daß in vielen Arbeiten parallele Systeme eingesetzt werden, um die Laufzeit zu reduzieren. Werden Simulatoren auf Parallelrechnern implementiert, so treten spezifische Probleme der Parallelisierung auf, die bei der sequentiellen Implementation nicht beachtet werden müssen. Hier sollen grundsätzliche Erwägungen diskutiert werden, um die Problematik und das Potential paralleler Simulation aufzuzeigen.

12.6.4.1   Konventionelle Ansätze

Parallele Ausführung unabhängiger Simulationen

Um Entwurfsentscheidungen und Leistungsparameter zu verifizieren und zu optimieren ist es oft nötig, mehrere Simulationen durchzuführen, bei denen Simulationsparameter von Simulation zu Simulation variieren. Eine einfache Lösung zur Beschleunigung dieser Simulationen ist dann die parallele Ausführung der einzelnen Simulationen auf unterschiedlichen Prozessoren eines Parallelrechners. Es laufen also mehrere Simulatoren parallel; das eigentliche Simulationsprogramm wird hierbei nicht parallelisiert und dessen Ausführzeit nicht verbessert. Dies wirkt sich in vielen Fällen nachteilig aus, wenn zum Beispiel Verkehrsszenarien mit langen Aufwärmphasen simuliert werden, die die Simulation dann verlangsamen.

Parallele Ausführung von funktionalen Einheiten

Ein Simulator besteht meist aus mehreren Einheiten, zum Beispiel aus der Verkehrserzeugung inklusive der Zufallszahlengeneratoren, der Kalenderverwaltung, der Sammlung der Meßwerte und deren Auswertung. Diese Einheiten können in einem Parallelrechner auf unterschiedliche Prozessoren verteilt und parallel abgearbeitet werden. Da jedoch für den gesamten Simulator nur ein Ereigniskalender existiert, wird die Kalenderverwaltung zum Flaschenhals und begrenzt dadurch die durch die Parallelisierung erreichbare Leistungssteigerung.

Hierarchische Zerlegung des Simulationsmodells

In vielen Fällen wirkt sich ein Ereignis auf mehrere Teile des Netzmodells aus. Bei dieser Methode wird deshalb das Netzmodell hierarchisch in kleinere Teile aufgespalten und diese Teile auf die Prozessoren eines Parallelrechners verteilt. So können die Auswirkungen von Ereignissen auf unterschiedliche Modellteile parallel bestimmt werden. Allerdings muß an der Spitze der Hierarchie ein Koordinationsprozeß stehen, der die vollständige Abarbeitung eines Ereignisses durch die verschiedenen Modellteile steuert und überwacht. Dieser Prozeß stellt einen Flaschenhals dar, wodurch die erzielbare Leistungssteigerung durch die Parallelisierung nach oben begrenzt wird.

12.6.4.2 Parallele ereignisgesteuerte Simulation

Im Gegensatz zu den konventionellen Ansätzen verfolgt die parallele ereignisgesteuerte Simulation einen prozeßorientierten Ansatz. Hierbei wird das modellierte System in Prozesse unterteilt, die auf unterschiedlichen Prozessoren des Parallelrechners laufen und untereinander Informationen ausschließlich in Form von Nachrichten austauschen können. Innere Zustände oder Variablen eines Prozesses sind anderen Prozessen nicht zugänglich. Die Prozesse des modellierten Systems werden als *physikalische Prozesse* bezeichnet. Im Simulator werden diese physikalischen Prozesse als *logische Prozesse* nachgebildet. Jeder logische Prozeß enthält neben Zustandsvariablen, die den Zustand des entsprechenden physikalischen Prozesses beschreiben, eine lokale Uhr. Logische Prozesse kommunizieren untereinander ausschließlich mit Nachrichten, die mit einer Zeitmarke versehen sind.

Die parallele ereignisgesteuerte Simulation erzielt den Leistungsgewinn dadurch, daß mehrere Ereignisse gleichzeitig abgearbeitet werden. Dabei kann es zu Kausalitätsverletzungen kommen, da nicht immer nur das Ereignis mit der kleinsten Zeitmarke im System abgearbeitet wird. Zum besseren Verständnis betrachte man Abbildung 12.13a.

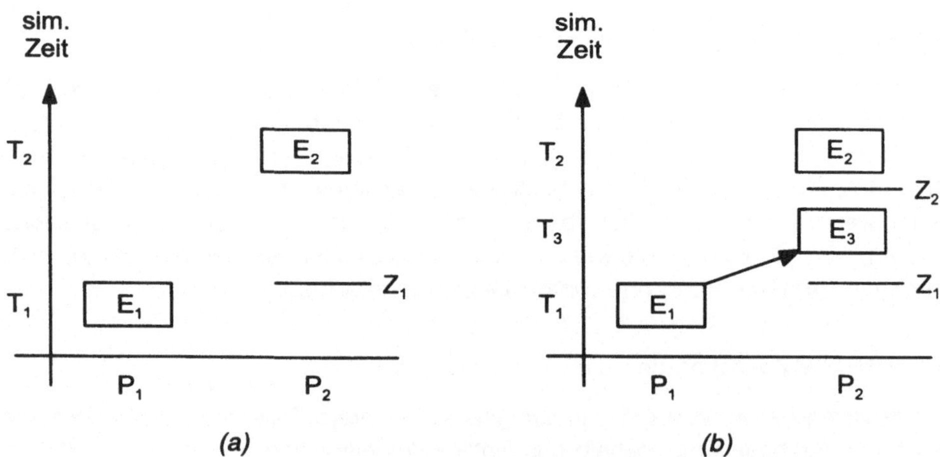

Abbildung 12.13: *Ereignisse im System (a) vor Abarbeitung von E_1 und (b) kurz vor Ende der Abarbeitung von E_1*

Es wird angenommen, daß zum Zeitpunkt T_1 ein Ereignis E_1 für Prozeß P_1 und zum Zeitpunkt T_2 ein Ereignis E_2 für Prozeß P_2 auftritt; Ereignis E_1 geht dabei von einem Zustand Z_1 aus. Zur Beschleunigung der Simulation ist es naheliegend, die Prozesse P_1 und P_2, und somit auch die Ereignisse E_1 und E_2 parallel von zwei verschiedenen Prozessoren ausführen zu lassen. Dies ist genau dann zulässig, wenn sichergestellt ist, daß Prozeß P_1 keine Ereignisse, die zu einem frühen Zeitpunkt als T_1 stattfinden, empfangen wird und daß Prozeß P_2 keine Ereignisse, die zu einem frühen Zeitpunkt als T_2 stattfinden, empfangen kann. Nun betrachte man das Szenario in Abbildung 12.13b. Hier wird angenommen, daß der Prozeß P_1 durch die Abarbeitung von Ereignis E_1 ein Ereignis E_3 zum Zeitpunkt $T_3 < T_2$ für Prozeß P_2 generiert. Dieses Ereignis verändert zum Zeitpunkt T_3 den Ausgangszustand Z_1 von Ereignis E_2 in einen Zustand Z_2 um. Wurden nun die Ereignisse E_1 und E_2 parallel abgearbeitet, so wurde von einem falschen Ausgangszustand für Ereignis E_2 ausgegangen, was zu einer Kausalitätsverletzung führt. Um solche Verletzungen zu verhindern, müssen geeignete Maßnahmen ergriffen werden. Hierzu stehen konservative und optimistische Verfahren zur Verfügung.

Konservative Verfahren

Konservative Verfahren vermeiden Kausalitätsverletzungen, indem Bedingungen bezüglich der Zeitmonotonie an den Simulator gestellt werden, die immer erfüllt sein müssen. Ein physikalisches System wird im Zeitintervall 0 bis Z simuliert, wobei Z der Beendigungszeitpunkt ist. Während dieser Zeit sendet ein Prozeß P_i eine endliche Anzahl von Nachrichten an einen Prozeß P_j. Es wird vorausgesetzt, daß zwischen zwei solchen Nachrichten mindestens die positive konstante Zeitspanne e liegt, eine realistische Annahme, da es keine physikalischen Systeme gibt, bei denen Nachrichten in beliebig kurzer Zeit aufeinander folgen können. Für die meisten Systemmodelle ist diese Einschränkung also ohne Belang; für bestimmte Systeme, z. B. Warteschlangennetze mit Bedienzeiten, die den Wert 0 annehmen können, ist diese Einschränkung jedoch möglicherweise relevant. Eine weitere Anforderung an das physikalische System ist, daß alle zum Zeitpunkt t gesendeten Nachrichten nur von Nachrichten abhängen, die von diesem Prozeß bis zum Zeitpunkt t empfangen wurden, also daß das Kausalitätsprinzip gilt.

Der Simulator muß feststellen, wann ein Ereignis sicher abgearbeitet werden kann, wobei nirgends eine Ereignis-Nachricht für den betreffenden Prozeß mit früherer Zeit-Marke vorhanden sein oder erzeugt werden darf. Um dies zu gewährleisten, müssen Prozesse auf andere warten. Dies ist in Abbildung 12.14 verdeutlicht. In Abbildung 12.14a wartet der gezeigte logische Prozeß auf eine Nachricht an Eingang 2 und kann deshalb seine lokale Uhr nicht weiterschalten. In Abbildung 12.14b trifft eine Nachricht am Eingang 2 mit der Zeitmarke 40 ein. Da durch das Simulationskonzept immer gewährleistet ist, daß hiernach keine Nachricht an Eingang 2 mehr empfangen wird, dessen Zeitmarke kleiner als 40 ist, kann der Prozeß die Nachricht an Eingang 1 mit der Zeitmarke 20 abarbeiten und somit seine lokale Uhr auf die Zeit 20 vorstellen. Danach wartet der Prozeß auf eine Nachricht an Eingang 1 (Abbildung 12.14c), da dieser Eingang nun die kleinste Zeitmarke besitzt.

Da das Warten von Prozessen auch in Zyklen vorkommen kann, können Verklemmungen (Deadlocks) auftreten. Eine solche Verklemmung ist in Abbildung 12.15
gezeigt. Prozeß C wartet auf eine Nachricht von Prozeß B, welcher auf eine Nachricht von Prozeß A wartet. Prozeß A wiederum wartet auf eine Nachricht von Prozeß
C. Diese Situation kommt dadurch zustande, daß ein Prozeß einem anderen seine
aktuelle Zeit nur bei der Übermittlung einer Nachricht mitteilt. So wartet Prozeß B auf
eine Nachricht von Prozeß A zum Zeitpunkt 20, obwohl Prozeß A bereits seine Uhr
auf 40 vorgestellt hat. Diese Verklemmungssituation kann, wie in [ChM79] beschrieben, durch die Einführung von *Nullnachrichten* mit Inhalt (NULL, *t*), die keine physikalische Entsprechung haben, vermieden werden. Verändert ein Prozeß seine lokale
Uhr, so teilt er allen angeschlossenen Prozessen durch Nullnachrichten seine neue
Zeit mit, also auch denjenigen Prozessen, die sonst keine Nachricht empfangen
hätten. So kann die Verklemmungssituation in Abbildung 12.15 vermieden werden,
indem Prozeß A eine Nullnachricht mit dem Zeitstempel 40 an Prozeß B schickt, so
daß Prozeß B nicht mehr auf Prozeß A warten muß.

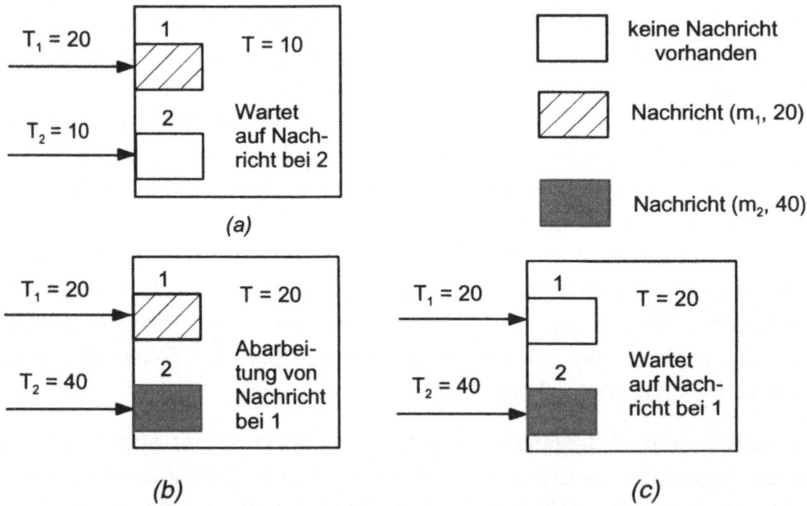

Abbildung 12.14: *Zustand eines logischen Prozesses mit zwei Eingängen (a) vor
und (b) nach Empfang der Nachricht (m_2, 40) auf Eingang 2 und (c) nach
Abarbeitung der nächsten Nachricht*

Die Einführung von Nullnachrichten erhöht jedoch die Anzahl der zwischen
Prozessen zu verschickenden Nachrichten, die, wenn die Prozesse auf unterschiedlichen Prozessoren eines Parallelrechners laufen, zu einer erhöhten Interprozessorkommunikation führen. Dies kann sich negativ auf die Simulatorleistung auswirken,

so daß Methoden zur Verringerung der Anzahl der Nullnachrichten, wie zum Beispiel in [Vri90] beschrieben, existieren. Eine ausführliche Beschreibung über konservative Verfahren zur parallelen ereignisgesteuerten Simulation kann in [Fuj90, Mis86] gefunden werden.

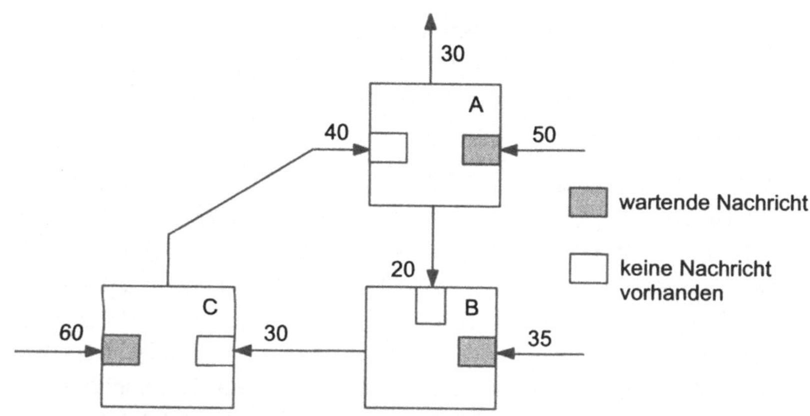

Abbildung 12.15: *Beispiel für eine Verklemmung*

Optimistische Verfahren

Bei optimistischen Methoden wird jeweils in jedem Prozeß das Ereignis mit der kleinsten Zeitmarke abgearbeitet. Dabei wird nicht darauf geachtet, ob möglicherweise noch ein Ereignis mit kleinerer Zeitmarke, ein *Nachzügler,* empfangen werden kann. Alle nach der Zeitmarke des Nachzüglers durchgeführten Aktionen eines Prozesses sind möglicherweise falsch, da der Nachzügler die Ausgangssituation geändert hat. Bei der von JEFFERSON eingeführten Methode des *Time Warp* [Jef85] wird dann der Zustand wiederhergestellt, den das System vor der Zeitmarke des Nachzüglers hatte. Dieser *Rollback-Vorgang* macht eine periodische Zustandsspeicherung der einzelnen Prozesse erforderlich.

Anhand von Abbildung 12.13 läßt sich die Arbeitsweise des Time Warp einfach beschreiben. In diesem Szenario werden zunächst die Ereignisse E_1 und E_2 parallel abgearbeitet, danach wird jedoch festgestellt, daß mit E_3 ein Ereignis für den Prozeß P_2 mit früherer Zeitmarke empfangen wurde (Abbildung 12.13b). Als Konsequenz wird der Zustand Z_1 zur simulierten Zeit vor Ereignis E_3 wieder hergestellt (Rollback-Vorgang) und die Ereignisse E_3 und E_2 werden dann in der kausal richtigen Reihenfolge abgearbeitet.

Ein wichtiger Aspekt beim Time Warp ist die Ausführung irreversibler Operationen, wie zum Beispiel Ausgabeoperationen und das Löschen von Systemzuständen, die nicht mehr gebraucht werden. Hierzu wurde von JEFFERSON [Jef85] der Begriff der *globalen virtuellen Zeit* (*GVT*) eingeführt. Die GVT ist gleich der minimalen Zeitmarke aller im System vorhandenen unbearbeiteten Ereignisse. Da durch das Simulationskonzept sichergestellt ist, daß nie ein Ereignis mit einer Zeitmarke kleiner als der GVT produziert werden kann, können irreversible Operationen und Ereignisse nur dann sicher ausgeführt werden, wenn deren Zeitmarke kleiner als die GVT ist. Die Berechnung der GVT ist eine nicht-triviale Aufgabe, über die zahlreiche Arbeiten existieren [Mat93, ToG93].

Eine weitere Maßnahme beim Time Warp ist die Stornierung von Ereignisnachrichten. Tritt ein Nachzügler auf, so können die vorher erzeugten und versendeten Ereignisnachrichten falsch sein und müssen deshalb neutralisiert werden. Bei einer *aggressiven Stornierung* werden bei dem Auftreten eines Nachzüglers sofort *Anti-Nachrichten* für alle nach der Zeitmarke des Nachzüglers gesendeten Nachrichten verschickt, die die falsch gesendeten Nachrichten neutralisieren. Dies kann allerdings zu einer sehr hohen Anzahl von zu verschickenden Nachrichten führen. Bei der *verzögerten Stornierung* wird diese Anzahl verringert, indem zuerst das Nachzüglerereignis ausgeführt wird. Danach werden nur die alten Nachrichten durch Anti-Nachrichten neutralisiert, die fälschlich verschickt worden sind. Beide Methoden der Stornierung besitzen ausgeprägte Vor- und Nachteile, so daß eine Entscheidung für eine bestimmte Methode nicht einfach ist und insbesondere stark von den Eigenschaften des simulierten Systems abhängt.

Leistungsvergleich

Leistungsvergleiche zwischen konservativen und optimistischen Methoden zeigen, daß die Wahl der optimalen Methode von der Anwendung abhängig ist. Generell bietet das Time Warp-Verfahren ein größeres Potential für allgemeine Anwendungen. Konservative Verfahren sind jedoch für viele spezielle Anwendungen ebenso gut geeignet. Time Warp erfordert jedoch einen größeren Implementierungsaufwand. Systemteile wie die Speicherverwaltung, die Zustandsspeicherung und Buchführung über verschickte Nachrichten sind jeweils für sich schon komplexe Subsysteme. Da es sich jedoch um ein sehr universelles Verfahren handelt, müssen diese Komponenten eines Time Warp-Systemkernes nur einmal entwickelt werden. Der Aufwand für konservative Methoden ist deutlich geringer, da alle Buchführungsfunktionen wegfallen, weil keine Operationen rückgängig gemacht werden müssen. Sehr nachteilig ist jedoch die enge Verknüpfung des Simulators mit dem Systemmodell, so daß oft kleine Änderungen im Systemmodell größere Programmodifikationen erfordern und deutliche Auswirkungen auf die Leistung des Simulators haben.

Die asynchrone Abarbeitung der Ereignisse in der parallelen ereignisgesteuerten Simulation hat große Auswirkung auf die Wahl des zu verwendenden Parallelrechners. MIMD-Rechner mit ihren asynchronen Prozessoren sind sehr gut geeignet, die asynchronen Ereignisse zu verarbeiten. In SIMD-Maschinen, in denen alle Prozessoren synchron zu einem Systemtakt arbeiten, müssen spezielle Algorithmen implementiert werden, die die asynchrone Verarbeitung der Ereignisse unterstützen [AyB93]. Deshalb sind SIMD-Rechner nur bedingt für die parallele ereignisgesteuerte Simulation geeignet.

12.6.4.3 Parallele zeitgesteuerte Simulation

Das Hauptmerkmal der zeitgesteuerten Simulation ist die synchrone Abarbeitung der Simulationsereignisse. Da dies in der parallelen Simulation ebenfalls geschehen muß, müssen auch die einzelnen Prozesse, die auf unterschiedlichen Prozessoren des Parallelrechners laufen, synchron sein. Auf MIMD-Rechnern ist es deshalb erforderlich, die Prozessoren bei jedem Simulationsschritt zu synchronisieren, wodurch Leistungsverluste entstehen. In SIMD-Rechnern arbeiten die Prozessoren synchron zueinander. Da die parallele zeitgesteuerte Simulation diese implizite Synchronisation ausnutzen kann, sind SIMD-Rechner für die zeitgesteuerte Simulation sehr gut geeignet. Bei der zeitgesteuerten Simulation auf SIMD-Rechnern brauchen keine komplexen Verwaltungsfunktionen wie bei der ereignisgesteuerten Simulation implementiert zu werden. Hier sind vielmehr die Methoden zur Abbildung von Netztopologien auf die Parallelrechnerknoten von größerer Bedeutung, da die Wahl der Abbildung die Simulatorleistung im großen Maße beeinflussen kann. Die Vor- und Nachteile verschiedener Abbildungsstrategien werden im folgenden an einem Fallbeispiel der zeitgesteuerten Simulation von synchronen Delta-Netzen auf SIMD-Rechnern diskutiert.

Fallbeispiel: Simulation von synchronen Delta-Netzen auf SIMD-Parallelrechnern

Es existieren viele Möglichkeiten, ein mehrstufiges Delta-Netz mit seinen Koppelelementen auf einen massiv-parallelen SIMD-Parallelrechner abzubilden, um einen parallelen Netzsimulator zu implementieren. Ein Unterscheidungsmerkmal der verschiedenen Abbildungsmöglichkeiten ist hierbei die *Abbildungsgranularität*, welche hier als Grad der Parallelität einer Abbildung definiert ist. Zur Verdeutlichung sind in Abbildung 12.16 drei Abbildungsmöglichkeiten mit unterschiedlicher Granularität gezeigt. Hierbei wird von einer symmetrischen Koppelelementarchitektur ausgegangen, die an jedem Ein- und Ausgangsport einen Paketpuffer besitzt. Bei der feingranularen Abbildung (Linkabbildung, Abbildung 12.16a) sind die Netzverbindungsleitungen inklusive der Eingangs- und Ausgangspuffer auf die Prozessoren abgebildet. Bei der mittelgranularen Abbildung (Schalterabbildung, Abbildung 12.16b) befindet sich in jedem Prozessor ein Koppelelement des Netzes, während bei der grobgranularen Abbildung (Teilnetzabbildung, Abbildung 12.16c) mehrere Koppelelemente in jedem Prozessor simuliert werden. Die Parallelität der Abbildungen nimmt hierbei von der feingranularen zur grobgranularen Abbildung ab. Im folgenden werden die Leistungsfähigkeit und Anforderungen dieser Abbildungsstrategien diskutiert.

Um die Leistung des vorhandenen Parallelrechners vollständig auszunutzen, wird angenommen, daß mehrere unabhängige Simulationen des gleichen Netzes parallel auf der Maschine laufen und deren Ergebnisse gemittelt werden. Um Konflikte unter diesen Subsimulationen zu vermeiden, benutzt jeder Subsimulator andere PEs. Wenn eine Netzabbildung P Prozessoren benötigt, während im Parallelrechner N_S Prozessoren zur Verfügung stehen ($N_S \geq P$), so können ëN$_S$/Pû Netzsubsimulatoren parallel auf der Maschine laufen.

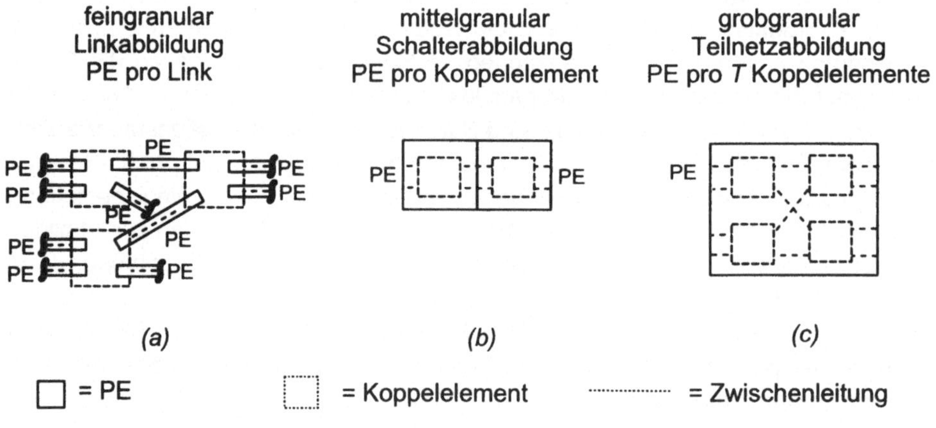

Abbildung 12.16: *Netz-Abbildungsmöglichkeiten: (a) feingranulare, (b) mittelgranulare und (c) grobgranulare Abbildung*

Abbildungsgranularität

Je feiner die Granularität der verwendeten Abbildung ist, desto größer ist die Anzahl der pro Subsimulator benutzten PEs. Dies bedingt eine relativ kleine Anzahl von parallelen Subsimulatoren bei der feingranularen Abbildung. Bei einer Abbildung mit gröberer Granularität werden weniger PEs pro Subsimulator benutzt, welches in einer höheren Ausführzeit für einen Simulationslauf resultiert. Allerdings können mehr Subsimulatoren auf dem Parallelrechner implementiert werden als bei einer Abbildung mit feinerer Granularität. Demnach können also mit der feingranularen Abbildungsstrategie wenige aber schnelle Subsimulatoren implementiert werden, während man mit den mittel- und grobgranularen Abbildungen viele aber langsamere Subsimulatoren erhält. Durch dieses gegenläufige Verhalten läßt sich nicht feststellen, welche Abbildungsstrategie zu dem schnellsten Simulator führt. Deshalb müssen die Ausführzeiten der verschiedenen Simulatoren gemessen werden, um Aussagen über die Schnelligkeit der Abbildungsstrategien treffen zu können.

Kommunikationsaufwand

Die im Parallelrechner vorhandenen Verbindungsnetze können die Wahl der optimalen Abbildungsstrategie beeinflussen, wenn die Transferzeiten durch das Netz von der Transferdistanz abhängig sind. Wird ein lokales Netz (z.B. ein Gitter-Netz) für die Kommunikation der Simulator-PEs verwendet, so kann die Transferzeit von der Transferdistanz abhängig sein, wenn kein Wormhole-Routing im Gitter-Netz implementiert ist (siehe Abschnitt 5.1.1). Je mehr PEs für einen Subsimulator verwendet werden, desto größer wird die mittlere Kommunikationsdistanz zwischen den PEs. In diesem Fall ist eine grobgranulare Abbildung, die wenige PEs pro Subsimulator verwendet, einer feingranularen Abbildung bei Betrachtung des Kommunikationsaufwands vorzuziehen. Ist ein mehrstufiges, globales Netz im Parallelrechner vorhanden, in dem die Transferzeiten unabhängig von den Transferdistanzen sind, verhalten sich die verschiedenen Abbildungen bei Betrachtung des Kommunikationsaufwands gleich.

Speicherbedarf

Da in den mittel- und grobgranularen Abbildungen alle Puffer eines bzw. mehrerer Koppelelemente auf einem PE implementiert werden müssen, während bei der feingranularen Abbildung nur jeweils zwei Puffer auf ein PE abgebildet werden (siehe Abbildung 12.16), benötigen die grobgranulareren Abbildungen einen viel höheren Speicherplatzbedarf pro PE als die feingranulare Abbildung. Dies kann ein großer Nachteil der grobgranulareren Abbildungen sein, da in vielen SIMD-Rechnern nur ein begrenzter Speicherplatz pro PE zur Verfügung steht. So können manche Netzkonfigurationen mit den grobgranulareren Abbildungen nicht mehr auf einem SIMD-Rechner implementiert werden.

Zusatzaufwand für Koppelelementoperationen

Wenn Netzfunktionen, die ganze Koppelelemente und nicht nur einzelne Ports und/oder Puffer berücksichtigen (z. B. die Berechnung der Anzahl der leeren Speicherplätze bei Koppelelementen mit Zentralpuffer) angewendet werden, führen mittel- und grobgranulare Netzabbildungen zu leistungsfähigeren Simulatoren. Bei diesen Abbildungen befinden sich Daten und Informationen eines gesamten Koppelelements in einem PE, so daß Koppelelementoperationen effizient durchgeführt werden können. Dagegen sind Koppelelementinformationen bei der feingranularen Abbildung auf mehrere PEs verteilt und müssen durch Kommunikation zwischen einzelnen PEs zusammengefaßt werden. Diese zusätzliche Kommunikation führt zu einer Leistungsminderung der feingranularen Abbildung.

Leistung von parallelen zeitgesteuerten Simulatoren

Wie bereits erwähnt, läßt sich durch die gegenläufigen Verhalten der einzelnen Abbildungsstrategien nicht feststellen, welche Granularität zu dem schnellsten Simulator führt. Deshalb wurden in [JuS96a] beispielhaft zwei Simulatoren implementiert und Leistungsmessungen vorgenommen, um quantitative Vergleiche zu erhalten. Als Netztypen sind hierbei synchrone store-and-forward paketvermittelnde Delta-Netze gewählt worden, welche bis zu 1024 Quellen mit 1024 Senken verbinden. Diese Netze wurden auf den MasPar-Rechner MP-1 (siehe Abschnitt 11.2.4) abgebildet, welcher 16K Prozessoren in SIMD-Architektur besitzt. Es sind die Link- und die Schalterabbildung untersucht worden; die Teilnetzabbildung konnte, bedingt durch den begrenzten Speicherplatz von 16KByte pro PE, nicht auf der MasPar implementiert werden.

Der Leistungsvergleich wurde anhand der Simulation eines fünfstufigen 1024x1024-Delta-Netzes bestehend aus 256 4x4-Koppelelementen pro Stufe durchgeführt. Messungen zeigen, daß ein Subsimulator der Linkabbildung pro Simulationsschritt 9.5 msec für eingangs- und ausgangsgepufferte Koppelelemente und 12 msec für Koppelelemente mit Zentralpuffer verbraucht. Ein Subsimulator der Schalterabbildung braucht 31 msec pro Simulationsschritt für alle Pufferstrategien. Hierbei benötigt ein Subsimulator der Linkabbildung 6144 PEs, so daß zwei Subsimulatoren parallel arbeiten können, während 1280 PEs für einen Subsimulator der Schalterabbildung gebraucht werden, so daß bei dieser Abbildung 12 parallele Subsimulatoren implementiert werden können. So mitteln sich die Ausführungszeiten pro Simulationsschritt zu 4.75 msec für eingangs- und ausgangsgepufferte Koppelelemente und 6 msec für Koppelelemente mit Zentralpuffer bei der Linkabbildung, sowie 2.58 msec für alle Pufferstrategien bei der Schalterabbildung. Dieser Vergleich zeigt deutlich den Leistungsvorteil der Schalterabbildung, vor allem bei der Simulation von Koppelelementen mit Zentralpuffer (der Simulator mit Schalterabbildung ist mindestens doppelt so schnell wie der Simulator mit Linkabbildung). Die Schalterabbildung stößt allerdings an ihre Grenzen, wenn z. B. komplexere Koppelelemente mit mehreren parallelen Puffern pro Koppelelementein- und/oder Ausgang simuliert werden sollen, da diese, abhängig von der Koppelelementgröße, durch den beschränkten Speicherplatz pro PE nicht mehr implementiert werden können. Diese Ergebnisse zeigen, daß eine größtmögliche Abbildungsparallelität nicht immer zu einer optimalen Lösung führt.

12.6.5 Simulationen für seltene Ereignisse

Insbesondere bei indirekten Verbindungsnetzen für Kommunikationssysteme müssen Parameter wie die Verlustwahrscheinlichkeit in einer Größe von 10^{-9} bis 10^{-10} erreicht werden. Die hierfür erforderlichen Simulationen überschreiten dann bis auf Ausnahmen eine akzeptable Dauer. Meist sind auch analytische Methoden der Leistungsbewertung ausgeschlossen, beispielsweise aufgrund einer komplexen Struktur der Koppelelemente. Dann kann eine Methodik zur Simulation seltener Ereignisse eingesetzt werden, mit der die Ereignisse eines Pufferüberlaufs durch Simulationen nachgewiesen werden, selbst wenn deren Auftrittswahrscheinlichkeit bei 10^{-10} oder darunter liegt [ViV91].

Die Methodik soll hier anhand der Simulation der Verlustwahrscheinlichkeit eines ausgangsgepufferten Koppelelementes erläutert werden. Aufgrund des eintreffenden Nachrichtenverkehrs stellt sich im Laufe der Simulation eine Pufferbelegung ein, die über die Zeit variiert (siehe Abbildung 12.17a). Sobald die Pufferbelegung einen bestimmten Schwellwert übersteigt (dessen Optimierung eine wesentliche Aufgabe dieser Methode darstellt), wird der gesamte Simulationszustand gespeichert. Ausgehend von diesem Zustand werden nun eine große Anzahl von Simulationen durchgeführt, die jeweils abgebrochen werden, sobald die Pufferbelegung den Schwellwert wieder unterschreitet. Dies kann nach mehr oder weniger langer Zeit geschehen, wobei unter Umständen während dieser Zeit der Puffer vollständig gefüllt wird (Abbildung 12.17d) oder auch nicht (Abbildung 12.17b, c).

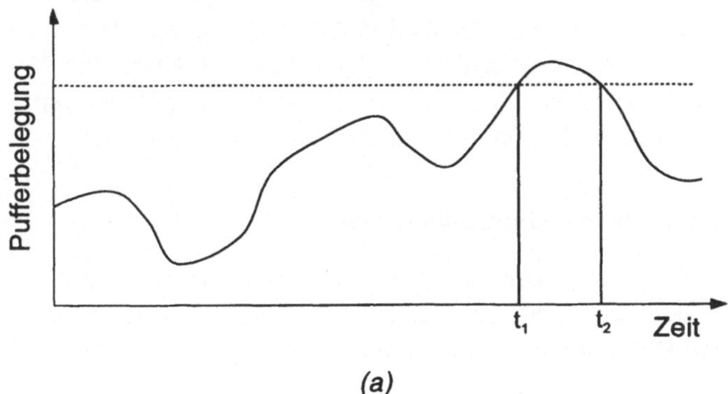

(a)

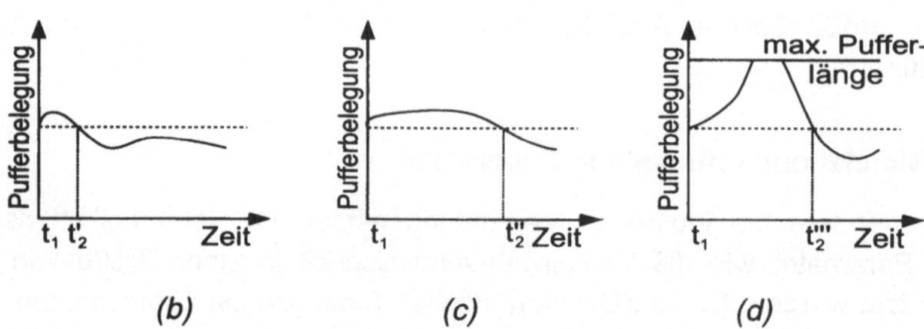

Abbildung 12.17: *Simulation seltener Pufferbelegungen; (a) typischer Verlauf der Pufferbelegung; (b), (c) nochmalige Simulation der Phase zwischen t_1 und t_2 ohne Überschreiten der maximalen Pufferlänge; (d) nochmalige Simulation mit Überschreiten der maximalen Pufferlänge*

Indem die Wahrscheinlichkeit der Überschreitung des Schwellwertes aus den Simulationen ermittelt und mit der Länge der Überschreitung in Relation gesetzt wird, kann nun die Wahrscheinlichkeit der Überschreitung der maximalen Pufferlänge bestimmt werden. Diese Methode funktioniert für einfache Modelle. Bei komplexeren Quellmodellen wie auch bei der Simulation von größeren Netzen stößt die Methode jedoch an ihre Grenzen.

12.7 Simulativer Leistungsvergleich von Koppelelementen und Verbindungsnetzen

In diesem Abschnitt werden einige wichtige Leistungscharakteristiken von Koppelelementen und indirekten Verbindungsnetzen aufgeführt, die durch parallele Simulation auf dem SIMD-Rechner MasPar-MP-1 (siehe Abschnitt 11.2.4) ermittelt wurden [JuS96a]. Da bei vielen gezeigten Simulationsresultaten das 95%-Konfidenzintervall sehr klein ist (dies wurde durch die Mittelung entsprechend vieler Teilsimulationen erreicht), wird es in den meisten Fällen nicht gezeigt.

12.7.1 Leistung unter gleichverteiltem Verkehr

Es werden zunächst paketvermittelnde, gepufferte Delta-Netze unter gleichverteiltem Verkehr betrachtet, die zur Konfliktauflösung die Drop-Methode verwenden (bei einem vollen Puffer werden Pakete verworfen).

Als erstes wird die Leistungsfähigkeit verschiedener Koppelelementarchitekturen untersucht. Ein wichtiges Maß ist hierbei die Paketverlustwahrscheinlichkeit. In

Abbildung 12.18 ist die Paketverlustwahrscheinlichkeit in Abhängigkeit von der Puffergröße in 16x16-Koppelelementen mit Eingangs-, Ausgangs- und Zentralpufferung gezeigt (die 95%-Konfidenzintervalle sind ebenfalls angegeben). Es ist ein gleichverteilter Verkehr mit der Rate $\lambda = 0.85$ angenommen. Die Pufferlänge ist pro Koppelelementport angegeben (die Größe des Zentralpuffers kann durch Multiplikation der Pufferlänge mit 16, der Koppelelementgröße, berechnet werden). Das eingangsgepufferte Koppelelement weist eine sehr hohe Verlustrate auf, die durch massive HOL-Blockierungen in den Eingangspuffern hervorgerufen werden. Da in den Koppelelementen mit Ausgangs- und Zentralpufferung keine HOL-Blockierungen auftreten, erfahren Pakete in diesen Elementen niedrigere Verluste. Deutlich ist der Vorteil der Zentralpufferung gegenüber der Ausgangspufferung zu erkennen. Da bei der Zentralpufferung Pufferplätze nicht statisch bestimmten Koppelelementausgängen zugeordnet sind, kann eine niedrigere Paketverlustwahrscheinlichkeit erreicht werden. Um eine relativ geringe Paketverlustwahrscheinlichkeit von z. B. 10^{-6} zu erhalten, sind bei der Zentralpufferung 7 Paketplätze pro Ausgangsport nötig, während bei der Ausgangspufferung ca. 37 Plätze benötigt werden.

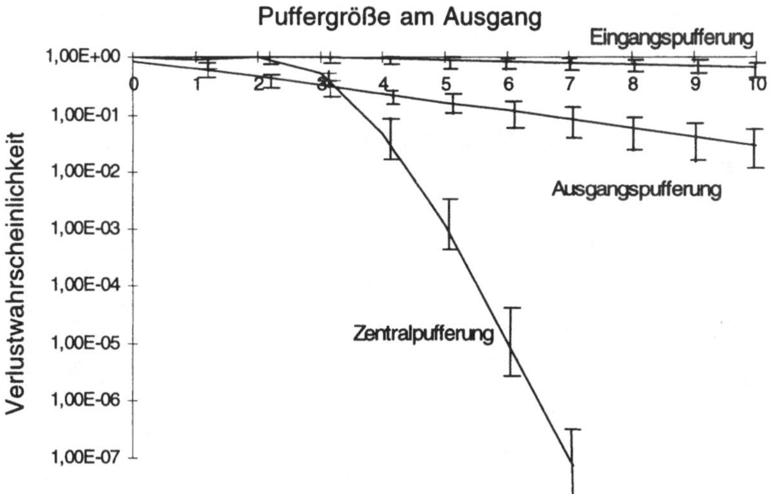

Abbildung 12.18: *Paketverlustwahrscheinlichkeit (mit 95%-Konfidenzintervallen) in 16x16-Koppelelementen unter gleichverteiltem Verkehr mit Rate $\lambda = 0.85$*

In Abbildung 12.19 ist die Auslastung von Delta-Netzen unterschiedlicher Größe, aufgebaut aus 2x2 ausgangsgepufferten Koppelelementen (Pufferlänge: 1 Paket), unter gleichverteiltem Verkehr gezeigt. Da die Größe der Koppelelemente festgelegt ist, nimmt die Anzahl der Netzstufen bei steigender Netzgröße zu (das 2x2-Netz hat eine Stufe, während das 1024x1024-Netz aus 10 Stufen besteht). In jeder Netzstufe können Konflikte in den Koppelelementen auftreten, so daß mehr Pakete verworfen werden. Deshalb nimmt die Netzauslastung mit steigender Netzgröße ab. Da in jedem Koppelelement Puffer der Länge 1 an den Ausgängen vorhanden sind und die Drop-Methode zur Konfliktauflösung verwendet wird, ist die Paketdurchlaufzeit unabhängig von der Verkehrsrate. Pakete, die durch das Netz zu ihren Zielen gelangen, werden in jeder Stufe für einen Zyklus gepuffert. So entspricht ihre Durchlaufzeit der Anzahl der Netzstufen.

In Abbildung 12.20 ist die Abhängigkeit der Auslastung eines 1024x1024-Netzes von der Koppelelementgröße gezeigt. Wiederum sind ausgangsgepufferte Koppelelemente angenommen, deren Puffer die Länge 1 haben. 1024x1024-Netze können aus vier verschiedenen Koppelelementen aufgebaut werden: aus 2x2-, 4x4-, 32x32- und 1024x1024-Koppelelementen. Das Netz besteht dabei aus 10, 5 oder 2 Stufen bzw. aus einer Stufe. Wie im vorherigen Beispiel steigt auch hier die Netzauslastung mit sinkender Stufenzahl, also mit steigender Koppelelementgröße. Bei der Implementierung von Netzen muß demnach ein Kompromiß zwischen erreichbarer Leistung und Realisierbarkeit der Koppelelemente (realisierbare Größe) gefunden werden.

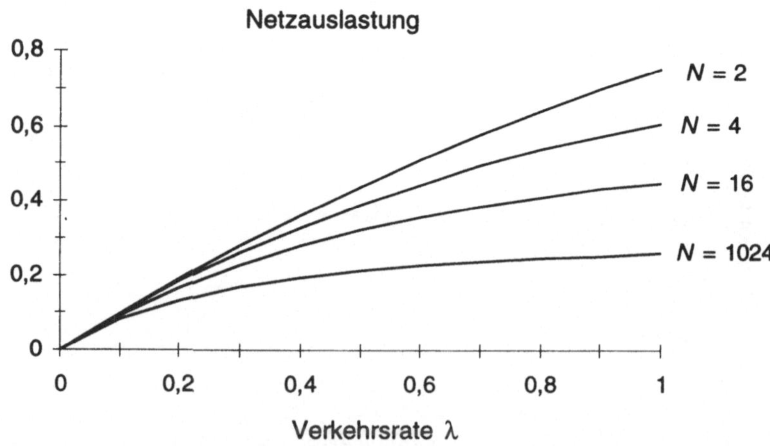

Abbildung 12.19: *Auslastung von Delta-Netzen unterschiedlicher Größe, aufgebaut aus 2x2 ausgangsgepufferten Koppelelementen (Pufferlänge D = 1) unter gleichverteiltem Verkehr*

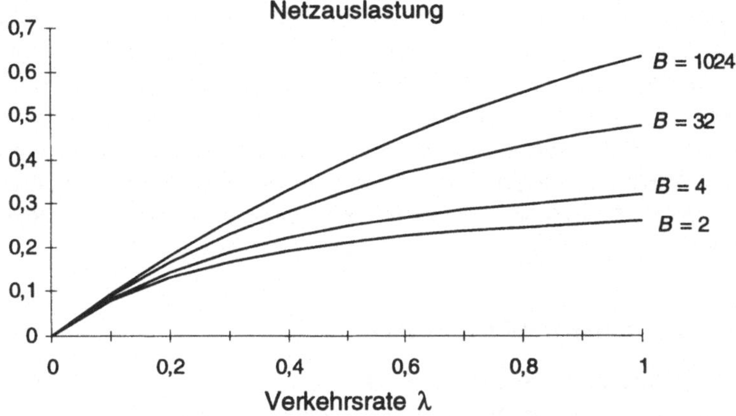

Abbildung 12.20: *Auslastung eines 1024x1024-Delta-Netzes, aufgebaut aus ausgangsgepufferten Koppelelementen unterschiedlicher Größe (Pufferlänge D = 1) unter gleichverteiltem Verkehr*

In den bisherigen Beispielen wurde von ausgangsgepufferten Koppelelementen ausgegangen, deren Puffer jeweils genau ein Paket puffern kann. Abbildung 12.21 zeigt die Leistungssteigerung bei Verwendung längerer Puffer.

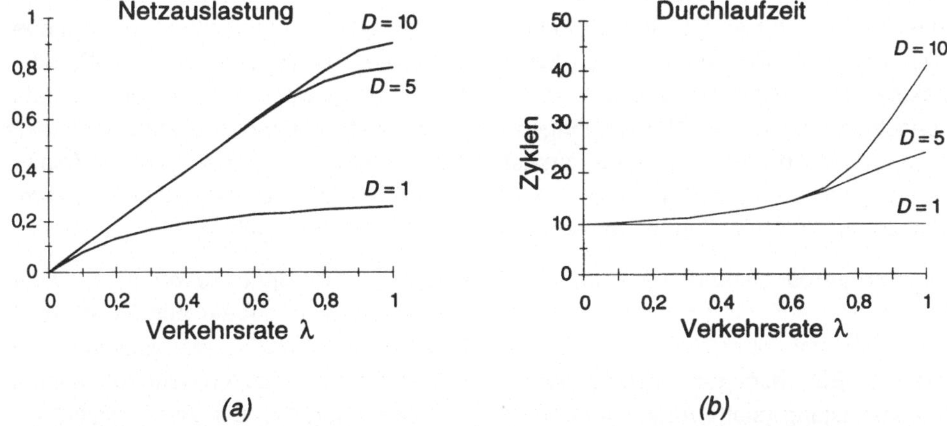

(a)   (b)

Abbildung 12.21: *(a) Auslastung und (b) Paketdurchlaufzeit in einem 1024x1024-Delta-Netz, aufgebaut aus 2x2 ausgangsgepufferten Koppelelementen mit unterschiedlicher Pufferlänge D, unter gleichverteiltem Verkehr*

Mittels der längeren Puffer können mehr Konflikte im Netz aufgelöst werden, so daß weniger Pakete verloren gehen. Daher resultiert eine erhöhte Netzauslastung (siehe Abbildung 12.21a). Gleichzeitig treffen Pakete gerade bei höheren Verkehrsraten, bei denen häufiger Konflikte auftreten, auf teilweise gefüllte Puffer innerhalb des Netzes. Da die Puffer nach der FIFO-Strategie arbeiten, müssen Pakete dann länger in den Puffern warten, so daß die Paketdurchlaufzeit bei längeren Puffern steigt (siehe Abbildung 12.21b). Auch hier muß durch geeignete Wahl von Koppelelementgröße und Pufferlänge ein Kompromiß zwischen erreichbarer Netzauslastung und Paketdurchlaufzeit eingegangen werden.

12.7.2 Leistung unter Hot-Spot-Verkehr

In diesem Abschnitt werden die Leistungsverluste in Parallelrechnernetzen unter statischen und dynamischen Hot-Spot-Verkehren betrachtet. Es werden Netze mit der Block-Methode zur Konfliktauflösung verwendet (bei einem Konflikt warten Pakete), damit keine Pakete im Netz verloren gehen können. In der folgenden Diskussion werden die Pakete in zwei Klassen eingeteilt: die *heißen Pakete* sind unter statischem Hot-Spot-Verkehr die zum Hot-Spot-Verkehrsanteil h gehörenden Pakete und unter dynamischem Hot-Spot-Verkehr die Synchronisationspakete. Alle anderen Pakete des Verkehrsgemisches sind *kalte Pakete*.

12.7.2.1 Statischer Hot-Spot-Verkehr

Unter diesem Verkehrsszenario können sich statische Sättigungsbäume in den Netzen aufbauen, die bis zu den Netzeingängen reichen und Pakete, die in das Netz gelangen wollen, behindern. Die Pakete, die nicht in das Netz gelangen können, müssen dann in den Quellen entweder verworfen oder in Quellpuffern zwischengepuffert werden. Da bei statischen Sättigungsbäumen die Anzahl der zu puffernden Pakete bei Quellen mit Quellpuffern mit der Zeit stetig wächst (falls sich ein Sättigungsbaum bis zu den Netzeingängen aufgebaut hat), können in diesem Fall keine aussagefähigen Netzleistungsparameter extrahiert werden. Deshalb wird im folgenden angenommen, daß Pakete, die nicht sofort in das Netz eingespeist werden können, in der Quelle verworfen werden und somit verloren gehen.

Zur Verdeutlichung der Effekte von statischen Hot-Spot-Verkehren in Delta-Netzen wird nun die Leistung eines 1024x1024-Netzes aufgebaut aus 2x2-Koppelelementen (mit einer Pufferlänge von jeweils 20 Paketen und Eingangslatches) untersucht. Ein wichtiger Leistungsparameter ist hierbei die zu erreichende mittlere Netzauslastung (siehe Abschnitt 12.2.2), die in Abbildung 12.22 in Abhängigkeit von der angebotenen Verkehrsrate des gleichverteilten Hintergrundverkehrs bei einer Hot-Spot-Rate von $h = 0.001$ und $h = 0.01$ gezeigt ist. Zum Leistungsvergleich ist die Auslastung des Netzes unter gleichverteiltem Verkehr ($h = 0$) ebenfalls gezeigt.

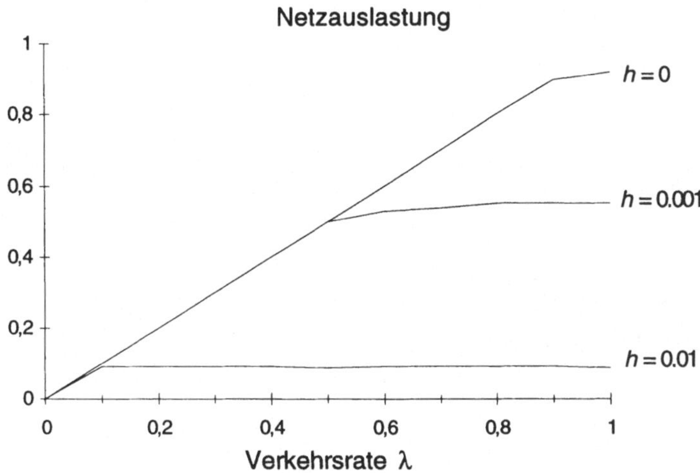

Abbildung 12.22: *Auslastung eines 1024x1024-Delta-Netzes, aufgebaut aus 2x2-Koppelelementen, unter statischem Hot-Spot-Verkehr und unter gleichverteiltem Verkehr (h = 0)*

Wie in Abschnitt 12.3.2 erläutert, bildet sich ein Sättigungsbaum unter dem angenommenen Hot-Spot-Verkehr erst für Verkehrsraten $\lambda > \Lambda$ mit $\Lambda = 0.495$ für $h = 0.001$ und $\Lambda = 0.089$ für $h = 0.01$ aus (siehe Gleichung in Abschnitt 12.3.2). Oberhalb dieser Rate existiert ein statischer Sättigungsbaum im Netz, der sich bis zu den Netzeingängen erstreckt und zu einer reduzierten Netzauslastung führt. Je größer der heiße Verkehrsanteil h am Gesamtverkehr ist, desto niedriger ist die maximal erreichbare Auslastung, wie in Abbildung 12.22 zu sehen ist. Auch ist deutlich zu erkennen, daß z. B. bei einem Hot-Spot-Anteil von $h = 0.01$und bei Verkehrsraten größer 0.089 keine höhere Netzauslastung erreicht werden kann, da der Sättigungsbaum bis zu allen Netzeingängen reicht und den gesamten Verkehr beeinflußt.

In Abbildung 12.23 sind die Abhängigkeiten des relativen Durchsatzes (Abbildung 12.23a) und der Durchlaufzeit aller Pakete (Abbildung 12.23b) von der Rate des gleichverteilten Hintergrundverkehrs gezeigt. Mit steigendem Hot-Spot-Verkehrsanteil sowie mit steigender Verkehrsrate nimmt der Paketdurchsatz ab, während die Paketdurchlaufzeit steigt. Beim leichten Hot-Spot-Verkehr ($h = 0.001$) und Verkehrsrate nahe 1 besitzen die Pakete eine etwas geringere Durchlaufzeit als unter gleichverteiltem Verkehr (siehe Abbildung 12.23b). Dieser Leistungsvorteil wird allerdings durch den Nachteil des viel geringeren Paketdurchsatzes im Hot-Spot-Verkehrsfall wieder relativiert.

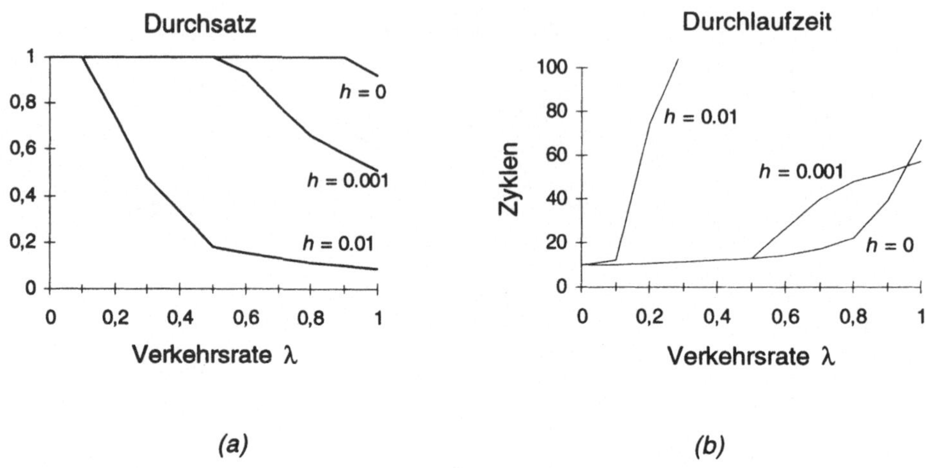

Abbildung 12.23: *(a) Mittlerer relativer Durchsatz und (b) mittlere Durchlaufzeit aller Pakete in einem 1024x1024-Delta-Netz, aufgebaut aus 2x2-Koppelelementen, unter statischem Hot-Spot-Verkehr und unter gleichverteiltem Verkehr (h=0)*

In Abbildung 12.24 ist ein weiterer interessanter Aspekt von Hot-Spot-Verkehren in gepufferten Delta-Netzen zu sehen. Hier sind die Durchsätze von Netzen gezeigt, die aus eingangs- und ausgangsgepufferten Koppelelementen, sowie aus ausgangsgepufferten Koppelelementen mit Eingangslatches (siehe Abschnitt 8.2.3) aufgebaut sind. Es ist deutlich zu erkennen, daß das ausgangsgepufferte Netz die höchste Leistung aufweist, während die Netze mit eingangsgepufferten, wie auch mit ausgangsgepufferten Koppelementen mit Eingangslatches eine sehr geringe Leistung besitzen. Die schwache Leistung des eingangsgepufferten Netzes ist durch HOL-Blockierungen in den Eingangspuffern zu erklären, die auch unter gleichverteilten Verkehren auftreten (siehe Abschnitt 12.5.2). Die Eingangslatches in den ausgangsgepufferten Koppelelementen führen zu zusätzlichen Blockierungen in den Koppelelementen unter dem Hot-Spot-Verkehr, die unter gleichverteiltem Verkehr nicht vorhanden sind (siehe Abschnitt 12.5.1). Diese zusätzlichen Blockierungen wurden in [JuS96b] als *HOL-Blockierungen höherer Ordnung* eingeführt. Dort wurde auch gezeigt, welche Zusammenhänge zwischen der Pufferorganisation von Koppelelementen und diesen zusätzlichen HOL-Blockierungen besteht.

Die Simulationen zeigen deutlich, daß schon geringe Unsymmetrien im Verkehr zu drastischen Einbrüchen der Netzleistung führen können.

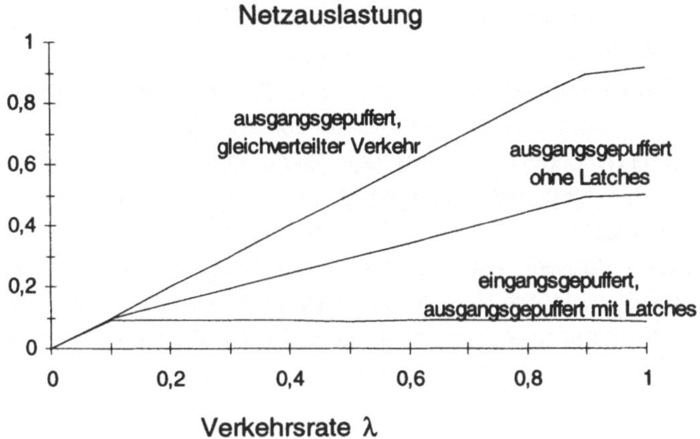

Abbildung 12.24: *Auslastung eines 1024x1024-Delta-Netzes, aufgebaut aus 2x2-Koppelelementen verschiedener Architektur, unter statischem Hot-Spot-Verkehr (h = 0.01) und unter gleichverteiltem Verkehr*

12.7.2.2   Dynamischer Hot-Spot-Verkehr

Zur Verdeutlichung der Effekte von dynamischen Hot-Spot-Verkehren in Delta-Netzen wird nun beispielhaft die Paketdurchlaufzeit in einem 1024x1024-Netz, aufgebaut aus 2x2 ausgangsgepufferten Koppelelementen (mit einer Pufferlänge von jeweils 20 Paketen), unter dynamischem Hot-Spot-Verkehr mit $\lambda = 0.5$, $\mu = 1000$ und $\sigma = 50$ untersucht. Damit während eines Synchronisationsvorgangs in einem Parallelrechner (welcher dieses Verkehrsszenario repräsentieren soll) keine Pakete verloren gehen können, wird angenommen, daß Pakete, die nicht sofort in das Netz eingespeist werden können, in einem Puffer im Quell-PE zwischengepuffert werden.

In Abbildung 12.25 ist der zeitliche Verlauf der Durchlaufzeiten der heißen (Abbildung 12.25a) und der kalten Pakete (Abbildung 12.25b) gezeigt. Hierbei entspricht ein Simulationsresultat zum Zeitpunkt *t* dem Mittelwert der letzten 100 Resultate (von Zyklus *t*-99 bis Zyklus *t*) von 10 unabhängigen Simulationsläufen.

Wenn kein Sättigungsbaum vorhanden ist, erfahren die kalten Pakete eine Durchlaufzeit von ca. 13 Zyklen (ein 1024x1024-Netz aufgebaut aus 2x2-Koppelelementen besitzt 10 Stufen). Die temporär gefüllten Baum- und Quellpuffer während der Hot-Spot-Phase verursachen einen Anstieg der Durchlaufzeit der kalten Pakete auf bis zu 590 Zyklen. Nachdem fast alle heißen Pakete ihr Ziel erreicht haben (zum Zeitpunkt 2100 sind alle heißen Pakete an ihrem Ziel angelangt), beginnen sich die Baum- und Quellpuffer zu leeren, so daß die Durchlaufzeit der kalten Pakete wieder absinkt. Während eines dynamischen Hot-Spot-Verkehrs können somit zwei sich überlappende Phasen definiert werden: 1) die *Hot-Spot-Phase* (das Zeitintervall der Länge T_h von der Generierung des ersten heißen Pakets bis zur Ankunt alle heißen Pakete an ihrer Senke (Abbildung 12.25a)), und 2) die *Überlastphase* (das Zeitintervall der Länge T_o vom Zeitpunkt der Detektion bis zur vollständigen Auflösung des Sättigungsbaums (Abbildung 12.25b)). Der Zeitpunkt der Detektion des Sättigungsbaums wird durch den Netzzyklus festgelegt, an dem die Durchlaufzeit der kalten Pakete zum ersten mal um z. B. 2% höher liegt, als die Durchlaufzeit der Pakete unter gleichverteiltem Verkehr. Der Sättigungsbaum hat sich zu dem Zeitpunkt aufgelöst, an dem die Durchlaufzeit der kalten Pakete erstmalig weniger als z. B. 2% von der Paketdurchlaufzeit unter gleichverteiltem Verkehr abweicht.

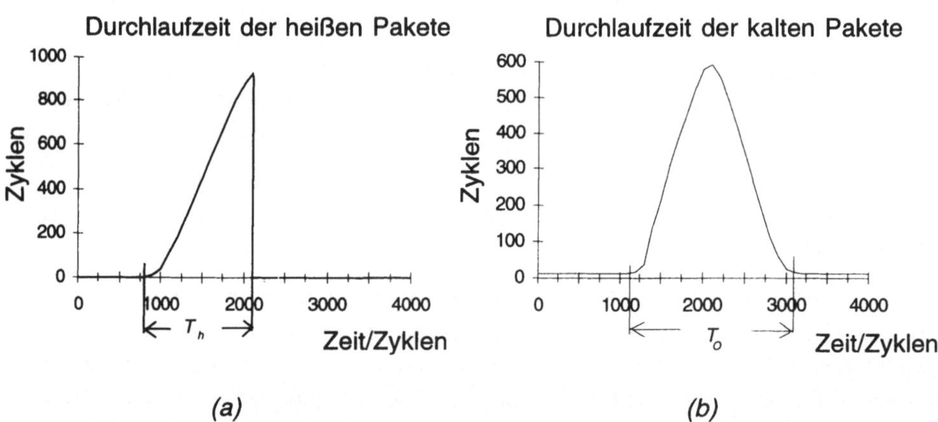

Abbildung 12.25: *Zeitlicher Verlauf der Durchlaufzeit der (a) heißen und (b) kalten Pakete in einem 1024x1024-Delta-Netz, aufgebaut aus 2x2-Koppelelementen, unter dynamischem Hot-Spot-Verkehr mit $\mu = 1000$ und $\sigma = 50$*

Die Abhängigkeiten der einzelnen Phasenlängen und der Paketdurchlaufzeiten von der Verkehrsrate und der Intensität des Hot-Spots (Standardabweichung σ) sind in den Abbildungen 12.26 und 12.27 gezeigt. Bei einer sinkenden Hot-Spot-Intensität werden die heißen Pakete in einem größeren Zeitintervall erzeugt, so daß eine längere Hot-Spot-Phase resultiert (siehe Abbildung 12.26a). Der Sättigungsbaum wird dabei abgeschwächt, was zu einer etwas kürzeren Überlastphase (dies ist durch den großen Maßstab in Abbildung 12.26b kaum zu erkennen) und zu einer kleineren Durchlaufzeit sowohl der heißen wie auch der kalten Pakete (siehe Abbildung 12.27) führt.

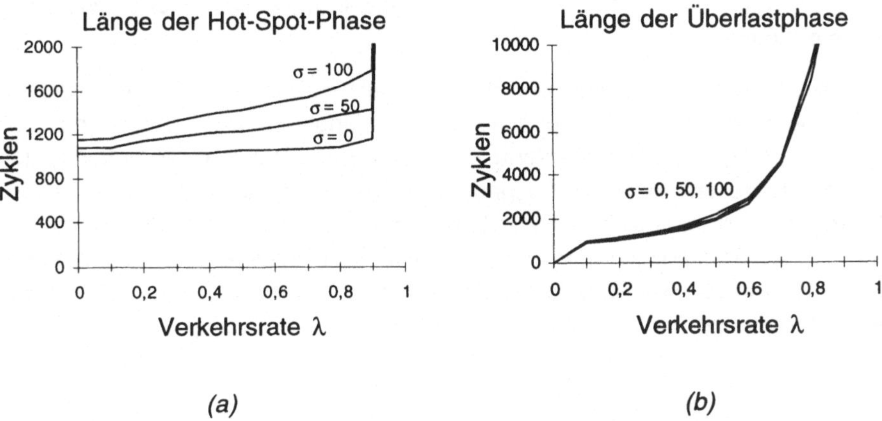

Abbildung 12.26: *Länge der (a) Hot-Spot- und (b) Überlastphase in einem 1024x1024-Netz mit 2x2 ausgangsgepufferten Koppelelementen (Pufferlänge von jeweils 20 Paketen) unter dynamischem Hot-Spot-Verkehr*

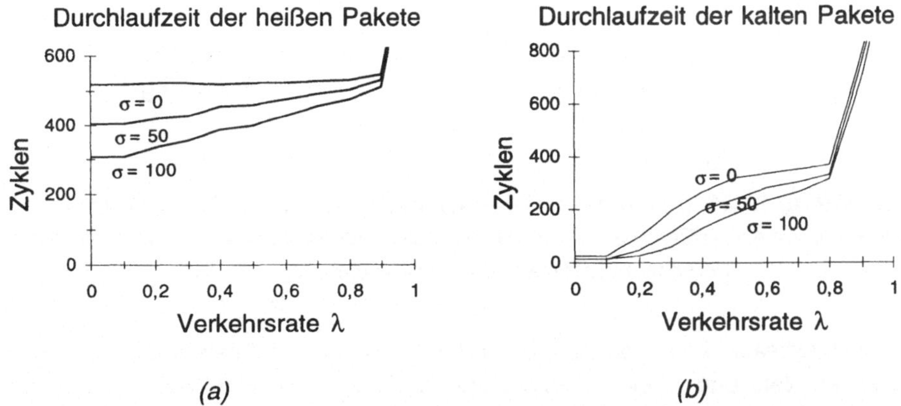

Abbildung 12.27: *Durchlaufzeit der (a) heißen und (b) kalten Pakete in einem 1024x1024-Netz mit 2x2 ausgangsgepufferten Koppelelementen (Pufferlänge von jeweils 20 Paketen) unter dynamischem Hot-Spot-Verkehr*

Eine Erhöhung der Verkehrsrate verstärkt den Sättigungsbaum und erhöht somit die Phasenlängen und Paketdurchlaufzeiten. Für $\sigma = 0$ hat die Rate im gezeigten Bereich keinen Einfluß auf die Hot-Spot-Phase und die Durchlaufzeit der heißen Pakete, da hierbei alle heißen Pakete gleichzeitig in das Netz gelangen und sich in den hinteren Netzstufen aufstauen, so daß kalte Pakete diese nur unwesentlich beeinflussen können.

Die Länge der Überlastphase und die Durchlaufzeit der kalten Pakete in Abhängigkeit von der Pufferlänge pro Koppelelement-Ausgangsport sind in Abbildung 12.28 gezeigt. Der Sättigungsbaum während einer Hot-Spot-Phase bildet sich dadurch, daß heiße Pakete am Hot-Spot-Ausgang des Netzes aufgestaut werden. Dieser Effekt hängt nur unwesentlich von der Länge der Koppelelementpuffer ab, so daß nur eine geringe Abhängigkeit der Länge der Hot-Spot-Phase und der Durchlaufzeit der heißen Pakete von der Pufferkapazität besteht (deshalb sind diese Abhängigkeiten hier nicht gezeigt).

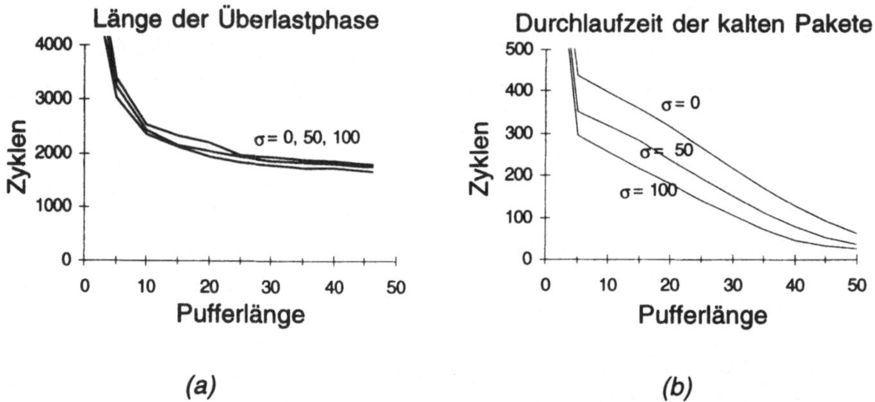

Abbildung 12.28: *(a) Länge der Überlastphase und (b) Durchlaufzeit der kalten Pakete in einem 1024x1024-Netz mit 2x2 ausgangsgepufferten Koppelelementen unter dynamischem Hot-Spot-Verkehr mit $\lambda = 0.5$*

Die maximale Länge des Sättigungsbaums (d.h. die maximale Anzahl von Pufferplätzen im Netz und in den Quellen, die der Baum vom Hot-Spot aus gerechnet einnimmt) ist primär von der Verkehrsrate λ und der Standardabweichung σ der heißen Pakete abhängig. Die Pufferlänge bestimmt im wesentlichen, über wieviele Netzstufen sich der Baum maximal im Netz ausbreitet, bzw. wie weit der Baum in die Quellpuffer reicht, wenn er die Netzeingänge erreicht. Je kürzer die Koppelelementpuffer sind, desto weiter wird der Baum sich im Netz bzw. in den Quellpuffern erstrecken, während sich der Baum bei einer Vergrößerung der Puffer immer weiter in das Netz zurückzieht. Dieser Effekt hat primär Auswirkungen auf die Länge der Überlastphase und die Durchlaufzeit der kalten Pakete. Je weniger Stufen der Baum im Netz belegt, desto mehr Pakete können durch das Netz transferiert werden, ohne daß sie auf den Baum stoßen und verzögert werden. Deshalb verkleinert sich die Durchlaufzeit der kalten Pakete bei einer steigenden Pufferkapazität (siehe Abbildung 12.28b). Die Länge der Überlastphase wird hiervon für eine Pufferlänge von mehr als 10 Paketen nur in einem geringen Maße beeinflußt, während sie für Pufferlängen mit weniger als 10 Paketen stärker anwächst (siehe Abbildung 12.28a), da der Baum dann bis in die Quellpuffer reicht und alle Pakete blockiert.

Literaturverzeichnis

[AbD93]   F. Abolhassan, R. Drefenstedt, J. Keller, W. J. Paul und D. Scheerer, "On the physical design of PRAMs", *The Computer Journal*, Band 36, Nr. 8, 1993.

[AcK89]   A. S. Acampora und M. J. Karol, "An overview of lightwave packet networks", *IEEE Network Magazine*, Band 3, Nr. 1, Januar 1989, S. 29-41.

[AcS91]   A. S. Acampora und S. I. A. Sha, "Multihop lightwave networks: A comparison of store-and-forward and hot-potato routing", *Proc. IEEE INFOCOM '91*, April 1991, S. 10-19.

[AdS82]   G. B. Adams III und H. J. Siegel, "The extra stage cube: A fault-tolerant interconnection network for supersystems", *IEEE Transactions on Computers*, Band C-31, Nr. 5, Mai 1982, S. 443-454.

[AdS84]   G. B. Adams III und H. J. Siegel, "Modifications to improve the fault tolerance of the extra stage cube interconnection network", *1984 International Conference on Parallel Processing*, August 1984, S. 169-173.

[AkK89]   S. B. Akers und B. Krishnamurthy, "A group-theoretic Model for symmetric interconnection networks", *IEEE Transactions on Computers*, Band C-38, Nr. 4, April 1989, S. 555-566.

[AlG89]   G. S. Almasi und A. Gottlieb, *Highly Parallel Computing*, Benjamin/ Cummings Publishing Company, Inc., Redwood City, CA, 1989.

[Ans88]   *FDDI Token Ring Media Access Control*, ANSI Standard X3T9.5, 1988.

[ArC86]   E. Arthus, J. M. Cooper, M. S. Goodman, H. Kobrinski, M. Tur und M. P. Vecchi, "Multiwavelength optical crossconnect for parallel-processing computers", *Electron. Lett.*, Band 24, 1986, S. 119-120.

[ArG89]   E. Arthurs, M. S. Goodman, M. P. Vecchi und H. Kobrinski, "HYPASS: An optoelectronic hybrid switching system", *IEEE Transactions on Communications*, Band 37, Nr. 6, Juni 1989, S. 645-648.

[ArL81]   B. W. Arden und H. Lee, "Analysis of chordal ring networks", *IEEE Transactions on Computers*, Band C-30, Nr. 4, April 1981, S. 291-295.

[Asc86]   J. R. Aschenbrenner, "Open system interconnection", *IBM Systems Journal*, Band 25, Nr. 3/4, 1986, S. 369-379.

[AyB93]   R. Ayani und B. Berkman, "Parallel discrete event simulation on SIMD computers", *Journal of Parallel and Distributed Computing*, Band 18, Nr. 4, August 1993, S. 501-508.

[BaF91]   W. Bachhuber, W. Fuerst, R. Knorr und T. Wild, "Architektur, Technologie und Realisierung eines ATM-Koppelnetzes", *ITG/GI-Workshop Verbindungsnetzwerke für Parallelrechner und Breitband-Übermittlungssysteme*, September 1991, S. 48-52.

[BaG91]   P. Barri und J. A. O. Goubert, "Implementation of a 16 by 16 switching element for ATM exchange", *IEEE Journal on Selected Areas in Communications*, Band 9, Nr. 5, Juni 1991, S. 751-757.

[BaM87]   P. H. Bardell, W. H. McAnney und J. Savir, *Built-In Test for VLSI: Pseudorandom Techniques*, Wiley, New York, 1987.

[BaM91]   H. F. Badran und H. T. Mouftah, "Head of line arbitration in ATM switches with input-output buffering and backpressure control", *IEEE GLOBECOM '91*, Band 1, Dezember 1991, S. 347-351.

[BaW93]   C. Baack und G. Walf, "Photonics in future telecommunications", *Proceedings of the IEEE*, Band 81, Nr. 11, November 1993, S. 1624-1632.

[Bat68]   K. E. Batcher, "Sorting networks and their applications", *AFIPS 1968 Spring Joint Computer Conference*, 1968, S. 307-314.

[Bat74]   K. E. Batcher, "STARAN parallel processor system hardware", *AFIPS 1974 National Computer Conference*, Mai 1974, S. 405-410.

[Bat76]   K. E. Batcher, "The flip network in STARAN", *1976 International Conference on Parallel Processing*, August 1976, S. 65-71.

[Bat79]   K. E. Batcher, "MPP - A massively parallel processor", *1979 International Conference on Parallel Processing*, August 1979, S. 249.

[Bat80]   K. E. Batcher, "Design of a massively parallel processor", *IEEE Transactions on Computers*, Band C-29, Nr. 9, September 1980, S. 836-844.

[Bat82]   K. E. Batcher, "Bit serial parallel processing systems", *IEEE Transactions on Computers*, Band C-31, Nr. 5, Mai 1982, S. 377-384.

[Ben64]   V. E. Benes, "Optimal rearrangeable multistage interconnection networks", *Bell System Technical Journal*, Band 41, 1964, S. 1641-1656.

[Ben65]   V. E. Benes, *Mathematical Theory of Connecting Networks and Telephone Traffic*, Academic Press, New York, NY, 1965.

[BlC92]   D. J. Blumenthal, K. Y. Chen, J. Ma, R. J. Feuerstein und J. R. Sauer, "Demonstration of a deflection routing 2x2 photonic switch for computer interconnects", *IEEE Photonics Technology Letters*, Band 4, Nr. 2, Februar 1992, S. 169-173.

[Bla90]   T. Blank, "The MasPar MP-1 architecture", *IEEE Compcon*, Februar 1990, S. 20-24.

[BoB87]   P. Boyer, J. Boyer, J.-R. Louvion und L. Romoeuf, "Modelling the ATD transfer technique", *5th ITC Seminar: Traffic Engineering for ISDN Design and Planning*, Mai 1987, S. 26.

[BoB95]   A. Bode, U. Brüning, B. M Chapman, M. Dal Chin, W. Händler, F. Hertweck, U. Herzog, F. Hofmann, R. Klar, C.-U. Linster, W. Rosenstiel, H. J. Schneider, J. Wedeck, K. Waldschmidt und H. P. Zima, *Parallelrechner*, B. G. Teubner, Stuttgart, 1995.

[BoC92]   B. Bostica, P. Cinato, A. de Bosio, E. Garetti und E. Vezzoni, "Electro-optical ATM digital cross-connect system based on cell aggregation and compression", *ISS 92*, Oktober 1992, S. 422-426.

[BoD72]   W. J. Bouknight, S. A. Denenberg, D. E. McIntyre, J. M. Rundall, A. H. Sameh und D. L. Slotnick, "The Illiac IV system", *Proceedings of the IEEE*, Band 60, Nr. 4, April 1972, S. 369-388.

[BoM79]   J. A. Bondy und U. S. R. Murty, *Graph Theory amd Related Topics*, Academic Press, New York/London, 1979.

[BrM85]   W. C. Brantley, K. P. McAuliffe und J. Weiss, "The RP3 processor/memory element", *1985 International Conference on Parallel Processing*, August 1985, S. 782-789.

[Bra90]   C. A. Brackett, "Dense wavelength division multiplexing networks: Principles and applications", *IEEE Journal on Selected Areas in Communications*, Band 8, August 1990, S. 947-964.

[BuC91]   J. R. Burke, C. Chen, T.-Y. Lee und D. P. Agrawal, "Performance analysis of single stage interconnection networks", *IEEE Transactions on Computers*, Band C-40, Nr. 3, März 1991, S. 357-365.

[BuF91]   C. Burke, M. Fujiwara, M. Yamaguchi, H. Nishimoto und H. Honmou, "Studies of a 128 line space division switch using Lithium Niobate switch matrices and optical amplifiers", *Topical Meeting on 'Photonic Switching'*, Pub. *Optical Society of America*, März 1991, S. 6-8.

[BuT89]   R. G. Bubenik und J. S. Turner, "Performance of a broadcast packet switch", *IEEE Transactions on Communications*, Band 37, Nr. 1, Januar 1989, S. 60-69.

[Bur56]   P. J. Burke, "The output of a queueing system," *Operations Research*, Band 4, 1956, S. 699-704.

[CaO93]   J. D. Carpinelli und A. Y. Oruc, "A nonbacktracking matrix decomposition algorithm for routing on Clos networks", *IEEE Transactions on Communications*, Band 41, Nr. 8, August 1993, S. 1245-1251.

[Can71]   D. Cantor, "On non-blocking switching networks", *Networks*, Band 1, Dezember 1971, S. 367-377.

[Cci91]   CCITT, Recommendation I.321: *B-ISDN Protocol Reference Model and its Application*, CCITT, Geneva, 1991.

[Cci92]   CCITT, Recommendation I.150: *B-ISDN ATM Functional Characteristics*, CCITT, Geneva, 1992.

[ChB91]   A. Chemarin, A. Botta, J. Majos, J. L. Rainard und P. Thorel, "A high speed CMOS circuit for 1.224 Gb/s 16x16 ATM switching", *17th European Solid-State Conference*, September 1991, S. 265-268.

[ChG88]   I. Chlamtac und A. Ganz, "Channel allocation protocols in frequency-time controlled high speed networks", *IEEE Transactions on Communications*, Band 36, April 1988, S. 430-440.

[ChH91]   D. X. Chen und J. F. Hayes, "A shared buffer memory switch with maximum queue and minimum allocation", *Canadian Conference on Electrical and Computer Engineering*, September 1991, S. 7.1.1-7.1.4.

[ChM79]   K. M. Chandy und J. Misra, "Distributed simulation: A case study in design and verification of distributed programs", *IEEE Transactions on Software Engineering*, Band SE-5, Nr. 5, September 1979, S. 440-452.

[ChS89]   K. W. Cheung, D. A. Smith, J. E. Baran und B. L. Heffner, "Multiple channel operation of an integrated acusto-optic tunable filter", *Electron. Lett.*, Band 25, 1989, S. 375-376.

[ChS90]   M.-S. Chen und G. K. Shin, "Adaptive fault-tolerant routing in hypercube multicomputers", *IEEE Transactions on Computers*, Band C-39, Nr. 12, Dezember 1990, S. 1406-1415.

[ChW96]   G.-M. Chiu und S.-P. Wu, "A fault-tolerant routing strategy in hypercube multicomputers", *IEEE Transactions on Computers*, Band 45, Nr. 2, Februar 1996, S. 143-154.

[CiS86]   L. Ciminiera und A. Serra, "A connecting network with fault tolerance capabilities", *IEEE Transactions on Computers*, Band 35, Juni 1986, S. 578-580.

[Clo53]   C. Clos, "A study of non-blocking switching networks", *Bell System Technical Journal*, Band 32, Nr. 2, März 1953, S. 406-424.

[CoC88]   G. Coquin, K. W. Cheung und M. Choy, "Single- and multiple-wavelength operation of acousto-optically tuned lasers at 1.3 microns", *11th IEEE Int'l. Semiconductor Laser Conf.*, 1988, S. 130-131.

[CoE71]   E. G. Coffman, M. J. Elphick und A. Shoshani, "System deadlocks", *ACM Computer Surveys*, Band 3, 1971, S. 67-78.

[Cor92]   P. F. Corbett, "Rotator graphs: An efficient topology for point-to-point multiprocessor networks", *IEEE Transactions of Parallel and Distributed Systems*, Band 3, Nr. 5, September 1992, S. 622-626.

[Cra94]   Cray Research Inc., *CRAY T3D System Architecture Overview*, Cray Research Inc., 1994.

[Cyb89]   G. Cybenko, "Dynamic load balancing for distributed memory multiprocessors", *Journal of Parallel and Distributed Computing*, Band 7, 1989, S. 279-301.

[DaA93]   W. J. Dally und H. Aoki, "Deadlock-free adaptive routing in multicomputer networks using virtual channels", *IEEE Transactions on Parallel and Distributed Systems*, Band 4, Nr. 4, April 1993, S. 466-480.

[DaE90]   S. P. Dandamudi und D. L. Eager, "The effectiveness of combining in reducing hot-spot contention in hypercube multicomputers", *1990 International Conference on Parallel Processing*, Band I, August 1990, S. 291-295.

[DaH85]   N. J. Davis IV, W. T.-Y. Hsu und H. J. Siegel, "Fault location techniques for distributed control interconnection networks", *IEEE Transactions on Computers*, Band C-34, Oktober 1985, S. 902-910.

[DaS87]   W. J. Dally und C. L. Seitz, "Deadlock-free message routing in multi-processor interconnection networks", *IEEE Transactions on Computers*, Band C-36, Nr. 5, Mai 1987, S. 547-553.

[Dai87]   J. N. Daigle, "Message delays with prioritized HOLP and round-robin packet servicing", *IEEE Transactions on Communications*, Band com-35, Nr. 6, Juni 1987, S. 609-619.

[Dal90]   W. J. Dally, "Performance analysis of k-ary n-cube interconnection networks", *IEEE Transactions on Computers*, Band C-39, Nr. 6, Juni 1990, S. 775-785.

[Dal92]   W. J. Dally, "Virtual-channel flow control," *IEEE Transactions on Parallel and Distributed Systems*, Band 3, Nr. 2, März 1992, S. 194-205.

[DeC88]   M. Devault, J.-Y. Cochennec und M. Servel, "The "Prelude" ATD experiment: Assessments and future prospects", *IEEE Journal on Selected Areas in Communications*, Band 6, Nr. 9, Dezember 1988, S. 1528-1537.

[DeJ90]   D. Deloddere, M. Joubert und M. Nelissen, "Alcatel-MAN: Grossräumiges Netz mit hoher Geschwindigkeit", *Elektrisches Nachrichtenwesen*, Band 64, Nr. 2, 1990, S. 241-249.

[DiS93]   R. Dittmann, T. Stock und P. Tran-Gia, "Das DQDB-Zugriffsprotokoll in Hochgeschwindigkeitsnetzen und der IEEE-Standard 802.6", *Informatik-Spektrum*, Band 16, Nr. 3, Juni 1993, S. 143-158.

[Dij68]   E. W. Dijkstra, "Cooperating sequential processes" in *Programming Languages*, F. Genuys, Hrsg., Academic Press, New York, NY, 1968, S. 43-112.

[DoF93]   D. A. Doane und P. D. Franzon, *Multichip Module Technologies and Alternatives: The Basics*, Van Nostrand Reinhold, New York, NY, 1993.

[DoG90]   N. R. Dono und P. E. Green, "A wavelength division multiple access network for computer communication", *IEEE Journal on Selected Areas in Communications*, Band 8, August 1990, S. 983-994.

[DoO93]   B. G. Douglass und A. Y. Oruc, "On self-routing in Clos connection networks", *IEEE Transactions on Communications*, Band 41, Nr. 1, Januar 1993, S. 121-124.

[Dot84]   K. W. Doty, "New designs for dense processor interconnection networks", *IEEE Transactions on Computers*, Band C-33, Nr. 5, Mai 1984, S. 447-450.

[DuB92]   B. Duzett und R. Buck, "An overview of the nCUBE-3 supercomputer", *Fourth Symposium on the Frontiers of Massively Parallel Computation*, 1992, S. 458-464.

[DuP93]   T. Durhuus, R. J. Pedersen, B. Mikkelsen, K. E. Stubkjaer, M. Oeberg und S. Nilsson, "Optical wavelength conversion over 18 nm at 2.5 Gb/s by DBR-laser", *IEEE Photonics Technology Letters*, Band 5, Nr. 1, Januar 1993, S. 86-88.

[Dua91a] J. Duato, "Deadlock-free adaptive routing algorithms for multicomputers: Evaluation of a new algorithm", *Third IEEE Symposium on Parallel and Distributed Processing*, 1991, S. 840-847.

[Dua91b] J. Duato, "On the design of deadlock-free adaptive routing algorithms for multicomputers: Theoretical aspects" in *Distributed Memory Computing, Lecture Notes in Computer Science 487*, A. Bode, Hrsg., Springer-Verlag, Berlin Heidelberg New York London Paris Tokyo, April 1991, S. 234-243.

[Dug59] A. M. Duguid, *Structural properties of switching networks*, Progress Report BTL-7, Brown University, Providence, RI, 1959.

[EdG85] J. Edler, A. Gottlieb, C. P. Kruskal, K. P. McAuliffe, L. Rudolph, M. Snir, P. J. Teller und J. Wilson, "Issues related to MIMD shared-memory computers: The NYU Ultracomputer approach", *12th International Symposium on Computer Architecture*, Juni 1985, S. 126-135.

[Efe92] K. Efe, "The crossed cube architecture for parallel computation", *IEEE Transactions on Parallel and Distributed Systems*, Band 3, Nr. 5, September 1992, S. 513-524.

[EiM88] M. Eisenberg und N. Mehravari, "Performance of the multichannel multi-hop lightwave network under nonuniform traffic", *IEEE SAC*, Band 6, August 1988, S. 1063-1078.

[Eic90] H. Eichele, *Multiprozessorsysteme*, B. G. Teubner, Stuttgart, 1990.

[ElL91] A. El-Amawy und S. Latifi, "Properties and performance of folded hyper-cubes", *IEEE Transactions on Parallel and Distributed Systems*, Band 2, Nr. 1, Januar 1991, S. 31-42.

[EsK93] R. Esser und R. Knecht, "Intel Paragon XP/S - Architecture and software environment" in *Supercomputer '93*, H. W. Meurer, Hrsg., Springer-Verlag, 1993.

[EsN91] A.-H. Esfahanian, L. M. Ni und B. E. Sagan, "The twisted N-cube with application to multiprocessing", *IEEE Transactions on Computers*, Band C-40, Nr. 1, Januar 1991, S. 88-93.

[Fae84] G. Faerber, *Bus-Systeme: Parallele und serielle Bussysteme in Theorie und Praxis*, Oldenbourg-Verlag, 1984.

[FeW81] T. Y. Feng und C.-L. Wu, "Fault-diagnosis for a class of multistage inter-connection networks", *IEEE Transactions on Computers*, Band C-30, Oktober 1981, S. 743-758.

[FeZ85] T. Y. Feng und Q. Zhang, "Fault diagnosis of multistage interconnection networks with four valid states", *Fifth International Conference on Distributed Computing Systems*, Mai 1985, S. 218-226.

[FeZ90] T.-Y. Feng und Q. Zhang, "On fault diagnosis of multistage networks with four valid states", *Journal of Parallel and Distributed Computing*, Band 9, 1990, S. 237-251.

[Fen74]   T. Y. Feng, "Data manipulating functions in parallel processors and their implementations", *IEEE Transactions on Computers*, Band C-23, März 1974, S. 309-318.

[Fen81]   T. Y. Feng, "A survey of interconnection networks", *Computer*, Band 14, Nr. 12, Dezember 1981, S. 12-27.

[FiF91]   W. Fischer, O. Fundneider, E. H. Goeldner und K. A. Lutz, "A scalable ATM switching system architecture", *IEEE Journal on Selected Areas in Communications*, Band 9, Nr. 8, Oktober 1991, S. 1299-1307 .

[Fly66]   M. J. Flynn, "Very high-speed computing systems", *Proceedings of the IEEE*, Band 54, Nr. 12, Dezember 1966, S. 1901-1909.

[FrD86]   M. A. Franklin und S. Dhar, "Interconnection networks: Physical design and performance analysis", *Journal of Parallel and Distributed Computing*, Band 3, Nr. 3, September 1986, S. 352-372.

[Fuj85]   H. Fujiwara, *Logic testing and design for testability*, The MIT Press, Cambridge, MA, 1985.

[Fuj90]   R. M. Fujimoto, "Parallel discrete event simulation", *Communications of the ACM*, Band 33, Nr. 10, Oktober 1990, S. 31-53.

[GaG91]   H.R. Gail, G. Grover, R. Guerin und S.L. Hantler, "Buffer size requirements under longest queue first", *International Conference on the Performance of Distributed Systems and Integrated Communication Networks*, September 1991, S. 383-394.

[GaR90]   I. Gard und J. Rooth, "An ATM switch implementation - Technique and technology", *XIII International Switching Symposium*, Band IV, Mai 1990, S. 23-27.

[GaY93]   P. T. Gaughan und S. Yalamanchili, "Adaptive routing protocols for hypercube interconnection networks", *IEEE Computer*, Band 26, Nr. 5, Mai 1993, S. 12-23.

[GaY95]   P. T. Gaughan und S. Yalamanchili, "A family of fault-tolerant routing protocols for direct multiprocessor networks", *IEEE Transactions on Parallel and Distributed Systems*, Band 6, Nr. 5, Mai 1995, S. 482-497.

[GhC94]   K. Ghose und E.-D. Cheng, "Efficient barrier synchronization techniques and their applications in large-scale shared memory multiprocessors", *Journal of Microcomputer Applications*, Band 17, Nr. 2, April 1994, S. 197-206.

[GiH91]   J. N. Giacopelli, J. J. Hickey, W. S. Marcus, W. D. Sincoskie und M. Littlewood, "Sunshine: A high performance self-routing broadband packet switch architecture", *IEEE Journal on Selected Areas in Communications*, Band 9, Nr. 8, Oktober 1991, S. 1289-1298.

[Gil88]   W. K. Giloi, "SUPRENUM: A trendsetter in modern supercomputer development", *Parallel Computing*, Band 7, 1988, S. 283-296.

[Gil93]   W. K. Giloi, *Rechnerarchitektur, 2. Auflage*, Springer, 1993.

[Gil94] W. K. Giloi, "From SUPRENUM to MANNA and META - Parallel Computer Development at GMD-FIRST" in *Supercomputer 1994, Anwendungen, Architekturen, Trends*, H. W. Meuer, Hrsg., Springer, 1994.

[GlN92] C. J. Glas und L. M. Ni, "The turn model for adaptive routing", *19th International Symposium on Computer Architecture*, Mai 1992, S. 278-287.

[GoG83] A. Gottlieb, R. Grishman, C. P. Kruskal, K. P. McAuliffe, L. Rudolph und M. Snir, "The NYU Ultracomputer - Designing an MIMD shared-memory parallel computer", *IEEE Transactions on Computers*, Band C-32, Nr. 2, Februar 1983, S. 175-189.

[GoK90] M. S. Goodman, H. Kobrinski, M. P. Vecchi, R. M. Bulley und J. L. Gimlett, "The LAMBDANET multiwavelength network: Architecture, applications and demonstrations", *IEEE Journal on Selected Areas in Communications*, Band 8, August 1990, S. 995-1004.

[GoL73] G. R. Goke und G. J. Lipovski, "Banyan networks for partitioning multiprocessor systems", *First Annual Symposium on Computer Architecture*, Dezember 1973, S. 21-28.

[GoS81] J. R. Goodman und C. H. Sequin, "Hypertree: A multiprocessor interconnection topology", *IEEE Transactions on Computers*, Band C-30, Nr. 12, Dezember 1981, S. 923-933.

[Goe81] P. Goel, "An implicit enumeration algorithm to generate tests for combinational logic circuits", *IEEE Transactions on Computers*, Band C-30, Nr. 3, 1981, S. 215-222.

[Goe89] W. Goerke, *Fehlertolerante Rechensysteme*, Oldenbourg Verlag, München, Wien, 1989.

[Gol82] S. W. Golomb, *Shift Register Sequences*, Aegean Park Press, Laguna Hills, CA, 1982.

[Gor87] D. Gordon, "Efficient embeddings of binary trees in VLSI arrays", *IEEE Transactions on Computers*, Band C-36, Nr. 9, September 1987, S. 1009-1018.

[GrH81] D. Gross und C. M. Harris, *Fundamentals of Queueing Theory*, John Wiley and Sons, New York, NY, 1981.

[GrR89] D. Grunwald und D. Reed, *Analysis of backtracking routing in binary hypercube computers*, Technical Report UIUC-DCS-R-89-1486, Department of Computer Science, University of Illinois at Urbana-Champain, 1989.

[Gun81] K. D. Gunther, "Prevention of deadlocks in packet-switched data transport systems", *IEEE Transactions on Communications*, Band COM-29, Nr. 4, April 1981, S. 512-524.

[Gus92] D. B. Gustavson, "The scalable coherent interface and related standards projects", *IEEE Micro*, Februar 1992, S. 10-22.

[HaF90]   M. Hashimoto, M. Fukui und K. Kitayama, "All-optical self-routing crossbar switch" in *Photonic Switching II*, K. Tada und H. S. Hinton, Hrsg., Springer-Verlag, 1990.

[HaL90]   G. Haworth, S. Leunig, C. Hammer und M. Reeve, "The european declarative system, database and languages", *IEEE Micro*, Dezember 1990, S. 20-23 und 83-87.

[HaV84]   V. C. Hamacher, Z. G. Vranesic und S. G. Zaky, *Computer Organization*, McGraw-Hill, 1984.

[Hah91]   E. L. Hahne, "Round-robin scheduling for max-min fairness in data networks", *IEEE Journal on Selected Areas in Communications*, Band 9, Nr. 7, September 1991, S. 1024-1039.

[HeB87]   F. Heismann, L. L. Buhl und R. C. Alferness, "Electro-optically tunable narrowband Ti:LiNbO3 wavelength filter", *Electron. Lett.*, Band 23, 1987, S. 572-573.

[HeS88]   B. L. Heffner, D. A. Smith, J. E. Baran, A. Yi-Yan und K. W. Cheung, "Improved acoustically-tunable optical filter on X-cut LiNbO3", *Electron. Lett.*, Band 24, 1988, S. 1562-1563.

[HeS90]   M. A. Henrion, K. J. Schrodi, D. Boettle, M. De Somer und M. Dieudonne, "Switching network architecture for ATM based broadband communications", *XIII International Switching Symposium*, Band V, Mai 1990, S. 1-8.

[Hig73]   L. C. Higbie, "Supercomputer architecture", *Computer*, Band 6, Nr. 2, Februar 1973, S. 48-58.

[Hil88]   G. R. Hill, "A wavelength routing approach to optical communications networks", *Britisch Telecom Technol. Journal*, Juli 1988, S. 24-31.

[HlK88]   M.G. Hluchyj und M.J. Karol, "Queueing in high-performance packet switching", *IEEE Journal on Selected Areas in Communications*, Band 6, Nr. 9, Dezember 1988, S. 1587-1597.

[HoM92]   R. Hofmann und R. Mueller, "A multifunctional high-speed switch element for ATM applications", *IEEE Journal of Solid-State Circuits* , Band 27, Nr. 7, Juli 1992, S. 1036-1040.

[HoZ81]   E. Horowitz und A. Zorat, "The binary tree as an interconnection network: Applications to multiprocessor system and VLSI", *IEEE Transactions on Computers*, Band C-30, Nr. 4, April 1981, S. 247-253.

[HuK84]   A. Huang und S. Knauer, "Starlite: A wideband digital switch", *IEEE Global Telecommunications Conference*, November 1984, S. 121-125.

[HuT88]   S.-T. Huang und S. K. Tripathi, "Self-routing technique in perfect-shuffle networks using control tags", *IEEE Transactions on Computers*, Band C-37, Nr. 2, Februar 1988, S. 251-256.

[HuT91]   S.-T. Huang, S. K. Tripathi, N.-S. Chen und Y.-C. Tseng, "An efficient routing algorithm for realizing linear permutations on pt-shuffle-exchange networks", *IEEE Transactions on Computers*, Band C-40, Nr. 11, November 1991, S. 1292-1298.

[HwB84]   K. Hwang und F. A. Briggs, *Computer Architecture and Parallel Processing*, McGraw-Hill, New York, NY, 1984.

[Hwa93]   K. Hwang, *Advanced Computer Architecture*, McGraw-Hill, New York, NY, 1993.

[Iee80]   IEEE 802.3, *Local Area Networks - Carrier Sense Muliple Access with Collision Detection (CSMA/CD) Access Method and Physical Layer Specifications.*

[Ili91]   I. Iliadis, "Head of the line arbitration of packet switches with combined input and output queueing", *International Journal of Digital and Analog Communication Systems*, Band 4, Nr. 3, Juli 1991, S. 181-190.

[Inm83]   Inmos Corporation, *Occam*, Inmos Corporation, Colorado Springs, CO, 1983.

[Inm91]   Inmos Ltd., *The T9000 Transputer Products Overview Manual*, Inmos Ltd., Bristol, 1991.

[Ito91b]   A. Itoh, "Practical implementation and packaging technologies for a large-scale ATM switching system", *IEEE Journal on Selected Areas in Communications*, Band 9, Nr. 8, Oktober 1991, S. 1280-1288.

[JaG93]   J.-B. Jacob, J.-M. Gabriagues und F. Masetti, "Photonic broadband switching systems: Count down to the new millenium", *EFOC/N 93*, Juni 1993, S. 149-154.

[Jel93]   C. R. Jesshope und C. Izu, "The MP1 Network Chip and its Application to Parallel Computers", *The Computer Journal*, Band 36, Nr. 8, 1993.

[JeS88]   M. Jeng und H. J. Siegel, "Design and analysis of dynamic redundancy networks", *IEEE Transactions on Computers*, Band C-37, Nr. 9, September 1988, S. 1019-1029.

[Jef85]   D. R. Jefferson, "Virtual Time", *ACM Transactions on Programming Languages and Systems*, Band 7, Nr. 3, Juli 1985, S. 404-425.

[JuS94]   M. Jurczyk und T. Schwederski, "Higher order head-of-line blocking in multistage interconnection networks", *7th ISCA International Conference on Parallel and Distributed Computing Systems*, Oktober 1994, S. 571-580.

[JuS96a]   M. Jurczyk, T. Schwederski, H. J. Siegel, S. Abraham und R. Born, "Strategies for the implementation of interconnection network simulators on parallel computers", *International Journal in Computer Simulation*, 1996.

[JuS96b]   M. Jurczyk und T. Schwederski, "Phenomenon of higher order head-of-line blocking in multistage interconnection networks under nonuniform traffic patterns", *IEICE Transactions on Information and Systems*, 1996.

[KaG91]   M. J. Karol und B. Glance, "Performance of the PAC optical packet network", *IEEE GLOBECOM'91*, Dezember 1991, S. 1258-1263.

[KaH87]   M.J. Karol, M.G. Hluchyj und S.P. Morgan, "Input versus output queueing on a space-division packet switch", *IEEE Transactions on Communications*, Band COM-35, Nr. 12, Dezember 1987, S. 1347-1356.

[KaK80]   F. Kamoun und L. Kleinrock, "Analysis of shared finite storage in a computer network node", *IEEE Transactions on Communications*, Band 28, Nr. 7, Juli 1980, S. 992-1003.

[KaS91]   M. J. Karol und S. Z. Shaikh, "A simple adaptive routing scheme for congestion control in ShuffleNet multihop lightwave networks", *IEEE SAC*, Band 9, September 1991, S. 1040-1051.

[Kam90]   A. E. Kamal, "On the use of multiple tokens on ring networks", *IEEE Infocom*, Juni 1990, S. 15-22.

[Kat88]   H. P. Katseff, "Incomplete hypercubes", *IEEE Transactions on Computers*, Band C-37, Nr. 5, Mai 1988, S. 604-608.

[KeK79]   P. Kermani und L. Kleinrock, "Virtual cut-through: A new computer communication switching technique", *Computer Networks*, Band 3, 1979, S. 267.

[Ken92]   Kendall Square Research Corporation, *KSR-1 Principles of Operation*, Kendall Square Research Corporation, Waltham, Massachusetts, 1992.

[Kle75]   L. Kleinrock, *Queueing Systems, Volume 1: Theory*, John Wiley and Sons, New York, NY, 1975.

[Kne89]   A. Knecht, *Implementation of Divide- and Conquer Algorithms on Multiprocessors*, Springer-Verlag, LNCS, 1989.

[KoC89]   H. Kobrinski und K. W. Cheung, "Wavelength-tunable optical filters: Application and technologies", *IEEE Communications Magazine*, Band 27, Oktober 1989, S. 53-56.

[KoE91]   T. Kozaki, N. Endo, Y. Sakurai, O. Matsubara, M. Mizukami und K. Asano, "32x32 shared buffer type ATM switch VLSI's for B-ISDN's", *IEEE Journal on Selected Areas in Communications*, Band 9, Nr. 8, Oktober 1991, S. 1239-1247.

[Kob87]   H. Kobrinski, "Crossconnection of WDM high-speed channels", *Electron. Lett.*, Band 23, 1987, S. 975.

[KrH91]   H. Kroener, G. Hebuterne, P. Boyer und A. Gravey, "Priority management in ATM switching nodes", *IEEE Journal on Selected Areas in Communications*, Band 9, Nr. 3, April 1991, S. 418-427.

[KuB93]   M. Kumar, Y. Baransky und M. Denneau, "The GF11 parallel computer", *Parallel Computing*, Band 19, 1993, S. 1393-1412.

[KuR87]   V. P. Kumar und S. M. Reddy, "Augmented shuffle-exchange multistage interconnection", *Computer*, Juni 1987, S. 30-40.

[Kuc78]   D. J. Kuck, *The Structure of Computers and Computations, Band 1*, John Wiley and Sons, New York, NY, 1978.

[Kun88]   S. Y. Kung, *VLSI Array Processors*, Prentice Hall, Englewood Cliffs, NJ, 1988.

[Lav83]   S. S. Lavenberg, *Computer Performance Modeling Handbook*, Academic Press, New York, NY, 1983.

[Law75]   D. H. Lawrie, "Access and alignment of data in an array processor", *IEEE Transactions on Computers*, Band C-24, Nr. 12, Dezember 1975, S. 1145-1155.

[LeA92]   C. E. Leiserson, Z. S. Abuhamdeh, D. C. Douglas, C. R. Feynman, M. N. Ganmukhi, J. V. Hill, W. D. Hillis, B. C. Kuszmaul, M. A. St. Pierre, D. S. Wells, M. C. Wong, S.-W. Yang und R. Zak, "The network architecture of the Connection Machine CM-5", *Fourth Annual ACM Symposium on Parallel Algorithms and Architectures*, 1992.

[LeK90]   H. Lee, K. H. Kook, C. S. Rim, K. P. Jun und S. K. Lim, "A limited shared output buffer switch for ATM", *4th International Conference on Data Communication Systems and their Performance*, Juni 1990, S. 163-179.

[LeK94]   G. Lee, C. P. Kruskal und D. J. Kuck, "On the effectiveness of combining in resolving 'hot spot' contention", *Journal of Parallel and Distributed Computing*, Band 20, 1994, S. 136-144.

[LeL86]   D. Lee und K. Y. Lee, "Control algorithms for the augmented data manipulator network", *1986 International Conference on Parallel Processing*, August 1986, S. 123-130.

[LeP81]   G. F. Lev, N. Pippenger und L. G. Vailant, "A fast parallel algorithm for routing in permutation networks", *IEEE Transactions on Computers*, Februar 1981, S. 93-100.

[Lee91]   T.-P. Lee, "Recent advances in long-wavelength semiconductor lasers for optical fiber communication", *Proceedings of the IEEE*, Band 79, Nr. 3, März 1991, S. 253-276.

[Lei85]   C. E. Leiserson, "Fat-Trees: Universal networks for hardware-efficient supercomputing", *IEEE Transactions on Computers*, Band C-34, Nr. 10, Oktober 1985, S. 892-901.

[Lei92]   F. T. Leighton, *Introduction to Parallel Algorithms and Architectures: Arrays, Trees, Hypercubes*, Morgan Kaufmann Publisher, Inc., San Mateo, CA, 1992.

[Len78]   J. Lenfant, "Parallel permutations of data: A Benes network control algorithm for frequently used permutations", *IEEE Transactions on Computers*, Band C-27, Nr. 7, Juli 1978, S. 637-647.

[LiH89]   W. Liu, T. H. Hildebrandt und R. Cavin, "Hamiltonian cycles in the shuffle-exchange network", *IEEE Transactions on Computers*, Band C-38, Nr. 5, Mai 1989, S. 745-750.

[LiH91]   D. H. Linder und J. C. Harden, "An adaptive and fault tolerant wormhole routing strategy for k-ary n-cubes", *IEEE Transactions on Computers*, Band 40, Nr. 1, Januar 1991, S. 2-12.

[LiS89]   J.-C. Liu und K. G. Shin, "Polynomial testing of packet switching networks", *IEEE Transactions on Computers*, Band C-38, Nr. 2, Februar 1989, S. 202-217.

[Lim82]   W. Y.-P. Lim, "A test strategy for packet switching networks", *1982 International Conference on Parallel Processing*, August 1982, S. 96-98.

[MaO83]   M. Malek und E. Opper, "Multiple fault diagnosis of SW-Banyan networks", *Fault Tolerant Computing Symposium 13*, 1983, S. 446-448.

[Mar88]   P. Martini, "Performance analysis of multiple token rings", *Aachener Informatik Berichte*, Band Nr. 88-5, 1988.

[Mat93]   F. Mattern, "Efficient algorithms for distributed snapshots and global virtual time approximation", *Journal of Parallel and Distributed Computing*, Band 18, Nr. 4, August 1993, S. 423-434.

[McC86]   E. J. McCluskey, "Design for Testability" in *Fault-Tolerant Computing*, D. K. Pradhan, Hrsg., Prentice-Hall, Englewood Cliffs, NJ, 1986.

[McS82]   R. J. McMillen und H. J. Siegel, "Performance and fault tolerance improvements in the Inverse Augmented Data Manipulator network", *Ninth Annual Symposium on Computer Architecture*, April 1982, S. 63-72.

[MeM89]   D. Mehuys, M. Mittelstein, A. Yariv, R. Sarfaty und J. E. Unger, "Optimized Fabry-Perot (AlGa)As quantum-well lasers tunable over 105 nm", *Electron. Lett.*, Band 25, 1989, S. 143-145.

[MeS80]   P. M. Merlin und P. J. Schweitzer, "Deadlock avoidance in store-and-forward networks - II: Other deadlock types", *IEEE Transactions on Communications*, Band COM-28, Nr. 3, März 1980, S. 355-360.

[Mid92]   J. E. Midwinter, "Photonics in switching: The next 25 years of optical communications?", *IEE Proceedings-J*, Band 139, Nr. 1, Februar 1992, S. 1-12.

[Mil90]   C. M. Miller, "A field-worthy high-performance, tunable fiber Fabry-Perot filter", *Eur. Conf. on Optical Commun.*, September 1990, S. 2122-2123.

[Min91]   W. J. Miniscalco, "Erbium-doped glasses for fiber amplifiers at 1500 nm", *Journal of Lightwave Technology*, Band 9, Nr. 2, Februar 1991, S. 234-250.

[Mis86]   J. Misra, "Distributed discrete-event simulation", *ACM Computing Surveys*, Band 18, Nr. 1, März 1986, S. 39-65.

[MoO91]   A. Mourad, B. Oezden und M. Malek, "Comprehensive testing of multistage interconnection networks", *IEEE Transactions on Computers*, Band C-40, Nr. 8, August 1991, S. 935-951.

[Muk92]   B. Mukherjee, "WDM-based local lightwave networks Part I: Single-hop systems", *IEEE Network*, Band 6, Nr. 3, Mai 1992, S. 12-27.

[NaS82a] D. Nassimi und S. Sahni, "Optimal BPC permutations on a cube connected SIMD computer", *IEEE Transactions on Computers*, Band C-31, April 1982, S. 338-341.

[NaS82b] D. Nassimi und S. Sahni, "Parallel algorithms to set up the benes permutation network", *IEEE Transactions on Computers*, Band C-31, Nr. 2, Februar 1982, S. 148-154.

[Ncu94] *nCUBE 3 Technical Overview*, nCUBE Corporation, Beaverton, Oregon, 1994.

[NiM93] L. M. Ni und P. K. McKinley, "A survey of wormhole routing techniques in direct networks", *IEEE Computer*, Band 26, Nr. 2, Februar 1993, S. 62-76.

[NiN89] M. Nicolaidis, S. Noraz und B. Courtois, "A generalized theory of fail-safe systems", *19th Fault Tolerant Computing Symposium*, 1989, S. 398-406.

[NiS93] M. Nishio, S. Suzuki, K. Takagi, I. Ogura, T. Numai, K. Kasahara und K. Kaede, "A new architecture of photonic ATM switches", *IEEE Communications Magazine*, Band 31, Nr. 4, April 1993, S. 62-68.

[Nic90] J. R. Nickolls, "The design of the MasPar MP-1: A cost effective massively parallel computer", *IEEE Compcon*, Februar 1990, S. 25-28.

[Oba90] H. Obara, "Self-routing planar network for guided-wave optical switching systems", *Electron. Lett.*, Band 26, April 1990, S. 520-521.

[Ofm65] Y. P. Ofman, "A universal automation", *Tr. Moscow Math. Soc.*, 1965, S. 200-215.

[OgF90] N. Ogino und M. Fujioka, "Photonic lattice-type self-routing switching network" in *Photonic Switching II*, K. Tada und H. S. Hinton, Hrsg., Springer-Verlag, 1990.

[OpT71] D. C. Opferman und N. T. Tsao-Wu, "On a class of rearrangeable switching networks", *Bell System Technical Journal*, Band 50, Mai/Juni 1971, S. 1579-1600.

[PaL83] K. Padmanabhan und D. H. Lawrie, "A class of redundant path multistage interconnection networks", *IEEE Transactions on Computers*, Band C-32, Nr. 12, Dezember 1983, S. 1099-1108.

[PaR82] D. S. Parker und C. S. Raghavendra, "The gamma network: A multiprocessor interconnection network with redundant paths", *Ninth Annual Symposium on Computer Architecture*, April 1982, S. 73-80.

[Par94] Parsytec GC Technical Summary, Parsytec Computer GmbH, Aachen, 1994.

[Pat81] J. H. Patel, "Performance of processor-memory interconnections for multiprocessors", *IEEE Transactions on Computers*, Band C-30, Nr. 10, Oktober 1981, S. 771-780.

[Pau62] M. C. Paull, "Reswitching of connection networks", *Bell System Technical Journal*, Band 41, 1962, S. 833-855.

[PeW72] W. W. Peterson und E. J. Weldon, Jr., *Error-Correcting Codes*, MIT Press, Cambridge, Mass., 1972.

[Pea77] M. C. Pease III, "The indirect binary n-cube microprocessor array", *IEEE Transactions on Computers*, Band C-26, Nr. 5, Mai 1977, S. 458-473.

[PfB85] G. F. Pfister, W. C. Brantley, D. A. George, S. L. Harvey, W. J. Kleinfelder, K. P. McAuliffe, E. A. Melton, V. A. Norton und J. Weiss, "The IBM Research Parallel Processor Prototype (RP3): Introduction and architecture", *1985 International Conference on Parallel Processing*, August 1985, S. 764-771.

[PfN85]   G. F. Pfister und V. A. Norton, "'Hot spot' contention and combining in multistage interconnection networks", *IEEE Transactions on Computers*, Band C-34, Nr. 10, Oktober 1985, S. 933-938.

[Pip75]   N. Pippenger, "On crossbar switching networks", *IEEE Transactions on Communications*, Band COM-23, Juni 1975, S. 646-659.

[Pip78]   N. Pippenger, "On rearrangeable and nonblocking networks", *Journal of Computer and System Sciene*, Band 17, 1978, S. 145-163.

[PrV81]   F. P. Preparata und J. Vuillemin, "The cube-connected cycles: A versatile network for parallel computation", *Communications of the ACM*, Band 24, Nr. 5, Mai 1981, S. 300-309.

[RaF92]   D. Rau, J. A. B. Fortes und H. J. Siegel, "Destination tag routing techniques based on a state model for the IADM network", *IEEE Transactions on Computers*, Band C-41, Nr. 3, März 1992, S. 274-285.

[RaT89]   E. P. Rathgeb, T. H. Theimer und M. N. Huber, "ATM switches - Basic architectures and their performance", *International Journal of Digital and Analog Cabled Systems*, Band 2, 1989, S. 227-236.

[RaV84]   C. S. Raghavendra und A. Varma, "INDRA: A class of interconnection networks with redundant paths", *1984 Real-Time Systems Symposium*, 1984, S. 153-164.

[Ram93]   R. Ramaswami, "Multiwavelength lightwave networks for computer communication", *IEEE Communications Magazine*, Band 31, Nr. 2, Februar 1993, S. 78-88.

[ReC90]   R. D. Rettberg, W. R. Crowther, P. P. Carvey und R. S. Tomlinson, "The Monarch parallel processor hardware design", *Computer*, Band 23, Nr. 4, April 1990, S. 18-30.

[RoD92]   R. Rössler, D. Dietrich und K.-F. Penning, *Transputer: Grundlagen, Programmierung und Anwendung*, Hütig, Heidelberg, 1992.

[RoS88]   K. Rothermel und D. Seeger, "Traffic studies of switching network for asynchronous transfer mode (ATM)", *International Teletraffic Conference 12*, Juni 1988, S. 1.3A.5.1-1.3A.5.7.

[Ros89]   F. E. Ross, "An overview of FDDI: The Fiber Distributed Data Interface", *IEEE Journal on Selected Areas in Communications*, Band 7, Nr. 7, September 1989, S. 1043-105.

[Rot66]   J. P. Roth, "Diagnosis of automated failures: A Calculus and a method", *IBM Journal of Research and Development*, Band 10, 1966, S. 278-291.

[SaS91]   K. Sakaue, Y. Shobatake, M. Motoyama, Y. Kumaki, S. Takatsuka, S. Tanaka, H. Hara, K. Matsuda, S. Kitaoka, M. Noda, Y. Niitsu, M. Norishima, H. Momose, K. Maeguchi, M. Ishibe, S. Shimizu und T. Kodama, "A 0.8-μm BiCMOS ATM switch on an 800-Mb/s asynchronous buffered banyan network", *IEEE Journal of Solid-State Circuits*, Band 26, Nr. 8, August 1991, S. 1133-1144.

[ScD87]   T. Schwederski und H. G. Dietz, "Barrier synchronization in the PASM parallel processing system", *Third SIAM Conference on Parallel Processing for Scientific Computing*, Dezember 1987.

[ScG94]   S. L. Scott und J. R. Goodman, "The impact of pipelined channels on k-ary n-cube networks", *IEEE Transactions on Parallel and Distributed Systems*, Band 5, Nr. 1, Januar 1994, S. 2-16.

[ScS90]   S. L. Scott und G. S. Sohi, "The use of feedback in multiprocessor and its application to tree saturation control", *IEEE Transactions on Parallel and Distributed Systems*, Band 1, Nr. 4, Oktober 1990, S. 385-398.

[SeU80]   M. C. Sejnowski, E. T. Upchurch, R. N. Kapur, D. P. S. Charlu und G. J. Lipovski, "An overview of the Texas Reconfigurable Array Computer", *AFIPS 1980 National Computer Conference*, Juni 1980, S. 631-641.

[ShM90]   K. Shiomoto, M. Murata, Y. Oie und H. Miyahara, "Performance evaluation of cell bypass queueing discipline for buffered Banyan type ATM switches", *IEEE INFOCOM'90*, Band 2, Juni 1990, S. 677-685.

[Shi89]   N. Shimosaka, "Photonic wavelength-division and time-division hybrid switching system utilizing coherent optical detection", *ECOC'89*, September 1989, S. 292-295.

[SiM81a] H. J. Siegel und R. J. McMillen, "Using the augmented data manipulator network in PASM", *Computer*, Band 14, Februar 1981, S. 25-33.

[SiM90]   M. Siegel, R. Medow, T. Theimer und T. Schwederski, "Design of a single-chip ATM switching element", *International Conference on Computer Communication*, November 1990, S. 804-811.

[SiN89]   H. J. Siegel, W. G. Nation, C. P. Kruskal und L. M. Napolitano, "Using the multistage cube network topology in parallel supercomputers", *Proceedings of the IEEE*, Band 77, Nr. 12, Dezember 1989, S. 1932-1953.

[SiS78]   H. J. Siegel und S. D. Smith, "Study of multistage SIMD interconnection networks", *Fifth Annual Symposium on Computer Architecture*, April 1978, S. 223-229.

[SiS87]   H. J. Siegel, T. Schwederski, J. T. Kuehn und N. J. Davis IV, "An overview of the PASM parallel processing system" in *Computer Architecture*, D. D. Gajski, V. M. Milutinovic, H. J. Siegel und B. P. Furht, Hrsg., IEEE Computer Society Press, Washington, DC, 1987, S. 387-407.

[Sie79]   H. J. Siegel, "Interconnection networks for SIMD machines", *Computer*, Band 12, Nr. 6, Juni 1979, S. 57-65.

[Sie90]   H. J. Siegel, *Interconnection Networks for Large-Scale Parallel Processing: Theory and Case Studies, Second Edition*, McGraw-Hill, New York, NY, 1990.

[Sle52]   D. Slepian, *Two theorems on a particular crossbar switching network*, unpublished memo, 1959.

[StZ90]   M. Stumm und S. Zhou, "Algorithms implementing distributed shared memory", *Computer*, Band 23, Nr. 5, Mai 1990, S. 54-64.

[Sto86]   Q. F. Stout, "Hypercubes and pyramids" in *Pyramidal systems for compu-*
ter vision (NATO ASI series. Series F, Computer and system sciences;
Band 25), V. Cantoni und S. Levialdi, Hrsg., Springer Verlag, Berlin, Heidelberg, 1986, S. 75-89.

[Sto87]   H. S. Stone, *High Performance Computer Architecture*, Addison-Wesley
Publishing, Co., Reading, PA, 1987.

[Stu94]   C. Stunkel, "The SP1 High Performance Switch", *Proc. of Scalable High-*
Performance Computing Conference , 1992.

[SuN89]   H. Suzuki, H. Nagano, T. Suzuki, T. Takeuchi und S. Iwasaki, "Output-
buffer switch architecture for asynchronous transfer mode", *International*
Journal of Digital and Analog Cabled Systems, Band 2, 1989, S. 269-276.

[SwF77]   R. J. Swan, S. Fuller und D. P. Siewiorek, "Cm*: A modular multimicro-
processor", *AFIPS 1977 National Computer Conference*, Juni 1977, S.
637-644.

[TaF88]   Y. Tamir und G. L. Frazier, "High-performance multi-queue buffers for
VLSI communication switches", *15th International Symposium on Compu-*
ter Architecture, 1988, S. 343-354.

[Tan81]   A. S. Tanenbaum, "Network protocols", *Computing Surveys*, Band 13, Nr.
4, Dezember 1981, S. 453-489.

[ThR91]   P. Thorel, J. L. Rainard, A. Botta, A. Chemarin und J. Majos, "Implementing boundary-scan and pseudo-random BIST in an asynchronous transfer
mode switch", *International Test Conference 1991*, August 1991, S. 131-
139.

[The94]   T.H. Theimer, *Vergleichende Untersuchungen an ATM-Koppelnetz-*
strukturen, Dissertation, Stuttgart: Institut für Nachrichtenvermittlung und
Datenverarbeitung, 1994.

[Tho78]   C. D. Thompson, "Generalized connection networks for parallel processor
intercommunication", *IEEE Transactions on Computers*, Band C-27, Nr.
12, Dezember 1978, S. 1119-1125.

[ToG93]   A. I. Tomlinson und V. K. Garg, "An algorithm for minimally latent global
virtual time", *7th Workshop on Parallel and Distributed Simulation*, Band
23, Nr. 1, Juli 1993, S. 35-42.

[Tob80]   F. A. Tobagi, "Multiaccess protocols in packet communication systems",
IEEE Transactions on Communication, Band COM-28, 1980, S. 468-488.

[TrJ91]   O. Trombert, P. Jamet und G. Le Noane, "Application of the microsheats
concept to a whole range of low to high fibre count ultra-lightweight optical
cables", *EFOC/N'91*, 1991, S. 252-257.

[TuM90]   R. Tulloss und C. Maunder, *The Test Access Port and Boundary Scan
Architecture*, IEEE Computer Society Press, Los Alamitos, CA, 1990.

[TuR88]   L. W. Tucker und G. G. Robertson, "Architecture and applications of the
Connection Machine", *Computer*, Band 21, Nr. 8, August 1988, S. 26-38.

[TzC92] N.-F. Tzeng und H.-L. Chen, "An effective approach to the enhancement of incomplete hypercube computers", *Journal of Parallel and Distributed Computing*, Band 14, Nr. 2, Februar 1992, S. 163-174.

[TzW91] N.-F. Tzeng und S. Wei, "Enhanced hypercubes", *IEEE Transactions on Computers*, Band C-40, Nr. 3, März 1991, S. 284-294.

[Tze91] N.-F. Tzeng, "Alleviating the impact of tree saturation on multistage interconnection network performance", *Journal of Parallel and Distributed Computing*, Band 12, Nr. 2, Juni 1991, S. 107-117.

[Utl94] T. Utsumi, M. Ikeda und M. Takamura, "Architecture of the VPP500 parallel supercomputer", *Proceedings of the Conference on Supercomputing*, November 1994, S. 478-487.

[ViV91] M. Villen-Altamirano und J. Villen-Altamirano, "RESTART: A method for accelerating rare event simulations", *13th International Teletraffic Congress, Workshop on Queueing, Performance and Control in ATM*, Juni 1991, S. 71-76.

[Vri90] R. C. De Vries, "Reducing null messages in Misra's distributed discrete event simulation method", *IEEE Transactions on Software Engineering*, Band 16, Nr. 1, Januar 1990, S. 82-91.

[Wak68] A. Waksman, "A permutation network", *Journal of the ACM*, Band 15, Nr. 1, Januar 1968, S. 159-163.

[Wak78] J. F. Wakerly, *Error Detecting Codes, Self-Checking Circuits and Applications*, North-Holland, New York, 1978.

[Wit81] L. D. Wittie, "Communication structures for large networks of microcomputers", *IEEE Transactions on Computers*, Band C-30, Nr. 4, April 1981, S. 264-273.

[WuF80a] C.-L. Wu und T. Y. Feng, "On a class of multistage interconnection networks", *IEEE Transactions on Computers*, Band C-29, Nr. 8, August 1980, S. 694-702.

[WuF80b] C.-L. Wu und T. Y. Feng, "The reverse-exchange interconnection network", *IEEE Transactions on Computers*, Band C-29, September 1980, S. 801-811.

[WuF81] C.-L. Wu und T. Y. Feng, "The universality of the shuffle-exchange network", *IEEE Transactions on Computers*, Band C-30, Mai 1981, S. 324-332.

[Wun91] H.-J. Wunderlich, *Hochintegrierte Schaltungen: Prüfgerechter Entwurf und Test*, Springer Verlag, Berlin, 1991.

[YaJ89] J. Yantchev und C. R. Jesshope, "Adaptive, low latency, deadlock-free packet routing for networks of processors", *IEE Proceedings-E*, Band 136, Pt. E, Nr. 3, Mai 1989, S. 178-186.

[Yoe90] M. Yoeli, *Formal Verification of Hardware Design*, IEEE Computer Society Press, Los Alamitos, CA, 1990.

Index